MILITARY AIRCRAFT ENCYCLOPEDIA

전투기·군용기

짐 윈체스터(Jim Winchester) 저 | 이재익 옮김

백과사전

Human & Books

*일러두기

- 외국어는 원래의 발음에 가깝게 옮겼다. 다만 원음을 알 수 없는 일부는 영어식 발음으로 옮겼다.

- 적당한 번역어가 없거나 일반적으로 외국어를 사용하고 있어서 번역할 경우 오히려 혼동의 우려가 있는 단어는 외국어 발음대로 옮겼다.

- 공군의 명칭은 각 나라마다 특유한 명칭이 있는 경우에도 ○○나라 공군으로 옮겼다.

  영국 공군(Royal Air Force), 독일 공군(Lufwaffe) 이탈리아 공군(Aviazione Legionaria), 프랑스 공군(Armée de L'air) 등

- 공군의 편제는 나라와 시기마다 조금씩 달라지고, 같은 이름이라도 내용이 다른 경우가 있지만 현재 우리나라 공군 편제에 맞추어 번역하였다. 다만 일본의 경우 부대명칭이 한자어로 되어 있어 그대로 우리말 발음대로 옮겼으며, regiment는 연대로 옮겼다.

  비행단(wing) - 비행전대(group) - 비행대대(squadron) - 편대(fleet)

  비행중대(飛行中隊) - 비행소대(飛行小隊)

- 인명과 약자 등은 괄호 안에 원문을 병기하였다. 또한 의미를 분명하게 하기 위해 필요한 경우에도 괄호 안에 원문을 병기하였다.

전투기·군용기
백과사전

짐 윈체스터(Jim Winchester) 지음
이재익 옮김

초판 발행 ┃ 2018. 12. 25.

발행처 ┃ **Human & Books**
발행인 ┃ 하응백
출판등록 ┃ 2002년 6월 5일 제2002-113호
서울특별시 종로구 삼일대로 457 1009호(경운동, 수운회관)
기획 홍보부 ┃ 02-6327-3535, 편집부 ┃ 02-6327-3537, 팩시밀리 ┃ 02-6327-5353
이메일 ┃ hbooks@empas.com

ISBN 978-89-6078-680-6 (03390)

차례

서문

라이트 형제가 1903년 12월에 첫 비행을 한 지 10년도 채 지나지 않아 최초의 항공기가 군사적 목적으로 사용되었다. 기구(氣球)는 오래 전부터 전장을 정찰하는데 가장 이상적인 것으로 인식되었고, 군용 정찰 수단으로서 항공기의 장점은 분명했다. 그렇지만 항공기의 능력을 무기로 사용한 것은 1911년 이탈리아-리비아 전쟁에서 적에게 폭발물을 투하하였던 이탈리아 항공기가 처음이었다. 3년 후 제1차 세계대전이 발발하면서 군용 항공기 개발은 매우 활발해졌다.

1914년에 정찰 임무를 수행했던 군용기는 1918년에 기관총으로 무장하고, 적과 공중전을 벌일 때 극적인 공중 기동도 가능한 빠르고 강한 기계로 발전했다. 폭격기도 등장했다. 폭격기는 적은 양이긴 하지만 런던 같은 전략적 목표물을 공격하는데 충분한 폭탄을 탑재하고서 덩치가 크고 느릿느릿 움직이는 야수와 같이 나타났다.

전쟁이 끝나자 기술 발전의 속도가 느려졌고 1930년대 초반 독일의 재무장이 시작될 때까지 군용 항공기 설계는 거의 발전하지 않았다. 이 시점에 항공기 설계에서 변화가 있었다. 천으로 싼 복엽기는 민간용에 이어 군용에서도 가벼운 합금 외피 단엽기로 교체되었다. 지상의 목표물과 상대할 때 이러한 새로운 항공기의 잠재력은 1931년에서 1941년까지 독일의 '전격전' 작전에서 발휘되었다.

제트 추진의 출현

제2차 세계대전은 하늘을 장악하는 것이 전략 폭격과 지상 공격을 위해 공중 자산을 공격적으로 사용하는 데 필수적이여, 또한 적의 폭격기로부터 자산을 방어하고, 적의 공중 공격으로부터 지상의 군대를 보호하는 데 역시 중요하다는 것을 잘 보여주었다. 비록 군용 제트기 개발에 박차를 가한 것은 한국 전쟁이었지만 제2차 세계대전에서는 제트 추진도 출현했다.

1950년대 후반은 전략 폭격기의 전성기였다. 수천 마일의 바다를 가로질러 목표물에 핵무기 또는 재래식 무기를 투하할 목적으로 설계된 대형, 다발 엔진 항공기이다. 미국과 소련은 1950년 초에 제트 폭격기들을 배치했고, 이러한 위협에 대응하기 위해 동방과 서방 모두 복잡한 폭격기에 걸맞은 상승 속도가 빠르고 레이더 장비를 갖춘 새로운 세대의 항공기를 제작해야 했다. 1950년대와 1960년대 초에 대다수 군용 제트기는 미국, 소련, 영국, 프랑스가 제작했다. 이들 나라에서 생산한 항공기는 또 널리 수출되었다.

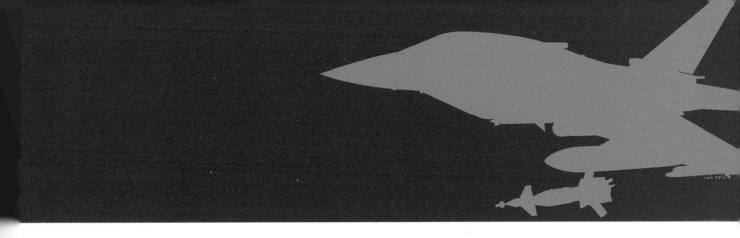

혁명적 진보

1960년대에 이르러 소련은 더욱 진보된 기종을 생산했고, 1960년대 말에는 혁신적인 새로운 형태의 항공기인 호커 시들리 해리어 수직/단거리 이착륙 항공기(V/STOL)가 등장했다. 그러나 베트남 전쟁의 경험으로 사고의 전환이 일어났다. 공대공 전투 사례는 매우 드물었고, 미국 조종사들이 직면한 가장 큰 위협은 단연코 지대공 미사일(SAM)이었다. 이에 따라 많은 분석가들이 유인 전투기의 종말을 예상했다.

1990년대 이후 냉전의 종식으로 전략적 고려 사항이 변화했고, 분쟁 지역의 치안을 유지하기 위해 신속하게 전개할 수 있는 병력과 다용도 전투기의 필요성이 더욱 커졌다. 스텔스 기술이 현대 군용기의 대명사로 부상했고, 2003년 이라크 전쟁에서 증명된 것처럼 군용 제트기는 여전히 가장 강력하고 중요한 군사력의 상징이다.

해리어는 1960년대의 수직 이착륙 항공기 중에서 진정으로 성공한 몇 안 되는 항공기 중 하나다.

복엽기 시대

최초의 전투용 비행기는 적 대열을 넘어 비행하면서 적의 공격을 정찰하는 육군의 도구로 사용되었다. 폭격과 전투 임무는 나중에 야 나온 것이었다.

1914년에서 1918년 사이에 공중 전투는 항공병이 지나가는 적군을 겨 냥하여 소형 무기를 쏘던 것이 수십 대의 항공기가 싸우는 격렬한 전투 로 발전하였다. 항공기의 전략적 잠재력은 폭격기와 비행선이 멀리 떨 어져 있는 도시를 공습하는 것으로 실현되기 시작했다. 이 시기 항공기 제작의 기본 재료는 여전히 나무와 천, 철사였으며, 전쟁이 끝날 무렵에 금속 외피로 된 항공기가 약간 등장했다.

왼쪽: 솝위드 펍은 제1차 세계대전 당시 전투 정찰기의 좋은 예다. 가볍고 방향 조 종이 쉬웠지만 무장은 총 한 자루뿐이었다.

초기의 항공기

1914년 이전에 영국 육군항공대와 해군항공대의 몇몇 비행대대는 매우 다양한 항공기를 운용했는데, 그 중에서 어떤 방식으로든 무장을 한 것은 거의 없었다. 심지어 개별 비행대대가 서로 다른 제조업체가 만든 여러 항공기 기종을 보유하고 있는 경우도 종종 있었다. 전쟁이 일어나자 이런 것들은 더 표준화되었고, 곧 경량 폭탄과 기관총을 장착하기 위한 장치가 설치되었다. 1915년까지 항공기의 주된 임무는 포병대의 배치를 정찰하고 탐색하는 것에 머물렀으므로 민첩성보다는 안정성이 더욱 중요하였다.

영국 육군 1호 비행기

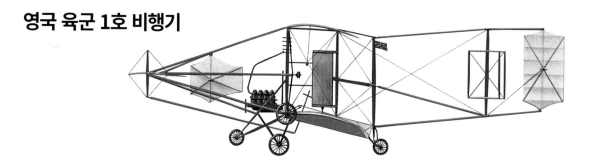

1909년 5월 14일, 사무엘 플랭클린 코디(Samuel Franklin Cody)는 영국 햄프셔의 라판 평원에서 영국 육군 1호 비행기를 타고 유럽 최초로 1.6km(1마일)를 넘는 항공기 비행에 성공했다. 이 항공기는 1907년 판보로의 육군 기구 공장에서 아주 비밀리에 만들어졌는데, 코디는 그곳에서 영국 육군 공병대 예하 기구 부대의 수석 조종 교관으로 일했다.

제원	
제조 국가:	영국
형태:	단좌 복엽기
동력장치:	50마력(37kW) 앙투아네트 직렬 피스톤 엔진
성능:	최대 속도(유사한 코디 미쉐린 컵 복엽기 기준) 105km/h
무게:	최대 이륙 중량 1,338kg
크기:	날개폭 15.85m; 길이 11.73m; 높이 3.96m; 날개넓이 59.46㎡

로열 에어크래프트 팩토리 B.E.2c

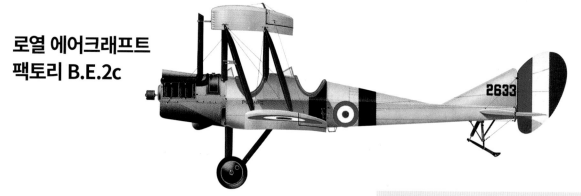

판보로의 왕립 기구 공장은 1909년에 항공기 분야로 사업을 확장했다. B.E.2c (Blériot Experimental, 블레리오 실험기)는 90마력(66kW) RAF 1a 엔진을 도입하였으며, 최초로 기관총으로 무장했다. B.E.2는 전시(戰時)에 훌륭한 정찰 수단이었지만 공중전에서의 안정성은 치명적이라는 것이 드러났다. 1915년에서 1916년 사이 '포커의 징벌(Fokker Scourge, 기관총탄이 프로펠러 사이로 발사되도록 포커 아인데커기가 설치한 동조 장치 덕에 독일 제공권이 강화된 사건; 역자 주)' 기간 중에 많이 손실되었다. 생산 수량은 기록이 남아 있는 3,535대 보다는 확실히 많았다.

제원	
제조 국가:	영국
유형:	복좌 정찰기/경폭격기
동력 장치:	90마력(67kW) RAF 1a 직렬 피스톤 엔진 1개
성능:	최대 속도 145km/h; 실용 상승 한도 2,745m(9,000ft); 항속 시간 4시간
무게:	자체 중량 649kg; 최대 이륙 중량 953kg
크기:	날개폭 12.42m; 길이 8.31m; 높이 3.66m; 날개넓이 33.44㎡
무장:	윗날개 중앙과 동체에 장착할 수 있는 0.303인치 빅커스 기관총 1정

TIMELINE

1909/05

솝위드 타블로이드

솝위드사의 최초 항공기 중 하나는 경주용 복엽기였는데 매우 작아서 타블로이드라고 했다. 이 항공기는 판보로에서 승객 한 명을 태우고 최대 시속 148km까지 날았고, 지상에서 이륙한지 1분 만에 647m(1,200피트)에 도달하여 사람들을 모두 놀라게 했다. 영국 육군항공대와 해군항공대용으로 36대가 제작되었다. 영국 해군항공대의 항공기들은 1914년 겨울에 체펠린 비행선(독일의 페르디난트 폰 체펠린이 개발한 경식 비행선. 제1차 세계대전 이전에는 여객선으로 이용되었고, 전쟁 중에는 벨기에와 영국 공습에 활용되었다; 역자주) 기지에 대한 유명한 연속 공격을 가했다. 솝위드 슈나이더는 플로트가 달린 수상기 버전이다.

제원	
제조 국가: 영국	
유형: 단좌 해상 초계 및 공격 수상기	
동력 장치: 100마력(74.5kW) 놈 싱글 밸브 9기통 로터리 피스톤 엔진 1개	
성능: 최대 속도 148km/h; 실용 상승 한도 4,600m; 항속 거리 510km	
무게: 자체 중량 545kg; 최대 이륙 중량 717kg	
크기: 날개폭 7.77m; 길이 7.02m; 높이 3.05m	
무장: 영국 해군항공대의 수상기는 0.303인치 루이스 기관총 1정	

아브로 504K

아브로 504K 항공기는 제1차 세계대전 기간 중에 총 8,340대 가량 생산되었지만 첫 모델에 대한 주문을 받은 지 20년 뒤인 1933년까지 계속 생산되었다. 기본 버전은 63대 생산되었고, 이 기종은 현역에서는 1914년 11월 독일 프리드리히스하펜의 체펠린 비행선 기지 공습을 포함해서 제한적으로만 사용되었지만, 훈련 용도로 널리 사용되었다.

제원	
제조 국가: 영국	
유형: 복좌 기초 훈련기	
동력 장치: 110마력(82kW) 르 론 로터리 피스톤 엔진 1개	
성능: 최대 속도 153km/h; 실용 상승 한도 4,875m; 항속 거리 402km	
무게: 자체 중량 558kg; 최대 이륙 중량 830kg	
크기: 날개폭 10.97m; 길이 8.97m; 높이 3.17m; 날개넓이 30.66㎡	

로열 에어크래프트 팩토리 F.E.2b

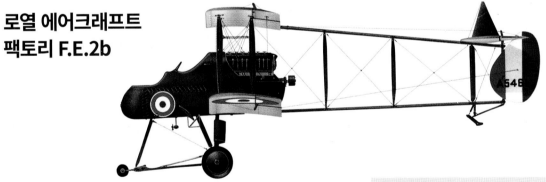

F.E.2b는 기관총을 발사하기 위해 프로펠러가 뒤쪽에 배치되었다. 1913년까지는 항공기의 앞쪽에 설치된 프로펠러 사이로 안전하게 기관총을 발사할 수 있는 방법이 없었기 때문이다. 따라서 조종사는 후방 조종석에 앉았는데 야간 작전 때는 전방 조종석에 앉았다. 1914년 8월에 F.E.2a 12대에 대한 첫 주문을 받았으며 더욱 강력한 F.E.2b와 F.E.2c로 이어졌다. 총 1,939대가 제작되었다.

제원	
제조 국가: 영국	
유형: 복좌 전투기	
동력 장치: 120마력(89kW) 비어드모어 직렬 피스톤 엔진 1개	
성능: 최대 속도 129km/h; 실용 상승 한도 2,745m(9,000ft); 항속 시간 3시간	
무게: 자체 중량 904kg; 최대 이륙 중량 1,347kg	
크기: 날개폭 14.55m; 길이 9.83m; 높이 3.85m; 날개넓이 45.89㎡	
무장: 0.303인치 루이스 기관총 1정 또는 2정; 최대 159kg(350lb)의 폭탄	

1912   1913   1914

전투기와 정찰기

얼마 지나지 않아 정찰기들은 상공에서 서로 맞붙었다. 알려진 무장 공중전의 첫 희생자는 독일의 아비아틱 복좌 항공기였는데, 1914년 10월 프랑스 항공기 관측수의 소총에 격추되었다. 1915년 4월에는 프로펠러에 전향판(프로펠러 뒤쪽에 강철판을 덧대서 조종사가 쏜 기관총 총탄이 프로펠러에 맞더라도 손상을 주지 않고 튀어나가도록 한 장치; 역자 주)을 대서 기관총을 전방을 향해 쏘는 것이 가능하게 되었다. 하지만 진짜 혁명은 독일의 포커 아인데커(Fokker Eindecker, 아인데커는 독일어로 단엽기; 역자 주) 전투기와 이 전투기의 동조장치(interrupter gear, 프로펠러가 회전하고 있을 때, 회전 날개가 총구 앞에 올 때는 기관총의 방아쇠를 당겨도 총탄이 발사되지 않게 만든 장치; 역자 주)와 함께 일어났다. 위풍당당했던 BE.2와 RE.8이 '포커의 징벌(Fokker Scourge)'에 수없이 격추되자 조종사 뒤쪽에 프로펠러를 배치한 DH.2와 같은 '추진식' 정찰기를 포함해서 연합국의 여러 대응책들이 나왔다.

알바트로스 B.III

B.I은 복좌 정찰기였다. 앞뒤로 나란한 2인승 조종석의 후방 조종석에 조종사가 앉고 관측수가 전방 조종석에 앉았는데, 이 구성은 관측수의 하방 시야를 어느 정도 방해했다. 예시는 1915년식 B.III로 1916년에서 1917년 사이의 겨울에 독일 되베리츠의 제1 조종사보충부대(FEA 1)에서 운용했다.

제원	
제조 국가: 독일	
유형: 복좌 복엽 정찰기	
동력 장치: 120마력(89kW) 메르세데스 D.II 직렬 피스톤 엔진 1개	
성능: 최대 속도 120km/h; 실용 상승 한도 3,000m(9,840ft); 항속 시간 약 4시간	
무게: 자체 중량 723kg; 최대 이륙 중량 1,071kg	
크기: 날개폭 11m; 길이 7.8m; 높이 3.15m; 날개넓이 40.12㎡ (B.II)	

아비아틱 B.II

B.I 복좌 정찰기는 1914년에 등장했다. 당시의 비무장 정찰기들과 마찬가지로 관측수의 자리가 전방 조종석에 있었다. 1915년에 등장한 B.II는 더욱 강력한 메르세데스 엔진을 탑재하였고 가볍고 튼튼한 방향타와 승강타 구조를 갖추었다. 예시는 1916년 쾰른 부츠바일러호프 기지의 관측수 학교에서 운용한 아비아틱 B.II이다.

제원	
제조 국가: 독일	
유형: 복좌 복엽 정찰기	
동력 장치: 120마력(89kW) 메르세데스 D.III 6기통 직렬 피스톤 엔진 1개	
성능: 최대 속도 100km/h; 항속 시간 4시간	
무게: 1,088kg	
크기: 날개폭 13.97m; 길이 7.97m; 높이 3.3m	

TIMELINE

1915

포커 E.III

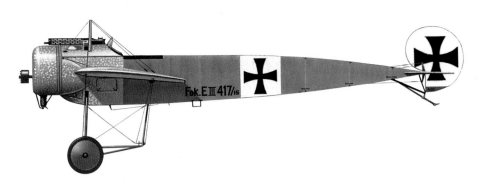

1915년 4월, 스스로 고안한 총탄 전향판(프로펠러 뒤쪽에 강철판을 덧대서 조종사가 쏜 기관총 총탄이 프로펠러에 명중하더라도 손상을 주지 않고 튀어나가도록 한 장치; 역자 주)을 설치한 롤랑 가로(Roland Garros)의 항공기가 독일군의 수중에 떨어지면서 독일군은 재빨리 더욱 효과적인 동조장치를 개발할 수 있었다. 이 동조장치를 날개폭이 좁은 M.5k 정찰기에 설치하여 포커 E.I을 만들었다. 1915년 4월부터 12월 말까지 포커 단엽기는 서부 전선의 연합국 조종사들에게는 징벌이었다. E.III는 최고의 모델로 300대가 생산되었고, 독일의 에이스 조종사(적기를 5대 이상 격추하였을 때 에이스 칭호를 받았다; 역자 주)였던 뵐케(Böelcke)와 이멜만(Immelmann)이 가장 좋아한 항공기였다.

제원	
제조 국가: 독일	
유형: 복좌 복엽 관측기	
동력 장치: 135마력(101kW) 르노 12기통 V형 피스톤 엔진 1개	
성능: 최대 속도 135km/h; 실용 상승 한도 4000m; 항속 시간 2시간 20분	
무게: 자체 중량 748kg; 최대 이륙 중량 1,120kg	
크기: 날개폭 17.6m; 길이 9.25m; 높이 3.9m; 날개넓이 52㎡	
무장: 기수 총좌의 유동식 거치대에 0.303인치 루이스 기관총 1-2정; 경량 폭탄, (F.40P) 르 피어 로켓	

로열 에어크래프트 팩토리 R.E.8

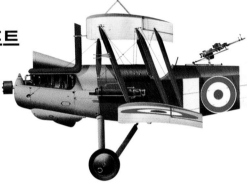

복좌 정찰 및 포병대 탐색 항공기인 R.E.8는 B.E.2을 확대한 버전과 유사했으며, 같은 스태거 복엽기 날개(staggersd biplane wing, 윗날개가 아랫날개보다 앞쪽에 위치한 복엽기; 역자 주)를 사용했다. 1916년 의문의 사고가 발생하여 꼬리 날개를 재설계했으며, 총 4,077대가 생산되었다. 하지만 B.E.2와 마찬가지로 항공기 자체의 안정성 때문에 공중전에서 많은 어려움이 있었고, 결코 실제로 인기가 있는 항공기는 아니었다.

제원	
제조 국가: 영국	
유형: 복좌 정찰/포병 탐색 항공기	
동력 장치: 150마력(112kW) RAF 4a 12기통 V형 피스톤 엔진 1개	
성능: 최대 속도 164km/h; 실용 상승 한도 4,115m; 항속 시간 4시간 15분	
무게: 자체 중량 717kg; 최대 이륙 중량 1,301kg	
크기: 날개폭 12.98m; 길이 6.38m; 높이 2.9m; 날개넓이 22.67㎡	
무장: 고정식 전방 발사 0.303인치 빅커스 기관총 1정; 후방 조종석 위 피벗 거치대에 0.303인치 루이스 기관총 1정; 폭탄 탑재량 최대 102kg	

에어코 D.H.2

영국의 항공기 설계자들은 사용할 수 있는 동조장치가 없었으므로 루이스 기관총을 전방 조종석에 장착한 D.H.2 항공기는 프로펠러를 뒤쪽에 두는 특이한 배치를 할 수 밖에 없었다. 그러면 프로펠러를 피해서 기관총을 발사하려고 애쓰지 않아도 되었다. 기관총을 작동하고 있는 동안 항공기를 조종하는 것은 까다로웠지만 D.H.2는 1916년 중반에 영국이 이용할 수 있는 최고의 전투기였다.

제원	
제조 국가: 영국	
유형: 단좌 복엽 정찰 전투기	
동력 장치: 100마력(75kW) 놈 싱글 밸브 로터리 피스톤 엔진 1개; 나중에는 110 마력 (82kW) 르 론 로터리 엔진 1개	
성능: 최대 속도 150km/h; 실용 상승 한도 1,300m; 항속 시간 2시간 45분	
무게: 자체 중량 428kg; 최대 이륙 중량 654kg	
크기: 날개폭 8.61m; 길이 7.68m; 높이 2.91m; 날개넓이 23.13㎡	
무장: 유동식 거치대에 전방 발사 0.303인치 루이스 기관총 1정	

1916

뉴포르 항공기

구스타브 들라쥬(Gustave Délage)가 설계한 그 유명한 뉴포르 전투기는 윗날개보다 아랫날개가 훨씬 작은 '일엽반기(복엽기의 일종으로 아랫날개가 윗날개의 절반 이하의 면적을 가진 항공기; 역자 주)'였다. 아랫날개가 작고 대부분 모델은 날개가 뒤쪽으로 약간 젖혀져 있었으므로 아래쪽을 잘 볼 수 있게 되었지만 구조강도는 약해졌다. 뉴포르는 프랑스, 영국, 이탈리아, 미국 군대에서 사용했고 많은 에이스(공중전에서 적기를 5대 이상 격추한 조종사; 역자 주)들이 좋아했던 비행기였다. 독특한 'V' 자 모양의 날개 버팀대는 완전히 개조된 뉴포르 28에서 평행한 버팀대와 유선형 동체로 바뀌었다.

뉴포르 11

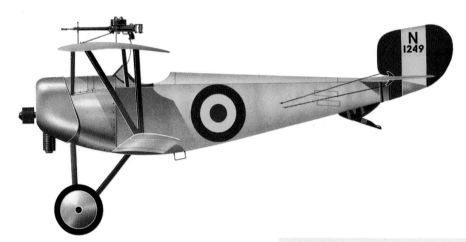

구스타브 들라쥬(Gustave Délage)의 뉴포르 10은 소형 복좌 (아랫날개가 윗날개보다 훨씬 작은) 일엽반기 정찰기였다. 하지만 이 항공기는 출력이 부족한 것으로 판명되었고, 대부분의 복좌기가 단좌 정찰기로 개조되었다. 들라쥬는 또한 뉴포르 베베를 설계했으며, 이 기종을 뉴포르 11 정찰기로 개발했다. 영국 육군항공대, 영국 해군항공대, 프랑스 공군, 벨기에 공군, 러시아 공군을 위해 수백 대가 생산되었다.

제원	
제조 국가: 프랑스	
유형: 단좌 전투 정찰기	
동력 장치: 80마력(60kW) 르 론 9C 9기통 로타리 엔진 1개	
성능: 최대 속도 155km/h; 실용 상승 한도 4,500m; 항속 시간 2시간 30분	
무게: 자체 중량 350kg; 최대 이륙 중량 480kg	
크기: 날개폭 7.55m; 길이 5.8m; 높이 2.45m; 날개넓이 13㎡	
무장: 고정식 전방 발사 0.303인치 빅커스 기관총 1정	

뉴포르 17

뉴포르 17은 의심할 여지없이 제1차 세계대전에서 연합국의 가장 훌륭한 전투기 중 하나였다. 이 항공기는 1916년 1월에 첫 비행을 했고 5월에 처음 인도되었는데, 그전 몇 개월간 지속되었던 '포커의 징벌'을 종식시키는데 기여했다. 이 항공기는 높은 상승률과 우수한 성능으로 당시로는 매우 기동성이 뛰어났다.

제원	
제조 국가: 프랑스	
유형: 단좌 전투 정찰기	
동력 장치: 110마력(82kW) 르 론 9J 로터리 피스톤 엔진	
성능: 최대 속도 170km/h; 실용 상승 한도 1,980m(6,500ft); 항속 거리 250km	
무게: 자체 중량 374kg; 최대 이륙 중량 560kg	
크기: 날개폭 8.2m; 길이 5.96m; 높이 2.44m; 날개넓이 14.75㎡	
무장: 고정식 전방 발사 0.303인치 빅커스 기관총 1정	

뉴포르 27

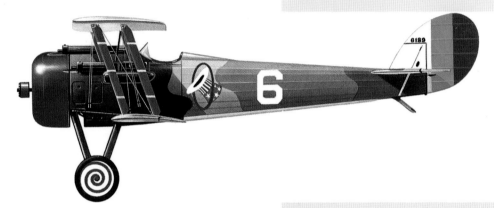

뉴포르 17에서 파생된 가장 성공적인 기종은 뉴포르 21 기종으로 80마력 (60kW) 르 론 엔진으로 교체하고 보조날개를 확대하여 생산되었다. 주로 러시아와 미국을 위해 거의 200대가 생산되었으며, 전후 여러 해 동안 많은 곡예 비행사들의 애기(愛機)였다. 예시는 프랑스 스타일의 2색 위장 무늬를 한 영국 육군항공대 제1 비행대대의 뉴포르 27이다.

제원	
제조 국가: 프랑스	
유형: 전투 정찰기	
동력 장치: 120마력(89kW) 르 론 로터리 피스톤 엔진	
성능: 최대 속도 185km/h; 실용 상승 한도 5,550m(18,210ft); 항속 거리 250km	
무게: 자체 중량 380kg; 최대 이륙 중량 585kg	
크기 날개폭 8.2m; 길이 5.85m; 높이 2.42m; 날개넓이 14.75㎡	
무장: 고정식 전방 발사 0.303인치 빅커스 기관총 1정; 고정식 전방 발사 0.303인치 루이스 기관총 1정	

뉴포르 28

뉴포르 17 기종과 달리 뉴포르 28 기종은 두 날개가 거의 같은 크기였고, 평행한 버팀대로 지지되었으며, 동체의 단면이 원형이었다. 1918년 3월부터 운용되었는데, 새로운 놈 엔진은 완전히 신뢰할 수 없는 것으로 판명되었고, 고속에서 조금이라도 격렬하게 움직이면 윗날개의 천이 찢겨져 나가는 경향이 있었다. 하지만 뉴포르 28 기종은 1918년에 미국의 원정부대가 쉽게 구할 수 있었던 유일한 전투기였다.

제원	
제조 국가: 프랑스	
유형: 전투기	
동력 장치: 160마력(119kW) 놈-르 론 9N 로터리 피스톤 엔진 1개	
성능: 최대 속도 195km/h; 실용 상승 한도 5,200m; 항속 거리 400km	
무게: 자체 중량 532kg; 최대 이륙 중량 740kg	
크기: 날개폭 8m; 길이 6.2m; 높이 2.48m; 날개넓이 20㎡	
무장: 고정식 전방 발사 0.303인치 빅커스 기관총 2정	

뉴포르 들라쥬 Ni-D 29

뉴포르 Ni-D 29는 1920년 초에 대량 생산 주문을 받았다. 1922년에 마침내 250대를 프랑스 공군에 처음 납품하였고, 스페인과 벨기에의 주문이 이어졌다. 일본은 단연코 가장 큰 고객으로 일본 육군을 위해 608대가 고-4(Ko-4)라는 이름으로 제작되었다.

제원	
제조 국가: 프랑스	
유형: 전투기	
동력 장치: 300마력(224kW) 이스파노-수이자 8Fb 8기통 V형 피스톤 엔진 1개	
성능: 최대 속도 235km/h; 실용 상승 한도 8,500m(27,885ft); 항속 거리 580km	
무게: 자체 중량 760kg; 최대 이륙 중량 1,150kg	
크기: 날개폭 9.7m; 길이 6.49m; 높이 2.56m; 날개넓이 26.7㎡	
무장: 고정식 전방 발사 0.303인치 빅커스 기관총 2정	

해군 항공기

최초의 해상 항공기는 해군에서 운용되는 비행선이나 육상 항공기가 아니라 수상비행기와 비행정이었다. 이 항공기들은 연안 및 대잠수함 초계, 함포 사격 탄착 수정 및 그 밖의 다른 임무에 사용되었다. 쇼트 184는 어뢰로 적의 배를 공격을 하는 뇌격기로 어느 정도 성공을 거두었다. 카멜은 영국 해군항공대가 프랑스에서 사용하였는데 북해를 가로질러 비행하는 체펠린 비행선을 요격하기 위해 바지선에 싣고서 군함이 견인하였다. 카멜은 복귀할 때 선박 근처 바다에 불시착했다. 비어드모어사의 W.B.III는 선박에서 운용하기 위해 특별히 설계된 최초의 항공기 중 하나다. *물 위를 활주하여 뜨고 내리는 비행기를 수상기(hydroplane)라고 하며, 육상기의 바퀴를 플로트로 바꾼 수상비행기(floatplane)와 기체 자체가 배의 동체처럼 되어 있는 비행정(flying boat)이 있다; 역자 주

한자 브라덴부르크 W.12

W.12는 KDW의 내재된 약점이었던 후방 공격에 대한 취약성을 해결하기 위해 설계되어 관측수 겸 기관총 사수를 위한 후방 조종석을 갖추고 있었다. W.12는 나무와 천으로 제작되었고, 후방의 기관총을 발사할 수 있게 공간을 비워둔 특이한 꼬리 날개를 가지고 있었으며, (일반적으로 꼬리 날개가 위로 세워져 있으나 W.12는 아래를 향하고 있다; 역자 주) 항공기 설계자인 하잉켈(Heinkel)이 버팀줄을 생략하였을 정도로 충분히 튼튼한 날개를 가지고 있었다.

제원	
제조 국가: 독일	
유형: 복좌 전투 수상기	
동력 장치: 160마력(119kW) 메르세데스 D.III 6기통 직렬 피스톤 엔진 1개	
성능: 최대 속도 160km/h; 실용 상승 한도 5,000m(16,405ft); 항속 시간 3시간 30분	
무게: 자체 중량 997kg; 최대 이륙 중량 1,454kg	
크기: 날개폭 11.2m; 길이 9.6m; 높이 3.3m; 날개넓이 35.3㎡	
무장: 고정식 전방 발사 7.92mm(0.31인치) LMG 08/15 기관총 1-2정; 후방 조종석 유동식 거치대에 7.92mm(0.31인치) 파라블럼 기관총 1정	

쇼트 184

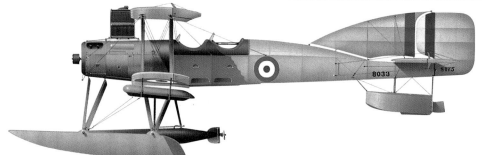

쇼트 184 기종은 제1차 세계대전 중에 영국 해군성의 요청으로 어뢰를 탑재하기 위한 수상비행기로 제작되었으며, 훌륭하게 복무하였다. 약 900대가 제작되었는데 초기에 어느 정도 극적인 성공을 거둔 후에는 주로 정찰기로 사용되었다. 이 항공기는 북극권에서부터 인도양까지 매우 많은 무대에서 운용되었다. 영국의 유명한 수상비행기 항공모함인 빈덱스호에서 운용된 3종의 항공기 중 하나다.

제원	
제조 국가: 영국	
유형: 복좌 뇌격기/정찰 수상기	
동력 장치: 260마력(194kW) 썬빔 마오리 V형 피스톤 엔진 1개	
성능: 최대 속도 142km/h; 실용 상승 한도 2,745m(9,000ft); 항속 시간 2시간 45분	
무게: 자체 중량 1,680kg; 최대 이륙 중량 2,433kg	
크기: 날개폭 19.36m; 길이 12.38m; 높이 4.11m; 날개넓이 63.92㎡	
무장: 후방 조종석의 피벗 거치대에 0.303인치 루이스 기관총 1정; 14인치 어뢰 1발 또는 최대 236kg(520lb)의 폭탄	

TIMELINE 1915 1917

솝위드 카멜 2F.1

카멜의 마지막 생산 버전은 함재 전투기인 2F.1였는데, 날개폭이 약간 줄었고 공중에서 버릴 수 있는 강철관으로 된 착륙장치와 (소형 항공모함에 싣기 위해) 분리할 수 있는 후방동체를 가지고 있었다. 휴전 당시에 영국 공군은 129대의 2F.1 카멜을 보유하고 있었는데 그중 112대는 그랜드 함대에서 운용하고 있었다. 이 항공기는 항공모함 뿐 아니라 전함에서도 운용했다.

제원	
제조 국가: 영국	
유형: 단좌 전투 정찰기	
동력 장치: 130마력(97kW) 클레제 로터리 피스톤 엔진 1개	
성능: 최대 속도 185km/h; 실용 상승 한도 5,790m(19,000ft); 항속 시간 2시간 30분	
무게: 자체 중량 421kg; 최대 이륙 중량 659kg	
크기: 날개폭 8.2m; 길이 5.72m; 높이 2.59m	
무장: 고정식 전방 발사 0.303인치 빅커스 기관총 1정; 0.303인치 루이스 기관총 1정; 동체 옆에 22.7kg(50lb) 폭탄 2발 탑재	

비어드모어 W.B.III

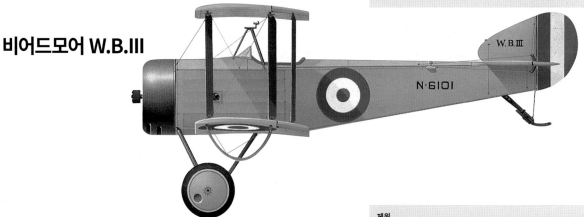

솝위드 펍사의 많은 전시(戰時) 면허 생산 업체 중 하나였던 발무어의 윌리엄 비어드모아주식회사는 항공모함에서 운용하기 위해 시험제작 버전인 비어드모어 W.B.III을 개발했다. 이 항공기는 접이식 착륙장치와 접이식 날개를 갖추고 있었고, 비상용 부양 장치를 싣기 위해 동체 길이가 길어졌다. 그리고 날개 사이의 버팀대는 평행으로 수정되었고, 막대로 작동하는 조종용 보조날개(aileron)가 있었다. 보조 날개 사이의 버팀대는 위, 아래 주날개에 장착되었다.

제원	
제조 국가: 영국	
유형: 단좌 함재 전투기	
동력 장치: 80마력(60kW) 르 론 9C 1개 또는 클레제 로터리 피스톤 엔진 1개	
성능: 최대 속도 166km/h; 실용 상승 한도 3,780m(12,400ft); 항속 시간 2시간 45분	
무게: 자체 중량 404kg; 최대 이륙 중량 585kg	
크기: 날개폭 7.62m; 길이 6.16m; 높이 2.47m; 날개넓이 22.57㎡	
무장: 0.303인치 루이스 기관총 1정	

펠릭스토우 F.5

존 포트(John C. Porte) 사령관의 F.2A는 제 1차 세계대전에서 영국 해군항공대의 표준 비행정이었다. 완전히 새롭게 설계된 F.5는 1918년부터 1925년 8월에 슈퍼마린 사우스햄턴 비행정으로 대체될 때까지 영국 공군의 표준 비행정이었다. 미국 해군은 1918년에 리버티 엔진으로 구동되는 F.5의 파생기종을 채택했는데 이것은 미국의 커티스와 토론토의 캐나다 항공, 미국 해군 항공기 공장에서 제작했다.

제원	
제조 국가: 영국	
유형: 정찰 비행정	
동력 장치: 350마력(261kW) 롤스로이스 이글 VIII 12기통 V형 피스톤 엔진 2개	
성능: 최대 속도 142km/h; 실용 상승 한도 2,075m(6800ft); 항속 시간 7시간	
무게: 자체 중량 4,128kg; 최대 이륙 중량 5,752kg	
크기: 날개폭 31.6m; 길이 15.01m; 높이 5.72m; 날개넓이 130.9㎡	
무장: 기수 총좌의 유동식 거치대에 0.303인치 루이스 기관총 1정 ; 기체 중간 양쪽 총좌의 유동식 거치대에 0.303인치 루이스 기관총 각 1정 ; 날개 아래 폭탄 장착대에 104kg 폭탄 4발	

1918

D.H.4와 D.H.9

제프리 드 하빌랜드(Geoffrey de Havilland)가 에어코(Airco)를 위해 설계한 D.H.4는 처음으로 주간 경폭격기 목적으로 설계된 항공기였다. 그런데 군에서 운용하면서 다른 많은 역할에도 적합한 것으로 판명되었다. 승무원들 자리 사이에 옹색하게 설치된 연료탱크 때문에 의사소통에 어려움이 있었고, 이로 인해 '불타는 관'이라는 별명을 얻었다. 리버티 엔진을 탑재한 D.H.9A는 전시에 성공적으로 운용되었으며, 전후에도 1930년대까지 전 세계에서 운용되었다.

에어코 D.H.4

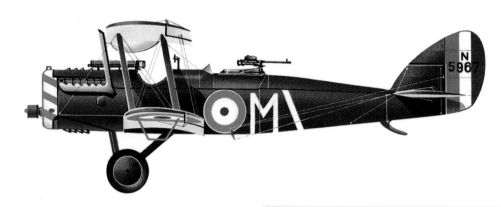

드 하빌랜드는 새로운 주간 폭격기에 대한 영국 항공부의 요청에 따라 200 BHP(비어드모아-할포드-풀링어) 엔진을 중심으로 에어코 D.H.4를 설계하였다. 주간 폭격기 역할에서 D.H.4는 제1차 세계대전 당시 동급 최고의 항공기였다. 조종사와 관측수 사이를 멀리 떨어뜨린 것은 공중에서 서로 의사소통을 방해했기 때문에 논란의 소지가 많고 잠재적으로 위험한 특징이었다. 예시는 롤스로이스의 이글 VI 엔진을 탑재한 영국 해군항공대 제5 비행대대의 항공기다.

제원	
제조 국가: 영국	
유형: 복좌 복엽 주간 폭격기 (웨스틀랜드 제작, 이글 VI 엔진)	
동력 장치: 250마력(186kW) 롤스로이스 이글 VI 직렬 피스톤 엔진 1개	
성능: 최대 속도 230km/h; 실용 상승 한도 6,705m(22,000ft); 항속 시간 3시간 45분	
무게: 자체 중량 1,083kg; 최대 이륙 중량 1,575kg	
크기: 날개폭 12.92m; 길이 9.35m; 높이 3.35m; 날개넓이 40.32㎡	
무장: 0.303인치 빅커스 기관총 4정(고정식 전방 발사 2정과 후방 조종석에 2정); 외부 파일런에 209kg(460lb)의 폭탄 탑재	

에어코 D.H.4

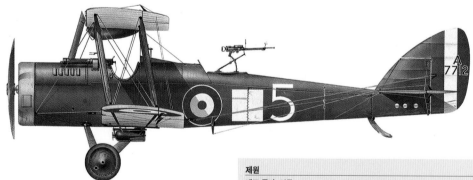

D.H.4 양산 항공기는 출력 200마력(149kW)에서 275마력(205kW) 사이의 다른 엔진 7종이 탑재되었다. D.H.4 중에서 최고는 롤스로이스사의 이글 VIII 375 마력(280kW) 엔진을 탑재하였지만, 생산 비용이 많이 들었고 프로펠러가 더 커서 더 긴 착륙장치가 필요했다. 에어코가 제작한 예시의 항공기는 배기통이 한 개이며 위에서 아래로 약간 좁아지는 라디에이터가 전면에 있어 구별되는 RAF 3a 엔진을 탑재하고 있다.

제원	
제조 국가: 영국	
유형: 복좌 주간 복엽 폭격기 (초기 RAF 3a 엔진)	
동력 장치: 200마력(149kW) RAF 3a 직렬 피스톤 엔진 1개	
성능: 최대 속도 230km/h; 실용 상승 한도 5,000m(17,400ft); 항속 시간 3시간 45분	
무게: 자체 중량 1,083kg; 최대 이륙 중량 1,575kg	
크기: 날개폭 12.92m; 길이 9.35m; 높이 3.35m; 날개넓이 40.32㎡	
무장: 고정식 전방 발사 0.303인치 빅커스 기관총 1정, 후방 조종석에 0.303인치 루이스 기관총 1정; 209kg(460lb)의 폭탄 탑재	

에어코 D.H.4 '리버티 비행기'

미국은 D.H.4에 대해 큰 관심을 보였으며, 1917년 중반부터 미국 회사들이 면허를 얻어 이 항공기를 생산했다. 전쟁이 끝난 후 많은 항공기가 민간 사업자들에게 양도되었는데 이때 미국의 D.H.4는 빠르게 늘어났다. 항공 방제와 항공지도 제작 등 역할이 다양해지면서 60종 이상의 다른 버전이 개발되었다. 예시는 D.H.48이다.

제원
제조 국가: 미국(영국)
유형: 복좌 주간 복엽 폭격기 (미국제 어메리칸 리버티 엔진)
동력 장치: 400마력(298kW) 패커드 리버티 12 직렬 피스톤 엔진 1개
성능: 최대 속도 230km/h; 실용 상승 한도 5,000m(17,400ft); 항속 시간 3시간 45분
무게: 자체 중량 1,083kg; 최대 이륙 중량 1,575kg
크기: 날개폭 12,92m; 길이 9,35m; 높이 3,35m; 날개넓이 40,32㎡
무장: 고정식 전방 발사 0.303인치 빅커스 기관총 1정과 후방 조종석에 0.303인치 루이스 기관총 1정; 외부 파일런에 209kg(460lb)의 폭탄 탑재

에어코 D.H.39

D.H.4가 동체를 새로 바꾸고 신뢰할 수 없는 저출력 엔진을 장착하였는데, 이것이 1918년 초 서부 전선에서 전투가 벌어졌을 때 막대한 손실을 입은 요인이 되었다. 이 항공기는 내전 당시의 러시아와 같이 공중에 적이 많지 않은 곳에서 더 많은 성공을 거두었다. 에스토니아는 1919부터 1933년까지 D.H.9 항공기를 운용했다. 예시는 에스토니아가 운용한 항공기다.

제원
제조 국가: 프랑스
유형: 복좌 주간 폭격기
동력 장치: 230마력(172kW) 암스트롱 시들리 푸마 직렬 피스톤 엔진 1개
성능: 최대 속도 182km/h; 항속 시간: 4시간 30분; 실용 상승 한도: 4,730m (15,500ft)
무게: 자체 중량 1,014kg; 최대 이륙 중량 1,723kg
크기: 날개폭 19,92m; 길이 9,27m; 높이 3,44m; 날개넓이 40,3㎡
무장: 0.303인치 빅커스 기관총 1정, 0.303인치 루이스 기관총 1-2정; 폭탄 최대 209kg(460lb)

에어코 D.H.9A

제1차 세계대전 중에 독일의 영국 공습 이후 영국 육군항공대는 즉각 규모를 2배로 늘렸다. D.H.9는 조종사와 관측수가 서로 등을 맞대고 앉도록 배치하여 D.H.4의 약점을 없애려했다. 1917년 12월부터 배치되었으나 D.H.9의 푸마 엔진은 신뢰할 수 없었으며 항공기의 상승 한도도 3,960m(13,000피트)로 훨씬 줄어들었다. 전후에 400마력(298kW) 리버티 엔진을 탑재하여 개선된 D.H.9A가 생산되었다.

제원
제조 국가: 영국
유형: 복좌 주간 복엽 폭격기(어메리칸 리버티 엔진)
동력 장치: 420마력(313kW) 패커드 리버티 12 V형 12기통 피스톤 엔진 1개
성능: 최대 속도 198km/h; 실용 상승 한도 5,105m; 항속 시간 5시간 15분
무게: 자체 중량 1,270kg; 최대 이륙 중량 2,107kg
크기: 날개폭 14,01m; 길이 9,22m; 높이 3,45m; 날개넓이 45,22㎡
무장: 고정식 전방 발사 0.303인치 빅커스 기관총 1정, 후방 조종석의 스카프 링 방식 거치대에 0.303인치 루이스 기관총 1정 또는 2정; 외부 파일런에 299kg(660lb)의 폭탄 탑재

대형 폭격기

1914년 이전에는 승무원 외에 많은 화물을 실을 수 있는 다발 엔진 항공기가 드물었다. 전쟁이 진행됨에 따라 전선은 더욱 고정되고 요새화되었으며 공군은 적의 후방 지역과 통신선, 도시를 공격할 수 있는 폭격기가 필요해졌다. 특히 독일 육군항공대는 해군의 체펠린 비행선을 보완하기 위해 대형 '자이언트' 항공기를 개발했다. 영국 공격을 통해 상대적으로 물리적 피해는 거의 주지 못했지만 불안을 야기하고 자원을 전선에서 대공 방어로 돌리도록 만들었다.

카프로니 Ca.3

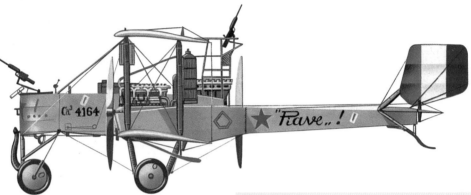

1917년에 도입된 Ca.3는 Ca.2 보다 더욱 강력한 엔진과 더 큰 폭탄을 탑재했으며, 의심할 여지없이 제1차 세계대전에서 연합국의 가장 성공적인 폭격기였다. 프랑스의 로베르 에스노-펠테리가 약 83대의 Ca.3기를 면허 제작하여 프랑스 육군항공대의 2개 부대가 운용했다. 예시는 이탈리아 항공대 제11 비행전대 제7 비행대대의 Ca.3이다.

제원
제조 국가: 이탈리아	
유형: 4좌 주간 중폭격기	
동력 장치: 150마력(112kW) 이소타-프라스키니 V.4B 직렬 피스톤 엔진	
성능: 최대 속도 140km/h; 실용 상승 한도 4,100m(13,450ft); 항속 거리 450km	
무게: 자체 중량 2,300kg; 최대 이륙 중량 3,312kg	
크기: 날개폭 22.2m; 길이 10.9m; 높이 3.7m	
무장: 조종석의 유동식 거치대에 7.7mm(0.303인치) 리벨리 기관총 2정 또는 4정; 폭탄 탑재량 최대 450kg(992lb)	

고타 G.V

체펠린 제작소의 비행선 및 'R' 시리즈와 함께 고타 철도 차량 공장의 'G(-Grossflugzeug, 대형 비행기)' 시리즈는 제1차 세계대전 당시 독일의 전략적 폭격에서 주요한 역할을 했다. G.IV 이후부터 주요 생산 버전에는 후방의 기관총 사수 자리로 이어지는 터널이 있었다. G.V와 G.Va 항공기는 1918년 4월 독일 공군이 야간 폭격을 포기하기 전까지 한정된 수량만 제작되었다.

제원
제조 국가: 독일	
유형: 3좌 장거리 복엽 폭격기	
동력 장치: 260마력(194kW) 메르세데스 D.IVa 6기통 직렬 피스톤 엔진 2개	
성능: 최대 속도 140km/h; 실용 상승 한도 6,500m; 항속 거리 500km	
무게: 자체 중량 2,740kg; 최대 이륙 중량 3,975kg	
크기: 날개폭 23.7m; 길이 11.86m; 높이 4.3m; 날개넓이 89.5㎡	
무장: 7.92mm(0.31인치) 파라블럼 기관총 4정(2정은 기수의 유동식 거치대, 2정은 동체 위쪽의 유동식 거치대); 최대 폭탄 탑재량 500kg(1,102lb)	

TIMELINE

1914

1916

브레게 Bre.14 A.2

1916년 여름, 루이 브레게사의 수석 엔지니어인 루이 뷔예름(Louis Vullierme)은 전쟁 시기 브레게의 가장 성공한 제품인 Bre.14를 설계하기 시작했다. 이 복좌 정찰기 겸 경폭격기의 시제기는 겨우 5개월 후에 첫 비행을 했고, 그 다음해 봄에 Bre.14 A.2의 첫 양산 항공기가 프랑스 육군항공대에 취역했다. Bre.14는 견고함과 신뢰성으로 빠르게 명성을 얻었다.

제원	
제조 국가: 프랑스	
유형: 복좌 복엽 정찰기/경폭격기	
동력 장치: 300마력(224kW) 르노 12Fe 직렬 피스톤 엔진 1개	
성능: 최대 속도 184km/h; 실용 상승 한도 6,000m(19,690ft); 항속 시간 3시간	
무게: 자체 중량 1,030kg; 최대 이륙 중량 1,565kg	
크기: 날개폭 14,36m; 길이 8,87m; 높이 3,3m; 날개넓이 47,50㎡	
무장: 고정식 전방 발사 0,303인치 기관총 1정; 후방 조종석에 0,303인치 루이스 기관총 2정; 최대 40kg(88lb)의 폭탄	

체펠린-슈타켄 R 시리즈

제1차 세계대전에서 사용된 가장 큰 항공기는 체펠린의 슈타켄 공장에서 생산된 느리지만 유능한 'R'(Riesenflugzeug, 대형 비행기) 시리즈였다. 바우만(Baumann)과 허트(Hirth), 클라인(Klein)의 설계팀은 3-5개의 엔진을 탑재하고 방어용 무장을 다르게 조합한 여러 대의 일회성 폭격기를 만들었고, 이 작업을 통해 마침내 R.VI를 만들어 냈다. 추락사고로 잃은 V.G.O.I 이외의 모든 대형 폭격기들은 동부 전선이나 영국과의 전투에서 사용되었다.

제원	
제조 국가: 독일	
유형: 중폭격기	
동력 장치: 245마력 마이바흐 Mb.IV 6기통 직렬 피스톤 엔진 4개	
성능: 최대 속도 130km/h; 실용 상승 한도 3,800m(12,500ft); 항속 거리 800km	
무게: 자체 중량 7,350kg; 최대 이륙 중량 11,460kg	
크기: 날개폭 42,2m; 길이 22,1m; 높이 6,3m	
무장: 기수에 7,92mm(0.31인치) 파라블럼 기관총 1-2정; 동체 위쪽 조종석에 7,92mm(0.31인치) 파라블럼 기관총 1-2정; 후방에 7,92mm(0.31인치) 파라블럼 기관총 1정; 내부 폭탄창에 최대 100kg(220lb) 폭탄 18발 또는 아래쪽에 1,000kg(2,205lb) 폭탄 1발, 최대 2,000kg(4,409lb) 탑재	

아에게 G.IV

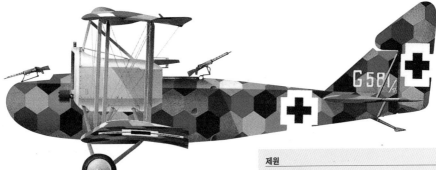

G.IV는 1916년 말까지 취역하지 못했다. 강철관에 직물과 합판으로 외피를 덮은 항공기 안에는 4명의 승무원 위치가 서로 연결되어 있어서 승무원은 필요에 따라 비행 중에 자리를 바꿀 수 있었다. 하지만 폭탄을 최대로 탑재하고 승무원 3명이 탑승하면 항속 거리가 제한되었다. 예시는 1918년 여름에 프랑스의 바즈엘에 주둔한 제4 폭격비행단, 제19 비행대대의 G.IV 항공기다.

제원	
제조 국가: 독일	
유형: 4인승 복엽 폭격기/정찰기	
동력 장치: 260마력(194kW) 메르세데스 D.IVa 직렬 엔진 2개	
성능: 최대 속도 165km/h; 실용 상승 한도 4,500m(14,765ft); 항속 시간 5시간	
무게: 자체 중량 2,400kg; 최대 이륙 중량 3,630kg	
크기: 날개폭 18,40m; 길이 9,7m; 높이 3,9m; 날개넓이 67㎡	
무장: 전방 조종석의 고리식 회전 거치대에 7,92mm (0.31인치) 파라블럼 기관총 1정; 조종석 뒤 레일 거치대에 7,92mm(0.31인치) 파라블럼 기관총 1정; 날개 아래 파일런에 최대 400kg(882lb)의 폭탄 탑재	

1917

로얄 에어크래프트 팩토리 S.E.5a

의심할 여지없이 판보로의 로얄 에어크래프트 팩토리에서 나온 최고의 전투기인 S.E.5(Scout Experimental, 정찰 실험기)는 제1차 세계대전의 가장 위대한 전투기 중 하나였다. 이 항공기는 H.P. 폴랜드(H. P. Folland)와 J. 켄워시(J. Kenworthy)가 함께 새로운 이스파노-수이자 엔진(이 엔진은 나중에 골칫거리로 판명되었다)을 중심으로 설계했고, 3대의 시제기 중 첫 번째가 1916년 11월에 비행을 했다.

로얄 에어크래프트 팩토리 S.E.5a

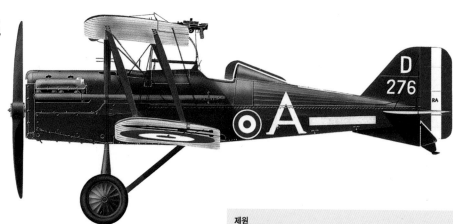

제1차 세계대전에서 영국의 최고 에이스인 에드워드 '믹' 매녹(Edward 'Mick' Mannock) 소령은 제74 비행대대 A 편대의 편대장이었을 때 이 S.E.5a를 조종했다. 비록 이때는 그가 격추를 기록하지 못한 것으로 알려졌지만 그가 기록한 61번의 격추 중에서 16번을 제외하고는 모두 S.E.5a를 타고 이룬 성적이었다. 나머지 16번은 다양한 뉴포르 전투기로 격추했다.

제원	
제조 국가:	영국
유형:	단좌 전투 정찰기
동력 장치:	200마력(149kW) 울슬리(면허 제작) 이스파노-수이자 8a 8기통 V형 피스톤 엔진 1개
성능:	최대 속도 222km/h; 실용 상승 한도 5,185m(17,000ft); 항속 거리 483km
무게:	자체 중량 639kg; 최대 이륙 중량 902kg
크기:	날개폭 8.11m; 길이 6.38m; 높이 2.89m; 날개넓이 22.67㎡
무장:	고정식 전방 발사 0.303인치 빅커스 기관총 1정, 윗날개의 포스터식 레일 거치대(Foster mount)에 0.303인치 루이스 기관총 1정

로얄 에어크래프트 팩토리 S.E.5a

제56 비행대대는 1917년 3월에 최초로 S.E.5a를 받은 부대였다. 이 비행대대의 조종사들, 특히 에이스인 알버트 볼(Albert Ball)은 설계를 개선하는데 중요한 역할을 하였으며, 그 덕분에 S.E.5a가 제1차 세계대전에서 가장 성공적인 영국 육군항공대의 전투기가 되었다고 할 정도였다. 중요한 변화 중 한 가지는 조종사들이 '온실'이라고 불렀던 성가신 앞 유리를 제거한 것이었다.

제원	
제조 국가:	영국
유형:	단좌 전투 정찰기
동력 장치:	150마력(112kW) 이스파노-수이자 8a 8기통 직렬 피스톤 엔진 1개
성능:	최대 속도 177km/h; 실용 상승 한도 5,185m(17,000ft); 항속 거리 483km
무게:	자체 중량 639kg; 최대 이륙 중량 902kg
크기:	날개폭 8.11m; 길이 6.38m; 높이 2.89m; 날개넓이 22.67㎡
무장:	고정식 전방 발사 0.303인치 빅커스 기관총 1정, 윗날개의 포스터식 레일 거치대에 0.303인치 루이스 기관총 1정

로얄 에어크래프트 팩토리 S.E.5a

또 다른 제56 비행대대의 항공기인 이 S.E.5a는 전쟁에서 살아남아 1923년 민간 회사에 팔렸다. 이 회사는 연기 항적을 이용해서 영국 도시 상공의 '하늘에 쓰는' 광고에 이 항공기를 사용하였다. 이 항공기는 두 번째 경력을 마친 후에 아주 운이 좋게도 보존되었고, 나중에 영국 공군 박물관에 전시되었다.

제원
제조 국가: 영국
유형: 단좌 전투 정찰기
동력 장치: 180마력(134kw) 울슬리 바이퍼 1 V-8 엔진 1개
성능: 최대 속도 177km/h; 실용 상승 한도 5,185m(17,000ft); 항속 거리 483km
무게: 자체 중량 639kg; 최대 이륙 중량 902kg
크기: 날개폭 8.11m; 길이 6.38m; 높이 2.89m; 날개넓이 22.67㎡
무장: 고정식 전방 발사 0.303인치 빅커스 기관총 1정, 윗날개의 포스터식 레일 거치대에 0.303인치 루이스 기관총 1정

로얄 에어크래프트 팩토리 S.E.5a

미국 육군항공대는 S.E.5a와 뉴욕의 에버하트 항공이 180마력 라이트-이스파노 E 엔진을 탑재하여 제작한 S.E.5e 수정 버전의 주요 사용자였다. 여기 예시의 S.E.5a는 미국 육군항공대가 1917년에서 1918년까지 사용한 원 모양 표식을 달고 있다.

제원
제조 국가: 영국
유형: 단좌 전투 정찰기
동력 장치: 200마력(149kW) 울슬리 W.4a 8기통 V형 피스톤 엔진 1개
성능: 최대 속도 222km/h; 실용 상승 한도 5,185m(17,000ft); 항속 거리 483km
무게: 자체 중량 639kg; 최대 이륙 중량 902kg
크기: 날개폭 8.11m; 길이 6.38m; 높이 2.89m; 날개넓이 22.67㎡
무장: 고정식 전방 발사 0.303인치 빅커스 기관총 1정; 윗날개의 포스터식 레일 거치대에 0.303인치 루이스 기관총 1정

로얄 에어크래프트 팩토리 S.E.5a

S.E.5는 여러 영국 제국의 공군에 취역했다. 그중에서 오스트레일리아 공군은 35대를 사용하였는데 1920년대 말까지 운용했다. 그중 한 대는 복좌기로 개조되었다.

제원
제조 국가: 영국
유형: 단좌 전투 정찰기
동력 장치: 200마력(149kW) 울슬리 W.4a 8기통 V형 피스톤 엔진 1개
성능: 최대 속도 222km/h; 실용 상승 한도 5,185m(17,000ft); 항속 거리 483km
무게: 자체 중량 639kg; 최대 이륙 중량 902kg
크기: 날개폭 8.11m; 길이 6.38m; 높이 2.89m; 날개넓이 22.67㎡
무장: 고정식 전방 발사 0.303인치 빅커스 기관총 1정; 윗날개의 포스터식 레일 거치대에 0.303인치 루이스 기관총 1정

알바트로스

알바트로스 비행기 공장은 최초로 성공한 항공기 제조회사 중의 하나로 1909년에서 1910년 사이에 베를린의 요한니스탈에서 설립되었다. 가장 주목할 만한 초기 제품은 조종사가 후방 조종석에 앉고 관측수가 전방 조종석에 앉는 알바트로스 B.I 복좌 정찰기였다. 'D' 시리즈 단좌 정찰기는 목제 모노코크 구조(항공기 동체의 외피만으로 하중을 견디게 만든 구조; 역자 주)의 동체와 V자 모양의 날개 버팀대를 갖추고 있었는데 이 버팀대가 약점이었다. 알바트로스 전투기들은 민첩하고 빨랐지만 대체로 뛰어난 연합국 정찰기보다 조금 늦게 나왔다.

알바트로스 C.III

1916년 말에 처음 취역한 C.III는 알바트로스에서 가장 많이 생산한 복좌 항공기였다. 관측수가 조종사의 뒤에 있는 C.I의 구성을 대체로 비슷하게 따랐지만 꼬리 날개는 다시 설계하였다. 나중에 이 항공기에는 동기화된 전방 발사 기관총이 장착되었고, 두 승무원 사이에 소형 폭탄을 보관할 수 있는 칸이 만들어졌다. 예시는 1917년 1월에 동부 전선을 비행한 제14 비행대의 브루노 마아스(Bruno Maas) 중위의 C.III이다.

제원	
제조 국가: 독일	
유형: 복좌 범용 복엽기	
동력 장치: 150마력(112kW) 벤츠 Bz.III 또는 160마력(119kW) 메르세데스 D.III 직렬 피스톤 엔진 1개	
성능: 최대 속도 140km/h; 실용 상승 한도 3,350m(11,000ft); 항속 시간 약 4시간	
무게: 자체 중량 851kg; 최대 이륙 중량 1,353kg	
크기: 날개폭 11.69m; 길이 8.0m; 높이 3.07m(벤츠엔진 탑재), 3.10m(메르세데스 엔진 탑재); 날개넓이 36.91㎡	
무장: 후방 조종석의 유동식 거치대에 7.92mm (0.31인치) 파라블럼 기관총 1정; 후기에는 7.92mm(0.31인치) LMG 08/15 고정식 전방 발사 기관총 1종, 작은 내부 폭탄창	

알바트로스 D.V .

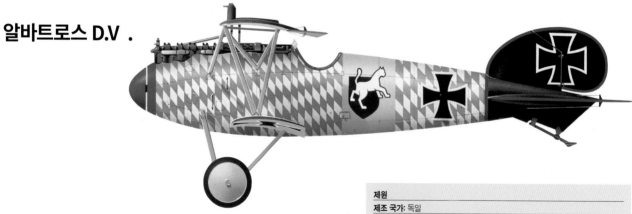

D.V는 독일 공군에서 가장 색상이 화려한 기종 중 하나였다. 예시의 제5 비행대대 항공기는 이름을 모르는 조종사가 조종했는데 바이에른 주의 색상에 양식화된 바이에른 주의 상징인 사자 문양으로 장식되어 있다.

제원	
제조 국가: 독일	
유형: 단좌 정찰 전투기	
동력 장치: 180/200마력(134/149kW) 메르세데스 D.II 직렬 피스톤 엔진 개	
성능: 최대 속도 186km/h; 실용 상승 한도 5,700m(18,700ft); 항속 시간 약 2시간	
무게: 자체 중량 687kg; 최대 이륙 중량 937kg	
크기: 날개폭 9.05m; 길이 7.33m; 높이 2.70m; 날개넓이 21.20㎡	
무장: 고정식 전방 발사 7.92mm(0.31인치) LMG 08/15 기관총 2정	

알바트로스 D.V

1917년 초에 도입된 'D' 시리즈는 한동안 최고의 전투 정찰기였다. 'D' 시리즈는 익숙한 형태인 1베이(bay, 복엽기의 날개 사이의 버팀대를 기준으로 나눠지는 칸을 말하는 것으로 동체 좌우에 날개 버팀대가 1조씩 있는 경우 1베이, 2조씩 있는 경우 2베이라 한다; 역자 주)와 스태거 복엽기 날개(윗날개가 아랫날개보다 앞쪽에 위치한 복엽기; 역자 주) 평면을 따랐으나, 동체는 타원형이고 모노코크 구조(항공기 동체의 외피만으로 하중을 견디게 만든 구조; 역자 주)로 만들어졌다. D 시리즈는 날개 위치를 조정한 D.II와 D.III를 거치면서 수정이 이루어졌다. 연합군 전투기의 능력이 빠르게 향상됨에 따라 D.V가 개발되었다.

제원	
제조 국가: 독일	
유형: 단좌 복엽 정찰기	
동력 장치: 180마력/200마력(134/149kW) 메르세데스 D,II 직렬 피스톤 엔진 1개	
성능: 최대 속도 186km/h; 실용 상승 한도 5,700m(18,700ft); 항속 시간 약 2시간	
무게: 자체 중량 687kg; 최대 이륙 중량 937kg	
크기: 날개폭 9,05m; 길이 7,33m; 높이 2,70m; 날개넓이 21,20㎡	
무장: 고정식 전방 발사 7,92mm(0,31인치) LMG 08/15 기관총 2정	

알바트로스 D.Va

D.Va는 D.III의 윗날개와 보조날개 조종 장치로 되돌아갔다. D.V와 D.Va의 생산은 3,000대가 넘었고, 양측의 최신 정찰기에 압도당했던 1918년 5월에도 서부 전선에서 1,512대가 운용되고 있었다.

제원	
제조 국가: 독일	
유형: 단좌 전투 정찰기	
동력 장치: 180/200마력(134/149kW) 메르세데스 D,II 직렬 피스톤 엔진 1개	
성능: 최대 속도 186km/h; 실용 상승 한도 5,700m(18,700ft); 항속 시간 약 2시간	
무게: 자체 중량 687kg; 최대 이륙 중량 937kg	
크기: 날개폭 9,05m; 길이 7,33m; 높이 2,70m; 날개넓이 21,20㎡	
무장: 고정식 전방 발사 7,92mm (0,31인치) LMG 08/15 기관총 2정	

알바트로스 J.I

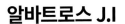

알바트로스는 보병 근접지원이라는 새로운 역할을 위해 저고도 비행을 위한 방호 장갑을 두른 J.I를 개발하였다. 이 때문에 중량이 490kg 늘어났는데 약한 엔진과 결합해서 성능에 악영향을 미쳤다. 1917년에 취역한 J.I는 그 단점에도 불구하고 어느 정도 성공을 거두었다. 예시는 전후 폴란드 공군의 J.I이다.

제원	
제조 국가: 독일	
유형: 복좌 근접지원 복엽기	
동력 장치: 200마력(149kW) 벤츠 Bz,IV 직렬 피스톤 엔진 1개	
성능: 최대 속도 140km/h; 실용 상승 한도 4,000m(13,120ft); 항속 시간 약 2시간 30분	
무게: 자체 중량 1,398kg; 최대 이륙 중량 1,808kg	
크기: 날개폭 14,14m; 길이 8,83m; 높이 3,37m; 날개넓이 42,82㎡	
무장: 고정식 하방 발사 7,92mm (0,31인치) LMG 08/15 기관총 2정; 후방 조종석의 움직일 수 있는 거치대에 7,92mm (0,31인치) 파라블럼 기관총 1정	

영국의 폭격기

영국은 독일의 영국 본토 공습에 대한 보복으로 독일의 도시를 공격하고자 1917년 말에 전장에서 육군의 전술적 요구와 분리된 임무를 수행하는 독립된 항공 공격 부대를 창설하였다. 이것이 1918년 창설된 영국 공군의 전신이다. 가장 성공한 영국의 대형 항공기 제조업체는 핸들리 페이지였으며, 초대형 폭격기 V/1500을 포함한 대부분의 전시 중(重)폭격기를 생산하였다. 다만 V/1500는 너무 늦게 나와서 전투에 투입되지는 못했다.

핸들리 페이지 0/400

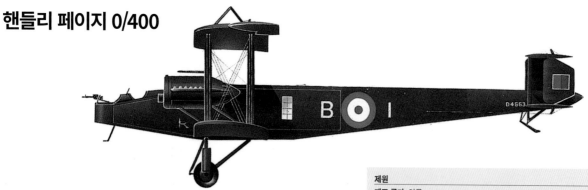

미국 공군은 0/400 기종을 구입하기를 열망하여 스탠다드 항공기회사가 패커드 리버티 12 엔진을 탑재한 항공기를 제작할 수 있는 생산 면허를 받았다. 영국 항공기는 미국에 부품 일체와 함께 본을 보냈지만 생산은 천천히 시작되었다. 스탠다드는 총 33대를 생산했고 13대만 실제로 미국 육군에 취역했다.

제원	
제조 국가: 영국	
유형: 3인승 복엽 중폭격기	
동력 장치: 350마력(261kW) 패커드 리버티 12 직렬 피스톤 엔진 2개	
성능: 최대 속도 122km/h; 실용 상승 한도 2,590m(8,500ft); 항속 거리 with 폭탄 탑재량 724km	
무게: 자체 중량 3,629kg; 적재 중량 6,350kg	
크기: 날개폭 30.48m; 길이 19.16m; 높이 6.7m; 날개넓이 153.1㎡	
무장: 0.303인치 루이스 기관총 4정 (기수의 조종석에 2정; 동체 위쪽 총좌에 1정; 동체 아래쪽 총좌에 1정); 내부 폭탄창에 최대 1,814kg(4,000lb) 탑재	

핸들리 페이지 0/10

핸들리 페이지는 1919년에 정부로부터 되사온 잉여 항공기 몇 대를 개조하여 12명에서 16명의 승객을 태울 수 있는 좌석을 만들고 0/10으로 명명했다. 그중 약 25대가 크릭클우드에 있는 회사 시설에서 레저용으로 운용되었고, 또 런던에서 파리, 브뤼셀, 암스테르담을 연결하는 노선에서 운용되었다. G-EATN은 핸들리 페이지가 마지막으로 제작한 0/400 중 하나였으며, 전후에 12명의 승객을 수용할 수 있는 0/10 표준으로 개조되었다.

제원	
제조 국가: 영국	
유형: 12좌 승객 수송 복엽기	
동력 장치: 360마력(268kW) 롤스로이스 이글 VIII V형 12기통 피스톤 엔진 2개	
성능: 최대 속도 122km/h; 실용 상승 한도 2,590m(8,500ft); 항속 거리 724km	
무게: 자체 중량 3,629kg; 최대 이륙 중량 6,350kg	
크기: 날개폭 30.48m; 길이 19.16m; 높이 6.7m; 날개넓이 153.1㎡	

핸들리 페이지 0/400

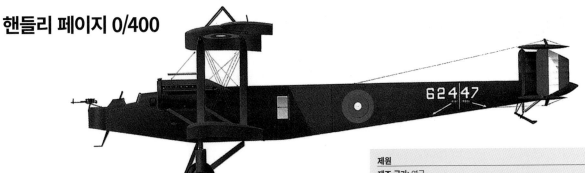

1916년 조지 볼커트(George Volkert)는 연료탱크를 엔진실에서 동체로 옮기고 롤스로이스 이글 VIII 엔진을 탑재하여 0/100을 0/400으로 개조했다. 1918년 여름에 0/400은 새로 조직된 독립 폭격 부대의 중추였다. 최대 40대의 대형 항공기 편대가 독일의 산업 지역과 통신 시설에 대한 야간 공격을 시작했다.

제원	
제조 국가: 영국	
유형: 3인승 복엽 중폭격기	
동력 장치: 360마력(268kW) 롤스로이스 이글 VIII V형 12기통 피스톤 엔진 2개	
성능: 최대 속도 122km/h; 실용 상승 한도 2,590m(8,500ft); 항속 거리 724km(폭탄 탑재)	
무게: 자체 중량 3,629kg; 적재 중량 6,350kg	
크기: 날개폭 30.48m; 길이 19.16m; 높이 6.7m 날개넓이 153.1㎡	
무장: 0.303인치 루이스 기관총 4정(기수의 조종석에 2정; 동체 위쪽 총좌에 1정; 동체 아래쪽 총좌에 1정); 내부 폭탄창에 113kg(250lb) 폭탄 8발 또는 51kg(112lb) 폭탄 16발	

아브로 529A

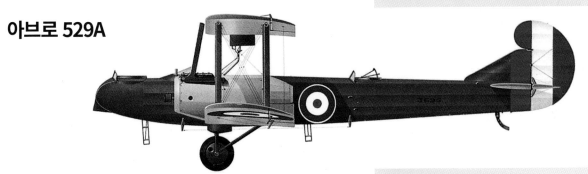

아브로 529 시제기는 원래의 설계 치수를 늘려서 만들었다. 다른 변경 사항은 엔진 바깥쪽에 힌지로 연결된 날개와 수정한 꼬리 날개, 후방 추진 방식이 아니라 전방 견인 방식으로 장착된 쌍발 롤스로이스 팰컨 엔진 등이다. 두 번째 시제품은 230마력(172kW) BHP 엔진으로 교체하고 연료 장치를 수정하였다. 고스포트 튜브(Gosport tube, 비행 교관이 학생들에게 지시사항과 방향을 알려주기 위해 사용하던 기내 통화용 관; 역자 주) 장치를 통한 승무원 좌석 간의 의사소통은 혁신적인 특징이었으나 양산 주문을 받지 못했다.

제원	
제조 국가: 영국	
유형: 3인승 장거리 폭격기	
동력 장치: 230마력(172kW) BHP 직렬 피스톤 엔진 2개	
성능: 최대 속도 153km/h; 실용 상승 한도 4,115m(13,500ft); 항속 시간 5시간	
무게: 자체 중량 2,148kg; 최대 이륙 중량 2,862kg	
크기: 날개폭 19.2m; 길이 12.09m; 높이 3.96m; 날개넓이 85.7㎡	
무장: 스카프식 회전 거치대에 0.303인치 루이스 기관총 2정 (전방 조종석 1정; 후방 조종석 1정); 내부 폭탄창에 최대 23kg(50lb)의 폭탄	

빅커스 비미 Mk II

빅커스 비미는 휴전 직전에 동부 전선에 도착했지만 계속 운용되어 1,2차 세계 대전 사이 기간의 가장 중요한 폭격기 중 하나이자 장거리 항속 기록을 갱신하는 항공기가 되었다. 예시의 Mk II 버전은 원래는 미국의 리버티 엔진을 탑재하려고 했다.

제원	
제조 국가: 영국	
유형: 쌍발 중폭격기	
동력 장치: 360마력(269kW) 롤스로이스 이글 VIII V형 12기통 피스톤 엔진 2대	
성능: 최대 속도 166km/h; 실용 상승 한도 3,048m(10,000ft); 항속 거리 1,464km	
무게: 자체 중량 3,222kg; 최대 이륙 중량 5,647kg	
크기: 날개폭 20.47m; 길이 13.27m; 높이 4.65m; 날개넓이 123.56㎡ (1330 sq ft)	
무장: 0.303인치 루이스 기관총 2정; 최대 폭탄 1,124kg(2,476lb)	

복좌 항공기

전쟁이 진행되면서 복좌 정찰기와 경폭격기가 더욱 강력하고 활발해졌다. 몇몇 기종은 전방 발사 기관총으로 무장하고 더 유리한 조건으로 적 전투기와 교전할 수 있는 '전투 정찰기'가 되었다. 1918년에 브리스톨 F.2B가 도입되었을 때 이 항공기는 이전의 복좌기처럼 편대를 이루어 비행하면서 기관총 사수가 서로 지원하는 방식으로 사용되었다. 폰 리히트호펜의 '곡예비행단'(von Richthofen's 'Flying Circus', 폰 리히트호펜은 제1차 세계대전 중에 최고의 격추 기록을 세운 독일의 조종사로 '붉은 남작'이라는 별명을 가지고 있었다. 그가 지휘하던 비행 부대를 'Flying Circus'라고 했다; 역자 주)의 알바트로스 전투기 편대가 그들을 각각 찢어 놓았으나, 바로 F.2B는 전투기처럼 공격적으로 사용하였을 때 매우 효과적이라는 것을 깨닫게 되었다.

아에게 C.IV

알게마이네 전기회사(AEG, 아에게)의 'C' 시리즈는 1915년에 복좌 무장 정찰기로 도입된 C.I으로 시작했다. 이 시리즈에서 가장 중요한 기종은 C.IV였다. 날개폭을 키운 야간 폭격기인 IV.N도 개발하였다. 예시는 1917년 봄부터 제224 'A(Artillery Cooperation, 포병대 협력)' 비행대에서 운용한 C.IV이다.

제원	
제조 국가: 독일	
유형: 복좌 무장 복엽 정찰기	
동력 장치: 160마력(119kW) 메르세데스 D.III 직렬 피스톤 엔진 1개	
성능: 최대 속도 115km/h; 실용 상승 한도 5,000m(16,400ft); 항속 시간 4시간	
무게: 자체 중량 800kg; 최대 이륙 중량 1,120kg	
크기: 날개폭 13.45m; 길이 7.15m; 높이 3.35m; 날개넓이 39㎡	
무장: 고정식 전방 발사 7.92mm(0.31인치) LMG 08/15 기관총 1정; 후방 조종석 관측수용 고리형 거치대에 7.92mm(0.31인치) 파라블럼 기관총 1정	

암스트롱 휘트워스 F.K.8

육군과의 협력의 중요성이 더욱 커지면서 1916년부터 F.K.3의 확대 버전이 개발되었고 F.K.8.로 명명되었다. 쿨호벤(Koolhoven)은 이 항공기를 더욱 강력한 엔진을 탑재할 수 있게 튼튼한 동체로 설계하였다. '빅 액(Big Ack, F.K.8의 별명; 역자 주)'은 강하고 신뢰할 수 있다는 평판을 얻었고, 서부 전선과 마케도니아, 팔레스타인 지역에서 모든 종류의 정찰과 폭격, 기총소사 임무를 수행했다.

제원	
제조 국가: 영국	
유형: 복좌 범용 항공기	
동력 장치: 160마력(119kW) 비어드모어 엔진 1개, 150마력(112kW) 로레인 디트리히 엔진 또는 150마력(112kW) 로얄 에어크래프트 팩토리 4A 직렬 피스톤 엔진 1개	
성능: 최대 속도 153km/h; 실용 상승 한도 3,690m(13,000ft); 항속 시간 3시간	
무게: 자체 중량 869kg; 최대 이륙 중량 1,275kg	
크기: 날개폭 13.26m; 길이 9.58m; 높이 3.33m; 날개넓이 50.17㎡	
무장: 고정식 전방 발사 0.303인치 빅커스 기관총 1정; 후방 조종석의 유동식 거치대에 0.303인치 루이스 기관총 1정	

도랜드 Ar.I

1916년에 프랑스 정부는 파르만 F.20을 대체하기 위해 견인식 엔진을 설치한 복엽 항공기에 대한 요구사항 명세를 발표했다. 프랑스 육군의 기술 부문 사령관인 도랜드(Dorand) 대령은 자신의 (성공하지 못한) 1914년 복엽 항공기 중 하나인 D.O.I의 개량 버전을 제출하였다. 도랜드 Ar.I으로 다시 명칭이 부여된 이 항공기는 1916년 9월에 시험 비행을 마치고 항공대에서 운용하기 위해 대량 생산되어 서부 전선과 이탈리아 전선에 배치되었다.

제원

제조 국가:	프랑스
유형:	복좌 복엽 정찰기
동력 장치:	200마력(149kW) 르노 8Gdy 직렬 피스톤 엔진 1개
성능:	최대 속도 148km/h; 실용 상승 한도 5,500m(18,045ft); 항속 시간 3시간
무게:	최대 이륙 중량 1,315kg
크기:	날개폭 13,29m; 길이 9.14m; 높이 3.3m; 날개넓이 50.17㎡
무장:	고정식 전방 발사 0.303인치 빅커스 기관총 1정; 후방 조종석의 유동식 거치대에 0.303인치 루이스 기관총 1-2정

포커 C.I

C.I은 사실상 이전의 D.VIII의 확대 버전이다. 시제기는 1918년 슈베린에서 V.38이란 이름으로 시험되었으나 휴전 시기까지 완성된 것은 없었다. 포커는 미완성된 C.I의 항공기 기체를 독일에서 네덜란드로 밀반출해서 생산을 계속했다. 모두 약 250대가 생산되었다. 네덜란드 육군은 가장 큰 고객으로 정찰용으로 62대를 구입했고, 소련은 42대를 구입했다.

제원

제조 국가:	독일
유형:	복좌 정찰기
동력 장치:	185마력(138kW) B.M.W IIIa 6기통 직렬 피스톤 엔진 1개
성능:	최대 속도 175km/h; 실용 상승 한도 4000m(13,125ft); 항속 거리 620km
무게:	자체 중량 855kg; 최대 이륙 중량 1,255kg
크기:	날개폭 10.5m; 길이 7,23m; 높이 2,87m; 날개넓이 26,25㎡
무장:	고정식 전방 발사 0.303인치 기관총 1정, 후방 조종석 위 링 거치대에 0.303인치 기관총, 동체 아래 장착대에 폭탄 12.5kg(27.5lb)

브리스톨 F.2B 파이터

프랭크 반웰(Frank Barnwell)은 9호 기종 R.2A를 복좌 정찰기로 설계하였으나 1916년 8월에 엔진을 바꾸고 새로운 전투기 역할을 나타내기 위해 12호 기종 F.2A로 다시 명명하였다. F.2B는 주요 파생기종으로 조종사의 시야를 개선하기 위해 위쪽의 세로 골조를 변경하고, 연료탱크를 확대하고, 다양한 엔진을 탑재하였다. 총 5,308대가 생산되었고 영국 공군에서 1932년까지 운용되었다.

제원

제조 국가:	영국
유형:	복좌 전투기/ 육군 협력 항공기
동력 장치:	275마력(205kW) 롤스로이스 팰컨 III 직렬 피스톤 엔진 1개
성능:	최대 속도 198km/h; 실용 상승 한도 5,485m(18,000ft); 항속 시간 3시간
무게:	자체 중량 975kg; 최대 이륙 중량 1,474kg
크기:	날개폭 11,96m; 길이 7,87m; 높이 2,97m; 날개넓이 37,62㎡
무장:	고정식 전방 발사 0.303인치 빅커스 기관총 1정, 후방 조종석의 유동식 거치대에 0.303인치 루이스 기관총 1-2정; 날개 아래 장착대에 최대 9kg(28lb) 폭탄 9발 탑재

1918

SPAD 항공기

SPAD는 1911년 아르망 드페르듀셍(Armand Deperdussin)이 설립한 회사다. 루이 베슈로(Louis Bécherau)가 설계한 이 회사의 전시 전투기는 프랑스, 영국, 벨기에, 미국의 공군이 전쟁 중에 사용하였고, 나중에는 멀리 중국에서도 사용되었다. SPAD 시리즈는 저속에서 다루기가 까다롭고, 일반적으로 경쟁 기종에 비해 방향 조종이 어려웠지만 속도와 상승 능력으로 유명했다. 이 항공기들은 튼튼하게 제작되었으며, 특히 프랑스에서 복무하던 미국 조종사들이 가장 좋아하여 에디 리켄베커(Eddie Rickenbacker) 등 미국의 최정상 에이스들의 이기(愛機)였다.

S.VIII

S.XIII는 이전의 SPAD 항공기와 외관은 비슷하지만 모든 치수가 더 컸다. S.XIII는 1917년 4월에 첫 비행을 했고 모두 거의 8,500대가 제작되었으며, 적어도 프랑스의 85개 비행대대에서 운용되었다. 프랑스의 비행대대에서 운용된 이 항공기들을 '스파(Spa)'라고 명명했는데 이 전통은 현대까지 이어진다. 예시는 프랑스 제48 비행대대의 항공기로, 이 부대의 유명한 하늘을 향해 울고 있는 수탉 휘장이 특징이다.

제원	
제조 국가: 프랑스	
유형: 단좌 전투기	
동력 장치: 164.1kW(220마력) 이스파노 8Bc 8기통 직렬 피스톤 엔진 1개	
성능: 최대 속도 218km/h; 항속 시간 1시간 40분; 실용 상승 한도 6,650m (21,815ft)	
무게: 자체 중량 601kg; 최대 이륙 중량 856kg	
크기: 날개폭 8.1m; 길이 6.3m; 높이 2.35m; 날개넓이 21.11㎡	
무장: 빅커스 0.303인치 기관총 2정	

S.VII

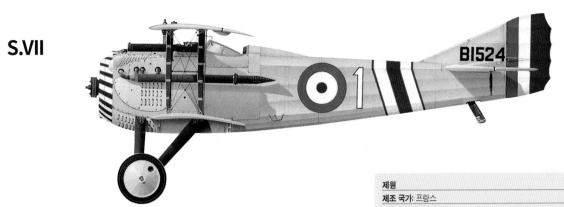

SPAD S.VII는 상당히 괜찮은 상승 속도와 회전 속도, 정확한 조준에 필수적인 안정성을 가진 민첩하고 튼튼한 전투기임이 입증되었다. 예시는 1917년 여름 프랑스 라 러비 비행장에서 비행한 제23 비행대대의 RFC S.VII이다.

제원	
제조 국가: 프랑스	
유형: 단좌 전투 정찰기	
동력 장치: 150마력(112kW) 이스파노-수이자 8Aa 8기통 V형 피스톤 엔진 1개	
성능: 최대 속도 192km/h; 실용 상승 한도 5,334m(17,500ft); 항속 거리 360km	
무게: 자체 중량 510kg; 최대 이륙 중량 740kg	
크기: 날개폭 7,81m; 길이 6,08m; 높이 2,20m; 날개넓이 17,85㎡	
무장: 고정식 전방 발사 0,303인치 빅커스 기관총 1정	

S.VII

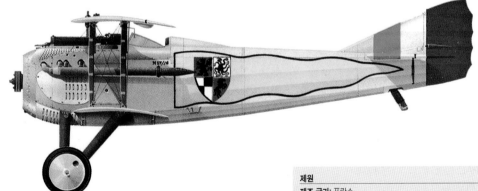

SPAD S.VII는 제1차 세계대전 중에 연합국에 대량으로 공급되었다. 이것은 1924년 로나데 포졸로에 주둔하였던 이탈리아 공군 제23 비행전대 지휘관의 개인 비행기다.

제원	
제조 국가: 프랑스	
유형: 단좌 전투 정찰기	
동력 장치: 180마력(134kW) 이스파노-수이자 8Ac 8기통 V형 피스톤 엔진 1개	
성능: 최대 속도 192km/h; 실용 상승 한도 5,334m(17,500ft); 항속 거리 360km	
무게: 자체 중량 510kg; 최대 이륙 중량 740kg	
크기: 날개폭 7,81m; 길이 6,08m; 높이 2,20m; 날개넓이 17,85㎡	
무장: 고정식 전방 발사 0,303인치 빅커스 기관총 1정	

솝위드 항공기

T.O.M. '토미' 솝위드는 역대 가장 유명한 전투기 중 몇 종을 만들어냈다. 유명한 카멜은 기관총을 둘러싼 구조가 '툭 튀어 나온 혹' 모양으로 생겨 그런 이름이 붙었다. 카멜은 날개폭이 좁고 강력한 로터리 엔진을 탑재하였으며, 롤(roll, 항공기가 비행 중에 세로축을 중심으로 좌우로 흔들리는 것, 옆놀이; 역자 주)에 아주 민감했는데 경험 많은 조종사는 적보다 우위를 점하기 위해 그 특성을 이용할 수 있었다. 카멜의 후계자인 스나이프는 전쟁에서는 많이 쓰이지 못했지만 1926년까지 영국 공군의 비행대대에 남아 있었다.

솝위드 1½ 스트러터

윗날개를 부착하는 버팀대가 '1½'세트라서 별명을 얻은 1½ 스트러터는 처음부터 동기화된 기관총을 장착하게 설계된 최초의 군용기였다. 그리고 (러시아의 시코로스키 IM 시리즈를 제외하고는) 처음으로 전략 폭격 부대를 구성하였다. 이 항공기는 가변형 붙임각 꼬리 날개(비행 중에 붙임각 즉 비행기의 세로축과 날개의 시위선 사이의 각도를 변경할 수 있는 꼬리 날개; 역자 주)와 아랫날개의 에어브레이크와 같은 예상 밖의 기능을 갖추고 있었다.

제원	
제조 국가: 영국	
유형: 복좌 다용도 전투기	
동력 장치: 130마력(97kW) 클레제 로터리 피스톤 엔진 1개	
성능: 최대 속도 164km/h; 실용 상승 한도 3,960m(13,000ft); 항속 거리 565km	
무게: 자체 중량 570kg; 최대 이륙 중량 975kg	
크기: 날개폭 10.21m; 길이 7.7m; 높이 3.12m; 날개넓이 32.14㎡	
무장: 고정식 전방 발사 0.303인치 빅커스 기관총 1정; 최대 25kg(56lb) 폭탄 4발 또는 같은 무게의 소형 폭탄	

솝위드 펍

펍은 1½ 스트러터를 축소한 것과 닮아서 이 별명을 얻었다. 상대적으로 작은 출력에도 불구하고 펍을 조종하는 것이 매우 즐거웠다는 사실은 그 설계와 구성의 탁월함을 말해준다. 펍은 매우 작았고 단순했으며 신뢰할 수 있었고, 날개넓이가 넓어서 높은 고도에서 뛰어난 성능을 보여 주었다. 알바트로스와 비교하자면 적이 한번 회전할 때 두 번 회전할 수 있었다.

제원	
제조 국가: 영국	
유형: 단좌 전투 정찰기	
동력 장치: 80마력(60kW) 르 론 로터리 피스톤 엔진 1개	
성능: 최대 속도 179km/h; 실용 상승 한도 5,334m; 항속 거리 500km	
무게: 자체 중량 358kg; 최대 이륙 중량 556kg	
크기: 날개폭 8.08m; 길이 5.89m; 높이 2.87m; 날개넓이 23.60㎡	
무장: 고정식 전방 발사 0.303인치 빅커스 기관총 1정 또는 윗날개 가운데 부분의 구멍을 통해서 비스듬히 조준하는 0.303인치 루이스 기관총 1정 ; 대비행선 무장은 보통 두 날개 사이의 버팀대에서 발사하는 르 프리외 로켓 8발	

솝위드 카멜 F.1

카멜은 아마도 가장 유명한 제1차 세계대전 항공기였으며, 독특하게 '혹이 나온' 동체 위쪽 모양 때문에 그렇게 불렸다. 1917년 6월에서 1918년 11월 사이에 적어도 3,000대의 적기를 격추시켰고 이것은 다른 어떤 항공기보다 많다. 하지만 경험이 없는 사람이 다루면 낙타(카멜)가 물 수도 있었다. 엔진 토크가 너무 심해서 이륙 후에 갑자기 왼쪽으로 확 뒤집히기 쉬웠던 것이다. 훈련 조종사들 중에서 사상자가 많았다.

제원	
제조 국가: 영국	
유형: 단좌 전투 정찰기	
동력 장치: 130마력(97kW) 클레제 로터리 피스톤 엔진 1개	
성능: 최대 속도 185km/h; 실용 상승 한도 5,790m(19,000ft); 항속 시간 2시간 30분	
무게: 자체 중량 421kg; 최대 이륙 중량 659kg	
크기: 날개폭 8.53m; 길이 5.72m; 높이 2.59m; 날개넓이 21.46㎡	
무장: 고정식 전방 발사 0.303인치 빅커스 기관총 2정; 더하기 동체 옆면에 11.3kg(25lb) 폭탄 4발까지 탑재	

솝위드 카멜 F.1

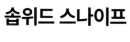

F.1이라는 명칭은 수많은 다양한 엔진과 무장이 장착된 카멜을 모두 가리킨다. 윗날개의 가운데 부분에 설치된 두 개의 포스터식 거치대(Foster mounting, 기관총을 윗날개 위에 거치하는 장치로 둥근 레일을 이용해서 기관총을 끌어내릴 수 있도록 하였다; 역자 주)에 루이스 기관총 2정을 장착한 야간 전투기 버전도 있었다. 전쟁 이후의 표식을 한 예시의 카멜은 불튼 앤드 폴 회사가 제작했다.

제원	
제조 국가: 영국	
유형: 130마력(97kW) 클레제 로터리 피스톤 엔진 1개	
성능: 최대 속도 185km/h; 실용 상승 한도 5,790m; 항속 시간 2시간 30분	
무게: 자체 중량 421kg); 최대 이륙 중량 659kg	
크기: 날개폭 8.53m; 길이 5.72m; 높이 2.59m; 날개넓이 21.46㎡	
무장: 고정식 전방 발사 0.303인치 빅커스 기관총 2정; 동체 옆면에 최대 11.3kg(25lb) 폭탄 4발 탑재	

솝위드 스나이프

카멜의 후계자로 개발된 스나이프가 프랑스에 주둔한 부대에 인도된 것은 휴전을 불과 8주 남긴 때였다. 하지만 스나이프는 몇 안 되는 공중전에서 그 품질을 충분히 과시하였다. 주문받은 4,515대 중에서 휴전 이전에 겨우 100대만 납품되었고, 전후의 생산량은 총 497대였다.

제원	
제조 국가: 영국	
유형: 단좌 전투 정찰기	
동력 장치: 230마력(172kW) 벤틀리 B.R.2 로터리 피스톤 엔진 1개	
성능: 최대 속도 195km/h; 실용 상승 한도 5,945m(19,500ft); 항속 시간 3시간	
무게: 자체 중량 595kg; 최대 이륙 중량 916kg	
크기: 날개폭 9.17m; 길이 6.02m; 높이 2.67m; 날개넓이 25.08㎡	
무장: 고정식 전방 발사 동기화된 0.303인치 빅커스 기관총 2정, 외부 장착대에 최대 11.3kg(25lb) 폭탄 4발 탑재	

포커 삼엽기

1916년 말 서부 전선에 솝위드 삼엽기가 처음 나타났을 때 이 항공기의 성능은 당시 다른 어떤 독일의 정찰기보다 뛰어났고 정부 당국은 즉시 삼엽 전투기에 대한 요청서를 발행했다. 14건 이상 제안되었지만 포커 항공기 제작소의 Dr.1(Dreidecker, 드라이테커, 독일어로 삼엽기란 뜻; 역자 주)이 선정되었다. 왜냐하면 포커는 1917년 4월에 이미 솝위드 삽엽기의 활약을 보았기 때문에 7월에 포획한 솝위드를 기다릴 필요 없이 바로 이를 참고해서 삼엽기를 개발할 수 있었기 때문이다.

포커 Dr.I

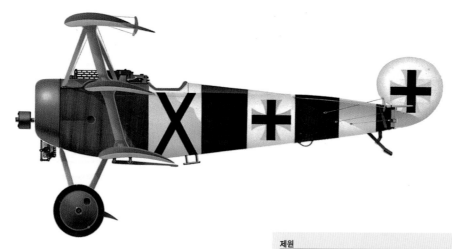

Dr.I은 공장에서 옆과 윗면은 줄무늬가 있는 올리브색으로 아랫면은 밝은 파랑색으로 마감되어 인도되었다. 하지만 그대로 남아있는 것은 매우 드물고 개인적으로 한 도색과 표식이 많다. 예시는 독일의 제26 전투비행대대의 항공기로 원래의 색상과 표식은 줄무늬와 1918년식 국가 휘장의 밑에 있다.

제원	
제조 국가: 독일	
유형: 단좌 전투 정찰기	
동력 장치: 110마력(82kW) 오베루셀 Ur.II 9기통 로터리 피스톤 엔진 1개	
성능: 최대 속도 185km/h; 실용 상승 한도 6,100m(20,015ft); 항속 시간 1시간 30분	
무게: 자체 중량 406kg; 최대 이륙 중량 586kg)	
크기: 날개폭 7.19m; 길이 5.77m; 높이 2.95m; 날개넓이 18.66㎡	
무장: 고정식 전방 발사 7.92mm(0.31인치) LMG 08/15 기관총 2정	

포커 Dr.I

이 멋진 Dr.I은 제18 전투비행대대의 지휘관인 오구스트 라벤(August Raben)의 개인 비행기였다고 믿어진다. 라벤은 이 부대에서 유일하게 삼엽기를 보유했으므로 부대는 포커 D.VII으로 바꾸기 전까지 알바트로스 D.V을 탔다. 이 Dr.I은 결국 프랑스의 수중으로 넘어갔다.

제원	
제조 국가: 독일	
유형: 단좌 전투 정찰기	
동력 장치: 110마력(82kW) 오베루셀 Ur.II 9기통 로터리 피스톤 엔진 1개	
성능: 최대 속도 185km/h; 실용 상승 한도 6,100m(20,015ft); 항속 시간 1시간 30분	
무게: 자체 중량 406kg; 최대 이륙 중량 586kg	
크기: 날개폭 7.19m; 길이 5.77m; 높이 2.95m; 날개넓이 18.66㎡	
무장: 고정식 전방 발사 7.92mm(0.31인치) LMG 08/15 기관총 2정	

포커 Dr.I

전체가 검은색에 표준이 아닌 흰색 십자가 표식을 한 제7 전투비행대대의 요제프 야고브(Josef Jacobs) 중위의 Dr.I은 폰 리히트호펜(von Richthofen)의 붉은 색 항공기처럼 자신의 방식으로 눈에 띄었다. 야고브는 1918년 초부터 휴전까지 삼엽기를 몰았고 48대의 적기와 기구를 격추하여 독일 4위의 에이스가 되었다.

제원	
제조 국가: 독일	
유형: 단좌 전투 정찰기	
동력 장치: 110마력(82kW) 오베루셀 Ur.II 9기통 로터리 피스톤 엔진 1개	
성능: 최대 속도 185km/h; 실용 상승 한도 6,100m(20,015ft); 항속 시간 1시간 30분	
무게: 자체 중량 406kg; 최대 이륙 중량 586kg	
크기: 날개폭 7.19m; 길이 5.77m; 높이 2.95m; 날개넓이 18.66㎡	
무장: 고정식 전방 발사 7.92mm(0.31인치) LMG 08/15 기관총 2정	

포커 Dr.I

아마도 역대 가장 유명한 군 조종사인 만프레드 알브레히트 프라이허 폰 리히트호펜(Manfred Albrecht Freiherr von Richthofen)은 제1차 세계대전 중 최고 격추 기록을 세운 에이스로 여러 알바트로스 기종과 포커 기종을 조종해서 연합국 항공기 80대를 격추하였다. '붉은 남작(폰 리히트호벤의 별명; 역자 주)'은 적기 3대를 격추한 이 항공기를 포함하여 적어도 6대의 삼엽기를 몰았다.

제원	
제조 국가: 독일	
유형: 단좌 전투 정찰기	
동력 장치: 110마력(82kW) 오베루셀 Ur.II 9기통 로터리 피스톤 엔진 1개	
성능: 최대 속도 185km/h; 실용 상승 한도 6,100m(20,015ft); 항속 시간 1시간 30분	
무게: 자체 중량 406kg; 최대 이륙 중량 586kg	
크기: 날개폭 7.19m; 길이 5.77m; 높이 2.95m; 날개넓이 18.66㎡	
무장: 고정식 전방 발사 7.92mm(0.31인치) LMG 08/15 기관총 2정	

포커 Dr.I

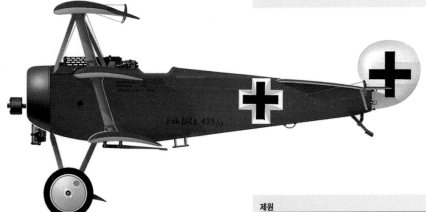

폰 리히트호펜이 마지막으로 조종했던 항공기는 전체를 붉은 색으로 칠한 전투기로 그의 이름과 가장 관련이 깊었다. 그는 1918년 4월 21일 이 Dr.I을 타고 솝위드 카멜과 전투 중에 전사하였다. 뒤쫓던 솝위드 카멜에 피격된 것인지 지상의 사수에게 피격된 것인지에 대한 논란이 오늘날까지 계속되고 있다.

제원	
제조 국가: 독일	
유형: 단좌 전투 정찰기	
동력 장치: 110마력(82kW) 오베루셀 Ur.II 9기통 로터리 피스톤 엔진 1개	
성능: 최대 속도 185km/h; 실용 상승 한도 6,100m; 항속 시간 1시간 30분	
무게: 자체 중량 406kg; 최대 이륙 중량 586kg	
크기: 날개폭 7.19m; 길이 5.77m; 높이 2.95m; 날개넓이 18.66㎡	
무장: 고정식 전방 발사 7.92mm(0.31인치) LMG 08/15 기관총 2정	

1918년의 전투기

1918년 초 독일 공군은 한 해 전에 취역한 개선된 솝위드, 뉴포르, SPAD 기종들에 서부 전선에서의 제공권을 잃었다. 독일 산업계는 제1차 세계대전에서 최고의 전투기로 여겨지는 포커 D.VII과 포커 D.VIII '면도날' 파라솔 형 날개(기체에 직접 연결되지 않고 기체 위쪽에 버팀대로 연결되어 있는 날개; 역자 주)를 포함한 몇몇 뛰어난 항공기들로 상황을 타개하려고 애썼지만 필연적인 패배를 늦추기에는 너무 늦었다. 프랑스의 앙리오는 서부 전선에서 제한적으로 운용된 또 다른 전쟁 말기의 전투기였다.

앙리오 HD.1

프랑스 공군은 SPAD와 뉴포르 전투기들을 표준으로 하였고 H.D1을 자체 사용하기를 거절했다. 그래서 H.D1은 벨기에와 이탈리아 공군이 주로 사용하였다. 전후에 스위스는 HD.1 16대를 사용하였는데 예시 항공기에 당시 스위스의 표식이 보인다.

제원	
제조 국가: 프랑스	
유형: 단좌 전투기	
동력 장치: 110마력(81kW) 르 론 9J 로터리 피스톤 엔진 1개	
성능: 최대 속도 184km/h; 실용 상승 한도 6,400m(21,000ft); 항속 거리 550km	
무게: 자체 중량 407kg; 최대 이륙 중량 605kg	
크기: 날개폭 8.70m; 길이 5.85m; 높이 2.94m; 날개넓이 18㎡	
무장: 빅커스 0.303인치 기관총 1-2정	

팔츠 D.XII

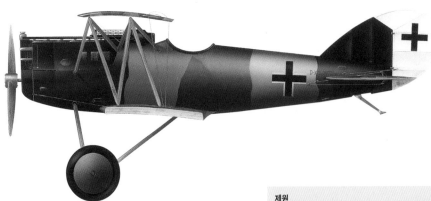

D.VII과 외관은 비슷했지만 조종사들에게 그만큼 좋게 평가받지 못했던 팔츠 D.II는 1918년 7월에 취역했다. 상승 성능은 포커 항공기보다 못했지만 구조가 견고하였으므로 급강하할 때는 더 우수했다.

제원	
제조 국가: 독일	
유형: 단좌 전투기	
동력 장치: 180마력(134kW) 메르세데스 D.III 직렬 피스톤 엔진 1개	
성능: 최대 속도 170km/h; 실용 상승 한도 5,640m(18,500ft); 전투 행동반경 370km	
무게: 자체 중량 717kg; 최대 이륙 중량 902kg	
크기: 날개폭 9.0m; 길이 6.35m; 높이 2.7m; 날개넓이 21.70㎡	
무장: 7.92mm(0.31인치) LMG 08/15 기관총 2정	

TIMELINE

1923

1924

지멘스 슈커트 D.III

지멘스 슈커트 제작소는 1916년에 프랑스의 뉴포르 17을 복제하여 D.I을 소량 제작하였다. 1918년에 D.III의 군납이 시작되었는데 매우 뛰어난 속도, 상승, 기동성을 보여주었다. 그러나 Sh.IIIa 엔진이 너무 자주 고장이 나서 전체가 반품되었고, 냉각 기능을 개선하기 위해 하부 덮개를 잘라낸 Sh.IIIa 엔진으로 교체되었다.

제원
제조 국가: 독일
유형: 단좌 전투 정찰기
동력 장치: 200마력(150kW) 지멘스 운트 할스케 Sh.IIIa 로터리 피스톤 엔진 1개
성능: 최대 속도 180km/h; 실용 상승 한도 8,000m(26,245ft); 항속 시간 2시간
무게: 자체 중량 534kg; 최대 이륙 중량 725kg
크기: 날개폭 8.43m; 길이 6.7m; 높이 2.8m; 날개넓이 203.44㎡
무장: 고정식 전방 발사 7.92mm(0.31인치) LMG 08/15 기관총 2정

포커 D.VII

초기의 'D' 시리즈 정찰기(D.I에서 D.V까지)는 운용 경력이 뛰어나지 않은 특별할 것 없는 항공기였고, 이 항공기들은 1917년 말에 설계된 D.VII에 가려졌다. D.VII 기종을 받은 최초의 부대는 만프레드 폰 리히트호펜의 제1 전투비행단이었다. 당시 이 부대는 1918년 4월 붉은 남작이 전사한 후에 헤르만 괴링(Hermann Göring)이 지휘하고 있었다. 매우 성능이 좋았던 이 항공기는 휴전 때까지 약 1,000대가 생산되었다.

제원
제조 국가: 독일
유형: 단좌 전투 정찰기
동력 장치: 185마력(138kW) B.M.W III 6기통 직렬 피스톤 엔진 1개
성능: 최대 속도 200km/h; 실용 상승 한도 7,000m(22,965ft); 항속 시간 1시간 30분
무게: 자체 중량 735kg; 최대 이륙 중량 880kg
크기: 날개폭 8.9m; 길이 6.95m; 높이 2.75m; 날개넓이 20.5㎡
무장: 고정식 전방 발사 7.92mm(0.31인치) LMG 08/15 기관총 2정

포커 D.III

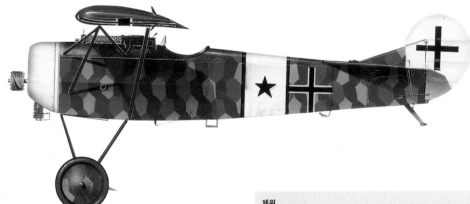

파라솔 형 날개(주 날개가 기체에 직접 연결되지 않고 기체 위쪽에 버팀대로 연결되어 있는 형태; 역자 주)를 장착한 D.III는 가벼운 합판 구조와 강관으로 만든 버팀대의 장래성을 많이 보여주었지만 초기 항공기가 조잡하게 제작되었고 취역 시기가 추락 사고와 생산 변경으로 지연되었다. D.VIII은 휴전 이전에 공중전에서 겨우 한 번의 승리를 기록하였다.

제원
제조 국가: 독일
유형: 단좌 전투기
동력 장치: 110마력(82kW) 오베루셀 UR.II 로터리 피스톤 엔진 1개
성능: 최대 속도 204km/h; 실용 상승 한도 6,300m(20,670ft); 항속 시간 2시간
무게: 자체 중량 384kg; 최대 이륙 중량 562kg
크기: 날개폭 8.40m; 길이 5.86m; 높이 2.8m; 날개넓이 10.7㎡
무장: 7.92mm(0.31인치) LMG 08/15 기관총 2정

1927

1928

1931

제1,2차 세계대전 사이 초기의 폭격기

1920년대는 전략 폭격 분야에서 실험의 시기였다. 금속 구조를 가진 새로운 단엽기가 더 빠른 속도와 더 높은 강도를 낼 수 있었지만 고위 장교들은 그 항공기를 전적으로 신뢰하지 않았고, 특히 영국에서는 복엽 폭격기가 1930년에도 여전히 사용되었다. 미국에서는 B-9과 같은 항공기가 미래의 방향을 보여 주었고, 이후 계속 이어지는 보잉 중(重)폭격기의 첫 번째가 되었다.

발링 XNBL-1

이 거대하고 기묘하게 생긴 항공기는 전략 폭격기에 대한 요구에 따라 월터 발링(Walter Barling)이 설계하였다. XNBL-1(실험용 장거리 야간 폭격기)은 1923년 8월에 첫 비행을 하였는데, 3개의 날개와 바퀴가 10개 달린 주 착륙 장치, 동체 주변 5군데에 7정의 기관총 총좌를 갖춘 당시 세계에서 가장 큰 항공기였다. 하지만 이 모든 것들 때문에 이 항공기는 6개의 엔진에 비해 너무 무거워졌다. 1925년에 개발이 중단되었다.

제원	
제조 국가: 미국	
유형: 실험용 장거리 폭격기	
동력 장치: 420마력(313kW) 리버티 직렬 피스톤 엔진 6개	
성능: 최대 속도 154km/h; 실용 상승 한도 2,355m; 항속 거리 2,268kg을 탑재하고 274km	
무게: 자체 중량 12,566kg; 최대 이륙 중량 19,309kg	
크기: 날개폭 36,58m; 길이 19,81m; 높이 8,23m; 날개넓이 390,18㎡	
무장: 유동식 거치대에 0.3인치 기관총 7정, 최대 2,268kg(5,000lb)의 폭탄	

빅커스 버지니아 Mk VII

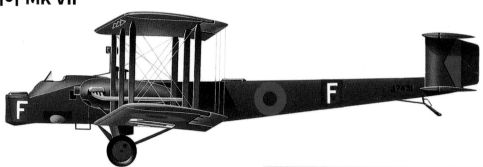

비미 폭격기를 대체하기 위해 개발된 빅커스 버지니아는 1924년부터 1937년까지 영국 공군의 표준 중폭격기였다. 이 항공기는 크고 무거웠으며, 이전 모델인 비미와 매우 같은 방식으로 제작되었디. 하지민 이 폭격기는 원래 예상했던 퇴역 시점을 한참 지나서까지 운용 기간이 점점 연장되어 매우 축복받은 항공기가 되었다.

제원	
제조 국가: 영국	
유형: 야간 중폭격기	
동력 장치: 580마력 네이피어 라이언 VB W-12 피스톤 엔진 2개	
성능: 최대 속도 1/4km/h; 실용 상승 한도 4,725m(15,500ft); 항속 거리 1,585km	
무게: 자체 중량 4,377kg; 최대 이륙 중량 7,983kg	
크기: 날개폭 26,72m; 길이 18,97m; 높이 5,54m; 날개넓이 202,34㎡	
무장: 기수에 0.303인치 루이스 기관총 1정; 동체 위쪽에 0.303인치 루이스 기관총 2정; 최대 1,361kg(3,000lb)의 폭탄	

비어드모아 인플렉시블

인플렉시블은 두랄루민을 사용한 응력 외피 구조(골조뿐만 아니라 외피도 하중의 일부를 담당하게 하는 구조 형식; 국방과학기술용어사전)와 강철 부품으로 제작되어 정말로 강했지만, 또한 너무 무거워서 유효 하중을 탑재할 수가 없었으므로 실험적인 기종으로 남았다. 단 한 대가 제작되었으며, 영국 공군은 몇 년 더 복엽기를 운용했다.

제원	
제조 국가: 영국	
유형: 실험용 단엽 폭격기	
동력 장치: 650마력(485kW) 롤스로이스 콘도르 직렬 피스톤 엔진 3대	
성능: 최대 속도 175km/h	
무게: 적재 중량 16,783kg	
크기: 날개폭 48.01m; 길이 23.01m; 높이 6.40m	
무장: 없음	

리오레 에 올리비에 LeO 20

페르난도 리오레와 앙리 올리비에 회사는 1916년에 처음으로 독자 설계한 LeO 4 복엽 정찰기를 만들었다. 나중에 만든 LeO 12는 복좌 야간 폭격기였고, 이 기종에서 발전하여 1928년에서 1939년 사이 프랑스의 표준 야간 중폭격기였던 LeO 20이 탄생하였다. 4인승인 이 항공기는 총 약 320대가 생산되었는데, 구식인 외관에도 불구하고 제2차 세계대전이 발발할 당시까지 생산되었다.

제원	
제조 국가: 프랑스	
유형: 3-4좌 야간 폭격기	
동력 장치: 420마력(313kW) 놈-론 9Ady (면허 제작된 브리스톨 쥬피터) 레이디얼 피스톤 엔진 2개	
성능: 최대 속도 198km/h(123mph); 실용 상승 한도 5,760m(18,900ft); 항속 거리 1,000km	
무게: 자체 중량 2,725kg; 최대 이륙 중량 5,460kg	
크기: 날개폭 22.25m; 길이 13.81m; 높이 4.26m; 날개넓이 105㎡	
무장: 기수의 피벗 거치대에 7.7mm(0.303인치) 기관총 2정 ; 동체 위쪽에 7.7mm(00.303인치) 기관총 2정; 동체 아래쪽에 7.7mm(0.303인치) 기관총 1정; 최대 500kg (1,102lb)의 폭탄 탑재	

마틴 B-10

P-26 전투기보다 빨랐던 B-10 폭격기는 미국 최초로 전체 구조가 금속으로 된 양산 폭격기였다. 시제기는 1932년에 첫 비행을 했고 미국 육군항공대용으로 100대 이상 제작되었다. 수출용으로 거의 200대가 제작되었고, 네덜란드령 동인도 제도(현재의 인도네시아; 역자 주), 중국, 터키에 팔렸다.

제원	
제조 국가: 미국	
유형: (B-10B) 단엽 중폭격기	
동력 장치: 522kW(700마력) 라이트 R-1820-33 사이클론 레이디얼 피스톤 엔진 2개	
성능: 최대 속도 343km/h; 실용 상승 한도 7,406m(24,300ft); 항속 거리 771km	
무게: 자체 중량 4,391kg; 최대 이륙 중량 7,439 kg	
크기: 날개폭 23.4m; 길이 15.7m; 높이 4.70m; 날개넓이 63.0㎡	
무장: 0.30인치(7.62 mm) 브라우닝 기관총 3대, 1,000kg(2,200lb)의 폭탄	

보잉 피슈터

전체 구조를 금속으로 만든 보잉의 P-26은 최초의 저익(低翼, 날개가 동체 아래쪽에 붙어 있는 형태; 역자 주) 단엽 전투기 중 하나다. 이전의 전투기들은 대부분 파라솔 형(주 날개가 기체에 직접 연결되지 않고 기체 위쪽에 버팀대로 연결되어 있는 형태; 역자 주) 또는 갈매기형 날개(날개 모양이 뿌리에서 위로 향한 다음 수평으로 뻗은 날개; 역자 주)를 가지고 있었는데, 그 형태가 더 강하다고 여겼기 때문이었다. 당시의 폭격기보다 빠르게 설계되었던 P-26A는 별명이 '피슈터(Peashooter, 권총)'였으며, 1932년 3월에 첫 비행을 했다. 마틴-10 폭격기보다 느리다는 것이 드러났지만 복엽기에 비해 사람들이 좋아하고 '인기 있는 항공기'로 여겨졌다. 전쟁 초기에 미국 육군항공대에 취역했으며 다른 곳에서 더 오래 운용되었다.

P-26A

1937년에 미국 육군항공대는 공중 충돌사고를 막기 위한 안전 조치로 주날개와 꼬리 날개의 색상을 선명한 노란색으로 정했다. 탁한 녹색이던 동체도 밝은 파란색에 색깔이 있는 비행대대 식별 띠를 표시하는 것으로 바꿨다. 이렇게 화려한 색상으로 10년 동안 유지되다가 다시 탁한 색 표식으로 되돌아가기 시작했다.

제원	
제조 국가: 미국	
유형: 단발 단엽 전투기	
동력 장치: 600마력(440kW) 프랫 앤 휘트니 R-1340-7 와스프 레이디얼 피스톤 엔진 1개	
성능: 최대 속도 377km/h; 항속 거리 580km; 실용 상승 한도 8,350m(27,400ft)	
무게: 자체 중량 996kg; 적재 중량 1,524kg	
크기: 날개폭 8.50m; 길이 7.18m; 높이 3.04m; 날개넓이 13.89㎡	
무장: 0.3인치(7.62mm) M1919 브라우닝 기관총 2정; 14kg(30lb) 폭탄 5발 또는 50kg(112lb) 폭탄 2발	

P-26A

제17 추격비행전대의 제34 추격비행대대는 1935년에 위장 무늬에 대한 실험을 했다. 이 P-26A는 날개 아래의 노란색은 그대로 두었지만 탁한 녹색과 중간 회색의 반점이 있는 사막의 모래 모습처럼 도색했다.

제원	
제조 국가: 미국	
유형: 단엽 전투기	
동력 장치: 600마력(440kW) 프랫 앤 휘트니 R-1340-7 와스프 레이디얼 피스톤 엔진 1개	
성능: 최대 속도 377km/h; 항속 거리 580km; 실용 상승 한도 8,350m(27,400ft)	
무게: 자체 중량 996kg; 적재 중량 1,524kg	
크기: 날개폭 8.50m; 길이 7.18m; 높이 3.04m; 날개넓이 13.89㎡	
무장: 0.3인치(7.62mm) M1919 브라우닝 기관총 2정; 폭탄 14kg(30lb) 5발 또는 50kg(112lb) 2발	

P-26A

몇몇 피슈터는 1941년 12월 진주만 폭격 당시, 하와이의 휠러 군용 비행장에서 훈련기 등으로 사용되었다. 전쟁 전 미국 육군항공대 전투기에 도색되었던 색상은 이 시기에 아래쪽은 중간 회색이고 다른 곳은 탁한 녹색으로 완전히 바뀌었다.

제원	
제조 국가: 미국	
유형: 단발 단엽 전투기	
동력 장치: 600마력(440kW) 프랫 앤 휘트니 R-1340-7 와스프 레이디얼 피스톤 엔진 1개	
성능: 최대 속도 377km/h; 항속 거리 580km; 실용 상승 한도 8,350m(27,400ft)	
무게: 자체 중량 996kg; 적재 중량 1,524kg	
크기: 날개폭 8.50m; 길이 7.18m; 높이 3.04m; 날개넓이 13.89㎡	
무장: 0.3인치(7.62mm) M1919 브라우닝 기관총 2정; 폭탄 14kg(30lb) 5발 또는 50kg(112lb) 2발	

P-26A

P-26이 등장했을 때 미국 육군항공대의 표준 색상은 제95 추격비행대대의 P-26에서 보는 것처럼 탁한 녹색과 선명한 노랑이 섞여 있는 것이었다. 제95 비행대대의 발길질하는 노새 휘장은 미국의 군용 항공기에서 가장 오래된 것 중 하나이고, 현재도 사용되고 있다.

제원	
제조 국가: 미국	
유형: 단발 단엽 전투기	
동력 장치: 600마력(440kW) 프랫 앤 휘트니 R-1340-7 와스프 레이디얼 피스톤 엔진 1개	
성능: 최대 속도 377km/h; 항속 거리 580km; 실용 상승 한도 8,350m(27,400ft)	
무게: 자체 중량 996kg; 적재 중량 1,524kg	
크기: 날개폭 8.50m; 길이 7.18m; 높이 3.04m; 날개넓이 13.89㎡	
무장: 0.3인치(7.62mm) M1919 브라우닝 기관총 2정; 폭탄 14kg(30lb) 5발 또는 50kg(112lb) 2발	

P-26A

과테말라는 1937년에 미국으로부터 피슈터 7대를 구입하였고, 전쟁 중에 미국 육군항공대가 파나마에서 사용했던 것을 좀 더 구입했다. P-26은 과테말라 공군에서 1956년 말까지도 여전히 운용되고 있었고, 심지어 1954년 쿠데타 시도 때 전투를 겪기도 했다.

제원	
제조 국가: 미국	
유형: 단발 단엽 전투기	
동력 장치: 600마력(440kW) 프랫 앤 휘트니 R-1340-7 와스프 레이디얼 피스톤 엔진 1개	
성능: 최대 속도 377km/h; 항속 거리 580km; 실용 상승 한도 8,350m(27,400ft)	
무게: 자체 중량 996kg; 적재 중량 1,524kg	
크기: 날개폭 8.50m; 길이 7.18m; 높이 3.04m; 날개넓이 13.89㎡	
무장: 0.3인치(7.62mm) M1919 브라우닝 기관총 2정; 폭탄 14kg(30lb) 5발 또는 50kg(112lb) 2발	

제1,2차 세계대전 사이 영국의 해군항공대

1918년에서 1937년 사이 영국의 해군 항공은 육군항공대와 해군항공대를 합병하여 창설된 영국 공군의 관할 하에 있었다. 영국 해군은 1922년까지 항공모함을 1척만 보유하고 있었고, 해군항공대도 오래된 기종을 타고 있는 소수의 비행대대뿐이었다. 함상기 기종의 개발은 육상기의 개발을 따라갔고, 이 시기에 유일하게 계속 운용된 해군항공대의 기종은 1945년까지 여전히 생산되고 운용된 소드피시였다.

아브로 555 바이슨

아브로는 해군 항공기를 거의 생산하지 않았는데 주목할 만한 예외가 555 바이슨 기종이었다. 해군의 함포 사격 탄착 수정과 일반 정찰 임무를 위한 정찰기로 설계된 이 못생긴 바이슨은 1921년에 첫 비행을 했고, 1927년까지 서서히 인도되었다. 이 항공기는 운용 기간이 매우 짧아서 1929년에 퇴역했다. 1929년에 더욱 유선형으로 만들어진 페어리 IIIF로 대체되었다. 수상비행기로 개조하고자 한 시도는 성공하지 못했다.

제원	
제조 국가: 영국	
유형: 4좌 함상 함대 탄착 수정 항공기 및 정찰기	
동력 장치: 450마력(366kW) 네이피어 라이언 II 피스톤 엔진 1개	
성능: 최대 속도 177km/h; 실용 상승 한도 4,265m(14,000ft); 항속 거리 547km	
무게: 자체 중량 1,887kg; 최대 이륙 중량 2,631kg	
크기: 날개폭 14.02m; 길이 10.97m; 높이 4.22m; 날개넓이 57.6㎡)	
무장: 조종석 뒤 유동식 거치대에 0.303 루이스 기관총 1정	

페어리 플라이 캐처

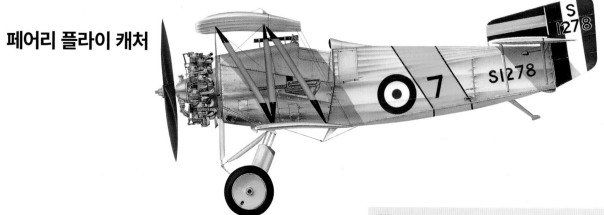

플라이 캐처는 1920년대의 대부분 기간 동안 영국 해군항공대의 주력 전투기였으며 일부는 1934년까지 오래 운용되었다. 이 특별한 항공기는 영국의 항공모함 글로리어스호의 제405 비행 편대에서 운용되었다. 전금속제 파생기종을 개발하기 위한 시제기로 플라이 캐처 II가 만들어졌지만 채택되지 않았다.

제원	
제조 국가: 영국	
유형: 단좌 복엽 함상 전투기	
동력 장치: 480마력(358kW) 브리스톨 머큐리 IIA 9기통 레이디얼 피스톤 엔진 1개	
성능: 최대 속도 247km/h; 실용 상승 한도 5,791m(19,000ft); 항속 거리 500km	
무게: 자체 중량 955kg; 적재 중량 1,481kg	
크기: 날개폭 10.67m; 길이 7.55m; 높이 3.28m; 날개넓이 26.76㎡	
무장: 0.303인치 빅커스 Mk II 기관총 2정; 20lb(9kg) 폭탄 4발	

페어리 소드피시 Mk 1

소드피시는 1930년의 뇌격기 및 공격, 정찰 항공기에 대한 요구사항에서 나왔다. 페어리 TSR.I 시제기는 1933년에 비행을 했고, 소드피시의 진정한 전신이라고 할 수 있는 TSR.II는 1934년 4월에 비행을 했다. 예시의 소드피시 MK I은 영국 해군 글로리우스 항공모함의 제823 비행대대에 배속되었다.

제원	
제조 국가: 영국	
유형: 2~3인승 함상 뇌격기	
동력 장치: 775마력(578kW) 브리스톨 페가수스 IIIM.3 레이디얼 피스톤 엔진 1개	
성능: 최대 속도 224km/h; 실용 상승 한도 3,780m(12,400ft); 항속 거리 1,658km(어뢰 탑재시)	
무게: 자체 중량 2,132kg; 최대 이륙 중량 3,946kg	
크기: 날개폭 13,87m; 길이 11,07m; 높이 3,92m; 날개넓이 56,39㎡	
무장: 0,303인치 기관총 2정; 726kg(1,600lb) 어뢰 1발 또는 최대 680kg (1,500lb)의 폭탄	

호커 님로드

님로드는 퓨리의 이착륙 장치를 더욱 강한 것으로 바꾸고, 날개폭을 넓게 바꾸어 해군에 맞게 변경한 기종이다. 님로드는 1933년에 도입되어 페어리 플라이캐처를 대체했다. 님로드 II는 한해 뒤에 도입되었는데 착함용 갈고리와 더욱 강력한 엔진을 갖추고 있었다. 님로드는 영국 해군항공대의 7개 비행대대에서 운용했다.

제원	
제조 국가: 영국	
유형: 단발 복엽 함상 전투기	
동력 장치: 525마력(391kW) 롤스로이스 케스트렐 VFP 직렬 피스톤 엔진 1개	
성능: 최대 속도 311km/h; 실용 상승 한도 8,535m(28,000ft); 항속 시간 1시간 40분	
무게: 1,413kg; 최대 이륙 중량 1,841kg	
크기: 날개폭 10,23m; 길이 8,09m; 높이 3,0m; 날개넓이 27,96㎡	
무장: 0,303인치 빅커스 기관총 2정; 20lb(9kg) 폭탄 4발	

블랙번 B-5 배핀

배핀은 육상기인 리폰을 해군용으로 개발한 것으로 1934년에 도입되었으며, 1936년에 퇴역했다. 이 배핀은 영국 해군 항공모함 커리저스호의 제810 비행대대에서 운용되었고, 나중에 뉴질랜드에 팔렸다.

제원	
제조 국가: 영국	
유형: 복좌 함상 뇌격기	
동력 장치: 565마력(421kW) 브리스톨 페가수스 I.M3 9기통 레이디얼 피스톤 엔진 1개	
성능: 최대 속도 219km/h; 실용 상승 한도 4,570m(15,000ft); 항속 거리 789km	
무게: 자체 중량 1,447kg; 적재 중량 3,459kg	
크기: 날개폭 13,67m; 길이 11,68m; 높이 3,91m; 날개넓이 6㎡	
무장: 0,303인치 빅커스 기관총 1정과 0,303인치 루이스 기관총 1정; 816kg(1,800lb) 어뢰 1발 또는 726kg(1,600lb)의 폭탄	

피아트 복엽기

피아트의 첼레스티노 로사텔리(Celestino Rosatelli)는 1,2차 세계대전 사이 최고의 복엽 전투기를 몇 종 설계하여 자신의 이름 첫 글자를 따서 항공기 이름을 붙였다. 후기 모델들은 널리 수출되었다. CR.32는 스페인에서 매우 많은 전투를 했고, CR.42도 광범위한 전쟁 경험이 있었다. 서유럽에서는 한물간 항공기였지만 북아프리카 무대에서는 유용하게 쓰였다.

피아트 CR.1

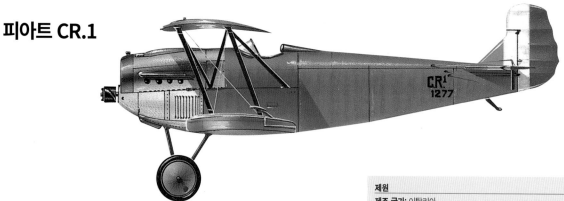

피아트는 제1차 세계대전 중에 항공기 제조 자회사를 설립했다. 여러 시험을 거친 후 1925년에 CR.1 항공기 총 240대의 첫 납품이 시작되었다. 1930년대에는 많은 이탈리아의 CR.1에 44마력(328kW) 이소타 프라치니 아소 카치아 엔진을 탑재하여 1937년까지 운용했다. 이 항공기는 라트비아로 수출했으며, 여러 다른 엔진을 탑재하여 시험을 했다.

제원	
제조 국가: 이탈리아	
유형: 단좌 복엽 전투기	
동력 장치: 300마력(224kW) 이스파노-수이자 42 8기통 레디얼 엔진 1개	
성능: 최대 속도 272km/h; 실용 상승 한도 7,450m(24,440ft); 항속 시간 2시간 35분	
무게: 자체 중량 839kg; 최대 이륙 중량 1,154kg	
크기: 날개폭 8.95m; 길이 6.16m; 높이 2.4m; 날개넓이 23㎡	
무장: 고정식 전방 발사 0.303인치 빅커스 기관총 2정	

피아트 CR. 20

CR.20은 강관과 천 구조로 제작되었으며, 아래 위의 날개폭이 다른 복엽기다. CR.20은 1927년에 이탈리아 공군용으로 생산이 시작되었고, 곧 이탈리아 공군의 표준 전투기가 되었다. 또한 이탈리아가 리비아와 아비시니아를 정복할 때 지상 공격기로 참가했다. 예시는 1936년 헝가리 공군의 CR.20이다.

제원	
제조 국가: 이탈리아	
유형: 단좌 복엽 전투기	
동력 장치: 410마력(306kW) 피아트 A.20 12기통 V형 피스톤 엔진 1개	
성능: 최대 속도 260km/h; 실용 상승 한도 8,500m(27,885ft); 항속 시간 2시간 30분	
무게: 자체 중량 970kg; 최대 이륙 중량 1,390kg	
크기: 날개폭 9.8m; 길이 6.71m; 높이 2.79m; 날개넓이 25.5㎡	
무장: 고정식 전방 발사 0.303인치 빅커스 기관총 2정	

TIMELINE

1922

1924

1925

피아트 CR.20bis

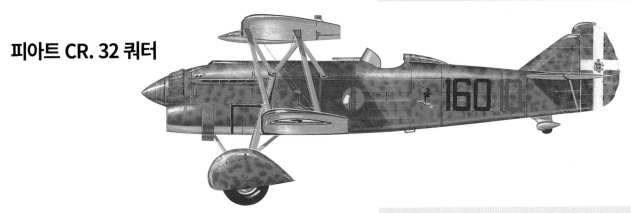

부서지기 쉬운 십자 축과 고무 용수철로 된 착륙 장치는 CR.20의 아킬레스 건으로 드러났고, 피아트는 이 방식을 개선하기로 결정했다. 1930년의 CR.20bis는 올레오 공압식 완충 장치와 휠 브레이크를 장착하였으며, 총 232대가 제작되었다. 일부는 오스트리아, 헝가리, 리투아니아, 파라과이(여기 예시된 항공기), 폴란드, 소련이 구입했다. 1938년 독일의 오스트리아 합병 이후에 많은 수가 독일 공군 색상으로 다시 도색되었다.

제원	
제조 국가: 이탈리아	
유형: 단좌 복엽 전투기	
동력 장치: 410마력(306kW) 피아트 A.20 12기통 V형 피스톤 엔진 1개	
성능: 최대 속도 260km/h; 실용 상승 한도 8,500m(27,885ft); 항속 시간 2시간 30분	
무게: 자체 중량 970kg; 최대 이륙 중량 1,390kg	
크기: 날개폭 9.8m; 길이 6.71m; 높이 2.79m; 날개넓이 25.5㎡	
무장: 고정식 전방 발사 0.303인치 빅커스 기관총 2정	

피아트 CR. 32 쿼터

CR.32는 1930년대의 가장 중요한 복엽 전투기이다. 제작된 숫자(1,712대) 면에서 확실히 그렇다. 이 항공기는 1931년에 수석 엔지니어인 로사텔리(Rosat-elli)가 단좌 전투기로 설계한 CR.30에서 파생되어 나왔으며, CR.30의 특징을 많이 가지고 있었다. 예를 들면 위아래 두 날개 사이의 W자형 버팀대 같은 것이다. 스페인 내전에서 CR.32가 거둔 성과로 이탈리아 항공부는 복엽 전투기가 전쟁에서 성공할 수 있는 무기라는 잘못된 믿음을 가지게 되었다. 하지만 복엽기는 얼마 안가서 단엽기에 압도당했다.

제원	
제조 국가: 이탈리아	
유형: 단좌 복엽 전투기	
동력 장치: 600마력(447kW) 피아트 A.30 RA bis 12기통 V형 피스톤 엔진 1개	
성능: 최대 속도 375km/h; 실용 상승 한도 8,800m(28,870ft); 항속 거리 680km	
무게: 자체 중량 1325kg; 최대 이륙 중량 1,850kg	
크기: 날개폭 9.5m; 길이 7.45m; 높이 2.63m; 날개넓이 22.10㎡	
무장: 고정식 전방 발사 0.303인치 브레다 사파트 기관총 2정	

피아트 CR.42 팔코

스웨덴은 1940년에 CR.42 72대를 구입하여 J.11로 명명했다. 이 항공기들은 고센부르크 기지의 F.9 비행단에서 1945년에 사브 J.21로 완전히 교체될 때까지 운용되었다. 이 기종은 또한 이탈리아, 헝가리, 독일, 벨기에에서도 사용되었다.

제원	
제조 국가: 이탈리아	
유형: 단발 복엽 전투기	
동력 장치: 840마력 피아트 A.74 RIC38 14기통 레이디얼 피스톤 엔진 1개	
성능: 최대 속도 441km/h; 전투 행동반경 780km; 실용 상승 한도 10,210m(33,500ft)	
무게: 자체 중량 1,782kg; 적재 중량 2,295kg	
크기: 날개폭 9.7m; 길이 8.25m; 높이 3.06m; 날개넓이 22.4㎡	
무장: 12.7mm(0.5인치) 브레다 사파트 기관총 2정; 200kg(440lb) 폭탄	

1931

커티스 군용 복엽기

커티스는 제1,2차 세계대전 사이의 항공기 경주 열풍에 적극적으로 참가하였고, R-6와 같이 경주에서 우승한 항공기를 제작하였다. 이를 통해 특히 엔진 냉각 분야의 항공 기술 수준을 향상시켰으며, 미국 육군항공대의 주문을 따냈다. PW-8 경주기는 육군의 유명한 호크 복엽 전투기 시리즈와 이와 연관된 해군의 레이디얼 엔진 탑재 기종으로 이어졌다.

커티스 R-6

1920대에 경주 시합은 항공기 개발의 가장 큰 원동력이었다. 최초의 커티스의 경주용 항공기는 1920년 9월 프랑스 에탕프에서 열린 제임스 고든 베네트 트로피 경주를 위해 개발되었다. 예시는 미국 육군용으로 제작된 2대의 R-6중 한 대로 1922년 셀프릿지 공군 훈련소에서 열린 항공 경주에서 레스터 메이틀랜드(Lester Maitland)가 2등으로 비행하였다.

제원	
제조 국가: 미국	
유형: 단좌 복엽 경주기	
동력 장치: 465마력 (347kW) 커티스 D-12 12기통 V형 피스톤 엔진 1개	
성능: 최대 속도 380km/h; 항속 거리 455km	
무게: 적재 중량 884kg	
크기: 날개폭 5.79m; 길이 5.75m; 높이 2.41m	

커티스 모델 33/34 (PW-8)

커티스 회사가 경주 시합에서 얻은 영감은 이 회사의 전투기 설계에 반영되었다. 커티스는 1922년에 새로 설계한 L-18-1 전투기를 개발하기 시작했다. 그해 말에 이것은 PW-8 시제기가 되었다. 이 시제기는 2베이(bay, 복엽기의 날개 사이의 버팀대를 기준으로 나눠지는 칸을 말하는 것으로 동체 좌우에 날개 버팀대가 1조씩 있는 경우 1베이, 2조씩 있는 경우 2베이라 한다; 역자 주) 복엽기로 윗날개가 아랫날개보다 많이 앞으로 나와 있었고, 동체는 금속 구조로 유선형으로 만들어졌다. 두 번째 시제기는 1924년 퓰리처 트로피 항공 경주를 위해서 테이퍼 날개(날개의 끝으로 갈수록 시위와 두께가 감소하고 있는 날개; 두산백과)로 수정되었고, 그 경주에서 3등을 차지했다.

제원	
제조 국가: 미국	
유형: 단좌 복엽 전투기	
동력 장치: 440마력(328kW) 커티스 D-12 12기통 V형 피스톤 엔진 1개	
성능: 최대 속도 275km/h; 실용 상승 한도 6,205m(20,350ft); 항속 거리 875km	
무게: 자체 중량 991kg; 최대 이륙 중량 14,31kg	
크기: 날개폭 9.75m; 길이 7.03m; 높이 2.76m; 날개넓이 25.94㎡	
무장: 고정식 전방 발사 0.3인치 브라우닝 기관총 2정	

TIMELINE    1923    1925

커티스 P-1B

새롭게 설계한 날개로 XPW-8B를 시험하던 중에 날개가 흔들리는 것과 관련한 문제가 발생하여 커티스는 R-6의 1베이 날개로 되돌아가서 P-1 호크를 생산했다. 1925년의 초기 P-1에서는 중앙부 버팀대를 추가하고 방향타를 수정했다. P-1에서 계속 개발하여 동체 길이를 늘이고, 엔진 덮개를 수정하고, 커티스 D-12C 엔진을 탑재하여 P-1A를 만들었다. 뒤이어 V-1150 엔진을 탑재한 P-1B(예시 참조) 23대와 P-1C 33대를 생산했다.

제원

제조 국가: 미국
유형: 단좌 추격기
동력 장치: 435마력(324kW) 커티스 V-1150 3기통 피스톤 엔진 1개
성능: 최대 속도 248km/h; 실용 상승 한도 6,344m(20,800ft); 항속 거리 1046km
무게: 자체 중량 970kg; 기체 총중량 1,349kg
크기: 날개폭 9.6m; 길이 7.06m; 높이 2.72m; 날개넓이 23.41㎡
무장: 고정식 전방 발사 0.3인치 기관총 2정

커티스 P-6D 호크

커티스는 XP-6 호크 시제기를 제작하기 위해 P-1의 기체에 커티스 V-1570 콩커러 엔진을 장착했다. 이 항공기는 1927년 워싱턴주 스코파인에서 열린 전국 항공 경주 대회에서 2위에 올랐다. 미국 육군은 커티스와 엔진 덮개를 변경하고 동체를 더 깊게 만든 P-6 18대를 평가용으로 계약했다. 1932년 봄에 P-6은 모두 프레스턴 냉각 장치가 달린 엔진으로 변경하였고, P-6D가 되었다.

제원

제조 국가: 미국
유형: 단좌 추격기
동력 장치: 700마력(522kW) 커티스 V-1570C 콩커러 직렬 피스톤 엔진 1개
성능: 최대 속도 319km/h; 실용 상승 한도 7,530m(24,700ft); 항속 거리 459km
무게: 자체 중량 1,224kg; 최대 이륙 중량 1,559kg
크기: 날개폭 9.6m; 길이 7.06m; 높이 2.72m; 날개넓이 23.41㎡
무장: 고정식 전방 발사 0.3인치 기관총 2정

커티스 P-6E 호크

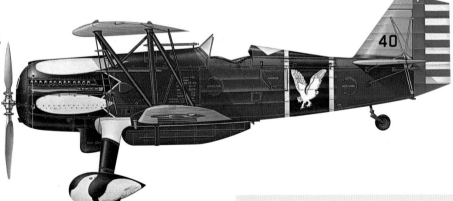

P-6 제품군에서 가장 많이 생산되었고 인상적인 기종은 미국 육군항공대에 마지막으로 인도된 복엽 전투기인 P-6E이다. 전체적으로 P-6D와 비슷하였고, 엔진 라디에이터가 착륙 장치 약간 앞에 장착된 유사한 전방동체를 가지고 있었다. 착륙 장치는 버팀대 한 개로 된 다리와 각반 형의 바퀴 덮개로 구성되었다. 1931년 7월에 46대를 주문받았다.

제원

제조 국가: 미국
유형: 단좌 추격기
동력 장치: 600마력(448kW) 커티스 V-1570-23 콩커러 직렬 피스톤 엔진 1개
성능: 최대 속도 319km/h; 실용 상승 한도 7,530m(24,700ft); 항속 거리 917km
무게: 자체 중량 1,224kg; 최대 이륙 중량 1,539kg
크기: 날개폭 9.6m; 길이 7.06m; 높이 2.72m 날개넓이 23.41㎡
무장: 고정식 전방 발사 0.3인치 기관총 2정

1927

1933

1936

체코의 복엽기

체코슬로바키아는 제1,2차 세계대전 사이에 항공기 산업이 번성하였다. 1938년부터1939년까지 독일이 점령한 이후 그들이 생산한 것은 모두 나치와 그들의 동맹국에 공급되었다. 많은 국영 제조업체 중에서 아비아와 그보다 작은 아에로가 둘다 1919년에 설립되었는데 가장 성공을 거두었으며, 독일의 많은 동맹국들에게 복엽 전투기와 폭격기를 공급하였다. B.534 복엽 전투기는 1944년 동부 전선에서 전투에 참가했다.

아에로 A.18

A.18은 아에로(Aero Tovarna Letadel Dr Kabes)사가 새로운 단좌 전투기를 채택하기 위한 체코 공군의 경쟁에 참가하여 선정된 항공기였다. A.18은 A.11의 소형 버전이었고, A.11의 1베이 및 위아래의 날개폭이 다른 복엽기 날개 형태를 따랐다. 프로펠러 날개 사이로 발사되도록 동기화된 기관총 2정은 빅커스 제품이었다.

제원	
제조 국가: 체코슬로바키아	
유형: 단좌 복엽 전투기	
동력 장치: 185마력(138kW) BMW IIIa 직렬 피스톤 엔진 1개	
성능: 최대 속도 229km/h; 실용 상승 한도 9,000m(29,530ft); 항속 거리 400km	
무게: 자체 중량 637kg; 최대 이륙 중량 862kg	
크기: 날개폭 7.6m; 길이 5.9m; 높이 2.9m; 날개넓이 15.9㎡	
무장: 고정식 전방 발사 동기화된 기관총 2정	

아비아 BH.21

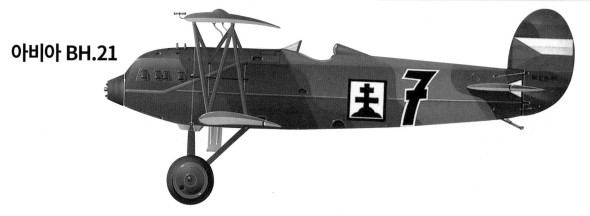

아비아 회사는 1919년에 설립되었고, 새로 성립된 체코슬로바키아 공화국의 차코비체 근처에 공장을 설립했다. BH.21은 1924년의 BH-17 복엽 전투기 계보를 따랐으며, 조종사의 시야를 개선하기 위해 전방 상부 동체를 개조했다. B.17는 주 바퀴다리에 라디에이터를 2개 장착했으나 BH.21은 동체 아래에 라디에이터 하나를 장착하는 것으로 바꾸었다. 또 1베이로 위아래 날개 사이에 N자형 버팀대를 두었다. 체코 공군은 BH.21을 137대 인수했고, 이 항공기들을 1930년대까지 운용했다.

제원	
제조 국가: 체코슬로바키아	
유형: 단좌 복엽 전투기	
동력 장치: 310마력(231kW) 아비아(면허 제작된 이스파노 수이자) 8Fb 직렬 피스톤 엔진 1개	
성능: 최대 속도 245km/h; 실용 상승 한도 5,500m(18,045ft); 항속 거리 550km	
무게: 자체 중량 720kg; 최대 이륙 중량 1,084kg	
크기: 날개폭 8.9m; 길이 6.87m; 높이 2.74m; 날개넓이 21.96㎡	
무장: 동체 앞쪽에 고정식 전방 발사 0.303인치 빅커스 기관총 2정	

TIMELINE  1923 1927

아비아 BH.26

BH.26 복좌 전투 정찰기의 시제기는 1927년에 첫 비행을 했다. 이 항공기의 동체는 측면이 평평하고, 날개는 1베이에 위아래 날개폭이 다르게 구성되었고, 꼬리 날개에 고정된 수직 안정판이 없이 오직 방향타만 있었다. 초기의 항공 시험에서 이러한 구성이 적당하지 않다는 것이 드러나서 양산 항공기는 설계를 수정하여 수직 안정판과 방향타를 하나로 조립했다. 겨우 8대만 체코 공군용으로 생산되었다.

제원	
제조 국가: 체코슬로바키아	
유형: 복좌 복엽 전투 정찰기	
동력 장치: 450마력(336kW) 월터(먼저 생산된 브리스톨 쥬피터 IV) 9기통 레이디얼 피스톤 엔진 1개	
성능: 최대 속도 242km/h; 실용 상승 한도 8,500m(27,885ft); 항속 거리 530km	
무게: 자체 중량 1,030kg; 최대 이륙 중량 1,630kg	
크기: 날개폭 10.8m; 길이 8.85m; 높이 3.35m; 날개넓이 31㎡	
무장: 동체 앞부분에 고정식 전방 발사 0.303인치 빅커스 기관총 2정; 후방 조종석 위에 0.303인치 루이스 기관총 2정	

아에로 A.100

아에로는 A.11의 성공에 고무되어 이 기본 기체의 추가 개발에 자금을 투입했다. A.30을 기반으로 해서 650마력(485kW) 아비아 엔진을 탑재하고, 주 착륙 장치에 올레오 공압식 완충 장치를 사용한 A.430 시제기 한 대를 만들었다. 이 시제기는 A.30보다 향상된 성능을 보였다. A.100으로 다시 명명되었고, 폭격기 버전 2대를 포함해서 체코 공군용으로 약 44대 생산되었다.

제원	
제조 국가: 체코슬로바키아	
유형: 복좌 복엽 장거리 정찰기	
동력 장치: 650마력(485kW) 아비아 Vr-36 직렬 피스톤 엔진 1대	
성능: 최대 속도 270km/h; 실용 상승 한도 6,500m(21,325ft); 항속 시간 4시간	
무게: 자체 중량 2,040kg; 최대 이륙 중량 3,220kg	
크기: 날개폭 14.7m; 길이 10.6m; 높이 3.5m; 날개넓이 44.3㎡	
무장: 고정식 전방 발사 0.303인치 빅커스 기관총 2정; 후방 조종석의 듀동식 거치대에 루이스 기관총 2정; 외부 파일런에 최대 600kg의 폭탄 탑재	

아비아 B.534-IV

이 뛰어난 전투기의 첫 번째 생산 모델은 B.534-I였다. 이 항공기는 시제기의 금속 부품을 목제 나사로 교체했고, 조종석이 개방식이었다. 최종 B.536-IV 파생기종은 밀폐식 조종석으로 바꾸었다. 예시는 1944년 9월에 발생한 슬로바키아 민족 봉기에서 사용된 3대의 B.534-IV 중 하나다. 이 항공기는 슬로바키아의 트리 더비 비행장에서 작전을 수행했다.

제원	
제조 국가: 체코슬로바키아	
유형: 단좌 복엽 전투기	
동력 장치: 850마력(634kW) 이스파노-수이자 HS 12Ydrs 직렬 피스톤 엔진 1개	
성능: 최대 속도 394km/h; 실용 상승 한도 10,600m; 항속 거리 580km	
무게: 자체 중량 1,460kg; 최대 이륙 중량 2,120kg	
크기: 날개폭 9.4m; 길이 8.2m; 높이 3.1m; 날개넓이 23.56㎡	
무장: 동체 앞쪽에 고정식 전방 발사 7.7mm(0.303인치) 모델 30 기관총 4정 ; 날개 아래에 20kg 폭탄 6발	

1933

1934

급강하 폭격기

급강하 폭격 기술은 놀랍고 정확했으며, 특히 소형 함상기에 적합했다. 대부분 '헬 다이버(Helldiver)'라고 이름이 붙여졌던 커티스 복엽 급강하 폭격기는 독일과 일본의 개발을 자극했으며, 전쟁 초기에 파괴력이 매우 강했다. 아래의 항공기 중에서는 오직 헨셀 Hs 123만 이후 세계대전에서 다소 운용되었다. 그즈음 단엽 급강하 폭격기 2세대가 광범위하게 취역했기 때문이다.

커티스 BF2C-1

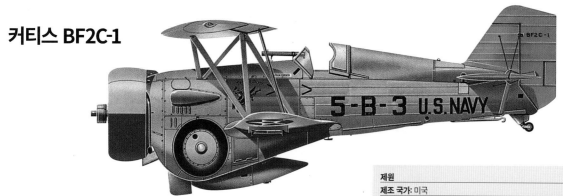

미국 해군은 급강하 폭격을 매우 중요하게 여겼다. 1930년대에 커티스 고쇼크(Goshawk, 참매) 제품군이 이 역할에서 잘 알려지게 되었다. BF2C-1는 모델 35 호크 II 전투기에서 개발되었는데 기본적으로 레이디얼 엔진을 탑재한 P-6E였으며 주바퀴는 부분적으로 덮개로 덮여 있었다. 그러나 이 기종은 착륙 장치에 심각한 문제가 발생하여 신속하게 철수하게 되었다.

제원	
제조 국가: 미국	
유형: 단좌 급강하 폭격기	
동력 장치: 600마력(448kW) 라이트 SR-1820F2 사이클론 레이디얼 피스톤 엔진 1개	
성능: 최대 속도 325km/h; 실용 상승 한도 7,650m(25,100ft); 항속 거리 840km	
무게: 자체 중량 1,378kg; 최대 이륙 중량 1,874kg	
크기: 날개폭 9.6m; 길이 6.88m; 높이 2.96m; 날개넓이 24.34㎡	
무장: 고정식 전방 발사 0.3인치 기관총 2정; 폭탄 장착대에 227kg(500lb)폭탄 1발 또는 51kg(112lb) 폭탄 4발	

헨셀 Hs 123A-1

헨셀 항공기 공장이 첫 번째로 설계한 항공기들 중 하나가 Hs 123으로 일엽반기(복엽기의 일종으로 아랫날개가 윗날개의 절반 이하의 면적을 가진 항공기; 역자 주) 급강하 폭격기였다. 4대의 시제기 중 첫 번째 시제기는 1935년 8월에 시험했고, 두 대는 고속 급강하 중에 날개의 구조적 결함으로 인해 파괴되었다. 네 번째 시제기는 이 문제들을 바로잡기 위해 대대적으로 수정했으며, 생산에 들어갔다. 독일은 1936년에 Hs 123 5대를 스페인에 보냈으며, 이후의 전격전(電擊戰)에서 사용된 많은 지상 지원 전술들을 스페인에서 처음 개발했다.

제원	
제조 국가: 독일	
유형: 단좌 급강하 폭격기 및 근접지원기	
동력 장치: 880마력(656kW) BMW 132Dc 9기통 레이디얼 엔진 1개	
성능: 최대 속도 340km/h; 실용 상승 한도 9,000m(29,530ft); 항속 거리 855km	
무게: 자체 중량 1,500kg; 최대 이륙 중량 2,215kg	
크기: 날개폭 10.5m; 길이 8.33m; 높이 3.2m; 날개넓이 24.85㎡	
무장: 고정식 전방 발사 7.92mm(0.31인치) MG 17 기관총 2정; 날개 아래 장착대에 최대 450kg(992lb)의 폭탄 탑재	

TIMELINE

1924

1927

1928

커티스 모델 77
(SBC-3 헬다이버)

시제기 단계의 XSBC-2(모델 77)는 윗날개와 아랫날개가 앞뒤로 엇갈리게 배치된 스태거 날개 복엽기였고 라이트 R-1510-12 엔진을 탑재했다. 이 시제기는 1936년에 엔진을 프랫 앤 휘트니 R-1535-82으로 바꾸고 XSBC-3가 되었다. 이 형태로 미국 해군의 SBC-3 헬다이버로 채택되어 주문을 받았다. 나중에 생산된 SBC-3는 SBC-4를 위한 시제기로 사용되었다. SBC-4는 미국 해군으로부터 174대를 주문받았고, 1939년 3월에 처음 인도되었다.

제원	
제조 국가: 미국	
유형: 복좌 함상 정찰 폭격기	
동력 장치: 700마력(522kW) 프랫 앤 휘트니 R-1535-82 트윈 와스프 레이디얼 엔진 1개	
성능: 최대 속도 377km/h; 실용 상승 한도 7,315m(24,000ft); 항속 거리 652km (폭탄 227kg 탑재시)	
무게: 자체 중량 2,065kg; 최대 이륙 중량 3,211kg	
크기: 날개폭 10.36m; 길이 8.57m; 높이 3.17m; 날개넓이 29.45㎡	
무장: 고정식 전방 발사 0.3인치 기관총 1정; 유동식 거치대에 0.3인치 기관총 1정, 동체 아래 장착대에 폭탄 227kg(500lb) 탑재	

아이치 D1A2 '수지'

1931년 에른스트 하인켈의 설계 직원들은 일본의 아이치를 위해 함상 급강하 폭격기(He 66) 시제기를 만들었다. 일본에서 이 시제기에 나카지마 엔진을 탑재하여 아이치 D1A1을 만들었고, 이 항공기를 기반으로 아이치 D1A2를 개발했다. 아이치 D1A2는 더욱 강력한 나카지마 히카리 엔진을 탑재하고, 덮개를 씌운 착륙 바퀴와 더욱 유선형으로 만들어진 앞 유리를 갖추고 1936년에 등장했다. 총 428대가 생산되었지만 일본이 제2차 세계대전에 참전할 무렵에는 이 차적인 임무로 밀려났다.

제원	
제조 국가: 일본	
유형: 복좌 함상 복엽 급강하 폭격기	
동력 장치: 730마력(544kW) 나카지마 히라이 1 레이디얼 피스톤 엔진 1개	
성능: 최대 속도 310km/h; 3,000m까지 상승하는데 7분 50초; 실용 상승 한도 7,000m(22,965ft); 항속 거리 930km	
무게: 자체 중량 1,516kg; 최대 이륙 중량 2,610kg	
크기: 날개폭 11.4m; 길이 9.3m; 높이 3.41m; 날개넓이 34.7㎡	
무장: 고정식 전방 발사 7.7mm(0.303인치) 97식 기관총 2정, 후방 조종석의 유동식 거치대에 7.7mm(0.303인치) 92식 기관총 1정; 외부 파일런에 250kg(551lb) 폭탄 1발과 30kg(66lb) 폭탄 2발	

커티스 SBC 클리브랜드

프랑스는 SBC-4를 대량 주문하였으나 프랑스군이 항복하기 전에 실제로 한대도 취역하지 못했다. 5대는 영국 공군으로 보내서 클리브랜드 Mk I이라고 이름을 붙였지만 실제로 전투에 투입하지 못하고 육상 훈련기로 사용했다.

제원	
제조 국가: 미국	
유형: 복좌 함상 급강하 폭격기	
동력 장치: 950마력(709kW) 라이트 R-1820-34 사이클론 레이디얼 피스톤 엔진 1개	
성능: 최대 속도 381km/h; 전투 행동반경 950km; 실용 상승 한도 8,320m (27,300ft)	
무게: 자체 중량 2,196kg; 최대 이륙 중량 3,462kg	
크기: 날개폭 1,036m; 길이 8.64m; 높이 3.84m; 날개넓이 29.5㎡	
무장: 0.3인치 M1919 브라우닝 기관총 2정; 최대 450kg(1,000lb) 폭탄 1발	

1930　1934

영국 공군의 복엽 폭격기

영국 공군은 폭격기나 전투기에 단엽기를 채택하는 것이 늦었다. 1920년대와 1930년대에 영국 공군은 주로 와피티와 빌데비스트와 같은 인도, 아프리카, 극동지역에서 식민지 경찰용으로 적합한 견고한 범용 기종을 요구하였다. 본국에 기지를 둔 폭격기의 발전은 더 느렸다. 오버스트랜드는 속도가 당시 최고인 약 시속 225km(시속 140마일)에 달했기 때문에 필요하다고 생각된 폐쇄형 기관총 포탑과 덮개가 달린 조종석을 도입하였다.

호커 호슬리 Mk II

제33 (폭격)비행대대의 색상으로 그려진 예시의 호커 호슬리 항공기는 복좌 중형 주간 폭격기로 에어코 D.H.9를 대체하기 위해 개발되었다. 호커는 1924년에 시제기를 제작하기 시작했는데, 이 시제기는 위아래 두 날개의 날개폭이 다르고, 날개가 뒤로 약간 젖혀진 복엽기로 전통적인 방식으로 고정된 꼬리 날개와 꼬리 부분에 스키드가 달린 착륙장치를 갖추고 있었다. 호슬리 Mk II의 초기 견본은 나무와 천으로 만들었지만 나중에 나온 항공기는 기본 구조 전체를 금속으로 만들었다.

제원	
제조 국가:	영국
유형:	복좌 주간 폭격기
동력 장치:	665마력(496kW) 롤스로이스 콘도르 IIIA 12기통 V형 피스톤 엔진 1개
성능:	최대 속도 201km/h; 실용 상승 한도 4,265m(14,000ft); 항속 시간 10시간
무게:	자체 중량 2,159kg; 최대 이륙 중량 3,538kg
크기:	날개폭 17.21m; 길이 11.84m; 높이 4.17m; 날개넓이 64.38㎡
무장:	고정식 전방 발사 0.303인치 빅커스 Mk II 기관총 1정; 후방 조종석 피벗 거치대에 0.303인치 루이스 기관총 1정; 외부 장착대에 폭탄 680kg(1,500lb) 또는 46cm(18인치) 어뢰 1발

웨스틀랜드 와피티 IIA

와피티는 정찰, 폭격, 육군 협동 작전 등 다양한 역할로 사용되었다. 아프가니스탄, 인도에서 사용되었고 남아프리카 연방에서 면허 생산되었다. 이 와피티 II는 1939년까지 이 기종을 사용했던 인도 공군 지원 예비대의 5개 연안 방어 비행대 중 하나에서 사용되었다.

제원	
제조 국가:	영국
유형:	복좌 범용 복엽기
동력 장치:	1,420마력(313kW) 브리스톨 쥬피터 VI 레이디얼 피스톤 엔진 1개
성능:	최대 속도 208km/h; 전투 행동반경 580km; 실용 상승 한도 5,730m (18,800ft)
무게:	자체 중량 1,732kg; 적재 중량 2,459kg
크기:	날개폭 14.15m; 길이 9.65m; 높이 3.96m; 날개넓이 45㎡
무장:	0.303인치 빅커스 기관총 1정; 0.303인치 루이스 기관총 1정; 최대 264kg (580lb)의 폭탄

빅커스 빌데비스트 Mk III

1927년, 영국의 항공부는 호커 호슬리 뇌격기 겸 주간 폭격기를 대체할 새로운 경폭격기를 찾기 시작했다. 빅커스 빌데비스트는 이 요구사항을 충족하게 설계되었고, 1928년 4월에 타입 132 시제기로 비행했다. Mk III는 3인승으로 만들기 위해 후방 조종석이 수정되었다. 1937년 12월에 마지막 양산 시리즈인 Mk IV의 마지막 57대가 인도되었다.

제원	
제조 국가: 영국	
유형: 3좌 범용 항공기	
동력 장치: 660마력(492kW) 브리스톨 페가수스 IIM3 슬리브 밸브 레이디얼 피스톤 엔진 1개	
성능: 최대 속도 230km/h; 실용 상승 한도 5,182m(17,000ft); 항속 거리 2,500km	
무게: 자체 중량 1,918kg; 최대 이륙 중량 3,674kg	
크기: 날개폭 14.94m; 길이 11.17m; 높이 5.42m	
무장: 고정식 전방 발사 0.303인치 빅커스 기관총 1정; 후방 조종석의 피벗 거치대에 0.303인치 루이스 기관총 1정	

볼턴 폴 P.75 오버스트랜드

볼턴 폴 P.75 오버스트랜드는 P.29 사이드스트랜드 쌍발 중형 폭격기의 8번째 생산 기체를 기반으로 개발되었다. P.75는 기수에 동력으로 작동되는 터렛게 있었는데, 양산 항공기에 처음으로 설치된 것 중 하나였다. 또 밀폐식 조종석과 3축 자동 조종 장치, 난방 장치를 갖췄다.

제원	
제조 국가: 영국	
유형: 5좌 중형 폭격기	
동력 장치: 580마력(433kW) 브리스톨 페가수스 IIM.3 레이디얼 피스톤 엔진 2개	
성능: 최대 속도 246km/h; 실용 상승 한도 6,860m(22,500ft); 항속 거리 877km	
무게: 자체 중량 3,600kg; 최대 이륙 중량 5,443kg	
크기: 날개폭 21.95m; 길이 14.02m; 높이 4.72m; 날개넓이 91.04㎡	
무장: 기수의 터렛에 0.303인치 루이스 기관총 1정; 동체 위 총좌와 동체 아래 총좌에 0.303인치 루이스 기관총 각 1정; 내부 폭탄창에 폭탄 726kg(1,600lb) 탑재	

핸들리 페이지 H.P.50 헤이포드

H.P.50은 1930년에 처음 등장했을 때 볼품없는 외관 때문에 매우 조롱을 받았다. 그러나 이 항공기는 1930년대 영국의 소위 전략 폭격 편대의 근간을 형성했으며, 더 뛰어난 기종이 도입되기 전까지 계속 운용되었다. 영국 공군은 H.P.50을 124대 납품받았다.

제원	
제조 국가: 영국	
유형: 야간 중폭격기	
동력 장치: 575마력(429kW) 롤스로이스 케스트렐 IIIS 12기통 V형 피스톤 엔진 2개	
성능: 최대 속도 229km/h; 실용 상승 한도 6,400m(21,000ft); 항속 거리 1,481km(폭탄 726kg 탑재시)	
무게: 자체 중량 4,173kg; 최대 이륙 중량 7,666kg	
크기: 날개폭 22.86m; 길이 17.68m; 높이 5.33m; 날개넓이 136.56㎡	
무장: 기수, 동체 위쪽, 동체 아래쪽 터렛의 유동식 거치대에 각각 0.303인치 루이스 기관총 1정; 내부 폭탄창에 최대 1,588kg(3,500lb)의 폭탄 탑재	

독일 공군의 부활

독일의 군용 항공은 1935년 루프트바페(Luftwaffe, 나치 시대의 독일 공군; 역자 주)의 설립과 함께 공식적으로 부활했다. 그때까지 조종사는 소련과 민간 항공사에서 10년 이상 비밀리에 훈련을 받고 있었다. 제1,2차 세계대전 사이에 나치는 글라이더 타기를 장려하여 인기 있는 스포츠로 만들었고, 이를 통해 수천 명의 젊은이들에게 비행 원리를 소개했다. 루프트바페의 첫 항공기는 대부분 '스포츠 비행기'로 가장해서 개발되거나 여객기 설계에서 개조되었다.

하인켈 He 51A-1

베르사이유 조약은 독일의 제조업체들이 군용 항공기를 제작하는 것을 금하고 있었다. 그래서 하인켈은 다른 많은 독일 설계자들과 마찬가지로 다른 나라에서 제휴를 맺고 자회사를 설립하였다. 연합국의 법적 조치 가능성이 줄어들자 하인켈은 조약을 노골적으로 무시하고 항공기 시제기 제작을 감행했다. 그 항공기가 He 37이었고, 1928년에 비행했다. 뒤이어 He 51의 기초가 된 He 49 시제기가 나왔고, 1934년에 인도되었다.

제원	
제조 국가: 독일	
유형: 단좌 복엽 전투기	
동력 장치: 750마력(559kW) BMW V1 7,3Z 12기통 V형 피스톤 엔진 1개	
성능: 최대 속도 330km/h; 실용 상승 한도 7,700m(25,260ft); 항속 거리 570km	
무게: 자체 중량 14,60kg; 최대 이륙 중량 1,895kg	
크기: 날개폭 11m; 길이 8.4m; 높이 3.2m; 날개넓이 27,2㎡	
무장: 고정식 전방 발사 7,92mm(0.31인치) MG 17 기관총 2정	

아르도 Ar 68F

Ar 68은 훌륭한 엔진에도 불구하고 결코 뛰어난 항공기가 아니었으며, 적기를 포착하는 능력과 성능 두 가지 모두 대단한 경쟁자였던 하인켈의 He 51에 미치지 못했다. 이 항공기는 거의 취역하자마자 메서슈미트 Bf 109에 의해 한물간 것이 되었고, 전쟁 발발 당시에는 거의 모두가 고등 전투 훈련기 지위로 밀려났다.

제원	
제조 국가: 독일	
유형: 단좌 전투기	
동력 장치: 750마력(570kW) BMW VI V형 12기통 피스톤 엔진 1계	
성능: 최대 속도 305km/h; 실용 상승 한도 8,100m(26,575ft); 항속 거리 415km	
무게: 자체 중량 1,840kg; 최대 이륙 중량 2,475kg	
크기: 날개폭 11m; 길이 9.5m; 높이 3,28m	
무장: 고정식 전방 발사 7,92mm(0.31인치) MG 17 기관총 2정	

융커스 Ju 52

단발 Ju 52에서 파생된 3발 엔진 Ju 52/3m은 역대 가장 중요한 수송기 중 하나가 되었다. 물결 모양의 금속 외피로 유명한 Ju 52/3m는 스페인에서는 수송기뿐 아니라 폭격기로도 사용되었다. 예시는 훈련 학교에서 사용되었다.

제원	
제조 국가: 독일	
유형: 3발 수송기 및 폭격기	
동력 장치: 533kW(715마력) BMW 132T 레이디얼 피스톤 엔진 3개	
성능: 최대 속도 265km/h; 실용 상승 한도 5,490m; 항속 거리 870km	
무게: 자체 중량 6,510kg; 최대 이륙 중량 10,990kg	
크기: 날개폭 29.25m; 길이 18.90m; 높이 4.5m; 날개넓이 110.5㎡	
무장: 13mm(0.5인치) MG 131 기관총 1정 또는 7.92mm (0.31인치) MG 15 기관총 2정	

융커스 Ju 86D-1

융커스 Ju 86는 중형 폭격기로 계획되었다. 처음 생산된 두 파생기종이 1936년에 취역한 Ju 86D와 Ju 86E였다. 이들은 동력 장치가 서로 달랐는데 Ju 86E 기종은 810마력 BMW 132 레이디얼 엔진을 탑재했다. 운용 결과 성능이 떨어지는 것으로 드러났고, 이후 이 기종은 민간 수송기와 Ju 86G 폭격기 훈련기로 개발되었다.

제원	
제조 국가: 독일	
유형: (Ju 86D-1) 4좌 중형 폭격기	
동력 장치: 600마력(447kW) 융커스 유모 205C-4 수직 대향 디젤 엔진 2개	
성능: 최대 속도 325km/h; 실용 상승 한도 5,900m(19,360ft); 항속 거리 1,140km(최대 폭탄 탑재 시)	
무게: 자체 중량 5,800kg; 최대 이륙 중량 8,200kg	
크기: 날개폭 22.50m; 길이 17.57m; 높이 5.06m	
무장: 기수 총좌에 trainable 전방 발사 7.92mm (0.31인치) 기관총 1정, 동체 위쪽 총좌와 동체 아래쪽에 trainable 후방 발사 7.92mm (0.31인치) 기관총 각 1정; 내부에 폭탄 1,000kg 탑재	

HE 100

He 100은 유선형의 빠른 전투기로 1938년에 첫 비행을 했다. 하인켈은 이 항공기를 겨우 약 25대만 제작한 후에 폭격기 생산에만 집중하라는 명령을 받았다. 일부 He 100D는 운용 중인 새로운 기종이라고 세계가 믿게 하려고 가짜 표식을 달고 많이 촬영되기도 했다.

제원	
제조 국가: 독일	
유형: (HE 100D) 단발 단엽 전투기	
동력 장치: 1,175마력(876kW) 다임러-벤츠 DB 601M 액냉식 과급 V12 피스톤 엔진 1개	
성능: 최대 속도 668km/h; 실용 상승 한도 11,000m(36,090ft); 항속 거리 900km	
무게: 자체 중량 1617kg; 최대 이륙 중량 2,248kg	
크기: 날개폭 8.20m; 길이 8.20m; 높이 3.60m; 날개넓이 14.5㎡	
무장: 7.92mm(0.31인치) MG 17 기관총 2정, 20mm(0.78인치) MG FF 기관포 1문	

스페인 내전: 1부

1936년에서 1938년까지의 스페인 내전은 여러 면에서 앞으로 다가올 세계 분쟁의 전조였다. 프랑코 장군의 파시스트 동맹국인 독일과 이탈리아는 반란군 공군을 무장시켰고, 그들 자신의 공군 부대를 보냈다. 독일 공군의 콘도르 군단과 이탈리아 공군은 프랑코 반란군의 최종 승리에 기여했으며, 항공 승무원들에게는 1939년에서 1940년 사이에 매우 유용하게 될 귀중한 경험을 제공하였다.

사보이아 마르케티 S.M.81 피피스트렐로

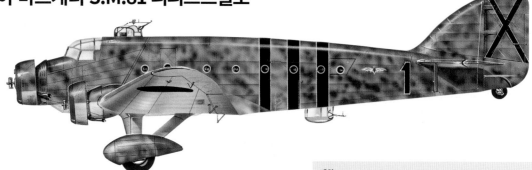

피피스트렐로 즉 '박쥐'는 이탈리아 공군이 스페인에서 사용한 주요 폭격기였다. 이것은 1936년 10월에 스페인의 탈라베라 데 레이나에 기지를 두고 있었다. 3발 엔진으로 설계된 이탈리아의 여러 항공기 중 하나인 S.M.81은 몇 가지 엔진 선택이 가능했다.

제원	
제조 국가: 이탈리아	
유형: 6좌 중형 폭격기	
동력 장치: 670마력(522kW) 피아지오 P.X RC.15 레이디얼 피스톤 엔진 3개	
성능: 최대 속도 320km/h; 실용 상승 한도 7,000m(23,000ft); 항속 거리 1,500km	
무게: 자체 중량 6,800kg; 최대 이륙 중량 10,505kg	
크기: 날개폭 24m; 길이 18.3m; 높이 4.3m; 날개넓이 92.2㎡	
무장: 7.7mm(0.303인치) 브레다 사파트 기관총 6정; 최대 2,000kg(4,415lb)의 폭탄	

하인켈 He 112

He 100과 마찬가지로 He 112도 제한적으로 생산되었다. 하지만 He 100 중 많은 수가 스페인에서 전투를 경험했으며, 나중에는 루마니아와 헝가리 같은 독일의 동맹국들에서 전투를 겪었다. He 112 약 17대가 프랑코군 공군에 제공되었다.

제원	
제조 국가: 독일	
유형: 단발 전투기	
동력 장치: 700마력(522kW) 융커스 유모 210Ga 도립형 V-12 피스톤 엔진 1대	
성능: 최대 속도 510km/h; 실용 상승 한도 9,500m(31,200ft); 항속 거리 1,150km	
무게: 자체 중량 1,617kg; 최대 이륙 중량 2,248kg	
크기: 날개폭 9.09m; 길이 9.22m; 높이 3.82m; 날개넓이 17㎡	
무장: 7.92mm(0.31인치) MG 17 기관총 2정과 20mm(0.78인치) MG FF 기관포 2문	

하인켈 He 70

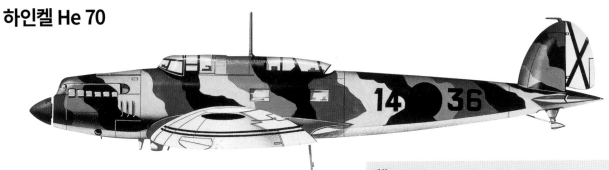

He 70은 원래 고속 우편 항공기였기 때문에 당시 대부분의 항공기보다 빨랐지만 폭탄 탑재량이 제한적이었고, 피격되었을 때 불이 잘 붙는 경향이 있었다. 예시는 1937년과 1938년 사이의 겨울에 7-G-14 비행부대(Grupo 7-G-14)에서 운용되었다.

제원	
제조 국가: 독일	
유형: (He 70F-2) 단발 경폭격기	
동력 장치: 750마력(559kW) BMW VI 7.3 12기통 피스톤 엔진 1개	
성능: 최대 속도 360km/h; 전투 행동반경 900km; 실용 상승 한도 5,350m	
무게: 자체 중량 2,360kg; 최대 이륙 중량 3,460kg	
크기: 날개폭 14.80m; 길이 12m; 높이 3.1m; 날개넓이 36.5㎡	
무장: 7.92mm(0.3인치) MG 15 기관총 1정; 110lb(50kg) 폭탄 6발 또는 22lb (10kg) 폭탄 24발	

피아트 G.50 프리치아

G.50은 1938년 초에 이탈리아 군에 취역한 후 급히 스페인으로 보내져 시험적으로 작전에 투입되었다. 이 항공기는 스페인 내전에서 가장 뛰어난 전투기 중 하나로 판명되었지만 CR.42 복엽기보다 많이 빠르지 않았고, 얼마 안가서 구식이 되었다.

제원	
제조 국가: 이탈리아	
유형: 단발 전투기	
동력 장치: 838마력(625kW) 피아트 A.74 RC38 레이디얼 피스톤 엔진 1개	
성능: 최대 속도 484km/h; 실용 상승 한도 9,835m(32,258ft); 항속 거리 670km	
무게: 자체 중량 1,975kg; 최대 이륙 중량 2,706kg	
크기: 날개폭 10.96m; 길이 7.79m; 높이 2.96m; 날개넓이 18.2㎡	
무장: 12.7mm(0.5인치) 브레다 사파트 기관총 2정	

메서슈미트 Bf 109B

Bf 109는 스페인에서 주로 유모 엔진을 탑재한 Bf 109B와 Bf 109C 기종으로 전투 데뷔를 했다. 약 130대의 Bf 109가 프랑코군 공군과 독일 공군 콘도르 군단에서 운용되었다. 독일 공군의 미래 최고 에이스들 중 몇 명은 이 전투기로 스페인 상공에서 첫 승리를 거뒀다.

제원	
제조 국가: 독일	
유형: (Bf 109C) 단발 전투기	
동력 장치: 700마력(522kW) 융커스 유모 210Ga 도립형 V-12 피스톤 엔진 1개	
성능: 최대 속도 470km/h; 실용 상승 한도 8,400m(27,600ft); 항속 거리 650km	
무게: 자체 중량 1,597kg; 최대 이륙 중량 2,296kg	
크기: 날개폭 9.85m; 길이 8.55m; 높이 2.45m; 날개넓이 16.40㎡	
무장: 7.9mm(0.31인치) MG 17 기관총 4정	

스페인 내전: 2부

스페인 공화국 정부군은 내전 전 공군의 군용기 대부분을 운용하며 전쟁에 뛰어들었다. 정부군도 프랑코군과 마찬가지로 지지하는 국가들, 특히 소련으로부터 도움을 받았다. 수많은 최신 소련 항공기가 정부군 편에서 운용되었고, 때로는 소련의 조종사도 함께 활동했다.

호커 퓨리

이스파노 엔진을 탑재한 스페인향 호커 퓨리 단 3대가 전쟁 발발 전에 공화국 정부에 인도되었다. 적어도 한 대는 포획되어 프랑코 반란군에서 사용되었다가 나중에 다시 공화국 정부군에게 잡혔다.

제원	
제조 국가: 영국	
유형: (퓨리 1) 단발 복엽 전투기	
동력 장치: 700마력(522kW) 이스파노-수이자 12 Xbrs 피스톤 엔진 1개	
성능: 최대 속도 333km/h; 실용 상승 한도 8,534m(28,000ft); 항속 거리 490km	
무게: 자체 중량 1,189kg; 최대 이륙 중량 1,583kg	
크기: 날개폭 9.14m; 길이 8.12m; 높이 3.09m; 날개넓이 76.80㎡	
무장: 0.303인치(7.62mm) 빅커스 기관총 2정	

뉴포르 들라쥬 Ni-D 52

뉴포르 들라쥬는 1924년 파리 항공박람회에서 군용 전투기 시장이 심각하게 침체된 시기에 자그마치 3종의 새로운 디자인을 공개했다. 이들 항공기로부터 나온 1927년의 Ni-D 52(스페인 공화국 정부군 공군 색상으로 그린 예시 참조)는 Ni-D 42와 매우 흡사하였지만 나무 대신 금속으로 제작되었다. 이 항공기는 1928년 스페인 전투기 대회에서 우승했고, 이스파노가 면허를 받아 1936년까지 제작했다.

제원	
제조 국가: 프랑스	
유형: 단좌 전투기	
동력 장치: 580마력(433kW) 이스파노-수이자 12Hb 12기통 V형 피스톤 엔진 1대	
성능: 최대 속도 255km/h; 실용 상승 한도 7,000m(2,965ft); 항속 거리 400km	
무게: 자체 중량 1,368kg; 최대 이륙 중량 1,837kg	
크기: 날개폭 12m; 길이 7.5m; 높이 3m; 날개넓이 30.90㎡	
무장: 고정식 전방 발사 7.62mm(0.29인치) 빅커스 기관총 2정	

더글러스 DC-2

스페인 내전에서 양측 모두 더글러스 DC-2를 수송기로 사용하였다. 여기에는
프랑코 군이 사용한 전 스위스 항공의 DC-2도 포함되었다. 이 항공기는 스페인
우편 항공회사(LAPE)에서 민수용으로 사용되었던 다섯 대의 DC-2 항공기 중
한 대다.

제원	
제조 국가: 영국	
유형: 쌍발 엔진 수송기	
동력 장치: 730마력(540kW) 라이트 사이클론 GR-F53 9기통 레이디얼 피스톤 엔진 1개	
성능: 최대 속도 338km/h; 실용 상승 한도 6,930m(22,750ft); 항속 거리 1,448km	
무게: 자체 중량 5,650kg; 적재 중량 8,420kg	
크기: 날개폭 25.9m; 길이 19.1m; 높이 4.8; 날개넓이 87.3㎡	
무장: 없음	

폴리카르포프 I-16

프랑코 군은 I-16을 '모스카(Mosca, 파리)'라고 불렀고, 공화국 정부군은 '라타
(Rata, 쥐)'라고 불렀다. 소련이 제작한 폴리카르포프는 안으로 접어넣을 수 있
는 이착륙 장치를 갖춘 최초의 단엽기였다. 빠르고 조작하기 쉬웠지만 I-16은
Bf 109와의 전투에서 대개 패했다.

제원	
제조 국가: 러시아	
유형: (I-16 타입 10) 단발 전투기	
동력 장치: 1,100마력(820kW) 시베츠프 M-25V 레이디얼 피스톤 엔진 1대	
성능: 최대 속도 447km/h; 실용 상승 한도 8,320m(27,000ft); 항속 거리 700km	
무게: 자체 중량 1,336kg; 적재 중량 1,726kg	
크기: 날개폭 8.95m; 길이 6.13m; 높이 3.25m; 날개넓이 14.5㎡	
무장: 0.3인치 시카스 기관총 4정	

투폴레프 SB-2

설계국장 알렉시 투폴레프(Alexi N. Tupolev)의 이름을 따서 ANT-40라고도
한 SB-2는 1930년대의 가장 빠르고 가장 선진적인 폭격기 중 하나였다. 때때
로 스페인 전쟁에 참여하지 않았던 어메리칸 B-10으로 오인되어 '마틴'이라고
불리기도 했다.

제원	
제조 국가: 소련	
유형: (SB 2M) 중형 폭격기	
동력 장치: 860마력(641kW) 클리모프 M-100A V-12 피스톤 엔진 2개	
성능: 최대 속도 423km/h; 실용 상승 한도 9,571m(31,400ft); 항속 거리 1,250km	
무게: 자체 중량 4,060kg; 최대 이륙 중량 5,628kg	
크기: 날개폭 20.33m; 길이 20.33m; 높이 3.25m; 날개넓이 56.67㎡	
무장: 0.3인치 시카스 기관총 4정; 최대 600kg(1,322lb)의 폭탄	

영국 공군의 은빛 날개 전투기

1920대 말에서 1930대 초는 영국 공군 전투기 사령부의 황금기였다. 정규적인 곡예비행 시범과 반짝이는 은색으로 도색된 복엽기로 대중의 눈에 많이 띄었다. 그러나 폭격기 설계는 발전하고 있었고, 얼마 지나지 않아 영국 공군의 복엽 전투기들은 잠재적인 적은 말할 것도 없고 영국 공군의 폭격기를 따라잡느라 애써야 했다. 복엽기는 발전의 정점에 도달했고, 다음 세대의 전투기는 단엽기가 될 것이었다.

브리티시 105 불독 IIA

불독 Mk I의 시제기는 1927년 5월에 처음으로 비행했다. 이후 동체 길이를 늘인 불독 Mk II로 생산에 들어갔다. 1929년 6월에 440마력(328kW) 브리스톨 쥬피터 엔진을 탑재한 첫 항공기가 영국 공군의 제3 비행대대에 인도되었다. 예시는 주요 파생 제품인 Mk IIA(213대 제작)인데 수직 안정판이 더 커지고 주바퀴 간격이 넓어졌으며, 타이어가 더 커지고 오일 계통이 개선되었다.

제원	
제조 국가: 영국	
유형: 단좌 복엽 전투기	
동력 장치: 425마력(317kW) 브리스톨 쥬피터 VI 9기통 레이디얼 엔진 1개	
성능: 최대 속도 249km/h; 실용 상승 한도 6,705m(22,000ft); 항속 시간 2시간	
무게: 자체 중량 875kg; 최대 이륙 중량 1,299kg	
크기: 날개폭 9.08m; 길이 5.99m; 높이 2.95m; 날개넓이 24.53㎡	
무장: 고정식 전방 발사 0.303인치 빅커스 Mk I 기관총 2정	

암스트롱 위트워스 시스킨 IIIA

이 뛰어난 곡예비행 항공기는 1927년부터 영국의 본토 방어 비행대대의 선봉을 형성했지만 1930년대 들어 기술이 발전하고 브리스톨 불독과 같은 새로운 기종이 나오면서 빠르게 사라졌다. 예시는 1929년 제43 비행대대의 시스킨 IIIA이다.

제원

제조 국가: 영국	
유형: 단좌 복엽 전투기	
동력 장치: 420마력(313kW) 암스트롱 시들리 재규어 IV 레이디얼 엔진 1개	
성능: 최대 속도 251km/h; 실용 상승 한도 8,230m(27,000ft); 항속 시간 3시간	
무게: 자체 중량 935kg; 최대 이륙 중량 1,366kg	
크기: 날개폭 10.11m; 길이 7.72m; 높이 3.10m; 날개넓이 27.22㎡	
무장: 동체 앞쪽에 고정식 전방 발사 0.303인치 빅커스 기관총 2정 ; 날개 아래 장착대에 최대 9kg(20lb) 쿠퍼 프랙티스 폭탄 4발	

글로스터 게임콕 Mk I

글로스터 게임콕은 1925년 2월에 첫 비행을 했고, 100대가 영국 공군에 인도되었으며, 1931년까지 현역으로 남아있었다. 예시는 영국 공군 켄리 기지의 제32 비행대대의 게임콕 Mk I이다.

제원

제조 국가: 영국	
유형: 단좌 복엽 전투기	
동력 장치: 490마력(365kW) 브리스톨 쥬피터 VIIF 레이디얼 피스톤 엔진 1개	
성능: 최대 속도 280km/h; 실용 상승 한도 89.40m(29,300ft); 항속 거리 482km	
무게: 자체 중량 1,008kg; 최대 이륙 중량 1,583kg	
크기: 날개폭 10.3m; 길이 7.7m; 높이 2.7m; 날개넓이 28.47㎡	
무장: 고정식 전방 발사 0.303인치 빅커스 기관총 2정; 날개 아래 장착대에 최대 9kg(20lb) 폭탄 4발 탑재	

호커 하트 제품군

호커 하트 경폭격기는 다양한 임무에 사용할 수 있었으며, 데몬 복좌 전투기, 오닥스 육군 협동 항공기, 하트를 대체한 하인드 경폭격기를 포함해서 70 종 이상의 파생 모델을 낳았다. 이 시리즈는 대부분의 영국 공군 기종이 탑재한 케스트렐 엔진 대신에 다양한 레이디얼 엔진 또는 직렬 엔진을 탑재한 다양한 버전이 널리 수출되었다. 여분의 하인드는 영국 제국의 공군에 훈련기와 범용 항공기로 보내져서 1940년대까지 운용되었다.

호커 하트 Mk I

호커 하트의 시제기는 신형 롤스로이스 케스트렐 엔진을 사용하는 경폭격기를 요구하는 항공부의 규격에 따라 1926년에 호커사의 설계팀이 만들었다. 최고 속도는 시속 257km(시속 160마일), 폭탄 탑재량은 203kg이었다. 1930년의 연차 항공 방어 훈련에서 하트는 당대 어떤 영국 공군의 항공기 보다 더 빠른 최고 속도를 보였다.

제원	
제조 국가: 영국	
유형: 복좌 주간 경폭격기	
동력 장치: 525마력(392kW) 롤스로이스 케스트렐 IB 12기통 V형 피스톤 엔진 1개	
성능: 최대 속도 298km/h; 실용 상승 한도 6,500m(21,320ft); 항속 거리 756km	
무게: 자체 중량 1,148kg; 최대 이륙 중량 2,066kg	
크기: 날개폭 11,35m; 길이 8,94m; 높이 3,17m; 날개넓이 32,33㎡	
무장: 고정식 전방 발사 0,303인치 빅커스 Mk II 기관총 1정; 후방 조종석의 피벗 거치대에 0,303인치 루이스 기관총 1정; 날개 아래 장착대에 폭탄 최대 236kg(520lb) 탑재	

호커 데몬 Mk I

공군 참모들은 호커 하트의 성능 때문에 크게 실망하여 호커 퓨리를 이용할 수 있게 될 때까지 과도적인 수단으로 복좌 전투기 버전 개발을 서둘렀다. 호커 데몬은 기관총 사계(射界)를 개선하기 위해 후방 조종석을 개조했고, 무선 통신 장비를 갖추었으며, 나중 모델은 꼬리 바퀴가 달린 것이 호커 하트와 달랐다.

제원	
제조 국가: 영국	
유형: 복좌 복엽 전투기	
동력 장치: 584마력(392kW) 롤스로이스 케스트렐 IIS 12기통 V형 피스톤 엔진 1개	
성능: 최대 속도 303km/h; 실용 상승 한도 6,500m(21,320ft); 항속 거리 756km	
무게: 자체 중량 1,148kg; 최대 이륙 중량 2,066kg	
크기: 날개폭 11,35m; 길이 8,94m; 높이 3,17m; 날개넓이 32,33㎡	
무장: 고정식 전방 발사 0,303인치 빅커스Mk II 기관총 2정; 후방 조종석의 피벗 거치대에 0,303인치 루이스 Mk 기관총 1정	

TIMELINE		
	1928 	1929 

호커 오닥스

호커 오닥스는 암스트롱 휘트워스 아틀라스를 대체하기 위한 육군 협동 항공기로 개발되어 주로 중동과 인도의 북서부 전선에서 운용되었다. 오닥스 시제기는 초기 하트(K1438)의 기체를 전갈을 받는 갈고리를 설치하게 개조해서 만들었고, 1931년 처음 비행했다. 다른 것과 구별되는 특징은 동체의 중간 지점까지 연장된 긴 배기관이었다. 영국 공군용으로 총 624대가 생산되었다.

제원	
제조 국가: 영국	
유형: 복좌 육군 협동 항공기	
동력 장치: 580마력(433kW) 브리스톨 페가수스 II,M2 레이디얼 피스톤 엔진 1개	
성능: 최대 속도 274km/h; 실용 상승 한도 6,555m(21,500ft); 항속 시간 3시간 30분	
무게: 자체 중량 1,333kg; 최대 이륙 중량 1,989kg	
크기: 날개폭 11.35m; 길이 9.02m; 높이 3.17m; 날개넓이 32.33㎡	
무장: 고정식 전방 발사 0.303인치 빅커스 Mk II 기관총 1정; 후방 조종석의 피벗 거치대에 0.303인치 루이스 기관총 1정; 날개 아래 장착대에 9kg(20lb) 폭탄 4발 또는 51kg(112lb) 2발 탑재	

호커 하트
훈련기 시리즈 2A

호커 하트는 열대 장비와 케스트렐 IB, V형 또는 X형 엔진(후자는 후기의 77 특수 항공기에만 설치되었다)을 탑재한 57 하트(인도)와 72 하트(특수) 항공기를 포함해서 매우 많은 파생기종이 만들어졌다. 이 제품군 중에서 가장 많이 생산된 것은 이중 조종 장치가 있는 훈련기였는데, 1934년에서 1936년 사이 4번에 걸쳐 그 중 507대가 제작되었다. 예시는 복원된 시리즈 2A 항공기로 헨던의 영국 공군 박물관 소장품이다.

제원	
제조 국가: 영국	
유형: 복좌 고등훈련기	
동력 장치: 510마력(300kW) 롤스로이스 케스트렐 XDR 12기통 V형 피스톤 엔진 1개	
성능: 최대 속도 298km/h; 실용 상승 한도 6,500m(21,320ft); 항속 거리 756km	
무게: 자체 중량 1,148kg; 최대 이륙 중량 2,066kg	
크기: 날개폭 11.35m; 길이 8.94m; 높이 3.17m; 날개넓이 32.33㎡	

호커 하인드

호커 하트의 뒤를 이어 과도적인 경폭격기로 사용된 호커 하인드는 640마력(477kW) 케세트렐 V형 엔진을 탑재했다. 또 기관총 사계(射界)를 개선하기 위해 후방 조종석을 축소했고, 꼬리 부분에 스키드 대신 바퀴를 달았다. 호커 하인드 시제기는 1934년 9월에 비행했고, 이후 527대가 생산되었다.

제원	
제조 국가: 영국	
유형: 주간 경폭격기	
동력 장치: 640마력(477kW) 롤스로이스 케스트렐 V 12기통 V형 피스톤 엔진 1개	
성능: 최대 속도 298km/h; 실용 상승 한도 8,045m(26,400ft); 항속 거리 692km	
무게: 자체 중량 1,475kg; 최대 이륙 중량 2,403kg	
크기: 날개폭 11.35m; 길이 9.02m; 높이 3.23m; 날개넓이 32.33㎡	
무장: 고정식 전방 발사 0.303인치 빅커스 Mk II 기관총 1정; 후방 조종석의 피벗 거치대에 0.303인치 루이스 기관총 1정; 날개 아래 장착대에 폭탄 최대 227kg(500lb) 탑재	

1934

1937

호커 퓨리

1928년의 하트 폭격기에서 파생된 많은 성공적인 기종 중 하나인 퓨리는 1930년에 영국 공군의 첫 번째 전용 요격 전투기로 선정되었다. 수랭식 V-12 케스트렐 엔진으로 구동되는 퓨리는 당대의 영국 공군 전투기들보다 더 유선형이고 더 빨랐다. 그러나 더 비싸서 오직 3개 비행대대만 퓨리 I을 운용했고, 4개 비행대대가 개선된 퓨리 II를 운용했다. 퓨리는 또한 님로드 해군 전투기의 기초가 되었다.

호커 퓨리 Mk I

정말 마음에 드는 호커 퓨리 전투기의 뿌리는 레이디얼 엔진을 탑재한 후포(Hoopoe) 시제기였다. 퓨리의 설계는 항공부의 요구사항을 초과했고, 더욱 발전되었다. 퓨리 I은 브리스톨 불독보다 더 비싼 원가(한 대당 700파운드 이상) 때문에 탱미어의 제1 비행대대 등 소수의 '엘리트' 전투기 비행대대에만 지급되었다.

제원	
제조 국가: 영국	
유형: 단좌 요격 전투기	
동력 장치: 525마력(392kW) 롤스로이스 케스트렐 IIS 12기통 V형 피스톤 엔진 1개	
성능: 최대 속도 333km/h; 실용 상승 한도 8,535m(28,000ft); 항속 거리 491km	
무게: 자체 중량 1,190kg; 최대 이륙 중량 1,583kg	
크기: 날개폭 9.14m; 길이 8.13m; 높이 3.1m; 날개넓이 23.41㎡	
무장: 고정식 전방 발사 0.303인치 빅커스 Mk III 기관총 2정	

호커 퓨리 Mk II

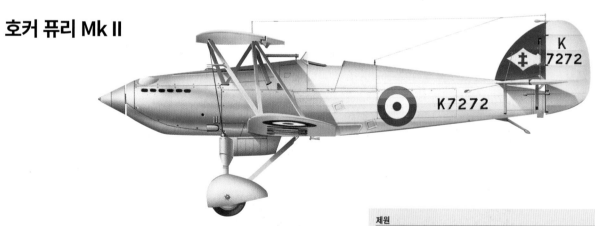

퓨리 II는 전쟁 전 영국 공군 확장 계획의 일환으로 발주되었고, 개선된 케스트렐 VI 엔진을 탑재했다. 이 기종은 제23, 제41, 제73, 제87 비행대대에 지급되었다. 예시는 제41 비행대대의 퓨리 II다.

제원	
제조 국가: 영국	
유형: 요격 전투기	
동력 장치: 700마력(447kW) 롤스로이스 케스트렐 VI 12기통 V형 피스톤 엔진 1개	
성능: 최대 속도 359km/h; 실용 상승 한도 8,990m(29,500ft); 항속 거리 435km	
무게: 자체 중량 1,240kg; 최대 이륙 중량 1,637kg	
크기: 날개폭 9.14m; 길이 8.13m; 높이 3.1m; 날개넓이 23.41㎡	
무장: 고정식 전방 발사 0.303인치 빅커스 Mk III 기관총 2정	

TIMELINE

 1931

 1933

호커 퓨리 Mk II

남아프리카 연방은 1935년에 여분의 영국 공군 퓨리 II를 받았고 1940년에 좀 더 받았다. 이 퓨리 II들은 1940년에서 1941년까지 동아프리카에서 일부 전투에 투입되어 많은 이탈리아 폭격기를 격추시켰다. 예시는 1942년 국내에 주둔하였던 남아프리카 공군 제43 비행대대에 배속되었다.

제원

제조 국가: 영국	
유형: 단좌 요격 전투기	
동력 장치: 700마력(447kW) 롤스로이스 케스트렐 VI 12기통 V형 피스톤 엔진 1개	
성능: 최대 속도 359km/h; 실용 상승 한도 8,990m(29,500ft); 항속 거리 435km	
무게: 자체 중량 1,240kg; 최대 이륙 중량 1,637kg	
크기: 날개폭 9.14m; 길이 8.13m; 높이 3.1m; 날개넓이 23.41㎡	
무장: 고정식 전방 발사 0.303인치 빅커스 Mk III 기관총 2정	

호커 퓨리 Mk I

퓨리는 수출에서 별로 성공하지 못했는데 특히 호커의 복좌 복엽기들과 비교하면 더욱 그렇다. 포르투갈 육군항공대는 1935년에 영국으로부터 퓨리를 단 3대 구입한 사용자였다.

제원

제조 국가: 영국	
유형: 단좌 요격 전투기	
동력 장치: 525마력(392kW) 롤스로이스 케스트렐 IIS 12기통 V형 피스톤 엔진 1개	
성능: 최대 속도 333km/h; 실용 상승 한도 8,535m(28,000ft); 항속 거리 491km	
무게: 자체 중량 1,190kg; 최대 이륙 중량 1,583kg	
크기: 날개폭 9.14m; 길이 8.13m; 높이 3.1m; 날개넓이 23.41㎡	
무장: 고정식 전방 발사 0.303인치 빅커스 Mk III 기관총 2정; 12.5kg(27.5lb) 폭탄 4발 탑재	

호커 퓨리 Mk II

비록 글라디에이터가 현역에 더 오래 남아 있었지만 퓨리 II는 영국 공군을 위해 생산된 마지막 복엽 전투기라는 차별성을 가지고 있다. 퓨리 전투기는 1938년의 뮌헨 위기로 인해 이전의 반짝이는 은색 마감을 제43 비행대대의 이 항공기와 같은 위장 무늬로 바꾸었다.

제원

제조 국가: 영국	
유형: 단좌 요격 전투기	
동력 장치: 700마력(447kW) 롤스로이스 케스트렐 VI 12기통 V형 피스톤 엔진 1개	
성능: 최대 속도 359km/h; 실용 상승 한도 8,990m(29,500ft); 항속 거리 435km	
무게: 자체 중량 1,240kg; 최대 이륙 중량 1,637kg	
크기: 날개폭 9.14m; 길이 8.13m; 높이 3.1m; 날개넓이 23.41㎡	
무장: 고정식 전방 발사 0.303인치 빅커스 Mk III 기관총 2정	

1934

비행정

대형 육상 비행기는 긴 활주로가 필요하지만 1940년대까지는 긴 활주로가 드물었다. 비행정은 장거리 해상 초계 및 대잠수함 공격용으로 이상적이었고, 특히 대형 항공기 개발에서 지분을 갖고자했던 해군항공대에게 매력적이었다. 제작 방법은 목제 선박 건조에서 현대적인 알루미늄을 사용한 응력 외피 구조(골조뿐만 아니라 외피도 하중의 일부를 담당하게 하는 구조 형식; 국방과학기술용어사전)의 기체로 발전되었다. 더 가벼운 구조가 강력한 레이디얼 엔진과 결합하여 비행정의 항속 거리와 초계 시간을 매우 크게 증가시켰다.

슈퍼마린 사우스햄턴 Mk I

상업용 슈퍼마린 스완에서 개발된 우아한 외형의 사우스햄턴 5인승 복엽 비행정은 1925년 3월에 첫 비행을 하였고, 몇 달 뒤 영국 공군에 인도되기 시작했다. Mk II는 동체를 두랄루민으로 만들어 목제 동체였던 Mk1보다 무게를 상당히 줄였다. 총 68대 생산되었다.

제원	
제조 국가: 영국	
유형: (Mk II) 일반 정찰 비행정	
동력 장치: 500마력(373kW) 네이피어 라이언 VA W-12 피스톤 엔진 2개	
성능: 최대 속도 174km/h; 실용 상승 한도 4,265m(14,000ft); 항속 거리 1,497km	
무게: 자체 중량 4,082kg; 최대 이륙 중량 6,895kg	
크기: 날개폭 22.86m; 길이 15.58m; 높이 6.82m; 날개넓이 134.61㎡	
무장: 기수의 피벗 거치대에 0.303인치 루이스 기관총 1정; 동체 중간 총좌 2개의 피벗 거치대에 0.303인치 루이스 기관총 각 1정; 최대 499k(1,100lb)의 폭탄	

CAMS 55/2

프랑스의 비행정 제조회사 CAMS는 1926년에 모리스 휴렐(Maurice Hurel)을 고용하여 쌍발 복엽 비행정 CAMS 51을 설계했고, 이것으로부터 CAMS 45 GR(Grand Raid, 대공습), CAMS 53과 CAMS 55를 개발했다. CAMS 53은 그 시대 프랑스에서 가장 성공한 상업용 비행정이었다. 군용인 CAMS 55는 1928년 첫 비행을 했다. 생산 주문은 55/2가 29대, 대용량 연료탱크가 달린 55/10이 32대였다.

제원	
제조 국가: 프랑스	
유형: 장거리 해상 정찰 비행정	
동력 장치: 480마력(358kW) 놈 론 쥬피터 9Akx 레이디얼 피스톤 엔진 2개	
성능: 최대 속도 195km/h; 실용 상승 한도 3,400m(11,155ft); 최대 항속 거리 1,875km	
무게: 자체 중량 4,590kg; 최대 이륙 중량 6,900kg	
크기: 날개폭 20.4m; 길이 15.03m; 높이 5.41m; 날개넓이 113.45㎡	
무장: 기수의 조종석에 0.303인치 루이스 기관총 2정, 가운데 조종석에 2정; 날개 아래 장착대에 75kg(165lb) 폭탄 2발 탑재	

TIMELINE 1922

블랙번 R.B.1 아이리스

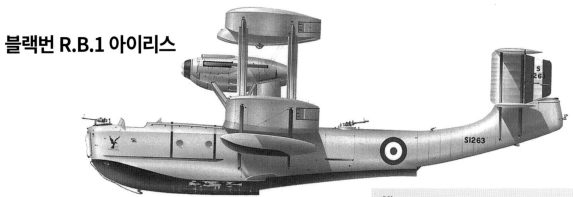

로버트 블랙번(Robert Blackburn)은 영국 항공의 1세대 개척자에 속했다. 동체를 나무로 만든 R.B.1 시제기는 1926년 6월에 첫 비행을 했다. 새로 금속 동체에 롤스로이스 콘도르 IIIA 엔진을 장착한 항공기가 해외 운항에 성공했다. 이 형태로 블랙번 R.B.1 아이리스 Mk III로 채택되어 주문을 받았다. 3대의 항공기 중 첫 번째가 1929년 11월에 인도되었고, 3대 모두 제229 비행대대에서 운용되었다.

제원	
제조 국가: 영국	
유형: 5인승 장거리 정찰 비행정	
동력 장치: 675마력(503kW) 롤스로이스 콘도르 IIIB 직렬 피스톤 엔진 3개	
성능: 최대 속도 190km/h; 실용 상승 한도 3,230m(10,600ft); 항속 거리 1,287km	
무게: 자체 중량 8,640kg; 최대 이륙 중량 13,376kg	
크기: 날개폭 29.57m; 길이 20.54m; 높이 7.77m; 날개넓이 207.07㎡	
무장: 기수의 총좌, 가운데 총좌, 꼬리 날개 총좌에 0.303인치 루이스 기관총 각 1정; 날개 아래에 최대 907kg(2,000lb)의 폭탄 탑재	

베리예프 MBR-2

게오르기 M. 베리예프(Georgi M. Beriev)가 처음 설계한 에어크래프트 No. 25 정찰용 비행정은 마침내 MBR-2라는 이름으로 생산되는데 성공했다. 1934년부터 인도되기 시작했다. 이 항공기는 2단 합판으로 된 동체, 날개 위에 버팀대로 장착한 엔진과 부분적으로 밀폐된 조종석을 가진 견익(좌우로 분리된 주 날개를 동체 윗부분에 부착하는 형태; 역자 주), 외팔보식 날개(cantilever, 날개의 한쪽만 동체에 부착되어 있는 날개; 역자 주) 단엽기였다. 최종판 MBR-2AM-34에서는 완전 밀폐식 조종석으로 바꾸었고, 기체 중앙에 유리창으로 둘러싼 기관총 사수 자리를 두었으며, 꼬리날개의 수직안정판과 방향타를 새로 설계했다. 약 1,300대가 제작되었다.

제원	
제조 국가: 소련	
유형: 단거리 정찰 및 초계 비행정	
동력 장치: 680마력(507kW) M-17B 직렬 피스톤 엔진 1개	
성능: 최대 속도 200km/h; 실용 상승 한도 4,400m(14,435ft); 정상 항속 거리 650km	
무게: 자체 중량 2,475kg; 최대 이륙 중량 4,100kg	
크기: 날개폭 19m; 길이 13.5m; 날개넓이 55㎡)	
무장: 기수의 조종석 링 거치대에 7.62mm(0.29인치) 시카스 기관총 1정, 가운데 조종석의 유동식 거치대에 1정; 날개 아래 장착대에 최대 500kg(1,102lb)의 폭탄 또는 폭뢰 탑재	

마틴 PBM 매리너

1936년에 설계된 마틴 PBM 매리너는 연합군의 작전에 매우 중요한 역할을 했다. 이 비행정은 매우 선진적으로 설계되어 날개 하중(항공기의 총 중량을 날개 표면적으로 나눈 값; 국방과학기술용어사전)이 높고 접어넣을 수 있는 안정화 플로트가 날개 끝에 내장되었다. 가장 많이 생산된 파생 모델은 PBM-3이었고, 이 모델은 또한 자체 하위 파생 모델이 있었다. BM-3B(32대 제작)는 미국의 무기대여법에 따라 매리너 Gr Mk I라는 이름으로 영국 공군에 공급되었다.

제원	
제조 국가: 미국	
유형: 9인승 해상 초계 및 대잠 비행정	
동력 장치: 1,900마력(1,417kW) 라이트 R-2600-22 사이클론 레이디얼 피스톤 엔진 2개	
성능: 최대 속도 340km/h; 실용 상승 한도 6,035m(19,800ft); 항속 거리 3,05km	
무게: 자체 중량 15,048kg; 최대 이륙 중량 26,308kg	
크기: 날개폭 35.97m; 길이 24.33m; 높이 8.38m; 날개넓이 130.80㎡	
무장: 기수의 터렛, 동체 위쪽의 터렛, 꼬리의 터렛에 0.5인치 브라우닝 기관총 각 2정; 동체 아래 2개 총좌에 0.5인치 브라우닝 기관총 각 1정; 최대 3,628kg(8,000lb)의 폭탄 또는 폭뢰 탑재	

1923

1934

빅커스 폭격기와 수송기

빅커스는 제1,2차 세계대전 사이에 영국의 폭격기 생산을 주도했다. 비미는 비행 기록들을 갱신했으며, 버지니아처럼 자주 재조립되었으며, 새로운 엔진이 탑재된 새로운 기종과 버전으로 만들어졌다. 오늘날에는 거의 기억되고 있지 않지만 버지니아는 여러 해 동안 영국 공군의 주력 중폭격기였다. 버지니아에서 새로운 동체로 변경하여 파생된 버넌과 발렌티아는 최초로 병력 수송기와 공중 앰뷸런스 목적으로 특별히 제작되었다.

빅커스 버지니아 Mk VII

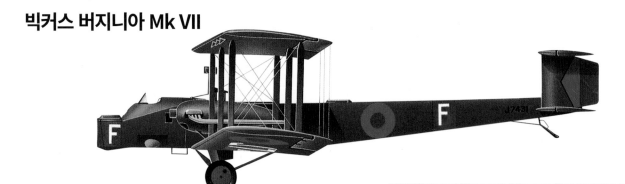

비미 폭격기를 대체하기 위해 개발된 버지니아는 1924년부터 1937년까지 영국 공군의 표준 중폭격기였다. 비록 크고, 무겁고, 이전의 것과 거의 같은 방식으로 만들어졌지만 운용기간은 기대이상으로 늘어났다. 스텔스 개념은 아직 알려지지 않았고, 직결 엔진으로 구동되는 나무 프로펠러 소리는 멀리까지 들렸다.

제원	
제조 국가: 영국	
유형: 야간 중폭격기	
동력 장치: 580마력 네이피어 라이언 VB W-12 피스톤 엔진 2개	
성능: 최대 속도 174km/h; 실용 상승 한도 47,25m(15,500ft); 항속 거리 15,85km	
무게: 자체 중량 4,377kg; 최대 이륙 중량 7,983kg	
크기: 날개폭 26,72m; 길이 18,97m; 높이 5,54m; 날개넓이 202,34㎡	
무장: 기수 총좌에 0.303인치 루이스 기관총 1정; 기체 위쪽에 0.303인치 루이스 기관총 2정; 최대 1,361kg(93,000lb)의 폭탄	

빅커스 발렌티아

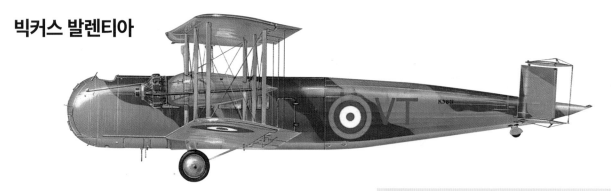

빅커스는 영국 공군을 위해 빅커스 버지니아 폭격기에서 파생된 군용 수송기를 만들었다. 1922년에 첫 비행을 한 새로운 항공기는 기존 항공기의 복엽 날개와 꼬리 부분을 그대로 사용했지만, 완전히 새로운 대용량 동체를 갖췄다. 동체에는 승무원이 2명이 탑승하는 개방식 조종석과 완전히 장비를 갖춘 병력을 최대 23명까지 수용할 수 있는 밀폐식 선실이 있었다. 발렌타인은 영국 공군이 1944년까지 중동지역에서 운용했다.

제원	
제조 국가: 영국	
유형: 병력 수송기	
동력 장치: 622마력(464kW) 브리스톨 페가수스 IIL3 레이디얼 피스톤 엔진 2개	
성능: 최대 속도 193km/h; 실용 상승 한도 4,955m(16,250ft); 항속 거리 1,287km	
무게: 자체 중량 4,964kg; 최대 이륙 중량 8,845kg	
크기: 날개폭 26,62m; 길이 18,14m; 높이 5,41m; 날개넓이 202,34㎡	
무장: 날개 아래 장착대에 998kg(2,200lb)의 폭탄 탑재	

TIMELINE

1933

1934

빅커스 비미 앰뷸런스

비미 제품군의 마지막 두 버전은 네이피어 라이언 엔진으로 구동되는 비미 앰뷸런스와 빅커스 버넌 폭격기 겸 수송기였다. 비미 앰뷸런스는 전체적으로 상업용과 비슷했지만 들것에 실린 환자 4명 또는 앉아 있는 환자 8명과 추가로 의료진 2명이 기수로 탈 수 있는 문이 있었다. 비미 앰뷸런스는 4대까지 제작되었다. 버넌은 모두 1920년대 중동 지역의 제45 비행대대와 제70 비행대대에서 운용되었다.

제원	
제조 국가: 영국	
유형: 항공 앰뷸런스	
동력 장치: 450마력(336kW) 네이피어 라이언 직렬 피스톤 엔진 2개	
성능: 순항 속도 135km/h; 실용 상승 한도 3,200m(10,500ft); 항속 거리 724km	
무게: 최대 이륙 중량 5,670kg	
크기: 날개폭 20.47m; 길이 13m; 높이 4.76m; 날개넓이 123.56㎡	

빅커스 비미 Mk II

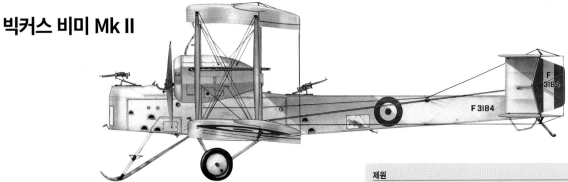

Mk I 규격에 맞춰 약 158대의 비미가 제작되었고, 파생 모델이 74대가 제작되었다. 비미 Mk II라는 명칭은 많은 다른 기종에도 주어진 것으로 보이기 때문에 혼란스럽다. 일을 더 복잡하게 만든 것은 좀 더 명확하게 하려고 1923년에 Mk III와 Mk IV를 다시 Mk II로 명명한 것이다! 분명한 것은 비미가 1919년부터 1930년까지 영국 공군의 표준 중폭격기였고, 그 후에 빅커스 빅토리아로 대체되기 시작했다는 것이다.

제원	
제조 국가: 영국	
유형: 중폭격기	
동력 장치: 360마력(269kW) 롤스로이스 이글 VIII 12기통 V형 피스톤 엔진 2개	
성능: 최대 속도 166km/h; 실용 상승 한도 2,135m(7000ft); 항속 거리 1,464km	
무게: 자체 중량 3,221kg; 최대 이륙 중량 5,670kg	
크기: 날개폭 20.75m; 길이 13.27m; 높이 4.76m; 날개넓이 123.56㎡	
무장: 기수의 피벗 거치대, 동체 위쪽의 피벗 거치대, 동체 아래쪽의 피벗 거치대 또는 측면 총좌 2개에 0.303인치 루이스 Mk III 기관총 각 1정; 내부 폭탄칸과 날개 아래 장착대에 최대 2,179kg(4,804lb)의 폭탄 탑재	

빅커스 빈센트

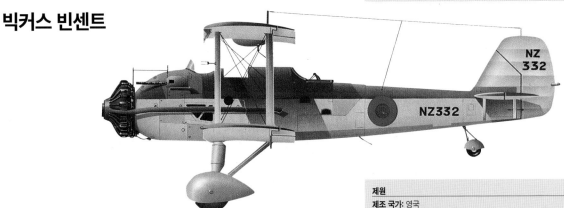

영국 공군은 육군 협동 역할에서 페어리 IIF와 웨스틀랜드 와피티를 대체하려고 빌데비스트의 수정 버전을 선택하고 타입 266 빈센트라고 불렀다. 시제기는 빌데비스트 Mk I를 개조한 것이었다. 빈센트는 빌데비스트 Mk II에서 직접 파생되었지만, 어뢰 대신 외부 연료탱크를 탑재하고, 메시지 회수 장비를 갖춘 것이 달랐다.

제원	
제조 국가: 영국	
유형: 3인승 범용 항공기	
동력 장치: 825마력(615kW) 브리스톨 퍼시어스 VIII 슬리브 밸브 레이디얼 피스톤 엔진 1개	
성능: 최대 속도 230km/h; 실용 상승 한도 5,182m(17,000ft); 항속 거리 2,500km	
무게: 자체 중량 1,918kg; 최대 이륙 중량 3,674kg	
크기: 날개폭 14.94m; 길이 11.17m; 높이 5.42m	
무장: 고정식 전방 발사 0.303인치 빅커스 기관총 1정; 후방 조종석의 피벗 거치대에 0.303인치 루이스 기관총 1정	

1935

1936

프랑스 항공기

1930년대 프랑스의 항공 산업은 끊임없는 재편 과정을 겪었고, 이웃 나라들이 맹렬한 속도로 재무장하고 있는 시기에 가치 있는 항공기를 많이 생산하지 못했다. 프랑스 폭격기의 경우 내부로 접어넣을 수 있는 착륙 장치나 유선형으로 만드는 것과 같은 개념은 있다 해도 늦게 나왔다. 스핏파이어가 비행하기 한해 전에도 프랑스는 여전히 D.510과 같이 고정식 착륙장치와 개방된 조종석을 가진 전투기를 생산하고 있었다.

아미오 143M

1935년 봄에 초도비행을 하였고, 138대까지 제작된 아미오 143은 1930년대 중반 프랑스 폭격기의 전형으로 항력이 큰 윤곽선과 고정식 착륙장치, 동체 아래 커다란 곤돌라를 가지고 있었다.

제원	
제조 국가: 프랑스	
유형: 중형 폭격기	
동력 장치: 640kW(870마력) 엔진 2개	
성능: 최대 속도 310km/h; 실용 상승 한도 746km	
무게: 적재 중량 9,700kg	
크기: 날개폭 24.53m; 길이 18.26m; 높이 5.68m	
무장: 7.5mm(0.295인치) 기관총 4정(기수의 터렛, 동체 위쪽 터렛, 전방 동체 출입구, 동체 아래 곤돌라); 최대 1,600kg(3,527lb)의 폭탄	

드와틴 D.510C.1

D.510은 고정식 착륙장치와 개방형 조종석을 가진 과도기의 전투기였으나, 20mm 고정식 전방 발사기관포 1문(실린더 열 사이의 속이 빈 프로펠러축을 통해 발사)과 7.5mm 기관총 2정 등 꽤 괜찮은 무장을 갖추고 있었다.

제원	
제조 국가: 프랑스	
유형: 단엽 전투기	
동력 장치: 860마력(641kW) 이스파노-수이자 액냉식 V-12 엔진 1개	
성능: 최대 속도 402km/h; 전투 행동반경 700km; 실용 상승 한도 11,000m (36,090ft)	
무게: 적재 중량 19,29kg	
크기: 날개폭 12.09m; 길이 7.94m; 높이 2.42m; 날개넓이 16.50㎡	
무장: 20mm(0.79인치) HS9 기관포 1문, 7.5mm(0.295인치) 기관총 2정	

블로크 MB.200B.4

MB.200B.4는 1934년 말에 취역한 중형 폭격기다. 이 당시 프랑스 설계자들은 대형 항공기를 각진 형태로 만들었는데, 이 항공기는 완전히 그 전형을 따라 제작되었다. 총 208대의 항공기가 인도되었고, 모두 훈련용으로 1940년 5월까지 사용되었다.

제원	
제조 국가: 프랑스	
유형: 중형 폭격기	
동력 장치: 870마력(649kW) 엔진 2개	
성능: 최대 속도 285km/h; 실용 상승 한도 8,000m(26,245ft); 항속 거리 1,000km	
무게: 적재 중량 7,480kg	
크기: 날개폭 22.45m; 길이 16m; 높이 3.9m	
무장: 기수와 동체 위쪽, 동체 아래쪽 총좌에 trainable 7.5mm(0.295인치) 기관총 각 1정; 최대 1,200kg(2,646lb)의 폭탄	

파르망 F.222.1Bn.5

F.222 야간 중폭격기 약 35대가 프랑스 공군에 인도되었다. 기수가 짧고 날개의 외판이 평평한 F.222.1 11대와 기수가 길고 날개의 외판이 날개 끝으로 갈수록 위로 치켜진 F.222.2 24대였다. 이 항공기들은 1939년에 프랑스에서 운용되었던 유일한 4발 엔진 중폭격기였다.

제원	
제조 국가: 프랑스	
유형: 야간 중폭격기	
동력 장치: 970마력(723kW) 엔진 4개	
성능: 최대 속도 360km/h; 실용 상승 한도 8,000m(26,245ft); 항속 거리 2,000km	
무게: 적재 중량 18,700kg	
크기: 날개폭 36m; 길이 21.45m; 높이 5.19m; 날개넓이 188㎡	
무장: 7.5mm(0.295인치) 기관총 3정(기수의 터렛에 1정, 동체 위 터렛에 1정, 동체 아래 총좌에 1정); 최대 4,000kg(8,800lb)의 폭탄(200kg 20발 또는 100kg 40발 또는 50kg 폭탄과 혼합)	

LN(루아르 뉴포르) .40

1938년 6월에 LN.40.01 시제기 형태로 처음 비행한 LN.40은 프랑스 해군항공대용 함상 급강하 폭격기로 계획되었다. 예시의 항공기는 LN.401로 1940년 5월 프랑스의 베르크 기지에 주둔한 해군항공대의 AB.2 비행대대에서 운용되었다.

제원	
제조 국가: 프랑스	
유형: (LN.401BP.1) 함상 및 육상 단좌 급강하 폭격기	
동력 장치: 690마력(514kW) 이스파노-수이자 12Xcrs 12기통 V형 엔진 1개	
성능: 최대 속도 380km/h; 실용 상승 한도 9,500m(31,170ft); 항속 거리 1,200km	
무게: 자체 중량 2,135kg; 최대 이륙 중량 2,823kg	
크기: 날개폭 14.00m; 길이 9.75m; 높이 3.50m	
무장: 엔진에 설치된 고정식 전방 발사 20mm(0.78인치) 기관포 1문; 날개 앞전에 고정식 전방 발사 7.5mm(0.29인치) 기관총 2정, 외부에 225kg(496lb)의 폭탄 탑재	

미국 육군항공대

미국 육군항공대는 1930년대에 동시대 유럽의 나라들보다 앞서 복엽기를 밀폐식 조종석과 접어넣을 수 있는 이착륙 장치를 갖춘 전금속제 단엽기로 교체하였다. 1939년 즈음에는 미국은 세계에서 가장 현대적인 공군을 보유하고 있었지만 항공기술 발전 속도는 그에 미치지 않아 1941년에서 1942년 사이 제2차 세계대전에서 처음 전투를 겪었을 때 많은 미국 항공기들이 부적합했다.

세버스키 P-35

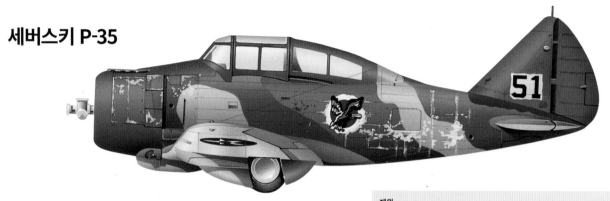

알렉산더 세버스키(Alexander Seversky)가 설계한 P-35는 비록 무장이 적고 보호 장갑이 부족했지만 진실로 현대적인 최초의 미국 전투기였다. 예시는 제27 추격비행대대의 항공기로 1940년의 기동 훈련을 위해 일시적으로 위장했다.

제원	
제조 국가: 미국	
유형: (P-35A) 단좌 전투기	
동력 장치: 1,050마력(783kW) 프랫 앤 휘트니 R-1830-45 14기통 레이디얼 피스톤 엔진 1개	
성능: 최대 속도 499km/h; 실용 상승 한도 9,571m(31,400 ft); 항속 거리 1,529km	
무게: 자체 중량 2,075kg; 최대 이륙 중량 3,050kg	
크기: 날개폭 10,97m; 길이 8,18m; 높이 2,97m; 날개넓이 20,44㎡	
무장: 0.5인치 기관총 2정, 0.3인치 기관총 2정; 최대 158kg(350lb)의 폭탄	

P-36A 호크

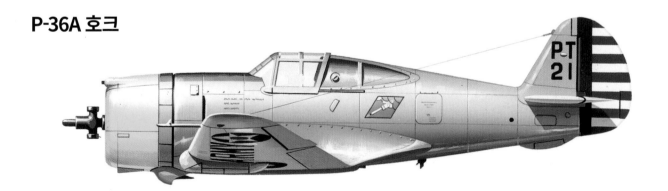

P-36은 P-35와 비슷하지만 더욱 세련되고 안정적이었다. P-36A는 매우 가볍게 무장을 했고 당대의 스핏파이어 I과 Bf 109D보다 성능이 더 낮았다. 1937년에 210대를 주문받았는데 이것은 1918년 이래 미국 전투기에 대한 가장 큰 주문이었다. 이 P-36A는 제20 추격비행전대 제79 추격비행대대에서 운용되었다.

제원	
제조 국가: 미국	
유형: (P-36A) 단좌 전투기	
동력 장치: 1,050마력(783kW) 프랫 앤 휘트니 R-1830-13 14기통 레이디얼 피스톤 엔진 1개	
성능: 최대 속도 480km/h; 실용 상승 한도 10,000m(32,808ft); 항속 거리 1,300 km	
무게: 자체 중량 2,070kg; 적재 중량 2,700kg	
크기: 날개폭 11,4m; 길이 8,7m; 높이 3,7m; 날개넓이 21,92㎡	
무장: 0.3인치 기관총 2정	

마틴 B-10

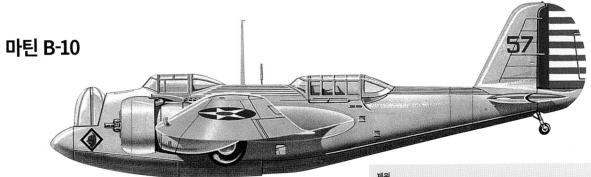

미국에서 설계한 폭격기 중에서 최초로 전투에서 운용한 B-10 폭격기는 제2차 세계대전이 시작될 때쯤에는 한물간 기종이었지만, 한때는 선구적인 기종이었다. B-10은 최초로 양산에 들어간 전금속제 구조의 미국 폭격기였고, 무장 터렛을 갖춘 최초의 미국 전투기였으며, 미국 육군항공대 최초의 외팔보식 저익 단엽기였다.

제원	
제조 국가: 미국	
유형: (모델 139W) 4인승 중형 폭격기	
동력 장치: 775마력(578kW) 라이트 R-1820 G-102 사이클론 9기통 단열 레이디얼 엔진 2개	
성능: 최대 속도 322km/h; 초기 상승 속도 1분당 567m; 실용 상승 한도 7,680m (25,200ft); 항속 거리 950km(최대 폭탄 탑재 시)	
무게: 자체 중량 4,682kg; 최대 이륙 중량 7,210kg	
크기: 날개폭 21.60m; 길이 13.46m; 높이 3.53m; 날개넓이 63㎡	
무장: 기수 터렛에 trainable 전방 발사 0.3인치 기관총 1정; 동체 위 터렛, 동체 아래 터렛에 trainable 후방 발사 0.3인치 기관총 각 1정; 내부 및 외부에 1,025kg(2,260lb)의 폭탄 탑재	

B-17D 플라잉 포트리스

원래의 '샥스핀(sharks-fin, 상어 지느러미)' B-17은 전쟁 이전에 생산된 항공기로서는 매우 드문 4발 엔진 전투용 항공기였다. 1935년에 어떤 기자가 '플라잉 포트리스(Flying Fortress, 하늘의 요새)'라는 별명을 붙였지만 실제로는 일본과 독일에서 개발되고 있는 현대적인 전투기 기종들에 대항할 적절한 방어 수단이 결여되어 있었다.

제원	
제조 국가: 미국	
유형: (B-17D) 4발 중폭격기	
동력 장치: 1,200마력(895kW) 라이트 R-1820 G-205A 사이클론 레이디얼 피스톤 엔진 4개	
성능: 최대 속도 515km/h; 항속 거리 5,086km	
무게: 자체 중량 14,129kg; 적재 중량 20,625kg	
크기: 날개폭 31.65m; 길이 20.68m; 높이 4.69m; 날개넓이 138㎡	
무장: 0.3인치(7.62mm) 기관총 1정, 0.5인치(12.7mm) 기관총 4정; 최대 1,134kg (2,500lb)의 폭탄	

P-38 라이트닝

록히드의 P-38은 고고도에서 고속으로 장시간 비행하는데 적합하게 제작되어 당시로는 획기적으로 설계된 항공기였다. 쌍발 엔진 배치 덕분에 프로펠러에 영향을 받지 않고 기수에 중화기를 장착할 수 있었다. 첫 번째 생산 모델은 1941년 8월에 취역했지만 진주만 공습이 일어났을 때 운용 중인 항공기는 50대 미만이었다.

제원	
제조 국가: 미국	
유형: (P-38E) 쌍발 전투기	
동력 장치: 1,225마력(913kW) 알리슨 V-1710-49/52 피스톤 엔진 2개	
성능: 최대 속도 636km/h; 실용 상승 한도 11,887m(39,000ft); 항속 거리 3367km	
무게: 자체 중량(P-38F) 5,563kg; 최대 이륙 중량(P-38E) 7,022kg	
크기: 날개폭 15.86m; 길이 11.53m; 높이 3.9m; 날개넓이 36.39㎡	
무장: 20mm(0.78인치) 이스파노 M1 기관포 1문, 0.5인치 콜트 브라우닝 MG 53-2 기관총 1정	

그루먼 배럴

FF-1은 미국 해군 최초로 착륙 장치를 접어넣을 수 있는 전투기였다. 그루먼의 전투기는 F-14 톰캣(F-14 Tomcat, 수고양이)이 퇴역할 때까지 잇달아 70년 이상 해군 전투기로 운용되었다. 기본적인 동체 형태는 물론, 손으로 크랭크를 돌려서 노출된 바퀴와 함께 동체 안으로 접어 넣는 착륙 장치와 같은 다른 많은 기능들이 복엽 전투기에서부터 제2차 세계대전 초기 몇 해 동안 가장 중요한 전투기 중 하나였던 F4F 와일드캣(Wildcat, 야생 고양이) 단엽기까지 유지되었다.

그루먼 FF-1

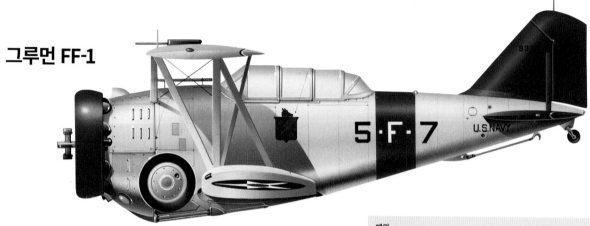

때로는 '피피(Fifi)'라는 별명으로 불렸던 FF-1은 1933년부터 1936년까지 미국 항공모함에서 사용된 복좌 전투기였다. 예시의 항공기는 렉싱턴 항공모함의 색상으로 그려져 있다. 캐나다는 FF-1을 소량 구입하여 고블린 Mk I이란 이름으로 사용했다.

제원	
제조 국가: 미국	
유형: (FF-1 모델) 복좌 전투기	
동력 장치: 700마력(520kW) 라이트 R-1820-78 사이클론 레이디얼 피스톤 엔진 1개	
성능: 최대 속도 333km/h; 실용 상승 한도 6,735m(22,100ft); 항속 거리 1,100km	
무게: 자체 중량 1,405kg; 최대 이륙 중량 2,121kg	
크기: 날개폭 10.52m; 길이 7.47m; 높이 3.38m; 날개넓이 28.8㎡	
무장: 0.3인치(7.7mm) M1919 브라우닝 기관총 2정; 45kg(100lb) 폭탄 1발	

그루먼 SF-1

그루먼 항공 엔지니어링 회사는 1931년에 플로트와 집어넣을 수 있는 육상 바퀴를 함께 장착한 수상비행기를 제작하기로 계약하면서 미국 해군과의 오랜 관계를 시작했다. SF-1은 1934년 2월에 FF-1의 뒤를 이어 취역했다. SF-1은 기관총 1정을 줄이는 대신에 연료 용량을 늘렸고, 700마력(522kW) R-1820-78 레이디얼 엔진을 탑재했다.

제원	
제조 국가: 미국	
유형: 복좌 함상 복엽 정찰기	
동력 장치: 700마력(522kW) 라이트 R-1820-78 9기통 레이디얼 피스톤 엔진 1개	
성능: 최대 속도 333km/h; 실용 상승 한도 6,400m(21,000ft); 항속 거리 1,428km	
무게: 자체 중량 1,474kg; 최대 이륙 중량 2,190kg	
크기: 날개폭 10.52m; 길이 7.47m; 높이 3.38m; 날개넓이 28.8㎡	
무장: 고정식 전방 발사 0.3인치 브라우닝 기관총 1정; 관측수 좌석에 부착된 짐벌 거치대에 0.3인치 브라우닝 기관총 2정	

그루먼 F2F-1

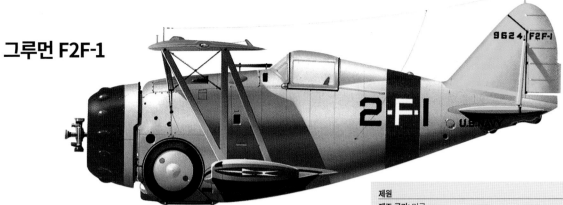

그루먼의 설계팀은 FF-1과 SF-1 항공기의 성공에 고무되어 단좌 버전의 제안서를 작성하여 1932년 6월에 미국 해군에 제출하였고, 11월에 시제기 주문을 받았다. F2F-1는 이전 기종보다 약간 작았고, 윗날개에만 보조날개가 있었다. 이 항공기는 1940년 9월까지 렉싱턴 항공모함의 제2 전투비행대대가 운용했다.

제원	
제조 국가: 미국	
유형: 단좌 함상 복엽 전투기	
동력 장치: 650마력(522kW) 프랫 앤 휘트니 R-1535-72 트윈 와스프 주니어 레이디얼 피스톤 엔진 1개	
성능: 최대 속도 383km/h; 실용 상승 한도 8,380m(27,500ft); 항속 거리 1,585km	
무게: 자체 중량 1,221kg; 최대 이륙 중량 1,745kg	
크기: 날개폭 8,69m; 길이 6,53m; 높이 2,77m; 날개넓이 21,37㎡	
무장: 고정식 전방 발사 0.3인치 브라우닝 기관총 2정; 날개 아래에 53kg(116lb) 폭탄 2발	

그루먼 F3F-1

G-11 설계에서 파생된 F3F는 그루먼이 F2F-1 전투기의 다소 확대된 버전으로 발전시켰으며, 초기 전투기에서 부족했던 방향 안정성과 회전하는 경향성을 바로 잡았다. 생산 버전은 세 번째 XF3F-1 시제기와 동체 길이를 조금 더 길게 한 것만 달랐다. 1936년 1월에서 9월 사이에 인도되었다.

제원	
제조 국가: 미국	
유형: 단좌 함상용 및 육상 전투기 겸 전투 폭격기	
동력 장치: 700마력(522kW) 프랫 앤 휘트니 R-1535-84 트윈 와스프 주니어 14기통 레이디얼 엔진 1개	
성능: 최대 속도 372km/h; 실용 상승 한도 8,685m(28,500ft); 항속 거리 1,609km	
무게: 자체 중량 1,339kg; 최대 이륙 중량 1,997kg	
크기: 날개폭 9,75m; 길이 7,09m; 높이 2,77m; 날개넓이 24,15㎡	
무장: 고정식 전방 발사 0.5인치 기관총 1정; 전방동체 윗부분에 고정식 전방 발사 0.3인치 기관총 1정; 외부에 232lb(105kg)의 폭탄 탑재	

그루먼 F4F 와일드캣

F4F는 미국이 1941년 12월 일본의 진주만 공격 이후 제2차 세계대전에 참전할 당시 미국 해군의 가장 중요한 전투기였으며, 전쟁 시기 내내 생산되었다. 이 항공기는 원래 XF4F-1 복엽기로 계획되었다가 이후 XF4F-2 단엽기로 개조해서 1937년 9월에 첫 비행을 하였다.

제원	
제조 국가: 미국	
유형: (F4F-4 및 와일드캣 Mk II) 단좌 함상 전투기 및 전투 폭격기	
동력 장치: 1,200마력(895kW) 프랫 앤 휘트니 R-1830-86 트윈 와스프14기통 복열 레이디얼 엔진 1개	
성능: 최대 속도 512km/h; 초기 상승 속도 분당 594m; 실용 상승 한도 10,365m (34,000ft); 항속 거리 2,012km	
무게: 자체 중량 2,612kg; 최대 이륙 중량 3,607kg	
크기: 날개폭 11,58m; 길이 8,76m; 높이 2,81m	
무장: 날개 앞전에 고정식 전방 발사 0.5인치 기관총 6정; 외부에 91kg(200lb)의 폭탄 탑재	

떠오르는 태양

1930년대 일본은 중국에서의 계속된 영토 정복과 소련과의 짧은 전쟁을 통해 극동 지역에서 자신의 영향력을 확대하였다. 이러한 작전들을 통해 일본은 전투에서 자신의 항공기와 전술을 평가하고, 경험 있는 핵심 비행사들을 훈련시킬 수 있는 기회를 가질 수 있었다. 유럽과 미국에서는 일본의 군용기는 서구의 복제품이며 조종사들은 근시안적이라고 무시했다. 1941년에 그러한 오해는 매우 위험하다는 것이 드러났다.

미쓰비시 G3M '넬'

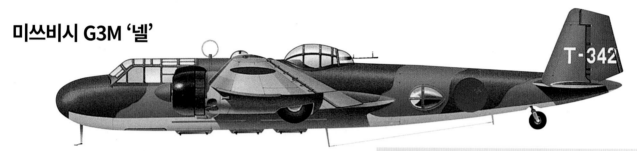

1941년 일본이 제2차 세계대전에 참전했을 때 G3M은 이미 구식이었지만, 일본이 맹공격 국면이었던 개시 단계에서 수많은 놀랄만한 성공을 거둠으로써 이 항공기의 기술적 한계를 착각하게 만들었다. G3M은 1935년 7월에 첫 비행을 하였으며, 제국 일본의 해군항공대에 태평양 깊숙이 자신의 공군력을 투입할 수단을 제공하기 위해 개발되었다.

제원

제조 국가: 일본

유형: (G3M2) 7인승 중형 공격 폭격기

동력 장치: 1075마력(801.5kW) 미쓰비시 킨세이 41, 42 또는 45 14기통 복열 레이디얼 엔진 2개

성능: 최대 속도 373km/h; 3,000m 상승하는데 8분 19초; 실용 상승 한도 9,130m(29,950ft); 항속 거리 4,380km

무게: 자체 중량 4,965kg; 최대 이륙 중량 8,000kg

크기: 날개폭 25m; 길이 16.45m; 높이 3.69m

무장: 동체 위 터렛에 후방 발사 20mm(0.78인치) 기관포 1문, 동체 위 접어넣을 수 있는 터렛에 7.7mm(0.303인치) 기관총 1정, 측면 총좌에 7.7mm(0.303인치) 기관총 1정, 조종석에 7.7mm(0.303인치) 기관총 1정, 폭탄 탑재량 800kg(1,764lb)

나카지마 Ki-27 '나테'

일본 해군의 A5M에 대응하는 육군의 Ki-27은 저익 외팔보식 날개 전투기로 고정식 착륙장치를 가지고 있었지만, 밀폐식 조종석과 발전된 기능도 가지고 있었으며 신뢰할 만한 성능과 높은 수준의 민첩성을 보여주었다. 이 기종은 1936년 10월에 첫 비행을 하였고, 1937년부터 1942년 중반까지 육군의 표준 전투기였다. 약 3,495대가 생산되었는데, 그중 Ki-27b는 시야가 선명한 캐노피가 있고 날개 아래에 폭탄을 탑재할 수 있는 최고의 기종이었다.

제원

제조 국가: 일본

유형: (Ki-97b) 단좌 전투기 및 전투 폭격기

동력 장치: 780마력(581.5kW) 나카지마 Ha-1b (육군 97식) 9기통 단열 레이디얼 엔진 1개

성능: 최대 속도 470km/h; 5,000m까지 상승하는데 5분 22초; 실용 상승 한도 12,250m(40,190ft); 항속 거리 1,710km

무게: 자체 중량 1,110kg; 최대 이륙 중량 1,790kg

크기: 날개폭 11.31m; 길이 7.53m; 높이 3.25m

무장: 전방동체 윗부분에 고정식 전방 발사 7.7mm(0.303인치) 기관총 2정, 외부 폭탄 탑재량 100kg(220lb)

TIMELINE

1935    1936

미쓰비시 A5M '클로드'

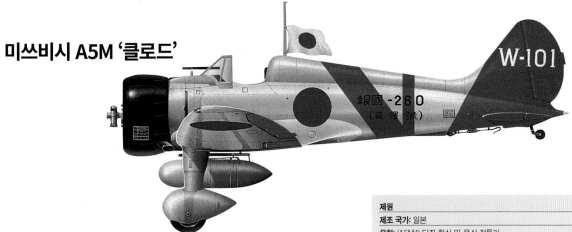

1930년대 중반 일본의 산업과 군사력의 발전에서 A5M 함상 전투기의 중요성은 아무리 강조해도 지나치지 않다. 일본은 이 기종으로 서구의 수입품과 사고(思考)에 대한 의존에서 벗어나서 일본 최초의 함상 단엽 전투기가 된 국산품으로 옮겨가게 되었다. 이 전투기의 성능과 능력은 서구의 동급 기종 중 가장 뛰어난 항공기와 견줄 만했다. A5M은 거의 1,000대가 제작된 것으로 추정된다.

제원	
제조 국가: 일본	
유형: (A5M4) 단좌 함상 및 육상 전투기	
동력 장치: 785마력 (585kW) 나카지마 코토부키 41 또는 코토부키 41 카이 9기통 단열 레이디얼 엔진 1개	
성능: 최대 속도 435km/h; 3,000m까지 상승하는데 3분 35초; 실용 상승 한도 9,800m(32,150ft); 항속 거리 1,400km	
무게: 자체 중량 1,263kg; 최대 이륙 중량 1,822kg	
크기: 날개폭 11.00m; 길이 7.57m; 높이 3.27m	
무장: 전방동체 윗부분에 고정식 전방 발사 7.7mm(0.303인치) 기관총 2정, 외부 폭탄 탑재량 60kg(132lb)	

미쓰비시 Ki-15-I

고속 정찰 및 통신 임무를 위해 설계된 Ki-15는 1936년 5월에 첫 비행을 했고, 1930년대 말에 Ki-15-I로 일본 육군항공대에 취역했다. Ki-15 시리즈는 총 435대가 생산되었는데, 후기의 항공기는 출력을 올린 엔진을 탑재하고 Ki-15-II 표준에 따라 완성되었다. 예시는 Ki-15-I이며, 제15 비행전대 제1 비행중대에서 운용되었다.

제원	
제조 국가: 일본	
유형: (Ki-15-I) 복좌 정찰기	
동력 장치: 640마력(477kW) 나카지마 Ha-8 레이디얼 피스톤 엔진 1개	
성능: 최대 속도 480km/h; 실용 상승 한도 11,400m(37,400ft); 항속 거리 2,400km	
무게: 자체 중량 1,400kg; 최대 이륙 중량 2,300kg	
크기: 날개폭 12.00m; 길이 8.70m; 높이 3.35m; 날개넓이 20.36㎡	
무장: 7.7mm(0.303인치) 기관총 1정	

나카지마 Ki 43 하야부사 '오스카'

나카지마의 하야부사(매)는 나중에 연합국에게 '오스카'로 알려지게 되었고, 태평양 전쟁에서 일본 공군의 주력 전투기였다. 예시는 중국 동북부에 있는 만주국 괴뢰정부 공군의 색상으로 마감되어 있다.

제원	
제조 국가: 일본	
유형: (Ki-43-II) 단좌 전투기	
동력 장치: 1,130마력(890kW) 나카지마 Ha-115 레이디얼 피스톤 엔진 1개	
성능: 최대 속도 530km/h; 실용 상승 한도 11,200m(36,750ft); 항속 거리 1,610km	
무게: 자체 중량 1,975kg; 적재 중량 2,590kg	
크기: 날개폭 10.84m; 길이 8.92m; 높이 3.37m; 날개넓이 21.40㎡	
무장: 12.7mm(0.5인치) Ho-103 기관총 2정; 관측수 좌석에 폭탄 250kg(550lb)	

1940

중국

일본의 침략과 내부의 정치적 갈등에 직면한 중국 국민당 정부는 소련과 미국에 현대적인 공군 건설을 위한 원조를 요청했다. 1937년 중국과 일본 간에 전면전이 발발하였고, 중국 공군은 용감하게 싸웠음에도 불구하고 1938년 말 재정비를 위해 후퇴할 수밖에 없었다. 1941년 말 중국 공군력은 매우 축소되었고, 미국의 공식적, 비공식적 지원이 대량으로 이루어지기 시작했다.

폴리카포프 I-15

니콜라이 니콜라예비치 폴리카포프(Nikolai Nikolayevich Polikarpov)는 1933년부터 I-15를 자신의 I-5 복엽 전투기의 후속 기체로 계획했다. I-15는 조종사의 전방 시야를 개선하기 위해 갈매기형(동체 날개 뿌리에서 위로 향한 다음 수평으로 뻗은 모양의 날개; 국방과학기술용어사전) 윗날개를 달았고, 수입한 미제 레이디얼 피스톤 엔진을 탑재했다. I-15는 1934년에 취역했으며, 처음에는 I-15bis(또는 I-152) 기종으로 보완되었고, 나중에는 이 기종으로 대체되었다. I-15bis(또는 I-152)는 엔진덮개 폭이 더 넓은 개선된 M-25V 엔진을 탑재하였고, 윗날개는 전통적인 형태였으며, 두 배의 화력을 지녔다.

제원	
제조 국가: 소련	
유형: (I-15bis) 단좌 전투기	
동력 장치: 750마력(559kW) M-25B 9기통 단열 레이디얼 엔진 1개	
성능: 최대 속도 370km/h; 1,000m까지 상승하는데 1분 6초; 실용 상승 한도 9,000m(29,530ft); 항속 거리 약 530km	
무게: 자체 중량 1,310kg; 최대 이륙 중량 1,730kg	
크기: 날개폭 10.20m; 길이 6.33m; 높이 2.19m	
무장: 전방동체 윗부분에 고정식 전방 발사 7.62mm(0.29인치) 기관총 4정, 외부 폭탄 탑재량 100kg(220lb)	

폴리카포프 I-153

소련은 스페인에서의 경험으로 복엽기도 뛰어난 기동력 덕분에 여전히 여지가 있다는 것을 알게 되었다. I-153 '차이카(Chaika, 갈매기)'는 1938년에 첫 비행을 했고, 1939년 일본과의 전투에서 사용되었으며, 1940년 중국에 공급되었다. I-153 기종은 원래 I-15에 사용된 갈매기형 윗날개로 되돌아갔고, 수동으로 작동하는 주 착륙 장치를 도입했다.

제원	
제조 국가: 소련	
유형: (I-153) 단발 복엽 전투기	
동력 장치: 800마력(597kW) 시베초프 M-62 레이디얼 피스톤 엔진 1개	
성능: 최대 속도 426km/h; 실용 상승 한도 11,000m(36,080ft); 항속 거리 740km	
무게: 자체 중량 1,348kg 적재 중량 1,765kg	
크기: 날개폭 10.0m; 길이 6.18m; 높이 3.0m; 날개넓이 22.1㎡	
무장: 7.62mm(0.29인치) 시카스 기관총 4정	

커티스 BF2C 호크 III

커티스 고쇼크(Goshawk, 참매) 또는 호크 III는 커티스사가 생산한 마지막 함
상 전투기였으며, 미국 해군에서 운용 기간이 상당히 짧았다. 100대 이상의 수
출모델이 중국 국민당에게 제공되었다. 이것은 1937년 상하이의 중국 국민당
제25 비행대대에서 운용한 항공기다.

제원	
제조 국가: 미국	
유형: (커티스 BF2C 호크 III) 단좌 복엽 전투기	
동력 장치: 770마력(574kW) 라이트 R-1820-04 사이클론 레이디얼 피스톤 엔진 1개	
성능: 최대 속도 362 km/h; 실용 상승 한도 8,230m(27,000ft); 항속 거리 1,617km	
무게: 자체 중량 1,509kg; 최대 이륙 중량 2,065kg	
크기: 날개폭 9.6m; 길이 7.41m; 높이 3.03m; 날개넓이 24.34㎡	
무장: 0.3인치 브라우닝 기관총 2정; 227kg(500lb)의 폭탄	

커티스 75A-5 호크

호크 75는 P-36의 수출명이다. 중국의 75A-5 모델은 라이트사의 사이클론 엔
진을 탑재하였고 중국에서 생산하고자 했다. 하지만 불과 몇 대만 거기에서 조
립되었고, 생산은 인도로 옮겨졌다. 영국 공군용으로 모호크 IV라는 이름으로
많이 생산되었다.

제원	
제조 국가: 미국	
유형: (75A-5) 단좌 전투기	
동력 장치: 1,200마력(895kW) 라이트 R-1820-G205A 사이클론 피스톤 엔진 1개	
성능: 최대 속도 486km/h; 실용 상승 한도 9,967m(32,700ft); 항속 거리 970km	
무게: 자체 중량 2,019kg; 최대 이륙 중량 3,022kg	
크기: 날개폭 11.38m; 길이 8.7m; 높이 3.56m; 날개넓이 21.92㎡	
무장: 0.3인치(7.62mm) 브라우닝 기관총 6정	

커티스 BT-32 콘도르

BT-32는 드물게 접어넣을 수 있는 착륙 장치를 가진 대형 복엽기였으며, T-32
여객기의 폭격기 및 수송기 버전으로 1933년에 첫 비행을 했다. 이 BT-32는
1934년 중국에 인도되어 약간의 폭격 임무에 사용되었고, 주로 장제스 총통의
개인 수송기로 사용되었다.

제원	
제조 국가: 미국	
유형: (BT-32) 쌍발 복엽 수송기 및 폭격기	
동력 장치: 710마력(529kW) SCR-1820-F3 사이클론 레이디얼 피스톤 엔진 2개	
성능: 최대 속도 283km/h; 실용 상승 한도 6,705m(22,000ft); 항속 거리 1,352km	
무게: 자체 중량 5,095kg; 최대 이륙 중량 7,938kg	
크기: 날개폭 24.99m; 길이 15.09m; 높이 4.98m; 날개넓이 118.54㎡	
무장: 0.3인치(7.62mm) M1919 브라우닝 기관총 5정; 폭탄 762kg(1,680lb)	

제2차 세계대전 전야의 영국 공군

1939년까지 영국 공군은 보유하고 있던 복엽기의 대부분을 현대적인 기종으로 교체하였다. 허리케인과 스핏파이어는 각각 1935년과 1936년에 첫 비행을 했다. 스핏파이어와 배틀은 전체가 금속으로 제작되었지만 나무나 금속 구조 위에 천으로 싸는 방식도 여전히 허리케인과 안슨, 웰슬리 등 많은 기종에서 사용되었다. 전통적으로 제작된 기체의 손상을 수리하고 전반적으로 유지관리 하는 것은 복엽기에서 단련된 비행사 세대에게는 쉬운 일이었다.

아브로 안슨 GR Mk I

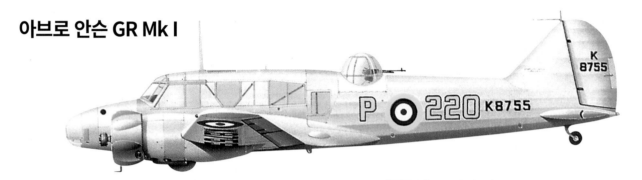

이 안슨은 제2차 세계대전 바로 이전 시기 연안 사령부의 표준 마감과 표식을 보여준다. 즉, 전체를 은색 칠로 마감하고, 노란색 윤곽의 원형 표식, 검은색의 일련 번호, 노란색의 비행대대 표식이 있다.

제원	
제조 국가: 영국	
유형: (GR.Mk I) 연안 초계기	
동력 장치: 350마력(261kW) 암스트롱 시들리 치타 IX 레이디얼 피스톤 엔진 2개	
성능: 최대 속도 303km/h; 실용 상승 한도 5,791m(19,000ft); 항속 거리 1,271km	
무게: 적재 중량 3,629kg	
크기: 날개폭 17.22m; 길이 12.88m; 높이 3.99m	
무장: 7.7mm(0.303인치) 기관총 2정; 최대 163kg(360lb)의 폭탄 탑재	

빅커스 웰슬리

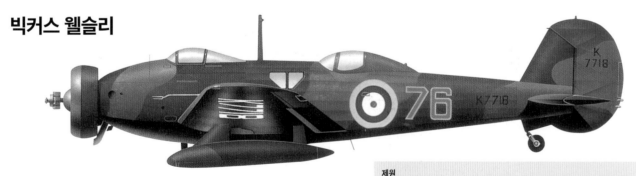

다목적 역할을 위해 설계되었지만 제2차 세계대전이 발발할 무렵에는 기술적, 전술적으로 구식이 되었다. 하지만 웰슬리는 전쟁의 첫 단계에 북아프리카에서, 더 중요하게는 중동과 동아프리카에서 제한적이지만 유용한 작전 임무를 수행하였다.

제원	
제조 국가: 영국	
유형:경폭격기	
동력 장치: 950마력(708kW) 브리스톨 페가수스 레이디얼 피스톤 엔진 1개	
성능: 최대 속도 367km/h; 실용 상승 한도 10,058m(33,000ft); 항속 거리 1,786km	
무게: 적재 중량 5,035kg	
크기: 날개폭 22.73m; 길이 11.96m; 높이 3.76m	
무장: 후방 조종석에 7.7mm(0.303인치) 기관총 1정, 빅커스 기관총 1정; 최대 907kg(2,000lb)의 폭탄	

TIMELINE

1935

페어리 배틀 Mk I

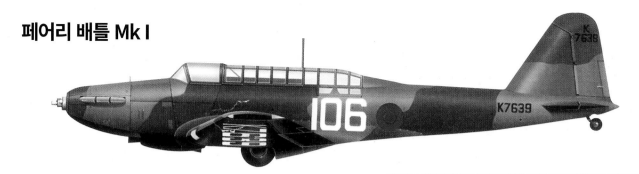

배틀은 전장에서 폭격기로 임무를 맡기에는 너무 느리고, (공격용, 방어용 모두) 너무 가볍게 무장을 했고, 민첩성이 떨어진다는 것을 알게 된 이후에도 오랫동안 생산되었다. 그렇게 지속된 까닭은 주로 적당한 후속 기종이 없었기 때문이었으며, 그래서 생산을 중단할 수 없었다.

제원	
제조 국가: 영국	
유형: 경폭격기	
동력 장치: 1,030마력(768kW) 롤스로이스 멀린 II 액냉식 V-12 피스톤 엔진 1개	
성능: 최대 속도 388km/h; 실용 상승 한도 7,620m(25,000ft); 항속 거리 1,450km	
무게: 적재 중량 4,895kg	
크기: 날개폭 16.46m; 길이 12.9m; 높이 4.72m	
무장: 7.7mm(0.303인치) 기관총 2정; 113kg(250lb)의 폭탄 탑재	

호커 허리케인 Mk I

여기 제87 비행대대의 초기 허리케인 Mk I는 회전 날개가 두 개인 목제 고정 피치 프로펠러를 가지고 있고 밑면은 인식을 위한 목적으로 검은색과 흰색으로 칠해져 있다. 이 비행대대는 1939년 말 프랑스로 파견된 영국 파견군의 일원이었다.

제원	
제조 국가: 영국	
유형: (Mk I) 단좌 전투기	
동력 장치: 1,030마력(768KW) 롤스로이스 멀린 II 액냉식 V-12 엔진 1개	
성능: 최대 속도 496km/h; 실용 상승 한도 10,180m(33,400ft); 항속 거리 845km	
무게: 적재 중량 2,820kg	
크기: 날개폭 12.19m; 길이 9.55m; 높이 4.07m	
무장: 7.7mm(0.303인치) 브라우닝 기관총 8정	

슈퍼마린 스핏파이어 Mk IA

에딘버러에 기지를 둔 제603 비행대대는 전쟁이 발발한지 2주 만에 보유하던 글로스터 글래디에이터를 스핏파이어로 교체하였다. 그리고 1939년 10월 중순에 1918년 이래 처음으로 영국 상공에서 적의 융커스 Ju 88 폭격기를 격추하였다.

제원	
제조 국가: 영국	
유형: (Mk IA) 단좌 전투기	
동력 장치: 1,030마력(768kW) 롤스로이스 멀린 III 액냉식 V-12 엔진 1개	
성능: 최대 속도 582km/h; 실용 상승 한도 9,725m(31,900ft); 항속 거리 636km	
무게: 적재 중량 약 2,624kg	
크기: 날개폭 11.22m; 길이 9.11m; 높이 2.69m	
무장: 20mm(0.79인치) 이스파노 기관포 2문, 7.7mm(0.303인치) 브라우닝 기관총 4정	

1936

제2차 세계대전

역사상 가장 큰 무력 충돌을 거치면서 복엽기의 시대는 끝이 나고 제트기의 시대가 시작되었다. 다양한 전술적, 전략적 역할에 맞게 항공기가 개발되었고, 공군력은 연합국의 승리에 매우 중요한 역할을 했다.

비록 현대적인 방식으로 제작된 소수의 목제 항공기는 여전히 자신의 자리를 잡고 있었지만 알루미늄 합금 구조와 단엽기 구성은 몇몇 특수한 임무를 제외하고는 천으로 싸는 방식과 복엽기를 모두 몰아냈다. 미국만 해도 전쟁 기간 동안 100,000대 이상의 전투기를 제작하였고, 1944년경에는 유럽에서 연합국 항공기 3,000대가 하루 만에 적의 영공으로 진입하는 것이 드문 일이 아니었다.

왼쪽: 1940년 9월 7일 - '검은 토요일', 수도 공격 첫날, 영국 런던 상공의 하인켈 He 111

폴란드 침공

1939년 9월 1일, 독일군이 폴란드를 침공하면서 유럽에서 제2차 세계대전이 시작되었다. 폴란드 공군의 비행대대는 주로 국영 항공기 공장의 분과들에서 생산한 항공기를 갖추고 있었다. 폴란드의 항공기는 대부분 품질에 관계없이 스페인에서 쌓은 경험을 통해 배운 상대편에 비해 반 세대 뒤져 있었다. 독일 공군은 폴란드의 비행장에 집중하면서 신속하게 제공권을 장악했다.

메서슈미트 Bf 109E-1

1939년 8월에 하일리겐바일에 있던 나머지 제1 전투비행단(JG 1)과 떨어져 동 프로이센의 쉬펜바일에 기지들 두고 있던 이 전투기들은 공중전을 거의 겪지 않았다. 대부분의 폴란드 공군은 지상에서 주기 중에 파괴되었기 때문이다.

제원	
제조 국가:	독일
유형:	단좌 전투기
동력 장치:	1,200마력(895kW) DB 601N 12기통 도립형 V형 엔진
성능:	최대 속도 570km/h; 항속 거리 700km; 실용 상승 한도 10,500m(34,450ft)
무게:	최대 적대 중량 2,505kg
크기:	날개폭 9.87m; 길이 8.64m; 높이 2.28m
무장:	초기 E-1: 7.92mm(0.31인치) 기관총 4정; 50kg(110lb) 폭탄 4발 또는 250kg(551lb) 폭탄 1발

도르니에르 Do 17Z-2

제3 폭격비행단(KG 3) 제3 비행전대는 1939년 8월에 동 프로이센의 하일리겐바일에 기지를 두고 있었다. 전쟁이 발발했을 때 비행단은 그곳에서 폴란드의 목표물을 공격하러 날아갔다. KG 3의 원래 명칭은 KG 153이었다.

제원	
제조 국가:	독일
유형:	경폭격기
동력 장치:	1,000마력(746kW) BMW 브라모 323P 파프니어 9기통 레이디얼 엔진 2개
성능:	최대 속도 425km/h; 항속 거리 1,160km(가볍게 탑재할 때); 실용 상승 한도 8,150m(26,740ft)
무게:	적재 중량 9,000kg
크기:	날개폭 18m; 길이 15.79m; 높이 4.56m
무장:	7.92mm(0.31인치) 기관총 6정; 폭탄 탑재량 1,000kg(2,205lb)

TIMELINE

1931

1934

PZL P.11c

1939년에 폴란드 공군은 '현대적인' 단엽기 시대로 막 들어가는 중이었으므로 더욱 선진적인 항공기로 무장한 독일 공군에 압도당했다. 폴란드의 전투기 부대는 성능이 좋지 않은 고정식 착륙 장치를 가진 갈매기형 날개 전투기들을 운용하고 있었다. P.11은 P.7과 비슷하지만 더 강력한 엔진을 탑재하고 있어서 공중에서 조작하기가 좋아 조종사들이 매우 좋아했다. 이 항공기는 폴란드가 패배하기 전에 공중전에서 125대를 격추했다.

제원	
제조 국가: 폴란드	
유형: 단좌 전투기	
동력 장치: 630마력(470kW) 브리스톨 머큐리 V S2 레이디얼 엔진 1개	
성능: 최대 속도 375km/h; 실용 상승 한도 8,000m(26,246ft); 항속 거리 550km	
무게: 적재 중량 1,650kg	
크기: 날개폭 10.72m; 길이 7.55m; 높이 2.85m	
무장: 7.92mm(0.31인치) 기관총 2-4 정; 폭탄 탑재량 50kg(110lb)	

PZL P.23 카라스

6인용 수송기를 위한 P.13 사업에서 만들어진 P.23 카라스(karas, 붕어)는 경폭격기 겸 육군 협동 전투기였다. P.23/I 카라스는 3대의 시제기 중 첫 번째로 1934년 8월에 첫 비행을 했다. 고정식 착륙 장치에 썩 좋지 않은 성능, 빈약한 무장, 비좁은 조종석을 가지고 있었던 이 항공기는 1939년 9월 독일의 침공 당시 매우 심각한 손실을 입었다. 예시는 제42 비행대대에서 운용한 P.23B이다.

제원	
제조 국가: 폴란드	
유형: (P.23B 카라스) 3좌 경정찰 폭격기	
동력 장치: 680마력(507kW) PZL 브리스톨 페가수스 VIII 9기통 단열 레이디얼 엔진 1개	
성능: 최대 속도 300km/h; 2,000m까지 상승하는데 4분 45초; 실용 상승 한도 7,300m(23,950ft); 항속 거리 1,400km	
무게: 자체 중량 1,928kg; 최대 이륙 중량 3,526kg	
크기: 날개폭 13.95m; 길이 9.68m; 높이 3.30m	
무장: 전방동체에 7.7mm(0.303인치) 고정식 전방 발사 기관총 1정, 후방 조종석에 후방 발사 7.7mm(0.303인치) 기관총 1정(탄약 600발), 동체 아래쪽 총좌에 7.7mm(0.303인치) 기관총 1정, 외부 폭탄 탑재량 700kg(1,543lb)	

루블린 R.XIIId

R-XIII 연락 및 관측 비행기는 바퀴 착륙장치 장착 기종과 플로트 장치 장착 기종의 복합 시리즈로 생산되었다. 1931년 7월에 시제기가 첫 비행을 했고, 주요 파생기종을 포함해서 총 273대가 생산되었다. 이 기종은 1939년 전쟁 발발 때는 이미 구식이 되었지만 7개의 관측비행대대에서 운용되었고 큰 손실을 입었다.

제원	
제조 국가: 폴란드	
유형: (R-XIIID) 복좌 관측 및 연락 항공기	
동력 장치: 220마력(164kW) 스코다 제작 라이트 휠윈드 J-5 7기통 단열 레이디얼 엔진 1개	
성능: 최대 속도 195km/h; 3,000m까지 상승하는데 15분 50초; 실용 상승 한도 4,450m(14,600ft); 항속 거리 600km	
무게: 자체 중량 887kg; 정상 최대 이륙 중량 1,330kg	
크기: 날개폭 13.20m; 길이 8.46m; 높이 2.76m	
무장: 후방 조종석에 후방 발사 7.7mm(0.303인치) 기관총 1-2정	

1935

저지대 국가들에 대한 침공

1940년 5월 10일 독일은 프랑스와 벨기에, 네덜란드를 침공했다. 영국에서 '개전 휴전 상태'라고 했던 영국군과 독일군 사이에 선전포고는 하였지만 전투는 거의 발생하지 않은 기간이 몇 달 지난 때였다. 네덜란드군은 독일의 포커사가 제작한 소수의 전투기와 폭격기, 그리고 일부 미국 항공기를 보유하고 있었고, 벨기에의 장비는 주로 영국의 항공기로 허리케인과 겉으로는 현대적이지만 실제로는 쓸모없는 배틀 경폭격기가 포함되어 있었다.

포커 T.V

T.V는 1937년 첫 비행을 했으며, 중형 폭격기 임무 뿐 아니라 장거리 전투기 목적으로 16대까지 제작되었지만 오직 폭격기로만 운용되었다. 1940년 5월 10일에 폭격비행대대가 보유하고 있던 운항 가능한 9대의 항공기는 모두 다음 5일 동안 파괴되었다. 예시의 항공기는 1940년 5월에 네덜란드 스키폴의 제1 공군 연대 폭격비행대대에서 운용했다.

제원	
제조 국가: 네덜란드	
유형: 중형 폭격기	
동력 장치: 925마력(690kW) 브리스톨 페가수스 XXVI 공랭식 레이디얼 엔진 2개	
성능: 최대 속도 417km/h; 항속 거리 1,550km; 실용 상승 한도 7,700m(25,256ft)	
무게: 적재 중량 7,250kg	
크기: 날개폭 21m; 길이 16m; 높이 5m	
무장: 기수에 20mm(0.79인치) 기관포 1문; 7.9mm(0.295인치) 기관총 5정(동체 위쪽, 동체 아래쪽, 양옆, 꼬리에 각 1정); 1,000kg(2,205lb)의 폭탄	

더글러스(노스롭) DB-8A-3N

네덜란드 공군은 1939년 8월에서 11월 사이에 이 항공기 18대를 받았고, 그 중 12대가 독일의 침공 당시 가동할 수 있는 상태였다. 예시는 1940년 5월 네덜란드 이펜부르그에 있던 제2 공군 연대 제3 전투비행대대의 전투기로 지상에서 파괴되었다. 당시 11대가 이륙했고, 그중 7대는 격추되었으며 살아남은 4대는 나중에 지상에서 파괴되었다.

제원	
제조 국가: 미국	
유형: 전투기	
동력 장치: 746kW(1,000마력) 라이트 XR-1820-32 피스톤 엔진	
성능: 최대 속도 410km/h; 항속 거리 1,240km; 실용 상승 한도 7,780m(25,530ft)	
무게: 2,905kg	
크기: 날개폭 12.65m; 길이 10.08m; 높이 4.14m	
무장: 12.7mm(0.5인치) 전방 발사 기관총 2정	

TIMELINE			
	 1934	 1936	 1937

포커 G.IB

1930년대 중반에는 항속 거리가 길고 더 강력한 새로운 엔진을 장착하는 것과 함께 단발 엔진 전투기에 비견할만한 속도와 상승 성능을 가진 쌍발 엔진 중전투기 개념에 대한 관심이 상당히 많았다. 네덜란드는 그런 기종을 시도한 나라들 중 하나였으며, G.I가 1937년 3월에 복좌 시제기로 첫 비행을 했다. G.IB 수출형에 대해 6개국이 주문했다.

제원	
제조 국가: 네덜란드	
유형: (G.IA) 2좌, 3좌 중전투기 및 근접 지원 전투기	
동력 장치: 830마력(619kW) 브리스톨 머큐리 VIII 9기통 단열 레이디얼 엔진 2개	
성능: 최대 속도 475km/h; 6,000m까지 상승하는데 8분 54초; 실용 상승 한도 9,300m(30,510ft); 항속 거리 1,500km	
무게: 자체 중량 3,330kg; 최대 이륙 중량 5,000kg	
크기: 날개폭 17,16m; 길이 10,87m; 높이 3,80m	
무장: 기수에 7,92mm(0,31인치) 고정식 전방 발사 기관총 8정, 꼬리의 총좌에 trainable 후방 발사 7,92mm(0,31인치) 기관총 1정, 외부 폭탄 탑재량 400kg	

글로스터 글래디에이터 I

글로스터 글래디에이터는 영국군에 마지막으로 취역한 복엽 전투기였다. 1940년 5월 독일의 침공 당시에 벨기에는 글래디에이터 22대를 받았는데, 그 중 15대가 같은 비행대대에서 운용되었다.

제원	
제조 국가: 영국	
유형: 단좌 복엽 전투기	
동력 장치: 619kW(830마력) 브리스톨 머큐리 VIIIAS 공랭식 9기통 레이디얼 엔진 1개	
성능: 최대 속도 407km/h; 실용 상승 한도 9,845m(32,300ft); 정상 항속 거리 684km	
무게: 적재 중량 2,272kg	
크기: 날개폭 9,83m; 길이 8,36m; 높이 3,52m	
무장: 7,7mm(0,303인치) 브라우닝 기관총 4정	

페어리 배틀 Mk I

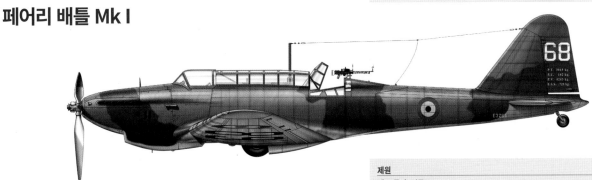

예시는 1940년 5월 벨기에 에브르 기지의 제3 공군 연대 제3 비행전대 제5 비행대대의 페어리 배틀 Mk I이다. 벨기에에 인도된 18대의 배틀 Mk I 경폭격기는 모두 이 비행대대에서 운용되었고 독일의 침공 당시에는 14대의 항공기를 운용하고 있었다. 9대 중 6대는 5월 11일 알베르 운하의 다리를 공격하던 중에 격추되었고, 나머지 또한 곧 잃었다.

제원	
제조 국가: 영국	
유형: 경폭격기	
동력 장치: 1,030마력(768kW) 롤스로이스 멀린 I V형 피스톤 엔진 2개	
성능: 최대 속도 414km/h; 항속 거리 1,609km; 실용 상승 한도 7,620m 25,000ft)	
무게: 적재 중량 4,895kg	
크기: 날개폭 16,46m; 길이 12,9m; 높이 4,72m	
무장: 7,7mm(0,303인치) 빅커스 기관총 2정; 오른쪽 날개 앞전에 고정식 전방 발사 1정, 조종석 뒤에 trainable 후방 발사 빅커스 'K' 기관총 1정; 내부에 최대 113kg(250lb)의 폭탄 탑재, 외부에 113kg(250lb) 폭탄 2발 탑재	

1939

곤틀릿과 글래디에이터

글래디에이터는 비록 1940년에는 영국 공군 전투기 사령부에만 남아 있었지만, 전쟁 전에는 널리 수출되어 초창기에 꽤 많은 전투를 겪었다. 이전 기종인 곤틀릿은 글래디에이터가 나오자마자 구식이 되었다. 곤틀릿은 동아프리카에서 남아프리카 공군에서 약간의 전투를 경험했다. 하지만 덴마크가 보유하고 있던 13대 정도의 이 항공기는 독일이 침공하자 모두 파괴되었다.

곤틀릿 II

덴마크는 영국에서 제작한 곤틀릿을 구입하기도 하였지만 면허 생산도 했다. 이것은 덴마크 육군 항공부대의 제1 비행대대에서 운용되었으며 1939년에 채택된 위장 무늬가 도색되어 있다.

제원	
제조 국가: 덴마크	
유형: 단좌 복엽 전투기	
동력 장치: 645마력(481kW) 브리스톨 머큐리 VI S2 9기통 레이디얼 피스톤 엔진 1개	
성능: 최대 속도 370km/h; 실용 상승 한도 10,210m(33,500ft); 항속 거리 740km	
무게: 자체 중량 1,259kg; 적재 중량 1,805kg	
크기: 날개폭 10.0m; 길이 8.05m; 높이 3.13m; 날개넓이 29.3㎡	
무장: 0.303인치(7.7mm) 빅커스 기관총 2정	

글래디에이터 I

벨기에는 글래디에이터를 운용했던 17개 나라 중 하나로 1937년부터 Mk I 22대를 운용했다. 독일의 침공 당시에 여전히 운용되고 있었던 이 항공기들은 1940년 5월 11일까지 모두 파괴되거나 버려졌다. 디스트 샤펀의 라 코메트 비행대대의 이 항공기도 그 중 하나다.

제원	
제조 국가: 영국	
유형: 단좌 전투기	
동력 장치: 830마력(619kW) 브리스톨 머큐리 VIIIAS 공랭식 9기통 레이디얼 엔진 1개	
성능: 최대 속도 407km/h; 항속 거리 684km; 실용 상승 한도 9,845m(32,300ft)	
무게: 적재 중량 2,272kg	
크기: 날개폭 9.83m; 길이 8.36m; 높이 3.52m	
무장: 7.7mm(0.303인치) 브라우닝 기관총 4정	

글래디에이터 II

노르웨이의 조종사들은 1940년 4월 9일 글래디에이터 12대로 독일 공군 항공기 8대를 격추했다. 이 항공기에 타고 있던 크리스티안 셰이(Kristian Schye) 중사도 그 중 한 명이다. 셰이 자신은 나중에 에이스가 되는 헬무트 렌트(Helmut Lent)의 Bf 110에 격추되었지만 살아났다.

제원	
제조 국가: 영국	
유형: 단좌 복엽 전투기	
동력 장치: 830마력(619kW) 브리스톨 머큐리 VIIIA 9기통 레이디얼 피스톤 엔진 1개	
성능: 최대 속도 414km/h; 실용 상승 한도 10,120m(33,500ft); 항속 거리 708km	
무게: 자체 중량 1,562kg; 최대 이륙 중량 2,206kg	
크기: 날개폭 9.83m; 길이 8.36m; 높이 3.53m; 날개넓이 30.01㎡	
무장: 고정식 전방 발사 0.303인치 콜트 브라우닝 기관총 4정	

J8 글래디에이터 I

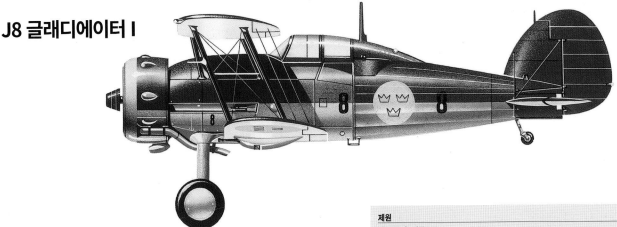

스웨덴은 1937년에 글래디에이터 45대를 구입하여 바카비의 제8 비행단에서 운용했다. 그중 Mk I 37대는 J8로 명명했고, Mk II 18대는 J8A로 명명했다. J는 스웨덴어로 전투기(Jaktplan)를 나타낸다. 스칸디나비아 지역에서 사용된 글래디에이터는 종종 눈과 얼음 위에서 운용하기 위해 스키가 장착되었다.

제원	
제조 국가: 영국	
유형: 단좌 복엽 전투기	
동력 장치: 645마력(481kW) 브리스톨 머큐리 VIS2 레이디얼 피스톤 엔진 1개	
성능: 최대 속도 414km/h; 실용 상승 한도 10,120m(33,500ft); 항속 거리 708km	
무게: 자체 중량 1,562kg; 최대 이륙 중량 2,206kg	
크기: 날개폭 9.83m; 길이 8.36m; 높이 3.53m; 날개넓이 30.01㎡	
무장: 고정식 전방 발사 0.303인치 콜트 브라우닝 기관총 4정	

J8 A 글래디에이터

스웨덴은 중립국이었지만 1939년에서 1940년까지의 핀란드와 소련의 전쟁에서 핀란드를 지원하기 위해 글래디에이터와 자원 조종사 부대(제19 비행연대)를 파견했다. 핀란드 표식을 한 이 글래디에이터들은 러시아 폭격기를 상대로 많은 성공을 거둔 후에 스웨덴으로 돌아갔다.

제원	
제조 국가: 영국	
유형: 단좌 복엽 전투기	
동력 장치: 840마력(626kW) 브리스톨 머큐리 VIII 레이디얼 피스톤 엔진 1개	
성능: 최대 속도 414km/h; 실용 상승 한도 10,120m(33,500ft); 항속 거리 708km	
무게: 자체 중량 1,562kg; 최대 이륙 중량 2,206kg	
크기: 날개폭 9.83m; 길이 8.36m; 높이 3.53m; 날개넓이 30.01㎡	
무장: 고정식 전방 발사 0.303인치 콜트 브라우닝 기관총 4정	

프랑스 공방전: 독일 공군

1940년 5월 10일, 독일군은 프랑스를 세 방향에서 공격하기 시작했으며, 마지노선 방어망을 우회하여 영국의 파견군을 영국해협으로 몰아냈다. 독일의 전격전 전술은 병력의 기동화, 공격의 집중, 부대 간의 원활한 통신을 통한 속도를 강조하였다. 그들의 전투기는 더 빨랐고 무장이 더 좋았으며, 폭격기, 특히 급강하 폭격기들은 많은 프랑스 항공기들을 비행장에서 이륙하기도 전에 파괴하였다.

헨셸 HS 123A

제2 시범비행단의 이 항공기는 1940년 5월에 벨기에의 생 트롱에 기지를 두었다. Hs 123 항공기는 전진 기지에서 작전을 수행하면서 아르덴 지역을 돌파하여 프랑스로 진입한 구데리안(Guderian)의 기갑부대를 지원했는데 상당한 효과를 냈다.

제원	
제조 국가: 독일	
승무원: 1명	
동력 장치: 880마력(656kW) BMW 132Dc 9기통 레이디얼 엔진	
성능: 최대 속도 341km/h; 항속 거리: 860km; 실용 상승 한도: 9,000m(29,525ft)	
크기: 날개폭 10.5m; 길이 8.33m; 높이 3.22m	
무게: 적재 중량 2,217kg	
무장: 7.92mm(0.31인치) 기관총 2정; 50kg(110lb) 폭탄 4발 또는 소형 폭탄 발사 장치 탑재	

융커스 Ju 87B

제51 급강하비행단 제7 비행대대(7./StG 51, 곧 4./StG 1로 명칭이 변경되었다)의 항공기에는 부대의 돌격하는 들소 휘장과 동체를 따라 굵은 노란색으로 유성이 그려져 있다.

제원	
제조 국가: 독일	
승무원: 2명	
동력 장치: 895kW(1200마력) 융커스 유모 211	
성능: 최대 속도: 350km/h; 실용 상승 한도: 8,100m(26,570ft); 항속 거리: 600km	
크기: 길이 11m; 날개폭 13.2m; 높이 3.77m	
무게: 최대 이륙 중량 4,400kg	
무장: 7.92mm(0.31인치) 기관총 3정, 500kg(1,102lb) 폭탄 1발	

TIMELINE

1934

1935

매서슈미트 Bf 110C-2

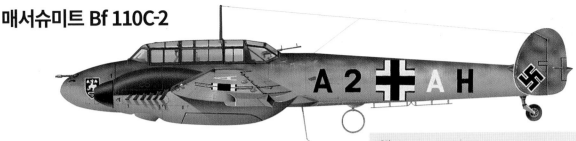

프랑스와의 전쟁이 절정에 달했을 때 제52 전투비행단 제1 비행전대(I/ZG 52)는 벨기에의 샬레빌에서 작전을 벌이고 있었다. Bf 110은 호위 전투기로서 효과적이지 않은 것으로 판명되었으며, 소모율이 프랑스보다 빠르게 높아졌고 나중에는 영국보다도 높아졌다.

제원	
제조 국가: 독일	
승무원: 2명	
동력 장치: 820kW(1,100마력) DB 601A 12기통 도립형 V 엔진 2개	
성능: 최대 속도: 560km/h; 항속 거리: 775km	
크기: 날개폭 16.27m; 길이 12.65m; 높이 3.5m	
무게: 최대 이륙 중량 6,750kg	
무장: 20mm(0.78인치) 기관포 2문, 7.92mm(0.31인치) 기관총 4정, 후방 조종석에 7.92mm(0.31인치) 기관총 2정	

도르니에르 Do 17Z-2

Do 17Z-2는 날렵하고 가는 기체 때문에 종종 '나는 연필(flying pencil)'이라고 불렸고, 또 그래서 타격하기 어려운 목표물이었다. 1940년 7월에 영국 공군 비행장 공격을 위해 코르메유 앙 벡생에 주둔하였다.

제원	
제조 국가: 독일	
승무원: 4명	
동력 장치: 746kW(1,000마력) BMW 브라모 323P 파프니어 9기통 레이디얼 엔진 2개	
성능: 최대 속도: 425km/h; 항속 거리: 1,160km; 실용 상승 한도: 8,150m(26,740ft)	
크기: 날개폭 18m; 길이 15.79m; 높이 4.56m	
무게: 적재 중량 9,000kg	
무장: 7.92mm (0.31인치) 기관총 6정; 폭탄 탑재량 1,000kg(2,205lb)	

하인켈 He 111H-1

He 111H-1은 종종 '양의 탈을 쓴 늑대'라는 말을 들었다. 왜냐하면 이 항공기는 수송기로 가장하였지만 독일 공군에서 실제 임무는 속도가 빠른 중형 폭격기였기 때문이었다.

제원	
제조 국가: 독일	
승무원: 4-5명	
동력 장치: 895kW(1,200마력) 융커스 유모 211D 12기통 2개	
성능: 최대 속도: 415km/h; 항속 거리: 최대 탑재량일 때 1,200km; 실용 상승 한도: 7,800m(25,590ft)	
크기: 날개폭 22.6m; 길이 16.4m; 높이 4m	
무게: 최대 적재 중량 14,000kg	
무장: 기관총 최대 7정; 20mm(0.78인치) 기관포 1문; 내부 및 외부에 최대 2,000kg(4,410lb)의 폭탄 탑재	

1936

프랑스 공방전: 프랑스 공군

1940년 5월, 독일은 서부전선에 상대국들을 모두 합한 것보다 1/3이 더 많은 항공기를 배치하였다. 프랑스 공군은 여러 가지 다양한 전투기와 중형 폭격기를 갖추고 있었지만 그 중에서 현대적인 항공기는 거의 없다고 할 수 있었다. 1940년에 가장 좋은 프랑스의 전투기는 D.520이었다. 하지만 독일군이 도착했을 때 주문한 항공기의 대부분은 아직도 공장에서 프로펠러를 기다리고 있었다. D.520의 조종사들은 1대가 손실될 때 2대 이상의 적기를 격추했지만 그것으로는 충분하지 않았다.

블로크 MB. 174A.3

1940년 3월 말에야 취역한 MB.174는 정찰, 공격 폭격기로 계획되었다. 그러나 완성된 56대의 항공기는 정찰 역할로만 사용되었고, 1940년 6월 프랑스 항복 때까지 운항 가능한 항공기 49대의 절반 이상이 손실되었다.

제원	
승무원: 3명	
동력 장치: 820kW(1,100마력) 엔진 2개	
성능: 최대 속도: 530km/h; 항속 거리: 1,650km; 실용 상승 한도: 11,000m(36,090ft)	
크기: 날개폭 17.9m; 길이 12.25m; 높이 3.55m	
무게: 적재 중량 7,160kg	
무장: 7.5mm(0.295인치) 기관총 7정: 날개 앞전에 고정식 기관총 2정, 동체 위 총좌에 후방 발사 기관총 2정, 동체 아래쪽에 후방 발사 기관총 3정; 폭탄 최대 500kg(1,102lb) 탑재	

브레게 Bre.693.AB.2

1940년 5월 12일 첫 출전한 Bre.693은 처참하게 출발했다. 항공기 11대 중 10대를 잃었거나 수리할 수 없을 정도로 피해를 입었다. 이 항공기는 1940년 5월에 루아에 기지를 두었던 제54 비행단 제2 비행전대 제4 비행대대에서 운용했다.

제원	
승무원: 2명	
동력 장치: 522kW(700마력) 엔진 2개	
성능: 최대 속도: 490km/h; 항속 거리: 1,350km; 실용 상승 한도: 4,000m(13,125ft)	
크기: 날개폭 15.37m; 길이 9.67m; 높이 3.19m	
무게: 적재 중량 4,900kg	
무장: 20mm(0.78인치) 전방 발사 기관포 1문, 7.5mm(0.295인치) 기관총 4정(기수에 2정, 후방 조종석과 동체 아래 총좌에 각 1정); 내부에 최대 400kg(882lb)의 폭탄 탑재	

TIMELINE  1937  1938

블로흐 MB.152C.1

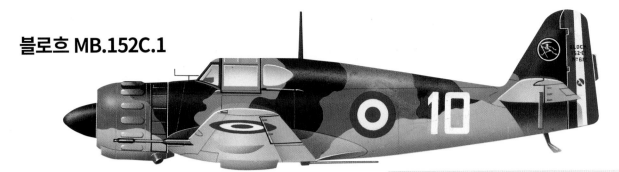

이 항공기는 1940년 5월 뷕에 기지를 둔 제3 비행대대에서 운용했는데 독일군의 주요 공세에 직면했다. 1940년 1월까지 인도된 약 300대의 항공기 중에서 약 2/3는 필요한 프로펠러가 부족해서 운항할 수 없는 상태였다.

제원	
승무원: 1명	
동력 장치: 746kW(1,000마력) 놈 론 14N-25 공랭식 14기통 레이디얼 엔진	
성능: 최대 속도 509km/h; 항속 거리 540km 실용 상승 한도: 알수 없음	
크기: 날개폭 10.54m; 길이 9.10m; 높이 3.03m	
무게: 적재 중량 2,800kg	
무장: 20mm(0.78인치) 이스파노-수이자 HS-404 기관포 2문, 7.5mm(0.295인치) MAC1934 기관총 4정	

모랑 소르니에 MS.406C.1

MS.406은 프랑스의 첫 번째 '현대적인' 단엽 전투기였지만 화력을 제외한 모든 주요 측면에서 생산과 구입이 용이하다는 것을 제외하고는 칭찬할만한 것이 거의 없는 썩 좋지 않은 전투기였다. 이 항공기는 님에 기지를 둔 제12 추격 비행전대, 제1 비행대대에서 운용했다.

제원	
승무원: 1명	
동력 장치: 641kW(860마력) 이스파노-수이자 액냉식 V-12 엔진	
성능: 최대 속도: 490km/h; 항속 거리: 750km; 실용 상승 한도: 9,400m(30,840ft)	
크기: 날개폭 10.62m; 길이 8.17m; 높이 3.25m	
무게: 적재 중량 2,471kg	
무장: 20mm(0.78인치) HS9 또는 HS404 기관포 1문, 7.5mm(0.295인치) MAC1934 기관총 2정	

드와틴 D.520C.1

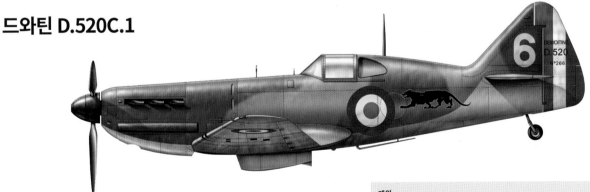

D.520은 의심할 것 없이 제2차 세계대전의 첫 단계에서 프랑스가 사용할 수 있는 최고의 단좌 전투기였다. 그러나 당시에 아주 적은 수만 인도되었고, 그래서 D.520 조종사들은 전쟁에서 실제로 아무런 영향을 미치지 못했다. 이 항공기는 제7 비행단 제2 전투비행전대에서 운용했다.

제원	
승무원: 1명	
동력 장치: 686kW(920마력) 이스파노-수이자 12Y-45 액냉식 V-12 엔진	
성능: 최대 속도: 535km/h; 항속 거리: 900km; 실용 상승 한도: 11,000m(36,090ft)	
크기: 날개폭 10.20m; 길이 8.76m; 높이 2.57m	
무게: 적재 중량 2,783kg	
무장: 20mm(0.78인치) 이스파노-수이자 HS-404 기관포 1문, 7.5mm(0.295인치) MAC1934 기관총 4정	

1939

제2차 세계대전 초기의 영국 폭격기

영국의 공군 폭격기 사령부는 폭탄 탑재량이 제한적이며 소총 구경 기관총 약간만으로 무장한 쌍발 폭격기를 가지고 전쟁을 시작했다. 초기에 독일 상공에서 임무를 수행하던 승무원들은 개인의(국가에 반대되는 의미로서) 재산 피해를 피하라는 명령을 받았다. 전단 살포를 위한 공습이 많았는데 이것은 폭격 임무만큼이나 위험하지만 군사적인 효과는 거의 없었다. 주간의 공습은 항공기 손실 때문에 너무 많은 비용이 드는 것으로 판명되었다.

암스트롱 휘트워스 휘틀리 Mk I

예시의 항공기는 동체에 노란색 테두리를 한 원형 표식, 아래쪽 면은 검은색, 위쪽 면은 짙은 녹색과 짙은 흙색 등 당시의 표준 위장 무늬와 표식이 그려져 있다. 이 항공기는 1939년부터 1940년까지 요크셔 주 디시포스 기지의 영국 공군 제10 비행대대에서 운용했다.

제원	
승무원: 5명	
동력 장치: 593kW(795마력) 타이거(Tiger) IX 엔진 2개	
성능: 최대 속도: 362km/h; 항속 거리: 2,414km; 실용 상승 한도: 7,925m(26,001ft)	
크기: 날개폭 25.6m; 길이 21.1m; 높이 4.57m	
무게: 적재 중량 15,196kg	
무장: 앞쪽 및 뒤쪽의 터렛에 7.7mm(0.303인치) 루이스 기관총 각 1정; 폭탄 1,135kg(2,500lb) 탑재	

핸들리 페이지 햄프던 Mk I

햄프던 Mk I는 '콩 꼬투리' 같은 조종 구역에 함께 탑승한 4명의 승무원이 조작했다. 그런데 자리가 너무 좁아서 누구도 자리를 바꿀 수 없었고, 그래서 조종사가 심하게 부상을 입더라도 다른 사람으로 바꿀 수가 없었다. 이 항공기는 1940년 4월 요크셔 주 피닝리에 있던 영국 공군 폭격기 사령부 제5 비행전대 제106 비행대대에서 운용했다.

제원	
승무원: 4명	
동력 장치: 746kW(1,000마력) 브리스톨 페가수스 XVII 레이디얼 피스톤 엔진 2개	
성능: 최대 속도: 409km/h; 항속 거리: 3,034km; 실용 상승 한도: 5,791m(19,000ft)	
크기: 날개폭 21.08m; 길이 16.33m; 높이 4.55m	
무게: 적재 중량 8,508kg	
무장: 전방 발사 7.7mm(0.303인치) 기관총 2쌍; 폭탄 1,814kg(4,000lb)	

TIMELINE   1936

빅커스 웰링턴 Mk IC

웰링턴 Mk IC는 동체 아래 기관총 1정 대신 동체 측면에 기관총 2정을 장착하고, 접어 넣었을 때 엔진실 아래로 펼쳐지는 더 큰 주 바퀴를 장착한 것이 특징이었다. 이 항공기는 1940년에 캠브리지셔주 뉴마켓의 영국 공군 폭격기 사령부 제3 비행전대 제99 비행대대에서 운용되었다.

제원	
승무원: 6명	
동력 장치: 783kW(1,050마력) 브리스톨 페가수스 XVIII 9기통 레이디얼 엔진 2개	
성능: 최대 속도: 378km/h; 항속 거리: 2,905km; 실용 상승 한도: 5,486m(18,000ft)	
크기: 날개폭 26.26m; 길이 18.54m; 높이 5.33m	
무게: 적재 중량 12,927kg	
무장: 기수와 꼬리에 7.7mm(0.303인치) 브라우닝 기관총 2정 ; 측면에 7.7mm (0.303인치) 기관총 2정; 폭탄 2,041kg(4,500lb) 탑재	

브리스톨 블렌하임 Mk I

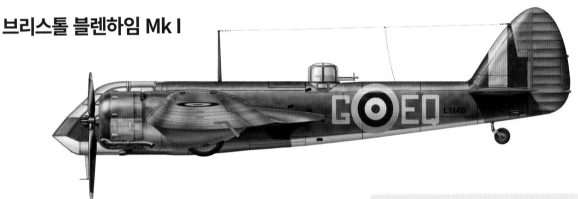

이 블렌하임 Mk I은 제57 비행대대에서 운용했다. 이 비행대대는 1938년에 호커 하인드 단발 복엽기에서 블렌하임 쌍발 단엽기로 운용 장비를 바꾸었고, 1939년 9월에 프랑스로 이동하였다. 이 부대는 독일이 프랑스로 진입한 초기 10일 동안 병력과 수송기를 공격하면서 매우 큰 손실을 입었다. 그러고 나서 회복하고 재건하기 위해서 영국으로 철수하였다.

제원	
승무원: 3명	
동력 장치: 627kW(840마력) 브리스톨 머큐리 VIII 9기통 단열 레이디얼 엔진 2개	
최대 속도: 459km/h; 항속 거리: 1,810km; 실용 상승 한도: 8,315m(27,280ft)	
크기: 날개폭 17.17m; 길이 12.12m; 높이 3m	
무게: 적재 중량 4,031kg(8,839lb)	
무장: 7.7mm(0.3인치) 기관총 2정; 폭탄 454kg(1,000lb) 탑재	

숏 스털링 Mk I 시리즈 I

제7 비행대대는 스털링을 도입한 첫 번째 부대로 1940년 8월 요크셔 주의 리밍에서 첫 번째 스털링을 수령했다. 처음 수령한 항공기는 MG-D였다.

제원	
제조 국가: 영국	
유형: 중폭격기	
동력 장치: 1,375마력(1,030kW) 브리스톨 허큘리스 레이디얼 엔진 4개	
성능: 최대 속도 410km/h; 항속 거리 3,750km; 실용 상승 한도 5,030m(16,500ft)	
무게: 적재 중량 31,750kg	
크기: 날개폭 30.2m; 길이 26.6m; 높이 8.8m	
무장: 7.7mm(0.303인치) 브라우닝 기관총 8정(기수에 2, 꼬리에 4, 동체 위쪽에 2); 폭탄 최대 8,164kg(18,000lb) 탑재	

1937

1939

영국 본토 항공전: 스핏파이어

슈퍼마린 스핏파이어는 영국 공군 전투기 사령부와 공식적으로 1940년 7월부터 11월까지 계속된 영국 본토 항공전의 상징이다. 이 시기에 19개 비행대대가 스핏파이어를 운용했는데, 대부분 기관총이 8정 장착된 Mk IA였지만 20mm(0.79인치) 기관포 1쌍이 장착된 Mk IB도 일부 있었다. 1940년 8월과 9월에 영국 공군은 스핏파이어 147대를 잃었지만 이 소모율에 딱 맞추어 대체 항공기를 생산할 수 있었다.

슈퍼마린 스핏파이어 Mk IA

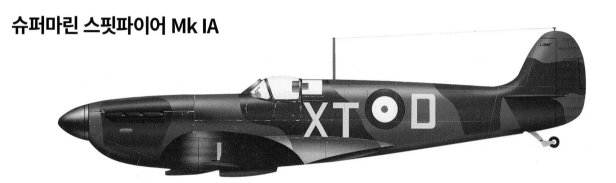

1939년 9월 전쟁이 발발한지 2주가 지나지 않아서 제603 '에딘버러시' 비행대대는 스핏파이어를 수령하기 시작했다. 이 항공기는 제때에 가동할 수 있는 상태가 되어 10월 16일 영국 제도에 대한 독일의 첫 공습을 요격할 수 있었다. 이때 스핏파이어는 제2차 세계 대전 최초로 영국 상공에서 적기를 격추하였다.

제원	
제조 국가: 영국	
유형: 단좌 전투기	
동력 장치: 1,030마력(768kW) 롤스로이스 멀린 III 액냉식 V-12	
성능: 최대 속도 582km/h; 항속 거리 636km; 실용 상승 한도 9,725m(31,900ft)	
무게: 적재 중량 2,624kg	
크기: 날개폭 11.22m; 길이 9.11m; 높이 2.69m	
무장: 7.7mm(0.303인치) 브라우닝 기관총 8정	

슈퍼마린 스핏파이어 Mk IA

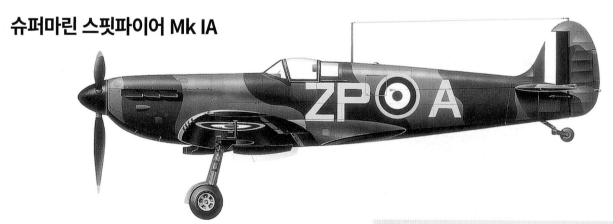

비행대대장 F. L. 화이트(F. L. White)가 지휘하는 제74 비행대대는 제11 비행전대의 혼처위 구역에서 작전을 수행하는 3개 스핏파이어 부대 중 하나였다. 이 비행대대는 당시 15대의 항공기를 보유하고 있었는데 그중 12대가 운용할 수 있는 상태였다. 스핏파이어 Mk I K9953은 영국 본토 항공전의 에이스와 지휘관 중에서 가장 유명한 사람 중 한 명인 아돌푸스 '세일러' 맬런(Adolphus 'Sailor' Malan) 공군 대위가 조종하였다.

제원	
제조 국가: 영국	
유형: 단좌 전투기	
동력 장치: 1,030마력(768kW) 롤스로이스 멀린 III 액냉식 V-12	
성능: 최대 속도 582km/h; 항속 거리 636km; 실용 상승 한도 9,725m(31,900ft)	
무게: 적재 중량 2,624kg	
크기: 날개폭 11.22m; 길이 9.11m; 높이 2.69m	
무장: 7.7mm(0.303인치) 브라우닝 기관총 8정	

슈퍼마린 스핏파이어 Mk IA

1940년 7월 1일 운용할 수 있는 항공기 12대와 운용할 수 없는 항공기 4대를 보유하고 있던 제66 비행대대는 잉글랜드 동부의 콜티셜에 주둔한 영국 공군 전투기 사령부 제12 비행전대의 예하 부대였다. 이 스핏파이어를 조종했던 F. N. 로버트슨(Robertson) 병장은 1940년 6월 23일 도르니에르 Do 17을 격추하여 영국 본토 항공전에서 독일 공군을 상대로 거둔 최초의 공중전 승리를 기록했다.

제원	
제조 국가: 영국	
유형: 1,030마력(768kW) 롤스로이스 멀린 III 액냉식 V-12	
성능: 최대 속도 582km/h; 항속 거리 636km; 실용 상승 한도 9,725m(31,900ft)	
무게: 적재 중량 2,624kg	
크기: 날개폭 11.22m; 길이 9.11m; 높이 2.69m	
무장: 7.7mm(0.303인치) 브라우닝 기관총 8정	

슈퍼마린 스핏파이어 Mk IA

1940년 7월 1일 운용 가능한 항공기 12대와 운용할 수 없는 항공기 4대를 보유하고 있었던 제602 비행대대는 스코틀랜드의 드렘에 주둔한 제13 비행전대의 예하 부대였다. Mk IA L1004는 이 전투기로 여러 대의 적기를 격추한 비행대대장 '샌디' 존스턴('Sandy' Johnstone)의 애기(愛機)였다. 이 스핏파이어는 전쟁에서 살아남아 후에 Mk V 시제기로 개조되었다.

제원	
제조 국가: 영국	
유형: 단좌 전투기	
동력 장치: 1,030마력(768kW) 롤스로이스 멀린 III 액냉식 V-12	
성능: 최대 속도 582km/h; 항속 거리 636km; 실용 상승 한도 9,725m(31,900ft)	
무게: 적재 중량 2,624kg	
크기: 날개폭 11.22m; 길이 9.11m; 높이 2.69m	
무장: 7.7mm(0.303인치) 브라우닝 기관총 8정	

슈퍼마린 스핏파이어 Mk IB

영국 공군 전투기 사령부 제92 비행대대의 스핏파이어 Mk IB는 스핏파이어 Mk IA의 7.7mm 기관총 8정 중 4정을 20mm 기관포 2문으로 대체한 몇몇 항공기 중 하나로, 스핏파이어 제품군의 화력의 중요한 발전 단계를 보여주었다.

제원	
제조 국가: 영국	
유형: 1,030마력(768kW) 롤스로이스 멀린 III 액냉식 V-12	
성능: 최대 속도 582km/h; 항속 거리 636km; 실용 상승 한도 9,725m(31,900ft)	
무게: 적재 중량 약 2,624kg	
크기: 날개폭 11.22m; 길이 9.11m; 높이 2.69m	
무장: 20mm(0.78인치) 이수파노 기관포 2문; 7.7mm(0.303인치) 브라우닝 기관총 4정	

영국 본토 항공전: 폭격기

1940년에 독일 공군은 영국을 상대해서 프랑스, 벨기에, 네덜란드, 노르웨이 기지에서 항공기 4,000대를 전개할 수 있었다. 이탈리아는 10월부터 공군 부대를 파견했지만 거의 영향이 없었다. 독일 공군은 비행장과 레이더 기지를 공격함으로써 거의 방어망을 무력화시킬 뻔 했다. 그러나 런던 공습으로 전환하면서 영국 공군이 손실을 만회하고 전술을 개선할 수 있는 틈을 주었다. 독일 공군은 제공권을 획득하는데 실패하였고, 침공 계획을 중단했다.

도르니에르 Do 17Z

도르니에르 17은 영국 공군 비행장에 대한 저공 공습에 몇 차례 사용되었다. 그것은 비교적 효과가 있었지만 공격자에게 매우 비용이 많이 드는 일이었으므로 곧 중단되었다. 여기 제76 폭격비행단 제9 비행대대의 도 17Z는 코르메유앙 벡생에 주둔하였으며, 이 공습에 참가했다.

제원	
제조 국가: 독일	
유형: 4인승 폭격기	
동력 장치: 1,000마력(746kW) BMW 브라모 323P 파프니어 9기통 레이디얼 엔진 2개	
성능: 최대 속도 425km/h; 항속 거리 1,160km; 실용 상승 한도 8,150m(26,740ft)	
무게: 적재 중량 9,000kg	
크기: 날개폭 18m; 길이 15.79m; 높이 4.56m	
무장: 7.92mm(0.31인치) 기관총 6정; 폭탄 1,000kg(2,205lb) 탑재	

메서슈미트 Bf 110C

Bf 110은 중전투기다. Bf 110은 고속 경폭격기로 사용되어 잉글랜드의 남쪽 해안 지역의 목표물에 대해 몇몇 주목할 만한 정밀 공습을 했지만 호위 전투기로는 영국 공군의 단발 전투기들에 취약한 것으로 드러났다.

제원	
제조 국가: 독일	
유형: 복좌 중전투기/경폭격기	
동력 장치: 820kW(1,100마력) DB 601A 12기통 도립형 V 엔진 2개	
성능: 최대 속도 560km/h; 항속 거리 775km; 실용 상승 한도 10,500m(34,450ft)	
무게: 최대 이륙 중량 6,750kg	
크기: 날개폭 16.27m; 길이 12.65m; 높이 3.5m	
무장: 20mm(0.78인치) 기관포 2문; 7.92mm(0.31인치) 기관총 4정; 후방 조종석에 7.92mm(0.31인치) 기관총 2정	

하인켈 III H-2

1940년 9월 15일 런던을 공격한 이 He III는 스핏파이어에게 피격됐다. 심하게 손상을 입어 아르망티에르에 불시착했다. He III는 영국 본토 항공전 당시 독일 폭격기 중에서 가장 많았지만 또한 가장 느린 폭격기였다. 주요 폭탄은 폭탄 장착대에 수직으로 탑재했는데 투하할 때 굴러 떨어져서 정확도에 영향을 주었다.

제원	
제조 국가: 독일	
유형: 5인승 중형 폭격기	
동력 장치: 1,100마력(820kW) 융커스 유모 211A-3 피스톤 엔진 2개	
성능: 최대 속도 435km/h; 항속 거리 2,000km; 실용 상승 한도 6,500m(21,340ft)	
무게: 자체 중량 6,740kg; 최대 이륙 중량 12,600kg	
크기: 날개폭 22.6m; 길이 16.60m; 높이 4.0m; 날개넓이 87.6㎡	
무장: 20mm(0.78인치) 기관포 1문; 기관총 최대 7정; 내부 또는 외부에 폭탄 최대 2,000kg(4,410lb) 탑재	

하인켈 III H-3

He III H-3는 이전 버전과 동력 장치와 무장이 달랐다. 제1 폭격비행단에서 운용했던 예시의 항공기는 임시 편대의 표식을 하고 있다. 제1 폭격비행단은 혼합 부대로 2개 비행전대는 He III를 운용하고, 1개 비행전대는 Do 17Z를 운용했다.

제원	
제조 국가: 독일	
유형: 5인승 중형 폭격기	
동력 장치: 1,200마력(895kW) 융커스 유모 211B-1 도립형 V-12 피스톤 엔진 2개	
성능: 최대 속도 450km/h; 항속 거리 1,700km; 실용 상승 한도 9,800m(32,150ft)	
무게: 자체 중량 7,700kg; 최대 이륙 중량 10,360kg	
크기: 날개폭 18.26m; 길이 8.43m; 높이 4.85m; 날개넓이 47.8㎡	
무장: 7.92mm(0.31인치) MG 15 기관총 3정; 폭탄 2,400kg(5,290lb) 탑재	

융커스 Ju 88A-1

독일 공군이 주로 도시들에 대한 공격으로 전환하자 정밀 폭격은 덜 중요해지고 '야간 대공습'이 시작되었다. 이 제51 폭격비행단 '에델바이스'의 Ju 88A-1은 믈렁-빌라로슈의 기지에 주둔하였으며, 1940년 말에 채택된 야간 위장 무늬로 위장했다.

제원	
제조 국가: 독일	
유형: 5인승 중형 폭격기	
동력 장치: 1,200마력(894kW) 융커스 유모 211D-1 도립형 V-12 피스톤 엔진 2개	
성능: 최대 속도 435km/h; 항속 거리 2,000km; 실용 상승 한도 6,500m(21,340 ft)	
무게: 자체 중량 7,720kg; 최대 이륙 중량 14,000kg	
크기: 날개폭 22.6m; 길이 16.60m; 높이 4.0m; 날개넓이 87.6㎡	
무장: 7.92mm(0.31인치) MG 15 기관총 4정; 20mm(0.78인치) 기관포 1문; 폭탄 최대 2,000kg(4,410lb) 탑재	

융커스 Ju 88

Ju 88은 전쟁 중 독일 공군에서 가장 다재다능한 항공기였으며, 급강하 폭격기, 미사일 탑재기, 야간 폭격기를 포함해서 다양한 역할에 맞게 수십 종의 파생 모델로 개조되었다. 폭격기 파생기종은 단거리 임무에서 폭탄 2,400kg을 탑재할 수 있었으나 보통 폭탄창은 보조 연료탱크로 채워져 있고 폭탄은 외부의 장착대에 장착되었다. 승무원 자리는 같은 시기의 하인켈이나 도르니에르 같은 항공기보다 더 집중되어 있어 승무원 간에 의사소통을 더 잘할 수 있었다.

융커스 Ju 88A-4

A-4는 Ju 88 시리즈의 주요 폭격기 파생기종이었다. 예시의 항공기는 1940년 네덜란드에 주둔한 제30 폭격비행단 제1 비행전대의 항공기로 종종 도시의 목표물에 대한 폭발 무기로 사용되는 폭탄인 낙하산 지뢰 1,000kg(2,200lb)을 투하할 수 있다.

제원
제조 국가: 독일
유형: (Ju 88G-7A) 4인승 야간 중폭격기
동력 장치: 1,725마력(1,286kW) 융커스 유모 213E 도립형 V-12 피스톤 엔진 2개
성능: 최대 속도 636km/h; 항속 거리 2,253km; 실용 상승 한도 10,000m(32,808ft)
무게: 자체 중량 13,109kg; 적재 중량 14,674kg
크기: 날개폭 20.0m; 길이 16.5m; 높이 4.85m; 날개넓이 54.5㎡
무장: 20mm(0.78인치) MG 151 기관포 6문, 13mm(0.5인치) MG 131 기관총 1정

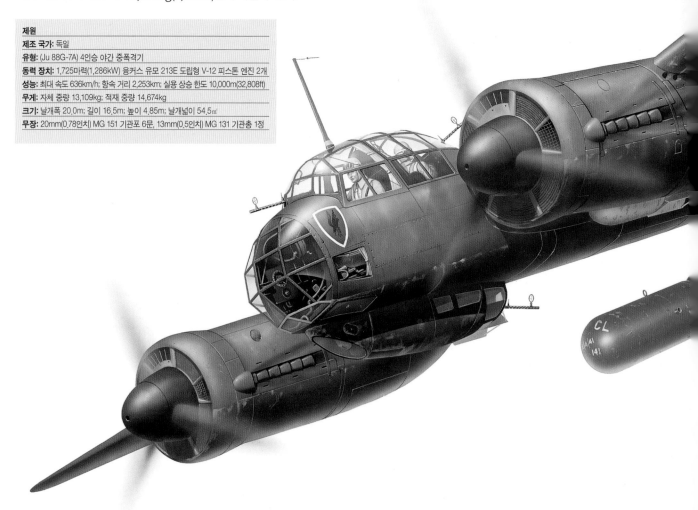

융커스 Ju 88G-7a

레이더와 중기관포를 장착한 Ju 88은 제2차 세계대전
에서 가장 뛰어난 야간 전투기 중의 하나였다. 이 Ju
88G-7은 1944년-45년 사이의 겨울에 제6 야간전투
비행단 제4 비행전대의 모델로 수직 꼬리 날개는 예
전의 Ju 88C와 비슷하게 도색되어 있다. 아마도 새로
운 모델이 취역한 사실을 감추기 위한 것으로 보인다.

제원	
제조 국가: 독일	
유형: 4인승 야간 중전투기	
동력 장치: 1,725마력(1,286kW) 융커스 유모 213E 도립형 V-12 피스톤 엔진 2개	
성능: 최대 속도 636km/h; 항속 거리 2,253km; 실용 상승 한도 10,000m(32,808ft)	
무게: 자체 중량 13,109kg; 적재 중량 14,674kg	
크기: 20.0m; 길이 16.5m; 높이 4.85m; 날개넓이 54.5㎡	
무장: 20mm(0.78인치) MG 151 기관포 6문; 13mm(0.5인치) MG 131 기관총 1정	

융커스 Ju 88A-4

Ju 88A는 종종 대함 임무에 사용되었다. 제54 비행단 제1 '해골' 비행대대는
1943년 9월 시칠리아에서 연합군의 상륙을 막기 위한 작전을 수행했다. 이 항
공기에는 지중해 무대에서 사용한 색상 위에 '낙서 같은' 무늬가 그려져 있다.

제원	
제조 국가: 독일	
유형: 4인승 중형 폭격기	
동력 장치: 1,340마력(999kW) 융커스 유모 211J-1/2 도립형 V-12 피스톤 엔진 2개	
성능: 최대 속도 470km/h; 항속 거리 1,790km; 실용 상승 한도 9,800m(32,150ft)	
무게: 자체 중량 9,860kg; 최대 이륙 중량 14,000kg	
크기: 날개폭 20m; 길이 8.43m; 높이 4.85m; 날개넓이 54.5㎡	
무장: 7.92mm(0.31인치) MG 15 기관총 3정; 폭탄 2,400kg(5,290lb) 탑재	

영국 본토 항공전: 허리케인

허리케인은 스핏파이어에 비해서 기술적으로 덜 정교하고 속도가 느리며 조작성이 떨어진다. 하지만 더 안정적인 기관총 플랫폼이었으며, 전투에서 손상에 더 잘 버틸 수 있었다. 가장 중요하게는 숫자가 훨씬 더 많아서 1940년 7월에서 11월 사이에 1,715대가 현역으로 있었다. 허리케인은 전투기, 대공포, 방공 기구(적의 항공기 공습으로부터 중요한 시설이나 자원을 보호하기 위하여 줄에 매어서 항공로 따위에 높이 띄워 두는 계류(繋留) 기구; 국방과학기술용어사전) 등 다른 모든 대공 방어망을 합친 것보다도 더 많은 독일 공군기를 파괴하였다. 동체는 금속관과 목재로 만든 구조 위에 천으로 덮었다.

호커 허리케인 Mk IA

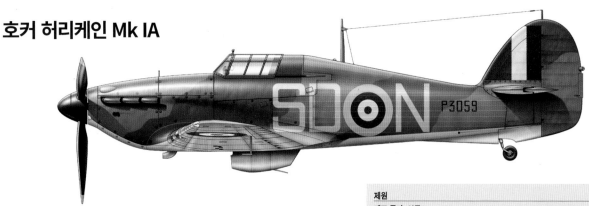

제501 비행대대 소속으로 적기 7대를 격추시킨 에이스 케네스 리(Kenneth Lee)가 조종했던 이 허리케인은 1940년 8월 18일 캔터베리 상공의 전투에서 제26 전투비행단 제9 비행대대의 게르하르트 샤플(Gerhard Schöpfel)에게 격추되었다. 리는 격추되었지만 살아남았고, 샤플은 최종적으로 총 45대를 격추했다.

제원	
제조 국가: 영국	
유형: 단좌 전투기	
동력 장치: 1,030마력(768kW) 롤스로이스 멀린 II 액냉식 V-12 엔진	
성능: 최대 속도 496km/h (308mph); 항속 거리 845km (525 miles); 실용 상승 한도 10,180m (33,400ft)	
무게: 2,820kg (6218lb) 적재 중량	
크기: 날개폭 12.19m (40ft); 길이 9.55m (31ft 4인치); 높이 4.07m (13ft 4.5인치)	
무장: 7.7mm(0.303인치) 브라우닝 기관총 8정	

호커 허리케인 Mk I

P3120은 폴란드인 부대인 제303 비행대대의 몇몇 항공기 중 하나였다. 동체 주위에 대각선의 빨간색 띠를 두른 것은 아마도 편대장의 항공기라는 것을 나타내는 것일 것이다. 이 항공기는 1940년 10월 9일 노스홀트에서 지상에서 주기 중에 파괴되었다. 허리케인은 오래된 것(금속 관 구조와 대부분 직물 덮개)과 새로운 것(저익 배치 외팔보식(캔틸레버) 날개, 밀폐식 조종석)이 훌륭하게 혼합되어 있다.

제원	
제조 국가: 영국	
유형: 단좌 전투기	
동력 장치: 1,030마력(768kW) 롤스로이스 멀린 II 액냉식 V-12 엔진	
성능: 최대 속도 496km/h; 항속 거리 845km; 실용 상승 한도 10,180m(33,400ft)	
무게: 적재 중량 2,820kg	
크기: 날개폭 12.19m; 길이 9.55m; 높이 4.07m	
무장: 7.7mm(0.303인치) 브라우닝 기관총 8정	

호커 허리케인 Mk IA

제1 비행대대의 A. V. 클로스(Clowes) 공군 중위는 적기 1대를 격추할 때마다 지상 요원에게 엔진 덮개의 말벌 휘장에 노란 줄을 하나씩 그려 넣게 했다. P3395가 훈련 부대로 보내지기 전까지 클로스는 확인된 격추 9대와 몇몇 미확인 격추 기록을 세웠다.

제원	
제조 국가: 영국	
유형: 단좌 전투기	
동력 장치: 1,030마력(768kW) 롤스로이스 멀린 II 액냉식 V-12엔진	
성능: 최대 속도 496km/h; 항속 거리 845km; 실용 상승 한도 10,180m(33,400ft)	
무게: 적재 중량 2,820kg	
크기: 날개폭 12.19m; 길이 9.55m; 높이 4.07m	
무장: 7.7mm(0.303인치) 브라우닝 기관총 8정	

호커 허리케인 Mk IA

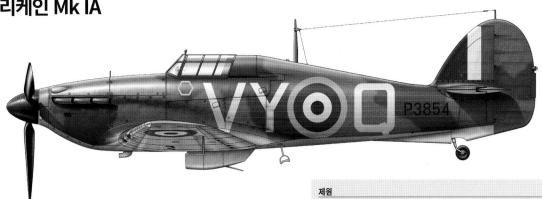

제85 비행대대의 유명한 육각형 휘장이 그려진 이 허리케인은 보통 이 부대의 지휘관인 비행대대장 피터 타운센드(Peter Townsend)가 조종했다. 타운센드는 1940년 8월 영국 본토 항공전 중에 부상을 입었고, 이 비행대대는 큰 손실을 입었다.

제원	
제조 국가: 영국	
유형: 단좌 전투기	
동력 장치: 1,030마력(768kW) 롤스로이스 멀린 II 액냉식 V-12엔진	
성능: 최대 속도 496km/h; 항속 거리 845km; 실용 상승 한도 10,180m(33,400ft)	
무게: 적재 중량 2,820kg	
크기: 날개폭 12.19m; 길이 9.55m; 높이 4.07m	
무장: 7.7mm(0.303인치) 브라우닝 기관총 8정	

호커 허리케인 Mk I

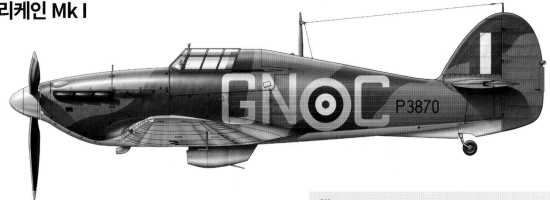

이 허리케인은 1940년 7월 처치 펜턴 기지에 있던 제249 비행대대의 R. G. A. 바클레이(R. G. A. Barclay) 공군 소위가 조종하였다. 같은 비행대대의 제임스 니콜슨(James Nicholson)은 영국 본토 항공전에서 유일하게 빅토리아 십자 훈장을 받은 전투기 조종사였다.

제원	
제조 국가: 영국	
유형: 단좌 전투기	
동력 장치: 1,030마력(768kW) 롤스로이스 멀린 II 액냉식 V-12엔진	
성능: 최대 속도 496km/h; 항속 거리 845km; 실용 상승 한도 10,180m(33,400ft)	
무게: 적재 중량 2,820kg	
크기: 날개폭 12.19m; 길이 9.55m; 높이 4.07m	
무장: 7.7mm(0.303인치) 브라우닝 기관총 8정	

영국 본토 항공전: Bf 109

Bf 109E는 속도와 조종성에서 스핏파이어 Mk I에 비해 손색이 없었다. Bf 109E의 직접 연료 분사 방식 다임러 벤츠 엔진은 마이너스 중력을 받을 때 (멀린 엔진과는 달리) 갑자기 멈추지 않는 이점이 있었고, 20mm 기관포는 강력한 공격력을 가지고 있었다. 그러나 잉글랜드 남동부에서 작전을 수행하는 '에밀(Emil, Bf 109E의 별칭; 역자 주)'은 그 항속 거리의 맨 끝에 있었으므로 겨우 20분정도 밖에 전투를 하지 못했다. 또 독일 공군 전투기에 설치된 무선 장비는 폭격기의 무선 장비와 호환되지 않았다.

메서슈미트 Bf 109E

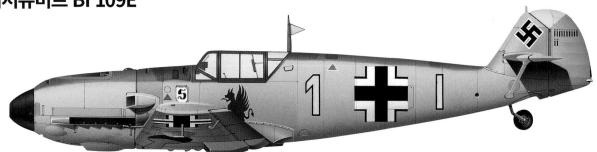

Bf 109E-4는 '에밀' 시리즈의 결정판이었다. 여기서 파생된 4/N 기종은 DB 601 엔진을 탑재하였고, 엔진에 장착된 기관포를 제거했다. 이 E-4는 제26 전투비행단 제9 비행대대의 게르하르트 샤펠(Gerhard Schöpfel)이 조종하였다.

제원	
제조 국가: 독일	
유형: (Bf 109E-4/N) 단좌 전투기	
동력 장치: 1,200마력(895kW) 다임러-벤츠 DB 601N 도립형 V-12 피스톤 엔진	
성능: 최대 속도 560km/h; 항속 거리 660km; 실용 상승 한도 10,500m 34,449ft)	
무게: 최대 적재 중량 2,505kg	
크기: 날개폭 9.87m; 길이 8.64m; 높이 2.50m; 날개넓이 16.17㎡	
무장: 20mm(0.78인치) MG-FF/M 기관포 2문; 7.9mm(0.31인치) MG 13 기관총 2정	

메서슈미트 Bf 109E-3

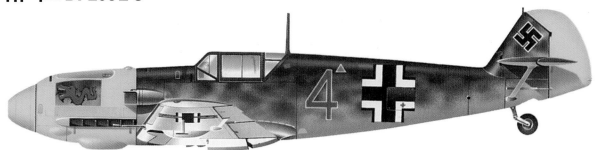

Bf 109E-3는 엔진 실린더 사이에 20mm 기관포를 장착하고 프로펠러축을 통해 총탄을 발사하도록 설계되었다. 하지만 이것은 부정확하고 걸리기 쉬워서 보통 사용하지 않았다. 이 E-3은 제3 전투비행단에서 운용했다.

제원	
제조 국가: 독일	
유형: 단좌 전투기	
동력 장치: 1,160마력(865kW) 다임러-벤츠 DB601Aa 도립형 V-12 피스톤 엔진	
성능: 최대 속도 560 km/h; 항속 거리: 660km; 실용 상승 한도: 10,500m(34,449ft)	
무게: 자체 중량 1,900kg; 최대 이륙 중량 2,665kg	
크기: 날개폭 9.87m; 길이 8.64m; 높이 2.50m; 날개넓이 16.17㎡	
무장: 20mm(0.78인치) MG-FF 기관포 2문; 7.9mm(0.31인치) MG 13 기관총 2정	

메서슈미트 Bf 109E-3

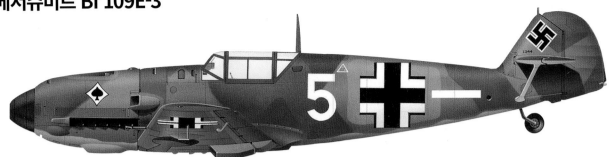

제53 전투비행단 '픽 A(스페이드 A)'의 이 Bf 109E-3는 전쟁 초기 단계에 프랑스의 위쌍에 기지를 두었다. 제53 전투비행단 제3 비행전대의 지휘관은 공중전에서 최초로 적기 100대를 격추한 조종사인 베르너 묄더스(Werner Mölders)였다.

제원	
제조 국가: 독일	
유형: 단좌 전투기	
동력 장치: 1,200마력(895kW) DB 601N 12기통 도립형 V형 엔진	
성능: 최대 속도 570km/h; 항속 거리 700km; 실용 상승 한도 10,500m(34,450ft)	
무게: 최대 적재 중량 2,505kg	
크기: 날개폭 9.87m; 길이 8.64m; 높이 2.28m	
무장: 20mm(0.78인치) 기관포 2문; 7.92mm(0.31인치) 기관총 2정	

메서슈미트 Bf 109E

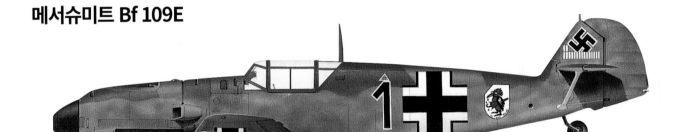

제51 전투비행단 제5 비행대대의 호르스트 '야콥' 티첸(Horst 'Jakob' Tietzen)은 적기 27대를 격추했는데 그중 7대를 스페인에서 격추했다. 그는 1940년 8월 18일 제85 비행대대의 허리케인으로 참가한 템즈강 하구 상공의 전투에서 전사했다. 아마도 피터 타운센드(Peter Townsend)에게 희생되었을 것이다.

제원	
제조 국가: 독일	
유형: 단좌 전투기	
동력 장치: 1200마력(895kW) DB 601N 12기통 도립형 V형 엔진	
성능: 최대 속도 570km/h; 항속 거리 700km; 실용 상승 한도 10,500m(34,450ft)	
무게: 최대 적재 중량 2,505kg	
크기: 날개폭 9.87m; 길이 8.64m; 높이 2.28m	
무장: 20mm(0.78인치) 기관포 2문; 7.92mm(0.31인치) 기관총 2정	

메서슈미트 Bf 109E-4

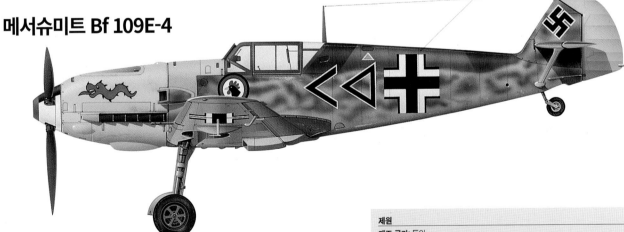

이 Bf 109E-4 전투기는 제3 전투비행단의 비행단장 한스 폰 한(Hans von Hahn)이 조종했다. 폰 한은 전쟁에서 31대를 격추했는데 대부분을 동부 전선에서 격추했지만 영국 본토 항공전에서도 영국 공군 전투기 5대를 격추했다. 수탉 문양은 그의 개인 휘장이었다.

제원	
제조 국가: 독일	
유형: 단좌 전투기	
동력 장치: 1,200마력(895kW) DB 601N 12기통 도립형 V형 엔진	
성능: 최대 속도 570km/h; 항속 거리 700km; 실용 상승 한도 10,500m(34,450ft)	
무게: 최대 적재 중량 2,505kg	
크기: 날개폭 9.87m; 길이 8.64m; 높이 2.28m	
무장: 20mm(0.78인치) 기관포 1문; 7.92mm(0.31인치) 기관총 4정	

영국 본토 항공전: 다른 항공기들

1940년 여름의 장대한 항공전에서는 스핏파이어와 메서슈미트, 허리케인, 하인켈 뿐만 아니라 다양한 제2선 기종들로도 싸웠다. 이탈리아 공군은 200대의 항공기로 이탈리아 항공대를 창설하고 영국에 맞선 독일 공군의 군사 작전에 참가했다. (대체로 환영받지 못했다) 이탈리아는 전쟁 막바지에 다다라서는 자신들의 항공기 대부분을 전투와 사고로 잃었고, 거의 영향력이 없었다.

불턴 폴 디파이언트

디파이언트는 동력으로 작동되는 터렛에 기관총 4정을 장착한 폭격기 구축 항공기로 개발되었지만 전방 발사 무기는 없었다. 디파이언트는 스핏파이어나 허리케인보다는 무거웠지만 거의 같은 엔진을 탑재했다. 1940년 8월에 심각한 손실을 겪은 후 주간 전투기로 물러났다.

제원	
제조 국가: 영국	
유형: (디파이언트 Mk I) 복좌 전투기	
동력 장치: 1,030마력(768kW) 롤스로이스 멀린 III V-12 피스톤 엔진	
성능: 최대 속도 504km/h; 항속 거리 748km; 실용 상승 한도 8,565m(28,100ft)	
무게: 자체 중량 2,757kg; 최대 이륙 중량 3,900kg	
크기: 날개폭 11.99m; 길이 10.77m; 높이 3.45m; 날개넓이 23.23㎡	
무장: 0.303인치(7.7 mm) 브라우닝 기관총 4정	

브리스톨 블렌하임 Mk IF

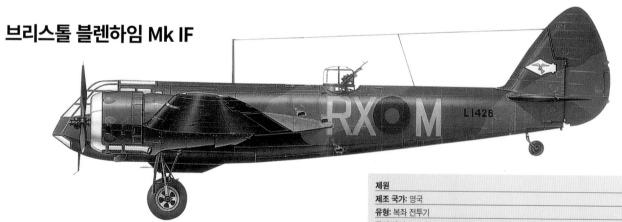

블렌하임 Mk I 경폭격기의 동체 아래에 기관총 4정을 장착하여 과도기적인 전투기로 만든 블렌하임 Mk IF는 1940년 7월에 여기 그려진 노스 윌드에 있는 제25 비행대대를 포함해서 전투기 사령부의 8개 비행대대에서 운용되었다.

제원	
제조 국가: 영국	
유형: 복좌 전투기	
동력 장치: 840마력(626kW) 브리스톨 머큐리 VIII 공랭식 9기통 레이디얼 엔진 2개	
성능: 최대 속도 447km/h; 항속 거리 1,690km; 실용 상승 한도 8,315m(27,280ft)	
무게: 적재 중량 5,534kg	
크기: 날개폭 17.17m; 길이 12.12m; 높이 3m	
무장: 7.7mm(0.303인치) 브라우닝 기관총 5정; 7.7mm(0.303인치) 빅커스 'K' 기관총 1정	

TIMELINE

1935

1937

브리스톨 뷰파이터 Mk IF

노스 윌드의 제25 비행대대는1940년 8월에 운용하던 블렌하임을 뷰파이터 Mk로 교체하기 시작했다. 비록 처음에 표준 주간 위장 무늬로 칠했지만 이 항공기들은 초기의 항공 레이더를 탑재하고 야간 전투기로 활동하였다. 뷰파이터는 1940년 11월에 첫 승리를 기록했다.

제원	
제조 국가: 영국	
유형: 복좌 전투기	
동력 장치: 1,500마력(1,119kW) 브리스톨 허큘리스 XI 공랭식 엔진 2개	
성능: 최대 속도 492km/h; 항속 거리 2,414km; 실용 상승 한도 8,810m(28,900ft)	
무게: 적재 중량 9,435kg	
크기: 날개폭 17.63m; 길이 12.60m; 높이 4.82m	
무장: 20mm(0.78인치) 기관포 4문; 7.7mm(0.303인치) 기관총 6정	

피아트 CR 42LW

이탈리아의 기여에는 피아트사의 CR.42, G.50 전투기와 BR.20 폭격기도 있었다. 이탈리아의 조종사들은 항공기가 민첩성은 매우 뛰어났지만, 산소와 무선 장비 또는 계기 비행 기술이 없었으므로 처음부터 불리한 처지에 놓여있었다.

제원	
제조 국가: 영국	
유형: 이탈리아	
유형: 단좌 전투기	
동력 장치: 840마력(626kW) Fiat A74 14기통 레이디얼 엔진	
성능: 최대 속도 438km/h; 항속 거리 775km; 실용 상승 한도 10,000m(33,000ft)	
무게: 2,295kg	
크기: 날개폭 8.7m; 길이 8.26m; 높이 3.58m	
무장: 날개에 브레다 사파트 12.7mm(0.5인치) 기관총 2정	

피아트 G.50bis

개방식 조종석과 기관총 2정을 갖춘 피아트 G.50은 1940년에는 좀 시대착오적인 항공기였다. G.50은 CR.42 복엽기보다 빠르기만 할 뿐 전투에서 아무런 중요한 역할을 하지 못했다. 이 G.50bis는 1940년 말에 벨기에의 우르젤에 기지를 둔 제51 비행단 제20 비행전대에서 운용했다.

제원	
제조 국가: 영국	
유형: 이탈리아	
유형: 단좌 전투기	
동력 장치: 838마력(625kW) 피아트 A.74 RC38 레이디얼 피스톤 엔진	
성능: 최대 속도 484km/h; 항속 거리 980km; 실용 상승 한도 9,835m(32,258ft)	
무게: 자체 중량 2,077kg; 최대 이륙 중량 2,706kg	
크기: 10.96m; 길이 7.79m; 높이 2.96m; 날개넓이 18.2㎡	
무장: 12.7mm(0.5인치) 브레다 사파트 기관총 2정	

1939

발칸 지역의 전투

이탈리아는 1940년 10월 알바니아를 공격하기 시작했고, 이에 그리스는 즉시 자신의 영공을 방어하기 위해 영국에 도움을 요청했다. 히틀러는 그리스의 비행장이 루마니아에 있는 독일의 유전을 공격하는데 이용될 수 있다는 것을 알고서 1941년 4월 자신의 군대에 유고슬라비아와 그리스를 공격하라고 명령하였다. 한 달 안에 두 나라는 패배했고, 영국과 연합국의 군대는 크레타섬에 모여 있었다. 독일의 대대적인 낙하산 부대 공격으로 영국은 북아프리카로 철수할 수밖에 없었지만, 독일 역시 큰 손실을 보았다.

PZL P.24F

독일군이 침공하였을 때 그리스는 폴란드에서 제작된 P.24F와 P.24G 전투기를 운용하는 3개의 비행대대를 가지고 있었다. 개방식 조종석을 가진 P.11을 개량한 P.24는 독일 공군 전투기의 적수가 되지 못했고 곧 제거되었다. 이 P.11F는 제22 전투비행대대에서 운용되었다.

제원
제조 국가: 폴란드
유형: (PZL P.24F) 단좌 전투기
동력 장치: 970마력(723kW) 뇸-론 14N.07 14기통 레이디얼 피스톤 엔진
성능: 최대 속도 430km/h; 항속 거리 700km; 실용 상승 한도 10,500m(34,450ft)
무게: 자체 중량 1,332kg; 최대 이륙 중량 2,000kg
크기: 날개폭 10.7m; 길이 7.6m; 높이 2.7m; 날개넓이 17.9㎡
무장: 0.303인치(7.7mm) 기관총 4정

호커 허리케인 Mk I

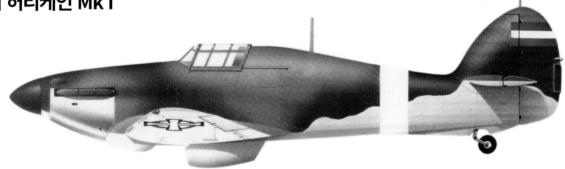

유고슬라비아 공군은 영국에서 허리케인 24대를 사들였고, 현지 회사인인 즈마이가 면허를 받아 20대를 생산하여 발칸 지역에서는 가장 현대적인 항공기를 보유하고 있었다. 그런데도 수도 베오그라드는 2주 안에 독일군에게 함락되었다.

제원
제조 국가: 유고슬라비아
유형: 단좌 전투기
동력 장치: 1,030마력(768kW) 롤스로이스 멀린 II 액냉식 V-12 엔진
성능: 최대 속도 496km/h; 항속 거리 845km; 실용 상승 한도 10,180m(33,400ft)
무게: 적재 중량 2,820kg
크기: 날개폭 12.19m; 길이 9.55m; 높이 4.07m
무장: 7.7mm(0.303인치) 브라우닝 기관총 8정

메서슈미트 Bf 110C

장거리 전투기 Bf 110은 크레타섬의 비행장에 대한 반복된 낙하산 부대 공격을 위해 제공권 확보를 도왔다. 이 Bf 110C-4는 크레타 작전 동안 그리스의 아르거스에서 작전을 수행한 제26 중전투비행단 제2 비행대대에서 운용되었다.

제원	
제조 국가: 독일	
유형: 단좌 전투기	
동력 장치: 1,200마력(895kW) DB 601N 12기통 도립형 V형 엔진	
성능: 최대 속도 570km/h; 항속 거리 700km; 실용 상승 한도 10,500m(34,450ft)	
무게: 최대 적재 중량 2,505kg (5523lb)	
크기: 날개폭 9.87m; 길이 8.64m; 높이 2.28m	
무장: 20mm(0.78인치) 기관포 1문; 7.92mm(0.31인치) 기관총 4정	

융커스 Ju 87B-2

1941년 5월에 크레타 섬을 공격하는 낙하산 부대를 지원하기 위해 제2 급강하폭격기비행단의 2개 비행전대가 제7 육군항공대로 배속되었다. 이 항공기는 제1 비행전대에서 왔다.

제원	
제조 국가: 독일	
유형: 복좌 전투기	
동력 장치: 1,200마력(895kW) 융커스 유모 211 엔진	
성능: 최대 속도 350km/h; 항속 거리 600km; 실용 상승 한도 8,100m(26,570ft)	
무게: 최대 이륙 중량 4,400kg	
크기: 날개폭 13.2m; 길이 11m; 높이 3.77m	
무장: 7.92mm(0.31인치) 기관총 3정; 폭탄 1,000kg(2,205lb) 1발	

융커스 Ju 52/3mg4e

그리스 본토에 기지를 둔 Ju 52 비행대는 한 번에 낙하산 부대원 16명을 태워서 10,000명이 넘는 낙하산 부대원을 투하하고, 나중에는 크레타 섬의 비행장에 수천 명을 착륙시키는 임무를 반복했다. 공수 작전 중에 거의 150대의 Ju 52를 잃었고, 그만큼이 손상을 입었다.

제원	
제조 국가: 독일	
유형: (Ju 52/3mg7e) 병력 18명을 수송할 수 있는 3좌 수송기	
동력 장치: 730마력(544kW) BMW 132T-2 9기통 레이디얼 엔진 3개	
성능: 최대 속도 286km/h; 항속 거리 1,305km; 실용 상승 한도 5,900m(19,360ft)	
무게: 자체 중량 6,500kg; 최대 이륙 중량 11,030kg	
크기: 날개폭 29.20m; 길이 18.90m; 높이 4.52m	
무장: 후방 동체 위 총좌에 13mm(0.5인치) 또는 7.92mm(0.31인치) 기관총 1정; 전방 동체 위쪽 및 양쪽 측면의 총좌에 7.92mm(0.31인치) 기관총	

핀란드의 겨울 전쟁

1939년 11월 30일 소련군이 핀란드를 침공했다. 핀란드 공군은 현대적인 항공기가 몇 대 안 되는 규모가 작은 군대였지만 영리한 전술로 계속 싸웠다. 자신들의 항공기를 얼어붙은 호수와 숲속의 간이 활주로로 분산시키고 유인용 미끼를 이용하여 비행장에 대한 공격으로 항공기를 잃는 것을 피했다. 매우 다양한 기종의 새 항공기를 빠르게 인수하였고, 노획한 항공기들을 전 주인에 대한 공격에 사용했다. 1941년 3월 스탈린은 핀란드와의 전쟁을 포기했다.

포커 C.X

C.X는 35대를 면허 생산한 핀란드가 급강하 폭격기, 정찰기, 범용 항공기로 사용했다. 여기 제12 비행대대의 C.X는 겨울 전쟁에서 살아남았으나 1941년 말에 연료가 떨어져서 추락했다.

제원	
제조 국가: 독일	
유형: 복좌 급강하 폭격기	
동력 장치: 850마력(634kW) 브리스톨 페가수스 XII 9기통 레이디얼 피스톤 엔진 1개	
성능: 최대 속도 356km/h; 항속 거리 841km; 실용 상승 한도 8,400m(27,560ft)	
크기: 날개폭 12.00m; 길이 9.1m; 높이 3.30m	
무게: 자체 중량 1,400kg; 최대 이륙 중량 2,900kg	
무장: 7.7mm 기관총 2정, 7.62mm 기관총 1정; 폭탄 400kg(882b)	

폴리카포프 I-16 타입 24

I-16 타입 24는 겨울 전쟁 동안 레닌그라드 근처의 라도가 호수 지역의 제4 전투기 연대에서 운용했다. I-16 후기 모델은 지상 공격을 위해 폭탄이나 로켓을 탑재할 수 있었다.

제원	
제조 국가: 소련	
유형: (I-16 타입 24) 단좌 전투기	
동력 장치: 1,000마력(746kW) 시베초프 M-62R 9기통 레이디얼 피스톤 엔진 1개	
성능: 최대 속도 490km/h; 항속 거리 600km; 실용 상승 한도 9,470m(31,070ft)	
크기: 날개폭 8.9 m; 길이 6.13m; 높이 3.25m; 날개넓이 14.5㎡	
무게: 자체 중량 1,475kg; 최대 이륙 중량 2,060kg	
무장: 7.62mm(0.3인치) 시카스 기관총 4정; 최대 200kg(440lb)의 폭탄 또는 RS-82 로켓 6발	

TIMELINE 1933 1934

브루스터 B-239 버팔로

버팔로는 미국과 네덜란드, 영연방 국가들에서 지금까지 제작된 최악의 전투기 중 하나라는 평판을 얻었지만, 핀란드는 '브루스터'로 상당한 성공을 거뒀다. 이 버팔로는 틱스야르비에서 13.5승을 거둔 에이스 헤이모 람피(Heimo Lampi)가 조종했다.

제원	
제조 국가: 미국	
유형: 단좌 전투기	
동력 장치: 940마력(701kW) 라이트 R-1820-34 사이클론 9 레이디얼 피스톤 엔진 1개	
성능: 최대 속도 478km/h; 항속 거리 1,600km; 실용 상승 한도 10,100m(33,000ft)	
크기: 날개폭 10.7m; 길이 7.9m; 높이 3.63m; 날개넓이 19.41㎡	
무게: 자체 중량 1,717kg; 적재 중량 2,640kg	
무장: 0.5인치 기관총 4정	

브리스톨 블렌하임 Mk I

핀란드는 블렌하임 41대를 사들였고, 전쟁이 시작될 때까지 15대를 더 제작했다. BL-173는 핀란드가 Mk IV 22대와 함께 운용했던 총 75대의 Mk I 중 하나다. 블렌하임은 겨울 전쟁에서 400회 이상 임무 비행을 수행했다.

제원	
제조 국가: 영국	
유형: (블렌하임 Mk IV) 3인승 폭격기	
동력 장치: 905마력(675kW) 브리스톨 머큐리 XV 레이디얼 피스톤 엔진	
성능: 최대 속도 428km/h; 항속 거리 2,350km; 실용 상승 한도 8,310m(27,260ft)	
크기: 날개폭 17.17m; 길이 12.98m; 높이 3m	
무게: 6,532kg	
무장: 7.7mm(0.303인치) 기관총 5정; 내부에 최대 454kg(1,000lb), 외부에 145kg(320lb)의 폭탄	

투폴레프 SB-2

보통은 그냥 'SB'로 알려진 SB-2는 1940년에서 1941년까지 소련에서 가장 많은 수가 현역으로 있던 폭격기다. 소련은 헬싱키에 대한 폭격으로 전쟁을 시작했는데, 이로 인해 90명 이상 사망하여 양국의 짧은 전쟁에서 가장 파괴적이었다.

제원	
제조 국가: 소련	
유형: (SB 2M-100) 중형 폭격기	
동력 장치: 860마력(641kW) 클리모프 M-100A V-12 피스톤 엔진 2개	
성능: 최대 속도 423km/h; 항속 거리 1,250km; 실용 상승 한도 9,571m(31,400ft)	
크기: 날개폭 20.33m; 길이 20.33m; 높이 3.25m; 날개넓이 56.67㎡	
무게: 4,060kg; 최대 이륙 중량 5,628kg	
무장: 0.3인치 시카스 기관총 4정; 폭탄 최대 600Kg(1,322lb)	

1936

1937

페어리 소드피시

소드피시(Swordfish, 황새치)는 1934년 첫 비행을 했는데 그 후계 기종들보다 더 오래 가서 1945년에도 여전히 생산되었다. 페어리와 블랙번을 합해 약 2,300대가 영국 해군항공대, 영국 공군, 캐나다 공군을 위해 제작되었다. 느릿느릿 움직이는 '망태기(Stringbag, 페어리 소드피시의 별명; 역자 주)'는 전함 비스마르크호를 격침시키는 데 매우 중요한 역할을 했고, 타란토에서 이탈리아 함대의 주요 수상함을 파괴하였다. 공대함 레이더를 장착한 소드피시는 가장 작은 호위 항공모함에서 선단을 보호하고 잠수함을 추적했다.

페어리 소드피시 I 수상비행기

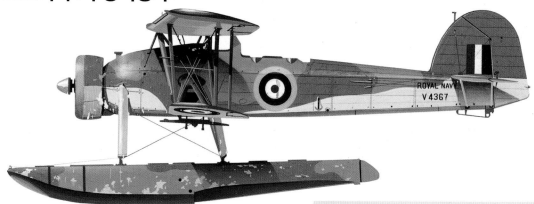

소드피시는 육상기 또는 수상기로 운용할 수 있었다. 전쟁 전에 영국 해군의 대형 군함에 소드피시를 공급하기 위해 2개 부대가 설립되었다. 이 Mk I 수상비행기는 1940년에 전함 말라야호의 제701 해군 비행대대로 배속되었다. 전쟁 시기 소드피시의 주요 버전은 Mk I으로 제2차 세계대전에서 가장 유명한 몇몇 전투에 참가했다. 그 중 가장 주목할 만한 두 개는 1940년 타란토에서 이탈리아 함대 대한 공격이었다.

제원	
제조 국가: 영국	
유형: 소드피시 I (바퀴가 있는) 2-3좌 함재 뇌격기	
동력 장치: 775마력(578kW) 브리스톨 페가수스 IIIM.3 레이디얼 피스톤 엔진 1개	
성능: 최대 속도 224km/h; 실용 상승 한도 3,780m(12,400ft); 항속 거리 1,658km	
무게: 자체 중량 2,132kg; 최대 이륙 중량 3,946kg	
크기: 날개폭 13,87m; 길이 11,07m; 높이 3,92m; 날개넓이 56,39㎡	
무장: 0,303인치(7,62mm) 기관총 2정; 726kg(1,600lb) 어뢰 1발 또는 최대 680kg (1,500lb)의 폭탄	

페어리 소드피시 II

대잠수함 공격에서는 어뢰보다 폭탄과 로켓이 훨씬 더 효과적이었다. 소드피시 Mk II의 아래 쪽 날개 밑면은 로켓을 발사할 때 불이 붙지 않도록 금속 외피로 만들었다. 이 Mk II는 훈련 부대에 배정되었다. 소드피시 Mk II는 1944년 2월까지 계속 생산되었다.

제원	
제조 국가: 영국	
유형: 3좌 복엽 뇌격기	
동력 장치: 750마력(560kW) 브리스톨 페가수스 30 9기통 레이디얼 엔진 1개	
성능: 최대 속도 222km/h; 실용 상승 한도 3,260m(10,700ft); 항속 거리 885km (어뢰를 탑재할 때)	
무게: 자체 중량 2,359kg; 최대 이륙 중량 4,196kg	
크기: 날개폭 13,92m; 길이 11,12m; 높이 3,93m; 날개넓이 56,39㎡	
무장: 고정식 전방 발사 0,303인치 빅커스 기관총 1정; 후방 조종석의 유동식 거치대에 0,303인치 빅커스 'K' 기관총 또는 브라우닝 기관총 1정; 동체 아래에 18인치(457mm), 731kg(1,610lb) 어뢰 1발, 또는 681kg(1,500lb) 폭탄 또는 기뢰 탑재, 또는 날개 아래에 3인치, 27kg(60lb) 로켓 최대 8발 또는 113kg(250lb) 폭탄 4발 탑재	

페어리 소드피시 Mk III

소드피시 Mk III는 이착륙 장치 다리 사이에 있는 포드(pod)에 공대함 Mk X 탐색 레이더를 장착하였다. 그러면 동체 아래에 다른 것을 탑재할 수가 없었으므로 소드피시 부대는 대개 탐색 임무를 하는 Mk III 1대에 폭탄과 어뢰를 탑재한 Mk II 여러 대를 동반하여 작전을 수행하였다. 총 327대의 Mk III가 제작되었다.

제원	
제조 국가: 영국	
유형: 3좌 복엽 대잠수함 항공기	
동력 장치: 750마력(560kW) 브리스톨 페가수스 30 9기통 레이디얼 엔진 1대	
성능: 최대 속도 222km/h; 실용 상승 한도 3,260m(10,700ft); 항속 거리 885km (어뢰를 탑재할 때요)	
무게: 자체 중량 2,359kg; 최대 이륙 중량 4,196kg	
크기: 날개폭 13,92m; 길이 11,12m; 높이 3,93m; 날개넓이 56,39㎡	
무장: 고정식 전방 발사 0,303인치 빅커스 기관총 1정; 0,303인치 빅커스'K' 기관총 또는 후방 조종석의 유동식 거치대에 브라우닝 기관총 1정; 날개 아래 레일에 최대 3인치 27kg(60lb) 로켓 8발 또는113kg(250lb)의 폭탄 4발 탑재	

페어리 소드피시 Mk IV

이 '검은 물고기(Blackfish)'는 소드피시의 마지막 버전인 소드피시 Mk IV으로 겨울 작전을 위해 기장 기본적인 밀폐식 조종석을 갖추었다. 이러한 개선은 의심할 여지가 없이 자주 대서양 위를 초계 비행하여야 했던 소드피시의 승무원들에게 환영을 받았다. 대부분의 Mk IV는 캐나다 노바스코샤의 제1 해군 항공 포격학교에서 온 이 항공기처럼 캐나다의 훈련학교에서 사용되었다.

제원	
제조 국가: 영국	
유형: 소드피시 IV 2-3좌 훈련 및 호위 항공기	
동력 장치: 560마력(750W) 브리스톨 페가수스 IIIM,3 레이디얼 피스톤 엔진 1개	
성능: 최대 속도 222km/h; 실용 상승 한도 3,260m(10,700ft); 항속 거리 885km	
무게: 자체 중량 2,359kg; 최대 이륙 중량 4,196kg	
크기: 날개폭 13,92m; 길이 11,12m; 높이 3,93m; 날개넓이 56,39㎡	
무장: 0,303인치 빅커스 전방 발사 기관총 1정, 브라우닝 기관총 1정 in 후방 조종석; 날개 아래에 113kg(250lb) 폭탄 4발 탑재	

페어리 알바코어

알바코어(Albacore, 날개다랑어)는 더욱 개선된 소드피시 후계 기종으로 계획되었으나, 민첩성이 떨어졌고 처음에는 신뢰할 수 없는 엔진 때문에 문제를 겪었다. 알바코어는 기대했던 것만큼 살아남지 못하고 '망태기(소드피시의 별명; 역자 주)'가 계속 현역으로 있었다. 알바코어는 1943년에 페어리 바라쿠다로 교체될 때까지 서부의 사막, 북극, 지중해와 인도양에서 바다와 육지의 전투에 투입되었다.

제원	
제조 국가: 영국	
유형: 3좌 뇌격기	
동력 장치: 1,130마력(843kW) 브리스톨 토러스 XII 14기통 레이디얼 피스톤 엔진 1개	
성능: 최대 속도 259km/h; 실용 상승 한도 6,310m(20,700ft); 항속 거리 1,497km	
무게: 자체 중량 3,289kg; 최대 이륙 중량 4,745kg	
크기: 날개폭 15,24m; 길이 12,14m; 높이 4,32m; 날개넓이 57,88㎡	
무장: 오른 쪽 날개에 0,303인치 빅커스 기관총 1정, 후방 조종석에 0,303인치 빅커스 'K' 기관총 2정; 730kg(1,610lb) 어뢰 1발 또는 227kg(500lb) 폭탄	

북아프리카: 추축국

1940년 말 이탈리아가 참전하였고, 지중해에서 힘의 균형은 영국에게 불리하게 바뀌었다. 이탈리아 식민지 군대는 영국령 소말리란드를 재빨리 점령하고 수에즈 운하를 위협했다. 그러나 결정적인 승리를 거두지는 못했고 독일은 이탈리아 군을 지원하기 위해 전투비행단과 폭격기들을 보냈으며, 뒤이어 아프리카 군단을 창설하였다. 1941년 11월까지 독일의 600대와 이탈리아 1,200대의 가장 우수한 항공기가 영국 공군과 연합국의 항공기 1,000대에 맞서 배치되었다.

BR.20M 치코냐

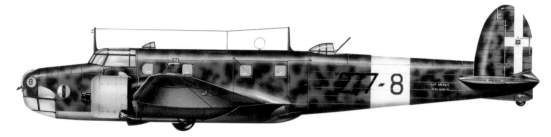

BR.20M(M은 modificano(수정된)을 의미)은 1941년에 운용된 피아트의 치코냐(Cicogna, 황새) 중형 폭격기의 주요 버전이었다. 원래의 BR.20보다 더 많은 장갑과 더 강한 구조를 갖추었지만 항공 역학적 개선 덕분에 성능은 그대로 유지되었다.

제원	
제조 국가: 이탈리아	
유형: (BR.20M) 5인승 중형 폭격기	
동력 장치: 1,030마력(788kW) 피아트 A.80 RC.41 레이디얼 피스톤 엔진 2개	
성능: 최대 속도 343 km/h; 항속 거리 1,329km; 실용 상승 한도 7,199m(23,620ft)	
크기: 날개폭 21.56m ; 길이 17.4m; 높이 4.75m; 날개넓이 74㎡	
무게: 자체 중량 6,850kg; 최대 이륙 중량 10,450kg	
무장: 0.303인치(7.7m) 기관총 2정, 0.5인치(12.7mm) 기관총 1정; 최대 1,600kg(3,527lb)의 폭탄	

피젤러 슈토르흐

피젤러 Fi.156 슈토르흐(Storch, 황새)는 독일 지상군이 작전을 수행하는 곳에서는 어디서나 발견할 수 있었다. 속도는 느리고 창문이 컸으므로 관측용 항공기로 이상적이었다. 또한 매우 뛰어난 단거리 착륙 성능을 갖추고 있어서 사람과 명령을 어떤 전장에도 데려다 줄 수 있었다. 이 Fi.156C-3은 북아프리카에서 어윈 롬멜(Erwin Rommel) 장군이 사용하였다.

제원	
제조 국가: 독일	
유형: 3좌 연락기	
동력 장치: 240마력(179kW) 아르거스 As-10 8기통 도립형 V 엔진	
성능: 최대 속도 175km/h; 항속 거리 467km	
크기: 날개폭 14.25m; 길이 9.9m; 높이 3m	
무게: 자체 중량 1,325kg	
무장: 7.92mm(0.3인치) 기관총 1정	

TIMELINE

1935

1936

메서슈미트 Bf 109F-4Z/Trop

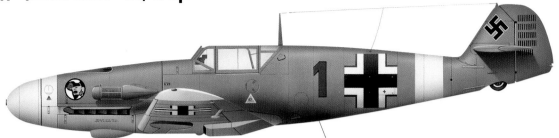

Bf 109F는 장갑과 무장의 균형이 잘 잡혀있고, 109 시리즈 중에서 가장 좋은 기종으로 여겨졌다. 이 Bf 109F-4Z/Trop 파생기종은 제27 전투비행단 제2 비행대대의 한스 아놀드 슈탈슈미트(Hans-Arnold Stahlschmidt)에게 배정되었다. 그는 1942년 9월 전투 중에 실종되기 전까지 400회 이상 사막 상공의 전투 임무에서 영국과 영연방국의 항공기 59대를 격추하였다.

제원

제조 국가: 독일	
유형: 단좌 전투기	
동력 장치: 1,300마력(969kW) DB 601E 엔진	
성능: 최대 속도 628km/h; 항속 거리 700km; 실용 상승 한도 11,600m(38,000ft)	
크기: 날개폭 9.92m; 길이 8.85m; 높이 2.59m	
무게: 최대 적재 중량 2,746kg	
무장: 20mm(0.8인치) 기관포 1문; 7.92mm(0.3인치) 기관총 2정	

융커스 Ju 87B-2 슈투카

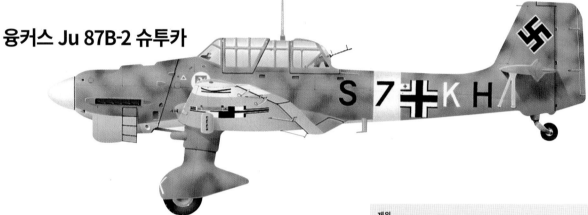

흰색으로 된 동체 띠와 날개 끝에 표식이 있는 이 Ju 87B-2/Trop은 1942년 초에 제3 급강하폭격기비행단에서 운용했다. Ju 87의 Trop(tropicalized, 열대 지방에 맞게 한) 버전에는 엔진에 모래 및 먼지 필터가 있었고, 동체 안에 사막 생존 세트가 있었다. 이 Ju 87B-2는 1942년 리비아의 토브루크 함락 이후 독일군이 이집트로의 진군하는 동안 다양한 전선 지역에서 활동했다.

제원

제조 국가: 독일	
유형: 복좌 전투기	
동력 장치: 1,200마력(895kW) 융커스 유모 211 엔진	
성능: 최대 속도 350km/h; 항속 거리 600km; 실용 상승 한도 8,100m(26,570ft)	
크기: 날개폭 13.2m; 길이 11m; 높이 3.8m	
무게: 최대 이륙 중량 4,400kg	
무장: 7.92mm(0.3인치) 기관총 3정, 1,000kg(2,205lb) 폭탄 1발	

메서슈미트 Bf 110D-3

이라크의 민족주의 지도자 라시드 알리(Rashid Ali)는 1941년 5월 독일의 지원을 받아 영국에 대항하여 봉기를 일으켰다. 제76 중전투비행단의 이 Bf 110D-3는 하바니야의 영국 공군을 공격하기 위해 다시 이라크 표식을 그렸다. Bf 110은 저질의 연료와 혹독한 환경 때문에 곧 운용할 수 없게 되었다.

제원

제조 국가: 독일	
유형: (Bf 110C-4) 쌍발 장거리 전투기	
동력 장치: 1100마력(809kW) 다임러-벤츠 도립형 V-12 피스톤 엔진 2개	
성능: 최대 속도 560km/h; 항속 거리 2.10km; 실용 상승 한도 10,500m(35,000ft)	
크기: 날개폭 16.3m; 길이 12.3m; 높이 3.3m; 날개넓이 38.8㎡	
무게: 자체 중량 4,500kg; 최대 이륙 중량 6,700kg	
무장: 20mm MG FF/M 기관포 2문, 7.92mm MG 17 기관총 4정, 7.92mm MG 15 기관총 1정	

북아프리카: 연합국

1940년 말 이탈리아가 참전했을 때 아프리카의 이탈리아 군대는 영국의 군대보다 수적으로 우세했고 기술적으로 대등하였다. 영국 공군의 주둔군은 서아프리카까지 배로 항공기를 수송하고 거기에서 타코라디 항로를 통해 전투 지역까지 비행하는 것을 포함한 몇몇 방법으로 증원되었다. 그해 말 이탈리아가 그리스를 침공하기 전, 영국 공군과 남아프리카 연방(현재의 남아프리카 공화국; 역자 주) 공군은 연합 작전을 펼쳐 동아프리카에서 이탈리아를 격퇴하였다.

커티스 P-40 토마호크 Mk IIB

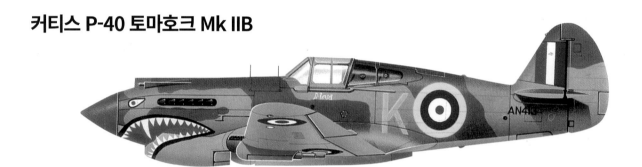

토마호크(Tomahawk, 도끼) Mk IIB는 영국이 주문한 호크 81A-2 버전에 대하여 영국 공군이 부여한 명칭이었고, 프랑스가 주문했으나 프랑스 함락이후 영국으로 인도된 항공기들은 토마호크 Mk IIA라는 명칭으로 운용되었다. 이 항공기는 1941년 10월에 이집트 시디 하네이시의 서부 사막 공군 제 112 비행대대에서 운용했다.

제원	
제조 국가: 미국	
유형: 단좌 전투기	
동력 장치: 1,150마력(860kW) 엔진	
성능: 최대 속도 580km/h; 항속 거리 1,100km; 실용 상승 한도 8,800m(29,000ft)	
크기: 날개폭 11.38m; 길이 9.66m; 높이 3.76m	
무게: 적재 중량 3,760kg	
무장: 날개에 12.7mm(0.5인치) M2 브라우닝 기관총 6정	

커티스 P-40 키티호크 Mk I

키티호크는 밀접하게 연관된 토마호크와 같이 미국 육군항공대에서는 이름이 P-40이었던 전술 전투기 제품군에 속했다. 이 기종은 동체 밑에 227kg(500파운드) 폭탄 같은 무기를 탑재하고 거의 전적으로 저공 전투 폭격기 임무만 수행했다. 예시된 항공기는 1942년에 서부 사막 공군의 제112 비행대대에서 운용되었다.

제원	
제조 국가: 미국	
유형: 단좌 저공 전투 폭격기	
동력 장치: 1,200마력(895kW) 알리슨 피스톤 엔진	
성능: 최대 속도 563km/h; 항속 거리 1,738km; 실용 상승 한도 9,450m(31,000ft)	
크기: 날개폭 11.36m; 길이 10.16m; 높이 3.76m	
무게: 적재 중량 3,511kg (7,740lb)	
무장: 날개에 12.7mm (0.5인치) 브라우닝 기관총 4정; 동체 아래에 227kg(500lb) 폭탄	

TIMELINE  1935

호커 허리케인 IIB

이 허리케인 Mk IIB는 기수 아래에 보크스 공기 필터용으로 관 모양의 눈에 띄는 사막장비를 가지고 있다. 이 항공기는 1942년 서부 사막에서 제73 비행대대에서 운용되었다.

제원
제조 국가: 영국
유형: 단좌 전투기
동력 장치: 1280마력(954kW) 롤스로이스 멀린 XX 액냉식 V-12
성능: 최대 속도 529km/h; 항속 거리 1,480km; 실용 상승 한도 10,850m(35,600ft)
크기: 날개폭 12,19m; 길이 9.81m; 높이 3,98m
무게: 적재 중량 약 3,649kg
무장: 7,7mm(0,303인치) 브라우닝 기관총 12정 최대 454kg(1,000lb)의 폭탄

마틴 볼티보어 Mk V

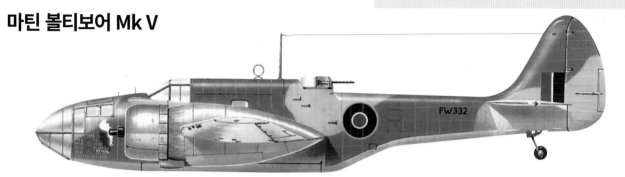

볼티모어는 미국 메릴랜드에서 구현된 개념을 발전시켜 유럽 표준에 맞춰 설계되었다. 폭탄 탑재량은 907kg(2,000lb)이었고, 7.7mm 고정식 기관총을 14정까지 장착할 수 있었으며, 총 1,575대가 생산되어 주로 지중해 무대에서 사용되었다. 이 항공기는 1944년 제232 비행단에서 운용했다.

제원
제조 국가: 미국
유형: 4인승 공격 폭격기
동력 장치: 1,660마력(1,238kW) 라이트 사이클론 레이디얼 피스톤 엔진 2개
성능: 최대 속도 486km/h; 항속 거리 1,529km; 상승 한도 7,315m(24,000ft)
크기: 날개폭 18,59m; 길이 14,78m; 높이 5,41m
무게: 적재 중량 6,895kg
무장: 7,7mm(0,303인치) 기관총 14정; 폭탄 탑재량 907kg(2,000lb)

브리스톨 블렌하임 Mk IV

자유 프랑스 공군(제2차 세계대전 당시 영국에 세운 프랑스 망명 정부의 공군 ; 역자 주)은 주로 영국과 미국의 항공기를 운용하였다. 제1 폭격비행전대 '로렌 (Lorraine)'의 블렌하임은 북아프리카에서 연합국 지상군을 지원했다. 이 Mk IV는 1941년 10월 이집트의 아부 수에르에 기지를 두었다.

제원
제조 국가: 영국
유형: 쌍발 경폭격기
동력 장치: 920마력(690kW) 브리스톨 머큐리 XV 레이디얼 피스톤 엔진 2개
성능: 최대 속도 428km/h; 항속 거리 2,351km; 실용 상승 한도 8,310m(27,260ft)
크기: 날개폭 17,17m; 길이 12,98m; 높이 3,0m; 날개넓이 43,6㎡
무게: 자체 중량 4,450kg; 적재 중량 6,545kg
무장: 0,303인치 기관총 3정 또는 4정; 최대 598kg(1,320lb)의 폭탄

1938

1941

연안 사령부

1936년에 기존의 항공기들을 조합해서 만든 연안 사령부는 전쟁 중 영국 무역에 대한 유보트(U-boat, 독일 잠수함)의 위협이 커지면서 점점 더 중요해졌다. 1939년에 영국 공군에는 특화된 대함, 대잠수함 무기가 없었다. 폭뢰를 개발하고 레이더를 장착한 장거리 항공기를 도입하면서 영국의 해안에서 유보트를 제거하는데 도움이 되었고, 독일 상선의 운항을 심하게 방해할 수 있게 되었다.

슈퍼마린 스트랜라

이 항공기는 1940년 사우스 웨일즈의 펨브룩 도크에서 작전을 수행한 제240 비행대대에서 운용되었다. 스트랜라 비행정은 1941년까지 일반 정찰임무를 수행했다.

제원	
제조 국가: 영국	
유형: 7인승 비행정	
동력 장치: 920마력(686kW) 브리스톨 페가수스 X 9 기통 공랭식 레이디얼 엔진 2개	
성능: 최대 속도 241km/h; 항속 거리 1,609km; 실용 상승 한도 5,640m(18,500ft)	
크기: 날개폭 25.91m; 길이 16.71m; 높이 6.63m	
무게: 적재 중량8,618kg	
무장: 7.7mm(0.303인치) 기관총 3정; 최대 454kg(1,000lb)의 폭탄, 지뢰 또는 폭뢰	

아브로 앤슨 GR. Mk I

제206 비행대대는 1937년에 이 앤슨을 수령해서 1940년까지 북해에서 운용하였고, 이후 이 항공기를 제1 작전훈련부대로 넘겨주었다. 이 항공기는 1940년 8월 29일에 추락하여 부서졌다.

제원	
제조 국가: 영국	
유형: 쌍발 다용도 항공기	
동력 장치: 350마력(261kW) 암스트롱 시들리 치타 IX 레이디얼 피스톤 엔진 2개	
성능: 최대 속도 303km/h; 항속 거리 1,271km; 실용 상승 한도 5,790m(19,000ft)	
크기: 날개폭 17.2m; 길이 12.88m; 높이 3.99m	
무게: 적재 중량 3,629kg	
무장: 7.7mm(0.303인치) 기관총 2정; 최대 163kg(360lb)의 폭탄	

TIMELINE  1934  1935  1936

핸들리 페이지 햄프던 TB Mk I

연안 사령부의 표준 마감에 따라 윗면은 바다색, 아랫면은 하늘색으로 도색된 이 항공기는 캐나다에서 제작되어 뇌격기로 운용되었고, 북해의 북부 해역과 노르웨이해에서 대함 작전을 수행했다. 이 항공기는 1942년 스코틀랜드의 윅에 기지를 둔 영국 공군 연안 사령부의 뉴질랜드 공군 제489 비행대대에서 운용했다.

제원	
제조 국가: 영국	
유형: 4인승 뇌격기	
동력 장치: 1,000마력(746kW) 브리스톨 페가수스 XVII 레이디얼 피스톤 엔진 2개	
성능: 최대 속도 409km/h; 항속 거리 3,034km; 실용 상승 한도 5,791m(19,000ft)	
크기: 날개폭 21.08m; 길이 16.33m; 높이 4.55m	
무게: 적재 중량 8,508kg	
무장: 동체 위쪽과 아래쪽 총좌에 7.7mm(0.303인치) 전방 발사 기관총 각 2정; 최대 1,814kg(4,000lb)의 폭탄	

브리스톨 뷰포크 Mk I

애초에 영국에 기지를 두었던 제22 비행대대와 이 비행대대의 뷰포크 항공기들은 1942년 3월에 실론섬으로 보내졌다. 이 비행대대는 제2차 세계대전의 나머지 기간 동안 극동에 남아 있었지만 1944년 6월에 브리스톨 뷰파이터 항공기로 바꾸었다.

제원	
제조 국가: 영국	
유형: 4인승 쌍발 뇌격기	
동력 장치: 1,130마력(843kW) 브리스톨 토러스 VI, XII 또는 XVI 레이디얼 피스톤 엔진 2개	
성능: 최대 속도 418km/h; 항속 거리 1,666km; 실용 상승 한도 5,030m(16,500ft)	
크기: 날개폭 17.63m; 길이 13.59m; 높이 13.59m	
무게: 적재 중량 9,630kg	
무장: 7.7mm(0.303인치) 기관총 4정(기수와 동체 위쪽 터렛에 각 2정), 일부 항공기에는 추가로 7.7mm(0.303인치) 기관총 3정(기수 아래에 1정 측면 총좌에 2정); 최대 680kg(1,500lb)의 폭탄 또는 기뢰, 또는 728kg(1,605lb) 어뢰 1발	

록히드 허드슨 GR. Mk III

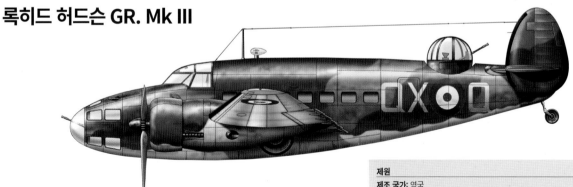

아브로 앤슨의 후속 기종에 대한 영국의 요구사항을 충족하기 위해 미국 민간 수송기(록히드 모델 14)에서 개발된 허드슨은 단거리 연안 및 해상 정찰 임무에 특히 성공적이었다. 예시된 항공기는 1942년 알데그로브와 세인트 에발에 기지를 두었던 영국 공군 연안 사령부 제233 비행대대에서 운용했다.

제원	
제조 국가: 영국	
유형: 6인승 연안 정찰기	
동력 장치: 1,200마력(890kW) 라이트 사이클론 9기통 레이디얼 엔진 2개	
성능: 최대 속도 397km/h; 항속 거리 3,150km; 실용 상승 한도 7,470m(24,500ft)	
크기: 날개폭 19.96m; 길이 13.50m; 높이 3.62m	
무게: 적재 중량 7,930kg	
무장: 7.7mm(0.303인치) 브라우닝 기관총 7정 (기수에 1정, 동체 위 터렛에 2정, 측면에 2정, 동체 아래에 1정); 340kg(750lb)의 폭탄 또는 폭뢰	

1938

연안 사령부 2부

폭격기 사령부의 사령관 아서 해리스(Arthur Harris)는 어떤 자원도, 특히 4발 엔진 폭격기가 독일의 도시에 대한 자신의 공습작전 대신에 연안 사령부로 배정되는 것을 꺼려했다. 폭격기 사령부가 주간 폭격용으로 채택하는 것을 거절했던 B-17E 하늘의 요새 폭격기는 1942년에 연안 사령부에 투입되었고, 뒤이어 B-24도 투입됐다. 소위 말하는 이 장거리 해방자들은 대서양의 거리를 뛰어넘어 유보트를 저지했다.

록히드 허드슨 GR. Mk IV

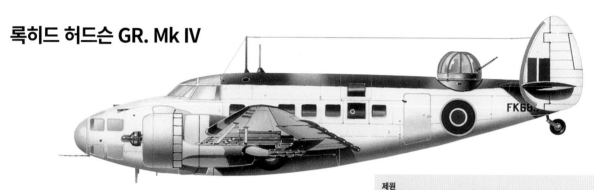

1941년 8월, 영국 공군 연안 사령부는 소속 항공기에 대해 개정된 색상 체계를 도입했다. 즉 윗면은 짙은 녹색과 바다 회색으로 그대로 두었지만, 밑면은 광택이 있는 흰색으로 하고 수직 표면은 무광의 흰색으로 바꾸었다.

제원	
제조 국가: 영국	
유형: 5인승 정찰기	
동력 장치: 1,200마력(895kW) 프랫 앤 휘트니 트윈 와스프 레이디얼 피스톤 엔진 2개	
성능: 최대 속도 420km/h; 항속 거리 3,476km; 실용 상승 한도 8,230m(27,000ft)	
크기: 날개폭 19,96m; 길이 13,51m; 높이 3,63m	
무게: 적재 중량 8,391kg	
무장: 전방 공정 및 동체 위 터렛에 7,7mm(0,303인치) 기관총 2정; 동체 아래 총좌에 7,7mm(0,303n) 기관총 1정; 측면 총좌에 7,7mm(0,303인치) 기관총 2정 추가 탑재 가능; 최대 454kg(1,000lb)의 폭탄 또는 날개 아래에 로켓 탑재	

쇼트 선더랜드 Mk II

1944년까지 현역으로 남아있었던 이 비행정은 초기 형태의 공대지 탐색 레이더 안테나를 동체 위에 탑재하고 있었다. 1941년 북아일랜드의 퍼매너 카운티 아치데일성의 영국 공군 연안 사령부 제201 비행대대에서 작전을 수행한 이 비행대대의 항공기는 대서양 깊숙한 곳까지 돌아다닐 수 있었다.

제원	
제조 국가: 영국	
유형: 10인승 비행정	
동력 장치: 1,010마력(753kW) 브리스톨 페가수스 XXII 9 기통 단열 레이디얼 엔진 4개	
성능: 최대 속도 336km/h; 항속 거리 4,023km 실용 상승 한도 4,570m(15,000ft)	
크기: 날개폭 34,38m; 길이 26m; 높이 10,52m	
무게: 적재 중량 22,226kg	
무장: 7,7mm(0,303인치) 기관총 8정; 내부에 폭탄, 폭뢰, 기뢰 907kg(2,000lb) 탑재	

TIMELINE   1935    1937 

컨솔리데이티드 코로나도 GR. Mk I

영국 공군은 1943년에 코로나도 비행정 10대를 받아서 보매리스의 영국 공군 연안 사령부에서 운용하였다. 하지만 그들은 이 기종이 장거리 정찰 및 대잠수함 임무에 적합하지 않다는 것을 알았다. 그래서 이 항공기를 토론토 바우처빌에 기지를 둔 제45 비행전대 제231 비행대대에 넘겨서 중요한 인사들과 44명의 승객을 태울 수 있는 수송기로 사용했다.

제원

제조 국가: 미국

유형: 9인승 중폭격기

동력 장치: 1,200마력(895kW) 프랫 앤 휘트니 트윈 와스프 레이디얼 피스톤 엔진 4개

성능: 최대 속도 359km/h; 항속 거리 3,814km; 실용 상승 한도 6,250m(20,500ft)

크기: 날개폭 35.05m; 길이 24.16m; 높이 8.38m

무게: 적재 중량 30,844kg

무장: 기수, 동체 위, 꼬리의 터렛에 12.7mm(0.5인치) 기관총 각 2정, 두 측면 총좌에 12.7mm(0.5인치) 기관총 각 1정; 폭탄, 폭뢰 또는 어뢰 최대 5,443kg (12,000lb) 탑재

컨솔리데이티드 리버레이터 GR. Mk I

이 항공기는 1942년 북아일랜드 알더그로브의 제120 비행대대에서 운용했다. 리버레이터는 항속거리가 길어 자연스럽게 해상 임무를 수행하게 되었고, 이 항공기는 ASV Mk II 공대지 탐색 레이더와 대잠수함 공격을 위해 동체 아래에 20mm 기관포 4문을 탑재하였다.

제원

제조 국가: 영국

유형: 10인승 중폭격기

동력 장치: 1,200마력(895kW) 프랫 앤 휘트니 트윈 와스프 이디얼 피스톤 엔진 4개

성능: 최대 속도 488km/h(303mph); 항속 거리 1,730km; 실용 상승 한도 8,540m (28,000ft)

크기: 날개폭 33.53m; 길이 20.22m; 높이 5.49m

무게: 적재 중량 32,296kg

무장: 동체 아래 20mm(0.79인치) 기관포 4문, 동체 위 및 꼬리, 접어넣을 수 있는 에반구형 포탑에 12.7mm(0.5인치) 기관총 각 2정; 최대 3,629kg(8,000lb)의 폭탄

보잉 포트리스 Mk IIA

미국 공군의 B-17F 플라잉 포트리스 중폭격기를 영국에 취역하기 위해 개발한 포트리스 Mk II는 영국 공군 폭격기 사령부에는 적합하지 않은 것으로 판단되어 장거리 해상 역할을 위해 영국 공군 연안 사령부로 보내졌다.

제원

제조 국가: 미국

유형: 8인승 장거리 해상 폭격기

동력 장치: 1,200마력(894kW) 라이트 사이클론 공랭식 레이디얼 피스톤 엔진 4개

성능: 최대 속도 480km/h; 항속 거리 1,835km; 실용 상승 한도 10,363m

크기: 날개폭 31.62m; 길이 22.5m; 높이 5.84m

무게: 적재 중량 12,542kg

무장: (기수, 동체 위, 동체 아래, 측면, 꼬리에 12.7mm(0.5인치) 기관총 10정; 정상 폭탄 탑재량 최대 2,722kg(6,000lb)의 폭탄 또는 폭뢰

1938

1941

바르바로사 작전

1941년 6월 22일, 히틀러는 바르바로사 작전이라는 암호명으로 소련을 침공하였다. 이 침공은 스탈린은 전혀 예상하지 못했던 것이었다. 붉은 군대 장교단에 대한 숙청으로 최고 사령부에서 훌륭한 정보력을 빼앗았기 때문이었다. 소련 공군은 평시 체제로 배치되어 있었으므로 그들의 항공기는 분산되지 않았고, 많은 수가 지상에서 파괴되었다. 대부분의 항공기는 있다고 해도 부적절한 무선 장비 때문에 쓸모없게 되었다.

폴리카포프 I-16 타입 24

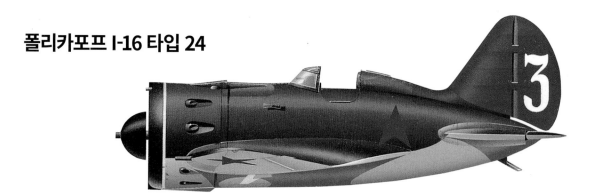

I-16은 짧고 통통한 동체 때문에 비행하기가 매우 까다로웠으며, 거의 모든 조종사가 개방식 조종석을 선호했다.

제원	
제조 국가: 소련	
유형: 단좌 단엽 전투기	
동력 장치: 1,100마력(820kW) M-63 레이디얼 피스톤 엔진	
성능: 최대 속도 2,490km/h; 항속 거리 600km; 실용 상승 한도 9,470m(31,070ft)	
크기: 날개폭 8.88m; 길이 6.04m	
무게: 적재 중량 2,060kg	
무장: 7.62mm(3인치) 시카스 기관총 4정(때로는 날개에 시카스 기관총 2정 대신 20mm(0.8인치) 기관포 2문); 폭탄 탑재량 최대 200kg(441lb)	

폴리카르포프 I-153

I-153은 I-15bis를 항력을 줄여 현대화한 기종으로 1938년에 첫 비행을 했다. 이 항공기는 숙련된 조종사들이 조종하면 어느 정도 성공을 거두었다. 그러나 경험이 부족한 조종사는 정말 다루기 힘든 기종이었다.

제원	
제조 국가: 소련	
유형: 단좌 전투기 및 전투 폭격기	
동력 장치: 1,000마력(746kW) 시베츠프 M-62 9기통 단열 레이디얼 엔진 1개	
성능: 최대 속도 444km/h; 300m까지 상승하는데 3분; 항속 거리 880km; 실용 상승 한도 10,700m(35,105ft)	
크기: 날개폭 10m; 길이 6.17m	
무게: 자체 중량 1,348kg, 최대 이륙 중량 2,110kg	
무장: 동체 앞쪽에 12.7mm 고정식 전방 발사 기관총 4정; 외부에 폭탄과 로켓 200kg(441lb) 탑재	

TIMELINE  1933  1935  1937

호커 허리케인 Mk IIB

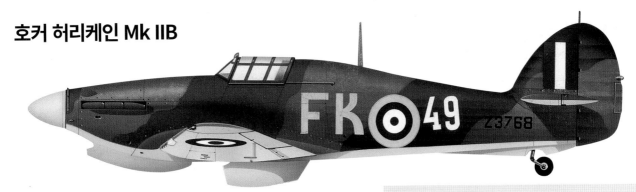

소련은 영국의 지원을 요청하였고, 이에 따라 1941년 8월에 허리케인 IIB 비행
단이 배편으로 무르만스크로 파견되었다. 제80 비행대대와 제134 비행대대로
구성된 제151 비행단은 임무 비행을 하였고, 항공기를 넘겨주기 전에 소련의
인원을 훈련시켰다. 결국 총 3,000대가 넘는 허리케인이 처음으로 소련에 제공
되었다.

제원	
제조 국가:	영국
유형:	단좌 전투기
동력 장치:	1,280마력(954kW) 롤스로이스 멀린 XX 액냉식 V-12
성능:	최대 속도 529km/h; 항속 거리 1,480km; 실용 상승 한도 10,850m 35,600ft)
크기:	날개폭 12.19m; 길이 9.81m; 높이 3.98m
무게:	적재 중량 3,629kg
무장:	7.7mm(0.303인치) 브라우닝 기관총 8정

수호이 Su-2

지상 공격 능력이 있는 경정찰 폭격기로 설계된 Su-2는 1940년에서 1942년
사이에 500대 정도 또는 조금 넘게 제작되었다. 독일 전투기에 맞선 초기의 작
전 경험에서 Su-2는 전장에서 생존을 위한 성능, 민첩성, 무장, 방어능력이 부
족하다는 것이 드러났다.

제원	
제조 국가:	소련
유형:	복좌 정찰 폭격기
동력 장치:	1,520마력(1,134kW) 엔진 1개
성능:	최대 속도 486km/h; 항속 거리 1,100km; 실용 상승 한도 8,800m(28,870ft)
크기:	날개폭 14.30m; 길이 10.46m; 높이 3.80m
무게:	적재 중량 3,273kg
무장:	7.62mm(0.3인치) 날개에 고정식 기관총 4정, 동체 위 터렛에 7.62mm(0.3 인치) 기관총; 400kg(880lb)의 폭탄

미코얀 구레비치 MiG-3

'자 스탈리나(Za Stalina, 스탈린을 위하여)'는 이 시기 소련 항공기에 흔히 적
어놓은 문구였다. 예시의 항공기는 1941년에서 1942년 사이의 겨울 모스크바
에 있던 제6 전투 비행단 제34 전투 비행 연대에서 운용했다.

제원	
제조 국가:	소련
유형:	단좌 전투기
동력 장치:	1,350마력(1,007kW) 미쿨린 AM-35A V12 피스톤 엔진
성능:	최대 속도 640km/h; 항속 거리 1,195km; 실용 상승 한도 12,000m(39,370ft)
크기:	날개폭 10.20m; 길이 8.26m; 높이 3.50m
무게:	적재 중량 3,350kg
무장:	12.7mm(0.5인치) 베레신 기관총 1정, 7.62mm (0.3인치) 시카스 기관총 2 정; 폭탄 탑재량 최대 200kg(441lb) 또는 날개 아래에 RS-82 로켓 6발 탑재

1938

1940

바르바로사 작전 2부

독일 공군은 적어도 일시적으로는 제공권을 장악하였고, 지상 공격, 관측, 정찰, 수송 등으로 육군을 지원하는데 집중할 수 있었다. 독일 공군은 바르바로사 작전 첫날에 소련군에 맞서 항공기 4,389대를 배치하였다. 그리고 모스크바 외곽에서 전쟁이 중단된 12월까지 그중 2,000대 이상 잃었다.

헨셀 Hs 123A-1

러시아 침공 이전에 훈련기 역할로 밀려났던 구식 Hs123은 동부 전선에서 작전을 수행하는 근접지원부대에 대한 수요를 충족시키기 위해 전투기 역할로 복귀했다.

제원	
제조 국가: 독일	
유형: 단좌 복엽 근접지원기	
동력 장치: 880마력(656kW) BMW 132Dc 9기통 레이디얼 엔진	
성능: 최대 속도 341km/h; 항속 거리 860km; 실용 상승 한도 9,000m(29,525ft)	
크기: 날개폭 10.5m; 길이 8.33m; 높이 3.22m	
무게: 적재 중량 2,217kg	
무장: 7.92mm(0.3인치) 기관총 2정; 50kg(110lb) 폭탄 4발, 소형 폭탄 또는 20mm(0.8인치) 기관포 포드 탑재	

포케 불프 Fw 189A-1

동부 전선 북부의 숲이 우거진 지역에서 더 일반적이었던 갈색과 녹색 조각의 무늬로 위장한 이 Fw 189 오일러(Eule, 올빼미)는 핀란드 케미의 기지에서 날아왔다.

제원	
제조 국가: 독일	
유형: 3좌 쌍동 정찰기	
동력 장치: 465마력 (347kW) 아르거스 As 410 엔진 2개	
성능: 최대 속도 350km/h; 항속 거리 670km; 실용 상승 한도 7,300m(23,950ft)	
크기: 날개폭 18.4m; 길이 12.03m; 높이 3.1m	
무게: 최대 적재 중량 4,170kg	
무장: 7.92mm(0.3인치) 기관총 4정; 50kg(110lb) 폭탄 4발	

TIMELINE

1934

1935

도르니에르 Do 17Z-2

이 도르니에르 Do 17는 크로아티아에서 온 자원자로 구성된 독일 공군 부대에서 운용되었고, 1941년 말 비텝스크 밖에서 작전을 수행했다. 이들 자원자 편대의 초기 작전은 성공하지 못했다.

제원	
제조 국가: 독일	
유형: 4좌 경폭격기	
동력 장치: 1,000마력(746kW) 브라모 323P 파프니어 9기통 레이디얼 엔진 2개	
성능: 최대 속도 425km/h; 항속 거리 1,160km(가볍게 탑재하고); 실용 상승 한도 8,150m(26,740ft)	
크기: 날개폭 18m; 길이 15.79m; 높이 4.56m	
무게: 적재 중량 9,000kg	
무장: 7.92mm(0.3인치) 기관총 6정; 폭탄탑재량 1,000kg(2,205lb)	

하인켈 He 111H-8/R-2

Hw 111의 많은 글라이더 견인기 파생기종 중 하나인 이 항공기는 1942년 북부 지역의 남부 프스코프에 주둔했다. 크레타 전투 이후 독일 공군은 강습 공격에 글라이더를 거의 사용하지 않았고, 비전투 수송에만 사용하였다.

제원	
제조 국가: 독일	
유형: 4-5좌 중형 폭격기	
동력 장치: 1,200마력(895kW) 융커스 유모 211D 12기통 엔진 2개	
성능: 최대 속도 415km/h; 항속 거리 1,200km(최대 탑재량일 때); 실용 상승 한도 7,800m(25,590ft)	
크기: 날개폭 22.6m; 길이 16.4m; 높이 4m	
무게: 최대 적재 중량 14,000kg	
무장: 기관총 최대 7정; 동체 아래 곤돌라에 20mm(0.8인치) 기관포 1문 설치 가능	

메서슈미트 Bf 109 F-2

이 Bf 109F는 1942년 초 레닌그라드 주변에서 전투가 벌어지는 동안 전선의 북부 지역에서 작전을 수행하였다. 겨울용 위장 무늬는 흰색 수성도료를 넓게 덧칠하여 만들었다.

제원	
제조 국가: 독일	
유형: 단좌 전투기	
동력 장치: 1,300마력(969kW) DB 601E 엔진	
성능: 최대 속도 628km/h; 항속 거리 700km; 실용 상승 한도 11,600m(38,000ft)	
크기: 날개폭 9.92m; 길이 8.85m; 높이 2.59m	
무게: 최대 적재 중량 2,746kg	
무장: 20mm(0.8인치) 기관포 1문; 7.92mm(0.3인치) 기관총 2정	

 1938

융커스 Ju 52

융커스사는 항공기용으로 골판 형태의 금속 구조를 만들어냈고, 이 회사의 항공기에만 거의 독점적으로 사용했다. 이 형태는 무게 대비 강도의 비율은 높았지만 항력이 커서 수송기와 같이 속도가 중요하지 않은 항공기에만 적합했다. '탄터 유(Tante Ju, 유 이모)'라는 별명을 가진 Ju 52/3m은 1930년에 첫 비행을 한 단발 엔진 Ju 52의 3발 엔진 버전이었다. 또한 전후에도 스페인과 프랑스에서 생산되었고, Ju 52/3m 3대는 스위스에서 1982년까지 여전히 운용되었다.

융커스 Ju 52/3mg4e

독일 공군은 전용 폭격기로 설계된 모델의 납품을 기다리는 동안 Ju 52의 객실을 폭탄 선반으로 채워서 새로운 폭격기로 개조했다. 불안정한 '쓰레기통' 터렛(위쪽이 열린 원통 모양의 터렛의 별명; 역자 주)에 기관총 총좌가 추가로 설치되었다. 이 Ju 52/3m3ge는 1938년 스페인의 프랑코 반란군 편에서 전투를 경험했다.

제원	
제조 국가: 독일	
유형: 3발 폭격기	
동력 장치: 748마력(558kW) BMW 132A 9기통 레이디얼 피스톤 엔진 3개	
성능: 최대 속도: 265 km/h; 항속 거리: 1,100km; 항속 거리 1,305km	
무게: 자체 중량 알 수 없음; 적재 중량 9,500kg	
크기: 날개폭 29.20m; 길이 18.90m; 높이 4.52m	
무장: 동체 위쪽 총좌에 7.92mm 기관총 1정, 동체 아래 '쓰레기통' 총좌에 7.92mm 기관총 1정; 개조된 객실에 최대 50kg(110lb) 폭탄 32발	

융커스 Ju 52/3mg6e

1941년부터 Ju 52는 더욱 강력한 BMW 132T-2 엔진을 탑재하였다. 하지만 이 항공기는 여전히 느리고 공격에 취약하였다. 1942년에 지중해 지역에서 운용되었던 이 Ju 52/3m6ge 파생기종 같은 일부 기종에는 기관총 총좌가 추가로 설치되었다.

제원	
제조 국가: 독일	
유형: 3발 폭격기	
동력 장치: 830마력(619kW) BMW 132T-2 9기통 레이디얼 피스톤 엔진 3개	
성능: 최대 속도: 265 km/h; 항속 거리: 1,100 km; 항속 거리 1,305km	
무게: 자체 중량 알 수 없음; 적재 중량 9,500kg	
크기: 날개폭 29.20m; 길이 18.90m); 높이 4.52m	
무장: 동체 위 총좌에 7.92mm 기관총 1정, 조종석 위 거치대에 7.92mm 기관총 1정	

융커스 Ju 52/3mg6e

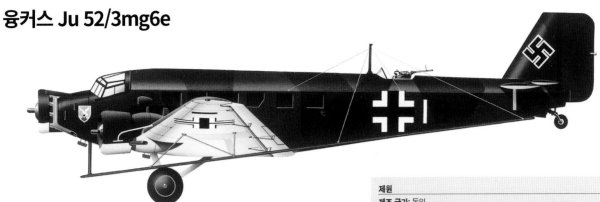

자석으로 폭발하는 기뢰는 선박들에게 가장 큰 위협이었다. 한 가지 대책은 기뢰가 설치된 해역 위로 비행하면서 자기장을 발생시켜 기뢰를 폭발시키는 것이었다. 거대한 충전된 두랄루민 고리를 장착한 Ju 52는 이 작업에 안성맞춤이었다. 영국 공군은 웰링턴 폭격기에도 비슷한 장치를 설치했다.

제원	
제조 국가: 독일	
유형: 3발 기뢰 제거 항공기	
동력 장치: 730마력(544kW) BMW 132T-2 9기통 레이디얼 엔진 3개	
성능: 최대 속도 286km/h; 실용 상승 한도 5,900m(19,360ft); 항속 거리 1,305km	
무게: 자체 중량 6,500kg; 최대 이륙 중량 11,030kg	
크기: 날개폭 29.20m; 길이 18.90m; 높이 4.52m	
무장: 후방 동체 위쪽에 13mm 또는 7.92mm 후방 발사 기관총 1정, 전방동체 위쪽에 7.92mm 기관총 1정, 양 측면에 7.92mm 측면 발사 기관총 각 1정	

융커스 Ju 52/3mg4e

Ju 52/3m은 처음에는 수송기뿐만 아니라 폭격기로 운용되었다. 그러나 제2차 세계대전 중에는 수송기와 공수부대의 비행기로 1945년 5월까지 모든 독일의 전투 무대에서 작전에 투입되었다.

제원	
제조 국가: 독일	
유형: (Ju 52/3mg7e) 3좌 수송기(병력 18명 또는 들것 12개 또는 화물 수송)	
동력 장치: 730마력(544kW) BMW 132T-2 9기통 레이디얼 엔진 3개	
성능: 최대 속도 286km/h; 3,000m까지 상승하는데 17분 30초; 실용 상승 한도 5,900m(19,360ft); 항속 거리 1,305km	
무게: 자체 중량 6,500kg; 최대 이륙 중량 11,030kg	
크기: 날개폭 29.20m; 길이 18.90m; 높이 4.52m	
무장: 후방 동체 위쪽에 13mm 또는 7.92mm 후방 발사 기관총 1정, 전방동체 위쪽에 기관총 1정, 양 측면에 7.92mm 측변 발사 기관총 각 1정	

아미오 AAC.1

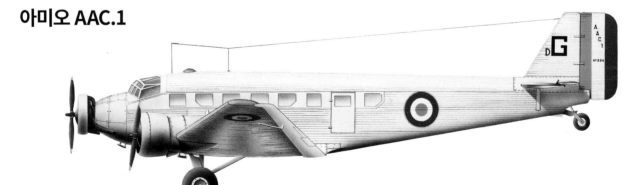

프랑스의 아미오 공장은 1944년까지 독일 공군을 위해 Ju 52를 생산했다. 전쟁 후에는 프랑스 공군을 위해 AAC.1 투캉(Toucan, 큰부리새)이라는 이름으로 계속 생산하여 총 415대의 항공기를 생산했다. 스페인도 CASA 352로 170대를 생산했다. 남아 있는 항공기는 대부분 스페인에서 생산된 것이다.

제원	
제조 국가: 프랑스	
유형: (Ju 52/3m g7e) 3좌 수송기(병력 18명 또는 들것 12개 또는 화물 수송)	
동력 장치: 730마력(544kW) BMW 132T-2 9기통 레이디얼 엔진 3개	
성능: 최대 속도 286km/h; 3,000m까지 상승하는데 17분 30초; 실용 상승 한도 5900m(19,360ft); 항속 거리 1,305km	
무게: 자체 중량 6,500kg; 최대 이륙 중량 11,030kg	
크기: 날개폭 29.20m; 길이 18.90m; 높이 4.52m	
무장: 없음	

계속 전쟁

핀란드는 나치 세력권이 아니었지만 1941년 6월 소련이 다시 공격해왔을 때 독일의 도움을 받았고, 자신의 땅에서 독일이 주둔하고 작전을 벌이는 것을 허용했다. 이것은 1940년에 모스크바에 할양한 영토의 상당 부분을 회복하는데 도움이 되었다. 잠정 평화라고 불렀던 시기(겨울 전쟁과 계속 전쟁 사이의 시기; 역자 주)에 핀란드 공군은 다양한 출처에서 온 항공기로 힘을 키웠다. 여기에다 독일이 노획한 항공기를 공급받아서 보충했다. 1944년에서 1945년까지의 짧은 라플란트 전쟁에서 핀란드는 이전의 동맹이었던 독일을 몰아냈다. (1939년 11월-1940년 3월까지의 제1차 소련-핀란드 전쟁을 겨울 전쟁이라고 하고, 1941년 6월-1944년 9월 사이의 제2차 소련-핀란드 전쟁을 계속 전쟁이라 한다; 역자 주)

폴리카르포프 I-15

핀란드는 소련 항공기를 직접 노획하거나 독일을 통해 공급받아서 많이 사용했다. 겨울 전쟁 중에 고정식 착륙장치를 갖춘 오래된 포리카르포프 I-15 전투기 5대를 노획하여 그때 또는 잠정 평화 시기에 핀란드 공군에 배치했다.

제원
제조 국가: 소련
유형: 단좌 복엽 전투기
동력 장치: 473마력(353kW) M-22 레이디얼 피스톤 엔진 1개
최대 속도: 350km/h; 항속 거리 500km; 실용 상승 한도 7,250m(23,800ft)
크기: 날개폭 9.75m; 길이 6.10m; 높이 2.20m; 날개넓이 21.9㎡
무게: 자체 중량 1,012kg; 최대 이륙 중량 1,415kg
무장: 12.7mm BS 기관총 2정; 최대 100kg(220lb) 폭탄 또는 RS-82 로켓 6발

MS.406 뫼르케 모랑

핀란드는 프랑스에서 공급받은 모랑 소르니에 MS.406 전투기를 독일에서 받은 항공기로 보강했다. 핀란드는 독일이 노획하여 공급해준 러시아의 클리모프 M-105 엔진을 MS.406 41대에 장착하여 뫼르케 모랑을 만들었다. 이 기종은 1948년까지 운용되었으며, 이것은 1945년 이후의 표식을 하고 있다.

제원
제조 국가: 프랑스
유형: 단좌 전투기
동력 장치: 1,100마력(820kW) 클리모프 M-105PP V-12 피스톤 엔진 1개
성능: 최대 속도 510km/h; 항속 거리 840km; 실용 상승 한도 8,500m(27,887ft)
크기: 날개폭 10.62m; 길이 8.17m; 높이 3.26m; 날개넓이 17㎡ (183 sq ft)
무게: 자체 중량 1,940kg; 최대 이륙 중량 2,750kg
무장: 20mm 모제르 MG 151 기관포 1문, 7.5mm MAC 1934 기관총 2정

TIMELINE 1933 1934  1935

페트리야코프 Pe-2 '벅'

페트리야코프 Pe-2는 정교한 경폭격기였고 전쟁 초기 소련의 가장 우수한 항공기 중 하나였다. 핀란드는 1941년에서 1944년 사이에 독일이 노획한 항공기 중에서 Pe-2 7대를 구입하여 그 전 주인을 상대로 운용했다. 몇 안 되는 이들 항공기 중에서 4대를 작전 중에 잃었다.

제원	
제조 국가: 소련	
유형: 3좌 경폭격기	
동력 장치: 1,210마력(903kW) 클리모프 M-105PF 피스톤 엔진 2개	
성능: 최대 속도 580km/h; 항속 거리 1,160km; 실용 상승 한도: 8,800m(28,870ft)	
크기: 날개폭 17.16m; 길이 12.66m; 높이 3.5m; 날개넓이 40.5㎡	
무게: 자체 중량 5,875kg; 적재 중량 7,563kg	
무장: 7.62mm 시카스 기관총 4정; 폭탄 1,600kg(3520lb)	

도르니에르 Do 17Z-3

도르니에르 Do 17Z 폭격기 1개 비행대대가 1942년 1월에 핀란드에 공급되었다. 제43 폭격비행대대의 Do 17Z-3 DN-58은 사진 정찰 임무에 사용되었으며, 전쟁에서 살아남아 1950년대까지 지도 작성 임무에 사용되었다.

제원	
제조 국가: 독일	
유형: 4좌 경폭격기	
동력 장치: 1,000마력(746kW) 브라모 323P 파프니어 9기통 레이디얼 엔진 2개	
성능: 최대 속도 425km/h; 항속 거리 1,160km(가볍게 탑재할 때); 실용 상승 한도 8,150m 26,740ft)	
크기: 날개폭 18m; 길이 15.79m; 높이 4.56m	
무게: 적재 중량 9,000kg	
무장: 7.92mm(0.3인치) 기관총 6정; 폭탄 탑재량 1,000kg(2205lb)	

융커스 Ju 88 Junkers Ju 88

1943년 4월, 핀란드는 Ju 88A-4 24대를 인도받았다. 이 폭격기들은 계속 전쟁에서 550회 이상의 임무 비행을 했고, 라플란트 전쟁에서 115회 임무 비행을 했다. 작전 중에는 오직 3대만 잃었지만 라트비아에서 핀란드로 인도하기 위한 비행 중에 한 대가 추락했다.

제원	
제조 국가: 독일	
유형: 4좌 고속, 고공 급강하 폭격기	
동력 장치: 340마력(1,000kW) 융커스 유모 12기통 도립형 V 엔진 2개	
성능: 최대 속도 433km/h; 항속 거리 700km; 실용 상승 한도 10,500m(34,450ft)	
크기: 날개폭 20.13m; 길이 14.4m; 높이 4.85m	
무게: 최대 적재 중량 14,000kg	
무장: 최대 7.92mm(0.3인치) 기관총 8정, 내부 폭탄 탑재량 500kg(1,102lb), 외부 폭탄 탑재량 최대 3,000kg(6,615lb)	

1939

야간 공습

영국 본토 항공전은 공식적으로 1940년 10월 말에 끝났지만, 영국에 대한 공습이 가장 심했던 시기는 이제 시작일 뿐이었다. 8월에 도시 내의 산업 목표물에 대한 야간 공습이 시작되었다. 이 공습 중 한번은 실수로 런던에 폭탄이 떨어졌는데, 뒤이어 영국 공군의 베를린에 대한 보복 공습이 이루어졌다. 격분한 히틀러는 런던과 다른 도시들에 대한 전면 공격을 지시했다. 1941년 5월 독일 공군이 바르바로사로 관심을 돌릴 때까지 4만 명 이상의 민간인이 사망했다.

하인켈 He 111H-3

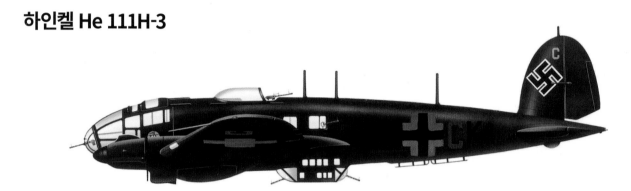

독일 공군은 무선 신호의 교차 지점을 이용해서 목표물까지 항로를 찾았다. 이 항공기처럼 특수 장비를 장착한 제100 폭격비행단의 He 111이 길잡이가 되어 코번트리와 같은 도시로 다른 폭격기들을 이끌었다. 코번트리는 1940년과 1941년 초의 공습으로 가장 많이 파괴되었다.

제원
제조 국가: 독일
유형: 5인승 중형 폭격기
동력 장치: 1,200마력(894kW) 융커스 유모 211D-1 도립형 V-12 피스톤 엔진 2개
성능: 최대 속도 435km/h; 항속 거리 2,000km; 실용 상승 한도 6,500m(21,340 ft)
무게: 자체 중량 7,720kg; 최대 이륙 중량 14,000kg
크기: 날개폭 22.6m; 길이 16.6m; 높이 4m; 날개넓이 87.6㎡
무장: 7.92mm(0.31인치) MG 15 기관총 4정; 20mm(0.78인치) 기관포 1문; 최대 2,000kg(4,410lb)의 폭탄

도르니에르 Do 17Z-10

생산 라인에서 나온 마지막 Do 17은 Do 17Z-10 카우츠 II(Kauz, 가면올빼미)라는 이름으로 야간 전투기 및 침투 항공기로 개조되었다. 네덜란드의 힐저 라이엔 기지에 주둔했던 제2 야간전투비행단 제2 비행대대의 이 항공기는 1941년 영국의 비행장 상공을 침투하는 임무를 수행했다.

제원
제조 국가: 독일
유형: 쌍발 야간 전투기
동력 장치: 1,200마력(895kW) BMW-브라모 파프너 323R-2 레이디얼 피스톤 엔진 2개
성능: 최대 속도 425km/h; 항속 거리 3,000km; 실용 상승 한도 8,050m(26,410ft)
크기: 날개폭 17.99m; 길이 16.25m; 높이 4.56m; 날개넓이 55㎡
무게: 자체 중량 약 5,962kg; 최대 이륙 중량 8,590kg
무장: 7.62mm MG 17 기관총 6정, 20mm 기관포 2문

불턴 폴 디파이언트 Mk II

디파이언트는 주간 전투기로는 실패하였지만 야간에는 훨씬 더 성공하였다. 디파이언트 II는 더 큰 수직 안정판과 더욱 강력한 멀린 엔진을 갖추었지만 가장 중요한 것은 AI Mk IV 공중요격 레이더였다. 예시의 항공기는 캠브리지 주 위터링의 제151 비행대대에서 운용되었다.

제원	
제조 국가: 영국	
유형: 복좌 야간 전투기	
동력 장치: 1,280마력(954kW) 롤스로이스 멀린 XX V-12 피스톤 엔진 1개	
성능: 504km/h; 항속 거리 748km; 실용 상승 한도: 10,242m(33,600ft)	
크기: 날개폭 11,99m; 길이 10,77m; 높이 4,39m; 날개넓이 23,23㎡ (250 sq ft)	
무게: 자체 중량 2,849kg; 최대 이륙 중량 3,900kg	
무장: 0,303인치(7,7mm) 브라우닝 기관총 4정	

브리스톨 블렌하임 Mk IF

블렌하임 경폭격기 또한 야간에 폭격 목표물을 더 잘 공격하였던 항공기였다. 초기의 AI 레이더는 범위가 매우 단거리였으므로 지상 통제소가 요격기를 목표물에 가까이 안내하고 나서야 항공기에 탑승한 운영자가 원시적인 화면에서 목표물을 포착할 수 있었다. 이 블렌하임 IF는 처치 펜턴 기지의 제501 작전 훈련 부대에서 운용했다.

제원	
제조 국가: 영국	
유형: 3좌 경폭격기	
동력 장치: 840마력(627kW) 브리스톨 머큐리 VIII 9기통 단열 레이디얼 엔진 2개	
성능: 최대 속도 459km/h; 항속 거리 1,810km; 실용 상승 한도: 8,315m(27,280ft)	
크기: 날개폭 17,17m; 길이 12,12m; 높이 3m	
무게: 자체 중량 4,013kg; 최대 이륙 중량 5,947kg	
무장: 동체 아래에 0,303인치 기관총 4정, 동체 위 터렛에 0,303인치 기관총 1정	

브리스톨 뷰파이터 Mk IF

블렌하임의 속도로는 대다수의 독일 폭격기를 잡을 수 없었으므로 더욱 강력한 뷰파이터가 다음 기종으로 1940년 11월에 취역했다. 이 Mk IF는 미들 월롭의 제604 비행대대에서 운용했다. 이 부대는 야간 에이스인 '캣츠 아이' 존 커닝햄(John Cunningham)의 부대였다.

제원	
제조 국가: 영국	
유형: 쌍발 야간 폭격기	
동력 장치: 1,650마력(1,230kW) 브리스톨 허큘리스 III 레이디얼 피스톤 엔진 2개	
최대 속도: 528km/h; 항속 거리 2,478km; 실용 상승 한도 8,077m(26,500ft)	
크기: 날개폭 17,63m; 길이 12,6m; 높이 4,84m; 날개넓이 46,73㎡	
무게: 자체 중량 6,260kg; 적재 중량 9,525kg	
무장: 20mm 기관포 4문, 0,303인치(7,7mm) 기관총 6정	

몰타

시칠리아 섬과 북아프리카 사이에 위치한 몰타 섬은 1940년에서 1943년 사이에 지구상에서 가장 폭격을 많이 당한 곳으로 유명해졌다. 중요한 영국 해군 기지와 몇 개의 비행장이 있었던 몰타는 처음에는 아주 소수의 글래디에이터와 그 밖의 구식 기종으로 지키고 있었다. 추축군은 이곳을 무력화하거나 점령하는 데 실패했고, 이 섬에 항공기와 무기, 연료를 재공급하기 위한 영웅적인 노력에 연합국의 많은 선박이 희생되었지만 이 섬에서 공격 작전을 계속할 수 있게 했다.

융커스 Ju 87B-2 슈투카

이탈리아는 1940년에 Ju 87B 슈투카를 소량 구입했다. 슈투카는 몰타의 그랜드항에 대한 야간 폭격을 포함해서 주로 선박 목표물을 상대로 사용되었다. 이탈리아 공군 제209 비행대대의 87B들은 구조적 피로로 인해 철수하기 바로 전인 1942년 8월에 몰타의 레이더 기지 공격에 참가했다.

제원	
제조 국가: 독일	
유형: 복좌 급강하 폭격기	
동력 장치: 895kW(1,200마력) 융커스 유모 211 엔진	
성능: 최대 속도 350km/h; 항속 거리 600km; 실용 상승 한도: 8,100m(26,570ft)	
크기: 날개폭 13.2m; 길이 11m; 높이 3.77m	
무게: 최대 이륙 중량 4,400kg	
무장: 7.92mm(0.312인치) 기관총 3정, 단좌기의 경우 폭탄 1,000kg(2,205lb)	

융커스 Ju 88A-5

시칠리아섬의 카타니아(Catania)에 기지를 둔 독일 공군 제1 시범비행단 제3 비행전대의 Ju 88은 몰타를 공격하는 급강하 폭격기로 사용되었으며 군사 목표물뿐만 아니라 민간 지역에서도 많은 피해를 입히고 인명을 살상했다. Ju 88A-5는 더욱 강력한 Ju 211G 엔진을 탑재하는 문제를 처리하는 동안 구형 유모 211B 엔진을 탑재한 과도적인 기종이었다.

제원	
제조 국가: 독일	
유형: (Ju 88A-4) 4인승 중형 폭격기	
동력 장치: 1,340마력 융커스 유모 도립형 V-12 피스톤 엔진 2개	
성능: 470km/h; 항속 거리 1,790km; 실용 상승 한도: 9,800m(32,150ft)	
크기: 날개폭 20.0m; 길이 8.43m; 높이 4.85m; 날개넓이 54.5㎡	
무게: 자체 중량 9,860kg; 최대 이륙 중량 14,000kg	
무장: 7.92mm(0.312인치) MG 15 기관총 3정; 폭탄 2,400kg(5,290lb)	

TIMELINE

1934

사보이아 마르케티 S.M.79 스파르비에로

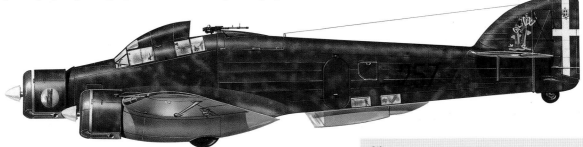

사보이아 마르케티 S.M.79 스파르비에로(Sparviero, 새매)는 특히 어뢰 2발을 탑재할 수 있었기 때문에 전쟁 중 최고의 대함 항공기 중 하나였다. 이 S.M.79는 1942년에 이탈리아 공군 제130 독립비행전대 제283 비행대대에서 몰타의 수송 선단 공격에 사용했다.

제원	
제조 국가: 이탈리아	
유형: 3발 중형 뇌격기	
동력 장치: 860마력(642kW) 알파 로메오 128-RC18 레이디얼 피스톤 엔진 3개	
성능: 최대 속도 460km/h; 항속 거리 2,600km; 실용 상승 한도 7,500m(24,600ft)	
크기: 날개폭 20.2m; 길이 16.2m; 높이 4.1m; 날개넓이 61.7㎡	
무게: 7,700kg; 적재 중량 10,050kg	
무장: 20mm MG 151 기관포 1문; 동체 위쪽에 12.7mm(0.50인치) 브레다 사파트 기관총 1정, 7.7mm(0.303인치) 기관총 2정; 최대 1,200kg(2,645lb)의 폭탄 또는 450mm(17.72인치) 어뢰 2발	

글로스터 시 글래디에이터

시 글래디에이터 Mk I는 영국의 마지막 육상 복엽 전투기였던 글래디에이터에서 파생된 본격적인 함상 전투기였다.

제원	
제조 국가: 영국	
유형: 단좌 복엽 전투기	
동력 장치: 830마력 브리스톨 머큐리 VIIIAS 공랭식 9기통 레이디얼 엔진	
성능: 최대 속도 407km/h; 항속 거리 684km; 실용 상승 한도 9,845m(32,300ft)	
크기: 날개폭 9.83m; 길이 8.36m; 높이 3.52m	
무게: 적재 중량 2,272kg	
무장: 7.7mm(0.303인치) 브라우닝 기관총 4정	

마틴 메릴랜드 Mk I

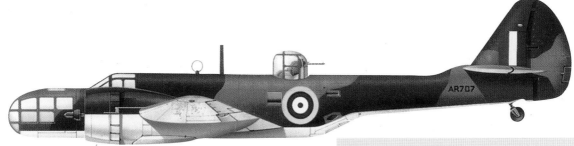

미국 규격에 맞춰 인도되었지만 동체 위쪽에 암스트롱 휘트워스의 터렛이 설치된 메릴랜드 Mk I는 몰타에서 주로 지중해 깊숙한 곳과 이탈리아 해안 주변 등 장거리 정찰 임무에 운용되었다.

제원	
제조 국가: 영국	
유형: 4인승 정찰 폭격기	
동력 장치: 1,200마력(895kW) 프랫 앤 휘트니 트윈 와스프 레이디얼 피스톤 엔진 2개	
성능: 최대 속도: 447km/h; 항속 거리 2,897km; 실용 상승 한도: 9,449m(31,000ft)	
크기: 날개폭 18.69m; 길이 14.22m; 높이 4.57m	
무게: 적재 중량 7,624kg	
무장: 7.7mm(0.303인치) 브라우닝 기관총 4정; 빅커스 K 기관총 2정; 최대 907kg(2,000lb)의 폭탄	

1939

마키 전투기

MC.200은 피아트 G.50에 이어 11개월 뒤에 나온 이탈리아의 두 번째 단엽 전투기였다. 공군이 레이디얼 엔진의 신뢰성을 선호했기 때문에 이 항공기는 레이디얼 엔진을 탑재하고 등장했으며, 무장은 단지 기관총 2정만 지정되었다. 따라서 MC.200은 출력이 약하고 무장이 부족하였으므로 대부분의 연합국 전투기에 상대가 되지 못했다. 결국 직렬 엔진으로 설계를 바꾸어 알파 로메오사가 면허를 받아 생산한 다임러-벤츠의 DB 601 엔진(Bf 109E에 사용한 엔진)을 사용하기로 결정했다.

마키 MC.202 폴고레

폴고레(Folgore, 천둥)는 MC.200에 DB 601 엔진을 탑재하여 상당히 간단하게 바꾼 기종이었다. 다만 이 엔진을 입수할 수 있는지가 항상 문제였다. 이 기종은 1941년 여름에 취역했다. 제151 비행대대의 이 MC.205 항공기는 8대를 격추한 에이스 엔니오 타란톨라(Ennio Tarantola)가 조종했다.

제원

제조 국가: 이탈리아

유형: (MC.202 시리즈 VII) 단좌 전투기

동력 장치: 1,175마력(864kW) 알파 로메오 R.A.1000 R.C.41 도립형 V-12 피스톤 엔진 1개

성능: 최대 속도 600km/h; 항속 거리 765km; 실용 상승 한도 11,500m(37,730ft)

크기: 날개폭 10.58m; 길이 8.85m; 3.49m; 날개넓이 16.82㎡

무게: 자체 중량 2,491kg; 최대 이륙 중량 2,930kg)

무장: 12.7mm 브레다 사파트 기관총 2정; 7.7mm 브레다 사파트 기관총 2정; 최대 160kg(350lb)의 폭탄

마키 MC.205V 벨트로

제원	
제조 국가: 이탈리아	
유형: (MC.205V) 단좌 전투기 및 전투 폭격기	
동력 장치: 1,475마력(1,100kW) 피아트 RA.1050 RC.58 티포네 12기통 도립형 V형 엔진 1개	
성능: 최대 속도 642km/h; 5,000m까지 상승하는데 4분 47초; 실용 상승 한도 11,000m(36,090ft); 항속 거리 1,040km	
무게: 자체 중량 2581kg; 일반 이륙 중량 3,224kg; 최대 이륙 중량 3,408kg	
크기: 날개폭 10.58m; 길이 8.85m; 높이 3.04m	
무장: 전방동체 윗부분에 12.7mm 고정식 전방 발사 기관총 2정, 날개 앞전에 20mm 전방 발사 기관포 2문, 폭탄 탑재량 320kg(705lb)	

MC.205 시제기는 MC.202에서 날개 판이 더 크고 새로운 엔진을 탑재한 버전으로 1942년 4월에 첫 비행을 하였다. 이 새로운 전투기인 MC.205V 벨트로(Veltro, 사냥개) 항공기는 양산에 들어가서 262대 정도 제작되었고, 1943년 6월부터 전투에 투입되었다.

마키 MC.200 사에타

MC.200은 1936년부터 설계를 시작하여 1937년 12월에 시제기 형태로 첫 비행을 하였다. 그리고 1938년의 전투기 경쟁시합에서 우승했으며 1939년 10월에 취역하였다. 원래는 밀폐식이었던 조종석이 처음에는 개방식으로 바뀌었다가 마지막에는 반 밀폐식으로 바뀌었다. 표면 상으로는 이탈리아 조종사들이 이러한 배치를 선호했기 때문이었다.

제원	
제조 국가: 이탈리아	
유형: (MC.200CB) 단좌 전투기 및 전투 폭격기	
동력 장치: 870마력(649kW) 피아트 A.74 RC.38 14기통 복열 레이디얼 엔진 1개	
성능: 최대 속도 503km/h; 5,000m까지 상승하는데 5분 51초; 실용 상승 한도 8,900m(29,200ft); 항속 거리 870km	
무게: 자체 중량 2,019kg; 정상 이륙 중량 2,339kg	
크기: 날개폭 10.58m; 길이 8.19m; 높이 3.51m	
무장: 전방동체 윗부분에 12.7mm 고정식 전방 발사 기관총 2정, 외부 폭탄 탑재량 320kg(705lb)	

영국 공군의 침투 항공기

영국에 대한 즉각적인 침공 위협은 지나갔지만 연합국 중 어느 한 나라도 유럽을 침공하려 하지 않자, 결국 영국 공군의 전투기 사령부가 적과 전쟁을 수행하는 임무를 맡았다. 암호명이 '램로드'와 '루바브' 전투기 소탕작전이었던 침투 폭격 임무를 통해 정밀 표적을 파괴하고, 독일 공군을 자극하여 전투를 시작하게 만들었다. 이러한 임무는 막대한 비용이 들었고, 그런 작전으로 항공기와 승무원들을 잃을 필요가 있었는지도 논란거리가 되었다.

웨스틀랜드 휠윈드

제263 비행대대는 휠윈드 쌍발 엔진 장거리 전투기 및 전투 폭격기를 운용하였던 단 2개 비행대대 중 하나였다. 괜찮은 항속 거리와 상당한 화력을 갖춘 휠윈드는 공격 뿐 아니라 방어에서도 해안의 역할에 잘 맞았다.

제원	
제조 국가:	영국
유형:	단좌 전투기
동력 장치:	885마력(659kW) 페레그린 엔진 2개
성능:	최대 속도 580km/h; 항속 거리 1,300km; 실용 상승 한도 9,240m(30,315ft)
크기:	날개폭 13,72m; 길이 9,83m; 높이 3,53m
무게:	적재 중량 4,697kg
무장:	기수에 이스파노 20mm(0,8인치) 기관포 4문(탄약 1문 당 60발, 총 240발)

록히드 벤츄라 Mk II

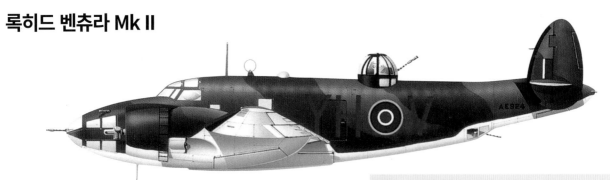

미국에서 설계하고 생산한 고속 경폭격기 벤츄라는 영국에서는 주로 독일군이 점령한 유럽에서 주간 작전에 제한적으로 투입되었다. 제21 비행대대는 1942년 중반에 자신의 첫 번째 벤츄라 폭격기를 수령했다. 이 항공기는 1943년 중반에 메스월드의 영국 공군 폭격기 사령부 제21 비행대대에서 운용했다.

제원	
제조 국가:	미국
유형:	5인승 폭격기
동력 장치:	2,000마력(1491kW) 프랫 앤 휘트니 GR-2800-S1A4-G 더블 와스프 레이디얼 피스톤 엔진 2개
성능:	최대 속도 483km/h; 항속 거리 1,529km; 실용 상승 한도 7,620m(25,000ft)
크기:	날개폭 19,96m; 길이 15,62m; 높이 3,63m
무게:	적재 중량 11,793kg
무장:	12,7mm(0,5인치) 기관총 4정; 7,62mm(0,3인치) 기관총 2정; 1,400kg (3,000lb)의 일반 무기 또는 147kg(325lb) 폭뢰 6발 또는 어뢰 1발

TIMELINE
 1935
 1936
 1938

호커 허리케인 IIC

허리케인 IIC는 기관포와 폭탄으로 무장하고 있어서 침투 임무에 잘 맞는 기종이었다. 1943년 봄에 제1 비행대대는 켄트 주의 림에서 발진한 야간 공습에 허리케인 IIC를 사용했다.

제원	
제조 국가: 영국	
유형: 단좌 전투 폭격기	
동력 장치: 1,280마력(954kW) 롤스로이스 멀린 XX V-12 피스톤 엔진 1개	
성능: 최대 속도 547 km/h; 항속 거리 740 km; 실용 상승 한도 12,192m(40,000ft)	
크기: 날개폭 12.19m; 길이 9.82m; 높이 2.66m; 날개넓이 24㎡	
무게: 자체 중량 2,624kg; 최대 이륙 중량 3,951kg	
무장: 20mm 이스파노 기관포 4정; 폭탄 230kg(500lb)	

노스 어메리칸 머스탱 I

영국 공군은 머스탱(Mustang, 야생마)을 주문했지만 이 항공기의 고고도 성능에 실망하여 저공 지상 공격과 사진 정찰 임무로 격하시켰다. 캐나다 공군 제414 비행대대의 이 머스탱은 머스탱으로 최초의 공중전 승리를 기록한 홀리스 힐스(Hollis Hills)가 조종했다.

제원	
제조 국가: 캐나다	
유형: 단좌 정찰 전투기	
동력 장치: 1,150마력(858kW) 알리슨 V-1710-39 V-12 피스톤 엔진 1개	
최대 속도: 628km/h; 항속 거리 1,207km; 실용 상승 한도: 9,555m(31,350ft)	
크기: 날개폭 11.28m; 길이 9.83m; 높이 3.71m; 날개넓이 21.65㎡	
무게: 자체 중량 2,971kg 최대 이륙 중량 3,992kg	
무장: 0.5인치(12.7mm) 기관총 4정, 0.303인치(7.7mm) 브라우닝 기관총 4정	

스핏파이어 Mk VB

폴란드인들로 구성된 제303 비행대대는 임시로 런던 인근의 레드힐에 주둔하고 있었다. 1942년 8월 디에프 기습 작전에서 해병대의 상륙을 지원하기 위해 스핏파이어 VB를 비행하여 북부 프랑스 지역을 휩쓸었다. 이 작전에서 영국 공군은 많은 스핏파이어 V를 포함해서 100대 이상의 항공기를 잃었다.

제원	
제조 국가: 영국	
유형: 단발 전투기	
동력 장치: 1,470마력(1,096kW) 롤스로이스 멀린 45 V-12 피스톤 엔진 1개	
성능: 최대 속도 602km/h; 항속 거리 756km; 실용 상승 한도: 11,278m(37,000ft)	
크기: 날개폭 11.23m; 길이 9.12m; 높이 3.47m; 날개넓이 22.48㎡	
무게: 자체 중량 2,251kg; 적재 중량 3,071k	
무장: 20mm 이스파노 기관포 2문; 0.303인치(7.7mm) 브라우닝 기관총 4정; 최대 227kg(500lb)의 폭탄	

1940

1941

진주만

1941년 12월 7일, 일본은 항공모함 6척으로 하와이 진주만의 기지를 기습 공격하여 태평양에서 주요 경쟁자인 미국의 해군력을 제거하려고 했다. 기습 공격을 받았을 때 미국 육군은 대부분의 하와이에 기지의 항공기들을 열을 맞춰 세워 두었다. 본토로부터 온 B-17은 기관총이 장착되어 있지 않았다. 우연히 해군 항공모함들은 기동 훈련 때문에 바다에 있었기 때문에 살아남아서 나중에 태평양 전쟁에서 결정적인 역할을 했다.

미쓰비시 A6M2

일본의 항공모함에 탑재된 441대의 항공기 중에서 총 126대는 미쓰비시의 A6M2 '0'식 전투기였다. 항공모함 히류호는 첫 번째 공격에서는 0식 함상 전투기 6대를 발진시켰고, 두 번째는 8대를 보냈다. 이 A6M2 모델 21은 제2 항공전대 제1 항공함대 소속으로 진주만 공격을 위해 히류호에 탑재되었다.

제원	
제조 국가: 일본	
유형: 단좌 함상 전투기	
동력 장치: 950마력(709kW) 나카지마 사카에 12 레이디얼 피스톤 엔진 1개	
성능: 최대 속도 533km/h; 항속 거리: 3,105km; 실용 상승 한도: 10,000m(33,000ft)	
크기: 날개폭 12.0m; 길이 9.06m; 높이 3.05m; 날개넓이 22.44㎡	
무게: 자체 중량 1,680kg; 최대 이륙 중량 2,410kg	
무장: 7.7mm(0.303인치) 97식 기관총 2정; 20mm 99식 기관포 2문	

아이치 D3A1 '발'

고정식 착륙장치를 갖춘 99식 급강하 폭격기는 탑재 하중이 상당히 작고, 아주 빠르지는 않았다. 그러나 태평양 전쟁의 개막 전투에서, 특히 진주만에서 대단히 파괴적인 효과를 거두었다. 12월 7일에 (연합국에서 이름이 '발(Val)'인) D3A1 135대가 사용되었고 그중 15대가 격추되었지만, 미국의 전함들뿐만 아니라 휠러 필드 공군기지에도 막대한 피해를 입혔다.

제원	
제조 국가: 일본	
유형: 복좌 함상 급강하 폭격기	
동력 장치: 1,300마력(969kW) 미쓰비시 킨세이 54 레이디얼 피스톤 엔진 1개	
성능: 최대 속도 430km/h; 항속 거리: 1,352km; 실용 상승 한도 10,500m (34,450ft)	
크기: 날개폭 14.37m; 길이 10.2m; 높이 3.8m; 날개넓이 34.9㎡	
무게: 자체 중량 2,570kg; 최대 이륙 중량 4,122kg	
무장: 7.7mm(0.303인치) 97식 기관총 2정, 7.7mm(0.303인치) 92식 기관총 1정; 최대 250kg(550lb)의 폭탄	

TIMELINE

1935   1936   1937

나카지마 B5N '케이트'

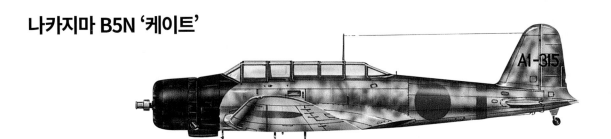

B5N '케이트'는 진주만 공격에서 고공 폭격기와 뇌격기 두 가지로 사용되었다. 항공모함 아카기호는 첫 번째 공격에서 '케이트' 폭격기 15대와 어뢰를 탑재한 12대를 발진시켰다. 공습의 지휘관은 아카기호의 '케이트'를 조종했다. B5N은 전체 6척의 항공모함에서 발진한 144대 중 단지 5대만 희생되었는데 모두 뇌격기였다.

제원
제조 국가: 일본
유형: (97식, 모델 3) 3좌 함상 폭격기/뇌격기
동력 장치: 1,000마력(750kW) 나카지마 사카에 11 레이디얼 피스톤 엔진 1개
성능: 최대 속도 378km/; 항속 거리 1,992km; 실용 상승 한도 8,260m(27,100ft)
크기: 날개폭 15.52m; 길이 10.30m; 높이 3.70m; 날개넓이 37.7㎡
무게: 자체 중량 2,279kg; 적재 중량 3,800kg
무장: 7.7mm(0.303인치) 92식 기관총 1정; 800kg(1,760lb) 91식 어뢰 1발 또는 최대 250kg(550lb)의 폭탄

커티스 P-36C 모호크

P-40으로 교체되고 있는 과정이었지만 1941년 12월 7일 하와이에는 40대 이상의 P-36 모호크가 있었다. 휠러 육군 비행장에서 5대가 이륙하여 A6M2 제로 2대를 격추하였다. 다른 1대는 외딴 지역에서 P-40과 합류하여 아이치 D3A1 7대를 파괴했다. p-36 한 대는 공중전에서 잃었고, 다른 한 대는 미국의 지상 공격으로 격추되었다.

제원
제조 국가: 미국
유형: 단좌 전투기
동력 장치: 2,000마력(1,491kW) 프랫 앤 휘트니 GR-2800-S1A4-G 더블 와스프 레이디얼 피스톤 엔진 2개
성능: 최대 속도 483km/h; 항속 거리 1,529km; 실용 상승 한도 7,620m(25,000ft)
크기: 날개폭 19.96m; 길이 15.62m; 높이 3.63m
무게: 적재 중량 11,793kg
무장: 12.7mm(0.5인치) 기관총 4정; 7.62mm (0.3인치) 기관총 2정; 1,400kg (3,000lb) 일반 무기 또는 147kg(325lb) 폭뢰 6발 또는 어뢰 1발

그루먼 F4F-3A 와일드캣

일본은 미국의 항공모함 함대를 파괴하는데 실패했다. 왜냐하면 일본은 그날 여러 가지 과제를 수행하고 있었기 때문이다. 엔터프라이즈호는 웨이크섬의 방어력을 강화하기 위해 F4F 와일드캣을 수송하고 있었고, 일본이 공격하였을 때는 진주만으로 돌아오고 있었다. 그들이 공격 직후에 현장으로 돌아왔을 때 이 배의 F4F 중 몇 대는 지상의 대공포로 파괴되었다. 이것은 엔터프라이즈호의 제6 전투비행대대에서 운용한 F4F-3이다.

제원
제조 국가: 미국
유형: 단좌 함상 전투기
동력 장치: 1,200마력(900kW) 프랫 앤 휘트니 R-1830-76 레이디얼 피스톤 엔진 1개
성능: 최대 속도 531km/h; 항속 거리 1,360km; 실용 상승 한도 12,000m(39,500ft)
크기: 날개폭 11.58m; 길이 8.76m; 높이 3.60m; 날개넓이 24.15㎡
무게: 자체 중량 2,422kg; 적재 중량 7,000lb
무장: 0.5인치(12.7mm) 브라우닝 M2 기관총 4정; 최대 90kg(200lb)의 폭탄

1938

1939

동인도제도와 말레이 반도

일본은 진주만 공격과 함께 필리핀의 미군, 말레이 반도와 네덜란드령 동인도제도(현재의 인도네시아; 역자 주)의 영국군과 네덜란드군을 공격했다. 이 기습 공격에서는 모두 일본의 공군력이 결정적이었으며 연합국의 방공 전력은 대체로 효과가 없었다. 일본 항공기의 긴 항속거리와 품질은 일본의 조종사들을 시야가 좁은 형편없는 비행사들로 일축해 온 상대방들을 놀라게 했다. 동남아시아의 식민국들은 1942년 3월까지 거의 쫓겨났다.

커티스 호크 75A-7

네덜란드령 동인도제도의 반독립 정부는 1939년 말에 P-36 모호크의 파생기종인 H-75A-7 24대를 주문했다. 호크 75와 같은 항공기는 전쟁 직전에 대부분의 서방 국가가 입수할 수 있는 최고의 항공기였다. C-332 항공기는 1941년 12월에 자바섬 마디오엔의 마오스파티 비행장에서 W. 박스맨(W. Boxman) 중위에게 배정되었다.

제원
제조 국가: 미국
유형: 단좌 전투기
동력 장치: 1,200마력(895kW) 라이트 R-1820-G205A 사이클론 피스톤 엔진 1개
성능: 486km/h; 항속 거리 970km; 실용 상승 한도: 9,967m(32,700ft)
크기: 날개폭 11,38m; 길이 8.8m; 높이 3,56m; 날개넓이 21,92㎡
무게: 자체 중량 2,019kg; 최대 이륙 중량 3,022kg
무장: 0.5인치(12,7mm) 브라우닝 기관총 4정

브루스터 B-239 버팔로

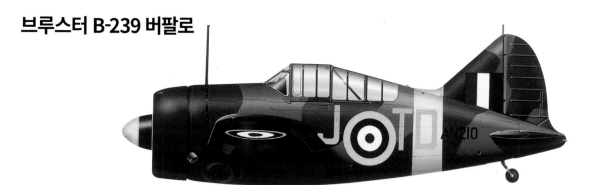

오스트레일리아 공군 제453 비행대대는 말레이 반도와 싱가포르에서 영국 공군과 뉴질랜드 공군의 비행대대와 함께 브루스터 버팔로를 운용한 2개의 오스트레일리아 부대 중 하나였다. 비록 핀란드는 그들의 '버프(Buff, 버팔로) 가벼운 버전으로 성공했지만 영연방 부대들은 자신들이 일본 해군의 제로기보다 완전히 뒤쳐졌다는 것을 알게 되었다. 제453 비행대대는 1942년 2월 초에 몇 대 안 남은 항공기를 버리고 자바로 철수하게 되는 마지막 버팔로 부대가 되었다.

제원
제조 국가: 미국
유형: 단좌 전투기
동력 장치: 940마력(701kW) 라이트 R-1820-34 사이클론 9 레이디얼 피스톤 엔진 1개
성능: 최대 속도 457km/h; 항속 거리 1,600km; 실용 상승 한도: 9,144m(30,000ft)
크기: 날개폭 10,7m; 길이 7,9m; 높이 3,63m; 날개넓이 19,41㎡
무게: 자체 중량 2,146kg; 최대 이륙 중량 2,867kg
무장: 7,92mm(0,3인치) 기관총 1정

TIMELINE

1935

1936

1937

미쓰비시 G32M '넬'

겐잔(元山) 항공대의 이 G3M2는 영국의 순양전함 리펄스호와 웨일즈의 왕자호를 침몰시키는데 참가한 항공기 중 하나다. G4M '베티' 뇌격기 56대가 저공에서 공격하고 있는 동안 인도차이나 사이공에 주둔한 '넬' 27대는 2,500m 상공에서 폭탄을 투하하였다. 말레이 반도에서 발진한 버팔로는 공격이 끝난 후에야 도착했다.

제원	
제조 국가: 일본	
유형: 쌍발 중형 폭격기	
동력 장치: 1,075마력(791kW) 미쓰비시 킨세이 45 레이디얼 피스톤 엔진 2개	
성능: 최대 속도 375km/h; 항속 거리 4,400km; 실용 상승 한도 9,200m(30,200ft)	
크기: 날개폭 25m; 길이 16.45m; 높이 3.68m; 날개넓이 75㎡	
무게: 자체 중량 4,965kg; 적재 중량 8,000kg	
무장: 99식 20mm 기관포 1문; 92식 7.7mm 기관총 4정; 최대 800kg(1,764lb)의 폭탄 또는 어뢰 1발	

나카지마 Ki-27b '네이트'

1941년에 일본 육군항공대에서 가장 많은 전투기는 Ki-27b '네이트'였으며, 1942년 말까지 4,000대가 제작되었다. Ki-27 부대들은 1938년 초부터 중국에서 전투를 해왔기 때문에 이 기종에 대하여 매우 능숙하였고, 이 기종은 버마, 말레이 반도, 네덜란드령 동인도 제도, 태국 등을 침공하는데 매우 광범위하게 사용되었다. 예시의 항공기는 1942년 3월에 그 지역에 주둔한 제64 전대에서 운용되었다.

제원	
제조 국가: 일본	
유형: 단좌 전투기	
동력 장치: 650마력(485kW) 나카지마 Ha-1 오츠 공랭식 레이디얼 피스톤 엔진 1개	
성능: 최대 속도 444 km/h; 항속 거리 630km; 실용 상승 한도 10,040m(32,940ft)	
크기: 날개폭 11.30m; 길이 7.53m; 높이 3.35m; 날개넓이 18.61㎡	
무게: 자체 중량 1,174kg; 최대 이륙 중량 1,790kg	
무장: 7.7mm(0.303인치) 89식 기관총 2정; 최대 100kg(220lb)의 폭탄	

나카지마 Ki-43-Ic '오스카'

나카지마 Ki-43 하야부사(매)는 제2차 세계대전에서 제국 일본 육군항공대가 사용했던 단발 엔진 육상 전투기다. 이 기종은 가장 많이 생산된 항공기 중 하나였다.(제2차 세계대전 종전까지 5,900대 이상) 주요 파생기종은 Ki-43-I, Ki-43-II, Ki-43-III였다.

제원	
제조 국가: 일본	
유형: 단발 전투기	
동력 장치: 980마력(731kW) 나카지마 Ha-25 육군 99식 레이디얼 피스톤 엔진 1개	
성능: 최대 속도 496km/h; 항속 거리 1,199km; 실용 상승 한도 11,735m(38,500ft)	
크기: 날개폭 11.44m; 길이 8.83m; 높이 3.27m; 날개넓이 22㎡	
무게: 자체 중량 1,580kg; 최대 이륙 중량 2,583kg	
무장: 12.7mm(0.50인치) 1식 (Ho-103) 기관총 2정	

1938      1939

플라잉 타이거즈

전 미국 육군 대위 클레어 첸놀트(Clare Chennault)가 설립한 미국 자원자 집단(AVG)은 1941년 초에 중국 국민당의 지도자 장제스 편에서 일본에 대항하여 전투기를 운용하기 위해 모집된 조종사와 지상 근무자들의 모임이었다. AVG는 중국인들이 '플라잉 타이거즈'라는 별명을 붙여 주었는데 전설과는 달리 1941년 12월 7일 이전에는 일본과 교전하지 않았다. 하지만 태평양 전쟁에서 공격 임무를 띠고 비행한 최초의 미국인들이 되었다.

커티스 호크 81A-2

플라잉 타이거즈의 항공기는 영국 공군의 토마호크 Mk II와 비슷한 수출 모델이었다. 공식적인 명칭은 호크 81A-2이었지만 조종사들은 보통 'P-40'이라고 불렀다. 미국 자원자 집단(AGV)의 제1 추격비행대는 역사상 '최초의 추격'을 기념하기 위해 자신들의 항공기에 사과와 아담과 이브 휘장을 달았다.

제원	
제조 국가: 미국	
유형: 단발 전투기	
동력 장치: 1,150마력(858kW) 알리슨 V-1710-33 V-12 피스톤 엔진 1개	
성능: 최대 속도 571km/h; 항속 거리 1,450km; 실용 상승 한도 8,800m(29,000ft)	
크기: 11.38m; 길이 9.68m; 높이 3.76m; 날개넓이 21.9㎡	
무게: 자체 중량 2,880kg; 최대 이륙 중량 4,200kg	
무장: 0.5인치브라우닝 기관총 2정, 0.303인치 브라우닝 기관총 4정; 다양한 소형 폭탄	

커티스 호크 81A-2 토마호크

미국 자원자 집단(AVG) 제2 추격비행대대의 별명은 '판다 곰'이었다. 항공기 38호는 보통 플라잉 타이거즈의 에이스가 아니었던 헨리 게슬브라트(Henry Geselbracht)가 조종했다. 플라잉 타이거즈에는 에이스가 25명 정도 있었다. AVG는 일본의 항공기 286대를 격추했다고 주장했지만 실제 숫자는 아마도 115대에 가까울 것이다.

제원	
제조 국가: 미국	
유형: 단발 전투기	
동력 장치: 1,150마력(858kW) 알리슨 V-1710-33 V-12 피스톤 엔진 1개	
성능: 최대 속도 571km/h; 항속 거리 1,450km; 실용 상승 한도 8,800m(29,000ft)	
크기: 11.38m; 길이 9.68m; 높이 3.76m; 날개넓이 21.9㎡	
무게: 자체 중량 2,880kg; 최대 이륙 중량 4,200kg	
무장: 0.5인치브라우닝 기관총 2정, 0.303인치 브라우닝 기관총 4정; 다양한 소형 폭탄	

커티스 호크 81-A2

버마와 중국에서 공식적인 미군 부대가 생기면서 자원자 부대인 플라잉 타이거즈는 1942년 7월에 해체되었다. 구성원 대다수는 플라잉 타이거즈의 항공기와 여기 제3 비행대대의 항공기에서 보이는 유명한 상어 아가리 표식을 인수한 제14 공군의 제23 전투비행전대에 합류하지 않았다.

제원	
제조 국가: 미국	
유형: 단발 전투기	
동력 장치: 1,150마력(858kW) 알리슨 V-1710-33 V-12 피스톤 엔진 1개	
성능: 최대 속도 571km/h; 항속 거리 1,450km; 실용 상승 한도 8,800m(29,000ft)	
크기: 11.38m; 길이 9.68m; 높이 3.76m; 날개넓이 21.9㎡	
무게: 자체 중량 2,880kg; 최대 이륙 중량 4,200kg	
무장: 0.5인치브라우닝 기관총 2정, 0.303인치 브라우닝 기관총 4정; 다양한 소형 폭탄	

커티스 호크 75

1941년 중국의 공군은 일본과 3년 넘게 싸웠고, 최고의 조종사와 항공기를 많이 잃은 상태였다. 중국군은 첸놀트(Chennault)의 도움으로 커티스로부터 단순화된 호크 75M과 중국에서 한차례 면허 생산한 여기 예시에 보이는 호크 75A-5를 포함해서 더욱 현대적인 전투기를 획득할 수 있었다.

제원	
제조 국가: 미국	
유형: (75A-5) 단좌 전투기	
동력 장치: 1,200마력(895kW) 라이트 R-1820-G205A 사이클론 피스톤 엔진 1개	
성능: 최대 속도 486km/h; 실용 상승 한도 9,967m(32,700ft); 항속 거리 970km	
무게: 자체 중량 2,019kg; 최대 이륙 중량 3,022kg	
크기: 날개폭 11.38m; 길이 8.7m; 높이 3.56m; 날개넓이 21.92㎡	
무장: 0.3인치(7.62mm) 브라우닝 기관총 6정	

미쓰비시 K-46 II

미쓰비시 Ki-46, 즉 100식 사령부 정찰기는 공격 준비를 위해 미국 자원자 집단과 중국 공군기지를 촬영하는데 자주 사용되었다. 이 항공기는 빠른 속도와 긴 항속 거리, 높은 운항 고도 덕분에 1941년에서 1942년 사이 중국에서 운용되었던 전투기들의 요격에 거의 영향을 받지 않았다.

제원	
제조 국가: 일본	
유형: 복좌 정찰기	
동력 장치: 1,080마력(807kW) 미쓰비시 14기통 레이디얼 피스톤 엔진 2개	
성능: 최대 속도 604km/h; 항속거리 4,000km; 실용 상승 한도: 10,000m(32,800ft)	
크기: 날개폭 14.70m; 길이 11.00m; 높이 3.88m; 날개넓이 32.0㎡	
무게: 자체 중량 3,830kg; 최대 이륙 중량 6,500kg	
무장: 7.7mm(0.303인치) 89식 기관총 1정	

그루먼 와일드캣

1931년부터 이어온 항공모함에서 운용하는 복엽 전투기 계보에서 가장 발전된 기종이었던 와일드캣은 1937년에 출력이 부족한 XF4F-2로 등장했다. 그러나 이후 태평양 전쟁 초기에 해군과 해병대 모두 가장 중요한 미국 전투기로 발전했다. 이 항공기는 또한 미국 해군과 영국 해군 모두 북대서양과 다른 곳에서 사용하는 소형 호위 항공모함에서 운용하는 데 매우 적합하다는 것이 입증되었다. 거의 8,000대의 와일드캣이 제작되었고, 그중 2/3가 제너럴 모터스사의 한 부문에서 제작되었다.

그루먼 F4F-3 와일드캣

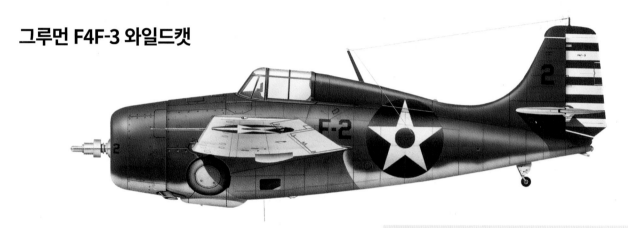

와일드캣의 최초 양산 버전은 1939년에 주문을 받은 F4F-3이었다. F4F-3는 기관총 4정과 고정된 (접이식이 아닌) 날개를 가지고 있었다. 1942년 5월 코럴해 전투에서 스콧 맥커스키(Scott McCuskey) 소위는 미 해군 전함 요크타운호에서 이 와일드캣으로 출격해서 A6M 한 대를 격추하였는데, 13.5회로 기록된 그의 공중전 승리 중 첫 번째였다.

제원	
제조 국가: 미국	
유형: 단발 함상 전투기	
동력 장치: 1,200마력(895kW) 프랫 앤 휘트니 R-1830-86 레이디얼 피스톤 엔진 1개	
성능: 최대 속도 528km/h; 항속 거리 1,360km	
크기: 날개폭 11.58m; 길이 8.76m; 높이 2.81m; 날개넓이 24.15㎡	
무게: 자체 중량 2,423kg; 최대 이륙 중량 3,698kg	
무장: 0.5인치(12.7mm) 브라우닝 기관총 4정	

그루먼 F4F-4 와일드캣

F4F-4는 접이식 날개를 도입했고, 바깥 날개에 추가로 기관총 한 쌍을 장착했다. 무게가 늘어나서 성능이 약간 저하되었으나, 낙하 연료탱크가 추가되어 항속 거리는 늘어났다. 이 F4F-4는 별명이 '휘트니(Whitey)'였던 에이스 에드윈 페이트너(Edwin Feightner)가 1942년에서 1943년 사이에 엔터프라이즈 항공모함에서 사용했다.

제원	
제조 국가: 미국	
유형: 단발 함상 전투기	
동력 장치: 1,200마력(895kW) 프랫 앤 휘트니 R-1830-76 레이디얼 피스톤 엔진 1개	
성능: 최대 속도: 512km/h; 항속 거리: 1,464km; 실용 상승 한도: 10,363m(34,000ft)	
크기: 날개폭 11.58m; 길이 8.76m; 높이 2.81m; 날개넓이 24.15㎡	
무게: 자체 중량 2,674kg; 적재 중량 3,607k	
무장: 0.5인치(12.7mm) 브라우닝 기관총 6정; 최대 90kg(200lb)의 폭탄	

그루먼 F4F-3S 와일드캣 수상비행기

미쓰비시 '제로'의 수상기 버전인 나카지마 '루페' 수상기에 대한 대응으로 제작된 F4F-3S '와일드캣피시'는 크게 성공하지 못했다. 플로트의 무게와 항력 때문에 최고 속도와 항속 거리가 매우 나빴다. 더 많은 항공모함이 건조되고 섬의 비행장이 건설되면서 수상비행기의 필요성이 줄어들었고, 단 한 대의 시제기만 제작되었다.

제원	
제조 국가: 미국	
유형: 단발 함상 전투기	
동력 장치: 1,200마력(895kW) 프랫 앤 휘트니 R-1830-86 레이디얼 피스톤 엔진 1개	
성능: 최대 속도 409km/h; 항속 거리 알 수 없음; 실용 상승 한도 알 수 없음	
크기: 날개폭 11.58m; 높이 알 수 없음; 길이 알 수 없음	
무게: 알 수 없음	
무장: 0.5인치(12.7mm) 브라우닝 기관총 4정	

그루먼 F4F-4 와일드캣

초기의 와일드캣 모델은 미쓰비시 제로보다 기동성이 떨어졌다. 그러나 더 나은 편대 전술과 내재적인 강점, 자기 방어 능력의 개발을 통해 공중전에서 능력을 잘 발휘하게 되었다. 사병 조종사였던 기계 기술자 도널드 러니언(Donald Runyon)은 1942년 솔로몬 제도에서의 전투에서 와일드캣으로 적기 8대를 격추했다.

제원	
제조 국가: 미국	
유형: 단발 함상 전투기	
동력 장치: 1,200마력(895kW) 프랫 앤 휘트니 R-1830-76 레이디얼 피스톤 엔진 1개	
성능: 최대 속도: 512km/h; 항속 거리: 1,464km; 실용 상승 한도: 10,363m(34,000ft)	
크기: 날개폭 11.58m; 길이 8.76m; 높이 2.81m; 날개넓이 24.15㎡	
무게: 자체 중량 2,674kg; 적재 중량 3,607kg	
무장: 0.5인치(12.7mm) 브라우닝 기관총 6정; 최대 90kg(200lb)의 폭탄	

그루먼 FM-2 와일드캣

대부분의 와일드캣(4,777대)은 이스턴 항공기회사에서 라이트 사이클론 엔진을 탑재하고 더 키가 큰 수직 안정판을 갖춘 FM-2로 제작되었다. 와일드캣은 전쟁 말기까지 여전히 소형 항공모함에서 사용되었다. FM-2 '마 베이비(Mah Baby)'는 1944년 10월 감비어 베이 항공모함에서 미국 해군 제99 비행대대의 브루스 앨런 맥그로(Bruce Allen McGraw)가 비행했다.

제원	
제조 국가: 미국	
유형: 단발 함상 전투기	
동력 장치: 1,200마력(895kW) 프랫 앤 휘트니 R-1830-76 레이디얼 피스톤 엔진 1개	
성능: 최대 속도: 512km/h; 항속 거리: 1,464km; 실용 상승 한도: 10,363m(34,000ft)	
크기: 날개폭 11.58m; 길이 8.76m; 높이 2.81m; 날개넓이 24.15㎡	
무게: 자체 중량 2,674kg; 적재 중량 3,607kg	
무장: 0.5인치(12.7mm) 브라우닝 기관총 6정; 최대 90kg(200lb)의 폭탄	

미국 항공모함의 공격력

1941년 말까지 미국 해군은 항공모함 갑판에 있던 몇 안 되는 화려한 복엽기들을 모두 청회색의 단엽기로 교체하였다. 기술적으로 수준 높은 적을 상대하는 전쟁에 직면해보니 해군의 개념과 장비가 일부 부족하다는 것이 드러났다. 버팔로 전투기와 보우트 빈디케이터 폭격기는 거의 쓸모없는 정도였으므로 교체되었다. 반면에 느릿느릿 움직이는 데버스테이터 항공기는 코럴해와 미드웨이에서 일본에 의해 현역에서 제거되었다. 또한 미국 어뢰들의 신뢰 수준도 형편 없었다.

더글러스 SBD 돈틀리스

제원

제조 국가: 미국	
유형: 함상 급강하 폭격기	
성능: 최대 속도 427km/h; 실용 상승 한도 9,175m(31,000ft); 항속 거리: 972km	
크기: 날개폭 12.65m; 길이 9.68m; 높이 3.91m	
무게: 적재 중량 3,183kg	
무장: 기수에 12.7mm(0.5인치) 브라우닝 기관총 2정, 후방 조종석에 7.62mm(0.3인치) 기관총 1정; 중앙동체 아래에 454kg(1,000lb) 폭탄 1발, 날개 아래에 45kg(100lb) 폭탄 2발	

여기 전쟁 전 해병대 색상으로 그려진 SBD('slow but deadly, 느리지만 치명적인') 돈틀리스 급강하 폭격기는 수천 톤의 일본 함선을 침몰시키고 미드웨이 전투에서 승리하는데 결정적인 역할을 하였다. 1944년에 일선에서 물러났다.

그루먼 TBF-1 어벤저

제원
제조 국가: 미국
유형: 3좌 함상 및 육상 뇌격기
동력 장치: 1,700마력(1,268kW) 라이트 사이클론 14기통 복열 레이디얼 엔진 1개
성능: 최대 속도 414km/h; 실용 상승 한도 6,525m(21,400ft); 항속 거리 4,321km
크기: 날개폭 16.51m; 길이 12.42m; 높이 4.19m
무게: 자체 중량 4,788kg; 최대 이륙 중량 7,876kg
무장: 기관총 4정: 날개에 0.5인치 전방 발사 2정, 동체 위쪽 터렛에 0.5인치 후방 발사 1정, 동체 아래에 0.3인치 후방 발사 1정; 어뢰, 폭탄, 로켓 등 1,134kg (2,500lb) 탑재

진주만 공습 직후에 어벤저(Avenger, 복수자)라는 이름으로 공식 등장한 그루먼 TBF는 미드웨이 전투에서 첫 출전했으나 결과는 비참했다. 제8 뇌격비행대는 미드웨이 섬에서 발진한 항공기 중에서 1/6을 잃었다. 하지만 어벤저는 길고 성공적인 경력을 이어 갔다.

더글러스 TBD 데버스테이터

1937년에 도입된 TBD-1 데버스테이터는 당시 세계에서 가장 현대적인 뇌격기였다 하지만 1942년 6월 미드웨이 해전에서 제8 뇌격비행대대(VT-8)와 제6 뇌격비행대(예시 항공기 참조)의 데버스테이터는 전투기와 대공포에 의해 전멸하였고 일본의 항공모함에는 아무런 피해를 주지 못했다.

제원
제조 국가: 미국
유형: 3좌 함상 뇌격기
동력 장치: 900마력(671kW) 프랫 앤 휘트니 트윈 와스프 레이디얼 피스톤 엔진 1개
성능: 최대 속도: 331km/h; 실용 상승 한도 6,000m(19,700ft); 항속 거리 1,152km
크기: 15.24m; 길이 10.67m; 높이 4.60m; 날개넓이 39.2㎡
무게: 자체 중량 2,804kg; 최대 이륙 중량 4,623kg
무장: 0.3인치(7.62mm) 기관총 2-3정; 1,000lb(453kg) 폭탄 1발 또는 1,200lb (544kg) 어뢰 1발

초기의 섬 작전

일본은 웨이크섬과 괌을 재빨리 점령했지만, 코럴해와 미드웨이에서 저지당했다. 1942년 8월 솔로몬제도에 상륙한 미국 해병대는 일본에게 오스트레일리아와 뉴질랜드로 가는 보급선을 공격할 기지를 내주지 않았다. 그들은 곧 육지, 바다, 공중에서 뉴브리튼섬의 라바울 요새에 주둔한 일본군의 반격을 당했다. 라바울은 연합군이 계속 폭격을 했지만 결코 점령되지 않았다. 라바울은 1945년 8월에야 항복했다.

미쓰비시 G4M1 '베티'

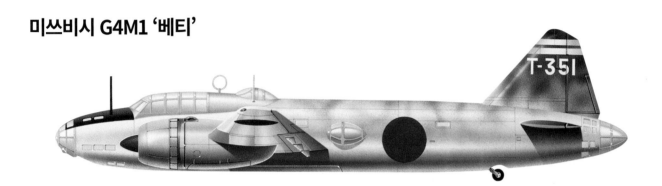

G4M '베티'는 전쟁에서 일본의 가장 중요한 폭격기였다. 매우 긴 항속 거리와 훌륭한 방어 무장을 갖추고 있었던 이 항공기의 아킬레스건은 손상에 대한 내성이 약하고, 피격 당했을 때 불이 붙는 경향이 있다는 것이었다. 이 G4M1 제11 모델은 1942년 미군 상륙 당시에 라바울에 주둔하고 있었다.

제원	
제조 국가: 일본	
유형: 쌍발 중형 폭격기	
동력 장치: 1,530마력(1,141kW) 미쓰비시 가세이 11식 피스톤 엔진 2개	
성능: 최대 속도 426km/h; 항속 거리 4,335km; 실용 상승 한도 8,500m(27,890ft)	
크기: 날개폭 24.9m; 길이 19.98m; 높이 4.90m; 날개넓이 78.13㎡	
무게: 자체 중량 7,000kg; 적재 중량 9,500kg	
무장: 7.7mm 기관총 4정, 20mm 99식기관포 1문; 최대 1,000kg(2,403lb)의 폭탄 또는 800kg(1,764lb) 폭탄 1발	

미쓰비시 A6M 제로

1942년 8월부터 타이난 항공대의 A6M2 제로(연합국의 암호명 '지크(Zeke)')가 라바울의 라쿠나이 비행장에 60대 이상 주둔했다. 제로의 조종사 중에는 과달카날 상공에서 부상당했지만 나중에 결국 60대 이상을 격추하여 일본 4위의 에이스가 된 사부로 사카이(Saburo Sakai) 소위도 있었다.

제원	
제조 국가: 일본	
유형: 단좌 함상 및 육상 전투기, 전투 폭격기	
동력 장치: 950마력(708kW) 나카지마 12 14기통 복열 레이디얼 엔진 1개	
성능: 최대 속도 534km/h; 실용 상승 한도 10,000m(32,810ft); 항속 거리 3,104km	
크기: 날개폭 12.00m; 길이 9.06m; 높이 3.05m	
무게: 자체 중량 1,680kg; 최대 이륙 중량 2,796kg	
무장: 날개에 20mm 전방 발사 기관포 2문, 전방동체에 7.7mm 전방 발사, 기관총 2정, 외부 폭탄 탑재량 120kg(265lb)	

TIMELINE  1937 1938 1939

나카지마(미쓰비시) A6M2-N '루페'

1940년, 일본 해군은 나카지마에게 경쟁사인 미쓰비시의 0식 전투기의 수상 비행기 버전을 제작하도록 명령했고, 그것이 A6M2-N '루페'가 되었다. 비행장이 몇 안 되고 서로 거리도 먼 섬 작전에서는 수상비행기와 비행정 덕분에 서로 떨어져 있는 전초기지들을 방어하고 보급할 수 있었다.

제원	
제조 국가: 일본	
유형: 단좌 수상비행기 전투기	
동력 장치: 940마력(701kW) 나카지마 NK1C 사카에 12 레이디얼 피스톤 엔진 1개	
성능: 최대 속도 436km/h; 항속 거리 1,780km; 실용 상승 한도: 10,000m(32,810ft)	
크기: 날개폭 12m; 길이 10.1m; 높이 4.30m; 날개넓이 22.44㎡	
무게: 자체 중량 1,912kg; 최대 이륙 중량 2,880kg	
무장: 0.303인치(7.7mm) 기관총 2정, 20mm 기관포 2문; 132lb(60kg) 폭탄 2발	

그루먼 F4F-4 와일드캣

과달카날 섬의 미국 해병 비행대대는 가장 원시적인 환경에서 정기적인 포격과 공중 공격, 지상 공격을 받으면서 작전을 수행하였다. 제121 해병 전투비행대대의 조 포스(Joe Foss)는 솔로몬제도에서 적기 23대를 격추하여 가장 성공한 '캑터스(Cactus, 선인장) 항공대'(1942년에서 1943년 사이 일본과의 치열한 과달카날 항공전 당시 형성된 미국 육군, 해군, 해병대의 항공대와 뉴질랜드 공군의 연합 항공부대; 역자 주)의 조종사 중 한명이었다.

제원	
제조 국가: 미국	
유형: 단발 함상 전투기	
동력 장치: 1,200마력(895kW) 프랫 앤 휘트니 R-1830-76 레이디얼 피스톤 엔진 1개	
성능: 최대 속도: 512km/h; 항속 거리: 1,464km; 실용 상승 한도: 10,363m(34,000ft)	
크기: 날개폭 11.58m; 길이 8.76m; 높이 2.81m; 날개넓이 24.15㎡	
무게: 자체 중량 2,674kg; 적재 중량 3,607kg	
무장: 0.5인치(12.7mm) 브라우닝 기관총 6정; 최대 200lb의 폭탄	

커티스 키티호크 III

1943년 4월부터 뉴질랜드 공군은 전투비행대대를 태평양제도 작전에 투입했다. 뉴질랜드 공군 제15 비행대대는 과달카날섬, 에스피리투 산토섬과 다른 섬들에서 P-40K 키티호크를 비행했고, 나중에는 F4U-1D 코르세어(Corsair, 해적선)를 받았다.

제원	
제조 국가: 미국	
유형: 단발 전투기	
동력 장치: 1325마력(989kW) 알리슨 V-1710-73 (F4R) V-12 피스톤 엔진 1개	
성능: 최대 속도 583km/h; 항속 거리 2,575km; 실용 상승 한도 8,534m(28,000ft)	
크기: 날개폭 11.37m; 길이 10.15m; 높이 3.75m; 날개넓이 21.93㎡	
무게: 자체 중량 2,903kg; 최대 이륙 중량 4,536kg	
무장: 0.5인치(12.7mm) 브라우닝 기관총 6정; 500b(227kg) 폭탄 1발	

1942

미군의 유럽 도착

미국인들은 캐나다로 건너가서 캐나다 공군에 합류한 자원자들로 구성된 '이글 비행대대'가 영국 본토 항공전부터 처음으로 유럽 주둔군으로 복무했다. 이 부대는 1942년 초부터 새로 조직된 제8 공군에 흡수되었다. 미국 육군항공대는 자신들이 정밀 공습을 할 수 있다고 확신하였으므로 주간 임무 비행을 수행하였고, 야간 공격은 영국 공군 폭격기 사령부에 맡겼으나 쓰라린 경험 후에 야간시간 대로 다시 전환하였다.

슈퍼마린 스핏파이어 Mk VB

영국 공군의 3개 이글 비행대대(제71, 제121, 제133)는 미국이 공식적으로 참전하면서 제4 전투비행전대의 제334(예시 참조), 제335, 제335 비행대대로 재편되었다. 그들은 1943년 4월에 P-47로 전환을 완료할 때까지 스핏파이어 V를 운용하였다.

제원	
제조 국가: 영국	
유형: 단좌 전투기와 전투 폭격기	
동력 장치: 1,470마력(1,096kW) 멀린 50 엔진 1개	
성능: 최대 속도 594km/h; 항속 거리 1,827km; 실용 상승 한도 11,125m(36,500ft)	
크기: 날개폭 11,23m; 길이 9,12m; 높이 3,02m	
무게: 적재 중량 2,911kg	
무장: 7,7mm(0,303인치) 기관총 4정; 날개에 20mm(0,8인치) 기관포 2문	

리퍼블릭 P-47C 선더볼트

P-47은 빠르고 항속 거리가 길었으며 무거웠다. 별명은 '저그(Jug)'였는데 대형 버스라는 뜻의 'juggernaut'에서 따온 것이거나 우유 주전자(milk jug)와 모습이 닮았다고 붙은 별명이었다. 제4 비행전대 제334 비행대대는 1943년 3월 에섹스주의 데브던에서 처음으로 선더볼트(Thunderbolt, 벼락)를 전투에 투입했다.

제원	
제조 국가: 미국	
유형: 단발 전투기	
동력 장치: 2,300마력(1,715kW) 프랫 앤 휘트니 더블 와스프 레이디얼 피스톤 엔진 1개	
성능: 최대 속도 697km/h; 항속 거리 2,012km; 실용 상승 한도 12,810m(42,000ft)	
크기: 날개폭 12,44m; 길이 11,02m; 높이 4,31m; 날개넓이 27,87㎡	
무게: 자체 중량 4,491kg; 최대 이륙 중량 6,770kg	
무장: 0,5인치(12,7mm) 기관총 8정	

TIMELINE  1935  1939

보잉 B-17E 플라잉 포트리스

B-17E는 제8 공군의 상징적인 항공기였다. 독일의 방공망이 개선되면서 B-17E와 같은 초기 모델은 방어 무장과 장갑판이 부족하다는 것이 드러났다. 1942년 8월에 제97 폭격비행전대의 '양키 두들(Yankee Doodle)'이 독일에 대한 미국 육군항공대 최초의 B-17 임무를 이끌었다.

제원
제조 국가: 미국
유형: 8-10좌 중형 폭격기
동력 장치: 1,200마력(895kW) 라이트 터보 과급 엔진 4개
성능: 최대 속도 510km/h; 항속 거리 5,150km; 실용 상승 한도: 10,973m(36,000ft)
크기: 날개폭 31.6m; 길이 22.5m; 높이 6.3m
무게: 적재 중량 23,133kg
무장: 기수에 7.62mm(0.3인치) 기관총 1정; 동체 가운데에 12.7mm(0.5인치) 기관총 2정; 기수, 동체 아래, 꼬리 터렛에 12.7mm (0.5인치) 기관총 각 2정; 1,905kg(4,200lb)의 폭탄

컨솔리데이티드 B24-D 리버레이터

B-24는 B-17보다 빠르고 최대 항속 거리가 더 길었지만 전투 손상에 견디는 힘은 약했다. '헬자포핀 II(Hellzapoppin II)'과 같은 제93 폭격비행전대의 B-24D들은 잉글랜드에서 북아프리카까지 왕복 임무를 몇 차례 수행했는데 돌아올 때는 루마니아 유전을 공격했다.

제원
제조 국가: 미국
유형: 10좌 장거리 중폭격기
동력 장치: 1,200마력(895kW) 프랫 앤 휘트니 레이디얼 피스톤 엔진 4개
성능: 최대 속도 488km/h; 항속 거리 1,730km; 실용 상승 한도 8,540m(28,000ft)
크기: 날개폭 33.52m; 길이 20.22m; 높이 5.46m
무게: 적재 중량 27,216kg
무장: 기수에 12.7mm(0.5인치) 기관총 1정 또는 3정; 12.7mm(0.5인치) 기관총 6정; 동체 위쪽 터렛에 2정, 접어넣을 수 있는 터렛에 2정, 동체 가운데 총좌에 2정; 3,629kg(8,000lb)의 폭탄

록히드 P-38J 라이트닝

쌍동체 전투기 P-38은 연합국의 전투기 중에서 가장 독특했다. 초기의 P-38은 엔진의 과급기에 문제와 신뢰할 수 없는 과열 문제가 있어서 잠재 고도를 낮추었지만 1944년 P-38J에서 품질이 안정되었다.

제원
제조 국가: 미국
유형: 쌍발 전투기
동력 장치: 1,426마력(1,063kW) 알리슨 V-1719-89/91 V-12 피스톤 엔진 2개
성능: 최대 속도 663km/h; 항속 거리 1,529km; 실용 상승 한도 13,350m(43,800ft)
크기: 날개폭 15.85m; 길이 11.53m; 높이 3.0m; 날개넓이 30.42㎡
무게: 자체 중량 5,797kg; 최대 이륙 중량 9,798kg
무장: 20mm 기관포 1문, 0.5인치 기관총 4정; 최대 1,814kg(4,000lb)의 폭탄

1941

포케 불프 Fw 190

독일과 연합국의 항공기 생산 능력의 차이를 보여주는 포케 불프 Fw 190은 전쟁이 발발한 뒤 실제로 개발해서 비행하고, 독일 공군에 취역한 유일한 양산 전투기였다. 1941년 8월에 영국 공군이 처음 이 걸출한 Fw 190과 맞닥뜨렸을 때, 이 전투기는 영국 공군을 엄청나게 놀라게 했고 그들의 전투기들을 휩쓸어 막대한 손실을 안겼다. 수십 종의 파생기종이 제작되었는데, 후기 모델인 Fw 190D 요격기는 원래 모델의 날개만 그대로 가지고 있었다.

포케 불프 Fw 190A-2

Fw 190이 투입된 첫 번째 주요 작전은 1942년 초였다. 당시 제26 전투비행단은 아순양전함 샤른호르스트호와 그나이제나우호가 영국 해협을 따라 급히 올라갈 때 그 선박들을 24시간 엄호하기 위해 아돌프 갈란트(Adolf Galland)가 사용한 군대의 일원이었다.

제원	
제조 국가: 독일	
유형: 단좌 전투 폭격기	
동력 장치: 1,600마력(1,193kW) BMW 801C-2 14기통 복열 레디얼 엔진	
성능: 최대 속도 624km/h; 항속 거리 900km; 실용 상승 한도 11,410m(37,400ft)	
크기: 날개폭 10.49m; 길이 8.84m; 높이 3.96m	
무게: 적재 중량 4,900kg	
무장: 7.92mm(0.3인치) 기관총 4정: 날개 뿌리에 2정, 엔진 위에 2정; 날개 뿌리에 20mm(0.8인치) 기관포 2문	

포케 불프 Fw 190A-6/R11

1943년 5월에 프랑스의 아브빌에 기지를 두었던 이 항공기는 1943년 3월에 해협을 건너 온 영국의 공습 항공기들과 대규모 공습을 막 시작한 미국 제8 공군의 폭격기들에 맞서 전투를 했다.

제원	
제조 국가: 독일	
유형: 단좌 전투 폭격기	
동력 장치: 1,268kW(1,700마력) BMW 801D-2 물 분사 18기통 복열 레디얼 엔진	
성능: 최대 속도 670km/h; 항속 거리 900km; 실용 상승 한도 11,410m(37,400ft)	
크기: 날개폭 10.49m; 길이 8.84m; 높이 3.96m	
무게: 적재 중량 4,900kg	
무장: 20mm(0.8인치) 기관포 4문; 7.92mm (0.3인치) 기관총 2정; 500kg (1,102lb) 폭탄 1발	

포케 불프 Fw 190A-5/U8

Fw 190A-5/U8은 장거리 폭격기 기종이다. U는 공장에서 개조한 항공기를 나타낸다. U8은 동체 중심선에 폭탄 장착대를 추가했다. 예시한 기종은 영국을 새벽과 황혼에 기습 공격하기 위해 가라앉은 색으로 위장한 모습이다.

제원	
제조 국가: 독일	
유형: 단발 전투 폭격기	
동력 장치: 1,730마력(1,272kW) BMW 801D-2 레이디얼 피스톤 엔진 1개	
성능: 최대 속도 656km/h; 항속 거리 656km/h; 실용 상승 한도 11,410m(37,430ft)	
크기: 날개폭 10.51m; 길이 8.95m; 높이 3.95m; 날개넓이 18.3㎡	
무게: 자체 중량 3,200kg; 최대 이륙 중량 4,300kg	
무장: 20mm MG 151/20 E 기관포 2문; 1,102lb(500kg) SC-500 폭탄 1발	

포케 불프 Fw 190D-9

별명이 '도라 9'인 이 버전은 Fw 190A의 날개와 길쭉한 동체를 결합하고, BMW 801 레이디얼 엔진 대신 유모 213 도립형 V-12 엔진을 탑재하였다. 1944년 10월에 취역했으며, P-51D 머스탱의 맞수였지만 전쟁이 끝날 때까지 완성된 것은 상대적으로 거의 없었다.

제원	
제조 국가: 독일	
유형: 단발 전투기	
동력 장치: 1,580마력(1,287kW) 융커스 유모 도립형 V-12 피스톤 엔진 1개	
성능: 최대 속도 685km/h; 항속 거리 935km; 실용 상승 한도 12,000m(39,370ft)	
크기: 날개폭 19.96m; 길이 15.62m; 높이 3.63m	
무게: 자체 중량 3,490kg; 최대 이륙 중량 4,840kg	
무장: 13mm MG 131 기관총 2정, 20mm MG 151 기관포 2문; 500kg(1,102lb) SC 500 폭탄 1발	

포케 불프 Ta 152

이 항공기는 포케 불프 190 시리즈의 마지막 버전으로 설계자인 쿠르트 탱크(Kurt Tank)에 경의를 표하여 Ta 152라고 이름을 정했다. 원래 고고도용과 저고도용 버전을 생산하려 했으나, 결국 날개가 긴 Ta 152H 고고도 버전만 소량 취역했다.

제원	
제조 국가: 독일	
유형: 단발 전투기	
동력 장치: 1,580마력(1,287kW) 융커스 유모 도립형 V-12 피스톤 엔진 1개	
성능: 최대 속도 685km/h; 항속 거리 935km; 실용 상승 한도 12,000m(39,370ft)	
크기: 날개폭 19.96m; 길이 15.62m; 높이 3.63m	
무게: 자체 중량 3,490kg; 최대 이륙 중량 4,840kg	
무장: 13mm MG 131 기관총 2정, 20mm MG 151 기관포 2문; 500kg(1,102lb) SC 500 폭탄 1발	

훈련기

항공 승무원, 특히 조종사와 항법사에 대한 엄청난 수요에 맞추기 위해 모든 주요 국가들이 많은 수의 훈련용 항공기를 사용했다. 항공 승무원 훈련은 전투 비행과 마찬가지로 위험해서 전쟁에서 사망한 캐나다 항공병 수의 거의 절반이 훈련 중에 사망했으며, 이 통계는 다른 나라 공군도 마찬가지였다. 연합군 항공병은 미국과 캐나다에서 훈련시켰지만 독일군의 경우는 대부분의 전쟁기간 동안 전장이 곧 항공 승무원 훈련장이었다.

버커 뷔 131B 융만

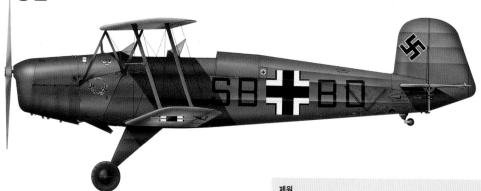

뷔 131B 융만은 전쟁 전 및 전쟁 기간 동안 독일의 주된 훈련기였으며, 몇몇 유럽 국가들에 공급되었다. 일본의 큐슈는 일본 육군과 해군의 훈련 학교에서 사용하기 위해 1,200대 이상 제작했다. 뷔 131B는 동부 전선에서 가벼운 지상 공격기로도 사용되었다.

제원	
제조 국가: 독일	
유형: 복좌 복엽 훈련기	
동력 장치: 105마력(78kW) 히르트 HM 504A-2 도립형 직렬 피스톤 엔진 1개	
성능: 최대 속도 183km/h; 실용 상승 한도 3,000m(9,840ft); 항속 거리 650km	
무게: 자체 중량 390kg; 최대 이륙 중량 680kg	
크기: 날개폭 7.40m; 길이 6.60m; 높이 2.25m; 날개넓이 13.5㎡	

드 하빌랜드 타이거 모스

타이거 모스는 영국 항공부의 1933년의 훈련기 요구사항에 맞춘 타이거 모스 Mk II.가 가장 많이 제작되었다. 후방동체의 판은 천과 끈이 아니라 합판으로 만들었고, 후방 조종석 위에 눈가리개(계기 비행 훈련용)가 있었다. 전시의 영국 조종사들은 대부분 모스 훈련기로 훈련을 받았고, 전쟁이 끝난 후에는 생산된 7,290대 중 상당수를 민간 고객이 매우 할인된 가격으로 구입할 수 있게 되었다.

제원	
제조 국가: 영국	
유형: 복좌 복엽 기초 훈련기	
동력 장치: 130마력(89kW) 드 하빌랜드 집시 메이저 I 직렬 피스톤 엔진 1개	
성능: 최대 속도 167km/h; 실용 상승 한도 4,145m(13,600ft); 항속 거리 483km	
무게: 자체 중량 506kg; 최대 이륙 중량 828kg	
크기: 날개폭 8.94m; 길이 7.29m; 높이 2.69m; 날개넓이 22.2㎡	

TIMELINE

 1931

 1934

에어스피드 AS.10 옥스퍼드

소박한 에어스피드 훈련기는 다양한 겉모습으로 조종사, 항법사, 무선통신 운용자, 카메라 운용자들을 훈련시키는데 사용되었다. 1937년에서 1945년 사이에 8,500대 이상 제작되었고, 그 중에서 많은 숫자가 캐나다에서 영연방 항공 훈련 계획의 일환으로 사용되었다.

제원

제조 국가: 영국
유형: 쌍발 훈련기
동력 장치: 265마력(355kW) 암스트롱 시들리 치타 X 레이디얼 피스톤 엔진 2개
성능: 최대 속도: 300km/h; 항속 거리 1,500km; 실용 상승 한도: 5,850m(19,200ft)
크기: 날개폭 16,26m; 길이 10,52m; 높이 3,38m; 날개넓이 32,3㎡
무게: 자체 중량 2,440kg; 최대 이륙 중량 3,450kg

하인켈 He 51

하인켈 He 51은 전투기로서 최전선 경력이 끝나자 훈련기 역할로 밀려났다. 상대적으로 성능이 높았으므로 조종사들에게 전투기 전술을 훈련시키는데 적합했다. 이 He 51은 1942년 봄에 유고슬라비아 자그레브의 제123 A/B 학교에서 사용했다.

제원

제조 국가: 독일
유형: 단좌 복엽 전투기
동력 장치: 750마력(559kW) BMW V1 7,3Z 12기통 V형 피스톤 엔진 1개
성능: 최대 속도 330km/h; 항속 거리 570km; 실용 상승 한도 7,700m(25,260ft)
크기: 날개폭 11m; 길이 8,4m; 높이 3,2m; 날개넓이 27,2㎡
무게: 자체 중량 1,460kg; 최대 이륙 중량 1,895kg

보잉 N2S-5 케이뎃

스티어맨 항공기 회사에서 1933년에 개발한 케이뎃 훈련기는 1939년 회사가 인수되면서 보잉의 제품이 되었다. PT-13, PT-17, N2S 등 다양한 명칭으로 10,000대 이상의 튼튼하고 믿을 수 있는 '스티어맨'이 미국 육군항공대와 미국 해군, 캐나다 공군을 위해 제작되었다.

제원

제조 국가: 미국
유형: (N2S-5) 복좌 기초 훈련기
동력 장치: 220마력(165kW) 라이커밍 R-680-17 레이디얼 피스톤 엔진 1개
성능: 최대 속도 200km/h; 항속 거리 813km; 실용 상승 한도 3,415m(11,200ft)
크기: 날개폭 9,8m; 길이 7,5m; 높이 2,7m; 날개넓이 27,6㎡
무게: 자체 중량 878kg; 최대 이륙 중량 1,232kg

1937

1942

영국 공군의 중폭격기

영국 공군 폭격기 사령부는 1939년부터 1945년까지 제2차 세계대전의 가장 긴 전시에 독일의 도시들과 점령당한 유럽의 목표물들을 폭격했다. 영국 공군은 1942년 5월 초부터 수많은 '천대의 폭격기' 공습을 감행할 수 있었다. 폭격기 사령부는 1941년 2월 스털링의 첫 출전부터 이 작전을 위해 4발 '중폭격기'로 바꾸기 시작했다. 특수부대들은 스털링, 핼리팩스, 랭카스터 3종과 함께 미국에서 제작된 리버레이터와 포트리스를 사용했다.

쇼트 스털링 III

스털링은 진정으로 유능한 폭격기라기보다는 가치 있는 폭격기였다. 제1선 폭격기로 사용되면서 내내 유상 하중과 항속 거리가 부족하고 실용 상승 한도가 낮아서 어려움을 겪었다. 1943년에 이르러 이 기종은 수송기 역할로 밀려났다.

제원
제조 국가: 영국
유형: 7좌 중폭격기
동력 장치: 1,375마력(1,030kW) 브리스톨 허큘리스 레이디얼 엔진 4개
성능: 최대 속도 410km/h; 항속 거리 3,750km; 실용 상승 한도 5,030m(16,500ft)
크기: 날개폭 30.2m; 길이 26.6m; 높이 8.8m
무게: 적재 중량 31,750kg
무장: 7.7mm(0.303인치) 브라우닝 기관총 8정: 기수에 2정, 꼬리에 4정, 기체 위에 2정; 최대 8,164kg(18,000lb)의 폭탄

핸들리 페이지 핼리팩스

'13일의 금요일'이란 별명을 지닌 이 항공기는 100회의 작전 출격을 완수한 최초의 핼리팩스이고, 제2차 세계대전에서 핼리팩스 폭격기 중에서 가장 많은 총 128회나 출격하고도 살아남았다. 이 핼리팩스 폭격기는 1945년 리셋의 영국 공군 폭격기 사령부 제158 비행대대에서 운용했다.

제원
제조 국가: 영국
유형: 7좌 중폭격기
동력 장치: 1,615마력(1204kW) 브리스톨 허큘리스 XVI 레이디얼 피스톤 엔진
성능: 최대 속도 454km/h; 항속 거리 1,658km; 실용 상승 한도 7,315m(24,000ft)
크기: 날개폭 31.75m; 길이 21.36m; 높이 6.32m
무게: 적재 중량 29,484kg
무장: 7.7mm(0.303인치) 기관총 9정; 폭탄 탑재량 최대 5,897kg(13,000lb)

아브로 랭카스터 B.Mk I

이 항공기는 1945년에 영국 공군 폭격기 사령부 오스트레일리아 공군 제467 비행대대에서 운용했다. 제467 비행대대는 영국 공군 폭격기 사령부에 배속되었던 오스트레일리아 공군의 4개 폭격비행대대 중 하나였다. 그러나 비행대대가 부족해서 캐나다의 제6 비행전대와 같이 오스트레일리아 비행전대를 만들지 못했다.

제원	
제조 국가: 영국	
유형: 7좌 중폭격기	
동력 장치: 1,640마력(1,223kW) 롤스로이스 멀린 XXIV V-12 피스톤 엔진 4개	
성능: 462km/h; 항속 거리 4,070km; 실용 상승 한도 7,470m(24,500ft)	
크기: 날개폭 31.09m; 길이 21.18m; 높이 6.10m	
무게: 적재 중량 16,738kg	
무장: 7.7mm(0.303인치) 기관총 8정; 9,979kg(22,000lb) 폭탄 1발 또는 소형 폭탄 최대 6,350kg(4,000lb) 탑재	

보잉 포트리스 Mk III

이 항공기는 제2차 세계대전의 후기 단계에서 전파 방해와 정보 수집 임무를 위해 운용되었다. 이 항공기는 1944년부터 1945년까지 노포크주 울튼의 영국 공군 폭격기 사령부 제100 비행전대 제223 (특수임무)비행대대 소속이었다.

제원	
제조 국가: 미국	
유형: 8좌 중폭격기(정찰 및 전자 방해책)	
동력 장치: 1,200마력(895kW) 라이트 사이클론 GR-1820 레이디얼 피스톤 엔진 4개	
성능: 최대 속도 451km/h; 항속 거리 4,410km; 실용 상승 한도 9,601m(31,500ft)	
크기: 날개폭 31.62m; 길이 22.25m; 높이 4.72m	
무게: 적재 중량 29,030kg	
무장: 기수, 터렛, 중간, 꼬리에 12.7mm(0.5인치) 기관총 13정; 폭탄 탑재량 최대 5,806kg(12,800lb)	

컨솔리데이티드 리버레이터 B.Mk IV

리버레이터는 항속 거리가 길어 주로 영국 공군 연안 사령부의 해상 정찰 폭격 임무에 사용되었다. 그러나 속도와 큰 동체 덕분에 폭격기 사령부의 제100 비행전대에서 특수 임무를 지원하는 역할로도 사용되었다. 이 항공기는 1944년 8월에 울튼의 폭격기 사령부 제100 비행전대 제223 비행대대에서 운용되었다.

제원	
제조 국가: 미국	
유형: 8좌 특수 임무 중폭격기	
동력 장치: 1,200마력(895kW) 프랫 앤 휘트니 트윈 와스프 레이디얼 피스톤 엔진 4개	
성능: 최대 속도 435km/h; 항속 거리 2,366km; 실용 상승 한도 8,534m(28,000ft)	
크기: 날개폭 17.63m; 길이 12.7m; 높이 4.83m	
무게: 적재 중량 11,431kg	
무장: 20mm(0.79인치) 기관포 4문, 7.7mm(0.303인치) 기관총 7정; 어뢰 1발, 113kg(250lb) 폭탄 1발 또는 41kg(90lb) 로켓 8발	

드 하빌랜드 모스키토

모스키토(Mosquito, 모기)는 민간사업으로 제작되었지만 주로 '비전략적인' 재료(가문비나무와 발사나무)를 사용하였기 때문에 계속 진행하는 것이 허용되었다. 하지만 모스키토는 2차 대전에서 가장 다재다능한 항공기 중 하나였다. 야간 전투기와 야간 폭격기, 대함 모델은 기관총과 기관포, 로켓으로 중무장을 하였지만 폭격기와 정찰기 파생기종은 자기 방어를 위한 무장 대신에 속도를 빠르게 했다. 모스키토는 캐나다와 오스트레일리아에서 면허 생산했다.

드 하빌랜드 모스키토 PR. 1

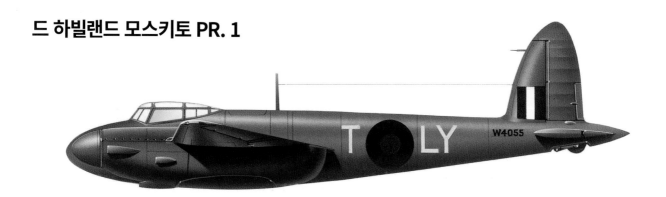

PR. 1은 최초로 취역한 모스키토 파생기종이었다. W4455는 1941년 9월 17일 프랑스의 브레스트를 촬영하는 임무로 처음 작전 출격했다. 이 항공기는 제1 사진정찰 부대로 배속되었는데 나중에 노르웨이 비행에서 돌아오지 못했다.

제원	
제조 국가: 영국	
유형: 쌍발 정찰기	
동력 장치: 1,280마력(954kW) 롤스로이스 멀린 21 V-12 피스톤 엔진 2개	
성능: 최대 속도 612km/h; 실용 상승 한도 9,144m(30,000ft); 항속 거리 2,990km	
무게: 자체 중량 6,396kg; 최대 이륙 중량 7,938kg	
크기: 날개폭 16.5m; 길이 12.44m; 높이 4.66m; 날개넓이 42.18㎡	
무장: 없음	

드 하빌랜드 모스키토 IV

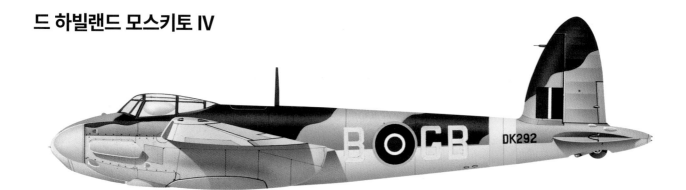

모스키토 폭격기는 랭카스터와 같은 양의 폭탄을 탑재하고 베를린까지 비행할 수 있었지만 승무원은 랭카스터와 달리 7명이 아닌 2명이었다. 제105 비행대대는 1942년 봄에 기차역, 공장, 비행장, 그리고 다른 정밀 목표물에 대한 저공 공습을 시작했다.

제원	
제조 국가: 영국	
유형: (B.IV 시리즈 2) 쌍발 폭격기	
동력 장치: 1,280마력(954kW) 롤스로이스 멀린 23 V-12 피스톤 엔진 2개	
성능: 최대 속도 612km/h; 실용 상승 한도 9,144m(30,000ft); 항속 거리 3,384km	
무게: 자체 중량 6,396kg; 적재 중량 10,151kg	
크기: 날개폭 16.5m; 길이 12.44m; 높이 4.66m; 날개넓이 42.18㎡	
무장: 폭탄 최대 4,000lb(1,814kg)	

드 하빌랜드 시 모스키토 T.33

영국 해군항공대는 육상 기지에서 모스키토를 운용해 본 후에 접이식 날개와 기수에 해상 탐색 레이더를 장착한 해군용 버전을 주문했다. 시 모스키토는 항공모함에서 운용하는 최초의 쌍발 항공기였지만, 최전선 경력은 매우 짧게 끝났다.

제원	
제조 국가: 영국	
유형: 쌍발 함상 뇌격기	
동력 장치: 1,620마력(1,208kW) 롤스로이스 멀린 25 V-12 피스톤 엔진 2개	
성능: 최대 속도 612km/h; 실용 상승 한도 10,058m(33,000 ft); 항속 거리 2,415km	
무게: 자체 중량 6,486kg; 최대 이륙 중량 10,115kg	
크기: 날개폭 16.5m; 길이 12.44m; 높이 4.66m; 날개넓이 42.18㎡	
무장: 20mm 이스파노 기관포 4문; 폭탄 454kg(1,000lb)까지 또는 18인치 (46cm) 어뢰 1발	

드 하빌랜드 모스키토 PR.XVI

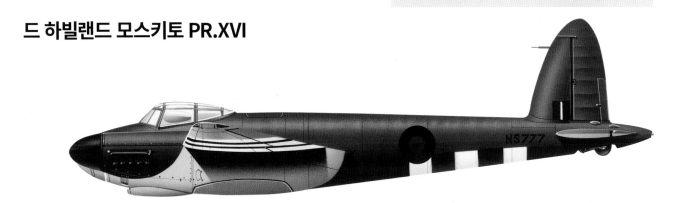

B.IX 폭격기 버전을 기반으로 한 PR.XVI 정찰기 모스키토는 고고도에서의 작업을 위해 여압 조종실(기압을 일정하게 유지하도록 만든 기밀구조의 조종실; 역자 주)과 2단계 과급기가 있는 멀린 엔진을 탑재했다. PR.XVI NS777은 1944년 겨울에 벨기에 멜스브로크의 제140 비행대대에서 운용되었다.

제원	
제조 국가: 영국	
유형: 쌍발 정찰기	
동력 장치: 1,680마력(1,253kW) 롤스로이스 멀린 72/73 피스톤 엔진 2개	
성능: 최대 속도 668km/h; 실용 상승 한도 10,516m(34,500ft); 항속 거리 3,943km	
무게: 자체 중량 6,638kg; 최대 이륙 중량 10,719kg	
크기: 16.5m; 길이 13.56m; 높이 3.81m; 날개넓이 42.18㎡	
무장: 없음	

드 하빌랜드 모스키토 T.3

모스키토는 가끔씩, 특히 엔진 하나가 꺼졌을 때 조종하기 까다로워서 이에 대한 개선 요구에 따라 선명한 노란색으로 칠한 T. III 훈련기 버전이 나오게 되었다. 전시의 항공기는 F. II 야간 폭격기를 개조하여 만들었다. 하지만 전후에 바뀐 명칭인 T.3으로 더 많이 제작되었다.

제원	
제조 국가: 영국	
유형: 쌍발 훈련기	
동력 장치: 1,620마력(1,208kW) 롤스로이스 멀린 25 V-12 피스톤 엔진 2개	
성능: 최대 속도 618km/h; 실용 상승 한도 11,430m(37,500ft); 항속 거리 2,511km	
무게: 자체 중량 6,486kg; 적재 중량 9,072kg	
크기: 16.5m; 길이 12.44m; 높이 4.65m; 날개넓이 42.18㎡	
무장: 없음	

독일 공군 야간 전투기

영국 공군의 야간 공습이 점점 심해짐에 따라 독일 공군은 효율적인 지상 통제 요격 체계를 채택하여 야간 전투기를 위해 공역을 격자 모양으로 나누어 운용하고 항공기에 고성능 레이더를 장착하였다. 대부분의 전투용 항공기들은 단발 전투기에서 쌍발 폭격기에 이르기까지 야간 전투를 위해 개조되었지만 He-219는 처음부터 야간 전투기로 개발된 유일한 전투기로 전쟁 중에 취역했다. 독일 공군의 야간 비행대대는 7,308대를 격추시켰다고 주장했다.

메서슈미트 Bf 110G-4

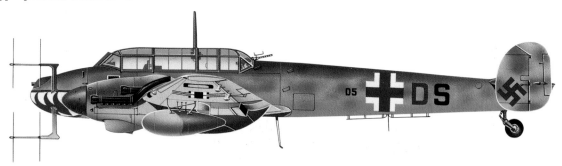

Bf 110은 1941년 말에 주간 작전에서는 상대에게 밀렸지만 레이더를 장착했을 때 야간 전투기로는 영국 공군 폭격기들에게 치명상을 입힌다는 사실이 입증되었고, 1942년 말에는 야간 전투기 부대의 75퍼센트를 차지하였다. 이 항공기는 제3 야간전투비행전대의 Bf 110G-4 8대 중 하나다.

제원	
제조 국가: 독일	
유형: 쌍발 야간 전투기	
동력 장치: 1,475마력(1,100kW) 다임러-벤츠 도립형 V-12 피스톤 엔진 2개	
성능: 최대 속도 550km/h; 항속 거리 1,300km; 실용 상승 한도 7,925m(26,000ft)	
크기: 날개폭 16.25m; 길이 13.05m; 높이 4.18m; 날개넓이 38.5㎡	
무게: 자체 중량 5,089kg; 최대 이륙 중량 9,888kg	
무장: 20mm MG 151/20 기관포 2문, 7.92mm MG 17 기관총 4정, MG 81z 기관총 1쌍	

융커스 Ju 88G-6

Ju 88G-6는 리히텐슈타인 레이더와 낙소스 레이더를 탑재하고, 위쪽으로 발사하는 한 쌍의 기관포를 가진 슈레게 무지크(재즈 음악) 무기를 장착했다. 이 무기는 기체 아래쪽에 방어 무기가 없는 영국 공군 폭격기를 공격하는데 매우 효과적이었다.

제원	
제조 국가: 독일	
유형: 3인승 야간 중전투기	
동력 장치: 1,750마력(1,305kW) 융커스 유모 도립형 V-12 피스톤 엔진 2개	
성능: 최대 속도 580km/h; 항속 거리 2,253km; 실용 상승 한도: 9,600m(31,500ft)	
크기: 20.0m; 길이 16.5m; 높이 4.85m; 날개넓이 54.5㎡	
무장: 20mm(0.78인치) MG 151 기관포 6문, 13mm(0.5인치) MG 131 기관총 1정	

TIMELINE

 1938

 1939

 1942

포케 불프 189 우후

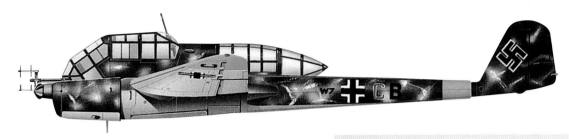

특이한 포케 불프 189 우후(Uhu, 수리부엉이) 관측용 항공기는 소련의 Po-2와 기타 야간 공격 항공기들을 야간 요격하는 추가 임무를 찾았다. 리히텐슈타인 C-1 레이더를 장착한 이 Fw 189A-4는 1945년 2월에 독일의 그라이프스발트에 기지를 두고 있었다.

제원	
제조 국가: 독일	
유형: 쌍발 야간 전투기	
동력 장치: 465마력(347kW) 아르구스 As 410A-1 직렬 피스톤 엔진 2개	
성능: 최대 속도 350km/h; 항속 거리 1,340km; 실용 상승 한도 7,300m(23,950ft)	
크기: 18,40m; 길이 12,03m; 높이 3,1m; 날개넓이 38㎡	
무게: 자체 중량 2,680kg; 최대 이륙 중량 4,170kg	
무장: 20mm MG 151/20 기관포 3문	

포케 불프 Fw 190A-6/r11

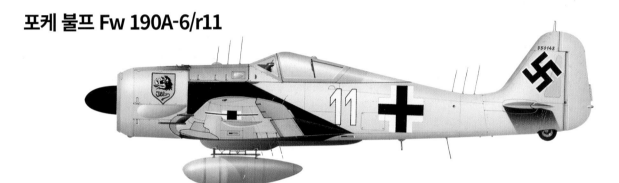

'반사박(window)'을 사용하는 등의 영국의 대응책은 종종 독일 야간 전투기의 레이더 장치를 무력화시켰다. 1943년 하조 헤르만(Hajo Hermann) 소령은 멧돼지(Wilde Sau) 전술을 도입하여 성공했다. 이 전술은 어떤 부대(Fw 190A-6을 운용하는 제10 야간전투비행단 제1 비행대대와 같은 부대)를 자유롭게 풀어놓고 자신들의 목표물을 잡도록 하는 것이었다.

제원	
제조 국가: 독일	
유형: 단발 야간 폭격기	
동력 장치: 1,730마력(1,272kW) BMW 801D-2 레이디얼 피스톤 엔진 1개	
성능: 최대 속도 656km/h; 항속 거리 800km; 실용 상승 한도 11,410m(37,430ft)	
크기: 날개폭 10,51m; 길이 8,95m; 높이 3,95m; 날개넓이 18,3㎡ (196,99 sq ft)	
무게: 자체 중량 3,200kg; 최대 이륙 중량 3,900kg	
무장: 20mm MG 151/20 E 기관포 6문; 7,92mm MG 17 기관총 2정	

하인켈 He 219-0 우후

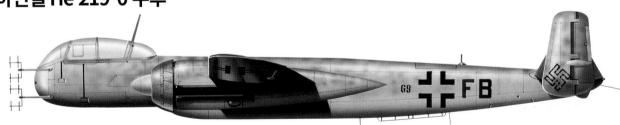

처음부터 야간 전투기로 제작된 He 219 우후(Uhu, 수리부엉이)는 첫 작전에서 세상을 깜짝 놀라게 하였음에도 불구하고 제작된 숫자는 비교적 적었다. (288 대) 1943년 6월 11일과 12일 밤에 베르너 슈트라이프(Werner Streib)는 예시의 He 219A-0 시제기로 비행해서 랭카스터 5대를 격추했다.

제원	
제조 국가: 독일	
유형: (He 219A-7/R-1) 복좌 쌍발 야간 전투기	
동력 장치: 1,800마력(1,324kW) 다임러-벤츠 V-12 피스톤 엔진 2개	
성능: 최대 속도 616km/h; 항속 거리 1,540km; 실용 상승 한도 9,300m(30,500ft)	
크기: 날개폭 18,5m; 길이 15,5m; 높이 4,4m; 날개넓이 44,4㎡	
무게: 자체 중량 11,200kg; 최대 이륙 중량 13,580g	
무장: 30mm MK 108 기관포 4문, 30mm MK 103 기관포 2문, 20mm MG 151/20 기관포 2문	

1943

컨솔리데이티드의 카탈리나

1933년 더글러스와 컨솔리데이티드는 P2Y-2와 Y-3을 대체할 미국 해군 최초의 외팔보식(cantilever) 단엽 비행정을 공급하기 위해 치열한 경쟁을 시작했다. 결국 아이작 B. 랜든(Isaac B. Landon)이 설계한 컨솔리데이티드 모델이 더글러스의 훌륭한 모델을 이겼다. 컨솔리데이티드의 XP3Y-1 시제기는 역사상 가장 위대한 항공기 가운데 하나로 발전했다. 제2차 세계대전 동안 650대의 카탈리나(Catalina, 이 항공기의 영국군 명칭)가 영국 공군 연안 사령부에 인도되었다.

컨솔리데이티드 PBY-5

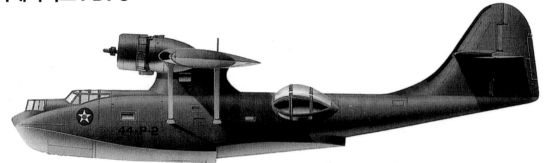

카탈리나는 알래스카부터 솔로몬제도까지 태평양 곳곳에서 운용되었다. 1943년 초 제44 초계비행대대(VP-44)가 이곳에서 작전을 수행하였다. 나중에 VP-44는 일본의 보급품 수송을 막기 위해 야간 대함 임무를 수행했던 '검은 고양이' 비행대대 중 하나가 되었다.

제원	
제조 국가: 미국	
유형: 9좌 해상 정찰 및 폭격 비행정	
동력 장치: 12,00마력(895kW) 프랫 앤 휘트니 R-1830-82 트윈 와스프 14기통 복열 레이디얼 엔진 2개	
성능: 최대 속도 322km/h; 항속 거리 3,050km; 실용 상승 한도 6,585m(21,600ft)	
크기: 날개폭 31.7m; 길이 19.45m; 높이 5.76m	
무게: 자체 중량 7,893kg; 최대 이륙 중량 15,145kg	
무장: 0.3인치 기관총 3정 (기수의 터렛에 2정, 동체 아래 터널에 1정), 양 측면의 반구형 총좌에 0.5인치 기관총 각 1정; 외부에 폭탄 탑재량 2,041kg(4,500lb)	

컨솔리데이티드 카탈리나 GR.IIA

캐나다의 빅커스는 카탈리나를 매우 많이 면허 제작했고, 그 비행정에는 보통 칸소라는 이름이 붙었다. 영국 공군의 카탈리나 GR.IIa 모델 36대는 원래 캐나다 공군용으로 주문하였다. 예시는 1942년 중반 펨브룩 도크의 제209 비행대대에서 운용하였다.

제원	
제조 국가: 미국	
유형: 9좌 해상 정찰 및 폭격 비행정	
동력 장치: 1,200마력(895kW) 프랫 앤 휘트니 R-1830-82 트윈 와스프 14기통 복열 레이디얼 엔진 2개	
성능: 최대 속도 322km/h; 항속 거리 3,050km; 실용 상승 한도 6,585m(21,600ft)	
크기: 날개폭 31.7m; 길이 19.45m; 높이 5.76m	
무게: 자체 중량 7,893kg; 최대 이륙 중량 15,145kg	
무장: 0.3인치 기관총 3정 (기수의 터렛에 2정, 동체 아래 터널에 1정), 양 측면의 반구형 총좌에 0.5인치 기관총 각 1정; 외부에 폭탄 탑재량 2,041kg(4,500lb)	

컨솔리데이티드 PBY-5

뉴질랜드 공군은 1943년에서 1953년까지 카탈리나 56대를 운용했는데, 모두 비행정 버전이었다. 그 중 약 절반은 보잉이 제작한 P2B-1 노마드였다. 예시는 1943년 솔로몬제도 플로리다섬의 할라보만에 기지를 두었던 뉴질랜드 공군 제6 비행대대의 PBY-5이다.

제원	
제조 국가: 미국	
유형: 9좌 해상 정찰 및 폭격 비행정	
동력 장치: 1,200마력(895kW) 프랫 앤 휘트니 R-1830-82 트윈 와스프 14기통 복열 레이디얼 엔진 2개	
성능: 최대 속도 322km/h; 항속 거리 3,050km; 실용 상승 한도 6,585m(21,600ft)	
크기: 날개폭 31.7m; 길이 19,45m; 높이 5.76m	
무게: 자체 중량 7,893kg; 최대 이륙 중량 15,145kg	
무장: 0.3인치 기관총 3정 (기수의 터렛에 2정, 동체 아래 터널에 1정), 양 측면의 반구형 총좌에 0.5인치 기관총 각 1정; 외부에 폭탄 탑재량 2,041kg(4,500lb)	

컨솔리데이티드 OA-10A 카탈리나

미국 육군항공대는 PBY-5A 수륙양용 비행기 58대를 OA-10이라고 명명하고, 공중 해상 구조 임무에 운용하였다. 그리고 캐나다에서 제작한 PBV-1A 252대도 운용했다. 이 항공기들은 조종석 위 포드에 설치된 공대지 레이더가 특징이었다.

제원	
제조 국가: 미국	
유형: 9좌 해상 정찰 및 폭격 수륙양용 비행정	
동력 장치: 1,200마력(895kW) 프랫 앤 휘트니 R-1830-90C 트윈 와스프 14기통 복열 레이디얼 엔진 2개	
성능: 최대 속도 288km/h; 항속 거리 5,713km; 실용 상승 한도 4,480m(14,700ft)	
크기: 날개폭 31.7m; 길이 19,45m; 높이 5.76m	
무게: 자체 중량 9,485kg; 최대 이륙 중량 16,067kg	
무장: 0.3인치 기관총 3정 (기수의 터렛에 2정, 동체 아래 터널에 1정), 양 측면의 반구형 총좌에 0.5인치 기관총 각 1정; 외부에 폭탄 탑재량 2,041kg(4,500lb)	

컨솔리데이티드 PBY-6A 칸소

덴마크 공군은 전쟁 후 캐나다에서 제작한 PBY–6A와 미국 해군의 잉여 PBY–6A 카탈리나를 운용했다. 이것은 1957년 구입하여 그린란드 기지에서 덴마크 해역과 발틱해의 초계 임무에 사용한 미국 해군 잉여 카탈리나 중 하나다.

제원	
제조 국가: 미국	
유형: 9좌 해상 정찰 및 폭격 수륙양용 비행정	
동력 장치: 1,200마력(895kW) 프랫 앤 휘트니 R-1830-92 트윈 와스프 14기통 복열 레이디얼 엔진 2개	
성능: 최대 속도 288km/h; 항속 거리 5,713km; 실용 상승 한도 4,480m(14,700ft)	
크기: 날개폭 31.7m; 길이 19,45m; 높이 5.76m	
무게: 자체 중량 9,485kg; 최대 이륙 중량 16,067kg	
무장: 0.3인치 기관총 3정 (기수의 터렛에 2정, 동체 아래 터널에 1정), 양 측면 반구형 총좌에 0.5인치 기관총 각 1정; 외부에 폭탄 탑재량 2,041kg(4,500lb)	

티르피츠 전함을 침몰시켜라

독일 전함 비스마르크호의 자매 전함인 티르피츠호는 제2차 세계대전의 대부분 기간 동안 영국 해군의 골칫거리였다. 티르피츠 전함은 노르웨이의 피오르드 지역의 기지에서 밖으로 나와 공격한 적은 거의 없었지만 러시아로 가는 수송함에 잠재적 위협을 가해 영국 함대의 상당 부분을 묶어놓았다. 티르피츠 전함은 1944년 말 소형 잠수함 공격으로 손상을 입은 후 항공모함 항공기들의 급습을 받아 북부 노르웨이로 이동하였다. 하지만 그곳은 영국 공군 폭격기의 항속 거리 안에 있었다.

페어리 바라쿠다 TB Mk II

독일의 티리피츠 전함에 심각한 손상을 입힌 첫 번째 공습은 1944년 4월의 텅스텐 작전이었다. 영국 항공모함 6대와 다수의 호위 구축함이 참가했다. 두 차례 페어리 바라쿠다 급강하 폭격기의 공격으로 전함은 14번의 직격탄을 맞고 심각한 손상을 입었다.

제원
제조 국가: 영국
유형: 단발 함상 급강하 폭격기/뇌격기
동력 장치: 1,640마력(1,225kW) 롤스로이스 멀린 32 V-12 피스톤 엔진 1개
성능: 최대 속도 340km/h; 실용 상승 한도 6,585m(21,600ft); 항속 거리 1,165km
무게: 자체 중량 4,445kg; 최대 이륙 중량 6,385kg
크기: 날개폭 14.49m; 길이 12.18m; 높이 4.6m; 날개넓이 37.62㎡
무장: 0.303인치(7.7mm) 빅커스 K 기관총 2정; 어뢰 1발 또는 735kg(1,620lb)의 폭탄 1발

그루먼 F6F 헬캣

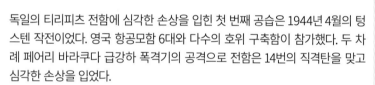

제800 비행대대의 헬캣 F Mk I 전투기들은 1944년 4월에 영국 해군항공대의 호위를 받는 영국 해군의 엠퍼러 항공모함에서 트리피츠 전함을 공격하여 독일 공군 전투기 3대를 격추하였다. 예시의 제800 비행대대의 헬캣은 디데이 착륙 당시의 모습으로 묘사되어 있다.

제원
제조 국가: 미국
유형: 단좌 함상 전투기 및 전투 폭격기
동력 장치: 2,000마력(1,491kW) 프랫 앤 휘트니 R-2800-10 1개 또는 10W 더블 와스프 18기통 복열 레이디얼 엔진 1개
성능: 최대 속도 603km/h; 실용 상승 한도 11,705m(38,400ft); 항속 거리 2,559km
무게: 자체 중량 4,128kg; 최대 이륙 중량 7,025kg
크기: 날개폭 13.06m; 길이 10.24m; 높이 3.99m

TIMELINE

 1937

 1938

 1942

아브로 랭카스터

1944년 말 제9, 제617 비행대대는 5,443kg(12,000lb) 톨보이 폭탄으로 무장한 개조된 랭카스터를 사용하여 몇몇 특수 임무를 수행했다. 패러베인 작전과 오비에이트 작전도 일부 피해를 입혔지만, 11월 12일의 캐터키즘 작전이 3번의 치명타를 입혔다.

제원	
제조 국가: 영국	
유형: 5좌 특수 임무 폭격기	
동력 장치: 1,640마력(1,223kW) 롤스로이스 멀린 24 12기통 V형 엔진 4개	
성능: 최대 속도 462km/h; 항속 거리 2,494km; 실용 상승 한도 5,790m(19,0000ft)	
크기: 날개폭 31.09m; 길이 21.18m; 높이 6.25m	
무게: 자체 중량 16,083kg; 최대 이륙 중량 32,659kg	
무장: 꼬리의 터렛에 0.303인치 기관총 4정, 반 내부에 9,979kg(22,000lb) '그랜드 슬램' 폭탄 1발 탑재	

아라도 Ar.196

아라도 Ar.196은 독일 해군의 주요 함재기였다. 티르피츠 전함에 4대를 실을 수 있었지만 전함이 피오르드 지역 내에 있을 때는 자체 항공기는 다른 곳에 기지를 둘 수 있었다. 1944년 함재비행전대 제1 비행대대의 이 Ar.196A-3는 노르웨이 스타방에르 근처의 로포텐제도에서 이륙했다.

제원	
제조 국가: 독일	
유형: 복좌 정찰 및 경공격 수상기	
동력 장치: 970마력(723kW) BMW 132K 9기통 단열 레이디얼 엔진 1개	
성능: 최대 속도 320km/h; 실용 상승 한도 7,000m(22,960ft); 항속 거리 1,070km	
크기: 날개폭 12.40m; 길이 11m; 높이 4.45m	
무게: 자체 중량 2,572kg; 최대 이륙 중량 3,730kg	
무장: 날개에 20mm 고정식 전방 발사 기관포 2문, 전방동체 우측에 7.92mm 고정식 전방 발사 기관총 1정, 조종석 뒤에 7.92mm 후방 발사 기관총 1정, 외부 폭탄 탑재량 100kg(220lb)	

메서슈미트 Bf 109G-10

제5 전투비행단 '아이스미어(Eismeer, 북극해)'는 '유럽 요새'(Fortress Europe, 나치 독일에 점령된 유럽 대륙; 역자 주)의 북부 측면에 배치된 독일 공군 비행단이었다. 이 비행단의 BF 109는 티르피츠 전함에 대한 마지막 공습을 요격하는데 실패했고, 비행단장 에를러(Ehrler) 소령은 나중에 감형되었지만 군법회의에 회부되어 사형선고를 받았다.

제원	
제조 국가: 독일	
유형: 단좌 전투기 및 전투 폭격기	
동력 장치: 1,475마력(1,100kW) 다임러-벤츠 605 1개	
성능: 최대 속도 653km/h; 항속 거리 700km; 실용 상승 한도 11,600m(38,000ft)	
크기: 날개폭 9.92m; 길이 9.04m; 높이 2.59m	
무게: 적재 중량 3,400kg	
무장: 20mm(0.8인치) 기관포 1문; 7.92mm(0.3인치) 또는 13mm(0.5인치) 기관총 2정	

1943

대서양 전투

항속 거리가 긴 포케 불프 콘도르는 비스케이만 연안에 기지를 두고 유보트 '늑대 떼들'을 위해 목표물을 찾아냈을 뿐 아니라, 직접 폭탄과 기관총, 기관포로 공격했다. 호송 체계를 통한 보호 없이 아프리카나 남아메리카를 오가는 외로운 상선들은 종종 '대서양의 징벌'의 희생자가 되었다. 그러나 콘도르는 심각한 구조적 약점이 있어서 착륙하다가 두동강 나는 경우가 많았다.

포케 불프 Fw 200C-콘도르

처음에 여객기로 개발된 포케 불프 콘도르는 1937년 7월에 첫 비행을 했다. 1939년 봄에 비스케이만에서 선박을 공격하기 위한 새로운 부대가 창설되었고, 콘도르는 이 Fw 200C-0라는 이름으로 이 임무에 맞게 개조되었다. 콘도르는 무장을 탑재하기 위해 무게가 추가되는 것에는 어려움이 없었지만 착륙 시에 구조적인 실패를 많이 겪었다.

제원	
제조 국가: 독일	
유형: 4발, 5좌 해상 초계 폭격기	
동력 장치: 830마력(619kW) BMW 132H 레이디얼 피스톤 엔진 4개	
성능: 최대 속도 360km/h; 실용 상승 한도 6,000m(19,685ft); 항속 거리 4,440km	
무게: 적재 중량 22,700kg	
크기: 날개폭 32.82m; 길이 23.46m; 높이 6.3m	
무장: 7.92mm(0.31인치) MG 15 기관총 3정, 20mm MG FF 기관포 1문, 최대 250kg(551lb) 폭탄 4발 또는 1,000kg(2,205lb) 기뢰 2발 탑재	

융커스 Ju 188

1941년, Ju 88의 후속 항공기로 계획했던 Ju 288 계획이 지연되면서 과도적인 항공기가 필요하게 되었다. 이에 따라 Ju 88B 시제기에서 파생된 Ju 188이 1942년에 취역했고, 폭격기, 정찰기, 고고도 침투 항공기 등을 합해 110대가 생산되었다.

제원	
제조 국가: 독일	
유형: (Ju 188E-1) 4좌 중형 폭격기	
동력 장치: 1,677마력(1,250kW) BMW 14기통 복열 레이디얼 엔진 1개	
성능: 최대 속도 544km/h; 실용 상승 한도 10,100m(33,135ft); 항속 거리 2,480km	
무게: 자체 중량 9,410kg; 최대 이륙 중량 14,570kg	
크기: 날개폭 22m; 길이 15.06m; 높이 4.46m	
무장: 기수 총좌에 20mm 전방 발사 기관포 1문, 기체 위쪽 터렛에 13mm 기관총, 조종석 뒤에 13mm 후방 발사 기관총 1정, 기수 아래 곤돌라에 7.92mm 2총열 기관총 1정, 폭탄 탑재량 3,000kg(6,613lb)	

도르니에르 Do 217E-2

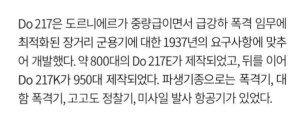

Do 217은 도르니에르가 중량급이면서 급강하 폭격 임무에 최적화된 장거리 군용기에 대한 1937년의 요구사항에 맞추어 개발했다. 약 800대의 Do 217E가 제작되었고, 뒤를 이어 Do 217K가 950대 제작되었다. 파생기종으로는 폭격기, 대함 폭격기, 고고도 정찰기, 미사일 발사 항공기가 있었다.

제원	
제조 국가: 독일	
유형: 4좌 중폭격기	
동력 장치: 1,178kW(1,580마력) BMW 14기통 피스톤 엔진 2개	
성능: 최대 속도 515km/h; 실용 상승 한도 9,000m(29,530ft); 항속 거리 2,800km	
무게: 자체 중량 10,535kg 최대 이륙 중량 16,465kg	
크기: 날개폭 19m; 길이 18.2m; 높이 5.03m	
무장: 기수의 아랫부분에 15mm 기관포 1문, 기체 위쪽 터렛에 13mm 기관총 1정, 동체 아래의 총좌에 13mm 기관총 1정, 기수에 7.92mm 기관총 1정 , 조종석 각 옆면 창에 7.92mm 기관총 1정; 폭탄 탑재량 4,000kg(8,818lb)	

미국의 수송기

미국은 제2차 세계대전 기간 중에 다른 어떤 나라보다도 더 많은 수송기를 제작했다. 사실은 영국이 그들이 필요한 대형 화물 수송기를 모두 미국이 공급하게 했고, 그렇게 해서 자국의 산업은 전투용 항공기에 집중할 수 있게 했다. 미국의 주요 수송기는 전쟁 전의 여객기 설계에서 파생되었다. 가장 유명한 수송기는 C-47 다코타인데 다양한 모습으로 10,000대 이상 제작되었다. C-46은 화물 적재 용량이 C-47의 2배였으며, 특히 히말라야산맥을 넘는 '험프(Hump)' 항로를 비행하는데 적합했다.

커티스 C-46A 코만도

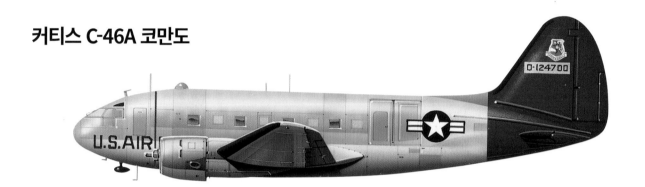

커티스 CW-20 수송기는 민간 시장을 염두에 두고 개발했지만, 1940년에 미국 육군항공대가 이 기종을 선택하여 C-46 코만도(Commando, 특공대)로 양산 주문하기 전에는 거의 제작되지 않았다. 총 3,181대가 제작되었으며, 전쟁 후에도 몇몇 나라의 공군에서 오랫동안 운용되었다.

제원	
제조 국가: 미국	
유형: 쌍발 수송기	
동력 장치: 2,000마력(1,500kW) 프랫 앤 휘트니 R-2800-51 레이디얼 피스톤 엔진 2개	
성능: 최대 속도 433km/h; 항속 거리 4,750km; 실용 상승 한도 8,410m(27,600ft)	
크기: 날개폭 32.9m; 길이 23.27m; 높이 6.63m; 날개넓이 126.8㎡	
무게: 14,700kg; 최대 이륙 중량 22,000kg	
무장: 없음	

더글러스 C-49K 스카이트루퍼

미국 육군항공대는 군용 규격에 맞추어 수천 대의 C-47을 제작하였을 뿐 아니라 항공사로부터 수많은 민간 DC-3 항공기를 다양한 명칭으로 징발했다. C-49K 스카이트루퍼(Skytrooper, 공수병) 23대가 생산 라인에서 바로 왔고, 그중 많은 수는 전쟁을 수행하는데 중요하다고 판단되는 노선을 비행하는 항공사에 다시 임대되었다.

제원	
제조 국가: 미국	
유형: 4발 여객 수송기	
동력 장치: 1,100마력(820kW) 라이트 R-1820-G105A 사이클론 레이디얼 피스톤 엔진 2개	
성능: 최대 속도 396km/h; 항속 거리 4,350km; 실용 상승 한도 8,000m(26,200ft)	
크기: 날개폭 32.69m; 길이 22.66m; 높이 6.32m; 날개넓이 138.1㎡	
무게: 자체 중량 13,700kg; 최대 이륙 중량 25,400kg	
무장: 없음	

TIMELINE

 1935    1938    1940

보잉 C-75 스트래토라이너 (모델 307)

객실 기압을 일정하게 유지하는 보잉 307 여객기는 전쟁 전에 겨우 10대만 항공사에 팔렸다. 트랜스월드 항공의 스트래토라이너(Stratoliner, 성층권 여객기) 5대는 항공 수송 사령부로 징발되어 C-75라는 이름으로 운용되었다. 이 항공기들은 최초로 많은 고위 장성들을 태우고 대서양을 횡단하는 정기운항 육상기가 되었다.

제원	
제조 국가: 미국	
유형: 4발 여객 수송기	
동력 장치: 1,100마력(820kW) 라이트 R-1820-G105A 사이클론 레이디얼 피스톤 엔진 4개	
성능: 최대 속도 396km/h; 항속 거리 4,350km; 실용 상승 한도 8,000m(26,200ft)	
크기: 날개폭 32,69m; 길이 22,66m; 높이 6,32m; 날개넓이 138,1㎡	
무게: 자체 중량 13,700kg; 최대 이륙 중량 25,400kg	
무장: 없음	

더글러스 C-54A

더글러스사의 C-54 스카이마스터 수송기는 1942년 초에 시제기 없이 바로 생산되었다. 미국 전쟁부는 민간 항공기 DC-4를 대체하려고 주문했고, 육군용은 C-54로 해군용은 R5D로 1,200대가 제작되었다. 주로 태평양에서 사용하기 위해서였다.

제원	
제조 국가: 미국	
유형: 4발 군용수송기	
동력 장치: 1,450마력(1,080kW) 프랫 앤 휘트니 R-2000-9 레이디얼 피스톤 엔진 4개	
성능: 최대 속도 442km/h; 항속 거리 6,400km; 실용 상승 한도 6,800m(22,300ft)	
크기: 날개폭 35,8m; 길이 28,6m; 높이 8,38m; 날개넓이 136㎡	
무게: 자체 중량 17,660kg; 최대 이륙 중량 33,000kg	
무장: 없음	

록히드 L-749 콘스털레이션

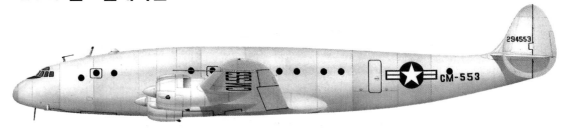

미국 육군항공대는 첫 번째 L-749 콘스털레이션(Constellations, 별자리)을 C-69라는 이름으로 인수하여 미국 내에서 인력 수송에 사용했다. 트랜스월드 항공의 주인 하워드 휴스(Howard Hughes)는 겨우 일부 항공기에 항공사 표식을 할 수 있었는데, 전쟁이 끝나고 그 항공기들이 민간 여객기로 돌아 왔을 때 그 일이 정말 훌륭한 홍보 활동이었음을 알게 되었다.

제원	
제조 국가: 미국	
유형: 4발 수송기	
동력 장치: 2,200마력(1,641kW) 라이트 R-3350-35 사이클론 레이디얼 피스톤 엔진 4개	
성능: 최대 속도 531km/h; 항속 거리 3,862km; 실용 상승 한도 7,620m(25,000ft)	
크기: 날개폭 37,49m; 길이 29,01m; 높이 7,21m; 날개넓이 153,29㎡	
무게: 자체 중량 22,906kg; 최대 이륙 중량 32,659kg	
무장: 없음	

1942

1943

록히드 라이트닝

클레런스 L. '켈리' 존슨(Clarence L. 'Kelly' Johnson)이 설계한 P-38 라이트닝(Lightning, 번개)은 1938년 당시로서는 급진적인 디자인이었다. 이 항공기의 독특한 배치 덕분에 엔진과 과급기를 긴 흡기관과 함께 동체 안에 장착하고, 조종석이 있는 중앙 나셀(nacelle)에 중무장을 장착할 수 있었다. 동시대의 많은 쌍발 항공기와는 달리 이중 반전 프로펠러를 사용하여 이륙 시에 엔진의 회전력 때문에 자주 겪는 방향 문제를 제거했다. P-38은 태평양 무대에서 가장 성공적인 항공기였다.

P-38 라이트닝 I

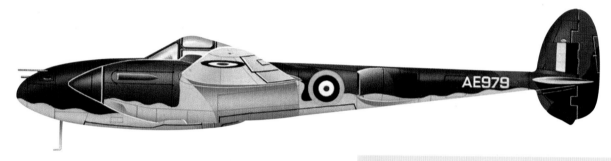

영국 공군은 라이트닝을 거의 700대 주문하였으나 1942년에 견본 3대를 평가한 후에 주문을 취소했다. 영국 공군 버전은 그들의 커티스 호크 81과의 호환성을 위해 터보 엔진을 빼고 주문했으나 그 결과 성능이 매우 실망스러웠다.

제원	
제조 국가: 미국	
유형: 쌍발 전투기	
동력 장치: 1,090마력(813kW) 알리슨 V-1710-C15 V-12 피스톤 엔진 2개	
성능: 최대 속도 575km/h; 실용 상승 한도 알 수 없음; 항속 거리 알 수 없음	
무게: 적재 중량 6,133kg	
크기: 날개폭 15.86m; 길이 11.53m; 높이 3.9m; 날개넓이 36.39㎡	
무장: 20mm 이스파노 M1 기관포 1문, 0.303인치 브라우닝 기관총 4정	

F-5B 라이트닝

F-5라는 명칭으로 많은 라이트닝 항공기가 사진 정찰 임무를 위해 기수를 카메라로 채워서 생산되거나 개조되었다. 자유 프랑스 공군의 GR II/33 정찰비행대대는 코르시카에서 F-5 항공부대를 운용했다. 조종사이자 소설 『어린왕자』의 저자인 앙투안 드 생텍쥐페리(Antoine de Saint-Exupery)는 1944년 7월에 F-5B를 비행하던 중에 실종되었다.

제원	
제조 국가: 미국	
유형: 1인승 쌍발 전투기	
동력 장치: 1,193 kW(1,600마력) 알리슨 V-1710-111/113 V-12 피스톤 엔진 2개	
성능: 최대 속도 666km/h; 실용상승한도 7,620m(25,000 ft); 항속 거리 2,100km	
무게: 자체 중량 5,800kg; 최대 이륙 중량 7,940kg	
크기: 날개폭 15.85m; 길이 11.53m; 높이 3.91m; 날개넓이 30.43㎡	
무장: 20mm 이스파노 M2(C) 기관포 1문, 0.5인치 브라우닝 기관총 4정	

P-38E 라이트닝

이 P-38E는 온전한 상태로 포획되어 독일 공군의 치르쿠스 로자리우스부대에서 재사용되었는데, 공군기지를 돌아다니며 연합국 공군의 강점과 약점을 시연했다. 포획된 P-38들이 때로는 연합국 편대에 침입하여 폭격기를 격추하는데 사용되었다는 증거가 있다.

제원	
제조 국가: 미국	
유형: 쌍발 전투기	
동력 장치: 1,225마력(913kW) 알리슨 V-1710-49/52 피스톤 엔진 2개	
성능: 최대 속도 636km/h; 실용 상승 한도 11,887m(39,000ft); 항속 거리 3,367km	
무게: 자체 중량(P-38F) 5,563kg; 최대 이륙 중량 (P-38E) 7,022kg	
크기: 날개폭 15.86m; 길이 11.53m; 높이 3.9m; 날개넓이 36.39㎡	
무장: 20mm 이스파노 M1 기관포 1문, 0.5인치 콜트-브라우닝 MG 53-2 기관총 4정	

P-38L 라이트닝

중앙아메리카의 온두라스는 1940년대 말에 P-38L 12대를 구입했다. 온두라스 공군 외에 전후에 라이트닝을 운용한 남미 국가는 쿠바, 도미니카, 콜롬비아였다.

제원	
제조 국가: 미국	
유형: 쌍발 전투기	
동력 장치: 1,600마력(1,194kW) 알리슨 V-1710-111/113 엔진 2개	
성능: 최대 속도 666km/h; 실용 상승 한도 13,410m(20,000ft); 항속 거리 4,184km	
무게: 최대 이륙 중량 9,798kg	
크기: 날개폭 15.85m; 길이 11.53m; 높이 2.99m	
무장: 20mm(0.8인치) 기관포 1문, 기수에 12.7mm(0.5인치) 기관총 4정, 907kg (2,000lb) 폭탄 2발	

P-38L 라이트닝

1949년 이탈리아가 나토에 가입했을 때 미국은 이탈리아 공군에 P-38L, P-38J, F-5E를 섞어서 라이트닝 50대를 공급했다. 이 항공기들은 1950년대에 제트 항공기가 널리 보급되기 전까지 공군을 재창설하는데 기여했다. 이것은 제4 비행단의 P-38L이다.

제원	
제조 국가: 미국	
유형: 쌍발 전투기	
동력 장치: 1,600마력(1194kW) 알리슨 V-1710-111/113 엔진 2개	
성능: 최대 속도 666km/h; 실용 상승 한도 13,410m(20,000ft); 항속 거리 4,184km	
무게: 최대 이륙 중량 9,798kg	
크기: 날개폭 15.85m; 길이 11.53m; 높이 2.99m	
무장: 20mm(0.8인치) 기관포 1문, 기수에 12.7mm(0.5인치) 기관총 4정, 907kg (2000lb) 폭탄 2발	

횃불 작전

1942년 11월, 연합군은 이집트의 엘 알라메인에서 거둔 영국의 승리의 후속 조치로 횃불 작전(Operation Torch)이라는 암호명으로 모로코와 알제리에 상륙하였다. 프랑스의 비시 정부(2차 세계대전 당시 프랑스에 존속한 나치 독일의 괴뢰 정부; 역자 주)군이 상륙을 저지했지만 프랑스 함대는 대부분 영국 해군에 의해 침몰했다. 미국 해군의 항공기와 비시군의 전투기들도 여러 차례 전투를 벌였다. 미국 육군항공대와 영국 공군의 지원을 받은 연합군의 지상군은 1943년 5월 마침내 튀니지에서 독일의 아프리카 군단을 몰아냈다.

그루먼 마틀렛 II

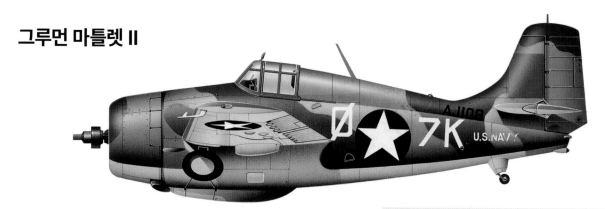

영국의 상륙은 영국 해군 항공모함 7척의 지원을 받았다. 횃불 작전을 위해 미국 휘장을 단 미국 연방 항공청의 항공기가 참가했다. 이 마틀렛 II는 횃불 상륙 작전을 위해 영국 해군 포미더블 항공모함의 제888 비행대대에 배속된 12대 중 한 대다.

제원	
제조 국가: 미국	
유형: 단발 함상 전투기	
동력 장치: 1,200마력(895kW) 프랫 앤 휘트니 휘트니R-1830-S3C4-G 레이디얼 피스톤 엔진 1개	
성능: 최대 속도 512km/h; 항속 거리 1,464km; 실용 상승 한도 10,363m(34,000ft)	
크기: 날개폭 11.58m; 길이 8.76m; 높이 2.81m; 날개넓이 24.15㎡	
무게: 자체 중량 2,674kg; 적재 중량 3,607kg	
무장: 0.5인치(12.7mm) 브라우닝 기관총 6정; 최대 953kg(200lb)의 폭탄	

더글러스 SBD-3 돈틀리스

미국 해군의 항공모함 레인저호는 상륙 작전에서 미국의 주력 항공모함이었다. 이 항공모함의 SBD-3 돈틀리스는 작전 중에 9대를 잃었지만, 카사블랑카 항구에서 프랑스 전함 장 바르호에 마지막 타격을 가해 그때까지 가동가능했던 단 하나 남은 포탑을 파괴했다.

제원	
제조 국가: 미국	
유형: 단발 함상 급강하 폭격기	
동력 장치: 1,000마력(746kW) 라이트 R-1820-52 사이클론 피스톤 엔진 1개	
성능: 402km/h; 항속 거리 2,165km; 실용 상승 한도 8,260m(27,100ft)	
크기: 날개폭 12.66m; 길이 9.96m; 높이 4.14m	
무게: 자체 중량 2,878kg; 최대 이륙 중량 4,717kg	
무장: 0.5인치(12.7mm) 브라우닝 기관총 2정, 0.3인치(7.62mm) 2정	

더글러스 A-20B 해벅

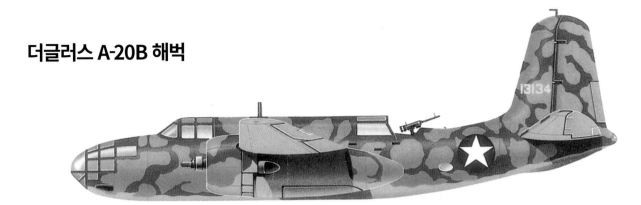

A-20B 경공격 폭격기는 더글러스사가 프랑스 공군에 인도한 DB-7A에 대응하는 미국 육군항공대의 항공기였다. 이 항공기는 내부에 폭탄 1,179kg(2,600파운드)을 탑재할 수 있고, 고정식 전방 발사 기관총 2정을 장착하였다. 이 항공기는 1942년 12월 모로코 메디온의 제12 미국 육군항공대 제84 폭격비행대대에서 운용되었다.

제원	
제조 국가: 미국	
유형: 2-3좌 경공격 폭격기	
동력 장치: 1,690마력(1,260kW) 라이트 R-2600-11 레이디얼 피스톤 엔진 2개	
성능: 최대 속도 515km/h; 항속 거리 1,996km; 실용 상승 한도 7,470m(24,500ft)	
크기: 날개폭 18.69m; 길이 14.48m; 높이 5.36m	
무게: 자체 중량 5,534kg; 최대 이륙 중량 9,789kg	
무장: 12.7mm(0.5인치) 브라우닝 기관총 3정 7.62mm(0.3인치) 1정; 최대 2,400lb(1,089kg)의 폭탄	

커티스 P-40L

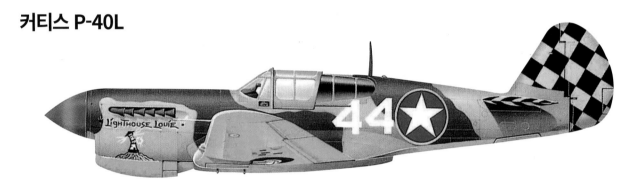

P-40L은 P-40F를 경량화한 기종으로 패커드사가 제작한 멀린 엔진은 그대로 사용하지만 기관총은 보통 4정만 장착하였다. 예시의 '루이의 등대(Lighthouse Louie)'는 1943년 초 튀니지에서 제325 전투비행전대 본부 편대의 G. H. 오스틴(G. H. Austin) 대령이 조종했던 항공기다.

제원	
제조 국가: 미국	
유형: 단발 전투기	
동력 장치: 969kW(1,300마력) 패커드 멀린 28 V-12 피스톤 엔진 1개	
성능: 최대 속도 595km/h; 항속 거리 2,213km; 실용 상승 한도 10,973m(36,000ft)	
크기: 날개폭 11.35m; 길이 9.49m; 높이 3.32m; 날개넓이 21.92㎡	
무게: 자체 중량 2,939kg; 최대 이륙 중량 4,037kg	
무장: 0.5인치(12.7mm) 브라우닝 기관총 4정	

컨솔리데이티드 B-24D 리버레이터

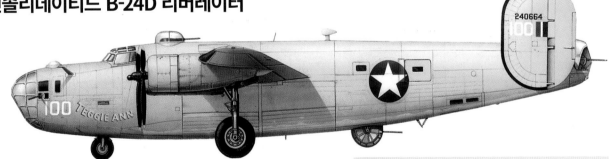

제15 항공대는 튀니지에서 창설되자마자 바로 추축국이 전쟁을 수행하는데 매우 중요했던 이탈리아의 시칠리아섬과 루마니아 유전을 폭격기로 공격했다. 예시의 '테기 앤(Teggie Ann)'은 1943년 리비아의 키레나이카에 기지를 두고 있던 제376 폭격비행전대 '리베란도스(The Liberandos)'의 B-24D이었다.

제원	
제조 국가: 미국	
유형: 10좌 중폭격기	
동력 장치: 1,200마력(895kW) 프랫 앤 휘트니 레이디얼 피스톤 엔진 4개	
성능: 최대 속도 488km/h; 항속 거리 1,730km; 실용 상승 한도 8,540m(28,000ft)	
크기: 날개폭 33.53m; 길이 20.22m; 높이 5.46m	
무게: 적재 중량 27,216kg	
무장: 기수에 12.7mm(0.5인치) 기관총 1(또는 3)정, 12.7mm(0.5인치) 기관총 6정: 기체 위쪽 터렛 2정, 접어넣을 수 있는 원형 터렛에 2정, 가운데 총좌에 2정, 폭탄 3,629kg(8,000lb) 탑재	

시칠리아 침공

독일의 아프리카 군단 축출에 뒤이어 연합국의 다음 단계는 유럽의 급소를 공격하는 것이었다. 1943년 7월에 시칠리아를 침공하는 허스키 작전이 시작되었다. 이탈리아는 본토를 침공하지 않고도 굴복시킬 수 있을 것이라 생각했지만, 이 작전은 적어도 시칠리아섬의 추축국 기지를 파괴하여 지중해에서 선박에 대한 위협을 대부분 제거하는 것을 목표로 했다. 이 침공에서 처음으로 미국의 낙하산 부대와 영국의 글라이더 부대를 대량 사용하였다.

칸트 Z.1007bis

이탈리아의 항공기 설계자들은 3발 엔진을 특히 좋아했다. 3발 칸트 Z.1007은 이탈리아 군에서 가장 중요한 폭격기 중 하나였다. 이 Z.1007bis는 1943년 초에 북아프리카 해안의 연합국의 항구와 목표물을 공격하기 위해 야간용 위장을 갖추었다.

제원	
제조 국가:	이탈리아
유형:	5좌 중형 폭격기
동력 장치:	1,000마력(746kW) 피아지오 P.XI 14기통 복열 레이디얼 엔진 3개
성능:	최대 속도 466km/h; 실용 상승 한도 8,200m(26,900ft); 항속 거리 1,750km
무게:	자체 중량 9,396kg; 최대 이륙 중량 13,621kg
크기:	날개폭 24.8m; 길이 18.35m; 높이 5.22m
무장:	동체 위쪽 터렛에 12.7mm 기관총 1정, 동체 아래 총좌에 12.7mm 후방 발사 기관총 1정, 양 측면 총좌에 7.7mm 측방 발사 기관총 각 1정, 내부 폭탄 탑재량 1,200kg(2,646lb)

메서슈미트 Bf 109G-2

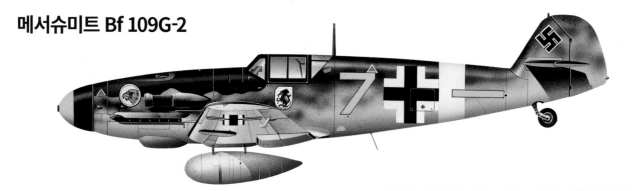

Bf 109G는 이 시리즈 최고의 버전이었으며, 다양한 무장 구성을 갖추기 위해 광범위하고 다양한 공장 개조 또는 현장 개조 세트가 장착되었다. 이 Bf 109G-2는 1943년 이탈리아 사르디니아섬의 카사 제페라에 기지를 두고 있던 독일 공군의 제51 전투비행단 제2 비행전대 '몰더즈(Molders)' 부대에서 운용했다.

제원	
제조 국가:	독일
유형:	단좌 전투기 및 전투 폭격기
동력 장치:	1,250마력(932kW) DB 605A-1 도립형 V12 피스톤 엔진 1개
성능:	최대 속도 621km/h; 항속 거리 1,000km; 실용 상승 한도 11,550m(37,890ft)
크기:	날개폭 9.92m; 길이 8.85m; 높이 2.5m
무게:	자체 중량 2,673kg; 최대 이륙 중량 3,400kg
무장:	엔진에 설치된 20mm 또는 30mm 고정식 전방 발사 기관포 1문, 전방 동체 윗부분에 13mm 고정식 전방 발사 기관총 2정 , 외부 폭탄 탑재량 250kg(551lb)

노스 어메리칸 A-36A 아파치

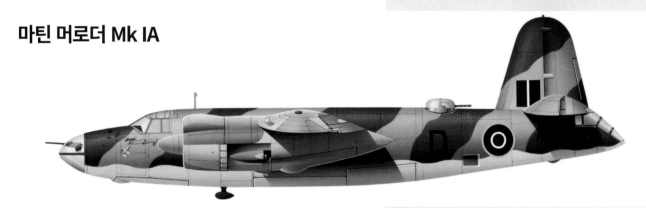

P-51 머스탱에 탑재된 원래의 알리슨 엔진은 고고도에서 실망스러웠지만 저공 지상 공격기로는 이상적이었다. 알리슨 엔진을 탑재한 A-36 아파치는 날개에 급강하 브레이크와 기관포 무장이 있었다. 이 A-36A는 코르시카의 제27 전투 폭격비행전대에서 운용했다.

제원	
제조 국가: 미국	
유형: 단발 전투 폭격기	
동력 장치: 1,325마력(1,988kW) 알리슨 87 액냉식 피스톤 V12 엔진 1개	
성능: 최대 속도 590km/h; 실용 상승 한도 7,650m(25,100ft); 항속 거리 885km	
무게: 적재 중량 4,535kg	
크기: 날개폭 11.28m; 길이 9.83m; 높이 3.71m	
무장: 날개에 12.7mm(0.5인치) M2 브라우닝 기관총 6정	

마틴 머로더 Mk IA

영국 공군의 B-26은 사막 공군이 북아프리카와 이탈리아에서의 작전에 독점적으로 사용했다. 이 기종은 1942년 8월에 이집트에서 처음으로 제14 비행대대에 취역했다. 이것은 미국 육군항공대의 B-26B와 같은 제14 비행대대의 머로더(Marauder, 습격자) Mk 1A이다.

제원	
제조 국가: 미국	
유형: (B-26B (머로더 1A) 쌍발 중형 폭격기	
동력 장치: 1,920마력(1,423kW) R-2800-41 피스톤 엔진 2개	
성능: 최대 속도 491km/h; 실용 상승 한도 8,534m(28,000ft); 항속 거리 1,931km	
무게: 자체 중량 7,712kg; 최대 이륙 중량 16,556kg	
크기: 날개폭 21.64m; 길이 17.53m; 높이 6.1m; 날개넓이 61.7㎡	
무장: 0.5인치(12.7mm) 브라우닝 기관총 6정; 폭탄 최대 1,814kg(4,000lb)	

커티스 키티호크 III

P-40(영국에서 명칭은 토마호크 또는 키티호크)은 사막 전투에서 영국 공군의 주력 전투기였다. 1943년 말 쯤에는 유럽에서는 구식이 되었지만 이탈리아 전투에서는 계속 운용되었다. 이 키티호크 III(P-40M)은 제240 비행대대 소속이었다.

제원	
제조 국가: 미국	
유형: 단좌 전투기	
동력 장치: 1,200마력(895kW) 알리슨 V-1710-81 (F20R) 엔진	
성능: 최대 속도 563km/h; 항속 거리 1,738km; 실용 상승 한도 9,450m(31,000ft)	
크기: 날개폭 11.36m; 길이 10.16m; 높이 3.76m	
무게: 적재 중량 3,511kg	
무장: 날개에 12.7mm(0.5인치) 브라우닝 기관총 4정	

피젤러 슈토르흐

나치 정권 동안 독일의 항공 산업에서 생산된 가장 주목할 만한 항공기 중 하나인 슈토르흐(Storch, 황새)는 단거리 수직이착륙 항공기에 대한 게르하르트 피젤러(Gerhard Fieseler)의 관심을 보여주는 생생한 예로 남아있다. 슈토르흐는 65m 거리에서 이륙할 수 있고 20m 거리에서 착륙할 수 있었다. 그리고 시속 40km의 바람 속에서 전혀 통제력을 잃지 않고 비행할 수 있었다. 1937년에 취역했고, 총 2,900대가 생산되었다. 주요 파생기종은 비무장 모델인 A, 무장 모델인 C, 공중 앰뷸런스 모델인 D가 있었다.

Fi 156-3 슈토르흐

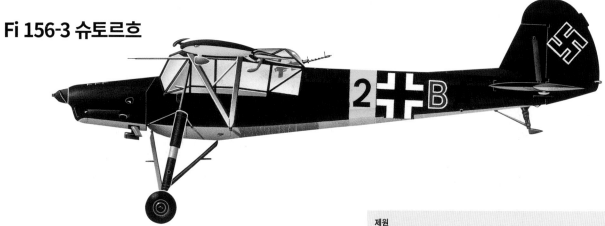

예시는 1942년 8월 동부 전선의 돈 지역에서 운용되었던 독일 공군 최고사령부 연락비행대의 Fi 156C 슈토르흐다. 슈토르흐는 육군 협력, 사상자 피난 및 연락 항공기에 대한 1935년의 요구사항에 따라 개발된 항공기로 1936년에 첫 비행을 했다.

제원
제조 국가: 독일
유형: 3좌 육군 협력, 전장 정찰, 연락 및 사상자 후송 항공기
동력 장치: 240마력(179kW) 아르거스 As 10C-3 8기통 도립형 V형 엔진 1개
성능: 최대 속도 175km/h; 항속 거리 1,015km; 실용 상승 한도 5,200m(17,060ft)
크기: 날개폭 14,25m 길이 9,9m; 높이 3,05m
무게: 자체 중량 940kg; 최대 이륙 중량 1,320kg
무장: 조종석 뒤에 7.92mm 후방 발사 기관총 1정

Fi 156-3 트롭 슈토르흐

Fi 156C-3 트롭은 사막 환경에서 사용할 수 있도록 공기 흡입구에 필터를 달아서 열대 지방에 알맞게 만든 버전이다. 다른 역할 중에는 적의 기갑 대형과 차량을 탐색하는데 사용되었는데, 그들이 이동할 때 만드는 먼지 구름을 탐지할 수 있기 때문이었다.

제원
제조 국가: 독일
유형: 3좌 육군 협력, 전장 정찰, 연락 및 사상자 후송 항공기
동력 장치: 240마력(179kW) 아르거스 As 10C-3 8기통 도립형 V형 엔진 1개
성능: 최대 속도 175km/h; 항속 거리 1,015km; 실용 상승 한도 5,200m(17,060ft)
크기: 날개폭 14,25m; 길이 9,9m; 높이 3,05m
무게: 자체 중량 940kg; 최대 이륙 중량 1,320kg
무장: 조종석 뒤에 7.92mm 후방 발사 기관총 1정

Fi 156C 슈토르흐

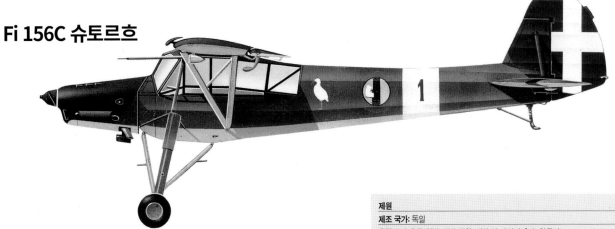

비록 이탈리아의 슈토르흐 운용에 대한 정보는 드물지만 이 기종은 1943년 9월 독재자 무솔리니를 중부 이탈리아 산악 지대의 그랑삿소 산장에 감금된 베니토 무솔리니를 구출할 때 사용되면서 유명해졌다. 이 이탈리아 슈토르흐는 알바니아의 티라나에 기지를 두고 있었다.

제원	
제조 국가: 독일	
유형: 3좌 육군 협력, 전장 정찰, 연락 및 사상자 후송 항공기	
동력 장치: 240마력(179kW) 아르거스 As 10C-3 8기통 도립형 V형 엔진 1개	
성능: 최대 속도 175km/h; 항속 거리 1,015km; 실용 상승 한도 5,200m(17,060ft)	
크기: 날개폭 14,25m; 길이 9,9m; 높이 3,05m	
무게: 자체 중량 940kg; 최대 이륙 중량 1,320kg	
무장: 조종석 뒤에 7.92mm 후방 발사 기관총 1정	

Fi 156D 슈토르흐

스페인은 공중 앰뷸런스로 환경을 설정한 Fi 156D 모델을 약 10대 사용했다. 이 슈토르흐는 프랑스에서 MS.500 크리케란 이름으로 면허 생산되었고, 체코슬로바키아에서는 K-65 캡이란 이름으로 생산되었다. 소련 역시 전쟁 전에 복제품을 생산하기 시작했다.

제원	
제조 국가: 독일	
유형: (Fi 156C-2) 3좌 육군 협력, 전장 정찰, 연락 및 사상자 후송 항공기	
동력 장치: 179kW(240마력) 아르거스 As 10C-3 8기통 도립형 V형 엔진 1개	
성능: 최대 속도 175km/h; 1,000m까지 상승하는데 3분 24초; 실용 상승 한도 5,200m(17,060ft); 항속 거리 1,015km	
무게: 자체 중량 940kg; 최대 이륙 중량 1,320kg	
크기: 날개폭 14,25m; 길이 9,9m; 높이 3,05m	
무장: 조종석 뒤에 7.92mm 후방 발사 기관총 1정	

Fi 156C 슈토르흐

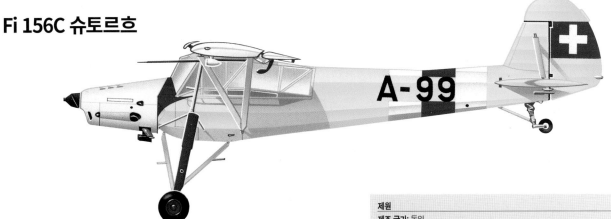

스위스는 슈토르흐가 고지대의 초원이나 빙하에서 운항할 수 있는 구조 항공기로 매우 유용하다는 것을 알았다. 스위스는 전후에 많은 슈토르흐를 구입했고 적어도 1963년까지 사용했다.

제원	
제조 국가: 독일	
유형: (Fi 156C-2) 3좌 육군 협력, 전장 정찰, 연락 및 사상자 후송 항공기	
동력 장치: 240마력(179kW) 아르거스 As 10C-3 8기통 도립형 V형 엔진 1개	
성능: 최대 속도 175km/h; 실용 상승 한도 5,200m(17,060ft); 항속 거리 10,15km	
무게: 자체 중량 940kg; 최대 이륙 중량 1,320kg	
크기: 날개폭 14,25m; 길이 9,9m; 높이 3,05m	

이탈리아 전투

1943년 9월초 연합군은 시칠리아를 디딤판으로 이용해서 이탈리아에 상륙했다. 특히 이탈리아 정부가 휴전을 선언했기 때문에 연합군은 재빨리 발판을 마련했다. 하지만 독일군은 계속 저항했고 연합군의 진격은 산악 지대에서 꼼짝 못하게 되었다. 산꼭대기의 몬테카시노 수도원이 특히 장애가 되었고 B-25와 다른 연합군 항공기의 대규모 폭격 대상이 되었다.

노스 어메리칸 P-51B 머스탱

제332 전투비행전대는 알라바마의 터스키기에서 훈련을 시작한 흑인 조종사들로 구성되었다. 제99 비행대의 에드워드 토핀스(Edward Toppins)는 이 비행전대에서 두 번째로 성적이 좋은 조종사였다. '붉은 꼬리' 비행전대는 이탈리아 기지에서 폭격기 호위와 지상 공격 임무를 위해 비행했다.

제원	
제조 국가: 미국	
유형: 단좌 전투기	
동력 장치: 1,044마력(1,400kW) 패커드 V-1650 롤스로이스 멀린 엔진 1개	
성능: 최대 속도 690km/h; 실용 상승 한도 12,649m(41,500ft); 항속 거리 3,540km	
무게: 적재 중량 4,173kg	
크기: 날개폭 11,27m; 길이 9,84m; 높이 4,15m	
무장: 12,7mm(0,5인치) 기관총 6정	

노스 어메리칸 B-25 미첼

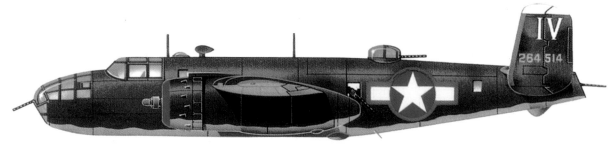

남부 이탈리아와 시칠리아는 곧 북부의 목표물을 향해서 날아가는 연합군 폭격기의 기지가 되었다. 연합군의 주력 전술 폭격기는 B-25 미첼이었다. 예시의 B-25는 1943년 가을에 시칠리아의 게르비니에 기지를 둔 제21 폭격비행전대 제81 폭격비행대대에서 운용했다.

제원	
제조 국가: 미국	
유형: 5좌 중형 폭격기	
동력 장치: 1,700마력(2,278kW) 엔진 2개	
성능: 최대 속도 457km/h; 항속 거리 3,219km; 실용 상승 한도 7,163m(23,500ft)	
크기: 날개폭 20,7m; 길이 16,2m; 높이 4,8m	
무게: 적재 중량 18,960kg	
무장: 기수에 장착된 12,7mm(0,5인치) 기관총 2정; 12,7mm(0,5인치) 기관총 4정 (위 터렛에 2정, 아래 터렛에 2정); 폭탄 2,359kg(52,00lb)	

마키 MC.205V 벨트로

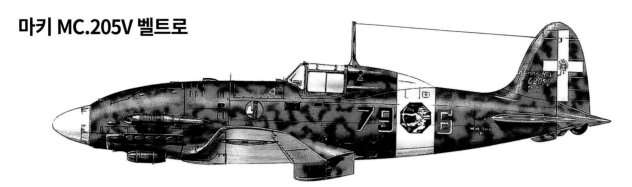

1943년 중반, 제때 시칠리아 전투를 지원하기 위해 운용하기 시작했던 MC.205V 벨트로(Veltro, 사냥개)는 이탈리아 최고의 전시 전투기였다. 이탈리아 정부가 연합국과 평화 협정을 맺었을 때까지 단 96대만 인도되었다. 총 생산도 겨우 MC.205V 265대 에 불과했다.

제원	
제조 국가: 이탈리아	
유형: 단좌 전투기 및 전투 폭격기	
동력 장치: 1,475마력(1,100kW) 피아트 RA.1050 RC.58 티포느(Tifone) 12기통 엔진 1개	
성능: 최대 속도 642km/h; 실용 상승 한도 11,000m(36,090ft); 항속 거리 1,040km	
무게: 자체 중량 2,581kg; 최대 이륙 중량 3,408kg	
크기: 날개폭 10.58m; 길이 8.85m; 높이 3.04m	
무장: 전방동체 윗부분에 12.7mm 고정식 전방 발사 기관총 2정, 날개의 앞전에 20mm 전방 발사 기관포 2문, 폭탄 탑재량 320kg(705lb)	

메서슈미트 Bf 109G-6

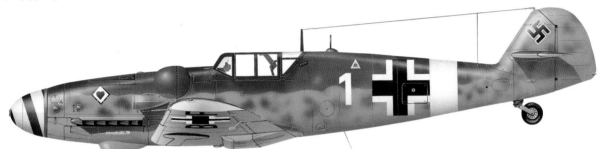

Bf 109G-6는 조종석 앞에 기관포 탄약 자리가 불룩 나온 것으로 이전의 모델과 구별할 수 있었다. 제77 전투비행단 제1 비행대대의 이 Bf 109G-6 항공기 조종사 에른스트 라이너트(Ernst Reinert)는 전시에 총 174대를 격추했는데, 그 중 51대가 지중해 무대에서 격추한 것이었다.

제원	
제조 국가: 독일	
유형: 단좌 전투기 및 전투 폭격기	
동력 장치: 1,475마력(1,100kW) DB 605 엔진	
성능: 최대 속도 653km/h; 항속 거리 700km; 실용 상승 한도 11,600m(38,000ft)	
크기: 날개폭 9.92m; 길이 9.04m; 높이 2.59m	
무게: 최대 적재 중량 3,400kg	
무장: 20mm(0.8인치) 기관포 1문; 엔진 위에 13mm (0.5인치) 기관총 2정	

메서슈미트 Me 410A 호르니세

실패한 Me 210 기종에서 개발된 Me 410은 많은 수가 제작되지는 않았지만 빠르고 강력한 쌍발 전투기이자 정찰기였다. 제1 중전투비행단 제9 비행대대의 이 Me 410A는 독일이 철수하기 전에 시칠리아 게르비니에 기지를 두고 있었다.

제원	
제조 국가: 독일	
유형: 복좌 중전투기	
동력 장치: 1,750마력(1,305kW) DB 12기통 도립형 V형 엔진 2개	
성능: 최대 속도 624km/h; 실용 상승 한도 10,000m(32,810ft); 항속 거리 1,670km	
무게: 자체 중량 7,518kg; 정상 최대 이륙 중량 9,651kg	
크기: 날개폭 16.35m; 길이 12.48m; 높이 4.28m	
무장: 20mm 기관포 4문 (기수에 2문, 동체 아래에 2문), 기수에 7.92mm 기관총 2정, 측면 총좌 2개에 13mm 기관총 각 1정	

이탈리아 전투 2부

연합군이 독일군의 방어선 배후에 있는 안찌오에 상륙한 것으로는 이탈리아 반도의 교착상태가 타개되지 않았다. 로마는 1944년 6월에 함락되었지만, 로마를 점령하기 위해 군대를 돌리면서 미군은 독일 주력군의 퇴각을 차단할 수 있는 기회를 놓쳤다. 이탈리아의 공동 교전군(과 공군)은 연합국과 함께 독일과 자신의 항공대를 운용하고 있던 무솔리니의 파시스트 잔당 국가인 '이탈리아 사회 공화국'에 맞서 싸웠다. 상당수의 파르티잔 활동은 혼란을 더했다.

리퍼블릭 P-47D 선더볼트

P-47D는 '뾰족한 등'과 '반구형 투명 덮개'의 두 가지 형태로 나왔다.(초기의 P-47은 조종석 뒤쪽을 동체의 구조물이 가렸지만 나중에는 반구형 투명 캐노피로 교체하였다; 역자 주) 후자는 조종사 시야가 매우 뛰어났다. 제12 공군의 제79 전투비행전대의 제86 전투비행대대는 1945년 2월에 이 P-47D를 파노에서부터 리미니 근처 아드리아해 해안에서 운용했다.

제원	
제조 국가: 미국	
유형: 단좌 전투기 및 전투 폭격기	
동력 장치: 2,535마력(1,891kW) 프랫 앤 휘트니 R-2800-59W 더블 와스프 엔진	
성능: 최대 속도 697km/h; 항속 거리 3,060km(낙하 연료탱크 탑재시); 실용 상승 한도 12,495m(41,000ft)	
크기: 날개폭 12.42m; 길이 11.02m; 높이 4.47m	
무게: 최대 이륙 중량 7,938kg	
무장: 날개에 12.7mm(0.5인치) 기관총 8정, 외부에 폭탄 1,134kg(2,500lb) 또는 로켓	

마틴 B-26B 머로더

사르디니아섬은 침공할 필요도 없이 연합국의 수중에 떨어졌다. 이전에 추축군이 사용하던 비행장은 새로운 관리체제로 넘어갔다. 1945년 초 B-26B 머로더를 운용했던 미국 공군 제320 폭격비행전대 제444 폭격비행대대가 있던 칼리아리 근처의 데시모마무 기지도 그중 하나였다.

제원	
제조 국가: 미국	
유형: (B-26B (머로더 1A)) 쌍발 엔진 중형 폭격기	
동력 장치: 1,920마력(1,423kW) R-2800-41 피스톤 엔진 2개	
성능: 최대 속도 491km/h; 실용 상승 한도 8,534m(28,000ft); 항속 거리 1,931km	
무게: 자체 중량 7,712kg; 최대 이륙 중량 16,556kg	
크기: 날개폭 21.64m; 길이 17.53m; 높이 6.10m; 날개넓이 61.7㎡	
무장: 0.5인치(12.7mm) 브라우닝 기관총 6정; 폭탄 최대 1,814kg(4,000lb)	

마키 MC.205 벨트로

파시스트 이탈리아의 공군은 1943년 중반에 남아있는 MC.205V 대부분을 인수하고 계속 생산했다. 이 MC 205V 세리에 III은 1944년 초에 제1 비행전대 제1 비행대대의 비토리오 사타(Vittorio Satta)가 조종했고, 이탈리아 공군의 '우표' 모양 국가 휘장을 하고 있다.

제원	
제조 국가: 이탈리아	
유형: 단좌 전투기 및 전투 폭격기	
동력 장치: 1,475마력(1,100kW) 피아트 RA.1050 RC.58 Tifone 12기통 엔진 1개	
성능: 최대 속도 642km/h; 실용 상승 한도 11,000m(36,090ft); 항속 거리 1,040km	
무게: 자체 중량 2,581kg; 최대 이륙 중량 3,408kg	
크기: 날개폭 10.58m; 길이 8.85m; 높이 3.04m	
무장: 전방동체 윗부분에 12.7mm 고정식 전방 발사 기관총 2정, 날개 앞전에 20mm 전방 발사 기관포 2문, 폭탄 탑재량 320kg(705lb)	

레지아네 Re.2001

이탈리아는 강력한 V형 엔진 개발의 필요성을 무시해왔기 때문에 처음에는 적정 출력이 부족해서 Re.2000의 잠재력을 실현할 수 없었다. 독일 엔진의 면허 생산으로 해법을 찾아서 개발한 초기 모델이 1940년 6월에 첫 비행을 한 Re.2001 팔코 II였다. 예시의 항공기는 제22 비행전대 제362 비행대대에서 운용했다.

제원	
제조 국가: 이탈리아	
유형: 단좌 야간 전투기	
동력 장치: 1,175마력(876kW) 알파 로메오 12기통 도립형 V형 엔진 1개	
성능: 최대 속도 545km/h; 실용 상승 한도 11,000m(36,090ft); 항속 거리 1,100km	
무게: 자체 중량 2,460kg; 최대 이륙 중량 3,280kg	
크기: 날개폭 11m; 길이 8.36m; 높이 3.15m	
무장: 전방동체 윗부분에127mm 기관총 2정, 날개 앞전에 7.7mm 전방 발사 기관총 2정	

벨 P-39N-1 에어라코브라

특이하게 동체 중앙에 엔진을 설치한 벨 에어라코브라는 유럽에서 전투를 거의 경험하지 않았다. 하지만 미국은 1944년 6월 이탈리아 공동 교전군 공군에 150대를 공급했다. 예시와 같은 P-39N은 주로 훈련용으로 사용되었고, P-39Q는 주로 알바니아의 목표물에 대한 지상 공격 임무에 사용되었다.

제원	
제조 국가: 미국	
유형: 단좌 전투기 및 전투 폭격기	
동력 장치: 1,125마력(839kW) 알리슨 V 12기통 V형 엔진 1개	
성능: 최대 속도 605km/h; 실용 상승 한도 11,665m(38,270ft); 항속 거리 1,569km	
무게: 자체 중량 2,903kg; 최대 이륙 중량 3,992kg	
크기: 날개폭 10.36m; 길이 9.2m; 높이 3.79m	
무장: 37mm 고정식 전방 발사 기관포 1문, 기수에 0.5인치 고정식 전방 발사 기관총 2정; 날개 앞전에 0.3인치 고정식 전방 발사 기관총 4정, 외부 폭탄 탑재량 227kg(500lb)	

하늘의 눈

사진 정찰기는 제2차 세계대전 중 대부분의 군사 작전에서 중요한 역할을 했다. 이 항공기들은 공격 전 정찰과 공격 후 전투 피해 평가에 모두 사용되었다. 연합국은 기존의 전투기와 폭격기 기종을 사진 정찰기로 개조하였다. 대부분의 미국 전투기와 폭격기 기종에는 'F' 명칭으로 카메라가 장착된 버전이 있었다. 독일과 일본은 정찰기 목적으로 특별히 제작된 항공기를 몇 대 보유하고 있었다.

블롬 운트 포스 BV 141

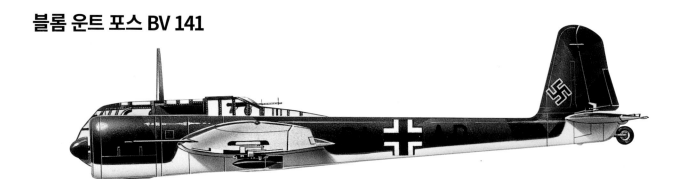

BV 141은 매우 특이하게 비대칭으로 배치되어 있었다. 전체를 유리로 만든 승무원 나셀은 기체 중심선에서 오른쪽으로 나와 있었고, 동체 앞쪽에는 엔진을 탑재하였으며, 뒤쪽의 꼬리 날개는 동체의 왼쪽으로 나와 있었다. 처음 시제기 3대는 1938년에 첫 비행을 했다. BV 141은 1941년부터 시범 운용했지만 개발이 지연되어 1943년에 계획이 종료되었다.

제원
제조 국가: 독일
유형: 3좌 제한적인 근접 지원 능력을 갖춘 전술 정찰 및 관측기
동력 장치: 1,560마력(1,163kW) BMW 14기통 복열 레이디얼 엔진 1개
성능: 최대 속도 시속 438km; 항속 거리 1,900km; 실용 상승 한도 10,000m(32,810ft)
크기: 날개폭 17.46m; 길이 13.95m; 높이 3.6m
무게: 자체 중량 4,700kg; 최대 이륙 중량 6,100kg
무장: 승무원 나셀 앞쪽에 7.92mm 고정식 전방 발사 기관총 2정, 동체 위쪽에 7.92mm 후방 발사 기관총 1정, 꼬리의 회전 총좌에 7.92mm 후방 발사 기관총 1정, 외부 폭탄 탑재량 200kg(441lb)

스핏파이어 PR.Mk XI

PR. Mk XI 스핏파이어는 기본적인 Mk XI 전투기에서 무장과 장갑을 제거한 개조 모델이었다. 더 큰 연료탱크를 장착하여 기수 아래쪽의 옆모습이 달라졌으며, 카메라들은 후반동체 아래 설치되었다. 모두 합쳐서 PR XI 471대가 제작되었다.

제원
제조 국가: 영국
유형: 사진 정찰기
동력 장치: 1,565마력(1,170kW) 12기통 롤스로이스 멀린 61 엔진
성능: 최대 속도 642km/h; 항속 거리 698km(내부 연료탱크를 탑재할 때); 실용 상승 한도 12,650m(41,500ft)
크기: 날개폭 11.23m; 길이 9.47m; 높이 3.86m
무게: 적재 중량 3,343kg
무장: 없음

TIMELINE

1938

1942

1943

노스 어메리칸 F-6D 머스탱

F-6D는 P-51D 머스탱의 카메라 장착 버전으로 후방동체에 사선방향 카메라들이 장착되었다. 이 항공기는 머스탱 전투기의 무장을 그대로 가지고 있었고, 많은 F-6 조종사들이 에이스가 되었다.

제원	
제조 국가: 미국	
유형: 사진 정찰기	
동력 장치: 1,695마력(1,264kW) 패커드 멀린 V-1650-7 V-12 피스톤 엔진	
성능: 최대 속도 703km/h; 항속 거리 3,347km; 실용 상승 한도 12,770m(41,900ft)	
크기: 날개폭 11,28m; 길이 9,83m; 높이 4,17m	
무게: 적재 중량 5,488kg	
무장: 날개에 12,7mm(0,5인치) 기관총 6정	

록히드 F-5E 라이트닝

F-5E는 최신 P-38J 또는 P-38L 라이트닝 모델의 정찰기 버전으로 기수에 기관총 대신 카메라 장착대가 4개 있었다. 전후에 F-5E 약 15대가 중국 국민당 정부에 공급되어 이미 운용 중인 라이트닝 전투기를 보강했다.

제원	
제조 국가: 미국	
유형: 사진 정찰기	
동력 장치: 1,600마력(1,193kW) 알리슨 V-1710-111/113 엔진 2개	
성능: 최대 속도 666km/h; 실용 상승 한도 13,410m(20,000ft); 항속 거리 4,184km	
무게: 적재 중량 9,798kg	
크기: 날개폭 15,85m; 길이 11,53m; 높이 3,9m; 날개넓이 36,39㎡	
무장: 없음	

미쓰비시 Ki-46 III 다이너

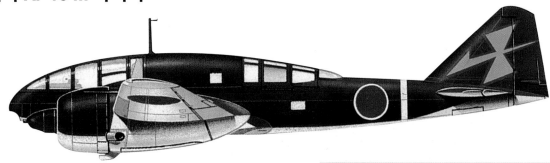

일본 육군항공대는 1942년 후반에 Ki-46-II를 요격할 수 있는 연합국 전투기가 나올 것으로 예상하고 향상된 버전을 주문했다. Ki-46-III은 의심할 여지없이 최고의 전략 정찰기였으며, 제2차 세계대전에서 상당히 많은 수가 사용되었다. 이 항공기는 속도가 빠르고, 실용 상승 한도가 훌륭했으며, 항속 거리가 길었다.

제원	
제조 국가: 일본	
유형: (Ki-46-III) 복좌 고고도 정찰기	
동력 장치: 1,500마력(1,118kW) 미쓰비시 Ha-112-II(육군 4식) 14기통 복열 레이디얼 엔진 2개	
성능: 최대 속도 630km/h; 8,000m까지 상승하는데 20분 15초; 실용 상승 한도 10,500m(34,450ft); 항속 거리 4,000km	
무게: 자체 중량 3,831kg; 최대 이륙 중량 6,500kg	
크기: 날개폭 14,7m; 길이 11m; 높이 3,88m	
무장: 후방 조종석에 7.7mm 후방 발사 기관총 1정	

1944

최강 제8 공군

미국의 제8 공군은 제2차 세계 대전에서 가장 강력한 공군 부대였다. 주로 잉글랜드 동부에 기지를 두었던 제8 공군 폭격기 사령부는 1942년 중반에 빌려온 영국 공군 항공기를 이용해서 창설되었다. 이렇게 보잘 것 없이 시작해서 40개 이상의 중폭격비행전대로 성장했다. 어떤 임무에서는 2,000대 이상의 폭격기와 1,000대 이상의 전투기에 더해 지원 항공기까지 동시에 하늘에 떠 있었다. '최강 제8공군'은 처음에는 중형 폭격기와 수송기 부대도 역시 운용했지만 이 부대들은 디데이(D-day) 상륙 작전을 준비하기 위해 제9공군으로 분리되었다.

드 하빌랜드 모스키토 PR Mk XVI

이 항공기는 사진 정찰 부대의 파란색으로 마감했고, 아래쪽 표면에 흑백의 '침공 줄무늬'(노르망디 상륙작전 때 오인 사격을 피하기 위해 연합군 항공기의 동체와 날개에 칠한 흑백의 줄무늬; 역자 주)가 있다. 미국 육군항공대의 항공기라는 것은 국가 표식과 붉은 색 꼬리 날개, 수직 안정판 위의 제653 폭격비행대대 표식으로 드러냈다. 미국 육군항공대는 캐나다에서 제작한 모스키토 40대를 대부분 사진 정찰기 버전으로 구입했고, 또 영국 공군으로부터 추가로 100대를 구입하여 F-8로 명명했다. 영국에 기지를 둔 '모시(Mossie, 모기)'들은 촬영 임무, 날씨 정찰, 반사박 살포에 사용되었다.

제원	
제조 국가: 영국	
유형: 쌍발 정찰기	
동력 장치: 1,680마력(1,253kW) 멀린 72 엔진 2개	
성능: 최대 속도 668km/h; 항속 거리 2,400km; 실용 상승 한도 11,000m(37,000ft)	
크기: 날개폭 16.52m; 길이 12.43m; 높이 5.3m	
무게: 자체중량 6,490kg	
무장: 없음	

콘솔리데이티드 B-24 리버레이터

제406 비행대대는 프랑스 레지스탕스와 점령당한 유럽에 들어가 있는 요원들에게 보급품을 떨어뜨려 주는 임무에 특화되었다. 이 항공기들은 전단 '폭탄'의 야간 투하도 책임지고 있었다. 종이 원통으로 된 전단 폭탄 하나에 전단 80,000장이 들어 있었고, 고도 305m(1,000피트)에서 610m(2,000피트) 사이의 공중에서 폭발하도록 설계되었다. 이런 은밀한 '카펫배거(carpetbagger, 뜨내기 출마자)' 임무를 위해 검은 색으로 위장했다.

제원
제조 국가: 미국
유형: 4발 중폭격기
동력 장치: 1,184마력(1,120kW) 프랫 앤 휘트니 R 1830-65 레이디얼 피스톤 엔진 4개
성능: 최대 속도 467km/h; 항속 거리 3,380km; 실용 상승 한도 8,535m(28,000ft)
크기: 날개폭 33.53m; 길이 20.47m; 높이 5.49m
무게: 자체 중량 16,556kg; 최대 이륙 중량 32,296kg
무장: 12.7mm(0.5인치) 기관총 10정; 최대 5,806kg(12,800lb)의 폭탄

보잉 B-17G

B-17G는 기수 아래에 두 개의 기관총 터렛을 장착하고 다른 방어 무기들을 개선한 플라잉 포트리스의 최종 버전이다. 제91 폭격비행전대 제322 폭격비행대대의 '차우하운드(Chow-Hound, 대식가)'는 1944년 8월에 프랑스 상공에서 대공포에 격추되기 전까지 43번의 임무 비행을 하였다.

제원
제조 국가: 미국
유형: 4발 중폭격기
동력 장치: 1,200마력(895kW) 라이트 R 사이클론 9기통 레이디얼 엔진 4개
성능: 최대 속도 475km/h; 항속 거리 5,085km; 실용 상승 한도 10,850m(35,600ft)
크기: 날개폭 31.62m; 길이 22.8m; 높이 5.85m
무게: 최대 이륙 중량 29,710kg
무장: 12.7mm(0.5인치) 기관총 13정; 최대 6,169kg(13,600lb)의 폭탄 탑재

최강 제8 공군 2부

별다른 심각한 손실 없이 독일 깊숙이 들어가서 목표물을 공격할 수 있었던 제8 공군 폭격기의 능력은 대체로 호위 전투기들의 항속 거리와 함수관계가 있었다. 초기에 사용된 스핏파이어는 파리까지만 호위할 수 있었다. 머스탱은 항속 거리가 함부르크까지 갈 수 있었고, P-38은 거의 베를린까지 내내 폭격기를 호위할 수 있었다. 일회용 낙하 연료탱크가 개발되자 마침내 머스탱 P-51D 버전은 거의 모든 독일 지역에 도달할 수 있었다.

노스 어메리칸 P-51B 머스탱

P-51B는 최초로 멀린 엔진을 탑재하고 취역한 머스탱(Mustang, 야생마)이었다. 1943년 말 이 항공기가 도착하면서 독일 공군과 힘의 균형을 깨트리기 시작했고, 곧 이 항공기 조종사들은 인상적인 점수를 획득했다. 제4 전투비행전대 제336 전투비행대대의 '텍사스에서 온 훈족 사냥꾼'의 조종사 헨리 브라운(Henry Brown)은 적기 17대를 격추했다.

제원	
제조 국가:	미국
유형:	단좌 전투기 및 전투 폭격기
동력 장치:	1,400마력(1,044kW) 패커드 V-1650-3 롤스로이스 멀린 엔진 1개
성능:	최대 속도 690km/h; 항속 거리 3,540km; 실용 상승 한도 12,649m(41,500ft)
크기:	날개폭 11.27m; 길이 9.84m; 높이 4.15m
무게:	적재 중량 4,173kg
무장:	12.7mm(0.5인치) 기관총 6정

슈퍼마린 스핏파이어 PR.Mk XI

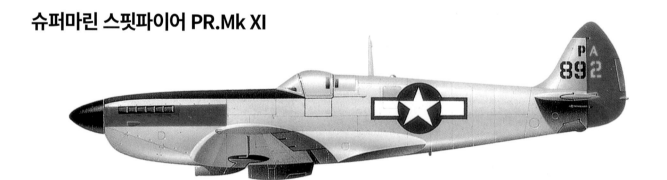

제7 사진비행전대는 제8 공군의 주요 전술 정찰 부대였다. 이 부대는 F-5 라이트닝, F-6 머스탱과 스핏파이어 PR.XI를 운용했다. 스핏파이어 PR.XI는 Mk XI 전투기에서 무장을 제거하고, 폭격 목표물과 폭격 작전에 의한 손상 정보를 취득하기 위해 수직으로 장착된 2개의 카메라를 설치하여 개조한 버전이다.

제원	
제조 국가:	영국
유형:	단좌 사진 정찰기
동력 장치:	1,565마력(1,170kW) 12기통 롤스로이스 멀린 61 엔진 1개
성능:	최대 속도 642km/h; 항속 거리 내부 연료탱크로 698km; 실용 상승 한도 12,650m(41,500ft)
크기:	날개폭 11.23m; 길이 9.47m; 높이 3.86m
무게:	적재 중량 3,343kg
무장:	없음

록히드 P-38L 라이트닝

P-38은 1942년에서 1943년 당시의 다른 항공기들에 비해 항속 거리가 월등했으나 생산하는데 더 오래 걸렸다. 태평양과 북아프리카에서 이 항공기를 필요로 했다. 엔진과 관련한 초창기의 작은 문제들 때문에 유럽에서 원래의 잠재력만큼 오래 운용되지 못했다. 예시는 킹스클리프에 기지를 두었던 제20 전투비행전대의 P-38L이다.

제원	
제조 국가: 미국	
유형: 단좌 장거리 전투기 및 전투 폭격기	
동력 장치: 1,600마력(1,194kW) 알리슨 V-1710-111/113 2개	
성능: 최대 속도 666km/h; 항속 거리 4,184km; 실용 상승 한도 13,410m(20,000ft)	
크기: 날개폭 15.85m; 길이 11.53m; 높이 2.99m	
무게: 최대 이륙 중량 9,798kg	
무장: 20mm(0.8인치) 기관포 1문, 기수에 12.7mm(0.5인치) 기관총 4정, 907kg(2,000lb) 폭탄 2발	

리퍼블릭 P-47D 선더볼트

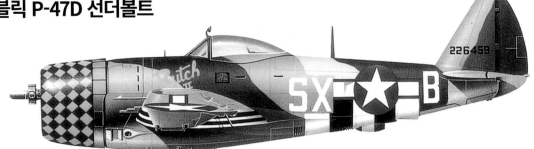

'부치(Butch, 거친) II'는 제353 전투비행전대 제352 전투비행대대의 최신 P-47D였다. 이 부대는 1944년부터 선더볼트(Thunderbolt, 벼락)를 머스탱(Mustang, 야생마)으로 교체하였다. 제8 공군의 전투비행전대 중 하나인 제56 전투비행전대는 P-47의 달인이 되었고, 전쟁이 끝날 때까지 그 항공기들을 겨우 유지할 수 있었다.

제원	
제조 국가: 미국	
유형: 단좌 전투기 및 전투 폭격기	
동력 장치: 2,535마력(1,891kW) 프랫 앤 휘트니 R-2800-59W 더블 와스프 엔진	
성능: 최대 속도 697km/h; 항속 거리 3,060km(낙하 연료탱크를 탑재할 때); 실용 상승 한도 12,495m(41,000ft)	
크기: 날개폭 12.42m; 길이 11.02m; 높이 4.47m	
무게: 최대 이륙 중량 7,938kg	
무장: 날개에 12.7mm(0.5인치) 기관총 8정, 외부에 1,134kg(2,500lb)의 폭탄 또는 로켓 탑재	

노스 어메리칸 P-51D 머스탱

투명한 둥근 캐노피를 설치한 P-51D는 공격개시일 직후에 유럽에 도착했다. 전쟁이 끝날 때까지 제8 공군에서 오직 1개 비행전대만 이 항공기를 운용했다. '루이지애나 열풍(Louisiana Heat Wave)'은 1944년 말에 적기 7대를 격추한 에이스 클로드 크렌쇼(Claude Crenshaw)가 조종하였다. 그는 이스트 레덤의 제353 전투비행전대 제487 전투비행대의 조종사였다.

제원	
제조 국가: 미국	
유형: 단좌 전투기 및 전투 폭격기	
동력 장치: 1,695마력(1,264kW) 패커드 멀린 V-1650-7 V-12 피스톤 엔진	
성능: 최대 속도 703km/h; 항속 거리 3,347km; 실용 상승 한도 12,770m(41,900ft)	
크기: 날개폭 11.28m; 길이 9.83m; 높이 4.17m	
무게: 적재 중량 5,488kg	
무장: 날개에 12.7mm(0.5인치) 기관총 6정, 최대 454kg(1,000lb) 폭탄 2발	

매서슈미트 Bf 109

윌리 매서슈미트(Willi Messerschmitt)가 설계한 Bf 109는 제2차 세계대전 전부터 전쟁이 끝날 때까지 독일에서 생산되었다. 스페인과 체코슬로바키아는 전쟁이 끝난 후에도 계속해서 수정 버전을 만들었고, 이 계통의 마지막 항공기는 1960년대 말에야 퇴역했다. 1945년까지 거의 34,000대가 제작되어 지금까지 생산된 전투기 중에서 가장 많이 생산되었다. 독일의 최고 에이스들은 더 우수한 Fw 190 기종이 나오고 나서도 계속 Bf 109를 탔고, Bf 109는 적기를 가장 많이 격추한 전투기가 되었다.

매서슈미트 Bf 109B

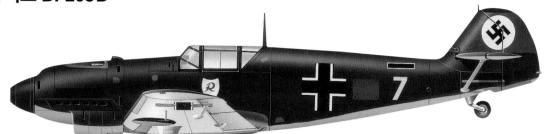

유모 엔진을 탑재한 '베르타'는 이 시리즈의 첫 대량 생산 모델이었다. 초기의 스핏파이어와 마찬가지로 고정 피치 두 날개 프로펠러를 장착했는데, 이것이 잠재적 성능을 제약했다. 이 109B-1은 1937년 가을 유터보크 담 기지의 제132 전투비행단 제6 비행대대 '리히트호펜' 부대에서 운용했다.

제원	
제조 국가: 독일	
유형: 단좌 전투기 및 전투 폭격기	
동력 장치: 635마력(474kW) 융커스 유모 210D 12기통 도립형 V 엔진	
성능: 최대 속도 약 470km/h; 항속 거리 650km; 실용 상승 한도 10,500m(34,450ft)	
크기: 날개폭 9.87m; 길이 8.51m; 높이 2.28m	
무장: 엔진 위 및 프로펠러축에 장착한 7.92mm(0.3인치) 라인메탈 보르시히 MG 17 기관총 3정	

매서슈미트 Bf 109E

제2차 세계대전 초기의 주된 버전은 Bf 109E, 즉 '에밀(Emil)'이었다. 스위스는 1939년 4월에 Bf 109E-3 80대와 다양한 최신 모델을 구입했는데, 일부는 스위스에 도착해서 억류되었다. 스위스의 Bf 109는 여러 차례 영공을 침범한 독일 공군 항공기와 전투를 벌였다.

제원	
제조 국가: 독일	
유형: 단좌 전투기	
동력 장치: 1,160마력(865kW) 다임러-벤츠 DB601Aa 도립형 V-12 피스톤 엔진 1개	
성능: 최대 속도 560 km/h; 항속 거리 660km; 실용 상승 한도 10,500m(34,449ft)	
크기: 날개폭 9.87m; 길이 8.64m; 높이 2.5m; 날개넓이 16.17㎡	
무게: 자체 중량 1,900kg; 최대 이륙 중량 2,665kg	
무장: 20mm MG-FF 기관포 2문, 7.9mm MG 13 기관총 2정	

TIMELINE   1937    1938   1940

매서슈미트 Bf 109F

Bf 109F는 이 시리즈 중에서 가장 비행하기 좋은 기종으로 평가되었다. 일부 이후 버전에서는 추가적인 무기나 탄약, 장갑판이 조종에 지장을 주었기 때문이었다. '프리드리히(Bf 109F)'는 특히 제3 전투비행단 같이 주로 지중해 전투에서 싸우는 부대와 관련이 있다.

제원	
제조 국가: 독일	
유형: 단좌 전투기	
동력 장치: 1,300마력(969kW) DB 601E 엔진 1개	
성능: 최대 속도 628km/h; 항속 거리 700km; 실용 상승 한도 11,600m(38,000ft)	
크기: 날개폭 9.92m; 길이 8.85m; 높이 2.59m	
무게: 최대 적재 중량 2,746kg	
무장: 20mm(0.8인치) 기관포 1문; 7.92mm(0.3인치) 기관총 2정	

매서슈미트 Bf 109G-2

제54 전투비행단 '그룬허츠(Grunhertz, 녹색 심장)' 부대는 동부 전선에서의 위업과 독특한 색상으로 유명했다. 이 '구스타프(Bf 109G)'는 1942년 상 페테르스부르크 근처 시버스카야에서 작전을 수행할 때 제54 전투비행단 제2 비행전대에서 운용했다. Bf 109G는 소위 '갈란트 후드'라고 부르는 테를 줄인 캐노피를 장착했다.

제원	
제조 국가: 독일	
유형: 단좌 전투기	
동력 장치: 1,100kW(1,475마력) DB 605 엔진 1개	
성능: 최대 속도 653km/h; 항속 거리 700km; 실용 상승 한도 11,600m(38,000ft)	
크기: 날개폭 14.3m; 길이 10.46m; 높이 3.8m	
무게: 적재 중량 3,273kg	
무장: 날개에 7.62mm(0.3인치) 고정된 기관총 4정, 동체 위쪽 터렛에 7.62mm (0.3인치) 기관총 1정 ; 폭탄 400kg(880lb)	

매서슈미트 Bf 109K-4

K-4 모델은 1944년 말에 등장하여 대량으로 제작된 전쟁 중 마지막 Bf 109 파생기종이었다. 한 가지 두드러지는 특징은 나무로 만든 더 높은 수직 안정판이었다. 무장을 동체에 집중하고 단순화한 Bf 109K는 전체 Bf 109 파생기종 중에서 가장 빨랐다.

제원	
제조 국가: 독일	
유형: 단발 전투기	
동력 장치: 2,000마력(1,491kW) 다임러-벤츠 도립형-V-12 피스톤 엔진 1개	
성능: 최대 속도 700km/h; 항속 거리 573km/h; 실용 상승 한도 12,500m(41,010ft)	
크기: 날개폭 9.9m; 길이 8.85m; 높이 2.5m; 날개넓이 16.1㎡	
무게: 자체 중량 2,725kg; 최대 이륙 중량 3,375kg	
무장: 30mm MK 108 기관포 1문, 15mm MG 151/15 기관총 2정	

1941

1942

디데이

1944년 6월, 몇 달 간의 준비 작업을 해온 연합국은 점령당한 프랑스를 침공하는 오버로드 작전을 개시할 준비가 되어 있었다. 오버로드 작전의 중요한 부분은 언제, 어디에서 침공을 시작할 것인지에 관해 적을 속이는 것이었다. 노르망디 외곽의 목표물에 대한 공습과 정찰 임무는 계획한 상륙 지역에서의 작전만큼 중요했다. 연합국 공군은 오버로드 작전 지원을 위해 약 12,000대의 항공기를 보유하고 있었다.

마틴 B-26B 머로더

제397 폭격비행전대 제598 폭격비행대대의 이 B-26B 머로더와 같은 전술 폭격기들은 독일군의 증원 병력을 막거나 지연시키기 위해 철도역, 교량, 터널과 같은 수송 목표물을 타격하는데 매우 중요했다. 노르망디 해변 방어시설에 대한 폭격은 부분적으로는 6월 6일에 구름이 덮여서 아주 성공적이진 않았다.

제원	
제조 국가: 미국	
유형: (B-26B (머로더 1A)) 쌍발 엔진 중형 폭격기	
동력 장치: 1,920마력(1,423kW) R-2800-41 피스톤 엔진 2개	
성능: 최대 속도 491km/h; 실용 상승 한도 8,534m(28,000ft); 항속 거리 1,931km	
무게: 자체 중량 7,712kg; 최대 이륙 중량 16,556kg	
크기: 날개폭 21,64m; 길이 17,53m; 높이 6,10m; 날개넓이 61,7㎡	
무장: 0.5인치(12,7mm) 브라우닝 기관총 6정; 폭탄 최대 1,814kg(4,000lb)	

드 하빌랜드 모스키토 FB.VI

영국 공군은 침공을 준비하기 위해 1943년 6월에 제2 전술공군을 창설했다. 모스키토 FB.VI를 운용한 제138 비행단을 포함하여 제2 전술공군의 전투 폭격기 부대들은 정밀 목표물, 비행장, 하천 교통, 기차 등을 타격했다. 모스키토는 주로 무게가 가벼우면서도 상당한 강도를 지닌 합판, 발사나무, 샌드위치 합판 등의 재료로 기체를 제작하여 항력이 작았으며, 매우 적응력이 좋고 빨랐다.

제원	
제조 국가: 영국	
유형: 쌍발 전투 폭격기	
동력 장치: 1,103kW(1,480마력) 롤스로이스 멀린 23 V-12 피스톤 엔진 2개	
성능: 최대 속도 612km/h; 항속 거리 2,655km; 실용 상승 한도 11,430m(37,500ft)	
크기: 날개폭 16,5m; 길이 12,47m; 높이 4,65m; 날개넓이 42,18㎡	
무게: 자체 중량 6,486kg; 최대 이륙 중량 10,569kg	
무장: 0,303인치(7,7mm) 브라우닝 기관총 4정, 20mm(0,8인치) 이스파노 기관포 4문; 최대 1,361kg(3,000lb)의 폭탄 또는 로켓 8발	

슈퍼마린 스핏파이어 Mk IX

비행단장 제임스 '조니' 존슨(James 'Johnnie' Johnson)은 제127 (캐나다) 비행단이 대륙으로 옮겨갔을 때 비행단의 지휘관으로 이 스핏파이어 Mk IX를 비행했다. 존슨은 전쟁에서 살아남은 영국 공군 최고의 에이스로 최종적으로 적기 총 38대를 격추했다.

제원	
제조 국가: 영국	
유형: 단좌 전투기	
동력 장치: 1,565마력(1,170kW) 12기통 롤스로이스 멀린 61 엔진	
성능: 최대 속도 642km/h; 항속 거리 698km(내부 연료탱크로); 실용 상승 한도 12,650m(41,500ft)	
크기: 날개폭 11.23m; 길이 9.47m; 높이 3.86m	
무게: 적재 중량 3,343kg	
무장: 7.7mm(0.303인치) 기관총 4정, 20mm(0.8인치) 기관포 2문	

더글러스 C-47A 스카이트레인

약 1,000대의 미국 육군항공대의 C-47 스카이트레인과 C-53 스카이트루퍼, 영국 공군의 다코타가 디데이에 참가해서 공수병 2개 사단을 투하했고, 수백 대의 글라이더를 노르망디로 끌고 갔다. 정상 수용 능력은 완전히 장비를 갖춘 공수병 28명이었다.

제원	
제조 국가: 미국	
유형: 쌍발 군용 수송기	
동력 장치: 1,200마력(895kW) 프랫 앤 휘트니 R-1830-92 레이디얼 피스톤 엔진 2개	
성능: 최대 속도 370km/h; 실용 상승 한도 7,315m(24,000ft); 항속 거리 2,600km	
무게: 자체 중량 8,250kg; 적재 중량 10,841kg	
크기: 날개폭 28.96m; 길이 19.66m; 높이 5.18m; 날개넓이 91.69㎡	
무장: 없음	

포케 불프 Fw 190

독일 공군은 기만 작전에 혼란스러워서 디데이 자체에 대해 최소한의 대응만 했다. 제26 전투비행단의 비행단장 요제프 '핍스' 프릴러(Josef 'Pips' Priller)와 대장 호위기는 Fw 190A-5로 노르망디 해변을 휩쓸었다. 그날의 몇몇 보복 임무 중 하나였다.

제원	
제조 국가: 독일	
유형: 단발 전투 폭격기	
동력 장치: 1,730마력(1,272kW) BMW 801D-2 레이디얼 피스톤 엔진 1개	
성능: 최대 속도 656km/h; 항속 거리 656km/h; 실용 상승 한도 11,410m(37,430ft)	
크기: 날개폭 10.51m; 길이 8.95m; 높이 3.95m; 날개넓이 18.3㎡	
무게: 자체 중량 3,200kg; 최대 이륙 중량 4,300kg	
무장: 20mm MG 151/20 E 기관포 2문; 1,102lb(500kg) SC-500 폭탄 1발	

호커 타이푼과 호커 템페스트

타이푼(Typhoon, 태풍)은 서방 연합군의 가장 정교한 지상 공격 전투기였으며, 또한 명백한 실패작이었다. 이 항공기는 지상 공격용이 아니라 중무장 요격기로 설계되었기 때문이었다. 원래 두 가지 형태로 계획되었는데, 하나는 타이푼(Typhoon, 태풍)이라 불리는 것으로 액냉식 엔진을 탑재하였고, 다른 하나는 템페스트(Tempest, 폭풍)라 불리는 것으로 공랭식 레이디얼 엔진을 탑재했다. 타이푼은 꼬리 날개의 구조적인 약점과 높은 고도에서 썩 좋지 않은 성능 때문에 요격기로는 실패했고, 이후 지상 공격 역할을 인정받았다.

호커 타이푼 Mk 1B

첫 번째 타이푼은 상대적으로 시야가 좋았지만 조종석에 들어가고 나가는데 '자동차 문'을 달아서 비상시에 사용하기 어려웠다. 꼬리 부분의 구조적인 실패는 여기 제247 비행대대의 Mk IB에서 볼 수 있듯이 꼬리 날개 앞에 보강판을 추가하여 해결되었다.

제원	
제조 국가: 영국	
유형: 단좌 지상 공격기	
동력 장치: 2,260마력(1,685kW) 네이피어 세이버 II 액랭식 H-24 직렬 피스톤 엔진	
성능: 최대 속도 650km/h; 항속 거리 980km; 실용 상승 한도 10,400m(34,000ft)	
크기: 날개폭 12.67m; 길이 9.73m; 높이 4.66m	
무게: 적재 중량 5,170kg	
무장: 20mm(0.8인치) 이스파노-수이자 HS.404 기관포 4문, 454kg(1,000lb) 폭탄 2발	

호커 타이푼 Mk 1B

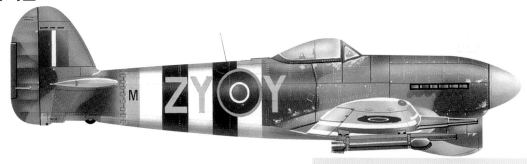

타이푼은 생산 중에 일명 '자동차 문'을 밀어서 여닫는 물방울 형태의 캐노피로 교체되었다. 무기 장착대가 추가되어 폭탄이나 로켓을 탑재할 수 있게 되었는데 이것이 노르망디에서 독일 군대와 기갑 차량에게 대단히 치명적이었다는 것이 드러났다. 이 '밤푼(Bombphoon)'은 제193 비행대대에서 사용했다.

제원	
제조 국가: 영국	
유형: 근접 공중 지원 전투 폭격기	
동력 장치: 2,260마력(1,685kW) 네이피어 세이버 II 피스톤 엔진	
성능: 최대 속도 650km/h; 항속 거리 980km; 실용 상승 한도 10,400m(34,000ft)	
크기: 날개폭 12.67m; 길이 9.73m; 높이 4.66m	
무게: 적재 중량 5,170kg	
무장: 20mm(0.8인치) 이스파노-수이자 HS.404 기관포 4문, 지상 공격용 27kg(60lb) 로켓 8발	

TIMELINE

 1940    1942    1943

호커 템페스트 Mk V

템페스트는 더 얇은 날개와 더 긴 동체를 가진 세련된 타이푼 버전으로 개발되었다. 이 항공기는 전쟁에서 가장 빠른 전투기 중 하나였으며, 1944년 1월 제486 (뉴질랜드) 비행대대(예시 참조)에 취역했다. 템페스트는 V-1 비행 폭탄을 추적하여 격추시킬 수 있는 몇 안 되는 전투기 중 하나였다.

제원	
제조 국가: 영국	
유형: 단좌 전투기 및 전투 폭격기	
동력 장치: 2,180마력(1,626kW) 네이피어 세이버 IIA H-Type 피스톤 엔진	
성능: 최대 속도 686km/h; 항속 거리 2,092km; 실용 상승 한도 10,975m	
크기: 날개폭 12.5m; 길이 10.26m; 높이 4.9m	
무게: 적재 중량 6,142kg	
무장: 날개에 20mm(0.8인치) 이스파노 기관포 4문, 폭탄 2발 또는 지상 공격용 로켓 8발 중 한 가지로 최대 907kg(2,000lb) 탑재	

호커 템페스트 Mk VI

템페스트 Mk VI는 Mk V의 열대 지방 버전이었다. 윤활유 냉각기와 기화기 흡입구는 날개 뿌리로 옮겨졌고, 방열기는 더 커졌다. Mk VI는 전쟁 후에 등장해서 인도와 파키스탄에 수출되었다. 이 항공기는 사이프러스에서 영국 공군 제213 비행대대에서 운용했다.

제원	
제조 국가: 영국	
유형: 단좌 전투기 및 전투 폭격기	
동력 장치: 2,340마력(1,745kW) 네이피어 세이버 VA H-24 피스톤 엔진 1개	
성능: 최대 속도 686km/h; 항속 거리 2,092km; 실용 상승 한도 10,975m(36,000ft)	
크기: 날개폭 12.5m; 길이 10.26m; 높이 4.9m	
무게: 적재 중량 6,142kg	
무장: 날개에 20mm(0.8인치) 이스파노 기관포 4문, 폭탄 2발 또는 지상 공격용 로켓 8발 중 한 가지로 최대 907kg(2,000lb) 탑재	

호커 템페스트 Mk II

템페스트는 다양한 엔진을 탑재해서 시험되었다. Mk V가 가장 빨리 가동될 수 있었으므로 주된 생산 버전이 되었다. 슬리브 밸브를 가진 센토러스 레이디얼 엔진을 탑재한 Mk II는 전쟁이 끝난 후에야 생산이 시작되었다. 이 항공기는 영국 공군의 일부 비행대대와 파키스탄에서 사용했다.

제원	
제조 국가: 영국	
유형: 단좌 전투기 및 전투 폭격기	
동력 장치: 2,590마력(1,931kW) 브리스톨 센토러스 V 17기통 레이디얼 엔진 1개	
성능: 최대 속도 708km/h; 실용 상승 한도 11,430m(37,500ft); 항속 거리 2,736km	
무게: 자체 중량 4,218kg; 최대 이륙 중량 5,352kg	
크기: 날개폭 12.49m; 길이 10.49m; 높이 4.42m; 날개넓이 22.2㎡	
무장: 날개 앞전에 20mm 고정식 전방 발사 기관포 4문, 외부에 폭탄 및 로켓 907kg(2,000lb) 탑재	

1944

영국 해군항공대

전쟁 초기에 영국 해군항공대는 복수의 승무원이 있어야 한다는 해군 본부의 항공기 요구사항 때문에 방해를 받았다. 1940년에는 거의 쓸모없게 된 기종들을 보유하고 있었던 영국 해군항공대는 영국 공군의 육상 전투기를 항공모함용으로 개조했는데, 성공의 정도는 다양했다. 미국에서 제작한 해군 전투기와 뇌격기를 구입하였을 때 결과가 더 좋았다. 영국의 해군 항공모함들은 장갑 비행갑판을 갖추고 있어서 가미카제 공격과 폭탄 공격에 덜 취약했다.

블랙번 스쿠아 Mk II

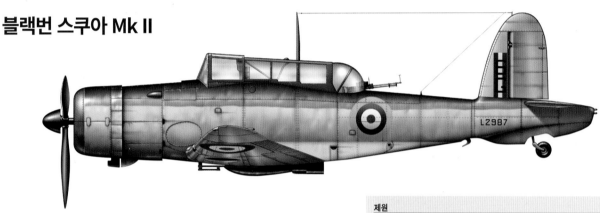

전쟁 전 해군 항공기에서 일반적이었던 결함을 그대로 보여주는 스쿠아는 록 전투기에서 파생된 전투기 겸 급강하 폭격기였다. 이 항공기는 록과는 다르게 날개에 전방 발사 기관총을 장착하고 있었지만 엔진은 동일했기 때문에 출력 중량비가 훨씬 더 나빠졌다. 스쿠아는 1941년에 대부분 철수했다.

제원	
제조 국가: 영국	
유형: 복좌 함상 전투기 및 급강하 폭격기	
동력 장치: 890마력(664kW) 브리스틀 페르세우스 XII 레이디얼 엔진	
최대 속도: 최대 속도 362km/h; 항속 거리 1,223km; 실용 상승 한도 6,160m(20,200ft)	
크기: 날개폭 14,07m; 길이 10,85m; 높이 3,81m	
무게: 적재 중량 3,732kg	
무장: 날개에 7,7mm(0,303인치) 기관총 4정; 후방에 루이스 기관총; 동체 밑에 227kg(500lb) 폭탄 1발	

호커 시 허리케인 Mk 1A

시(바다) 허리케인은 육상 전투기에서 관으로 된 구조에 착함용 갈고리를 장착하여 상당히 간단하게 개조되었다. 이착륙 장치의 바퀴간 거리가 넓어 시파이어에 비해 착함과 갑판에서의 조종 특성이 좋았다. 시 허리케인은 약 800대가 생산되었다.

제원	
제조 국가: 영국	
유형: 단발 함상 전투기	
동력 장치: 1,460마력(1,088kW) 롤스로이스 멀린 XXII V-12 피스톤 엔진 1개	
성능: 최대 속도 550km/h; 항속 거리 1,545km; 실용 상승 한도 10,851m(35,600ft)	
크기: 12,19m; 길이 9,83m; 높이 4,04m; 날개넓이 23,97㎡	
무게: 자체 중량 2,631kg; 최대 이륙 중량 3538kg	
무장: 20mm 이스파노 기관포 4문	

페어리 풀마

풀마는 1940년 6월에 영국 해군항공대에 취역했다. 허리케인과 동력 장치와 무장이 같았지만, 기체는 더 커졌고, 승무원이 2명이었다. 이것은 항공기의 성능을 대부분의 상대방 전투기보다 낮게 감소시켰다. 하지만 지중해에서 독일과 이탈리아의 폭격기에 맞서서 꽤 괜찮은 성공을 거두었다.

제원	
제조 국가: 영국	
유형: 단발 함상 전투기	
동력 장치: 1,300마력(969kW) 롤스로이스 멀린 30 V-12 피스톤 엔진 1개	
성능: 최대 속도 440km/h; 항속 거리 1,255km; 실용 상승 한도 8,300m(27,230ft)	
크기: 날개폭 14.14m; 길이 12.24m; 높이 3.25m; 날개넓이 31.77㎡	
무게: 자체 중량 3,182kg; 최대 이륙 중량 4,627kg	
무장: 0.303인치(7.7mm) 브라우닝 기관총 8정; 113kg(350lb) 폭탄 2발	

보우트 코르세어 Mk I

미국 해군은 처음에 착함 특성이 좋지 않다는 이유로 코르세어(Corsair, 해적선)의 항공모함용 채택을 거부했다. 착함장치를 변경하고 새로운 착함 기술을 채택한 이후에 영국 해군항공대는 이 항공기를 해상에서 운용하는 것을 승인했다. 이 초기의 '새장' 모양 캐노피가 있는 코르세어 Mk I은 1943년 말에 제1835 비행대대에 취역했다.

제원	
제조 국가: 미국	
유형: 단발 함상 전투기	
동력 장치: 2,000마력(1,490kW) 프랫 앤 휘트니 R-2800-8(B) 레디얼 피스톤 엔진 1개	
성능: 최대 속도 671km/h; 항속 거리 2,425km; 실용 상승 한도 11,308m(37,100ft)	
크기: 10.16m; 길이 10.2m; 높이 4.58m; 날개넓이 29.17㎡	
무게: 자체 중량 4,025kg; 최대 이륙 중량 6,281kg	
무장: 0.5인치(12.7mm) 브라우닝 기관총 6정	

그루먼 어벤저 Mk I

영국 해군항공대는 1943년 1월부터 1947년까지 620대가 넘는 어벤저를 운용했다. 이 항공기들은 처음에는 해안 기지에서 독일의 유보트와 선박에 대한 작전을 수행했으나 나중에는 극동 지역에서 자바섬의 정유공장과 일본 본섬의 목표물을 타격하는데 많이 사용되었다.

제원	
제조 국가: 미국	
유형: 3좌 함상 폭격기	
동력 장치: 1,700마력(1,268kW) 라이트 사이클론 14기통 복열 엔진 1개	
성능: 최대 속도 414km/h; 실용 상승 한도 6,525m(21,400ft); 항속 거리 4,321km	
무게: 자체 중량 4,788kg; 최대 이륙 중량 7,876kg	
크기: 날개폭 16.51m; 길이 12.42m; 높이 4.19m	
무장: 0.5인치 기관총 3정(날개 앞전에 2정, 동체 위쪽 터렛에 1정), 동체 아래쪽에 0.3인치 기관총 1정, 폭탄 탑재량 1,134kg(2,500lb)	

1941

장거리 독일 공군

비스케이만 지역은 프랑스 대서양 연안의 보르도 주변에 기지를 둔 독일 공군 장거리 비행대대를 위한 사냥터였다. 이 부대들은 유보트를 위해 지중해로 향하는 연합국의 선박을 찾아내고 공격했다. 해상 초계기 역시 발틱해와 노르웨이에 기지를 두고 러시아에 물자를 공급하는 선박을 저지했다. 독일은 상대적으로 드문 4발 육상 항공기를 제작했다. 비행정과 수상비행기는 전쟁이 끝날 때까지 모든 전쟁 무대에서 내내 자신의 자리를 잡고 있었다.

하인켈 He 115C-1

해상 초계기로 사용되었고, 또 뇌격기로서 또 영국의 항구에 기뢰를 매설하기 위해 사용된 He 115는 독일 공군의 공격 및 정찰용 수상비행기 중에서 가장 효과적이었다. 1941년에 생산이 끝났지만 1943년에 다시 생산이 재개되어 총 500대 이상 제작되었다.

제원	
제조 국가: 독일	
유형: 연안 정찰기/뇌격기	
동력 장치: 960마력(720kW) BMW 132K 6기통 레이디얼 피스톤 엔진 2개	
성능: 최대 속도 365km/h; 항속 거리 3,350km;실용 상승 한도 5,500m(18,040ft)	
크기: 날개폭 22m; 길이 17.3m; 높이 6.6m	
무게: 적재 중량 9,100kg	
무장: 기수의 유동식 거치대에 13mm MG 131 기관총 1정; 기수에 15mm MG 151 기관총 1정, 후방 조종석에 13mm MG 131 기관총 1정; 750kg(1,650lb) 어뢰 1발 또는 1,500kg(3,300lb) 폭탄 1발 또는 기뢰 탑재	

블롬 운트 포스 BV 138C-1/U1

블롬 운트 포스 조선소의 항공기 자회사인 함부르크 항공기는 1933년에 설립되었다. 처음에는 쌍발 엔진으로 설계하였으나 개발 문제로 3발 엔진으로 다시 설계해야 했다. 첫 시제기는 1937년 7월에 비행했지만 Ha 138은 물위에서도 공중에서도 모두 불안정하다고 판명되어 1941년까지 주요 생산 기종을 인도하지 못했다.

제원	
제조 국가: 독일	
유형: 5인승 정찰 비행정	
동력 장치: 880마력(656kW) 융커스 유모 직렬 디젤 피스톤 엔진 3개	
성능: 최대 속도 275km/h; 항속 거리 5,000km; 실용 상승 한도 5,000m(16,405ft)	
크기: 날개폭 27m; 길이 19.9m; 높이 6.6m	
무게: 자체 중량 8,100kg; 최대 이륙 중량 14,700kg	
무장: 20mm(0.8인치) 기관포 2문(기수 및 후방 동체에); 가운데 나셀에 13mm 기관총 1정; 50kg(110lb) 폭탄 6발	

TIMELINE
 1937
 1941

도르니에르 Do 24T

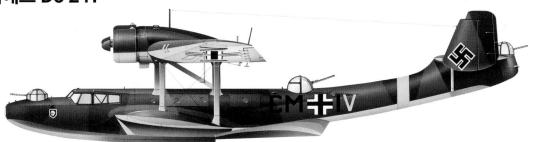

도르니에르 24는 동인도 제도를 순찰하는 항공기에 대한 네덜란드의 요구사항에 따라 제작되었다. 독일의 점령 후에 네덜란드와 프랑스에서 계속 생산되었다. 독일 공군에서 이 항공기의 주요 기능은 추락한 항공승무원을 구조하기 위한 공중-해상 구조기였다.

제원	
제조 국가: 네덜란드	
유형: 공중-해상 구조 및 수송 비행정	
동력 장치: 1,000마력(746kW) BMW 브라모 파프니어 레이디얼 피스톤 엔진 3개	
성능: 최대 속도 340km/h; 항속 거리 2,900km; 실용 상승 한도 5,900m(19,355ft)	
크기: 날개폭 27m; 길이 22.05m; 높이 5.75m	
무게: 자체 중량 9,200kg 최대 이륙 중량 18,400kg	
무장: 20mm 기관포 1문, 기수에 7.92mm 기관총 1정, 후미 터렛에 기관총 1정	

블롬 운트 포스 BV 222 바이킹

BV 222는 제2차 세계대전 전에 제안된 대서양 횡단 운항을 위해 개발되었다. 시제기는 1940년 9월에 노르웨이와 지중해에서 군용 수송 작전에 투입됨으로써 첫 비행을 했다. 이후의 모든 시제기에 무장이 장착되었다.

제원	
제조 국가: 독일	
유형: 수송 및 군사 정찰 비행정	
동력 장치: 1,000마력(746kW) 융커스 유모 12기통 디젤 엔진 6개	
성능: 최대 속도 390km/h; 항속 거리 6,100km; 실용 상승 한도 7,300m(23,950ft)	
크기: 날개폭 46m; 길이 37m; 높이 10.9m	
무게: 자체 중량 30,650kg; 최대 이륙 중량 49,000kg	
무장: 20mm 기관포 3문 (동체 위쪽 터렛, 각 날개의 터렛), 기수의 총좌에 13mm 기관총 1정, 동체 옆 총좌 4곳에 각각 13mm 기관총 1정	

융커스 Ju 290A-5

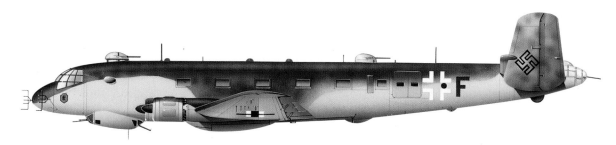

수많은 버전으로 소량 생산된 Ju 290은 그 잠재력을 충분히 발휘하지 못했다. 11대가 제작된 Ju 290A-5는 실제 취역한 주요 버전이었다. Ju 290에서 파생된 Ju 390은 프랑스에서 출발하여 미국 해안이 보이는 곳까지 비행하고 돌아왔다. 그러나 미국에 대한 공습은 하지 않았다.

제원	
제조 국가: 독일	
유형: 9좌 장거리 해상 정찰기	
동력 장치: 1,268kW(1,700마력) BMW 14기통 레이디얼 엔진 4개	
성능: 최대 속도 440km/h; 실용 상승 한도 6,000m(19,685ft); 항속 거리 6,150km	
무게: 정상 적재 중량 40,970kg; 최대 적재 중량 50,500kg	
크기: 날개폭 42m; 길이 28.64m; 높이 6.83m	
무장: 20mm(0.8인치) 기관포 6문; 13mm(0.6인치) 기관총 1정	

1942

1943

라보츠킨 전투기

라보츠킨(Lavochkin), 고르부노프(Gorbunov), 구드코프(Gudkov) 삼인조가 설계한 LaGG-1 전투기는 1940년 3월에 첫 비행을 했다. 플라스틱 함침 목재로 구조를 제작한 독창적인 기종이었지만 LaGG는 러시아어로 '광택제를 칠한 보증된 관'을 의미한다는 농담으로 이어졌다. 일반적으로 직렬 엔진을 탑재한 LaGG는 부적합했고, 라보츠킨의 지시에 따라 더욱 강력한 레이디얼 엔진을 탑재하고서야 문제가 해결되었다. La-5와 La-7은 뛰어난 조종사가 조종할 때 독일의 상대와 대등했다.

LaGG-3

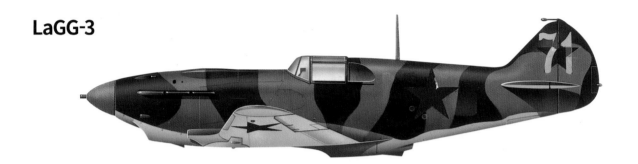

LaGG-3은 LaGG-1의 무장을 가볍게 하고 출력을 늘려 개발한 것이었지만 여전히 폴리카포프 I-16보다 열등했다. 그렇긴 하지만 1941년에서 1942년까지 전쟁 상황 때문에 생산은 계속 되었고, 레이디얼 엔진 탑재 모델로 교체될 때까지 6,500대 넘게 생산되었다.

제원	
제조 국가: 소련	
유형: 단좌 전투기 및 전투 폭격기	
동력 장치: 1,260마력(939.5kW) 클리모프 VK-105PF-1 12기통 V형 엔진 1개	
성능: 최대 속도 575km/h; 실용 상승 한도 9,700m(31,825ft); 항속 거리 1,000km	
무게: 자체 중량 2,620kg; 최대 이륙 중량 3,190kg	
크기: 날개폭 9.8m; 길이 8.81m; 높이 2.54m	
무장: 엔진 장치에 20mm 전방 발사 기관포 1문, 전방동체 윗부분에 7.62mm 기관총 2정, 외부에 폭탄 및 로켓 탑재량 20kg(441lb)	

La-5UTI

전쟁 중에 러시아는 다른 대부분의 나라보다 많이 복좌 전투기를 훈련기로 전환하여 이용했다. La-5FN-UTI는 1943년 8월에 등장했다. 예시는 전후에 CS.95라는 명칭으로 체코슬로바키아 제1 전투비행연대에서 사용되었다.

제원	
제조 국가: 소련	
유형: 단좌 전투기 및 전투 폭격기	
동력 장치: 1,630마력(1,215kW) 시베츠프 14기통 복열 레이디얼 엔진 1개	
성능: 최대 속도 알 수 없음; 실용 상승 한도 알 수 없음; 항속 거리 알 수 없음	
무게: 알 수 없음	
크기: 날개폭 9.8m; 길이 알 수 없음; 높이 2.54m	
무장: 20mm ShV AK 기관포 1문	

TIMELINE

 1939   1943

La-5FN

기본적인 LaGG-3 기체에 시베초프 M-82FN 엔진을 탑재하는 것은 특히 폭 때문에 까다로웠지만 그것은 전투기의 성능을 바꾸어놓았다. 5,700대 이상의 La-5FN가 제작되었다. 예시는 1944년 우크라이나에서 체코인으로 구성된 부대에서 사용되었다.

제원	
제조 국가: 소련	
유형: 단좌 전투기 및 전투 폭격기	
동력 장치: 1,630마력(1,215kW) 시베초프 14기통 복열 레이디얼 엔진 1개	
성능: 최대 속도 648km/h; 실용 상승 한도 11,000m(36,090ft); 항속 거리 765km	
무게: 자체 중량 2,605kg; 최대 이륙 중량 3,402kg	
크기: 날개폭 9.8m; 길이 8.67m; 높이 2.54m	
무장: 전방동체 윗부분에 20mm 전방 발사 기관포 2문, 외부에 폭탄 및 로켓 500kg(1102lb) 탑재	

La-7

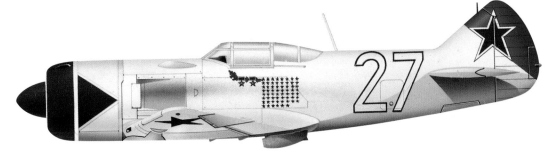

La-7은 La-5FN의 목재로 된 가로 날개 뼈대를 금속으로 바꾸고, 다른 부분도 개선하여 보강한 파생기종이었다. 이 항공기는 소련에서 영웅 칭호를 세 번 받은 이반 코제두프(Ivan Kozhedub)가 조종하였다. 그는 Me 262 제트기를 포함해서 독일군 항공기 62대를 격추했다.

제원	
제조 국가: 소련	
유형: 단좌 전투기	
동력 장치: 1,850마력(1,380kW) 시베초프 M-82FN 레이디얼 피스톤 엔진 1개	
성능: 최대 속도 680km/h; 실용 상승 한도 9,500m(31,160ft); 항속 거리 990km	
무게: 적재 중량 3,280kg	
크기: 날개폭 9.8m; 길이 8.6m	
무장: 기수에 20mm(0.8인치) 시바크 기관포 2문 또는 20mm(0.8인치) 베레친 B-20 기관포 3문; 폭탄 탑재량 최대 200kg(441lb)	

La-11

제트 전투기가 미래의 길이라는 것이 분명하였으므로 La-11은 라보츠킨의 마지막 피스톤 엔진 기종이었다. 그러나 1947년까지 제트 기술은 완전히 입증되지 않았고, La-11은 신뢰할 만한 설계와 더 긴 항속 거리를 제공했다. 거의 1,200대가 생산되었으며, 그중 많은 수가 중국과 북한에 공급되었다.

제원	
제조 국가: 소련	
유형: 단발 전투기	
동력 장치: 1,850마력(1,380kW) 시베초프 ASh-82FN 레이디얼 피스톤 엔진 1개	
성능: 최대 속도 674km/h; 실용 상승 한도 10,250m(33,628ft); 항속 거리 2,235km	
무게: 자체 중량 2,770kg; 최대 이륙 중량 3,996kg	
크기: 날개폭 9.8m; 길이 8.62m; 높이 3.47m; 날개넓이 17.6㎡	
무장: 23mm 누델만 수라노프 NS-23 기관포 3문	

1947

소련의 지상 공격기

위대한 애국전쟁(소련의 용어로)은 매우 먼 거리와 개활지에서 막대한 기갑 장비의 사용이 특징이었다. 일단 소련이 침공 초기의 충격을 극복하고 독일군을 모스크바 관문에서 저지하자 소련의 산업(대부분 우랄 산맥의 동쪽에 재배치된)은 다시 회복되어 자국 공군에 현대적인 지상 공격 항공기를 공급하였고, 무기대여계획에 따라 미국과 영국이 보충해 주었다.

일류신 Il-2

Il-2 스투르모빅은 약 36,180대가 제작되어 지금까지 생산된 전투기 중에서 가장 많이 생산되었다. 초기에는 단좌 항공기로 배치되었지만 전투기의 공격에 취약하다는 것이 드러나서 공장에서 제작된 복좌 Il-2M3이 개발되기 전에 임시변통으로 후방 기관총 사수 자리를 설치하였다. 적혀있는 글자는 '복수자'라는 뜻이다.

제원	
제조 국가: 소련	
유형: 복좌 지상 공격기	
동력 장치: 1,770마력(1,320kW) 미쿨린 Am-38F 액냉식 직렬 피스톤 엔진 1개	
성능: 최대 속도 404km/h; 항속 거리 600km; 실용 상승 한도 5,945m(19,500ft)	
크기: 날개폭 14.6m; 길이 11.6m; 높이 3.4m	
무게: 적재 중량 6,360kg	
무장: 23mm(0.9인치) VYa-23 기관포 2문, 7.62mm (0.3인치) 기관총 2정, 후방에 12.7mm(0.5인치) 기관총 1정; 82mm(3.2인치) RS-82 로켓 8발 또는 132mm(5.2인치) RS-132 로켓	

폴리카포프 Po-2

주로 훈련기와 범용 항공기로 사용된 폴리카포프 Po-2는 40,000대 넘게 생산되어 Il-2보다도 더 많이 생산되었다. U-2라고도 불린 이 항공기는 동부 전전에서 적군 야영지 위로 날아가서 소음을 내고 경폭탄을 투하하여 병사들에게서 휴식을 빼앗는 야간 괴롭힘 임무를 처음 시작했다.

제원	
제조 국가: 소련	
유형: 복좌 복엽 훈련기 및 지상 공격기	
동력 장치: 100마력(75kW) 엔진 1개	
성능: 최대 속도 156km/h; 항속 거리 400km; 실용 상승 한도 4,000m(13,125ft)	
크기: 날개폭 11.4m (37ft 5인치); 길이 8.17m (26ft 10인치); 높이 3.1m (10ft 2인치)	
무게: 적재 중량 890kg	
무장: 7.62mm(0.3인치) 후방 발사 기관총 1정, 아랫날개 밑에 최대 250kg(551lb) 폭탄	

TIMELINE    1928   1936    1938

페틀리야코프 Pe-2FT

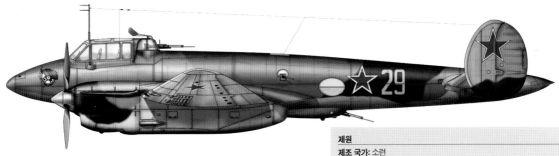

조종석 바로 뒤에 있는 터렛의 앞쪽 가장자리 위의 날개는 터렛이 가로질러 움직일 때 12.7mm(0.5인치) 기관총의 항력을 상쇄하기 위해 공기 역학적으로 균형을 잡아주는 부분으로 터렛이 동력으로 작동되지 않아도 되게 한다.

제원	
제조 국가: 소련	
유형: 3좌 급강하 폭격기	
동력 장치: 1,100마력(820kW) 클리모프 엔진 2개	
성능: 최대 속도 540km/h; 항속 거리 1,500km; 실용 상승 한도 8,800m(28,870ft)	
크기: 날개폭 17.16m; 길이 12.66m; 높이 4m	
무게: 적재 중량 8,496kg	
무장: 기수에 7.62mm(0.3인치) 시카스 기관총 2정, 동체 아래쪽 또는 위쪽에 7.62mm(0.3인치) 시카스 기관총 1정; 최대 폭탄 탑재량 1,200kg(2,646lb)	

더글러스 A-20G

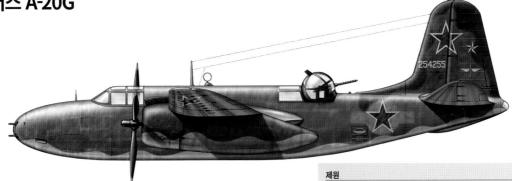

소련은 미국의 무기대여법에 따른 무기 원조의 일부로 DB-7시리즈 항공기 3,125대를 받았다. 그중 많은 수가 여기 예시된 소련 항공기의 동체 위쪽 터렛과 같이 현지에서 개조되었다. 소련 해군항공대는 그들의 항공기를 북극해에서 흑해까지 대함선 임무에 운용했다. 이 A-20G는 1944년에 툴라 지역의 소련 해군항공대에서 운용했다.

제원	
제조 국가: 미국	
유형: 3좌 경 공격 폭격기	
동력 장치: 1,600마력(1,193kW) 라이트 레이디얼 피스톤 엔진 2개	
성능: 최대 속도 510km/h; 항속 거리 1,521km; 실용 상승 한도 7,225m(23,700ft)	
크기: 날개폭 18.69m; 길이 14.63m; 높이 5.36m	
무게: 적재 중량 10,964kg	
무장: 12.7mm(0.5인치) 브라우닝 M2 고정식 전방 발사 기관총 6정, 동체 위쪽 동력으로 작동되는 터렛에 비슷한 무기 2정, 동체 아래쪽 터널을 통해 후방 발사하는 기관총 1정; 최대 폭탄 1,814kg(4,000lb)	

일류신 Il-4/DB-3F

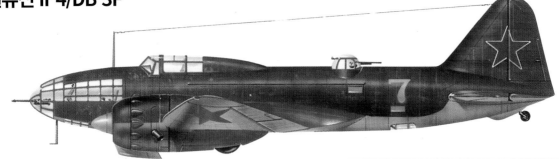

처음에는 DB-3F로 알려진 Il-4는 1941년부터 1945년까지 5,256대가 제작되었다. 이전의 파생기종과는 다르게 더욱 유선형이고 기수가 유리로 된 Il-4는 제2차 세계대전 내내 소련 장거리 폭격기 역량의 근간을 이뤘다.

제원	
제조 국가: 소련	
유형: 4좌 장거리 중형 폭격기	
동력 장치: 1,100마력(821kW) 88B 레이디얼 피스톤 엔진 2개	
성능: 최대 속도 410km/h; 항속 거리 2,600km; 실용 상승 한도 10,000m(32,810ft)	
크기: 날개폭 21.44m; 길이 14.8m; 높이 4.1m	
무게: 적재 중량 10,000kg	
무장: 기수, 동체 위쪽 터렛, 동체 아래쪽 총좌에 12.7mm(0.5인치) 기관총; 최대 폭탄 탑재량 1,000kg(2,205lb)	

1939

동부 전선의 독일 공군

1941년에서 1942년 사이의 겨울은 독일의 진군을 멈추게 했지만 소련에게는 재무장의 기회를 주었다. 봄에 기동전이 재개되자 독일 공군은 러시아의 항공기와 기갑 장비를 상대로 엄청난 성과를 거두었지만 자신의 공급선이 매우 먼 거리로 늘어난 것을 알게 되었다. 히틀러가 피하길 바랐던 여러 전선에서 동시에 싸우는 상황으로 장비 교체를 원활하게 할 수 없었다. 독일은 대부분 뛰어난 조종사와 장비를 보유하고 있었음에도 불구하고 소모전에 휘말렸다.

포케 불프 Fw 190A-4

제54 비행단은 독일 공군에서 두 번째로 높은 격추 실적을 거둔 전투비행단으로 전쟁이 끝날 때까지 9,600대 이상을 격추시켰다. 동쪽에 있는 기지에서 작전 범위가 북쪽의 발틱해부터 남쪽의 카스피해까지 이르렀다. 제54 비행단 제1 비행전대의 이 190A-4는 94대를 격추한 안톤 도벨르(Anton Doebele)가 조종했다.

제원	
제조 국가: 독일	
유형: 단좌 지상 공격 및 근접 지원 전투기	
동력 장치: 1,700마력(1,268kW) BMW 물 분사 18기통 레이디얼 엔진	
성능: 최대 속도 670km/h; 실용 상승 한도 11,410m(37,400ft); 항속 거리 900km	
무게: 적재 중량 4,900kg	
크기: 날개폭 10,49m; 길이 8,84m; 높이 3,96m	
무장: 20mm(0,8인치) 기관포 4문, 7,92mm(0,3인치) 기관총 2정, 500kg(1,102lb) 폭탄 1발	

헨셸 Hs 123A

겉으로 보기에는 구식이 되어 1937년에 생산이 중단되었지만 튼튼하고 정확한 Hs 123은 1941년에서 1944년 사이에 러시아와 우크라이나의 초원지대에서 많이 사용되었다. 검은색 삼각형 표식은 동부 전선의 근접 지원 부대인 '슈라흐트(살육)' 부대의 상징이었다.

제원	
제조 국가: 독일	
유형: 단좌 급강하 폭격기 및 근접지원기	
동력 장치: 880마력(656W) BMW 9기통 레이디얼 엔진 1개	
성능: 최대 속도 340km/h; 항속 거리 855km; 실용 상승 한도 9,000m(29,530ft)	
크기: 날개폭 10.5m; 길이 8,33m; 높이 3,2m; 날개넓이 24,85㎡	
무게: 자체 중량 1,500kg; 최대 이륙 중량 2,215kg	
무장: 고정식 전방 발사 7,92mm MG 17 기관총 2정; 날개 아래 장착대에 최대 450kg(992lb)의 폭탄	

헨셀 Hs 129B-3

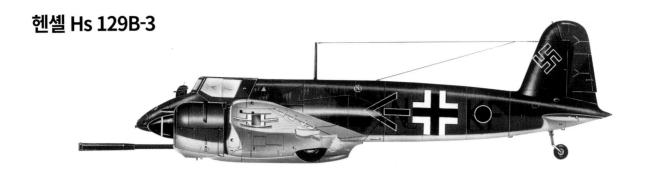

Hs 129는 제2차 세계대전에서 매우 드물었던 단좌 쌍발 항공기였다. HS 129는 비록 힘이 부족하고 조작이 어려우며 조종사 시야가 매우 나빴지만, 장갑을 많이 댔고 무장이 좋았다. 소련 탱크의 장갑이 향상되자 독일은 탱크 공격용으로 총열이 긴 75mm 기관포를 탑재한 버전 개발했지만 거의 생산하지 않았다.

제원
제조 국가: 독일
유형: 단좌 근접 지원 및 대전차 항공기
동력 장치: 700마력(522kW) 놈-론 14기통 복열 레이디얼 엔진 2개
성능: 최대 속도 407km/h; 실용 상승 한도 9,000m(29,530ft); 항속 거리 560km
크기: 날개폭 14.2m; 길이 9.75m; 높이 3.25m
무게: 자체 중량 4,020kg; 최대 이륙 중량 5,250kg
무장: 동체 위쪽과 아래쪽 옆에 고정식 전방 발사 20mm 기관포 2문과 고정식 전방 발사 13mm 기관총 2정, 전방 발사 기관포 아래 7.92mm 전방 발사 기관총 4정 또는 450kg(992lb)의 폭탄 탑재

매서슈미트 Bf 109E-7/B

Bf 109E는 비록 이 역할에 이상적이지는 않았지만 러시아에서 근접 지원 비행대대들이 사용한 많은 기종 중 하나였다. Bf 109E-7은 Bf 109E의 전투 폭격기 버전으로 250kg(551파운드) 폭탄 1발을 탑재할 수 있었다. 제1 지상공격비행단 제2 비행전대 의 이 E-7은 1942년 가을에 스탈린그라드에서 사용되었다. 조종석 아래 소총과 월계수 잎 모양의 상징은 보병 공격 훈장이며, '슈라흐트(살육)' 부대의 항공기들이 많이 달았다.

제원
제조 국가: 독일
유형: 단좌 전투기
동력 장치: 1,175마력(876kW) DB 601N 12기통 도립형 V 엔진 1개
성능: 최대 속도 570km/h; 항속 거리 700km; 실용 상승 한도 10,500m(34,450ft)
크기: 날개폭 9.87m; 길이 8.64m; 높이 2.28m
무게: 최대 적재 중량 2,505kg
무장: 20mm(0.8인치) 기관포 2문; 7.92mm(0.3인치) 기관총 2정; 250kg(551lb) 폭탄 1발

매서슈미트 Bf 110C-4

Bf 110은 서부 유럽에서는 주간 전투기로서 꽤 빨리 구식이 되었다. 하지만 긴 항속 거리와 좋은 무장으로 동부에서 유용한 역할이 주어졌다. 제1 중전투비행단의 유명한 말벌 휘장을 달고 있는 이 Bf 110C-4는 1942년 가을에 코카서스 지역에서 작전을 수행했다.

제원
제조 국가: 독일
유형: 복좌 중전투기
동력 장치: 1,100마력(820kW) 다임러-벤츠 도립형 V 엔진 2개
성능: 최대 속도 560km/h; 항속 거리 775km; 실용 상승 한도 10,000m(32,810ft)
무게: 최대 이륙 중량 6,750kg
크기: 날개폭 16.27m; 길이 12.67m; 높이 3.5m
무장: 20mm(0.8인치) 기관포 2문, 7.92mm(0.3인치) 기관총 4정, 후방 조종석에 7.92mm(0.3인치) 기관총 2정, 폭탄 탑재량 900kg(1,984lb)

동부 전선의 독일 공군 2부

1942년 8월에 시작된 스탈린그라드 전투는 동부 전선에서 독일의 운명을 가르는 전환점이 되었다. 독일 공군은 전면 포위된 제6군에게 수송기를 이용하여 공중에서 보급을 하려고 시도했다. 붉은 군대는 대포로 모든 착륙 지점을 겨냥하였고, 거의 500대의 다발 엔진 항공기를 잃었다. 독일 공군은 충분한 보급품을 가져오는데 실패했고, 제6군은 1943년 2월에 항복했다. 290,000명의 병사가 전사하거나 포로가 되었다.

융커스 Ju 86E-2

융커스 86 폭격기는 수많은 결함이 있었으며, 1939년까지 주로 훈련학교에 배정되었다. 그러나 스탈린그라드에서 보조 수송기로 활동한 것을 포함해서 여러 차례 긴급한 임무로 전선에 불려 나왔다.

제원	
제조 국가: 독일	
유형: 5-6좌 수송기	
동력 장치: 800마력(597kW) BMW 132 9기통 레이디얼 2개	
성능: 최대 속도 325km/h; 항속 거리 1,200km; 실용 상승 한도 6,800m(22,310ft)	
크기: 날개폭 22.6m; 길이 17.9m; 높이 4.7m	
무게: 8,200kg	
무장: 7.92mm(0.3인치) 기관총 3정	

매서슈미트 Me 323D-2

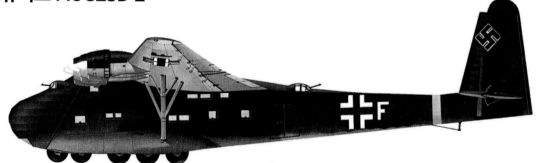

Me 323 6발 엔진 초대형 수송기는 Me 321 글라이더에서 파생되었으며, 전쟁에서 가장 큰 항공기중 하나였다. 천으로 덮은 금속 관 구조여서 전투에서 상당히 많은 손상을 입었지만 살아남을 수 있었다. 하지만 이 수송기가 수송할 수 있는 120명의 병력이나 80명의 들것에 실린 환자들에게 제공되는 보호 장치는 많지 않았다.

제원	
제조 국가: 독일	
유형: 6-10좌 수송기	
동력 장치: 1,140마력(851kW) 놈 론 14기통 레이디얼 6개	
성능: 순항 속도 190km/h; 항속 거리 1,100km	
크기: 날개폭 55m; 길이 28.5m; 높이 9.6m	
무게: 최대 이륙 중량 45,000kg	
유상 하중: 최대 120명 또는 들것 환자 60명(간병인 포함) 또는 화물 11,500kg (25,353lb)	

포케 불프 Fw 200C-0 콘도르

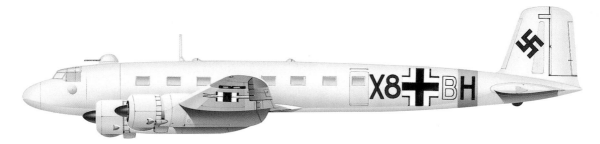

Fw 200C 콘도르 초기 모델은 초계기로 알려져 있었지만 승객 수송기로 납품
되었다. 이것은 1943년 1월 스탈린그라드를 구하려던 헛된 수고에 사용되었던
항공기였다. 스탈린그라드에서 콘도르 9대를 잃은 것으로 알려져 있다.

제원	
제조 국가: 독일	
유형: 4좌 수송기	
동력 장치: 850마력(634kW) BMW 132D 9기통 레이디얼 4개	
성능: 최대 속도 360km/h; 항속 거리 3,560km; 실용 상승 한도 6,000m(19,685ft)	
크기: 날개폭 32.85m; 길이 23.45m; 높이 6.3m	
무게: 자체 중량 17,000kg; 최대 이륙 중량 24,520kg	

융커스 Ju 88C-6

Ju 88C 중전투기는 동부 전선에서 지상 공격기로 사용되었으며, 특히 열차 공
격에 효과적이었다. 이 제76 폭격비행단 제4 비행대대의 C-6은 흑해의 타간로
크에 기지를 두고 있었으며, 성능이 더 낮은 Ju 88A 폭격기로 위장하기 위해 단
단한 전투기 기수를 도색했다.

제원	
제조 국가: 독일	
유형: 복좌 지상 공격 전투기	
동력 장치: 1,340마력(1,000kW) 융커스 유모 211J 12기통 도립형 V 엔진 2개	
성능: 최대 속도 480km/h; 항속 거리 1,980km; 실용 상승 한도 9,900m(32,480ft)	
크기: 날개폭 20.13m; 길이 14.4m; 높이 5m	
무게: 최대 적재 중량 12,485kg	
무장: 보통 7.92mm(0.3인치) 기관총 2-3정, 20mm(0.8인치) 기관포 1-2문	

하인켈 He 177A-1 그리프

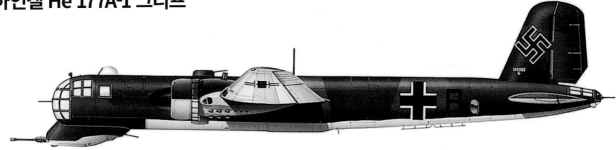

말썽 많은 하인켈 He 177 폭격기는 처음에는 제20 전투비행단이 스탈린그라
드에서 수송기로 사용했다. 이 전투 후에 항공기 중 일부는 커다란 30mm MK
101 기관포를 장착해서 소련의 대공포 포대 공격에 사용되었다.

제원	
제조 국가: 독일	
유형: 5인승 수송기 및 지상 공격기 및 중폭격기	
동력 장치: 2,950마력(2,200kW) DB 610 24기통 도립형 V 엔진 2개	
성능: 최대 속도 462km/h; 항속 거리 1,200km; 실용 상승 한도 7,000m(22,965ft)	
크기: 날개폭 31.44m; 길이 22m; 높이 6.4m	
무게: 자체 중량 18,040kg; 최대 이륙 중량 30,000kg(66,139lb)	
무장: 30mm(1.2인치) 기관포 1문; 7.92mm(0.3인치) 기관총 1-3정; 13mm(0.5인치)	
기관총2-4정; 20mm(0.8인치) 기관포 2문; 폭탄 탑재량 6,000kg(13,228lb)	

제9 공군

미국 육군항공대의 제9 공군은 1942년 말에 설립되었고, 처음에는 북아프리카에서 활동했다. 1943년 8월에 프랑스 탈환을 준비하면서 제8 공군의 전술적 상대로 영국에서 재창설되었다. 이 부대의 역할은 주로 공중과 지상에서 독일 공군을 파괴하고 우위를 확보하는 것이었다. 탈환이후 제9 공군의 비행대대는 대부분 대륙으로 이동했고, 벨기에, 네덜란드, 독일로 이동하면서 전선을 따라갔다.

노스 어메리칸 P-51D 머스탱

제370 전투비행전대는 1944년 말 프랑스에 주둔한 제9 공군의 머스탱 비행전대 중 하나였다. '시에라 수 2세(Sierra Sue II)'는 제402 전투비행대대의 로버트 보나(Robert Bohna)가 비행했다. 이 항공기는 전쟁에서 살아남았고, 스웨덴에 팔렸다. 다시 니카라과에 팔렸고, 오늘날에도 여전히 안전하게 비행할 수 있다.

제원	
제조 국가: 미국	
유형: 단좌 전투기 및 전투 폭격기	
동력 장치: 1,695마력(1,264kW) 패커드 12기통 V형 엔진 1개	
성능: 최대 속도 703km/h; 실용 상승 한도 12,770m(41,900ft); 항속 거리 3,703km	
무게: 자체 중량 3,103kg; 최대 이륙 중량 5,493kg	
크기: 날개폭 11.28m; 길이 9.84m; 높이 4.16m(꼬리 날개를 내렸을 때)	

리퍼블릭 P-47D 선더볼트

'타힐 핼(Tarheel Hal)'은 제358 비행전대 제366 전투비행대대의 P-47D 후기 모델이었다. 제9 공군의 선더볼트는 열차와 비행장, 탱크, 병력을 사정없이 파괴했다. 1945년 1월말 날씨가 맑은 날에 선더볼트는 아르덴에서 마지막 기동 탱크 부대를 격파하는 것을 도왔다.

제원	
제조 국가: 미국	
유형: 단좌 전투기 및 전투 폭격기	
동력 장치: 2,535마력(1,891kW) 프랫 앤 휘트니 R-2800-59W 더블 와스프 엔진	
성능: 최대 속도 697km/h; 항속 거리 3,060km(낙하 연료탱크를 탑재했을 때); 실용 상승 한도 12,495m(41,000ft)	
크기: 날개폭 12.42m; 길이 11.02m; 높이 4.47m	
무게: 최대 이륙 중량 7,938kg	
무장: 날개에 12.7mm(0.5인치) 기관총 8정, 외부에 폭탄 또는 로켓 1,134kg(2,500lb)	

노스롭 P-61A 블랙 위도우

미국 육군항공대에서 유일하게 처음부터 야간 전투기로 개발한 P-61은 1944년 6월부터 제9 공군에서 사용되었다. 최초의 블랙 위도우는 사실 탁한 녹색과 회색으로 마감해서 인도되었고, 헌에 있던 제422 야간전투비행대대의 이 P-61A에서 볼 수 있듯이 기체 위쪽에 터렛이 없었다.

제원	
제조 국가: 미국	
유형: 2/3좌 야간 전투기	
동력 장치: 2,250마력(1,678kW) 프랫 앤 휘트니 R-2800-65 18기통 레이디얼 엔진 2개	
성능: 최대 속도 594km/h; 항속 거리 30,58km; 실용 상승 한도 10,090m(33,100ft)	
크기: 날개폭 20,12m; 길이 14,91m; 높이 4,46m	
무게: 최대 이륙 중량 15,513kg	
무장: 전방동체 아래에 20mm(0.8인치) 기관포 4문	

마틴 B-26G 머로더

초기의 머로더 모델은 사고로 인해 끔찍한 평판을 얻었다. 부분적으로는 긴 이륙거리가 필요하게 만든 이 기종의 상대적으로 짧은 날개와 꼬리 날개면 때문이었다. '큰 날개' B-26G 같은 나중에 나온 파생기종은 이런 추세를 뒤집었고, 머로더는 결국 미국의 폭격기 중에서 전체 손실률이 가장 낮았다.

제원	
제조 국가: 미국	
유형: 7좌 중형 공격 폭격기	
동력 장치: 1,850마력(1,379kW) 프랫 앤 휘트니 18기통 복열 레이디얼 2개	
성능: 최대 속도 507km/h; 실용 상승 한도 7,620m(25,000ft); 항속 거리 1,609km	
무게: 자체 중량 9,696kg; 최대 이륙 중량 14,515kg	
크기: 날개폭 18,81m; 길이 17,07m; 높이 6,05m	
무장: 기수에 전방 발사 기관총 1정, 동체 위쪽 터렛에 0.5인치 기관총 2정, 꼬리 총좌에 0.5인치 후방 발사 기관총 1정, 폭탄 탑재량 2,177kg(4,800lb)	

더글러스 A-26B 인베이더

더글러스는 A-26 인베이더(Invader, 침략자)를 DB-7(A-20) 시리즈의 대체 기종으로 생각했다. 이전 기종과 구성은 비슷하지만 더욱 유선형으로 되었고, 강력하고 더 잘 무장된 인베이더는 1944년에 유럽 무대에 도착했다. 이 특별한 항공기 '스팅키(Stinky, 악취가 나는)'는 1945년 4월에 동부 프랑스에 기지를 두었다.

제원	
제조 국가: 미국	
유형: 3좌 경공격기 및 정찰 폭격기	
동력 장치: 2,000마력(1,491kW) 프랫 앤 휘트니 레이디얼 피스톤 엔진 2개	
성능: 최대 속도 600km/h; 항속 거리 2,253km; 실용 상승 한도 6,735m(22,100ft)	
크기: 날개폭 21,34m; 길이 15,62m; 높이 5,56m	
무게: 적재 중량 15,876kg	
무장: 12,7mm(0.5인치) 기관총 6정: 기수, 동체 위쪽, 동체 아래쪽 총좌에 각 2정; 최대 1,814kg(4,000lb)의 폭탄	

노스 어메리칸 B-25 미첼

B-25는 제2차 세계대전에서 미국의 중요한 중형 폭격기로 모든 전선에서 활동했다. B-25B는 항공모함 호넷호에서 첫 일본 공습을 이끌었을 때 초기의 명성을 얻었다. 나중 모델은 추가로 기관총과 장갑을 장착하고 폭탄 탑재량을 늘렸지만, 엔진 출력은 조금만 향상되어 이전 모델보다 속도가 느려졌다. 미국의 폭격기 중에서 가장 무거운 기관총 무장을 하였고, 대함 임무와 저공 공격 임무에 뛰어났다.

B-25A

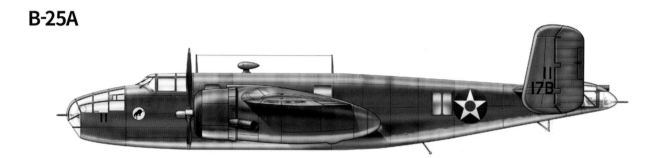

원래의 B-25(뒤에 붙는 문자 없음)와 자동 밀봉 연료탱크가 있는 파생기종인 B-25A는 비교적 적은 숫자가 제작되었다. 초기의 두 가지 버전 모두 1941년 9월에 워싱턴주 맥코드의 제17 폭격비행전대에서 사용했다.

제원	
제조 국가: 독일	
유형: 쌍발 중형 폭격기	
동력 장치: 1,700마력(1,267kW) 라이트 R-2600-13 레이디얼 피스톤 엔진 2개	
성능: 최대 속도 507km/h; 항속 거리 2,172km; 실용 상승 한도 8,230m(27,000ft)	
크기: 날개폭 16.13m; 길이 16.49m; 높이 4.75m; 날개넓이 56.67㎡	
무게: 자체 중량 8,105kg; 최대 이륙 중량 12,293kg	
무장: 0.5인치(12.7mm) 기관총 1정, 0.3인치(7.62mm) 기관총 3정; 최대 1,452kg (3,200lb)의 폭탄	

B-25C

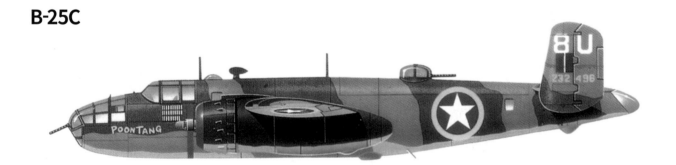

전투를 겪으면서 B-25에 더 많은 무장이 필요하다는 것을 알게 되었다. B-25는 동체 뒤쪽에 기관총 2정을 장착한 터렛과 동체 아래쪽에 접어넣을 수 있는 터렛이 있었다. '푼탱(Poontang)'은 1943년 4월에 튀니지에 주둔했던 제340 폭격비행전대 제488 폭격비행대대의 B-25C였다.

제원	
제조 국가: 미국	
유형: 쌍발 중형 폭격기	
동력 장치: 1,700마력(1,267kW) 라이트 R-2600-9 레이디얼 피스톤 엔진 2개	
성능: 최대 속도 483km/h; 항속 거리 2,172km; 실용 상승 한도 7,163m(23,500ft)	
크기: 날개폭 16.13m; 길이 16.13m; 높이 4.75m; 날개넓이 56.67㎡	
무게: 자체 중량 9,072kg; 최대 이륙 중량 12,909kg	
무장: 0.5인치(12.7mm) 기관총 4정, 0.3인치(7.62mm) 기관총 3정; 최대 1,452kg (3,200lb)의 폭탄	

미첼 Mk. II

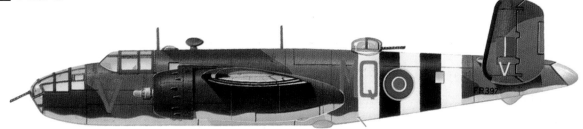

영국 공군에서는 B-25C를 미첼 Mk. II라는 이름으로 운용하였는데, 미국의 제9 공군에 해당하는 영국의 제2 전술공군이 주로 사용했다. 제320 비행대대는 네 덜란드의 항공 승무원들로 구성되었고, 이 항공기는 1944년 10월에 네덜란드 의 펜로 비행장에서 임무를 수행하는 중에 입은 손상으로 완전히 박살이 났다.

제원
제조 국가: 미국
유형: 쌍발 중형 폭격기
동력 장치: 1,700마력(1,267kW) 라이트 R-2600-9 레이디얼 피스톤 엔진 2개
성능: 최대 속도 483km/h; 항속 거리 2,172km(1,350 miles); 실용 상승 한도 7,163m(23,500ft)
크기: 날개폭 16.13m; 길이 16.13m; 높이 4.75m; 날개넓이 56.67㎡
무게: 자체 중량 9,072kg; 최대 이륙 중량 12,909kg
무장: 0.5인치(12.7mm) 기관총 4정, 0.3인치(7.62mm) 기관총 3정; 최대 1,452kg (3,200lb)의 폭탄

B-25J

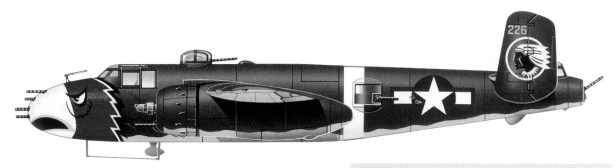

주요 양산 버전은 B-25J였다. 가장 두드러지는 특징은 동체 위의 터렛을 조 종석 뒤로 재배치한 것이었다. 필리핀에 기지를 둔 제345 폭격비행전대의 이 B-25J에서 볼 수 있는 것처럼 기총소사 공격을 위해 기관총 여러 정을 장착한 단단한 기수가 설치되었고, 동체 양 옆면에 기관총들로 보완했다.

제원
제조 국가: 미국
유형: 쌍발 중형 폭격기
동력 장치: 1,850마력(1,380kW) 라이트 R-2600-29 레이디얼 피스톤 엔진 2개
성능: 최대 속도 442km/h; 실용 상승 한도 7,600m(25,000ft); 항속 거리 2,172km
무게: 자체 중량 9,580kg; 최대 이륙 중량 19,000kg
크기: 날개폭 16.13m; 길이 16.13m; 높이 4.8m; 날개넓이 56.67㎡
무장: 12.7mm(0.5인치) 기관총 9정, 7.62mm(0.303인치) 기관총 1정; 최대 2,700kg(6,000lb)의 폭탄

B-25J

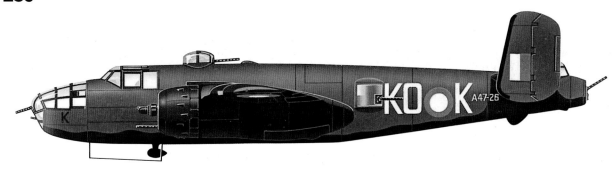

1944년에 오스트레일리아 공군은 오스트레일리아에 주둔하고 있는 네덜란드 령 동인도제도 공군으로부터 B-25 일부를 받았고, 나머지는 미국으로부터 직 접 받았다. 기수가 유리로 된 이 B-25J는 제2 비행대대에서 네덜란드령 동인도 제도 공군 제18 비행대대의 미첼과 함께 일본 선박에 맞서 싸우는 임무를 수행 했다.

제원
제조 국가: 미국
유형: 쌍발 중형 폭격기
동력 장치: 1,850마력(1,380kW) 라이트 R-2600-29 레이디얼 피스톤 엔진
성능: 최대 속도 442km/h; 실용 상승 한도 7,600m(25,000ft); 항속 거리 2,172km
무게: 자체 중량 9,580kg; 최대 이륙 중량 19,000kg
크기: 날개폭 16.13m; 길이 16.13m; 높이 4.8m; 날개넓이 56.67㎡
무장: 12.7mm(0.5인치) 기관총 16정; 최대 2,700kg(6,000lb)의 폭탄

독일 공군의 마지막 공격

노르망디 상륙 이후 전쟁의 마지막 11개월 동안 독일 공군은 대부분 방어 제체로 옮겨갔다. 하지만 여전히 영국이나 다른 곳에 대해 상징적인 공습은 할 수 있었다. 1945년 1월에서 5월까지의 소위 '아기 공습(Baby Blitz)'이라고 하는 스타인복(Steinbock, 영양) 작전은 독일 공군의 폭격기를 300대 넘게 희생시켰지만 연합국의 전쟁 수행에는 거의 영향을 미치지 못했다. 제트기와 미사일 같은 '놀라운 무기'에 대한 히틀러의 집착은 또 다른 그의 망상이었으며, 필수 자원을 낭비하였다.

융커스 Ju 88S-1

1,500대가 넘게 제작된 융커스 88 시리즈 중에서 Ju 88은 빠른 다용도 항공기 버전이었는데, BMW 801 엔진을 탑재하였고 동체 밑면의 곤돌라와 유선형의 투명한 기수가 없었다. 이 제66 전투비행단 제1 비행전대의 S-1은 전쟁의 마지막 몇 개월 동안 영국 상공을 단독으로 침투하는 임무에 사용되었다.

제원	
제조 국가: 독일	
유형: 3/4좌 고속, 고공 및 급강하 폭격기	
동력 장치: 1,700마력(1,268kW) BMW 801G 18기통 복열 레이디얼 2개	
성능: 600km/h; 항속 거리 2,000km; 실용 상승 한도 11,000m(36,090ft)	
크기: 날개폭 20.13m; 길이 14.4m; 높이 4.85m	
무게: 알 수 없음	
무장: 13mm(0.5인치) 기관총 1정; 외부에 1,000kg(2,205lb)의 폭탄 탑재	

융커스 Ju 88A-4 미스텔

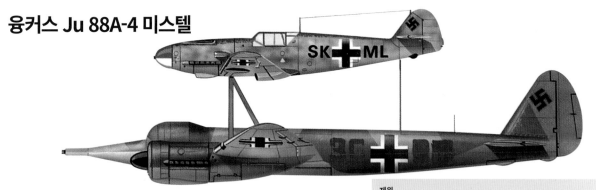

미스텔(Mistel, 겨우살이)은 폭탄을 가득 채워 넣은 잉여 폭격기와 그 위에 장착되어 폭격기를 매달고 목표 지점까지 비행하는 전투기로 구성된 복합 항공기였다. 예시의 버전은 Ju 88A-4 폭격기에 Bf 109F-4 전투기가 결합된 것이다. 미스텔은 정확하지 않았고, 사용된 몇몇 경우에도 경미한 피해를 입혔을 뿐이었다.

제원	
제조 국가: 독일	
유형: 전투기와 비행 폭탄의 결합체	
동력 장치: 1,325마력(988kW) 다임러 벤츠 DB-601E-1 엔진 1개, 999kW(1340마력) 융커스 유모 211J-1/2 도립형 V-12 피스톤 엔진 2개	
성능: 최대 속도 알 수 없음; 항속 거리 알 수 없음; 실용 상승 한도 알 수 없음	
크기: 날개폭 20m; 길이 8.43m; 높이 알 수 없음; 날개넓이 54.5㎡	
무게: 알 수 없음	
무장: 7.9mm MG 17 기관총 2정, 20mm MG 151/20 기관포 1문; 7,716lb (3,500kg) 탄두	

TIMELINE 1939   1943

하인켈 He 111H-22

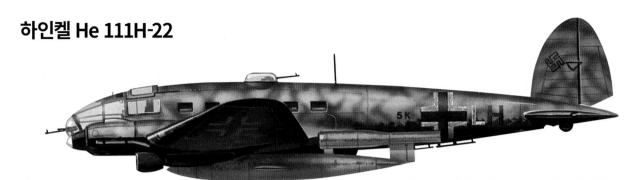

1944년 7월 독일 공군은 He 111H-23 폭격기 아래에 V-1(피젤러 Fi.103) 비행 폭탄을 장착하고 사상 최초의 공중 발사 순항 미사일 공격을 했다. 1946년 1월까지 1,176기가 발사되었는데, 그중 40%가 실패했고 나머지도 거의 큰 피해를 입히지 못했다.

제원
제조 국가: 독일
유형: 쌍발 미사일 수송기
동력 장치: 1,750마력(1,305kW) 융커스 유모 도립형-V-12 피스톤 엔진 2개
성능: 480km/h; 항속 거리: 2,800km; 실용 상승 한도: 8,500m(27,890ft)
크기: 날개폭 22.6m; 길이 16.4m; 높이 4.01m; 날개넓이 86.5㎡
무게: 자체 중량 8,680kg; 최대 이륙 중량 16,000kg
무장: 13mm(0.5인치) 기관총 1정, 7.92mm(0.3인치) 기관총 4정, Fi.103 미사일에 800kg(1,760lb) 탄두 탑재

아라도 Ar 234

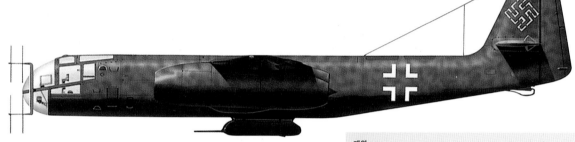

아라도 Ar 234 블리츠는 세계 최초의 제트 폭격기였다. 이 항공기는 1944년에 정찰기 역할로 취역했고, 거의 탐지되지 않고 영국과 프랑스 상공을 비행하였다. 폭격기로서도 역시 매우 성공적이었지만 비행장과 연료 공급 시설에 공격을 받아서 운용이 어려웠다.

제원
제조 국가: 독일
유형: 단좌 정찰기 및 폭격기
동력 장치: 융커스 유모 004B 터보제트 엔진 2개, 각각 추진력 900kg(1984lb)
성능: 최대 속도 742km/h; 항속 거리 1,556km; 실용 상승 한도 10,000m(32,810ft)
크기: 날개폭 14.41m; 길이 12.64m; 높이 4.29m
무장: 동체 아래 포드에 20mm(0.8인치) MG 151 기관포 2문; 후방 발사 20mm (0.8인치) 기관포 2문

하인켈 He 177

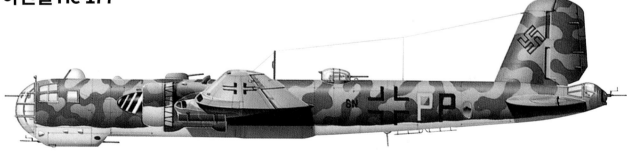

하인켈 He 177은 DB 601 엔진 2개를 결합한 엔진을 각 엔진실에 탑재하였는데, 이 엔진은 불이 붙는 것을 막기가 너무 어려웠다. He 177은 1944년 봄 영국에 대한 '작은 공습(Little Blitz)'에 사용되었고, 제4 전투비행단 제1 비행전대의 이 A-5도 참가했다.

제원
제조 국가: 독일
유형: 6좌 중폭격기
동력 장치: 2,950마력(2,200kW) DB 610 24기통 도립형 V 2개
성능: 최대 속도 462km/h; 항속 거리 5,000km; 실용 상승 한도 7,000m(22,965ft)
크기: 날개폭 31.44m; 길이 22m; 높이 6.4m
무게: 적재 중량 31,000kg
무장: 7.92mm(0.3인치) 기관총 1또는 3정; 13mm(0.5인치) 기관총 2 또는 4정; 20mm(0.8인치) 기관포 2문; 폭탄 탑재량 6,000kg(13,228lb)

1944

아브로 랭카스터

랭카스터는 영국 공군 최고의 4발 엔진 '대형 폭격기'였으며, 가장 유명했다. 2발 엔진(둘 중 어느 것도 신뢰할 수 없었던)을 탑재하였던 랭카스터는 맨체스터에서 파생되었으며 1942년에 취역했다. 이 항공기는 할리팩스나 스털링보다 더 높고, 더 멀리 비행할 수 있었으므로 폭격기 사령부의 중심이 되었다. 업킵 '도약 폭탄'을 포함하여 다양한 특수 무기에 적응할 수 있다는 것이 입증되었으며, 전후에는 영국, 캐나다, 프랑스에서 사용되었다.

아브로 맨체스터 B.I

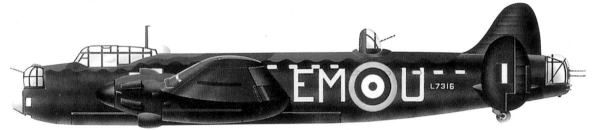

아브로 맨체스터는 1939년 7월에 첫 비행을 했고, 1940년 11월에 운용되었다. 맨체스터 중폭격기는 주로 완전히 개발되지 않은 롤스로이스 벌처 엔진의 만성적인 불안정성 때문에 그 자체로는 성공하지 못했다. 하지만 롤스로이스 멀린 엔진 4개를 탑재한 랭카스터를 위한 길을 닦았다.

제원	
제조 국가: 영국	
유형: 7좌 중형 폭격기	
동력 장치: 1,760마력(1,312kW) 롤스로이스 벌처 직렬 피스톤 엔진 2개	
성능: 최대 속도 426km/h; 항속 거리 2,623km; 실용 상승 한도 5,850m(19,200ft)	
크기: 날개폭 27.46m; 길이 21.13m; 높이 5.94m	
무게: 적재 중량 25,401kg	
무장: 7.7mm(0.303인치) 기관총 8정(기수와 동체 위쪽 터렛에 각 2정, 꼬리 날개 터렛에 2정); 최대 4,695kg(10,350lb)의 폭탄	

아브로 랭카스터 B.III

예시 항공기는 특별히 '댐 공격' 항공기로 개조된 다른 규격의 랭카스터 Mk III이다. 랭카스터 Mk III은 랭카스터 Mk I과 다른 규격에 따라 롤스로이스 멀린 엔진이 아니라 패커드 엔진을 탑재하여 3,020대가 제작되었다. 제617 비행대대는 독일 루르 계곡의 댐들을 파괴하는 임무를 위해 만들었다. 1943년 5월, 5개의 댐을 겨냥해서 랭카스터 19대로 임무를 수행했다.

제원	
제조 국가: 영국	
유형: 6좌 특수 임무 폭격기	
동력 장치: 1,460마력(1,089kW) 패커드(롤스로이스) 멀린 피스톤 엔진 4개	
성능: 최대 속도 462km/h; 항속 거리 2,784km; 실용 상승 한도 5,790m(19,000ft)	
크기: 날개폭 31.09m; 길이 20.98m; 높이 6.19m	
무게: 자체 중량 16,783kg; 최대 이륙 중량 29,484kg	
무장: 7.7mm(0.303인치) 기관총 7정; 동체 아래에 3,900kg(8,599lb) '도약 폭탄' 1발	

TIMELINE    1939    1941    1942

아브로 랭카스터 B.I 스페셜

제9 비행대대와 제617 비행대대의 랭카스터(예시 참조)는 거대한 그랜드 슬램 폭탄과 톨보이 폭탄을 탑재하기 위해 폭탄창 문과 기관총 및 다른 장비를 제거했다. 이 항공기들은 운하, 교량, 유보트 기지에 대한 몇 차례 정밀 공격에 사용되었다.

제원

제조 국가: 영국

유형: 5좌 특수 임무 폭격기

동력 장치: 1,640마력(1,223kW) 롤스로이스 멀린 XXIV 직렬 피스톤 엔진 4개

성능: 최대 속도 462km/h; 항속 거리 4,072km; 실용 상승 한도 7,470m(24,500ft)

크기: 날개폭 31.09m; 길이 21.18m; 높이 6.1m

무게: 적재 중량 31,751kg

무장: 7.7mm(0.303인치) 기관총 8정; '그랜드 슬램' 9,979kg(22,000lb) 폭탄 1발

아브로 랭카스터 B.VI

항로유도 부대를 위해 전자 방해책 역할을 수행하기 위해 Mk I 및 Mk III 폭격기 총 9대가 개조되었다. 엔진을 교체하고 꼬리 날개의 터렛을 제외한 모든 무장을 제거한 Mk VI는 엄청난 성능을 발휘했다. 이 항공기는 항로유도 전문부대인 제635 비행대대에서 운용했다.

제원

제조 국가: 영국

유형: 5좌 특수 임무 폭격기

동력 장치: 1,640마력(1,223kW) 패커드 멀린 85/87 12기통 V형 엔진 1개

성능: 최대 속도 5.55km/h; 실용 상승 한도 6,500m(21,418ft); 항속 거리 2,949km

무게: 자체 중량 16,083kg; 최대 이륙 중량 32,659kg

크기: 날개폭 31.09m; 길이 21.18m; 높이 6.25m

무장: 꼬리 날개 터렛에 0.303인치 기관총 4정

아브로 랭카스터 GR.III

랭카스터는 동체 아래의 돔에 H2S 레이더를 설치하고 불필요한 장비를 제거하여 훌륭한 장거리 초계기를 만들었다. 나중에는 이 목적으로 특수 제작된 섀클턴이 취역했다. 이 랭카스터 GR.III은 1950년대에 영국 콘월주 세인트 모간의 해양 정찰 학교에서 운용했다.

제원

제조 국가: 영국

유형: 장거리 초계기

동력 장치: 1,640마력(1,223kW) 패커드 멀린 224 피스톤 엔진 4개

성능: 최대 속도 452km/h; 항속 거리 4,313km; 실용 상승 한도 7,460m(24,500ft)

크기: 날개폭 31.09m; 길이 20.98m; 높이 6.19m

무게: 적재 중량 18,598kg

1943

1944

최초의 제트기

영국의 프랭크 휘틀(Frank Whittle)과 독일의 한스 폰 오하인(Hans von Ohain)은 1930년대 말에 작동하는 터보 제트 엔진을 독자적으로 개발했다. 독일은 1939년에 He 178이 처음 공중을 날았고, 영국의 글로스터 E.28/39(글로스터 휘틀)는 1941년 5월에 첫 비행을 했다. 어느 것도 전투기에 적합한 기반은 아니었다. 최초의 미국 제트기 벨 XP-59는 제한적으로 생산되었지만 취역하지 못했다. 독일은 다시 최초로 운용한 제트기 Me 262로 앞서 나갔다. 그러나 영국의 미티어(Meteor, 유성)는 수십 년 동안 운용되었다.

하인켈 He 178

He 176 로켓 추진 항공기와 함께 민간사업으로 개발된 He 178은 하인켈의 HeS 3b 터보제트 엔진으로 구동되었다. 이 항공기는 비록 1939년 시험 비행에서 중요한 성과를 남겼지만 단지 실험을 위한 시험대로 만든 것이었다. 관리들은 거의 관심을 보이지 않았고, 이 사업은 더 큰 He 280을 위해 중단되었다. 예시된 항공기를 보면 천으로 싼 꼬리 날개와 높게 달린 날개가 특징이다.

제원	
제조 국가: 독일	
유형: 단발 실험용 제트기	
동력 장치: 추력 4.4kN(9,92lb) HeS 3 터보 제트 엔진 1개	
성능: 최대 속도 598km/h; 항속 거리 200km; 실용 상승 한도 알 수 없음	
무게: 자체 중량 1,620kg; 최대 이륙 중량 1,998kg	
크기: 날개폭 7,2m; 길이 7,48m; 높이 2,1m; 날개넓이 9,1㎡	

하인켈 He 280V-3

1939년 He 178과 관련한 작업이 중단되자 하인켈은 역량을 He 280 사업으로 돌렸다. 이 항공기는 훨씬 더 발전된 것이었고, HeS 8 엔진 2개 또는 HeS 30 엔진 2개로 구동되었다. 그러나 발사했을 때 추진력이 부족하여 성능이 거의 발휘되지 않았다. 나중에 약간 증가하긴 했지만 He 280은 결국 메서슈미트 Me 262에게 밀려났다.

제원	
제조 국가: 독일	
유형: 쌍발 실험 제트기	
동력 장치: 5.9kN(1,323lb) 하인켈 HeS 8A 터보제트 엔진 2개	
성능: 최대 속도 800km/h	
무게: 적재 중량 4,340kg	
크기: 날개폭 12m; 길이 10,4m	

TIMELINE

1939
1940
1942

메서슈미트 Me 262V3

Me 262 시제기는 1941년 4월에 피스톤 엔진과 꼬리바퀴 착륙장치를 달고 첫 비행을 했다. 그러나 약 1년 뒤 예시의 세 번째 시제기를 사용하여 제트 동력장치 탑재 시험을 시작했다. 5번째 시제기는 앞바퀴 착륙장치를 사용했고 생산 모델에도 그렇게 적용되었다.

제원	
제조 국가: 독일	
유형: 쌍발 실험 제트기	
동력 장치: 추력 5.40kN(1,200lb) BMW 003 터보 엔진 2개, 515kW(690마력) 융커스 유모 210G 피스톤 엔진 1개	
성능: 최대 속도 알 수 없음; 실용 상승 한도 알 수 없음; 항속 거리 알 수 없음	
무게: 알 수 없음	
크기: 12.6m; 길이 10.6m; 높이 3.5m; 날개넓이 21.7㎡	

벨 YP-59A 에어라코메트

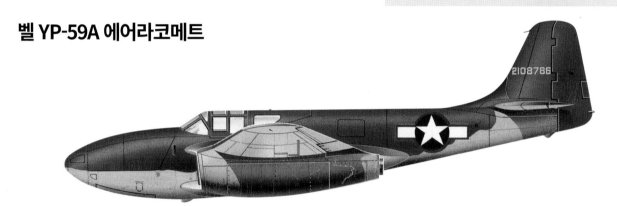

미국의 제트기 개발 작업은 유럽보다 꽤 늦게 시작되었고 영국의 상당한 도움을 받았다. 1941년 9월에 벨 항공기는 제트 전투기 개발을 요청받았고, 10월에 휘틀의 터보제트 엔진을 받았다. 겨우 1년 뒤에 벨 P-59A 에어라코메트가 비행할 준비가 되었다.

제원	
제조 국가: 미국	
유형: 단좌 제트 전투 훈련기	
동력 장치: 8.9kN(2,000lb) 제너럴 일렉트릭 J31-GE-3 터보제트 엔진 2개	
성능: 최대 속도 671km/h; 실용 상승 한도 14,080m(46,200ft); 항속 거리 837km	
무게: 자체 중량 3,610kg; 최대 이륙 중량 6,214kg	
크기: 날개폭 13.87m; 길이 11.63m; 높이 3.66m; 날개넓이 35.84㎡	

글로스터 미티어

처음에 규격 번호 F9/40로 알려진 글로스터사의 미티어는 사용하려고 했던 휘틀 W.2 엔진의 문제 때문에 지연되었다. 다섯 번째 시제기(예시 참조)는 1943년 3월에 드 하빌랜드의 할포드 엔진을 탑재하고 첫 비행을 했다. 무장을 제외하고는 미티어 F.I 생산버전에 가까웠다.

제원	
제조 국가: 영국	
유형: 쌍발 제트 전투기 시제기	
동력 장치: 추력 10.2kN(2,300lb) 드 하빌랜드 할포드 H.1 터보제트 엔진	
성능: 최대 속도 알 수 없음; 항속 거리 알 수 없음; 실용 상승 한도 알 수 없음	
무게: 자체 중량 3,692kg; 최대 이륙 중량 알 수 없음	
크기: 날개폭 13.11m; 길이 12.57m; 높이 3.96m; 날개넓이 34.74㎡	

1943

야코블레프 전투기

일반적으로 Yak로 알려진 야코블레프 설계국의 전투기들은 가장 인정받았고 가장 숫자가 많았던 소련의 전시 전투기였다. 합판과 금속관으로 대충 제작된 Yak-1에서부터 훨씬 무거운 금속 재질의 Yak-9U까지 이 시리즈는 기복이 있었다. Yak-1의 파생기종은 뚜렷이 구분되는 두 개의 개발 경로로 나뉘어졌다. 하나는 Yak-3 공중전용 경전투기이고, 다른 하나는 Yak-7 및 Yak-9 중전투기와 복좌 훈련기, 전투 폭격기, 장거리 전투기, 대전차포 탑재기 등이다.

Yak-1

Yak-1은 이 제품군에서 가장 많은 8,720대가 제작되었다. 이 항공기는 소련의 여성 전투기 조종사 중에서 가장 성공한 릴리야 리트바크(Lilya Litvak)가 조종했다. 그녀는 1943년 8월, 겨우 22세의 나이로 전투 중에 사망하기 전까지 12대를 격추했다.

제원	
제조 국가: 소련	
유형: 단좌 전투기 및 전투 폭격기	
동력 장치: 1,100마력(820kW) 클리모프 M-105P 12기통 V형 엔진 1개	
성능: 최대 속도 600km/h; 실용 상승 한도 10,000m(32,810ft); 항속 거리 700km	
무게: 자체 중량 2,347kg; 최대 이륙 중량 2,847kg	
크기: 날개폭 10m; 길이 8.48m; 높이 2.64m	

Yak-1M

Yak-1M은 후방동체가 작아서 시야가 좋고, 가벼운 구조를 가지고 있어서 전쟁에서 연합국의 단엽기 중 가장 가벼웠다. 이 제31 근위전투항공연대의 Yak-1M에 적힌 글은 스타하노프 집단농장이 조종사 예베멘(Yevemen) 소령에게 바치는 글이다.

제원	
제조 국가: 소련	
유형: 단좌 전투기 및 전투 폭격기	
동력 장치: 1,180마력(880kW) 클리모프 M-105PF V-12 액냉식 엔진 1개	
성능: 최대 속도 592km/h; 실용 상승 한도 10,050m(33,000ft); 항속 거리 700km	
무게: 적재 중량 2,883kg	
크기: 날개폭 10m; 길이 8.5m	
무장: 20mm(0.8인치) 시바크 기관포 1문, 12.7mm(0.5인치) 베레진 UBS 기관총 1정	

Yak-3

1944년 6월에 취역한 Yak-3은 이 시리즈에서 가장 빨랐고, 저공 공중전에서 무서운 전투기였다. 이 항공기는 37대를 격추한 에이스 세르게이 루간스키(Sergey Lugansky)가 조종했다. 이 항공기는 알마아타시가 선물한 것이다.

제원	
제조 국가: 소련	
유형: 단좌 전투기	
동력 장치: 1,290마력(962kW) 클리모프 VK-105PF V12 액냉식 피스톤 엔진 1개	
성능: 최대 속도 646km/h; 실용 상승 한도 10,700m(35,000ft); 항속 거리 650km	
무게: 적재 중량 2,692kg	
크기: 날개폭 9.2m; 길이 8.5m; 높이 2.39m	
무장: 20mm(0.8인치) 시바크 기관포 1문, 12.7mm(0.5인치) 베레진 UBS 기관총 2정	

Yak-9

1941년에 자유 프랑스 정부는 러시아에 동부 전선에서 복무할 1개 비행대대의 조종사를 공급했다. 나중에는 4개 비행대대로 확대되었고, 부대의 명칭은 노르망디-니에멘 연대였다. 이 Yak-9는 8대를 격추한 에이스 르네 샬레(René Challe)의 애기(愛機)였다.

제원	
제조 국가: 소련	
유형: 단좌 전투기	
동력 장치: 1,180마력(880KW) 클리모프 V-12 액냉식 피스톤 엔진 1개	
성능: 최대 속도 591km/h; 실용 상승 한도 9,100m(30,000ft); 항속 거리 884km	
무게: 최대 이륙 중량 3,117kg	
크기: 날개폭 9.74m; 길이 8.55m; 높이 3m	
무장: 20mm(0.8인치) 시바크 기관포 1문, 12.7mm(0.5인치) 베레진 UBS 기관총 1정	

Yak-9D

Yak-9의 일부 버전은 조종석 뒤에 있는 폭탄창에 경량 폭탄 4발을 탑재할 수 있었다. Yak-9D(예시 참조)는 장거리용으로 설계되어 연료 용량이 더 컸다. Yak-9DD는 장거리 폭격기 호위 임무를 위해서 연료 용량이 훨씬 더 크고, 무선 항법장치를 갖춘 버전이었다.

제원	
제조 국가: 소련	
유형: 단좌 전투기	
동력 장치: 1,180마력(880kW) 클리모프 M-105 PF V-12 액냉식 피스톤 엔진 1개	
성능: 최대 속도 591km/h; 실용 상승 한도 9,100m(30,000ft); 항속 거리 1,360km	
무게: 적재 중량 3,117kg	
크기: 날개폭 9.74m; 길이 8.55m; 높이 3m	
무장: 20mm(0.8인치) 시바크 기관포 1문, 12.7mm(0.5인치) 베레진 UBS 기관총 1정	

나치 독일의 방어

제2차 세계대전 마지막 해에 독일 공군은 제트기 3종과 로켓 구동 항공기 2종을 운용하였고 다른 여러 기종을 시험 비행했다. 대부분 질이 떨어지는 재료를 사용하여 적절한 시험도 없이 강제 노동을 통해 제작되었으므로, 마지막으로 시도했던 이런 항공기들은 적보다 조종사들에게 더 위험했다. 오직 Me 262 슈발브(Schwalbe, 제비)와 Me 163 코메트(Komet, 혜성)만 꽤 많은 승리를 거두었다. 하지만 독일의 청사진은 전후 미국과 소련에 매우 크게 영향을 미쳤다.

Me 163B-1A 코메트

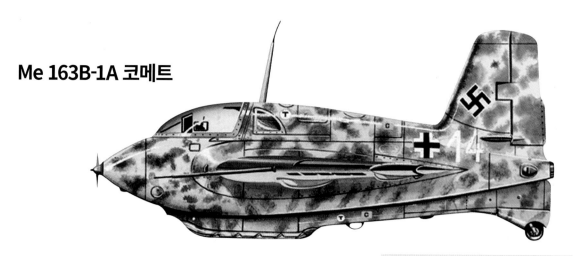

Me 163은 아마도 제2차 세계대전의 항공기 중에서 가장 급진적이고 미래적일 것이다. 로켓 엔진으로 구동되는 항속 시간이 짧은 고속 요격기의 개념은 확실히 유효했다. 수평 꼬리 날개가 없고, 동체는 매우 짧은 Me 163은 매우 휘발성이 강한 두 가지 액체로 추진되었다. 1944년 5월까지 이 조그마한 항공기는 미국 폭격기 편대를 엄청나게 파괴했다.

제원	
제조 국가: 독일	
유형: 단좌 요격기	
동력 장치: 16.7kN(3,750lb) 월터 HWK 509A-2 이원추진제 로켓(농축 수소와 히드라진/메탄올을 연소)	
성능: 최대 속도 960km/h; 실용 상승 한도 16,500m(54,000ft); 항속 거리 100km	
무게: 자체 중량 1,905kg; 최대 이륙 중량 4,110kg	
크기: 날개폭 9.3m; 길이 5.69m; 높이 2.74m	
무장: 300mm MK 108 기관포 2문, 각 60발	

호르톤 Ho IX V2

1920년대 초에 라이마르 호르텐(Reimar Horten)과 월터 호르텐(Walter Horten)은 꼬리 날개가 없는 항공기의 장점을 극찬했다. 호르톤 Ho IX V2는 노스롭 B2 스피릿과 아주 많이 닮았다. 단지 시제기 2대만 제작되었고, 두 번째 시제기는 엔진이 갑자기 멈추어 추락했다. 대규모 생산이 계획되어 있었지만 미군이 공장을 점령했다.

제원	
제조 국가: 독일	
유형: 단좌 실험용 전익 제트 전투기	
동력 장치: 8.8kN(1,984lb) BMW 003 터보제트 엔진 2개	
성능: 최대 속도 약 800km/h	
무게: 약 9,080kg	
크기: 날개폭 16m	
무장: (제안) 주간 전투기용 30mm MK 108 기관포 4문; 전투 폭격기일 때 최대 908kg(2,000lb)의 폭탄 탑재	

Me 262B-1a/U1

262B-1a/U1은 B-1a 전환 훈련기를 개조한 항공기로 사슴 뿔 모양 안테나가 설치된 FuG 218 넵튠 V 레이더와 영국의 H2S 레이더에서 나오는 방사파를 추적하기 위한 FuG 350 ZC 낙소스 레이더 탐지기가 설치되었다. 이 항공기를 수령한 첫 번째 부대는 경험이 많은 야간 전투 요원들로 구성된 코만도 웰터 특수 부대였다.

제원	
제조 국가: 독일	
유형: 복좌 야간 전투기	
동력 장치: 8.8kN(1,984lb) 융커스 유모 004B-1, 또는 004B-2, 또는 004B-3 터보제트 엔진 2개	
성능: 최대 속도 869km/h; 실용 상승 한도 12,190m(40,000ft); 항속 거리 1,050km	
무게: 자체 중량 3,795kg; 최대 이륙 중량 6,387kg	
크기: 날개폭 12.5m; 길이 10.58m; 높이 3.83m; 날개넓이 21.73㎡	
무장: 30mm 라인메탈 보르지히 Mk 108A-3 기관포 2문(위쪽 기관포용 탄약 100발, 아래 기관포용 탄약 80발 포함)	

하인켈 He 162

볼크스야거(Volksjäger, 인민의 전투기)로 널리 알려진 He 162는 전쟁으로 만신창이가 되었던 독일의 항공기 산업이 불과 6개월 만에 개발하고 생산했다. 1944년 9월 8일 나치 독일의 항공부는 시속 750km(시속 466마일) 전투기에 대한 요구사항 명세서를 발표했으며, 하인켈이 가장 좋은 엔진을 탑재한 작은 목제 항공기로 경쟁에서 이겼다. 1945년 1월부터 인도되기 시작됐다.

제원	
제조 국가: 독일	
유형: 단좌 제트 요격기	
동력 장치: 7.8kN(1,764lb) BMW 003A-1 터보제트 엔진 1개	
성능: 최대 속도 840km/h; 실용 상승 한도 12,040m(39,500ft); 항속 시간 10,970m 고도에서 57분	
무게: 자체 중량 2,050kg; 최대 이륙 중량 2,695kg	
크기: 날개폭 7.2m; 길이 9.05m; 높이 2.55m; 날개넓이 11.20㎡	

도르니에르 Do 335V-1

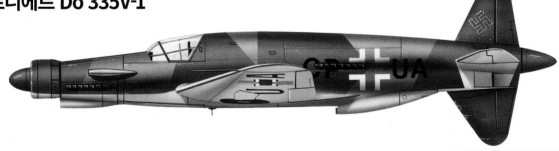

도르니에르의 독특한 파일(Pfeil, 화살)은 전시에 취역한 가장 빠른 피스톤 엔진 전투기였지만 생산량은 40대가 안되었다. Do 335는 비상시에 뒤쪽의 추진 프로펠러와 수직 안정판을 날려버리고, 조종사는 비상 사출좌석을 이용하여 탈출할 수 있었다.

제원	
제조 국가: 독일	
유형: 쌍발 전투 폭격기	
동력 장치: 1,287kW(1,726마력) 다임러-벤츠 DB 603A 도립형 V-12 피스톤 엔진 2개	
성능: 최대 속도 765km/h; 실용 상승 한도 11,400m(37,400ft); 항속 거리 1,380km	
무게: 자체 중량 5,210kg; 최대 이륙 중량 8,590kg	
크기: 날개폭 13.8m; 길이 13.85m; 높이 4.55m; 날개넓이 55㎡	
무장: 30mm MK 103 기관포 1문, 20mm MG 151 기관포 2문; 폭탄 최대 1,000kg(2,200lb)	

보우트 F4U 코르세어

F4U 코르세어는 날개폭을 유지하고 착륙 장치를 최대한 짧게 만들기 위해 뒤집힌 갈매기형 날개(날개의 모양이 날개 뿌리부에서 아래로 처졌다가 다시 위로 꺾인 형태의 날개; 국방과학기술용어사전)로 설계되었으며, 함상 전투기로 계획되었다. 그러나 주로 태평양 무대에서 운용된 최상급 지상 공격기 및 근접 지원 전투기로 발전했다. 1940년에 첫 비행을 했고, 1943년 2월에 육상기로 운용되기 시작했다. 처음에는 함상기로서의 능력을 의심받았기 때문이다. 이 기종은 제2차 세계대전 이후까지 생산되었다.

F4U-2 코르세어

F4U-2는 오른쪽 날개 위에 장착된 포드에 APS-4 공중 요격 레이더를 탑재하고, 기관총 4정으로만 무장한 야간 전투기 파생기종이었다. 단 12대만 만들어 3개 비행대대에서 운용했는데, 그중 한 대는 레이더를 장착한 단좌 전투기 최초로 상대편 항공기를 격추하였다.

제원	
제조 국가: 미국	
유형: 단발 야간 전투기	
동력 장치: 2,250마력(1,678kW) 프랫 앤 휘트니 R-2800-8W 레이디얼 엔진 1개	
성능: 최대 속도 684km/h; 실용 상승 한도 11,200m(36,900ft); 항속 거리 1,634km	
무게: 자체 중량 4,073kg; 최대 이륙 중량 6,300kg	
크기: 날개폭 12.5m; 길이 10.1m; 높이 4.9m; 날개넓이 29.17㎡	
무장: 0.5인치(12.7mm) 브라우닝 기관총 4정	

F4U-1D 코르세어

전쟁 말기의 기하학적인 표식을 달고 있어 미국 해군의 에쎅스 전함 비행전대의 항공기라는 것을 알 수 있는 이 F4U-1D는 1945년 일본이 점령하고 있는 섬들에 대한 지상 공격 임무에 사용되었다. 최신 F4U-1D 모델은 127mm(5인치) 고속 공중 발사 로켓을 탑재할 수 있었다.

제원	
제조 국가: 미국	
유형: 단좌 함상 및 육상 전투기 및 전투 폭격기	
동력 장치: 2,250마력(1,678kW) 프랫 앤 휘트니 18기통 복열 레이디얼 엔진 1개	
성능: 최대 속도 718km/h; 실용 상승 한도 12,650m(41,500ft); 항속 거리 2,511km	
무게: 자체 중량 4,175kg; 최대 이륙 중량 6,149kg(전투기), 8,845kg(전투 폭격기)	
크기: 날개폭 12.49m; 길이 10.27m; 높이 4.5m	
무장: 12.7mm(0.5인치) 기관총 6정, 127mm(5인치) HVAR 로켓 8발	

F4U-1D 코르세어

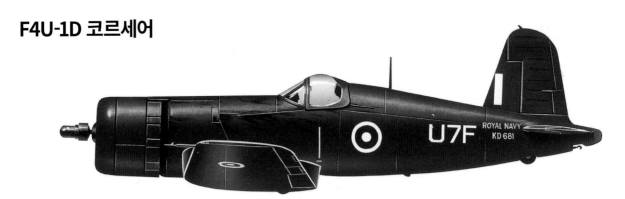

굿이어에서 처음 제작된 코르세어는 FG-1로 명명되었는데, 그 중 영국 해군항공대에 인도된 977대는 코르세어 Mk IV가 되었다. 태평양의 영국 해군 벤전스 항공모함에서 운용한 제1850 비행대대의 이 항공기는 비표준형 국가 휘장을 달고 있다.

제원	
제조 국가: 미국	
유형: 단발 함상 전투기	
동력 장치: 2,250마력(1,678kW) 프랫 앤 휘트니 R-2800-8W 레이디얼 엔진 1개	
성능: 최대 속도 684km/h; 실용 상승 한도 11,200m(36,900ft); 항속 거리 1,634km	
무게: 자체 중량 4,073kg; 최대 이륙 중량 6,300kg	
크기: 날개폭 12.5m; 길이 10.1m; 높이 4.9m; 날개넓이 29.17㎡	
무장: 12.7mm(0.5인치) M2 브라우닝 기관총 6정, 폭탄 탑재량 910kg(2,000lb)	

F4U-4C 코르세어

모델 이름 맨 뒤의 C자는 기관포 무장 버전을 가리킨다. F4U-4C는 기관총 6정 대신 20mm 기관포 4문을 장착했다. 오렌지색의 띠는 이 코르세어가 전후 예비 부대 소속이라는 표식이고, 이 항공기는 일리노이주의 글렌뷰 해군 항공기지에서 운용했다.

제원	
제조 국가: 미국	
유형: 단발 함상 전투기	
동력 장치: 1,677kW(2,250마력) 프랫 앤 휘트니 R-2800-18W 레이디얼 피스톤 엔진 1개	
성능: 최대 속도 167km/h; 실용 상승 한도 11,308m(41,500ft); 항속 거리 2,425 km	
무게: 자체 중량 4,175kg; 최대 이륙 중량 6,654kg	
크기: 날개폭 10.16m; 길이 10.27m; 높이 4.5m; 날개넓이 29.17㎡	
무장: 20mm M3 기관포 4문	

F4U-7 코르세어

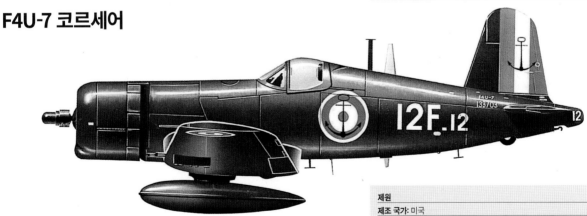

코르세어의 개발은 전쟁 후에도 계속되어 F4U-5와 AU-1 지상 공격기 파생기종이 개발되었다. 프랑스 해군항공대는 추가 무장을 갖춘 AU-1 버전을 주문하였고, 1952년에 F4U-7로 취역해서 인도차이나와 알제리에서 사용되었다.

제원	
제조 국가: 미국	
유형: 단발 함상 전투 폭격기	
동력 장치: 2,300마력(1,715kW) 프랫 앤 휘트니 R-2800-43W 레이디얼 피스톤 엔진 1개	
성능: 최대 속도 708km/h; 실용 상승 한도 11,308m(41,500ft); 항속 거리 1,802km	
무게: 자체 중량 4,461kg; 최대 이륙 중량 8,798kg	
크기: 날개폭 12.5m; 길이 10.1m; 높이 4.5m; 날개넓이 29.17㎡	
무장: 20mm M3 기관포 4문; 최대 2,268kg(5,000lb)의 폭탄 또는 로켓	

일본의 폭격기

일본 해군은 전쟁 초기의 대부분의 폭격기도 전투기와 마찬가지로 자기 방어보다는 항속 거리를 강조했다. 연합군은 알려진 기지에서 아주 먼 거리까지 일본 항공기가 자주 출현하여 놀랐지만 곧 자체 밀봉 연료탱크가 없고, 방어용 무장이 보잘 것 없는 등 일본 항공기들의 취약점을 알게 되었다. 일본 해군은 또한 장거리 폭격기로 비행정을 이용했다.

나카지마 B6N2 텐잔 '질'

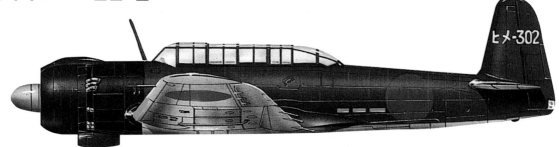

최초의 B6N 텐잔(天山) 시제기는 1941년 봄에 비행했지만, 양산 항공기는 1943년 말에야 취역했다. B6N2의 동력 장치를 미쓰비시 엔진으로 변경하여 1,133대가 제작되었지만, 유능한 항공기 승무원이 부족했다.

제원
제조 국가: 일본
유형: 3좌 함상 및 육상 뇌격기
동력 장치: 1,850마력(1,379kW) 미쓰비시 MK4T 가세이 25 14기통 복열 레이디얼 엔진 1개
성능: 최대 속도 481km/h; 항속 거리 3,045km; 실용 상승 한도 9,040m(29,660ft)
무게: 자체 중량 3,010kg; 최대 이륙 중량 5,650kg
크기: 날개폭 14.89m; 길이 10.87m; 높이 3.8m

미쓰비시 G4M1 '베티'

G4M은 육상 기지의 공군력을 섬의 주둔지에서부터 태평양 깊숙한 곳까지 펼치고자 한 일본 해군항공대의 욕망이 가장 잘 표현된 항공기였다. 하지만 이 항공기의 항속 거리는 승무원 보호를 희생한 대가로 나온 것이었다. 1941년에 취역했고, 수송대 호위 전투기, 모델 11 공격 폭격기, 훈련기, 수송기 등 총 1,200대의 G4M1 파생기종이 생산되었다.

제원
제조 국가: 일본
유형: 7좌 중형 공격 폭격기
동력 장치: 1,530마력(1,141kW) 미쓰비시 14기통 복열 레이디얼 엔진 2개
성능: 최대 속도 428km/h; 항속 거리 6,033km; 실용 상승 한도 8,500m(27,890ft)
무게: 자체 중량 6,800kg; 최대 이륙 중량 9,500kg
크기: 날개폭 25m; 길이 20m; 높이 6m
무장: 꼬리 날개에 20mm 기관포 1문; 동체 위쪽 총좌와 양 측면 총좌에 7.7mm 기관총 3정, 외부에 폭탄 및 어뢰 800kg(1,764lb) 탑재

TIMELINE

1936

1939

나카지마 Ki-49 돈류 '헬렌'

돈류(吞龍, 폭풍처럼 달려드는 용)는 1938년부터 미쓰비시 Ki-21을 대체할 항 공기로 계획되었으나, 이전 기종을 대체하기보다는 보완하는 정도의 그저 그 런 것으로 드러났다. Ki-49는 본래의 중폭격기 역할을 수행할 수 없었으므로 전쟁의 다음 단계에서는 2차적인 역할로 밀려났다.

제원	
제조 국가: 일본	
유형: 8좌 '중(重)'(실제로는 중형) 폭격기	
동력 장치: 1,500마력(1,118kW) 나카지마 14기통 복열 레이디얼 엔진 2개	
성능: 최대 속도 492km/h; 항속 거리 2,950km; 실용 상승 한도 9,300m(30,510ft)	
무게: 자체 중량 6,530kg; 최대 이륙 중량 11,400kg	
크기: 날개폭 20.42m; 길이 16.5m; 높이 4.25m	
무장: 동체 위쪽 터렛에 20mm 기관포 1문, 기수에 12.7mm 기관총 1정, 꼬리에 12.7mm 기관총 1정, 동체 아래 총좌에 12.7mm 기관총 1정, 각 측면 총좌에 7.7mm MG ; 폭탄 탑재량 1,000kg(2,205lb)	

가와니시 H6K '마비스'

H6K 비행정은 1933년의 요구사항에 따라 만들어졌으며, 제2차 세계대전에서 태평양 전쟁 개전 시기 일본 해군 최고의 군용기 중의 하나였다. 이 기종은 대 단히 훌륭한 가와니시 H8K '에밀리' 비행정으로 대체되지 않고 보강되었기 때 문에 전쟁 내내 유용하게 사용되었다. 시제기 4대 중 첫 번째는 1936년 7월에 첫 비행을 했다.

제원	
제조 국가: 일본	
유형: (H6K5) 9좌 해상 정찰 비행정	
동력 장치: 1,300마력(969kW) 미쓰비시 긴세이 14기통 레이디얼 엔진 4개	
성능: 최대 속도 385km/h; 실용 상승 한도 9,560m(31,365ft); 항속 거리 6,772 km	
무게: 자체 중량 12,380kg; 최대 이륙 중량 23,000kg	
크기: 날개폭 40m; 길이 25.63m; 높이 6.27m	
무장: 꼬리 터렛에 20mm 후방 발사 기관포 1문, 기수 터렛에 7.7mm 기관총 1정, 동체 위쪽 총좌에 7.7mm 후방 발사 기관총 1정, 반구형 총좌에 7.7mm 측방 발사 기관총 2정, 어뢰 1발, 폭탄 탑재량 3,527lb(1,600kg)	

가와니시 H8K1 '에밀리'

가와니시의 '에밀리' 비행정은 특히 중무장과 많은 장갑판과 소방방재 장비를 갖춘 뛰어난 대형 비행정이었다. 단 167대만 생산되었으나 전쟁이 끝날 때까지 현역으로 남아 있었다. 그때는 오직 4대만 안전하게 비행할 수 있는 상태로 남 았다.

제원	
제조 국가: 일본	
유형: 4발 비행정	
동력 장치: 1,850마력(1,380kW) 미쓰비시 가세이 22 레이디얼 피스톤 엔진 4개	
성능: 최대 속도 465km/h; 실용 상승 한도 8,760m(28,740ft); 항속 거리 7,150km	
무게: 자체 중량 18,380kg; 최대 이륙 중량 32,500kg	
크기: 날개폭 38m; 길이 28.15m; 높이 9.15m; 날개넓이 160㎡	
무장: 20mm 99식 기관포 5문, 7.7mm 97식 기관총 5문; 800kg(1,760lb) 어뢰 2 발 또는 1,000kg(2,200lb)의 폭탄	

1941

일본의 본토 방어

1944년에서 1945년 사이에 일본이 섬들에 구축한 기지와 정유 공장들이 점령되면서 일본 육군항공대의 본토 방어 능력은 위축되었다. 일본의 산업계는 몇몇 뛰어난 전쟁 후기 항공기를 생산했지만 연료와 예비 부품의 부족, 특히 훈련된 조종사의 부족을 겪었고, 게다가 1944년 7월 B-29의 공습은 일본의 도시들을 엄청나게 파괴하기 시작했다. 이 상황은 가미카제 부대뿐만 아니라 제트기와 로켓 항공기와 같은 필사적인 수단을 요구했다.

나카지마 Ki-84-1a '프랭크'

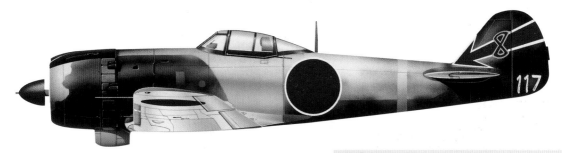

Ki-43의 후속 기종으로 개발된 하야테(疾風)은 제2차 세계대전의 마지막 단계에서 일본 육군항공대가 사용할 수 있는 가장 우수한 전투기 중 하나였다. 1944년 전반기에 취역한 Ki-84는 Ki-84-I과 후방동체와 부품들을 나무로 만든 Ki-84-II의 두 가지 주요 파생기종으로 3,512대가 제작되었다.

제원	
제조 국가: 일본	
유형: (Ki-84-Ia) 단좌 전투기 및 전투 폭격기	
동력 장치: 1,900마력(1,417kW) 나카지마 Ha-45 (육군 4식) 모델 23 18기통 복열 레이디얼 엔진 1개	
성능: 최대 속도 631km/h; 실용 상승 한도 10,500m(34,450ft); 항속 거리 2,168km	
무게: 자체 중량 2,660kg; 최대 이륙 중량 4,170kg	
크기: 날개폭 11.24m; 길이 9.92m; 높이 3.39m	
무장: 날개 앞전에 20mm 기관포 2문, 전방동체에 12.7mm 기관총 2정, 외부에 500kg(1,102lb)의 폭탄 탑재	

나카지마 Ki-44 쇼키 '도조'

1942년에 취역한 쇼키(鍾馗, 역귀를 쫓는 중국 도교의 신; 역자 주)는 특별히 요격 임무를 위해 작고 무장이 많은 전투기로 설계되었다. 이 기종은 일본 육군 항공대에서 사용된 유일한 요격기였으며, 일본 본토에 대한 미국 폭격기들의 전략적 공격이 시작된 후에 쇼키는 가장 빨리 상승하는 일본 전투기로서 자신의 가치를 증명했다.

제원	
제조 국가: 일본	
유형: (Ki-44-II) 단좌 전투기	
동력 장치: 1,520마력(1,133kW) 나카지마 Ha-109 (육군 2식) 14기통 1개	
성능: 최대 속도 605km/h; 실용 상승 한도 11,200m(36,745ft); 항속 거리 1,700km	
무게: 자체 중량 2,106kg; 최대 이륙 중량 2,993kg	
크기: 날개폭 9.45m; 길이 8.79m; 높이 3.25m	
무장: 전방동체 윗부분에 12.7mm 기관총 2정, 날개 앞전에 12.7mm 고정식 전방 발사 기관총 2정, 폭탄 탑재량 200kg(441lb)	

TIMELINE 1940 1941 1942

미쓰비시 J2M 라이덴

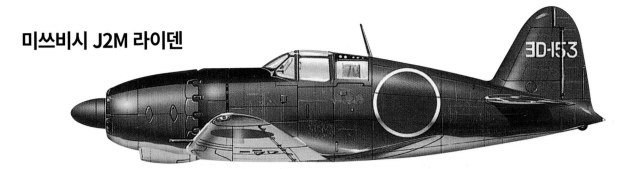

1942년 3월에 첫 비행을 한 라이덴(雷電)은 A6M 레이센(零戰)의 육상기반 후속 기종으로 설계되었다. 하지만 처음 약속처럼 되지 못했다. 개발이 매우 느렸고, 결국 더욱 강력한 엔진을 채택했음에도 전설적인 이전 모델보다 성능 면에서 나은 점이 거의 없는 상태로 취역했다. 다만 안정성과 조종성, 현장 성능이 뛰어났다.

제원	
제조 국가: 일본	
유형: (J2M3) 단좌 요격 전투기	
동력 장치: 1,870마력(1,394kW) 미쓰비시 MK4R-A 가세이 23a 14기통 복열 레이디얼 엔진 1개	
성능: 최대 속도 587km/h; 실용 상승 한도 11,700m(38,385ft); 항속 거리 1,899km	
무게: 자체 중량 2,460kg; 정상 이륙 중량 3,435kg; 최대 이륙 중량 3,945kg	
크기: 날개폭 10.8m; 길이 9.95m; 높이 3.95m	
무장: 날개 앞전에 20mm 고정식 전방 발사 기관포 4문, 외부에 120kg(265lb)의 폭탄 탑재	

미쓰비시 Ki-46-III 카이 '다이나'

제2차 세계대전에서 운용되었던 가장 우수한 항공기 중 하나이자 역대 가장 우아한 항공기 중 하나였던 Ki-46은 1937년의 요구사항을 충족하기 위해 고고도 정찰기로 특별히 설계되었다. 시제기는 1939년 11월에 첫 비행을 했다. 이 항공기는 강력한 동력 장치를 탑재하고 있었으므로 처음에는 요격하는 것이 사실상 불가능했다.

제원	
제조 국가: 일본	
유형: (Ki-46-II) 복좌 고고도 정찰기	
동력 장치: 1,055마력(787kW) 미쓰비시 14기통 복열 레이디얼 엔진 2개	
성능: 최대 속도 604km/h; 실용 상승 한도 10,720m(35,170ft); 항속 거리 2,474km	
무게: 자체 중량 3,263kg; 최대 이륙 중량 5,800kg	
크기: 날개폭 14.7m; 길이 11m; 높이 3.88m	
무장: 후방 조종석에 7.7mm 후방 발사 기관총 1정	

가와사키 Ki-45 KAI-c 도류 '닉'

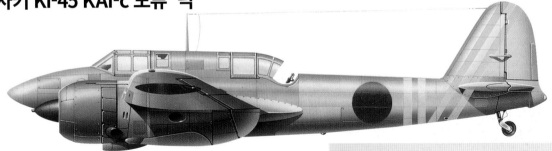

도류(屠龍)는 1937년의 요구사항에 따라 설계된 쌍발 중전투기였으며, 일본 육군항공대에서 가장 중요한 군용기 중 하나가 되었다. 이 기종은 1942년 가을에 전투기, 지상 공격기, 대함 전투기, 야간 전투기 모델이 함께 취역했다. Ki-45 KAI-c는 477대가 생산되었고, a, b, d 파생기종은 총 1,198대가 생산되었다.

제원	
제조 국가: 일본	
유형: (Ki-45 Kai-c) 복좌 야간 전투기	
동력 장치: 1,080마력(805kW) 미쓰비시 Ha-102 14-복열 레이디얼 엔진 2개	
성능: 최대 속도 540km/h; 실용 상승 한도 10,000m(32,810ft); 항속 거리 2,000km	
무게: 자체 중량 4,000kg; 최대 이륙 중량 5,500kg	
크기: 날개폭 15.02m; 길이 11m; 높이 3.7m	
무장: 전방동체에 37mm 기관포 1문, 중앙동체에 20mm 기관포 2문, 후방 조종석에 7.92mm 기관총 1정, 폭탄 탑재중량 500kg(1,102lb)	

1943

'토니'와 Ki-100

Ki-61 히엔(飛燕)은 일본의 최전선 전투기 중에서 유일하게 구동 엔진이 레이디얼 엔진이 아니었으며, 연합국에서는 '토니(Tony)'라는 별명으로 불렀다. 이 항공기는 종종 메서슈미트 Me 109로 오인되었지만 공통점은 (가와사키가 제작한) DB 601 엔진을 탑재하였다는 것뿐이었다. 이 항공기는 엔진의 신뢰성이 형편없었고, 구하기 어려워서 운용이 쉽지 않았다. 이후 1945년 초에 일부를 미쓰비시 HA-112 레이디얼 엔진으로 바꾸어 전쟁 중 가장 우수한 요격기인 Ki-100을 만들어 냈다.

가와사키 Ki-61 히엔 '토니'

오키나와는 태평양 전쟁에서 미군의 상륙에 마지막까지 저항했으며, 1,500대가 넘는 일본군 항공기가 자살 공격에 희생되었다. 제23 독립중대의 이 Ki-61-I-KAIc는 1945년 4월 1일에 함락된 오키나와의 욘탄 비행장에서 노획했다.

제원	
제조 국가: 일본	
유형: Ki-61-I-KAIc 단좌 전투기	
동력 장치: 1,175마력(876kW) 가와사키 Ha-40 (육군 2식) 12기통 도립형-V형 엔진 1개	
성능: 최대 속도 592km/h; 실용 상승 한도 11,600m(37,730ft); 항속 거리 1,100km	
무게: 자체 중량 2,210kg; 최대 이륙 중량 3,250kg	
크기: 날개폭 12m; 길이 8.75m; 높이 3.7m	
무장: 20mm 기관포 2문, 12.7mm(0.5인치) 기관총 2정; 최대 500kg(1,102lb)의 폭탄	

가와사키 Ki-61 히엔 '토니'

이 Ki-61-I-KAIc는 1945년 8월 일본 아시야에 주둔했던 제59 전대(戰隊, 비행전대) 제3 중대(中隊, 비행대대)의 색상을 하고 있다. 히엔은 잦은 정비를 요하는 기종이었으므로 많은 경우 부품 부족으로 지상에 머물러 있어야 했다. 이 항공기는 다른 부대의 항공기에서 가져온 방향타를 장착했다.

제원	
제조 국가: 일본	
유형: 단좌 전투기	
동력 장치: 1,175마력(876kW) 가와사키 Ha-40 12기통 도립형-V형 엔진 1개	
성능: 최대 속도 592km/h; 실용 상승 한도 11,600m(37,730ft); 항속 거리 1,100km	
무게: 자체 중량 2,210kg; 최대 이륙 중량 3,250kg	
크기: 날개폭 12m; 길이 8.75m; 높이 3.7m	
무장: 전방동체에 12.7mm 고정식 전방 발사 기관총 2정, 날개에 12.7mm 고정식 전방 발사 기관총 2정	

가와사키 Ki-61 히엔 '토니'

두 번째로 생산된 파생기종은 Ki-61-1b 또는 Ki–1 오츠였다. 무장이 늘어났고 신뢰할 수 없는 꼬리 바퀴의 기계 장치는 단단히 고정되었다. 이 항공기는 1943년 말, 뉴기니의 위와크 비행장에 주둔한 제2 전대 제68 중대 중대장 쇼고 데쿠이치(Shogo Tekuichi)가 조종했다.

제원	
제조 국가:	일본
유형:	단좌 전투기
동력 장치:	1,175마력(876kW) 가와사키 Ha-40 12기통 도립형-V형 엔진 1개
성능:	최대 속도 592km/h; 실용 상승 한도 11,600m(37,730ft); 항속 거리 1,100km
무게:	자체 중량 2,210kg; 최대 이륙 중량 3,250kg
크기:	날개폭 12m; 길이 8,75m; 높이 3,7m
무장:	전방동체에 12,7mm 고정식 전방 발사 기관총 2정, 날개에 12,7mm 고정식 전방 발사 기관총 2정

가와사키 Ki-100-1 오츠

가와사키는 Ki-61-II의 문제로 인해 적합한 엔진이 없어 수많은 기체를 보관할 수밖에 없었는데 즉흥적으로 Ki-61-II 카이 기체에 미쓰비시 Ha-112-II 레이디얼 엔진을 결합해 보았다. 1945년 3월부터 2종의 하위 파생기종이 나왔다. 전방향 시야 캐노피가 설치된 Ki-100-Ib(Ki-100-1 오츠)도 그중 하나였다.

제원	
제조 국가:	일본
유형:	단좌 전투기 및 전투 폭격기
동력 장치:	1,500마력(1,118kW) 미쓰비시 Ha-112-II 14기통 복열 레이디얼 엔진 1개
성능:	최대 속도 580km/h; 실용 상승 한도 11,000m(36,090ft); 항속 거리 2,000km
무게:	자체 중량 2,525kg; 최대 이륙 중량 3,495kg
크기:	날개폭 12m; 길이 8,82m; 높이 3,75m
무장:	전방동체에 20mm 전방 발사 기관포 2문, 날개에 12,7mm 전방 발사 기관총 2정, 외부에 500kg(1,102lb)의 폭탄 탑재

가와사키 Ki-100-1a

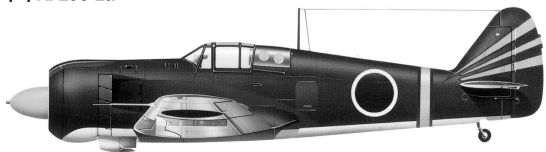

1945년 봄에 취역한 Ki-100은 곧 일본 육군항공대 최고의 전투기로 확실히 자리를 잡았다. 미쓰비시 엔진은 그전의 가와사키 HA-140A 엔진보다 컸지만, 미쓰비시 엔진을 Ki-100의 좁은 동체에 결합할 수 있는 매우 깔끔한 설치방법을 고안했다.

제원	
제조 국가:	일본
유형:	단좌 전투기 및 전투 폭격기
동력 장치:	1,500마력(1,118kW) 미쓰비시 Ha-112-II 복열 레이디얼 엔진 1개
성능:	최대 속도 580km/h; 실용 상승 한도 11,000m(36,090ft); 항속 거리 2,000km
무게:	자체 중량 2,525kg; 최대 이륙 중량 3,495kg
크기:	날개폭 12m; 길이 8,82m; 높이 3,75m
무장:	전방동체에 20mm 전방 발사 기관포 2문, 날개에 12,7mm 전방 발사 기관총 2정, 외부에 500kg(1,102lb)의 폭탄 탑재

마지막 폭탄들

일본에 대한 재래식 폭격 임무를 위해 복잡하고 기내 압력이 조절되는 B-29 슈퍼포트리스를 개발하고 배치하는 데 들여온 엄청난 노력은 결국 전쟁의 마지막 순간에 사용하게 될 핵무기 개발과 연결되었다. 엄청난 산업적 노력을 쏟아서야 비로소 슈퍼포트리스가 일본에 대한 마지막 공격을 수행하게 할 수 있게 되었다. B-24와 B-32뿐 아니라 주로 B-29가 투하했던 재래식 폭탄은 1945년 8월 일본에 투하된 2발의 원자 폭탄보다 더 많은 피해를 입혔다.

커티스 SB2C-3 헬다이버

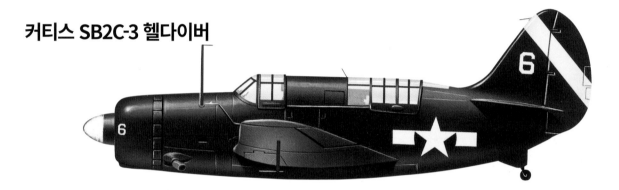

SB2C는 1943년에 돈틀리스를 대체하여 미국 해군의 주력 함상 폭격기가 되었다. SB2C는 많은 결점에도 불구하고 대량으로 제작되었고 일본 본토의 항구와 다른 목표물들을 많이 공격했다. 이 SB2C-3은 1945년 초 미국 해군 항공모함 핸콕호의 제20 폭격비행대대에서 운용했다.

제원	
제조 국가: 미국	
유형: (SB2C-1C) 복좌 함상 및 육상 정찰기 및 급강하 폭격기	
동력 장치: 1,268kW(1,700마력) 라이트 R-2600-8 사이클론 14기통 복열 레이디얼 엔진 1개	
성능: 최대 속도 452km/h; 실용 상승 한도 7,375m(24,200ft); 항속 거리 2,213km	
무게: 자체 중량 4,588kg; 최대 이륙 중량 7,626kg	
크기: 날개폭 15.15m; 길이 11.18m; 높이 4m	
무장: 날개에 20mm 기관포 2문, 조종석 뒤에 0.3인치 기관총 2정; 어뢰, 폭탄, 폭뢰 탑재량 1,361kg(3,000lb)	

컨솔리데이티드 B-24J 리버레이터

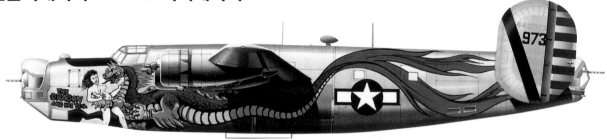

마리아나제도와 류쿠열도의 섬들을 점령하면서 미국 공군 폭격기들은 일본 본토를 공격할 수 있게 되었다. 그 폭격기들 중에는 1945년 봄에 이에시마에서 운용했던 제43 폭격비행전대의 B-24도 있었다. '용과 용의 꼬리'는 특히 색이 화려한 제43 폭격비행전대의 리버레이터 폭격기였다.

제원	
제조 국가: 미국	
유형: (B-24J) 8좌/12좌 장거리 중폭격기	
동력 장치: 1,200마력(895kW) 프랫 앤 휘트니 R-1830-65 14기통 복열 레이디얼 엔진 4개	
성능: 최대 속도 483km/h; 실용 상승 한도 8,535m(28,000ft); 항속 거리 3,380km	
무게: 자체 중량 16,556kg; 최대 이륙 중량 29,484kg	
크기: 날개폭 33.53m; 길이 20.47m; 높이 5.49m	
무장: 기수, 동체 위쪽, 동체 아래쪽, 꼬리의 터렛에 0.5인치 기관총 각 2정, 동체 중간의 총좌에 0.5인치 기관총 각 1정; 내부에 3,992kg(8,800lb)의 폭탄 탑재	

TIMELINE

  1940  1941

컨솔리데이티드 B-32A 도미네이터

B-32 도미네이터는 B-29 계획이 실패할 경우를 대비하여 일종의 보험으로 제작되었다. B-32는 오직 74대만 제작되었고, 1개 비행대대에서 오키나와 전투를 경험했다. '호보 퀸(Hobo Queen) II'는 일본이 항복을 발표하고 난 후 사진 촬영 임무 중에 전투기에 의해 손상을 입었다.

제원	
제조 국가: 미국	
유형: 8발 중폭격기 및 정찰기	
동력 장치: 2,200마력(1,641kW) 라이트 R-3350-23 듀플렉스 사이클론 레이디얼 피스톤 엔진 4개	
성능: 최대 속도 575km/h; 실용 상승 한도 10,668m(35,000ft); 항속 거리 4,815km	
무게: 자체 중량 27,000kg; 최대 이륙 중량 50,580kg	
크기: 날개폭 41.2m; 길이 25.3m; 높이 10.1m; 날개넓이 132.1㎡	
무장: 0.5인치 기관총 10정; 최대 9,100kg(20,000lb)의 폭탄	

보잉 B-29

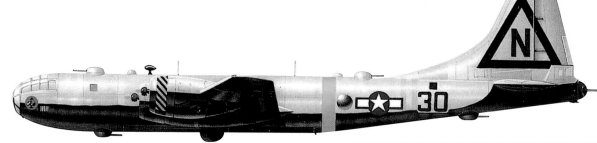

B-29는 전쟁을 일본 본토로 가져왔다. 처음에는 인도와 중국에서부터 비행했지만 마리아나제도의 티니안섬과 같은 기지가 해결되고 나서는 그곳에서 일본까지 폭탄을 최대한 탑재하고 비행할 수 있었다. 이 제444 폭탄비행전대의 B-29는 야간 임무를 위해 밑면을 검은 색으로 칠했고, 폭격용 레이더를 탑재했다.

제원	
제조 국가: 미국	
유형: (B-29) 9좌 장거리 중폭격기	
동력 장치: 2,200마력(1,640kW) 라이트 R-3350-23 18기통 복열 레이디얼 엔진 4개	
성능: 최대 속도 576km/h; 실용 상승 한도 9,710m(31,850ft); 항속 거리 9,382km	
무게: 자체 중량 31,816kg; 최대 이륙 중량 56,246kg	
크기: 날개폭 43.05m; 길이 30.18m; 높이 9.02m	
무장: 20mm 후방 발사 기관포 1문, 꼬리에 0.5인치 후방 발사 기관총 2정, 동체 위쪽 총좌 2개, 동체 아래쪽 총좌 2개에 각각 0.5인치 기관총 2정, 내부 폭탄 탑재량 9,072kg(20,000lb)	

보잉 B-29

특별히 형성된 제509 비행전대는 불필요한 것을 모두 빼고 단 한 발의 커다란 폭탄을 탑재하기 위해 개조된 '은도금한' B-29를 운용했다. 1945년 8월 6일, B-29 '에놀라 게이(Enola Gay)'는 히로시마에 '리틀 보이(Little Boy, 히로시마에 투하된 원자 폭탄의 별명; 역자 주)' 원자 폭탄을 투하했다. 3일 뒤에는 B-29 '박스카'가 나가사키를 '팻맨(Fat Man, 나가사키에 투하된 원자 폭탄의 별명; 역자 주)'으로 파괴했다.

제원	
제조 국가: 미국	
유형: (B-29) 9좌 장거리 중폭격기	
동력 장치: 2,200마력(1,640kW) 라이트 18기통 복열 레이디얼 엔진 4개	
성능: 최대 속도 576km/h; 실용 상승 한도 9,710m(31,850ft); 항속 거리 9,382km	
무게: 자체 중량 31,816kg; 최대 이륙 중량 56,246kg	
크기: 날개폭 43.05m; 길이 30.18m; 높이 9.02m	
무장: 12.7mm(0.5인치) 기관총 2정; 4,630kg(10,200lb) TNT 21킬로톤의 폭발력 '팻맨' 원자 폭탄 1발	

1942

냉전시대

제2차 세계대전이 끝나고 몇 년 지나지 않아 이전의 연합국이던 소련과 서방의 강대국들이 유럽과 아시아 및 다른 지역에서 영향력을 행사하기 위해 경쟁하면서 새로운 갈등이 일어났다.

핵무기는 문명의 종말을 위협했지만 고맙게도 사용되지 않은 채로 남아있었다. 냉전 시기의 실제 전투는 대개 베트남과 아프가니스탄과 같은 국가에서 대리전으로만 벌어졌지만 항공기의 첩보활동은 새로운 높이에 도달했다. 항공기의 발전은 초음속과 후기 연소 제트엔진으로 생성된 열을 감당하는 데 필요한 티타늄과 같은 새로운 재료 덕분에 빨라졌다.

왼쪽: F-4 팬텀 II는 1960년 처음 취역했으며, 1970년대와 1980년대에 걸쳐 계속해서 미군 공군력의 주요 부분을 형성했다.

초기의 제트기

전쟁 이후 바로 취역했던 1세대 터빈 동력 항공기는 본질적으로 제트 엔진이 장착된 피스톤 엔진 항공기였다. J 21R과 파이어볼은 그야말로 이 말 그대로 만든 항공기였고, 일반적으로 초기 제트기들은 매우 보수적으로 설계되었다고 볼 수 있다. 영국과 독일의 엔진 설계가 1세대를 지배했다. 비록 처음에는 뱀파이어에 사용한 원심형 설계가 거의 보편적이었지만, 시간이 지나면서 독일의 축류형 엔진 설계가 지배적으로 되었다.

드 하빌랜드 스파이더 크랩(뱀파이어)

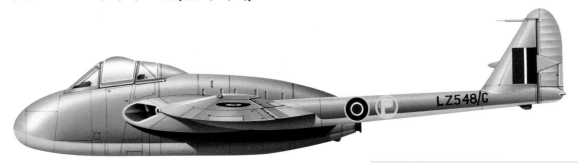

원래 이름이 스파이더 크랩(Spider Crab, 거미게)이었으나 다행히도 1941년 4월에 이름이 뱀파이어(Vampire, 흡혈귀)로 바뀌었다. 드 하빌랜드 DH.100은 할포드 H.1 원심형 터보제트 엔진을 중심으로 설계되었으며, 상대적으로 땅딸막하게 설계되었다. 뱀파이어는 1946년 3월까지 비행대대에 취역했고, 수출에서 큰 성공을 거뒀다.

제원	
제조 국가: 영국	
유형: 단발 제트 전투기	
동력 장치: 추력 12kN(2,700lb) 할포드 H.1 터보제트 엔진 1개	
성능: 최대 속도 915km/h; 항속 거리 알 수 없음; 실용 상승 한도 알 수 없음	
무게: (근사치) 자체 중량 3,290kg; 최대 이륙 중량 5,620kg	
크기: 날개폭 11.6m; 길이 9.37m; 높이 2.69m; 날개넓이 24.34㎡	
무장: 없음	

록히드 P-80 슈팅 스타

미국 공군이 처음 운용한 제트 전투기는 1944년 1월에 XP-80라는 이름으로 첫 비행을 했다. 초기 시험기 및 생산 항공기의 추락으로 경험이 많은 조종사 여러 명이 사망했다. 1945년에 P-80 몇 대를 유럽으로 급파했고, 전쟁이 끝나기 전에 이탈리아에서 2대를 제한적으로 운용했다.

제원	
제조 국가: 미국	
유형: 단좌 전투 폭격기	
동력 장치: 17.1kN(3,850lb) 알리슨 J33-GE-11 터보제트 엔진 1개	
성능: 최대 속도 해수면에서 966km/h; 실용 상승 한도 14,265m(46,800ft); 항속 거리 1,328km	
무게: 자체 중량 3,819kg; 최대 이륙 중량 7,646kg	
크기: 날개폭 11.81m; 길이 10.49m; 높이 3.43m; 날개넓이 22.07㎡	
무장: 0.5인치 기관총 6정, 454kg(1,000lb) 폭탄 2발, 로켓 8발	

TIMELINE   1943    1944 

라이언 FR-1 파이어볼

미국 해군은 1942년 혼합 동력 장치를 탑재한 FR-1 파이어볼(Fireball, 불덩이)을 주문함으로써 최초의 제트 추진 항공기에 더욱 조심스럽게 접근했다. 제트 엔진은 가미카제를 잡기 위해 순간적으로 빠른 속도를 내려고 레이디얼 엔진에 부가한 것으로 생각했다. 하지만 파이어볼은 전쟁에서 작전을 수행하기에는 너무 느렸다.

제원	
제조 국가: 미국	
유형: 혼합 동력 장치 함상 전투기	
동력 장치: 추력 7.1kN(1,600lb) 제너럴 일렉트릭 J31-GE-3 터보제트 엔진 1개, 1,060kW(1,350마력) 라이트 R-1820-72W 사이클론 레이디얼 피스톤 엔진 1개	
성능: 최대 속도 686km/h; 항속 거리 2,100km; 실용 상승 한도 13,137m (43,100ft)	
무게: 자체 중량 3,590kg; 최대 이륙 중량 4,806kg	
크기: 날개폭 12.19m; 길이 12.19m; 높이 4.15m; 날개넓이 25.6㎡	
무장: 0.5인치(12.7mm) 브라우닝 M2 기관총 4정; 최대 908kg(2,000lb)의 폭탄 또는 127mm(5인치) 로켓 8발	

미코얀 구레비치 MiG-9 '파고'

MiG-9은 최초로 비행한 소련의 제트기로 러시아에서 복제한 독일의 BMW 003 터보제트 엔진을 탑재하였다. 이 항공기는 상대적으로 많은 610대가 제작되었고, 나토의 보고명(나토에서 소련, 중국, 바르샤바 조약 국가의 군사 장비에 붙였던 암호명; 역자 주)은 파고였다. 중기관포로 무장하였지만 결코 만족스러운 전투기로 평가되지 않았다.

제원	
제조 국가: 소련	
유형: 쌍발 제트 전투기	
동력 장치: 추력 7.8kN(1,533lb) 콜레소프 RD-20 후기 연소 터보제트 엔진 2개	
성능: 최대 속도 909km/h; 항속 거리 800km; 실용 상승 한도 13,000m (42,650ft)	
무게: 자체 중량 3,420kg; 최대 이륙 중량 5,500kg	
크기: 날개폭 10m; 길이 9.83m; 높이 3.22m; 날개넓이 18.2㎡	
무장: 37mm NL-37 기관포 1문, NS-23 23mm 기관포 2문	

사브 J 21R

사브가 개발한 J 21A 전투기는 추진식 엔진을 탑재한 쌍동 전투기로 1945년에 취역했다. 그런 다음 사브는 1947년에 새로운 제트기 설계를 위한 디딤돌로 고블린 엔진을 탑재한 J 21R(R은 Reaktion(반작용) 즉 제트 엔진을 의미)을 만들었다. 64대를 제작하였고, 주로 지상 공격기로 사용했다.

제원	
제조 국가: 스웨덴	
유형: 단좌 제트 전투 폭격기	
동력 장치: 추력 13.8kN(3,100lb) 드 하빌랜드 고블린 2 터보제트 엔진	
성능: 최대 속도 800km/h; 항속 거리 720km ; 실용 상승 한도 12,000m (39,400ft)	
무게: 자체 중량 3,200kg; 최대 이륙 중량 5,000kg	
크기: 날개폭 11.37m; 길이 10.45m; 높이 2.9m; 날개넓이 22.3㎡	
무장: 20mm 보포르스 기관포 1문, 13.2mm M/39A 기관총 4정; 100mm 로켓 10발 또는 180mm 로켓 5발	

1946

1947

미국 항공모함의 공군력

1945년 8월에 미국 해군은 함대에 도입할 준비가 된 몇몇 발전된 피스톤 엔진을 탑재한 기종을 보유하고 있었으나, 전쟁이 끝나기 전에 어느 것도 전면에 내놓지 못했다. 헬캣, 어벤저와 특히 헬다이버는 곧 최전방 임무에서 퇴역하고 폐기되거나, 표적용 무인기로 전환되거나 예비 부대로 밀려났다. 새로운 항공기가 바로 해체되지 않은 비행대대에서 그 항공기들을 대체했다.

그루먼 F8F-1 베어캣

가볍고 강력했던 F8F 베어캣은 지금까지 제작된 가장 빠른 단좌 피스톤 엔진 전투기 중 하나였다. 1945년 5월까지 현역으로 있었지만 전쟁에서 전투 기회를 놓쳤다. 베어캣은 조종사들로부터 높게 평가받았지만 전선에서 짧게 운용되고 제트기로 대체되었다.

제원	
제조 국가: 미국	
유형: 단발 함상 전투기	
동력 장치: 1,567kW(2,100마력) 프랫 앤 휘트니 R-2800-34W 더블 와스프 레이디얼 피스톤 엔진 1개	
성능: 최대 속도 678km/h; 항속 거리 1,778km; 실용 상승 한도 11,796m(38,700ft)	
무게: 자체 중량 3,207kg; 최대 이륙 중량 5,873kg	
크기: 날개폭 10.92m; 길이 8.61m; 높이 4.21m;	
무장: 0.5인치(12.7mm) M2 기관총 4정; 최대 454kg(1,000lb)의 폭탄 또는 5인치(127mm) 로켓 4발	

그루먼 F7F-2N 타이거캣

미드웨이급 항공모함에서 운용하기 위해 개발된 타이거캣은 그루먼사의 첫 번째 쌍발 전투기였다. 전쟁이 끝나기 전에 해병대가 일부를 받았지만 한국전쟁 전까지 전투 기회가 없었다. F7F-2N은 복좌 야간 전투기 파생기종이며, 주로 육상 기지에서 사용되었다.

제원	
제조 국가: 미국	
유형: 쌍발 야간 전투기	
동력 장치: 1,790kW(2,400마력) 프랫 앤 휘트니 R-2800-22W 레이디얼 피스톤 엔진 2개	
성능: 최대 속도 582km/h; 항속 거리 1,545km; 실용 상승 한도 12,131m(39,800ft)	
무게: 자체 중량 7,380kg; 적재 중량 11,880kg	
크기: 날개폭 15.7m; 길이 13.8m; 높이 4.6m; 날개넓이 42.3㎡	
무장: 20mm 기관포 4문, 0.5인치(12.7mm) 브라우닝 기관총 4정	

노스 어메리칸 FJ-1 퓨리

상대적으로 경력이 뛰어나지 않지만 퓨리는 해상에서 작전 근무 기간을 마친 최초의 항공기로 더욱 미학적으로 만족스러운 F-86 사브르를 위한 길을 닦았다. 짧은 기간 동안 미국 해군에서 가장 빠른 항공기라고 주장할 수도 있었다.

제원
제조 국가: 미국
유형: 단좌 함상 전투기
동력 장치: 17.8kN(4,000lb) 알리슨 J35-A-2 터보제트 엔진 1개
성능: 최대 속도 880km/h; 실용 상승 한도 97.54m(32,000ft); 항속 거리 2,414km
무게: 자체 중량 4,011kg; 최대 적재 중량 7,076kg
크기: 날개폭 9.8m; 길이 10.5m; 높이 4.5m; 날개넓이 20.5㎡
무장: 0.5인치 기관총 6정

맥도널 F2H-2 밴시

FH-1 팬텀의 성공으로 맥도널은 운용 중인 팬텀의 뒤를 이을 제트기의 설계를 제출하라는 요청을 받았다. 새로운 항공기는 더 많은 연료와 더 강력한 엔진을 수용하기 위해 접이식 날개와 더 긴 동체를 채택하여 더 커졌다. F2H-1은 1948년에 인도되었다. F2H-2는 날개 끝에 연료탱크가 있었다.

제원
제조 국가: 미국
유형: 함상 전천후 전투기
동력 장치: 14.5kN(3,250lb) 웨스팅하우스 터보제트 엔진 1개
성능: 최대 속도 933km/h; 항속 거리 1,883km; 실용 상승 한도 14,205m(46,600ft)
무게: 자체 중량 5,980kg; 최대 이륙 중량 11,437kg
크기: 날개폭 12.73m; 길이 14.68m; 높이 4.42m; 날개넓이 27.31㎡
무장: 20mm 기관포 4문; 날개 아래 장착대에 227kg(500lb) 폭탄 2발 또는 113kg(250lb) 폭탄 4발 탑재

마틴 AM-1 마울러

더 많은 폭탄 또는 어뢰를 탑재할 수 있었던 마울러는 어벤저와 헬다이버와 같은 몇몇 기종을 대체하기 위한 것이었다. 하지만 항공모함에서 운용하기 어렵다고 판명되었고, 작지만 더 신뢰할 수 있는 더글라스 AD 스카이레이더에 밀려 예비부대로 넘겨졌다.

제원
제조 국가: 미국
유형: 단발 함상 다목적 폭격기
동력 장치: 2,237kW(3,000마력) 프랫 앤 휘트니 R-4360-4 와스프 메이저 레이디얼 피스톤 엔진 1개
성능: 최대 속도 591km/h; 항속 거리 2,885km; 실용 상승 한도 9,296m(30,500ft)
무게: 자체 중량 6,557kg; 최대 이륙 중량 10,608kg
크기: 날개폭 15.24m; 길이 12.55m; 높이 5.13m; 날개넓이 46.1㎡
무장: 20mm 기관포 4문; 최대 4,488kg(10,698lb)의 폭탄

잉글리시 일렉트릭 캔버라

1949년 첫 비행을 한 캔버라는 영국 공군과 영국 해군을 위해 782대, 그리고 다른 나라 공군을 위해 120대를 생산하여 전후 영국의 항공기 산업에서 큰 성공을 거두었다. 캔버라는 아프리카, 동남아시아, 남미 지역의 수많은 전쟁에서 전투를 경험했다. 사진 정찰기인 캔버라는 소련과 바르샤바 조약 기구 국가들의 국경 주변(때로는 국경 너머)에서 임무를 수행했고, 2000년대에는 아프가니스탄, 이라크까지 영국이 개입한 분쟁에서 임무를 수행했다.

캔버라 B.2

1945년의 영국 항공부 요구사항 B.3/45를 충족시키기 위하여 W.E.W. 피터 (W.E.W. Petter)는 고고도에서 양호하게 움직일 수 있게 넓은 날개를 가진 직선익 제트 폭격기를 계획했다. A.1 폭격기는 드 하빌랜드 모스키토처럼 2,727kg(6,000파운드)의 폭탄을 탑재하고 반경 750해리(1,389Km)이상 비행하는 동안 요격을 피할 수 있을 정도로 충분히 빨랐다. B.2는 어떤 환경에서도 보지 않고 공격을 할 수 있는 레이더 시야를 가질 수 있었다. 최초의 B.2 전술 주간 폭격기는 1951년 5월에 인도되었다.

제원	
제조 국가: 영국	
유형: 복좌 후방 차단기	
동력 장치: 28.9kN(6,500lb) 롤스로이스 에이본 Mk 101 터보제트 엔진 2개	
성능: 최대 속도 917km/h; 실용 상승 한도 14,630m(48,000ft); 항속 거리 4,274km	
무게: 자체 중량 약 11,790kg(발표 안 됨); 최대 이륙 중량 24,925kg	
크기: 날개폭 29.49m; 길이 19.96m; 높이 4.78m; 날개넓이 97.08㎡	
무장: 내부 폭탄창에 최대 2,727kg(6000lb)의 폭탄 탑재, 날개 아래 파일런에 추가로 909kg(2,000lb) 탑재	

캔버라 PR.3

PR.3은 B.2의 사진 정찰기 버전이고 1952년 말에 취역했다. 무기 대신에 수직 카메라 한 대와 사선 카메라 여섯 대를 장착할 수 있는 거치대가 있었다. 폭탄창은 여분의 연료탱크와 야간 촬영을 위한 조명탄으로 대체되었다.

제원	
제조 국가: 영국	
유형: 쌍발 제트 사진 정찰기	
동력 장치: 28.9kN(6,500lb) 롤스로이스 에이본 Mk 101 터보제트 엔진 2개	
성능: 최대 속도 917km/h; 실용 상승 한도 14,630m(48,000ft); 항속 거리 4,274km	
무게: 자체 중량 약 11,790kg(발표 안 됨); 최대 이륙 중량 24,925kg	
크기: 날개폭 29.49m; 길이 20.3m; 높이 4.78m; 날개넓이 97.08㎡	
무장: 없음	

캔버라 B(I).8

B(I).8은 후방 차단기 및 타격 항공기 파생기종이었으며 최초로 비대칭의 전투기식 캐노피를 갖추고 있었다. 폭탄 조준 장치는 저고도 폭격 장치 컴퓨터로 대체되었다. 후방 차단기 역할일 때 공격 임무를 위해 핵무기 또는 기관포 팩을 탑재할 수 있었다.

제원	
제조 국가: 영국	
유형: 쌍발 제트 폭격기	
동력 장치: 추력 33,23kN(7,490lb) 에이본 R.A.7 터보제트 엔진 2개	
성능: 최대 속도 933km/h; 항속 거리 5,440km; 실용 상승 한도 15,000m(48,000ft)	
무게: 9,820kg; 최대 이륙 중량 24,948kg	
크기: 날개폭 19,51m; 길이 19,96m; 높이 4,77m; 날개넓이 88,19㎡	
무장: 20mm 기관포 4문	

캔버라 TT.18

영국 해군은 표적 견인기 같은 역할을 위해 캔버라 파생기종을 많이 운용했다. TT.18은 B.2에서 전환되었는데, 공군 또는 해군의 포 사격을 위해 날개 아래에 권양기를 달아 표적 보조 낙하산이 흘러나오게 하였다. 레이더 조작자들을 훈련하기 위해 이 항공기를 표적 그 자체로 운용할 수도 있었다.

제원	
제조 국가: 영국	
유형: 쌍발 제트 표적기	
동력 장치: 28,9kN(6,500lb) 롤스로이스 에이본 Mk 101 터보제트 엔진 2개	
성능: 최대 속도 917km/h; 실용 상승 한도 14,630m(48,000ft); 항속 거리 4,274km	
무게: 자체 중량 약 11,790kg(발표 안 됨); 최대 이륙 중량 24,925kg	
크기: 폭 29,49m; 길이 19,96m; 높이 4,78m; 날개넓이 97,08㎡	
무장: 없음	

캔버라 PR.9

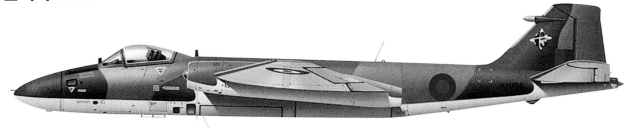

영국이 제작한 캔버라 중에서 가장 오래 살아남은 PR.9는 1959년에 인도되었고, 2006년에 최종적으로 퇴역했다. 운용 기간 동안 U2에 사용되었던 하이콘 B 또는 시스템 III 카메라, 적외선 라인 스캔 장치를 포함한 많은 카메라와 감지 장치가 설치되었다.

제원	
제조 국가: 영국	
유형: 사진 정찰기	
동력 장치: 46,7kN(10,500lb) 롤스로이스 에이본 Mk 206 터보제트 엔진 2개	
성능: 최대 속도 중고도에서 약 650mph; 실용 상승 한도 14,630m(48,000ft); 항속 거리 5,842km	
무게: 자체 중량 . 약 11,790kg(발표 안 됨); 최대 이륙 중량 24,925kg	
크기: 날개폭 20,68m; 길이 20,32m; 높이 4,78m; 날개넓이 97,08㎡	
무장: 없음	

이스라엘 독립 전쟁

이스라엘의 국가는 1948년에 이전의 영국령 팔레스타인 지구에 공식적으로 만들어졌다. 이스라엘은 독립일에 이집트와 이라크, 시리아, 레바논으로부터 공격을 받았다. 세계적인 무기 금수조치에도 불구하고 이스라엘 공군이 신속하게 창설되었다. 이스라엘은 다양한 수단을 통해 항공기를 확보했고 조종사들 역시 아주 멀리서 왔는데 그들 중 다수는 전투 경험이 풍부했다.

보잉 B-17G 포트리스

이스라엘은 1948년 초에 플로리다의 중개인을 통해 B-17G 4대를 구입하여 정비와 개조를 위해 체코슬로바키아로 보냈다. 하지만 한 대는 도중에 압수당했다. 1949년 7월 이스라엘에 인도하기 위한 비행 중에 이집트의 목표물을 폭격했다. 이 항공기들은 이듬해에 약 200회 출격했다.

제원

제조 국가: 미국

유형: (B-17G) 10좌 중폭격기

동력 장치: 895kW(1,200마력) 라이트 R-1820-97 9기통 레이디얼 엔진 4개

성능: 최대 속도 486km/h; 실용 상승 한도 10,850m(35,600ft); 항속 거리 2,897km

무게: 자체 중량 20,212kg; 최대 이륙 중량 32,659kg

크기: 날개폭 31.63m; 길이 22.78m; 높이 5.82m

무장: 0.5인치 기관총 12정 (기수 아래 터렛, 동체 앞부분 총좌, 동체 위쪽 터렛, 동체 위 총좌, 동체 아래 터렛, 동체 가운데 총좌, 꼬리 날개 등), 폭탄 탑재량 7,983kg(17,600lb)

드 하빌랜드 모스키토 FB.VI

프랑스 정부는 1951년 이스라엘에 다소 낡은 잉여 모스키토 67대를 팔았는데 그 중에서 예시와 같은 FB.VI 전투 폭격기가 40대 있었다. 나중에 더 많은 모스키토가 영국에서 도착했다. 이 항공기들은 주로 이스라엘의 이웃 국가들을 정찰하는 임무를 수행하다가 1957년에 퇴역했다.

제원

제조 국가: 영국

유형: (B.IV 시리즈 2) 쌍발 폭격기

동력 장치: 954kW(1,280마력) 롤스로이스 멀린 23 V-12 피스톤 엔진 2개

성능: 최대 속도 612km/h; 실용 상승 한도 9,144m(30,000ft); 항속 거리 3,384km

무게: 자체 중량 6,396kg; 적재 중량 10,151kg

크기: 날개폭 16.5m; 길이 12.35m; 높이 4.66m; 날개넓이 42.18㎡

무장: 최대 1,814kg(4,000lb)의 폭탄

슈퍼마린 스핏파이어

새로운 공산국가 체코슬로바키아는 1948년에서 1949년까지 영국 공군이 사용한 스핏파이어 76대를 이스라엘에 공급했다. 제101 비행대대에서 아비아 S.199와 함께 운용된 이스라엘의 스핏파이어는 많은 이집트 MC.205 항공기를 격추했고, 또한 오인 사고로 영국 공군 스핏파이어 3대와 템페스트 1대를 격추했다.

제원	
제조 국가: 영국	
유형: (스핏파이어 F.Mk IX) 단좌 전투기 및 전투 폭격기	
동력 장치: 1,167kW(1,565마력) 롤스로이스 멀린 61 엔진 1개 또는 1,230kW(16,50마력) 멀린63 12기통 V형 엔진 1개	
성능: 최대 속도 655km/h; 실용 상승 한도 12,105m(43,000ft); 항속 거리 1,576km	
무게: 자체 중량 2,545kg; 최대 이륙 중량 4,309kg	
크기: 날개폭 11.23m; 길이 9.46m; 높이 3.85m	
무장: 날개에 20mm 기관포 2문과 0.303인치 기관총 4정, 외부에 폭탄 454kg(1,000lb) 탑재	

마키 MC.205 벨트로

이집트는 1948년에 이탈리아로부터 마키 전투기 24대를 구입했다. 일부는 MC.205 벨트로였고, 나머지는 MC.205V 규격에 맞춰 다시 조립한 구형 MC.202이었다. 예시의 항공기는 알 아리시의 이집트 공군 제2 비행대대에서 운용했다. 이집트의 마키는 1948에서 1949년 사이에 3대를 격추했다고 주장했다.

제원	
제조 국가: 이탈리아	
유형: (MC.205V) 단좌 전투기 및 전투 폭격기	
동력 장치: 1,100kW(1,475마력) 피아트 RA.1050 RC.58 Tifone 12기통 도립형 V 엔진 1개	
성능: 최대 속도 642km/h; 실용 상승 한도 11,000m(36,090ft); 항속 거리 1,040km	
무게: 자체 중량 2581kg; 최대 이륙 중량 3,408kg	
크기: 날개폭 10.58m; 길이 8.85m; 높이 3.04m	
무장: 전방동체 윗부분에 12.7mm 고정식 전방 발사 기관총 2정, 날개 앞전에 20mm 전방 발사 기관포 2문, 폭탄 탑재량 320kg(705lb)	

슈퍼마린 스핏파이어

이집트의 스핏파이어 Mk V와 Mk IX(예시 참조)는 이스라엘의 스핏파이어와 몇 번 싸웠다. 이집트의 스핏파이어는 비록 이 교전에서는 이기지는 못했지만 몇몇 아비아와 그 외 이스라엘 공군 항공기를 파괴했다. 적어도 불시착한 이집트 공군의 스핏파이어 한 대가 노획되어 이스라엘군에 투입되었다.

제원	
제조 국가: 영국	
유형: (스핏파이어 F.Mk IX) 단좌 전투기 및 전투 폭격기	
동력 장치: 1,167kW(1,565마력) 롤스로이스 멀린 61 엔진 1대 또는 1,230kW(1,650마력) 멀린63 12기통 V형 엔진 1대	
성능: 최대 속도 655km/h; 실용 상승 한도 12,105m(43,000ft); 항속 거리 1,576km	
무게: 자체 중량 2,545kg; 최대 이륙 중량 4,309kg	
크기: 날개폭 11.23m; 길이 9.46m; 높이 3.85m	
무장: 날개 앞전에 20mm 고정식 전방 발사 기관포 2문과 0.303인치 전방 발사 기관총 4정, 외부 폭탄 탑재량 454kg(1,000lb)	

한국전쟁

1950년 6월 북한은 공군의 지원을 받는 대규모 지상군으로 남한을 기습 공격했다. 북한의 공군은 약 항공기 180대를 보유하고 있었고, 그중 대다수는 Yak 전투기와 Il-10 지상 공격기였다. 가장 가깝고 강력한 유엔군은 일본에 주둔하던 미국 공군이었으며, 그들은 F-80 제트기 1개 비행단과 다양한 피스톤 엔진 항공기를 보유하고 있었다. 곧 B-29가 북한의 산업 대부분을 깨부수었고, 11월쯤에는 유엔군이 승리에 가까이 가고 있었다.

노스 어메리칸 F-51D 머스탱

제67 전투폭격비행대대의 아놀드 '문' 멀린스(Arnold 'Moon' Mullins)가 조종했던 이 F-51D 머스탱은 1951년 2월에 적어도 북한의 Yak-9 전투기 1대를 격추했다. 머스탱은 주로 지상 공격 임무에 사용되었으며, 레이디얼 엔진 항공기보다 지상의 화기에 더 취약하다는 것이 드러났다.

제원	
제조 국가: 미국	
유형: (F-51D) 단발 전투 폭격기	
동력 장치: 1,264kW(1,695마력) 패커드 V-1650-7 12기통 V형 엔진 1대	
성능: 최대 속도 703km/h; 실용 상승 한도 12,770m(41,900ft); 항속 거리 3,703km	
무게: 자체 중량 3,103kg; 최대 이륙 중량 5,493kg	
크기: 날개폭 11,28m; 길이 9,84m; 높이 꼬리 날개를 내렸을 때 4,16m	
무장: 날개 앞전에 0.5인치 고정식 전방 발사 기관총 6정, 외부에 폭탄 및 로켓 907kg(2,000lb) 탑재	

보잉 B-29B 슈퍼포트리스

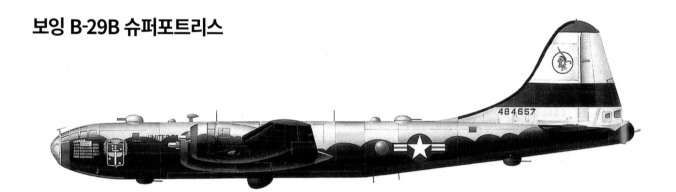

'사령관의 결정'은 오키나와 기지에 주둔한 제19 폭격비행전대 제28 폭격비행대대의 B-29B 슈퍼포트리스였다. B-29는 기관총 사수가 북한군 전투기 5대를 격추한 것으로 명성을 얻었다. B-29의 기관총 사수들은 북한 항공기 총 27대를 격추했다.

제원	
제조 국가: 미국	
유형: (B-29) 9좌 장거리 중폭격기	
동력 장치: 1,640kW(2,200마력) 라이트 18기통 복열 레이디얼 엔진 4개	
성능: 최대 속도 576km/h; 실용 상승 한도 9,710m(31,850ft); 항속 거리 9,382km	
무게: 자체 중량 31,816kg; 최대 이륙 중량 56,246kg	
크기: 날개폭 43,05m; 길이 30,18m; 높이 9,02m	
무장: 20mm 기관포 1문과 0.5인치 기관총 6정(꼬리, 동체 위쪽, 동체 아래쪽 총좌), 내부 폭탄 탑재량 9,072kg(20,000lb)	

록히드 F-80C

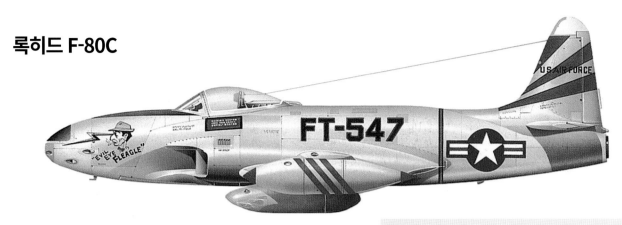

미국은 북한군을 몰아내자마자 곧바로 미 공군 제트비행대대를 남한에 보냈다. '독수리눈을 한 플리글/ 미스 바바라 안(Eagle Eyed Fleagle/Miss Barbara Ann)'은 수원에 기지를 둔 제36 전투폭격비행대대의 F-80C였다. 이 비행대대의 F-80들은 1950년 7월 공중전에서 Yak-9 몇 대를 격추시켰다.

제원	
제조 국가: 미국	
유형: 단발 전투 폭격기	
동력 장치: 추력 24.0kN(5,400lb) 알리슨 J33-A-35 터보제트 엔진 1개	
성능: 최대 속도 965 km/h; 실용 상승 한도 14,000m(46,000ft); 항속 거리 1,930km	
무게: 자체 중량 3,819kg; 최대 이륙 중량 7,646kg	
크기: 개폭 11.81m; 길이 10.49m; 높이 3.43m; 날개넓이 22.07㎡	
무장: 0.5인치(12.7mm) 기관총 6정; 454kg(1,000lb) 폭탄 2발 또는 2.75인치 로켓 8발	

리퍼블릭 F-84E 선더제트

F-84E는 한국에서 열차와 수송대, 포병대와 다른 목표물들을 공격하는 전술 지상공격의 충실한 일꾼 중 하나였으나 공중전 전투기로서 널리 알려지지는 않았다. 제9 전투폭격비행대대의 이 선더제트는 1952년 9월에 북한의 MiG기에게 격추당했다.

제원	
제조 국가: 미국	
유형: 단발 제트 전투 폭격기	
동력 장치: 추력 21.8kN(4,900lb) 알리슨 J35-A-17 터보제트 엔진 1대	
성능: 최대 속도 986km/h; 항속 거리 2,390km; 실용 상승 한도 13,180m(43,240ft)	
무게: 적재 중량 10,185kg	
크기: 날개폭 11.1m; 길이 11.41m; 높이 3.91m; 날개넓이 214.8㎡	
무장: 0.5인치(12.7mm) 기관총 6정; 454kg(1,000lb) 폭탄 2발 또는 2.75인치 로켓 8발	

글로스터 미티어 F.8

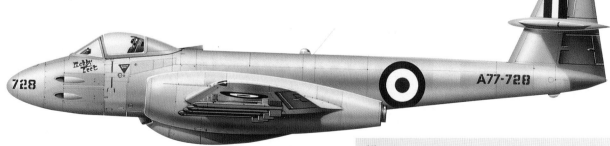

오스트레일리아는 처음에 머스탱을 약속했는데, 이후 1951년 7월에 미티어 F.8을 한국에 보냈다. 제77 비행대대는 자신의 직선익 제트기가 MiG-15에 뒤떨어진다는 것을 알게 되었고, 공중전에서 격추한 MiG기보다 더 많은 미티어를 잃었다. 지상 공격 임무로 재편되고 나서 오스트레일리아 공군의 미티어는 훨씬 더 성공적이었다.

제원	
제조 국가: 영국	
유형: 단좌 전투기	
동력 장치: 16.0kN(3,600lb) 롤스로이스 더웬트 8 터보제트 엔진 2개	
성능: 최대 속도 (33,000ft 고도에서) 962km/h; 실용 상승 한도 13,106m(43,000ft); 항속 거리 1,580km	
무게: 자체 중량 4,820kg; 적재 중량 8,664kg	
크기: 날개폭 11.32m; 길이 13.58m; 높이 3.96m	
무장: 20mm 이스파노 기관포 4문, 외국의 F.8은 종종 철제 폭탄 2발 또는 로켓 8발을 탑재하게 개조되었다.	

한국전쟁: 후기 기종

항공모함 기반의 공군력은 한국전쟁에서 처음부터 중요한 역할을 했다. 1950년 7월 초 영국해군의 프로펠러 전투기와 미국 해군의 제트기가 모두 북한을 타격하기 시작했다. 이 상황은 1950년 11월에 중국의 지상전 개입과 소련이 공급하고 주로 소련 비행사들이 조종한 후퇴익 MiG-15의 도착이라는 두 가지 사건으로 바뀌었다.

호커 시 퓨리 FB.11

영국 해군항공대는 항공모함에 제트기를 도입하였던 선구적인 활동에도 불구하고 한국전쟁에서는 피스톤 엔진 항공기만 배치했다. 영국 해군 항공모함 오션호의 제805 비행대대 피터 카미카엘(Peter Carmichaelp)이 조종했던 이 시 퓨리 FB.11은 1952년 8월에 공중전에서 MiG-15기 한 대를 파괴했다.

제원	
제조 국가: 영국	
유형: 단발 함상 전투 폭격기	
동력 장치: 1,850kW(2,480마력) 브리스톨 센토러스 XVIIC 레이디얼 피스톤 엔진 1개	
성능: 최대 속도 740 km/h; 항속 거리 1,127km; 실용 상승 한도 10,900m(35,800ft)	
무게: 자체 중량 4,190kg; 최대 이륙 중량 5,670kg	
크기: 날개폭 11.7m; 길이 10.6m; 높이 4.9m; 날개넓이 26㎡	
무장: 20mm 이스파노 Mk V 기관포 4문; 최대 908kg(2,000lb)의 폭탄 또는 3인치 로켓 12발	

보우트 F4U-4B 코르세어

유서 깊은 전시 기종인 코르세어는 한국을 위해 다시 생산에 들어갔다. 한국에서는 코르세어의 견고함과 중무장이 귀중했기 때문이다. 해병대의 제312 공격 비행대대(VMA-312)와 같은 부대는 전통적인 근접 공중지원 임무에 기관포로 무장한 F4U-4B를 육상 기지에서 사용했다.

제원	
제조 국가: 미국	
유형: (F4U-4) 단좌 함상 및 육상기지 전투기 및 전투 폭격기	
동력 장치: 1,678kW(2,250마력) 프랫 앤 휘트니 R-2800-18W 더블 와스프 18기통 복열 레이디얼 엔진 1개	
성능: 최대 속도 718km/h; 실용 상승 한도 12,650m(41,500ft); 항속 거리 2,511km	
무게: 자체 중량 4,175kg; 최대 이륙 중량 6,149kg(전투기), 8,845kg(전투 폭격기)	
크기: 날개폭 12.49m; 길이 10.27m; 높이 4.50m	
무장: 0.5인치 기관총 6정, 외부에 폭탄 및 로켓 907kg(2,000lb) 탑재	

그루먼 F9F-2 팬서

그루먼의 팬서(Panther, 표범)는 한국전쟁에서 미국 해군의 주요 타격 제트기였다. 팬서는 상대적으로 북한군 전투기와 거의 만나지 못했다. 미국 해군의 본옴므 리차드 항공모함에서 운용한 제781 전투비행대대의 F9F-2는 1952년에 러시아인 조종사가 조종하는 MiG-15 1대를 격추했다.

제원	
제조 국가: 영국	
유형: 단발 함상 제트 전투 폭격기	
동력 장치: 추력 26,5kN(5,950lb) 프랫 앤 휘트니 J42-P-6/P-8 터보제트 엔진 1개	
성능: 최대 속도 925km/h; 항속 거리 2,100km; 실용 상승 한도 13,600m(44,600ft)	
무게: 자체 중량 4,220kg; 최대 이륙 중량 7,462kg	
크기: 날개폭 11,6m; 길이 11,3m; 높이 3,8m; 날개넓이 23㎡	
무장: 20mm M2 기관포 4문; 최대 910kg(2,000lb)의 폭탄, 5인치(127mm) 로켓 6발	

미코얀 구레비치 MiG-15 '파고트'

MiG-15는 F-86 사브르와 거의 맞먹는 상대였으며, 중무장과 같은 일부 장점과 회전반경이 나쁜 단점을 같이 가지고 있었다. 이 MiG-15bis는 1953년 9월에 북한 탈주자가 조종해서 서울 인근의 김포 비행장까지 왔고, 나중에 미국에서 분석했다.

제원	
제조 국가: 소련	
유형: 단좌 전투기	
동력 장치: 26,3kN(5,952lb) 클리모프 VK-1 터보제트 엔진 1개	
성능: 최대 속도 1,100km/h; 실용 상승 한도 15,545m(51,000ft); 항속 거리 1,424km(높은 고도에서 슬리퍼 연료탱크 탑재시)	
무게: 자체 중량 4,000kg; 최대 적재 중량 5,700kg	
크기: 날개폭 10,08m; 길이 11,05m; 높이 3,4m; 날개넓이 20,60㎡	
무장: 37mm N-37 기관포 1문, 23mm NS-23 기관포 2문, 날개 아래 파일런에 최대 500kg(1,102lb) 탑재	

일류신 Il-28 '비글'

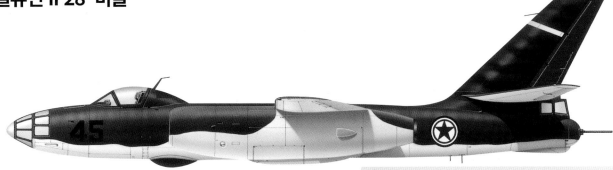

가장 중요한 초기 제트 폭격기 중 하나인 Il-28 '비글'은 전쟁 후반에 북한에 공급되었다. 유엔 사령관들은 이런 폭격기들의 위협에 대해 우려했지만 이 폭격기들은 남한을 대해 알려진 폭격 임무를 수행하지 않았다. 북한은 여전히 중국에서 제작한 하얼빈 H-5의 형태로 Il-28을 사용하고 있다.

제원	
제조 국가: 소련	
유형: 3좌 폭격기 및 지상 공격기/뇌격기	
동력 장치: 26,3kN(5,952lb) 클리모프 VK-1 터보제트 엔진 2개	
성능: 최대 속도 902 km/h; 실용 상승 한도 12,300m(40,355ft); 항속 거리 2,180km, 폭탄을 탑재할 때 1,100km	
무게: 자체 중량 12,890kg; 최대 이륙 중량 21,200kg	
크기: 날개폭 21,45㎡; 길이 17,65m; 높이 6,70m; 날개넓이 60,80㎡	
무장: 23mm 기관포 4문; 내부 폭탄 탑재량 1,000kg(2,205lb), 최대 폭탄 탑재량 3,000kg(6,614lb); 뇌격기 버전: 400mm 경어뢰 2발 탑재	

한국의 사브르

한국전쟁의 상징인 노스 어메리칸의 F-86 사브르는 폭격기를 호위하고 지상 공격 임무를 수행했지만 북한군 미그기들과의 결투로 가장 유명하다. 1950년 11월 미그기가 도입된 이후 F-86A 비행단도 미국에서 한국으로 수송되었다. 미그기를 상대로 한 첫 승리는 12월 중순에 기록되었다. 사브르는 그다지 대단하지 않은 항속 시간과 중국의 영공에 너무 가까이 있는 적을 추격하는 것을 금지하는 규정 때문에 제한을 받았다.

F-86A-5

제333 전투요격비행대대의 조셉 E. 필즈(Joseph E. Fields) 중위가 이 F-86A를 조종했다. 필즈는 1952년 9월 21일에 MiG-15를 완전히 격추했다. 사브르 조종사들은 공중전에서 총 792대의 MiG 항공기를 격추했고 약 80대를 잃었다고 주장했다. 그러나 현대의 연구결과에 따르면 당시 격추 비율이 그만큼 좋지는 않았다고 한다.

제원	
제조 국가: 미국	
유형: 단발 제트 전투기	
동력 장치: 추력 23.7kN(5,340lb) 제너럴 일렉트릭 J47-GE-7 터보제트 엔진 1개	
성능: 최대 속도 965km/h; 항속 거리 530km; 실용 상승 한도 14,600m(48,000ft)	
무게: 자체 중량 4,700kg; 최대 이륙 중량 6,00kg	
크기: 날개폭 11.3m; 길이 11.4m; 높이 4.4m; 날개넓이 26.76㎡	
무장: 0.5인치(12.7mm) 기관총 6정	

F-86A-5

한국의 사브르는 대부분 칠을 하지 않은 자연스러운 금속 마감 상태로 운용되었지만, 몇몇 항공기들은 제335 전투요격비행대대의 이 F-86A처럼 실험적인 위장을 했다. 사브르에 20mm 기관포를 장착하는 다른 사업이 실행되었고, 기관포 무장을 한 사브르는 전쟁이 끝나기 전에 MiG 6대를 격추했다.

제원	
제조 국가: 미국	
유형: 단발 제트 전투기	
동력 장치: 추력 23.7kN(5,340lb) 제너럴 일렉트릭 J47-GE-7 터보제트 엔진 1개	
성능: 최대 속도 965km/h; 항속 거리 530km; 실용 상승 한도 14,600m(48,000ft)	
무게: 자체 중량 4,700kg; 최대 이륙 중량 6,300kg	
크기: 날개폭 11.3m; 길이 11.4m; 높이 4.4m; 날개넓이 26.76㎡	
무장: 0.5인치(12.7mm) 기관총 6정	

F-86E-10

F-86E 사브르는 음속에 가까웠기 때문에 수평 꼬리 날개 전체가 움직여 조종성을 향상시킨 전가동형(all-moving) 꼬리 날개를 도입했다. F-86E '네 명의 왕과 한명의 왕비(Four Kings and a Queen)'의 조종사 세실 포스터(Cecil Foster)는 제16 전투요격비행대대의 중위로 9대를 격추하여 제16 전투요격비행대대에서 가장 성적이 좋았다.

제원	
제조 국가: 미국	
유형: 단발 제트 전투기	
동력 장치: 추력 23.1kN(5,200lb) 제너럴 일렉트릭 J47-GE-13 터보제트 엔진 1개	
성능: 최대 속도 965km/h; 항속 거리 530km; 실용 상승 한도 14,600m(48,000ft)	
무게: 자체 중량 4,700kg; 최대 이륙 중량 6,300kg	
크기: 날개폭 11.3m; 길이 11.4m; 높이 4.4m; 날개넓이 26.76㎡	
무장: 0.5인치(12.7mm) 기관총 6정	

F-86E-10

워커 '버드' 마후린(Walker 'Bud' Mahurin)은 제2차 세계대전의 에이스였으며 제4 전투요격비행전대의 전대장이었다. 그의 최종 성적은 3.5대의 MiG 항공기를 포함하여 24.5대 격추였다. '0.5'는 목표물에 손상을 입힌 조종사들이 공동으로 격추한 것으로 인정된 점수다.

제원	
제조 국가: 미국	
유형: 단발 제트 전투기	
동력 장치: 추력 23.1kN(5,200lb) 제너럴 일렉트릭 J47-GE-13 터보제트 엔진 1개	
성능: 최대 속도 965km/h; 항속 거리 530km; 실용 상승 한도 14,600m(48,000ft)	
무게: 자체 중량 4,700kg; 최대 이륙 중량 6,300kg	
크기: 날개폭 11.3m; 길이 11.4m; 높이 4.4m; 날개넓이 26.76㎡	
무장: 0.5인치(12.7mm) 기관총 6정	

F-86F-30

최초의 사브르 전투 폭격기 파생기종은 F-86F이다. F-86F-30은 날개 뿌리가 넓고 폭탄 또는 낙하 연료탱크를 탑재할 수 있는 추가 파일런이 있었다. 이 항공기는 미국 해병대의 교환 조종사 존 글렌(John Glenn)이 조종했다. 그는 미그기 3대를 격추했고, 나중에 우주 비행사와 정치인으로 명성을 얻었다.

제원	
제조 국가: 미국	
유형: 단발 제트 전투 폭격기	
동력 장치: 추력 26.3kN(5,910lb) 제너럴 일렉트릭 J47-GE-27 터보제트 엔진 1개	
성능: 최대 속도 해수면에서 1,091km/h; 실용 상승 한도 15,240m(50,000ft); 항속 거리 914km	
무게: 자체 중량 5,045kg; 최대 적재 중량 9,350kg	
크기: 날개폭 11.3m; 길이 11.43m; 높이 4.47m; 날개넓이 28.15㎡	
무장: 0.5인치(12.7mm) 기관총 6정; 폭탄 908kg(2,000lb) 탑재	

한국전쟁에서 사용된 야간 전투기

동부 전선에서처럼 Po-2 복엽기가 야간 괴롭힘 공습에 사용되었다. 이 '취침 점호 찰리들'을 파괴하는데 야간 전투기 몇몇 기종을 전개하는 것을 포함해서 많은 자원이 소모되었다. 일부는 곧 북한의 트럭 수송대, 열차 및 다른 야간 활동들을 공격하는 등 더 유용한 야간 후방 차단 역할에 사용되었다. 또한 제트 야간 전투기들도 야간 B-29 공습을 호위하기 위해 사용되었고, 야간에 미그기를 격추한 경우가 약간 있다.

F-82G 트윈 머스탱

이 시대 가장 특이한 항공기 중 하나였던 F-82는 기본적으로 P-51 동체 2개에 새로운 날개를 달고 알리슨 엔진으로 구동되는 이중반전 프로펠러를 장착한 것이었다. 제68 (전천후)전투비행대대의 F-82G는 이 전쟁에서 처음 3번의 공중전 승리를 모두 주간에 기록했다.

제원	
제조 국가: 미국	
유형: 쌍발 야간 전투기	
동력 장치: 1,781kW(1,380마력) 알리슨 V-1710-143/145 V-12 피스톤 엔진 2개	
성능: 최대 속도 740km/h; 항속 거리 3,605km; 실용 상승 한도 11,855m(38,900ft)	
무게: 자체 중량 7,271kg; 최대 이륙 중량 11,632kg	
크기: 날개폭 15.62m; 길이 12.93m; 높이 4.22m; 날개넓이 37.9㎡	
무장: 0.5인치(12.7mm) 브라우닝 M2 기관총 6정; 127mm(5인치)로켓 25발 또는 최대 1,800kg(4,000lb)의 폭탄	

록히드 F-94B 스타파이어

F-80에서 파생되었으나 크게 달라진 F-94B는 1951년 중반에 F-82G 대체용으로 한국에 도착했다. F-80은 더 느린 Po-2와 맞서 싸웠으나 1953년 1월에 제319 전투요격비행대대의 제트기가 한 대를 격추할 때까지 한 대도 격추하지 못했다. 또 한 대는 충돌로 파괴되었는데 관련된 모두에게 치명적이었다.

제원	
제조 국가: 미국	
유형: 복좌 전천후 요격기	
동력 장치: 26.7kN(6,000lb) 알리슨 J33-A-33 터보제트 엔진 1대	
성능: 최대 속도 30,000ft 고도에서 933km/h; 실용 상승 한도 14,630m(48,000ft); 항속 거리 1,850km/h	
무게: 자체 중량 5,030kg; 최대 이륙 중량 7,125kg	
크기: 날개폭 11,85m(날개 끝 연료탱크를 불포함); 길이 12.2m; 높이 3,89m; 날개넓이 22.13㎡	
무장: 0.5인치 기관총 4정	

더글러스 F3D-2 스카이나이트

더글러스 스카이나이트는 한국에서 타이거캣을 대체했다. 1952년 12월에서 전쟁이 끝날 때까지 해병대의 F3D는 MiG-15 5대와 Po-2 한 대를 격추했다. 첫 번째 격추는 제513 해병공격비행대대의 항공기가 기록했는데, 격추된 항공기는 비록 북한의 보유 항공기 목록에는 그 기종이 없었지만 Yak-15로 인정되었다.

제원	
제조 국가: 미국	
유형: 쌍발 제트 야간 전투기	
동력 장치: 추력 15.1kN(3,400lb) 웨스팅하우스 J34-WE-36 터보제트 엔진 엔진 2개	
성능: 최대 속도 852km/h; 항속 거리 2,212km; 실용 상승 한도 11,200m(36,700ft)	
무게: 자체 중량 6,813kg; 최대 이륙 중량 12,151kg	
크기: 날개폭 15.24m; 길이 13.85m; 높이 4.9m; 날개넓이 37.2㎡	
무장: 20mm 이스파노-수이자 M2 기관포 4문	

그루먼 F7F-3N 타이거캣

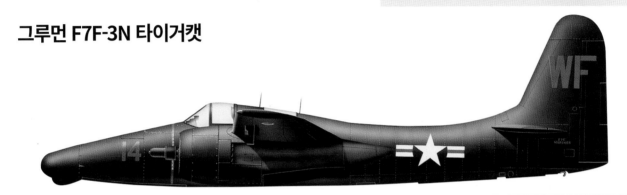

타이거캣은 Po-2를 상대로 단 2대만 격추했다. 부분적으로는 이 항공기의 빠른 속도 때문에 일단 목표물이 확인되면 이미 빨리 추월해 버렸기 때문이었다. 하지만 타이거캣은 폭탄과 로켓, 네이팜탄으로 후방 차단과 야간 공격 임무에 효과적이었다.

제원	
제조 국가: 미국	
유형: 쌍발 야간 전투기	
동력 장치: 1,566kW(21,000마력) 프랫 앤 휘트니 R-2800-34W 레이디얼 피스톤 엔진 2개	
성능: 최대 속도 700km/h; 항속 거리 1,545km; 실용 상승 한도 12,405m(40,700ft)	
무게: 자체 중량 7,380kg; 적재 중량 11,880kg	
크기: 날개폭 15.7m; 길이 13.8m; 높이 4.6m; 날개넓이 42.3㎡	
무장: 20mm 기관포 4문, 0.5인치(12.7mm) 브라우닝 기관총 4정; 최대 1,814kg (4,000lb)의 폭탄	

보우트 F4U-5N 코르세어

해병대와 해군의 비행대대는 한국의 아주 간소한 육상기지에서 F4U-5N 코르세어를 운용하였다. 가장 성공한 조종사는 5대를 격추한 해군 제3 복합비행대대의 가이 보들론(Guy Bordelon)이었다. F4U-5N의 AN/APS-6 레이더의 범위는 약 8km였다.

제원	
제조 국가: 미국	
유형: 단발 야간 전투기	
동력 장치: 1,827kW(2,450마력) 프랫 앤 휘트니 레이디얼 피스톤 엔진 1대	
성능: 최대 속도 718km/h; 항속 거리 2,425km; 실용 상승 한도 11,308m(41,500ft)	
무게: 자체 중량 4,175kg; 최대 이륙 중량 6,654kg	
크기: 길이 10.16m; 길이 10.27m; 높이 4.5m; 날개넓이 29.17㎡	
무장: 20mm M3 기관포 4문; 127mm(5인치) 로켓 10발 또는 최대 2,390kg (5,200lb) 폭탄	

영국의 V-폭격기

1946년의 영국의 새로운 제트 중폭격기에 대한 요구사항에 세 제조업체가 세 가지 설계로 대응한 결과 밸리언트, 빅터, 벌컨 항공기가 1954년부터 1959년까지 순서대로 취역했다. 밸리언트는 가장 보수적이었지만 다른 기종들이 실패할 경우를 대비하여 부분적으로 생산에 들어갔다. 초승달 모양의 날개를 단 빅터는 외관상으로는 초현대식이었으나 꼬리 날개가 없는 삼각형 모양의 벌컨과 달리 근본적으로는 여전히 전통적이었다. 이 세 기종 모두 재래식 폭격기로 전투에 참가했고 나중에는 공중 급유기로 사용되었다.

빅커스 밸리언트 B(K).1

밸리언트는 첫 번째로 취역했고, 처음으로 전투를 경험했으며(1956년 수에즈 위기에서), 가장 먼저 퇴역했다. 소련의 지대공 미사일 도입으로 저공 작전으로 전환했는데 이로 인해 과도한 피로가 발생하여 1965년에 완전히 퇴역하게 되었다.

제원	
제조 국가: 영국	
유형: 전략 폭격기	
동력 장치: 44.7kN(10,050lb) 롤스로이스 에이본 204 터보제트 엔진 4개	
성능: 최대 속도 고고도에서 912km/h; 실용 상승 한도 16,460m(54,000ft); 최대 항속 거리 7,242km	
무게: 자체 중량 34,4191kg; 최대 적재 중량 낙하 연료탱크 탑재 79,378kg	
크기: 날개폭 34.85m; 길이 33m; 높이 9.8m; 날개넓이 219.43㎡	
무장: 내부 무기창에 최대 9,525kg(21,000lb)의 재래무기 또는 핵무기 탑재	

핸들리 페이지 빅터 B.2

초기의 빅터 B.1은 수정된 날개와 더욱 강력한 엔진을 갖추었고 무기 선택 범위가 더 넓은 B.2로 대체되었다. 빅터는 1960년대 초 인도네시아와의 분쟁에서 단 한 번 보르네오에 재래식 폭탄 투하 임무를 수행했다.

제원	
제조 국가: 영국	
유형: 전략 폭격기	
동력 장치: 91.6kN(20,600lb) 롤스로이스 콘웨이 Mk 201 터보팬 엔진 4개	
성능: 최대 속도 1,030km/h; 최대 순항 높이 18,290m(60,000ft); 항속 거리 내부 연료로 7,400km	
무게: 자체 중량 41,277kg; 최대 이륙 중량 105,687kg	
크기: 날개폭 36.58m; 길이 35.05m; 높이 9.2m; 날개넓이 223.52㎡	
무장: 최대 1,000lb(450kg) 폭탄 35발	

핸들리 페이지 빅터 K.2

빅터 B.1이 폭격기 역할에서 퇴역했을 때 일부는 공중 급유기로 개조되었다. B.2도 마찬가지로 3개의 재급유점이 설치된 K.2 공중 급유기가 되었다. 빅터 K.2는 현역에서 마지막 V-폭격기가 되었으며, 1993년에 영국 공군에서 퇴역했다.

제원	
제조 국가: 영국	
유형: 4좌 공중 재급유기	
동력 장치: 91.6kN(20,600lb) 롤스로이스 콘웨이 Mk 201 터보팬 엔진 4개	
성능: 최대속도 1,030km/h; 최대 순항 높이 18,290m(60,000ft); 항속 거리 내부 연료로 7,400km	
무게: 자체 중량 41,277kg; 최대 이륙 중량 105,687kg	
크기: 날개폭 36.58m; 길이 35.05m; 높이 9.2m; 날개넓이 223.52㎡	
무장: 없음	

아브로 벌컨 B.1

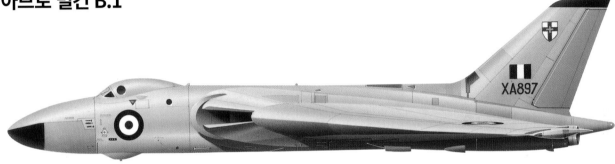

벌컨은 V-폭격기 중에서 가장 독특하였다. B.1 버전은 1957년에 취역했고, 수많은 기록을 경신하는 장거리 비행에 이용되었다. 영국과 미국의 다양한 무기를 탑재할 수 있었으며, 대부분의 B.1은 핵폭발의 섬광을 반사시킬 수 있게 흰색으로 도색되었다.

제원	
제조 국가: 영국	
유형: 4발 전략 폭격기	
동력 장치: 추력 48.93kN(11,000lb) 브리스톨 시들리 올림푸스 101 터보제트 엔진 4개	
성능: 최대 속도 1,017km/h; 항속 거리 6,293km; 실용 상승 한도 17,000m(55,000ft)	
무게: 자체 중량 37,909kg; 최대 이륙 중량 86,000kg	
크기: 날개폭 30.3m; 길이 30.5m; 높이 8.1m; 날개넓이 330.2㎡	
무장: 재래식 폭탄 21,000lb(9,500kg) 폭탄 또는 핵무기 1발	

아브로 벌컨 B.2

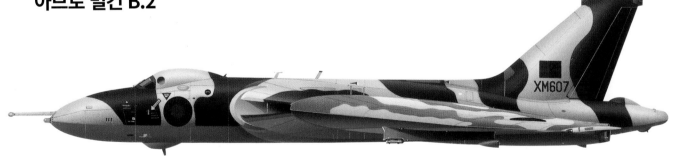

더욱 강력한 엔진과 강화된 구조를 가진 벌컨 B.2 버전은 더 부드러워진 날개의 앞전으로 식별할 수 있었다. 벌컨의 유일한 전투 임무는 포클랜드 전쟁에서 이루어졌는데 여기 예시의 벌컨 B.2A XM607이 그중 3번의 임무를 수행했다.

제원	
제조 국가: 영국	
유형: 저공 전략 폭격기	
동력 장치: 88.9kN(20,000lb) 올림푸스 Mk.301 터보제트 엔진 4개	
성능: 최대 속도 고고도에서 1,038km/h; 실용 상승 한도 19,810m(65,000ft); 항속 거리 보통 폭탄 탑재량일 때 약 7,403km/h	
무게: 최대 이륙 중량 113,398kg	
크기: 날개폭 33.83m; 길이 30.45m; 높이 8.28m; 날개넓이 368.26㎡	
무장: 내부 폭탄창에 최대 21,454kg(47,198lb) 폭탄	

북미 방공 사령부

북미 방공 사령부(North American Air Defense Command, NORAD)는 북극을 가로질러 공격하는 소련 폭격기와 미사일의 위협에 대응하기 위해 창설되었다. 사령부의 자산에는 북극의 레이더 기지와 요격기, 미사일이 포함되었다. 전투기들은 폭격기 편대를 파괴하기 위해 일제 사격할 수 있는 비유도 로켓이나 심지어 핵탄두가 장착된 로켓으로 무장했다. 캐나다의 기여에는 CF-100이 포함되었다. 미국은 캐나다 정부가 훨씬 더 정교한 CF-105 애로우 사업을 포기하고, 보마르크 지대공 미사일을 도입하게 설득했다. 그 후 그 사업은 취소되었고 캐나다는 대신에 부두 전투기를 구입했다.

노스 어메리칸 세이버 독

초기 세대의 제트 전투기 중 가장 유명한 F-86 세이버는 1947년 10월에 첫 비행을 했고, 2년 뒤에 첫 운용 항공기로 인도되었다. 한국전쟁에서 세이버는 적기 810대를 격추했고, 그중 792대가 MiG-15였다고 주장했다. 수많은 파생기종이 제작되었는데 대부분은 나토 공군용으로 캐나데어에서 제작하였다. 또한 오스트레일리아에서도 면허를 받아 제작했다.

제원	
제조 국가: 미국	
유형: 단좌 야간 전천후 요격기	
동력 장치: 33.3kN(7,500lb) 제너럴 일렉트릭 J47-GE-17B 터보제트 엔진 1개	
성능: 최대 속도 1,138km/h; 항속 거리 1,344km; 실용 상승 한도 16,640m(54,600ft)	
무게: 적재 중량 7,756kg	
크기: 날개폭 11.3m; 길이 12.29m; 높이 4.57m;	
무장: 7mm(2.75인치) '마이티 마우스' 공대공 유도 없는 로켓 24발	

아브로 캐나다 CF-100 Mk 4b

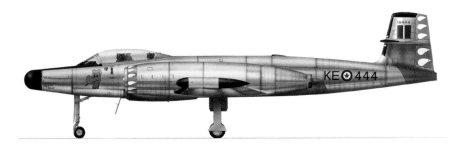

보통 '클렁크(Clunk, 꽝하는 소리)'라고 불린 CF-100 캐넉(Canuck, 캐나다인)은 1950년대의 대부분 기간 동안 캐나다의 주요 요격기였다. 다섯 가지 표식으로 700대가 안 되게 제작되었다. 일부는 동체 아래에 기관총 8정이 있었지만 기본 무기는 로켓 포드로 레이더가 목표물이 사정거리 내에 있다고 판단했을 때 발사되었다.

제원
제조 국가: 캐나다
유형: 쌍발 전천후 전투기
동력 장치: 추력 32.5kN(7,300lb) 아브로 캐나다 오렌다 11 터보제트 엔진 2개
성능: 최대 속도 888km/h ;항속 거리 3,200km; 실용 상승 한도 13,700m(45,000ft)
무게: 적재 중량 15,170kg
크기: 날개폭 17.4m; 길이 16.5m; 높이 4.4m; 날개넓이 54.9㎡
무장: 70mm(2.75인치) 로켓 58발

맥도넬 F-101B 부두

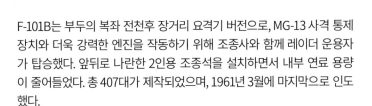

F-101B는 부두의 복좌 전천후 장거리 요격기 버전으로, MG-13 사격 통제 장치와 더욱 강력한 엔진을 작동하기 위해 조종사와 함께 레이더 운용자가 탑승했다. 앞뒤로 나란한 2인용 조종석을 설치하면서 내부 연료 용량이 줄어들었다. 총 407대가 제작되었으며, 1961년 3월에 마지막으로 인도했다.

제원
제조 국가: 미국
유형: 복좌 전천후 장거리 요격기
동력 장치: 75.1kN(16,900lb) 프랫 앤 휘트니 J57-P-55 터보제트 엔진 2개
성능: 최대 속도 12,190m(40,000ft) 고도에서 1,965km/h; 실용 상승 한도 16,705m(54,800ft); 항속 거리 2,494km
무게: 자체 중량 13,141kg; 최대 이륙 중량 23,768kg
크기: 날개폭 12.09m; 길이 20.54m; 높이 5.49m; 날개넓이 34.19㎡
무장: Mb-1 핵탄두를 장착한 지니 미사일 2발과 AIM-4C, AIM-4D, 또는 AIM-4G 팰컨 미사일 4발, 또는 팰컨 미사일 6발

항공기를 통한 해상구조

장거리 헬리콥터 이전 시대에는 침몰하는 배의 생존자와 추락한 군 조종사, 바다에 불시착한 여객기의 승객들을 발견해서 구조할 수 있는 유일한 방법은 보급품이나 구명정을 떨어뜨리거나 비행정을 근처에 착수시키는 것이었다. 미국 공군 항공 구조 본부는 B-29와 B-17 구조기 버전을 개발하여 전시에 경험을 쌓았다. 비행정과 수륙 양용기는 다른 역할에서 대체된 후에도 오랫동안 구조 항공기로 사용되었다.

보잉 B-17H 포트리스(이후 명칭은 SB-17G)

처음 이름은 SB-17G였고, 나중에 B-17H로 다시 이름이 정해진 잉여 플라잉 포트리스(Flying Fortresses, 하늘의 요새)는 수색 레이더와 낙하할 수 있는 A-1 구명정을 추가하여 해상구조 역할로 전환되었다. 이 마호가니 합판으로 만든 배는 엔진 2개와 침상, 보급품 20인분을 갖추고 있었다.

제원	
제조 국가: 미국	
유형: 10좌 중폭격기	
동력 장치: 895kW(1,200마력) 라이트 R-1820-97 9기통 레이디얼 엔진 4개	
성능: 최대 속도 486km/h; 실용 상승 한도 10,850m(35,600ft); 항속 거리 2,897km	
무게: 자체 중량 20,212kg; 최대 이륙 중량 32,659kg	
크기: 날개폭 31.63m; 길이 22.78m; 높이 5.82m	
무장: 없음	

마틴 PBM-5 매리너

PBM 매리너(Mariner, 선원)는 초계 및 폭격 비행정으로 제작되었지만 파생기 종은 연안 경비대용으로 만들어졌고, 잉여 항공기는 몇몇 나라에 팔렸다. 우루과이 해군은 1950년대 중반에 PBM-5E 3대를 구입하여 수색 및 구조 임무에 사용했다.

제원	
제조 국가: 미국	
유형: 9좌 해상 초계 및 대잠수함 비행정	
동력 장치: 1,566kW(2,100마력) 라이트 더블 와스프 레이디얼 피스톤 엔진 2개	
성능: 최대 속도 340km/h; 항속 거리 4,345km; 실용 상승 한도 6,160m(20,200ft)	
무게: 자체 중량 15,422kg; 최대 이륙 중량 27,216kg	
크기: 날개폭 35.97m; 길이 24.33m; 높이 8.38m; 날개넓이 130.8㎡	
무장: 폭탄창과 날개 아래 장착대에 폭탄 또는 폭뢰 최대 3,628kg(8,000lb) 탑재	

그루먼 HU-16 알바트로스

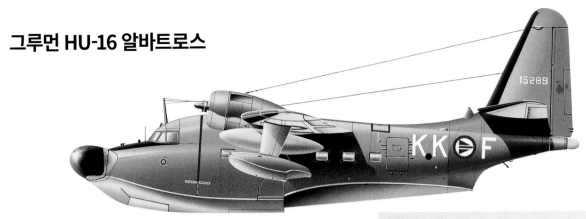

노르웨이는 알바트로스를 사용한 20여개 나라 중 하나였다. 아뇌위아의 제 333 비행대대(예시 참조)를 포함한 2개 부대에서 이 항공기를 해상구조와 의무 후송, 우편배달, 북극곰 추적 등의 다른 임무에 사용하였다. 1968년에 노르웨이의 SA-16B는 그리스에게 넘겨졌다.

제원	
제조 국가: 미국	
유형: 쌍발 수륙 양용 비행기	
동력 장치: 1,063kW(1,425마력) 라이트 R-1820-76 사이클론 레이디얼 피스톤 엔진 2개	
성능: 최대 속도 380km/h; 항속 거리 4,587km; 실용 상승 한도 6,553m(21,500ft)	
무게: 자체 중량 9,100kg; 최대 이륙 중량 14,969lb	
크기: 날개폭 24.4m; 길이 19.16m; 높이 7.8m; 날개넓이 82㎡	
무장: 없음	

도르니에르 Do 24T-2

1937년 가을에 네덜란드의 아비올란다는 Do 24K-2 항공기 48대를 면허 생산하기 시작했다. 1940년 5월 독일이 네덜란드를 점령하기 전에 25대만 인도되었다. 독일의 통제 하에 제조 공장이 다시 설립되어 159대가 제작되었으며, 전쟁 중 및 전쟁 후에 프랑스에서 생산된 항공기가 추가로 공급되었다.

제원	
제조 국가: 독일	
유형: 해상구조 및 수송 비행정	
동력 장치: 746kW(1,000마력) BMW-브라모 323R-2 파프너 레이디얼 피스톤 엔진 3개	
성능: 최대 속도 340km/h; 항속 거리 2,900km; 실용 상승 한도 5,900m(19,355ft)	
무게: 자체 중량 9,200kg; 최대 이륙 중량 18,400kg	
크기: 날개폭 27m; 길이 22.05m; 높이 5.75m; 날개넓이 108㎡	
무장: 동체 위쪽 터렛에 20mm MG 151 기관포 1문, 7.92mm MG 15 기관총 2정 (기수 터렛과 꼬리 터렛)	

더글러스 SC-54D 스카이마스터

컨베어는 더글러스 C-54 38대를 미국 공군 항공구조본부를 위해 SC-54G로 개조했다. 대부분의 변화는 내부에 있었지만 시각 검색을 돕기 위해 후방동체 우현에 크고 투명한 블리스터가 추가되었다. 이 항공기들의 주요 역할은 북극 지역에서 실종된 사람들에게 보급품과 구조대원을 떨어뜨리는 것이었다.

제원	
제조 국가: 미국	
유형: 4발 군용 수색 및 구조 항공기	
동력 장치: 1,014kW(1,360마력) 프랫 앤 휘트니 R-2000-11 레이디얼 피스톤 엔진 4개	
성능: 최대 속도 442km/h; 항속 거리 6,400km; 실용 상승 한도 6,800m(22,300ft)	
크기: 날개폭 35.8m; 길이 28.6m; 높이 8.38m; 날개넓이 136㎡	
무게: 자체 중량 17,660kg; 최대 이륙 중량 33,000kg	
무장: 없음	

호커 헌터

헌터는 가장 성공한 영국의 제트 전투기 중의 하나로 영국 공군과 미국 연방 항공국, 20여 외국의 사용자들에게 거의 2,000대가 인도되었다. 헌터는 영국의 호커 뿐 아니라 벨기에, 네덜란드에서도 면허 생산되었고, 또 수출 항공기들을 새로 정비하여 새로운 고객에게 다시 판매하기도 했다. 헌터는 수많은 전쟁에서 전투를 경험했다. 특히 파키스탄과 싸운 인도에서 운용되었고, 수에즈와 아덴, 보르네오에서 영국 공군에서 임무를 수행했다.

헌터 F.1

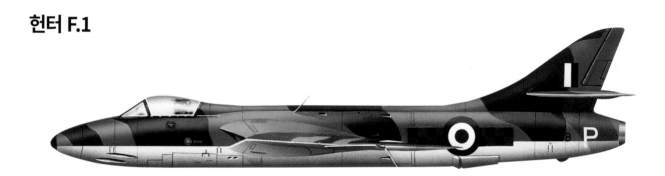

헌터는 의심할 것 없이 가장 성공적인 전후 영국의 전투기였으며, 전투기로서 효율성을 보완하는 우아함을 가지고 있었다. 1954년 7월에 취역했고, 다양한 모습으로 생산되었으며, 40년 동안 운용되었다. F.1은 조금 강하할 때도 쉽게 초음속으로 날 수 있었다.

제원	
제조 국가: 영국	
유형: 단좌 전투기	
동력 장치: 28.9kN(6,500lb) 롤스로이스 에이본 100 터보제트 엔진 1개	
성능: 최대 속도 해수면에서 1,144km/h; 실용 상승 한도 15,240m(50,000ft); 항속 거리 내부 연료로 689km	
무게: 자체 중량 5,501kg; 적재 중량 7,347kg	
크기: 날개폭 10.26m; 길이 13.98m;높이 4.02m; 날개넓이 32.42㎡	
무장: 30mm 아덴 기관포 4문; 날개 아래 파일런에 100lb 폭탄 2발과 3인치 로켓 24발 탑재	

헌터 F.5

F.5는 다른 헌터들과 달리 롤스-로이스 에이본 엔진이 아니라 암스트롱-시들리 사파이어 엔진을 탑재했다. F.5는 1954년에 취역했고, 45대가 제작되었다. F.5 는 대부분의 다음 모델들처럼 동체 아래에 '사브리나스'라는 이름의 기관포 탄피를 수거하는 장치가 있었다.

제원	
제조 국가: 영국	
유형: 단좌 전투기	
동력 장치: 35.59kN(8,000lb) 암스트롱 시들리 사파이어 터보제트 엔진 1개	
성능: 최대 속도 해수면에서 1,144km/h; 실용 상승 한도 15,240m(50,000ft); 항속 거리 내부 연료로 689km	
무게: 자체 중량 5,501kg; 적재 중량 8,501kg	
크기: 날개폭 10.26m; 길이 13.98m;높이 4.02m; 날개넓이 32.42㎡	
무장: 30mm 아덴 기관포 4문; 최대 2,722kg(6,000lb)의 폭탄 또는 로켓	

헌터 F.58

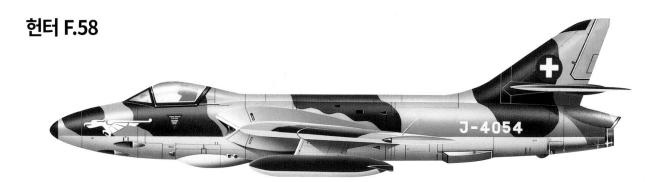

스위스 공군은 유럽에서 마지막으로 헌터를 사용한 운용자로 이 기종을 30년 이상 운용한 후 1994년에 퇴역시켰다. 영국 공군의 헌터 F.6 버전이었던 스위스의 F.58은 공대공 미사일과 공대지 미사일을 탑재할 수 있었다. 이 항공기는 또한 스위스 공군의 곡예비행단 파트루이 스위스가 사용했다.

제원	
제조 국가: 영국	
유형: 단좌 전투기	
동력 장치: 추력 45,13kN(10,145lb) 롤스로이스 에이본 207 터보제트 엔진 1개	
성능: 최대 속도 해수면에서 1,144km/h; 실용 상승 한도 15,240m(50,000ft); 항속 거리 내부 연료로 689km	
무게: 자체 중량 6,405kg 최대 이륙 중량 17,750kg	
크기: 날개폭 10,26m; 길이 13,98m;높이 4,02m; 날개넓이 32,42㎡	
무장: 30mm 아덴 기관포 4문; 최대 2,722kg(6,000lb) 폭탄 또는 로켓; AIM-9 사이드와인더 공대공 미사일 또는 AGM-65 공대공 미사일	

헌터 T.8M

헌터 T.7 훈련기의 양산 모델은 1958년에 해군용 T.8로 취역했다. 모든 버전에 공통으로 적용된 것은 옆으로 나란히 앉는 확대된 조종석과 이중 조종 장치였다. 복좌 훈련기는 수많은 국가들에 공급되었다.

제원	
제조 국가: 영국	
유형: 복좌 고등 훈련기	
동력 장치: 35,6kN(8,000lb) 롤스로이스 에이본 122 터보제트 엔진 1개	
성능: 최대 속도 해수면에서 1117km/h; 실용 상승 한도 14,325m(47,000ft); 항속 거리 내부 연료로 689km	
무게: 자체 중량 6,406kg; 적재 중량 7,802kg	
크기: 날개폭 10,26m; 길이 14,89m; 높이 4,02m; 날개넓이 32,42㎡	
무장: 30mm 아덴 기관포 2문 (탄약 150발 포함)	

헌터 T.75A

싱가포르는 1968년에 헌터를 주문하여 1990년대 초까지 방공 역할로 운용했다. 싱가포르의 복좌 T.75 8대는 단좌 F.4 모델을 인도하기 전에 개조한 것이었다. 반면에 단좌기 38대는 대부분 FGA.9 모델이었다.

제원	
제조 국가: 영국	
유형: 복좌 고등훈련기	
동력 장치: 추력 45,13kN(10,145lb) 롤스로이스 에이본 207 터보제트 엔진 1개	
성능: 최대 속도 해수면에서 1,117km/h; 실용 상승 한도 14,325m(47,000ft); 항속 거리 내부 연료로 689km	
무게: 자체 중량 6,406kg; 적재 중량 7,802kg	
크기: 날개폭 10,26m; 길이 14,89m; 높이 4,02m; 날개넓이 32,42㎡	
무장: 30mm 아덴 기관포 4문	

X 항공기

X는 수학과 물리학에서 미지수를 의미한다. 1940년대부터 현재까지 X 시리즈로 명명된 미국 항공기들은 이전에 결코 달성되지 못했던 극한의 속도와 고도까지 비행 한계를 밀어 붙였다. 이 계획의 초기 성공 사례는 주로 모하브 사막의 에드워즈 공군기지에서 수행되었으며, 여기에는 과학적으로 측정된 최초의 음속 비행과 그 속도의 두 배인 마하 2가 포함되었다.

벨 X-1A

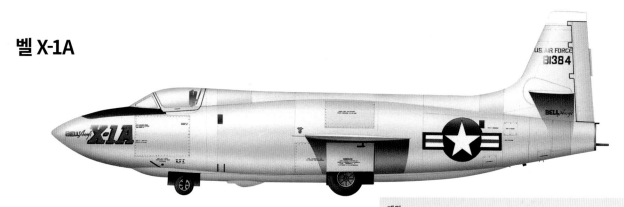

고전적인 X-1 항공기는 이전 항공기의 기록을 깨는 업적을 반복하였지만, 이 항공기 자체는 늘 사고의 그늘 속에 있었다. X-1A는 X-1보다 동체가 더 길고, 조종석 시야와 터보 구동 연료 펌프가 개선되었다. 1953년에 참전용사인 고속 시험 조종사 찰스 '척' 예거(Charles 'Chuck' Yeager) 소령은 이 로켓 비행기로 고도 21,350m(70,000피트)에서 시속 2,560km로 비행하여 이전의 세계 기록을 깼다.

제원	
제조 국가:	미국
유형:	고고도 고속 연구 항공기
동력 장치:	추력 26.7kN(6,000lb)(해수면에서) 4챔버 리액션 모터스 XLR11-RM-5 로켓 엔진 1개
성능:	최대 속도 마하 2.44 또는 2,655.4km/h; 항속 시간 약 4분 40초; 실용 상승 한도 27,432m(90,000ft) 이상
무게:	자체 중량 3,296kg; 적재 중량 7,478kg
크기:	날개폭 8.53m; 길이 10.9m; 높이 3.3m; 날개넓이 39.6㎡
무장:	없음

Bell X-2

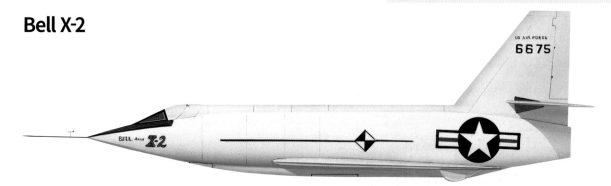

벨은 1945년 10월부터 X-2에 공을 들이기 시작했다. 이 항공기는 로켓으로 구동되었고, 최대 마하 3.5 속도와 최대 38,100m(125,000피트) 고도에서 구조적 영향과 발열 효과를 분석하기 위해 설계되었다. 1951년 7월에 실험이 시작되었다. 첫 번째 항공기는 폭발했지만, 두 번째는 12차례 매우 성공적인 비행을 끝낸 후 13회 차 비행에서 추락하였다. 그럼에도 불구하고 이 기종은 미래의 항공기 계획을 위한 길을 마련한 셈이 되었다.

제원	
제조 국가:	미국
유형:	단좌 초음속 연구 항공기
동력 장치:	추력 66.7kN(15,000lb) 커티스 라이트 XLR25-CW-1 로켓 엔진 1개
성능:	최대 속도 3,058km/h; 실용 상승 한도 38,405m(126,000ft); 항속 시간 동력 비행 10분 55초; 연료 용량 2,960리터 액체 산소, 3,376리터 에틸 알콜과 물
무게:	자체 중량 5,314kg; 최대 이륙 중량 11,299kg
크기:	날개폭 9.75m; 길이 13.41m; 높이 4.11m; 날개넓이 24.19㎡
무장:	없음

더글러스 X-3A 스틸레토

1952년에 첫 비행을 한 X-3는 이상한 모습으로 보였고, 조종사는 기압을 일정하게 유지한 기밀실 안에서 아래로 발사되는 사출 좌석에 앉아 있었다. 이 항공기는 지상 주행할 때 다루기 힘들었고, 이륙하는 것이 까다로웠으며, 비행하는 것도 매우 어려웠다. X-3은 티타늄과 다른 고급 재료들을 사용하였기 때문에 설계가 전례 없이 복잡했다. 불행히도 이 항공기는 출력이 부족하였고, 연구자들에게 제공한 것이 거의 없었다.

제원	
제조 국가: 미국	
유형: 단좌 연구 항공기	
동력 장치: 추력 21.6kN(4,860lb) 웨스팅하우스 J34-WE-17 터보제트 엔진 2개	
성능: 최대 속도 1,136km/h; 이륙 속도 418 km/h; 항속 시간 1시간; 항속 거리 805km; 실용 상승 한도 11,580m(38,000ft)	
무게: 자체 중량 7,312kg; 최대 이륙 중량 10,813kg	
크기: 날개폭 6.91m; 길이 20.35m; 높이 3.81m; 날개넓이 15.47㎡	
무장: 없음	

벨 X-4

아주 작은 X-4는 마하 0.85 이상의 속도에서 꼬리 날개가 없는 구성을 시험하였다. 1940년대 노스롭의 전익기에서 얻은 경험을 바탕으로 만들었으며, 오늘날 B-2 스텔스 폭격기와도 일부 특성을 공유하고 있는 X-4 2대는 미국 공군과 국립 항공 자문 위원회(NACA, 나사의 전신)를 위해 풍부한 자료를 축적했다.

제원	
제조 국가: 미국	
유형: 단좌 실험 연구 항공기	
동력 장치: 추력 7.12kN(1,600lb) 웨스팅하우스 XJ30-WE-7 터보제트 엔진 2개; 나중에는 표준 JP-4 제트 엔진 연료를 사용하는 웨스팅하우스 J30-W-9 터보제트 엔진 2개	
성능: 최대 속도 고도 10,000m(33,000 ft), 극한 시험조건에서 마하 0.92 즉 1,123km/h; 항속 거리 676km; 실용 상승 한도 13,906m(42,300 ft)	
무게: 자체 중량 2,294kg; 최대 적재 중량 3,547kg	
크기: 날개폭 8.18m; 길이 7.19m; 높이 4.58m; 날개넓이 18.58㎡	
무장: 없음	

벨 X-5

1945년 독일의 오버라머가우 마을을 점령한 미국군은 거의 완전한 메서슈미트 P.1101 시제기와 실험시설을 발견했다. P.1101은 미국으로 옮겨졌고, 벨은 독일의 설계를 기반으로 시험기 2대를 제작하는 계약을 따냈다. X-5 2대는 P.1101의 배치와 매우 비슷하였지만 상당히 더 복잡했다.

제원	
제조 국가: 미국	
유형: 단좌 실험 연구 항공기	
동력 장치: 추력 21.8kN(4,890lb) 알리슨 J35-A-17 터보제트 엔진 1개	
성능: 최대 속도 약 1,046km/h; 항속 거리 1,207km; 실용 상승 한도 13,000m(42,650ft)	
무게: 자체 중량 2,880kg; 최대 이륙 중량 4,536kg	
크기: 날개폭 직선익 9.39m; 후퇴익 5.66m; 길이 10.16m; 높이 3.66m; 날개넓이 16.26㎡	
무장: 없음	

1953

X 항공기 2부

미국 해군은 똑같이 실험적인 스카이로켓 시리즈와 다른 신기록 경신 항공기들을 이용하여 비행에 대한 연구에 기여했다. 국립 항공 자문 위원회(NACA)는 대기권 가장자리와 그 너머의 작업들을 더 잘 반영하기 위해 국립 항공우주국(NASA)이 되었다. 나사의 한 지점이 탄도 로켓으로 달에 착륙하는 연구를 하는 동안 에드워즈 공군기지에서는 X-15 항공기로 날개를 이용한 비행 한계를 우주의 경계까지 확장하였다.

더글러스 D-558-1 스카이스트리크

더글러스는 고속 연구용 항공기에 대한 요구에 대응하여 스카이스트리크와 스카이로켓을 개발하였다. 최초의 스카이스트리크는 1947년에 비행하였고, 그해 8월에 세계 속도 기록을 깼다. 초음속 D-558-II 스카이로켓은 후퇴익 날개와 동체로 구성되었고 동체에는 비상 탈출 조종사 격실, 터보제트 엔진과 로켓 엔진, 착륙장치, 연료가 있었다.

제원	
제조 국가: 미국	
유형: 후퇴익 연구 항공기	
동력 장치: 추력 13,61kN(3,059lb) 웨스팅하우스 J34-W-22 엔진 1개와 추력 27,2kN(6,117lb) 리액션 모터스 XLR-8 로켓 엔진 1개	
성능: 최대 속도 941km/h(터보제트 엔진); 1,159km/h(혼합 동력); 2,012km/h(로켓 엔진)	
무게: 최대 이륙 중량 6,925kg(터보제트 엔진), 7,171kg(혼합 동력 장치)	
크기: 날개폭 7,62m; 길이 13,79m; 높이 3,51m; 날개넓이 16,26㎡	
무장: 없음	

라이언 X-14B

실험용 항공기 X-14는 긴 수명동안 세 가지 다른 엔진으로 구동되면서 계속 진화했다. 공중 정지 능력을 지닌 수직 이착륙 연구 항공기로서 무게와 균형이 매우 중요했다. 연료탱크는 외부의 날개 아래에 있었고 무게 중심에 가깝게 유지했다. 중량을 고려하여 사출 좌석은 제외되었다.

제원	
제조 국가: 미국	
유형: 수직 이착륙 연구 항공기	
동력 장치: 추력 13,4kN(3,015lb) 제너럴 일렉트릭 J85-GE-19 터보제트 엔진 2개 (X-14 계획 후기에 탑재)	
성능: 최대 속도 277km/h; 항속 거리 480km; 실용 상승 한도 5,500m(18,000ft)	
무게: 자체 중량 1,437kg; 최대 이륙 중량 1,934kg	
크기: 날개폭 10,3m; 길이 7,92m; 높이 2,68m; 날개넓이 16,68㎡	
무장: 없음	

TIMELINE   1947   1957   1959

노스 어메리칸 X-15

척 예거(Chuck Yeager)가 1947년 벨 X-1을 조종하여 마하-1을 돌파한 후 일련의 로켓을 동력으로 한 기록 경신 항공기들이 이어졌고, 노스 어메리카의 X-15에서 절정을 이뤘다. 작은 날개가 달린 날렵한 검은색 로켓인 X-15는 이전과 이후 그 어떤 것보다도 더 높고 더 빠르게 날았다. 1960년에서 1968년 사이에 수행된 199회의 임무 대부분은 그 과정에서 이전의 모든 기록을 깨면서 가능성의 한계를 탐색했다.

제원	
제조 국가: 미국	
유형: 단좌 초고속 로켓 추진 연구 항공기	
동력 장치: 추력 313kN(70,4000lb) 사이오콜(리액션 모터즈) XLR99-RM-2 단일 챔버 출력 가변형 액체 추진제 로켓 엔진 1개	
성능: 최대 속도 7,297km/h; 최고 고도 107,960m(354,000ft); 15,000m 고도에서 발사하여 100,000m 고도 도달 시간 140초; 항속 거리 450km	
무게: 적재 중량 25,460kg	
크기: 날개폭 6,81m; 길이 15,47m; 높이 3,96m; 날개넓이 18,58㎡	
무장: 없음	

노스롭 X-24

지구 대기권으로 재진입하는 동안 발생하는 마찰열을 견디기 위해 기수모양이 뭉툭하고 날개가 없는 양력 동체(lifting body, 양력을 발생하는 형태의 동체; 역자 주)가 개발되었다. 오늘날 우주왕복선의 선구자인 X-24는 1969년 4월 NB-52B 항공기의 날개 아래에 매달려 높은 고도로 올라가서 첫 활공 비행을 했다. 이 항공기는 28회의 동력 비행을 완료하고 X-24B로 개조되었다.

제원	
제조 국가: 미국	
유형: 재사용 우주선의 접근 방식 연구를 위한 양력 동체 항공기	
동력 장치: 추력 43,64kN(9,820lb) 사이오콜 XLR-RM-13 4 챔버 재생식 냉각 로켓 엔진 1개, 추력 2,22kN(500lb) 과산화수소 로켓 엔진 2개	
성능: 최대 속도 1,873km/h; 실용 상승 한도 22,595m(74,100ft)	
무게: 최대 이륙 중량 6,260kg	
크기: 날개폭 5,8m; 길이 11,43m; 높이 3,15m; 양력면 넓이 30,66㎡	
무장: 없음	

그루먼 X-29

그루먼은 1981년에 X-29 연구용 항공기 제작 계약을 따냈는데 F-5의 동체와 앞바퀴, F/A-18 호넷의 엔진, F-16의 주 착륙장치 등 여러 항공기의 부품을 사용하여 원가를 줄일 수 있었다. 결과는 부분의 합보다 좋았다. X-29는 몇 년간의 실험에서 67°라는 높은 공격 각도에서 기동할 수 있는 능력을 보여주었다. 가장 중요한 특징은 날개가 뒤로 젖혀진 후퇴익이 아니라 날개 끝이 앞으로 향한 전진익이라는 것이었다.

제원	
제조 국가: 미국	
유형: 단좌 전진익 고민첩성 연구 항공기	
동력 장치: 추력 71,17kN(15,965lb) 제너럴 일렉트릭 F404-GE-400 터보팬 엔진 1개	
성능: 최대 속도 10,000m 고도에서 마하 1,87(1,900km/h); 항속 거리 560km; 실용 상승 한도 15,300m(50,000ft)	
무게: 자체 중량 6,260kg ; 최대 이륙 중량 8,074kg	
크기: 날개폭 8,29m; 길이 16,44m; 높이 4,26m; 날개넓이 188,8㎡	
무장: 없음	

1973

1984

슈팅 스타

록히드의 P-80은 최초의 성공적인 미국 전투기였다. 이 항공기는 클라렌스 '켈리' 존슨(Clarence 'Kelly' Johnson)이 이끄는 설계팀이 브리티시 할포드 H.1 고블린 엔진을 중심으로 180일 안에 개발했다. 정찰기부터 훈련기, 초음속 요격기에 이르기까지 다양한 파생기종 약 1,718대가 생산되었다. 명칭의 앞 글자는 나중에 'P' (Pursuit, 추격)에서 'F' (Fighter, 전투기)로 바뀌었다. F-80 C-5는 더욱 강력한 엔진을 탑재한 마지막 양산 모델이었다.

F-80C

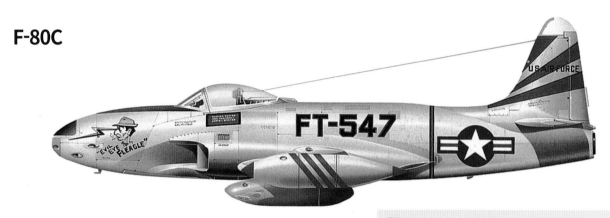

록히드의 P-80는 1944년 1월에 첫 비행을 했고, 한 해 뒤 이탈리아 전황 속에서 비행했다. 한국전쟁 당시 이 항공기는 어느 정도 구식으로 여겨졌지만 처음 4개월 동안 15,000회 출격했다. 1950년 11월 최초의 제트기 전투로 생각되는 전투에서 처음으로 MiG-15를 격추했다

제원	
제조 국가: 미국	
유형: 단발 전투 폭격기	
동력 장치: 추력 24kN(5,400lb) 알리슨 J33-A-35 터보제트 엔진 1개	
성능: 최대 속도 965km/h; 실용 상승 한도 14,000m(46,000ft); 항속 거리 1,930km	
무게: 자체 중량 3,819kg; 최대 이륙 중량 7,646kg	
크기: 날개폭 11,81m; 길이 10,49m; 높이 3,43m; 날개넓이 22,07㎡	
무장: 0.5인치(12,7mm) 기관총 6정; 454kg(1,000lb) 폭탄 2발 또는 2,75인치 로켓 8발	

QF-80 슈팅 스타

잉여 F-80는 운용 수명이 끝나고 조종사가 없는 무인기로 전환된 것이 많았다. 스페리 자이로스코프 회사는 많은 QF-80을 개조하여 공중, 육상, 해상 무기 체계로 쏘아 맞추는 표적으로 사용되거나 다양한 시험 임무에 사용되는 항공기를 만들었다.

제원	
제조 국가: 미국	
유형: 단좌 전투 폭격기	
동력 장치: 24kN(5,400lb) 알리슨 J33-A-35 터보제트 엔진 1개	
성능: 최대 속도 해수면에서 966km/h; 실용 상승 한도 14,265m(46,800ft); 항속 거리 1,328km	
무게: 자체 중량 3,819kg; 최대 이륙 중량 7,646kg	
크기: 날개폭 11,81m; 길이 10,49m; 높이 3,43m; 날개넓이 22,07㎡	
무장: 없음	

RF-80A 슈팅 스타

원래 이름이 FP-80A였던 RF-80A는 슈팅 스타(Shooting Star, 유성) 전투기의 무장을 제거하고 기수에 카메라를 설치하여 전투기를 정찰기로 개조한 것이었다. 개조된 항공기 66대가 한국전쟁에서 널리 쓰였다.

제원	
제조 국가: 미국	
유형: 단좌 사진 정찰기	
동력 장치: 24kN(5,400lb) 알리슨 J33-A-35 터보제트 엔진 1개	
성능: 최대 속도 해수면에서 966km/h; 실용 상승 한도 14,265m(46,800ft); 항속 거리 1,328km	
무게: 자체 중량 3,819kg; 최대 이륙 중량 7,646kg	
크기: 날개폭 11.81m; 길이 10.49m; 높이 3.43m; 날개넓이 22.07㎡	
무장: 없음	

T-33A

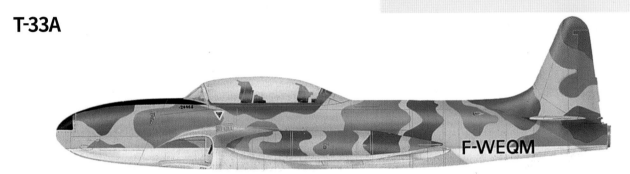

록히드 T-33 역시 이름이 슈팅 스타였으며, 전후 시대 서방의 제트 훈련기 중에서 가장 많았고, 거의 40개국에서 사용하였다. 여기 민간 표식을 한 중고 캐나다 T-33항공기는 1990년대에 볼리비아를 위해 현대적인 항공 전자 장비를 장착하여 재조립되었고, 여전히 지상공격 역할을 담당하고 있다.

제원	
제조 국가: 미국	
유형: 복좌 제트 훈련기	
동력 장치: 24kN(5,400lb) 알리슨 J33-A-35 터보제트 엔진 1개	
성능: 최대 속도 879km/h; 실용 상승 한도 14,630m(48,000ft); 항속 시간 3시간 7분	
무게: 자체 중량 3,667kg; 최대 이륙 중량 6,551kg	
크기: 날개폭 11.85m; 길이 11.51m; 높이 3.56m; 날개넓이 21.81㎡	
무장: 0.5mm 기관총 2정; 대게릴라전에서 사용하는 다양한 병기	

F-94 스타파이어

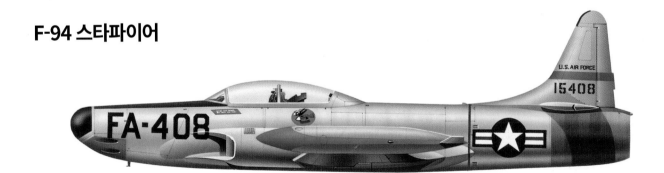

복좌 스타파이어는 1949년에 레이더를 탑재한 전천후 요격기로 개발되었으며, 이 항공기 개발의 모태였던 F-80 및 T-33 항공기의 기능을 많이 유지하고 있었다. 1950년 6월에 인도되기 시작했다. 개선된 파생기종으로 맹목착륙장치를 갖춘 F-94B와 기수에 마이티 마우스 비유도 공대공 로켓 24발을 탑재한 F-94C가 생산되었다.

제원	
제조 국가: 미국	
유형: 복좌 전천후 요격기	
동력 장치: 26.7kN(6,000lb) 알리슨 J33-A-33 터보제트 엔진1개	
성능: 최대 속도 고도 30,000ft에서 933km/h; 실용 상승 한도 14,630m(48,000ft); 항속 거리 1,850km/h	
무게: 자체 중량 5,030kg; 최대 이륙 중량 7,125kg	
크기: 날개폭 날개 끝 연료탱크 불포함 11.85m; 길이 12.2m; 높이 3.89m; 날개넓이 22.13㎡	
무장: 0.5인치 기관총 4정	

해군 제트기

영국 해군은 항공모함에서 제트기를 운용한 것을 포함하여 해군 항공 부문에서 많은 혁신을 이루었다. 그러나 항공모함에서 처음 제트기 비행대대를 운용한 것은 미국이었다. 제트기의 더 빠른 속도와 더 느린 엔진 반응 때문에 항공모함 운용 중에 사고율이 심각하게 높아졌다. 영국이 추가로 개발한 것에는 항공기가 어레스터 와이어 (arrestor wire, 항공모함의 비행갑판 위에 가로로 설치되어 항공기가 내린 갈고리에 걸리면 그 항공기를 잡아당겨 멈추도록 한 장치; 역자 주)를 놓쳐도 앞에 세워 둔 다른 항공기들을 위협하지 않게 한 경사 갑판(angled deck, 이함용 갑판과 분리해서 항공모함의 중심선에서 경사각을 가지게 설치한 착함용 비행갑판; 역자 주)과 첨단 거울 착함 장치가 있었다.

맥도넬 F4H-1 팬텀 II

1942년, 해군 항공국은 맥도넬에 미국 해군 최초의 항공모함 탑재 터보제트 단좌 전투기가 될 두 가지 시제기의 설계, 제작 업무를 맡겼다. 결과로 나온 시제기는 접이식 착륙장치를 갖추고 날개 뿌리에 들어가 있는 2개의 터보 제트 엔진으로 구동하는 저익 단엽기였다. 1945년 1월 첫 비행을 한 후 이 항공기는 항공모함에서 발진하고 복귀하는 최초의 미국 제트기가 되었다.

제원	
제조 국가: 미국	
유형: 함상 전투기	
동력 장치: 7.1kN(1,600lb) 웨스팅하우스 J30-WE-20 터보제트 엔진 2개	
성능: 최대 순항 속도 771km/h; 실용 상승 한도 12,525m(41,100ft); 전투 항속 거리 1,118km	
무게: 자체 중량 3,031kg; 최대 이륙 중량 5,459kg	
크기: 날개폭 12.42m; 길이 11.35m; 높이 4.32m; 날개넓이 24.64㎡	
무장: 0.5인치 기관총 4정	

그루먼 F9F-2 팬서

그루먼 팬서는 진정으로 성공을 거둔 최초의 미국 함상 제트기였다. 미국 해군과 해병대, 아르헨티나를 위해 거의 1,400대가 제작되었다. 팬서는 한국전쟁에서 주력 해군 타격 항공기였으며, 예시의 F9F-2 항공기는 1952년 한국전쟁에서 오리스카니 항공모함의 제781 전투비행대대(VF-781)에서 운용했다.

제원	
제조 국가: 미국	
유형: 단발 함상 제트 전투 폭격기	
동력 장치: 추력 26.5kN(5,950lb) 프랫 앤 휘트니 J42-P-6/P-8 터보제트 엔진 1개	
성능: 최대 속도 925km/h; 항속 거리 2,100km; 실용 상승 한도 13,600m(44,600ft)	
무게: 자체 중량 4,220kg; 최대 이륙 중량 7,462kg	
크기: 날개폭 11.6m; 길이 11.3m; 높이 3.8m; 날개넓이 23㎡	
무장: 20mm M2 기관포 4문; 최대 910kg(2,000lb) 폭탄, 5인치(127mm) 로켓 6발	

맥도넬 F2H-2 반시

FH-1 팬텀이 미국 해군과 해병대에서 성공하자 맥도넬은 운용 중인 팬텀의 뒤를 이을 항공기 설계를 제출하라는 요구를 받았다. 최초의 F2H-1 항공기는 1948년 8월에 미국 해군에 인도되었고, 7종의 하위 파생기종이 뒤를 이었다. F2H-2는 두 번째 양산 버전으로 날개 끝에 연료탱크가 있었다. 총 56대가 생산되었다.

제원	
제조 국가: 미국	
유형: 함상 전천후 전투기	
동력 장치: 14.5kN(3,250lb) 웨스팅하우스 J34-WE-34 터보제트 엔진 1개	
성능: 최대 순항 속도 933km/h; 실용 상승 한도 14,205m(46,600ft); 전투 항속 거리 1,883km	
무게: 자체 중량 5,980kg; 최대 이륙 중량 11,437kg	
크기: 날개폭 12.73m; 길이 14.68m; 높이 4.42m; 날개넓이 27.31㎡	
무장: 20mm 기관포 4문; 날개 아래 장착대에 227kg(500lb) 폭탄 2발 또는 113kg (250lb) 폭탄 4발 탑재	

노스 어메리칸 AJ-2 새비지

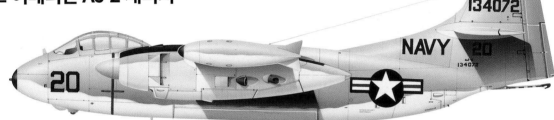

AJ 새비지는 대형 원자폭탄 한 발을 탑재할 수 있는 함상 폭격기로 개발되었다. 이 항공기는 피스톤 엔진 2개를 탑재하였고, 추가로 목표물을 향해서 돌진하는 높은 속도를 내기 위해 동체에 터보제트 엔진을 탑재했다. 새비지 항공기는 폭격기로서는 큰 성공을 거두지 못했고, 대부분은 공중급유기로 개조되었다.

제원	
제조 국가: 미국	
유형: 혼합 동력 장치 함상 폭격기	
동력 장치: 1,864kW(2,500마력) 프랫 앤 휘트니 R-2800-48 피스톤 엔진 2개, 추력 20.46kN(4,600lb) 알리슨 J33-A-19 터보 제트 엔진 1개	
성능: 최대 속도 758km/h; 항속 거리 2,623km; 실용 상승 한도 12,192m(40,000ft)	
무게: 자체 중량 12,500kg; 최대 이륙 중량 23,973kg	
크기: 날개폭 22.91m; 길이 19.22m; 높이 6.52m; 날개넓이 78㎡	
무장: 3,856kg(8,500lb) Mk VI 핵폭탄 1발	

노스 어메리칸 FJ-3M 퓨리

1944년에 육군과 해군 둘 다 노스 어메리카와 제트 전투기 계약을 체결했다. FJ-1 퓨리는 특별할 것이 없었고, FJ-2는 F-86E 사브르 육상기의 해군 버전으로 접이식 날개와 사출기 이함 장치, 착함 장치를 갖췄다. 이들은 더 강력한 엔진과 더 깊은 동체, 새로운 캐노피를 갖추고 무기 탑재량이 더 늘어난 FJ-3로 대체되었다.

제원	
제조 국가: 미국	
유형: 단좌 전투 폭격기	
동력 장치: 34.7kN(7,800lb) 라이트 J65-W-2 터보제트 엔진 1개	
성능: 최대 속도 해수면에서 1,091km/h; 실용 상승 한도 16,640m(54,600ft); 항속 거리 1,344km	
무게: 자체 중량 5,051kg; 최대 적재 중량 9,350kg	
크기: 날개폭 11.3m; 길이 11.43m; 높이 4.47m; 날개넓이 27.76㎡	
무장: 0.5인치 콜트 브라우닝 M-3 기관총 6정(탄약 267발 포함), 날개 아래 하드포인트에 연료탱크 2개 또는 454kg(1,000lb) 폭탄 2발, 더하기 로켓 8발	

불멸의 다코타

1935년 겨울에 첫 비행을 한 더글러스 슬리퍼 수송기, 즉 DC-3는 역사상 가장 많이 생산된 수송기가 되었다. 대다수는 군용으로 C-47, C-49, C-53 및 보통 영국 이름인 다코타로 알려진 다른 명칭으로 생산되었다. 1945년에는 수많은 잉여 '닥스(Daks, 다코타)'를 이용할 수 있게 되면서, 그것이 전후 새로운 여객기와 군용 경수송기 개발을 방해했다. 터보프롭으로 개조된 것은 여전히 아프리카와 남미에서 사용되고 있다.

다코타 III

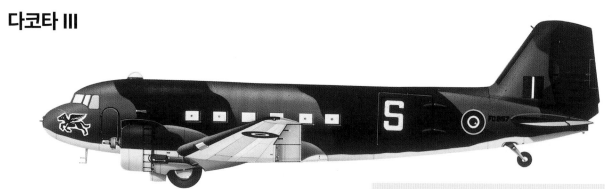

C-47의 많은 역할 중 하나는 파르티잔과 저항 집단에 보급품을 떨어뜨려 주는 것이었다. C-47A와 같은 이 다코타 III는 그리스 아락소스에 기지를 두고 있었으며, 1944년에 영국 공군 제267 비행대대가 루마니아, 알바니아에 보급품을 떨어뜨려주기 위해 사용했다.

제원	
제조 국가: 미국	
유형: (C-47) 2/3좌 수송기. 병력 28명 또는 들것에 누운 환자 14명과 간병인 3명 또는 화물 10,000lb(4,536kg) 수용 가능	
동력 장치: 895kW(1,200마력) 프랫 앤 휘트니 R-1830-92 14기통 복열 레이디얼 엔진 2개	
성능: 최대 속도 370km/h; 실용 상승 한도 7,315m(24,000ft); 항속 거리 2,575km	
무게: 자체 중량 8,103kg; 최대 이륙 중량 14,061kg	
크기: 날개폭 28.9m; 길이 19.63m; 높이 5.2m	
무장: 없음	

리슈노프 Li-2

Li-2는 DC-3을 소련에서 면허 생산한 버전으로 1,200 군데 이상의 변경사항이 적용되었다. 특히 승객용 문을 오른쪽 옆으로 재배치하고, 새로운 화물칸 문과 시베초프 엔진을 채택했다. Li-2는 1938년에서 1952년 사이에 6,000대 이상 제작되었고, 일부는 전시에 폭격기로 사용되었다.

제원	
제조 국가: 소련	
유형: 쌍발 군용 수송기	
동력 장치: 736kW(1,000마력) 시베초프 ASh-62IR 레이디얼 피스톤 엔진 2개	
성능: 최대 속도 300km/h; 실용 상승 한도 7,315m(24,000ft); 항속 거리 2,500km	
무게: 자체 중량 7,750kg; 적재 중량 10,700kg	
크기: 날개폭 28.9m; 길이 19.63m; 높이 5.2m	
무장: (일부 버전) 7.62mm 시카스 기관총 3정; 12.7mm UBK 기관총 1정; 최대 2,000kg(908kg) 폭탄	

다코타 IV

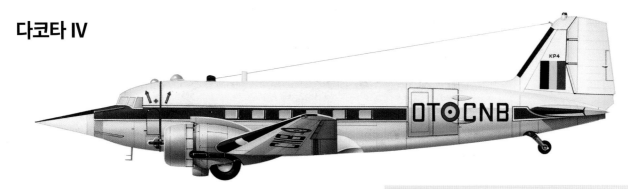

벨기에는 1944년부터 1976년까지 다양한 C-47과 다코타를 운용하였다. 이 특이한 사례는 F-104 스타파이터 전투기 조종사를 훈련시키기 위해 F-104G 항공기의 레이더를 설치한 2대 중 하나였다. 이들은 '피노키오'라는 별명으로 불렸는데 1960년대 말에 잠깐 동안 사용되었다.

제원

제조 국가: 미국

유형: 쌍발 조종 훈련기

동력 장치: 895kW(1,200마력) 프랫 앤 휘트니 R-1830-90C 레이디얼 엔진 2개

성능: 최대 속도 370km/h; 실용 상승 한도 7,315m(24,000ft); 항속 거리 2,575km

무게: 자체 중량 81,03kg; 최대 이륙 중량 14,061kg

크기: 날개폭 28,9m; 길이 알 수 없음; 높이 5,2m

무장: 없음

다코타

다코타 Mk IV는 영국 공군의 C-47B 항공기로 고고도 성능을 개선하기 위해 과급 엔진을 탑재한 것이 달랐다. 남아프리카 연방은 1940년대 이래로 다코타를 사용해왔다. 남아프리카 공군에 남아있는 다코타는 모두 PT-67 터보프롭 엔진을 탑재했고, 제35 비행대대에서 운용했다.

제원

제조 국가: 미국

유형: (C-47) 2/3좌 수송기. 병력 28명 또는 들것에 누운 환자 14명과 간병인 3명 또는 화물 10,000lb(4,536kg) 수용 가능

동력 장치: 895kW(1,200마력) 프랫 앤 휘트니 R-1830-90C 레이디얼 엔진 2개

성능: 최대 속도 370km/h; 실용 상승 한도 7,315m(24,000ft); 항속 거리 2,575km

무게: 자체 중량 8,103kg; 최대 이륙 중량 14,061kg

크기: 날개폭 28,9m; 길이 19,63m; 높이 5,2m

무장: 없음

LC-47 스키비행기

몇몇 나라는 극지 탐사에 사용하기 위해 C-47을 개조하여 스키를 부착했다. 1956년 미국 해군의 딥 프리즈 작전에서 LC-47 항공기로 처음 남극에 착륙했다. 아르헨티나는 자국의 남극 기지를 지원하기 위해 1983년까지 C-47 스키비행기를 유지하였다.

제원

제조 국가: 미국

유형: (C-47) 2/3좌 수송기. 병력 28명 또는 들것에 누운 환자 14명과 간병인 3명 또는 화물 10,000lb(4,536kg) 수용 가능

동력 장치: 895kW(1,200마력) 프랫 앤 휘트니 R-1830-92 14기통 복열 레이디얼 엔진 2개

성능: 최대 속도 370km/h; 실용 상승 한도 73,15m(24,000ft); 항속 거리 2,575km

무게: 자체 중량 8,103kg; 최대 이륙 중량 14,061kg

크기: 날개폭 28,9m; 길이 알 수 없음; 높이 5,2m

무장: 없음

수에즈 위기

1956년, 이집트의 나세르(Nasser) 대통령은 영국과 프랑스의 바람을 거슬러 수에즈 운하를 국유화했고, 영국과 프랑스는 그해 10월 운하 지역을 되찾기 위한 작전에 착수했다. 작전 행동에 역사상 최초의 대규모 헬리콥터 공격과 대규모 낙하산 착륙이 포함되었다. 이집트의 비행장들은 함상기와 육상기들의 폭격을 받아 공군의 상륙 저지 능력이 무력화되었다. 비록 군사적으로는 승리했지만, 수에즈 위기는 영국의 정치적 실패로 여겨졌다.

드 하빌랜드 베넘 FB.4

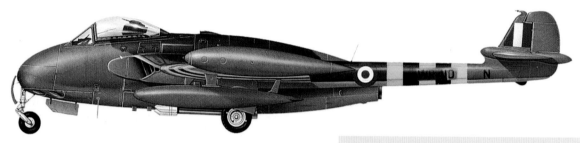

영국군의 머스커티어 작전을 수행하는 항공기에는 이집트 항공기와 구분하기 위해서 독특한 검은색과 노란색의 '수에즈 줄무늬'가 그려져 있었다. 여기 머스커티어 작전 중에 사이프러스에 있었던 영국 공군 비행대대에서 운용한 베넘 FB.4 항공기에서 '수에즈 줄무늬'를 볼 수 있다.

제원	
제조 국가: 영국	
유형: 단좌 전투 폭격기	
동력 장치: 22.9kN(5,150lb) 드 하빌랜드 고스트 105 터보제트 엔진 1개	
성능: 최대 속도 1,030km/h; 실용 상승 한도 14,630m(48,000ft); 항속 거리 낙하 연료탱크 탑재 1,730km	
무게: 자체 중량 4,174kg; 최대 적재 중량 6,945kg	
크기: 날개폭 (날개 끝 연료탱크까지) 12.7m; 길이 9.71m; 높이 1.88m; 날개넓이 25.99㎡	
무장: 20mm 이스파노 기관포 4문 (탄약 150발 포함); 날개의 파일런에 454kg (1,000lb) 폭탄 2발 또는 낙하 연료탱크 2개 탑재; 또는 가운데 부분 발사 장치에 27.2kg(60lb) 로켓 8발	

잉글리시 일렉트릭 캔버라 B.2

사이프러스와 몰타에 기지를 두었던 영국 공군의 캔버라는 1956년 10월 31일 이집트 비행장에 대한 공습을 시작했다. 공격 5일 안에 이집트의 공군은 사실상 파괴되었다. B.2 폭격기와 함께 PR.3 정찰기가 공격 이전과 이후의 사진 촬영을 했다.

제원	
제조 국가: 영국	
유형: 복좌 후방 차단기	
동력 장치: 28.9kN(6,500lb) 롤스로이스 에이본 Mk 101 터보제트 엔진 2개	
성능: 최대 속도 917km/h; 실용 상승 한도 14,630m(48,000ft); 항속 거리 42.74km	
무게: 자체 중량 약 11,790kg; 최대 이륙 중량 24,925kg	
크기: 날개폭 29.49m; 길이 19.96m; 높이 4.78m; 날개넓이 97.08㎡	
무장: 내부 폭탄창에 최대 2,727kg(6000lb)의 폭탄, 날개 아래 파일런에 909kg (2,000lb) 탑재	

리퍼블릭 F-84F 선더스트리크

프랑스는 코르세어 함상기와 사이프러스의 다쏘 미스테르, F-84F 선더스트리크로 참가했다. F-84는 또한 이집트의 반격을 막기 위해 이스라엘에도 기지를 두고 있었다. 지상에 주기 중이던 Il-28 폭격기와 함께 많은 수의 이집트 탱크가 프랑스의 제트기에 의해 파괴되었다.

제원	
제조 국가: 미국	
유형: 단좌 전투 폭격기	
동력 장치: 32kN(7,220lb) 라이트 J65-W-3 터보제트 엔진 1개	
성능: 최대 속도 1118km/h; 실용 상승 한도 14,020km(46,000ft); 전투 행동반경 낙하 연료탱크 탑재 1,304km	
무게: 자체 중량 6,273kg; 최대 이륙 중량 12,701kg	
크기: 날개폭 10.24m; 길이 13.23m; 높이 4.39m; 날개넓이 30.19㎡	
무장: 0.5인치 브라우닝 M3 기관총 6정, 외부 하드포인드에 최대 2,722kg (6,000lb)의 폭탄	

글로스터 미티어 NF.11

이집트 공군은 주로 체코슬로바키아에서 공급받은 소련이 개발한 장비를 갖추고 있었지만, 1955년에 영국에서 구입한 미티어 야간 전투기 6대도 보유했다. 이집트 공군은 수에즈 위기에서 한번 영국 공군의 캔버라를 추격했지만 놓쳤고, 결국 단 한 대도 격추하지 못했다.

제원	
제조 국가: 영국	
유형: 복좌 야간 전투기	
동력 장치: 16kN(3,600lb) 롤스로이스 더웬트 8 터보제트 엔진 2개	
성능: 최대 속도 10,000m(33,000ft) 고도에서 931km/h; 실용 상승 한도 12,192m (40,000ft); 항속 거리 1,580km	
무게: 자체 중량 5,400kg; 적재 중량 9,979kg	
크기: 날개폭 13.1m; 길이 14.78m; 높이 4.22m	
무장: 20mm 이스파노 기관포 4문	

호커 시 호크 FB.Mk.3

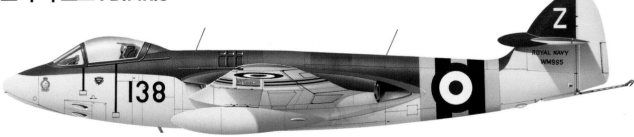

영국 항공모함 이글호, 알비온호, 불워크호에서 운용한 시 호크 6개 비행대대는 낮에 이집트의 비행장을 폭격하고, 헬리콥터와 해상 상륙을 위해 기관포와 로켓으로 근접 공중 지원 활동을 수행했다.

제원	
제조 국가: 영국	
유형: 단좌 함상 전투 폭격기	
동력 장치: 24kN(5,000lb) 롤스로이스 넨 터보제트 엔진 1개	
성능: 최대 속도 해수면에서 958km/h, 고공에서 939km/h; 실용 상승 한도 13,560m(44,500ft); 표준 항속 거리 1,191km	
무게: 자체 중량 4,409kg; 최대 이륙 중량 7,355kg	
크기: 날개폭 11.89m; 길이 12.09m; 높이 2.64m; 날개넓이 25.83㎡	
무장: 기수에 20mm 이스파노 기관포 4문, 날개 아래 하드포인트에 227kg (500lb) 폭탄 2발	

1950년대의 영국 해군항공대

영국의 해군항공대는 1950년대에도 여전히 큰 조직이었으며, 육지와 해상에서 30개 이상의 비행대대를 운용하고 있었다. 이중 대부분은 피스톤 엔진 항공기를 사용하였지만 1954년경에는 제트기와 헬리콥터도 도입하였다. 해군항공대의 비행대대는 한국과 수에즈에서 전투 경험이 있었고 훌륭하게 실력발휘를 했지만, 영국 해군은 때때로 방위 예산을 더 따내기 위해 애써야 했다. 1959년에는 허미즈호와 같은 새로운 항공모함과 초음속 전투기, 타격 항공기가 취역했다.

스카이레이더 AEW.1

미국은 나토 국가들에 대한 지원 계획의 일환으로 영국에 스카이레이더 공중 조기 경보기(AEW)를 공급했다. 동체 아래쪽 돔에 APS-20 레이더가 설치된 이 스카이레이더 AEW.1은 수에즈 위기 동안 영국의 이글 항공모함의 제849 비행대대 A 편대에서 비행했다.

제원	
제조 국가: 영국	
유형: 함상 조기 경보기	
동력 장치: 2,013kW(2,700마력) 프랫 앤 휘트니 R-3350 레이디얼 피스톤 엔진 1개	
성능: 최대 속도 알 수 없음; 항속 거리 알 수 없음; 실용 상승 한도 알 수 없음	
무게: 알 수 없음	
크기: 날개폭 15.25m; 길이 11.84m; 높이 4.78m; 날개넓이 37.19㎡	
무장: 없음	

페어리 파이어플라이 AS.5

페어리 파이어플라이(Firefly, 반딧불이)는 1941년부터 1955년까지 생산되었으며, 25개 이상의 하위 기종이 생산되었다. AS.5는 대잠수함 타격 항공기로 개발되었지만 지상 공격과 전투기 역할로 임무를 수행하기도 했다. 이 AS.5는 1950년 한국전쟁에서 영국 항공모함 테세우스(Theseus)호의 제810 비행대대에서 운용되었다.

제원	
제조 국가: 영국	
유형: 함상 전투기/대잠기	
동력 장치: 1,678kW(2,250마력) 롤스로이스 그리폰 74 V-12 피스톤 엔진 1개	
성능: 최대 속도 618km/h; 항속 거리 2,092km; 실용 상승 한도 9,450m(31,000ft)	
무게: 자체 중량 4,388kg; 최대 이륙 중량 7,301kg	
크기: 날개폭 12.55m; 길이 8.51m; 높이 4.37m; 날개넓이 30.66㎡	
무장: 20mm 이스파노 기관포 4문; 최대 908kg(2,000lb) 폭탄 또는 27kg(60lb) 로켓 16발	

블랙번 파이어브랜드 IV

파이어브랜드 중뇌격기는 1939년에 구상되었지만 너무 늦게 전쟁에 사용할 준비가 되었다. 속도 부족(특히 어뢰를 탑재하였을 때)을 포함하여 많은 초창기의 문제들과 운용상의 문제들로 인해 전선의 2개 비행대만 파이어브랜드를 운용했다.

제원
제조 국가: 영국
유형: 함상 전투기/뇌격기
동력 장치: 1,865kW(2,500마력) 브리스톨 센토러스 IX 레이디얼 피스톤 엔진 1개
성능: 최대 속도 560km/h; 항속 거리 200km; 실용 상승 한도 10,363m(34,000ft)
무게: 자체 중량 5,150kg; 최대 이륙 중량 7,360kg
크기: 날개폭 15.62m; 길이 12m; 높이 4.08m; 날개넓이 35.44㎡
무장: 20mm 이스파노 Mk II 기관포 4문; 840kg 어뢰 1발 또는 908kg(2,000lb)의 폭탄

호커 시 퓨리 FB.2

템페스트 Mk II에서 파생된 시 퓨리는 전후 가장 빠르고 가장 좋은 피스톤 엔진 전투기 중 하나였다. 캐나다와 오스트레일리아, 네덜란드 또한 시 퓨리 함상기를 운용했고, 접이식 날개나 갈고리 착륙장치가 없는 육상기 버전은 많은 국가로 수출되었다.

제원
제조 국가: 영국
유형: 단발 함상 전투 폭격기
동력 장치: 1,850kW(2,480마력) 브리스톨 센토러스 XVIIC 레이디얼 피스톤 엔진 1개
성능: 최대 속도 740km/h; 항속 거리 1,127km; 실용 상승 한도 10,900m(35,800ft)
무게: 자체 중량 4,190kg; 최대 이륙 중량 5,670kg
크기: 날개폭 11.7m; 길이 10.6m; 높이 4.9m; 날개넓이 26㎡
무장: 20mm 이스파노 Mk V 기관포 4문; 최대 908kg(2,000lb)의 폭탄 또는 3인치 로켓 12발

호커 시 호크 FGA.4

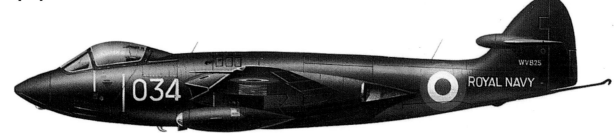

시제기 P.1040이 처음 공개되었을 때 두 갈래로 나뉜 제트 배기관 설계가 국방 요원들 사이에 약간의 우려를 야기했지만, 시 호크는 신뢰할 수 있고 다루기 좋은 전투기라는 좋은 평판을 가지고 있었다. 이 항공기는 1960년까지 영국 해군 항공대에서 현역으로 남아 있었다. 1959년에 인도 해군이 Mk6와 비슷한 항공기 24대를 주문했다. 일부는 새로 제작했고, 나머지는 영국 해군이 사용한 중고 Mk6를 개조했다.

제원
제조 국가: 영국
유형: 단좌 함상 전투 폭격기
동력 장치: 24kN(5,400lb) 롤스로이스 넨 103 터보제트 엔진 1개
성능: 최대 속도 969km/h; 실용 상승 한도 13,565m(44,500ft); 전투 행동반경 370km
무게: 자체 중량 4,409kg; 최대 이륙 중량 7,348kg
크기: 날개폭 11.89m; 길이 12.09m; 높이 2.64m; 날개넓이 25.83㎡
무장: 20mm 이스파노 기관포 4문; 227kg(500lb) 폭탄 4발, 또는 227kg(500lb) 폭탄 2발과 3인치 로켓 20발 또는 5인치 로켓 16발 탑재

뱀파이어와 베넘

드 하빌랜드의 소형 쌍동기 뱀파이어는 1940년대 후반에 가장 수준 높거나 최고 성능을 가진 제트 전투기가 아니었고, 시간이 지나면서 상대적으로 더 아니게 되었다. 그럼에도 불구하고 이 항공기는 만족스럽게 비행하였고, 유지 관리가 간단하며, 운용비용이 적게 들고, 널리 수출되었다. 베넘은 뱀파이어가 보수적으로 발전한 것이어서 전투기로서는 경쟁력이 없었지만 지상 공격기로서 꼭 맞는 유용한 자리를 차지했다.

뱀파이어 FB.5

제112 비행대대는 북아프리카에서 상어 아가리가 장식된 P-40 전투기들의 위업으로 유명하였다. 이 비행대대의 뱀파이어 FB.5에 비슷한 표식이 자랑스럽게 그려져 있었다. 뱀파이어 FB.5는 1951년부터 1956년까지 독일 주둔 영국 공군의 일원으로 주간 전투기 역할로 운용되다가 사브르로 대체되었다.

제원	
제조 국가: 영국/스위스	
유형: 단좌 전투 폭격기	
동력 장치: 추력 13.8kN(3,100lb) 드 하빌랜드 고블린 2 터보제트 엔진 1개	
성능: 최대 속도 883km/h; 실용 상승 한도 13,410m(44,000ft); 항속 거리 낙하 연료탱크 탑재 2,253km	
무게: 자체 중량 3,266kg; 적재 중량 5,600kg(낙하 연료탱크 포함)	
크기: 날개폭 11.6m; 길이 9.37m; 높이 2.69m; 날개넓 24.32㎡	
무장: 20mm 이스파노 기관포 4문 (탄약 150발 포함), 날개의 파일런에 227kg (500lb) 폭탄 2발 또는 27.2kg(60lb) 로켓들 탑재	

뱀파이어 FB.9

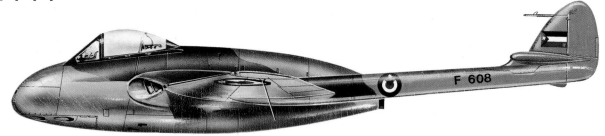

요르단의 압둘라 왕은 자기 나라에서 시연한 영국 공군의 뱀파이어에 매우 깊은 인상을 받아서 1951년에 새로운 요르단 공군의 첫 항공기로 뱀파이어를 선정했다. 요르단 공군은 FB.9과 FB.52, T.11을 함께 운용했다. 단좌 전투기들은 1967년에 퇴역했다.

제원	
제조 국가: 영국/스위스	
유형: 단좌 전투 폭격기	
동력 장치: 추력 14.9kN(3,350lb) 드 하빌랜드 고블린 3 터보제트 엔진 1개	
성능: 최대 속도 883km/h; 실용 상승 한도 13,410m(44,000ft); 항속 거리 낙하 연료탱크 탑재 2,253km	
무게: 자체 중량 3,266kg; 적재 중량 5,600kg(낙하 연료탱크 탑재할 때)	
크기: 날개폭 11.6m; 길이 9.37m; 높이 2.69m; 날개넓 24.32㎡	
무장: 20mm 이스파노 기관포 4문(탄약 150발 포함), 날개 파일런에 227kg (500lb) 폭탄 2발 또는 27.2kg(60lb) 로켓들 탑재	

뱀파이어 T.11

뱀파이어 복좌 야간 전투기 버전이 성공하자 뒤이어 훈련기가 개발되었다. 기수의 레이더는 제거되었고, 여압 조종실에 완전한 이중 비행 조종 장치가 추가되었다. 1956년에 T.11은 영국 공군의 표준 제트 훈련기가 되었다. 총 731대가 생산되었고, 19개국에 수출되었다.

제원	
제조 국가: 영국	
유형: 복좌 기본 훈련기	
동력 장치: 15.6kN(3,500lb) 드 하빌랜드 고블린 35 터보제트 엔진 1개	
성능: 최대 속도 885km/h; 실용 상승 한도 12,200m(40,000ft); 항속 거리 내부 연료로 1,370km	
무게: 자체 중량 3,347kg; 적재 중량 5,060kg	
크기: 날개폭 11.6m; 길이 10.55m;높이 1.86m; 날개넓이 24.32㎡	
무장: 20mm 이스파노 기관포 2문	

베넘 FB.1

날개 앞전이 뒤쪽으로 비스듬한 모양이고 날개 끝 연료탱크가 있는 더 얇은 날개를 제외하면 외견상 뱀파이어와 비슷한 베넘은 더 강력한 고스트 엔진을 도입하여 성능이 훨씬 좋아졌다. FB.1은 1954년에 독일에 주둔한 영국 공군에 취역했다.

제원	
제조 국가: 영국	
유형: 단좌 전투 폭격기	
동력 장치: 추력 21.6kN(4,850lb) 드 하빌랜드 고스트 103 터보제트 엔진 1개	
성능: 최대 속도 1,030km/h; 실용 상승 한도 14,630m(48,000ft); 항속 거리 낙하 연료탱크 탑재 1,730km	
무게: 자체 중량 4,174kg; 최대 적재 중량 6,945kg	
크기: 날개폭 (날개 끝 연료탱크 포함) 12.7m; 길이 9.71m; 높이 1.88m; 날개넓이 25.99㎡	
무장: 20mm 이스파노 기관포 4문(탄약 150발 포함), 날개 파일런 2개에 454kg (1,000lb) 폭탄 2발, 또는 낙하 연료탱크 2개, 또는 27.2kg(60lb) 로켓 8발 탑재	

베넘 FB.50

스위스는 가장 열렬한 드 하빌랜드의 수출 고객 중 하나였으며, 자국에서 면허 생산하였다. FB.1은 100대가 생산되어 1952년에 뱀파이어의 후속 기종으로 채택되었다. 이 항공기들은 오랫동안 운용되었고, 마지막 항공기는 장치와 구조가 상당히 바뀌었지만 1983년에야 퇴역하였다.

제원	
제조 국가: 영국/스위스	
유형: 이차적으로 공격 능력을 갖춘 단좌 전술 정찰기	
동력 장치: 21.6kN(4,850lb) 드 하빌랜드 고스트 103 터보제트 엔진 1개	
성능: 최대 속도 1,030km/h; 실용 상승 한도 13,720m(45,000ft); 항속 거리 with 낙하 연료탱크 1,730km	
무게: 자체 중량 3,674kg(8,100lb); 최대 적재 중량 6,945kg	
크기: 날개폭 (날개 끝 연료탱크 포함) 12.7m; 길이 9.71m; 높이 1.88m; 날개넓이 25.99㎡	
무장: 20mm 이스파노 기관포 4문(탄약 150발 포함), 454kg(1,000lb) 폭탄 2발, 또는 낙하 연료탱크 2개, 또는 27.2kg(60lb) 로켓 8발	

1950년대의 프랑스 제트기

프랑스의 항공 산업은 공장 내에 남아 있는 미완성 독일 항공기를 완성하고, 영국의 장비를 구입하여 면허 생산함으로써 전후 복구를 시작했다. 곧 지역별 조직으로 재편성된 프랑스의 제조업체들은 더욱 이국적인 제트기, 로켓 및 램제트 항공기를 생산하기 위해 경쟁했다. 다쏘가 지배적으로 부상하여 1950년대 중반부터 프랑스 공군과 해군항공대의 근간을 형성한 전투기군 및 공격 제트기군을 만들어냈다.

드 하빌랜드 뱀파이어(SNCASE Mistral)

프랑스는 국영 남동항공제조회사(Société Nationale de Constructions Aéronautiques de Sud-Est, SNCASE)가 생산을 시작하기 전에 영국이 제작한 뱀파이어 5대를 인수했다. SNCASE는 롤스로이스 넨 엔진을 탑재하여 성능을 상당히 개선한 SE.535 미스트럴을 포함하여 여러 버전을 생산하였다.

제원
제조 국가: 영국
유형: 단좌 전투 폭격기
동력 장치: 추력 13.8kN(3,100lb) 드 하빌랜드 고블린 2 터보제트 엔진 1개
성능: 최대 속도 883km/h; 실용 상승 한도 13,410m(44,000ft); 항속 거리 2,253km(낙하 연료탱크를 탑재할 때)
무게: 자체 중량 3,266kg; 적재 중량 낙하 연료탱크 탑재 5,600kg
크기: 날개폭 11.6m; 길이 9.37m; 높이 2.69m; 날개넓이 24.32㎡
무장: 20mm 이스파노 기관포 4문(탄약 150발 포함), 날개 파일런에 227kg (500lb) 폭탄 2발 또는 60lb 로켓 탑재

수드 웨스트 아퀼론 203

프랑스 해군항공대는 드 하빌랜드 시 베넘을 함상 야간 전투기로 채택하였고, 그 대부분은 프랑스에서 SNCASE 아퀼론으로 제작했다. 아퀼론 203에는 조종석에 어메리칸 레이더를 설치하면서 두 번째 좌석을 제거해야 했다.

제원
제조 국가: 프랑스/영국
유형: 단좌 함상 전투기
동력 장치: 23.4kN(5,150lb) 드 하빌랜드 고스트 48 터보제트 엔진 1개
성능: 최대 속도 1,030km/h; 실용 상승 한도 14,630m(48,000ft); 항속 거리 낙하 연료탱크 탑재 1,730km
무게: 자체 중량 4,174kg; 최대 적재 중량 6,945kg
크기: 날개폭 (날개 끝 연료탱크 포함) 12.7m; 길이 10.38m; 높이 1.88m; 날개넓이 25.99㎡
무장: 20mm 이스파노 404 기관포 4문(탄약 150발 포함), 날개 파일런 2개에 노드 5103 (AA.20) 공대공 미사일 탑재

MD.450 우라강

MD.450 우라강(Ouragan, 허리케인)은 마르셀 다쏘가 생산한 최초의 전투기로 1952년 프랑스 공군에 취역했다. 예시의 우라강은 프랑스 공군의 파트루이드 프랑스 곡예비행단의 색상으로 도색되어 있다. 이 곡예비행단은 1954년부터 1957년까지 최초의 프랑스제 장비로 이 기종을 사용했다.

제원	
제조 국가: 프랑스	
유형: 단좌 전투기/지상 공격기	
동력 장치: 22.5kN(5,070lb) 이스파노 수이자 넨 104B 터보제트 엔진 1개	
성능: 최대 속도 940km/h; 실용 상승 한도 15,000m(49,210ft); 항속 거리 1,000km	
무게: 자체 중량 4,150kg; 최대 이륙 중량 7,600kg	
크기: 날개폭 날개 끝 연료탱크 포함 13.2m; 길이 10.74m; 높이 4.15m; 날개넓이 23.8m²	
무장: 20mm 이스파노 404 기관포 4문; 날개 아래 하드포인트에 434kg(1,000lb) 폭탄 2발, 또는 105mm 로켓 16발, 또는 로켓 8발과 458리터 네이팜탄 2개	

다쏘 미스테르 IVA

미국 공군은 1952년 9월에 시제기를 시험했고 1953년 4월에 225대의 역외 생산 계약을 체결했다. 프랑스 공군에 항공기 공급 계약을 따냈고, 이에 더해 이스라엘과 인도에서 수출 주문을 받았다. 이 프랑스 항공기는 수에즈 분쟁에서 전투를 경험했고, 미국, 이스라엘, 인도에도 많이 팔렸다.

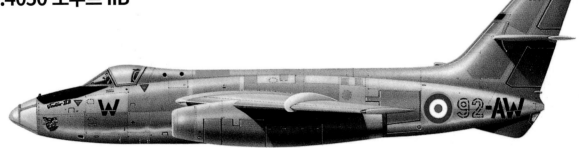

제원	
제조 국가: 프랑스	
유형: 단좌 전투 폭격기	
동력 장치: 27.9kN(6,280lb) 이스파노 수이자 테이 250A 터보제트 엔진 1개; 3,500kg(7,716lb) 이스파노 수이자 베르동 350 터보제트 엔진	
성능: 최대 속도 1,120km/h; 실용 상승 한도 13,750m(45,000ft); 항속 거리 1,320km	
무게: 자체 중량 5,875kg; 적재 중량 9,500kg	
크기: 날개폭 11.1m; 길이 12.9m; 높이 4.4m	
무장: 30mm DEFA 551 기관포 2문(탄약 150발 포함), 날개 아래 하드포인트 4개에 연료탱크 또는 로켓 또는 폭탄 최대 907kg(2,000lb) 탑재	

SO.4050 보투르 IIB

1951년 3월 중순에 쉬드 웨스트사가 개발한 SO.4000.이라는 이름의 첨단 고성능 쌍발 제트 폭격기 시제기가 시험 비행했다. 이것으로부터 후퇴익 날개와 날개 아래의 나셀에 엔진이 장착된 SO.4050을 개발했다. 이 항공기는 기수에 유리로 된 폭탄 조준 자리가 있는 복좌 폭격기로 고쳐져 SO.4050-3로 명명되었고, 1954년에 첫 비행을 했다.

제원	
제조 국가: 프랑스	
유형: 복좌 중형 폭격기	
동력 장치: 24.3kN(7,716lb) 스네크마 아타 101E-3 터보제트 엔진 2개	
성능: 최대 속도 1,105km/h; 실용 상승 한도 15,000m(49,210ft) 이상	
무게: 자체 중량 10,000kg; 최대 이륙 중량 20,000kg	
크기: 날개폭 15.09m; 길이 15.57m; 높이 4.5m	
무장: 내부 폭탄창에 최대 폭탄 10발, 날개 아래 파일런에 최대 450kg(992lb) 폭탄 2발, 또는 낙하 연료탱크 2개	

정찰 폭격기

제2차 대계대전 직후 소련과 그 주변의 국가들을 둘러싼 '철의 장막'이 쳐지면서 서방에서는 소련의 행동이 안 보이게 되었다. 그래서 소련이 방공망을 완성하기 전에 정기적으로 동구권의 영공으로 들어가는 장거리 정찰기가 필요하게 되었다. 폭격기들은 전투기와 미사일 위로 비행할 수 있거나 강력한 사선 촬영 카메라와 레이더를 이용하여 금지된 영토를 깊숙이 들여다 볼 수 있는 특수 항공기로 개조되었다.

보잉 RB-29A 슈퍼포트리스

일본과 극동 지역 상공에서 사진 작업을 위해 B-29와 B-29A 117대가 6대의 대형 카메라를 탑재하게 개조되었고, 1948년 이전에는 F-13과 F-13A라는 명칭으로 불렸다. 1949년에서 1952년까지 소련의 전투기에 여러 RB-29 정찰기가 격추되었다.

제원
제조 국가: 미국
유형: 4발 정찰기
동력 장치: 1,641kW(2,200마력) R-3350-57 레이디얼 피스톤 엔진 4개
성능: 최대 속도 576km/h; 6,095m 고도로 상승하는데 38분; 실용 상승 한도 9,710m(31,850ft); 항속 거리 9,382km
무게: 자체 중량 31,816kg; 최대 이륙 중량 56,246kg
크기: 날개폭 43.05m; 길이 30.18m; 높이 9.02m
무장: 20mm 기관포 1문과 0.5인치 기관총 6정(꼬리 날개, 동체 위쪽 2개 총좌, 동체 아래쪽 2개 총좌에), 내부에 9,072kg(20,000lb)의 폭탄 탑재

마틴 P4M-1 머케이터

미국 해군항공대는 1950년대 초 소련에 대한 감시를 위해 P4M-1 머케이터를 사용했다. 초계기에서 개조된 이 항공기들은 필리핀, 일본, 모로코에 기지를 두고 소련의 레이더와 무선 신호에 대한 전자 감시, 즉 '뒤지는' 임무를 수행했다.

제원
제조 국가: 미국
유형: 육상 신호 정보 항공기
동력 장치: 2,420kW(3,250마력) 프랫 앤 휘트니 R-4360 레이디얼 피스톤 엔진 2개와 추력 20kN (4,600lb) 알리슨 J33-A-23 터보제트 엔진 엔진 2개
성능: 최대 속도 660km/h; 실용 상승 한도 10,500m(34,600ft); 항속 거리 45,70km
무게: 자체 중량 22,016kg; 적재 중량 40,088kg
크기: 날개폭 34,7m; 길이 26m; 높이 8m; 날개넓이 122㎡
무장: 20mm 기관포 4문, 0.5인치(12.7mm) 기관총 2정; 5,400kg(12,000lb)의 폭탄

노스 어메리칸 B-45A 토네이도

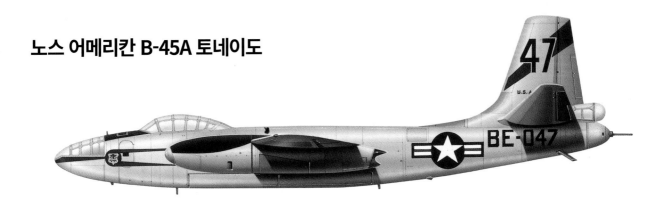

미국 공군 최초의 제트 폭격기였던 B-45 토네이도(Tornado, 회오리바람)는 원래의 역할에서는 경력이 상당히 짧았지만 최대 카메라 12대를 탑재할 수 있는 RB-45C로 개발되었다. 미국 공군의 작전 뿐 아니라 영국 공군의 1개 비행대대는 빌린 RB-45를 이용하여 러시아 상공을 비행하면서 비밀 정찰 임무를 수행했다.

제원	
제조 국가: 미국	
유형: 4발 제트 폭격기	
동력 장치: 25kN(5,200lb) 추력 제너럴 일렉트릭 J47-GE-13 터보제트 엔진 4개	
성능: 최대 속도 920km/h; 항속 거리 1,600Km; 실용 상승 한도 14,100m(46,400ft)	
무게: 자체 중량 20,726kg; 최대 이륙 중량 50,000kg	
크기: 날개폭 27.1m; 길이 22.9m; 높이 7.7m; 날개넓이 105㎡	
무장: 0.5인치(12.7mm) 기관총 2정; 최대 9,997kg(22,000lb)의 폭탄	

보잉 RB-47H 스트라토제트

미국 육군항공대가 1945년 10월에 처음 구입한 제트 폭격기 모델 450은 1950년대 중반에 정점을 이루었고, 수백 대는 특수 역할로 전환되었다. 32대의 RB-47H가 전자 정찰 임무를 위해 만들어졌는데, 폭탄창은 3명의 전자전 장교와 장비를 수용할 수 있게 개조되었다.

제원	
제조 국가: 미국	
유형: 전략 정찰기	
동력 장치: 32kN(7,200lb) 제너럴 일렉트릭 J47-GE-25 터보제트 엔진 6개	
성능: 최대 속도 4,970m 고도에서 975km/h; 실용 상승 한도 12,345m(40,500ft); 항속 거리 6,437km	
무게: 자체 중량 36,630kg; 최대 이륙 중량 89,893kg	
크기: 날개폭 35.36m; 길이 33.48m; 높이 8.51m; 날개넓이 132.66㎡	
무장: 꼬리 날개에 20mm 무선 제어 기관포 2문	

노스 어메리칸 RA-5C 비질랜티

RA-5C 시제기는 1962년에 첫 비행을 했다. 새 항공기 55대가 제작되었고, A-5A 비질랜티(Vigilante, 자경단원) 중 4대를 제외한 모든 항공기가 이 정찰기 버전으로 개조되었다. 포기한 A-5B 프로젝트를 위해 개발했던 항속 거리 상의 모든 개선과 공기 역학적 설계가 이 항공기에 통합되었다.

제원	
제조 국가: 미국	
유형: 함상 장거리 정찰기	
동력 장치: 79.4kN(17,860lb) 제너럴 일렉트릭 J79-GE-10 터보제트 엔진 2개	
성능: 최대 속도 높은 고도에서 2,230km/h; 실용 상승 한도 20,400m(67,000ft); 항속 거리 5,150km(낙하 연료탱크를 탑재할 때)	
무게: 자체 중량 17,009kg; 최대 적재 중량 36,285kg	
크기: 날개폭 16.15m; 길이 23.11m; 높이 5.92m; 날개넓이 70.05㎡	

소련의 요격기

소련은 자국을 방어하기 위해 매우 많은 요격기를 비축했다. 요격기는 보통 속도와 상승 성능을 위해 기동성과 조종사 시야를 희생했다. 소련은 요격기에 대해 지상 기지의 제어를 강조하는 방식으로 접근했다. 항상 미사일 발사까지 제어하는 적극적인 지상 제어가 비행 기술이나 자주성을 대신했다. 소련은 냉전 기간 동안 전투기를 공급했던 대부분의 나라에도 이 원칙을 수출했다.

미코얀 구레비치 MiG-19S '파머'

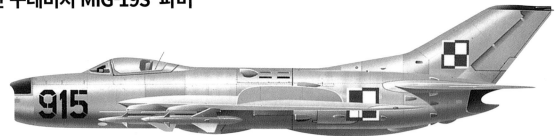

MiG-19의 공개와 함께 미코얀 구레비치국은 세계 전투기 설계팀들의 선두에 올랐다. 1953년 9월에 첫 비행을 했다. 후기 연소 엔진을 탑재한 MiG-19는 소련 최초의 초음속 항공기가 되었다. 꾸준히 개선된 버전은 MiG-19PM에서 절정에 달했고, 전파 유도 공대공 미사일 4발을 탑재했다.

제원	
제조 국가: 소련	
유형: 단좌 전천후 요격기	
동력 장치: 31.9kN(7165lb) 클리모프 RD-9B 터보제트 엔진 2개	
성능: 최대 속도 9,080m 고공에서 1,480km/h; 실용 상승 한도 17,900m(58,725ft); 최대 항속 거리 2,200km(고고도에서 낙하 연료탱크 2개 탑재할 때)	
무게: 자체 중량 5,760kg; 최대 이륙 중량 9,500kg	
크기: 날개폭 9m; 길이 13.58m; 높이 4.02m; 날개넓이 25㎡	
무장: 날개 아래 파일런에 AA-1 알칼리 공대공 미사일, 또는 AA-2 아톨 공대공 미사일 탑재	

야코블레프 Yak-28P '파이어바'

Yak-28P는 이전의 Yak-25/26 제품군과 비슷한 구성을 가지고 있지만, 높은 견익으로 배치된 주날개의 앞전이 앞으로 더 확대되었고, 수직 안정판과 방향타가 더 커졌다. 또 달라진 날개 아래의 나셀에 이전과 다른 엔진을 탑재했고, 기수의 콘이 달라졌다. 이 항공기는 1950년대 말에 개발되어 전술 공격기, 정찰기, 전자 방해책 항공기, 훈련기 등으로 양산되었다.

제원	
제조 국가: 소련	
유형: 복좌 전천후 요격기	
동력 장치: 66.8kN(13,669lb) 투만스키 R-11 터보제트 엔진 2개	
성능: 최대 속도 1,180km/h; 실용 상승 한도 16,000m(52,495ft); 최대 전투 행동 반경 925km	
무게: 최대 이륙 중량 19,000kg	
크기: 날개폭 12.95m; 길이 23m(기수가 긴 최신 제품); 높이 3.95m; 날개넓이 37.6㎡	
무장: 날개 아래 파일런 4개에 AA-2 '아톨' 2발, AA-2-2('고급 아톨') 또는 AA-3 ('아납') 공대공 미사일 2발	

TIMELINE

 1953  1962  1967

수호이 Su-15 '플래건'

Su-15는 수호이 Su-11의 후계 기종에 대한 요구에 따라 개발되었으며, 날개와 꼬리 날개가 Su-11과 아주 닮았다. '플래건(Flagon, 큰 병) A'는 1967년 방공군에 취역했다. 수호이 15는 모든 버전을 합해서 1,500대가 제작된 것으로 추정된다. 이 항공기들은 결코 수출용으로 사용될 수 없었으므로 모두 소련 공군에서 운용되었을 것이다.

제원

제조 국가: 소련	
유형: 단좌 전천후 요격기	
동력 장치: 60.8kN(13,668lb) 투만스키 R-11F2S-300 터보제트 엔진 2개	
성능: 최대 속도 11,000m 이상 고도에서 약 2,230km/h; 실용 상승 한도 20,000m(65,615ft); 전투 행동반경 725km	
무게: 자체 중량 (추정) 11,000kg; 최대 이륙 중량 18,000kg	
크기: 날개폭 8.61m; 길이 21.33m; 높이 5.1m; 날개넓이 36㎡	
무장: 외부 파일런 4개에 동체 바깥 R8M 중거리 공대공 미사일 2발, 동체 내부에 AA-8 '에이피드' 단거리 공대공 미사일 2발, 동체 아래 파일런에 23mm UPK-23 기관포 포드 또는 낙하 연료탱크	

미코얀 구레비치 MiG-25P '폭스배트 A'

1950년대 말, 미국이 장거리, 고속 전략 폭격기(B-70 발키리)를 개발한다는 보고에 자극을 받은 소련 당국은 그것에 맞설 요격기 개발에 우선순위를 두었다. 시제기는 1965년에서 1967년까지 연이어 세계 기록을 세웠다. MiG-25는 1970년에 취역했고, 속도와 높이 면에서 서방의 어떤 항공기보다 훨씬 앞섰다.

제원

제조 국가: 소련	
유형: 단좌 요격기	
동력 장치: 100kN(22,487lb) 투만스키 R-15B-300 터보제트 엔진 2개	
성능: 최대 속도 높은 고도에서 약 2,974km/h; 실용 상승 한도 24,385m(80,000ft) 이상; 전투 행동반경 1,130km	
무게: 자체 중량 20,000kg; 최대 이륙 중량 37,425kg	
크기: 날개폭 14.02m; 길이 23.82m; 높이 6.10m; 날개넓이 61.40㎡	
무장: 외부 파일런에 공대공 미사일 4발(적외선 및 레이더 유도 AA-6 '애크리드' 미사일 각 2발, 또는 AA-7 '에이패스' 2발과 AA-8 '에이피드' 2발)	

미코얀 구레비치 MiG-31 '폭스하운드 A'

MiG-31은 1970년대에 낮게 비행하는 크루즈 미사일과 폭격기의 위협에 대응하기 위해 인상적인 MiG-25 '폭스배트'로부터 개발되었다. 사실 새로운 항공기는 앞뒤로 나란한 2인용 조종석, 적외선 수색 및 추적 감지기, 발사후 자체 유도 교전 능력을 제공하는 자슬론 '플래시 댄스' 펄스 도플러 레이더 등 기존의 MiG-25에 비해 크게 개선되었다.

제원

제조 국가: 소련	
유형: 복좌 전천후 요격기 및 전자 방해책 항공기	
동력 장치: 151.9kN(34,171lb) 솔로비예프 D-30F6 터보팬 엔진 2개	
성능: 최대 속도 3,000km/h; 실용 상승 한도 20,600m(67,600ft); 전투 행동반경 1,400km	
무게: 자체 중량 21,825kg; 최대 이륙 중량 46,200kg	
크기: 날개폭 13.46m; 길이 22.68m; 높이 6.15m; 날개넓이 61.6㎡	
무장: 23mm 기관포 1문; 미사일, ECM 포드 또는 낙하 연료탱크 탑재	

1975

MiG-21 '피시베드'

MiG-15에 가려졌던 미코얀 MiG-21 '피시베드'는 지금까지 가장 많이 생산된 전투기였다. 러시아, 체코슬로바키아, 인도, 중국에서 11,000대가 생산된 것으로 추정되는데, 중국에서 생산된 상당수는 중소분쟁 이후 면허 없이 생산된 것이었다. 정교하지 않았던 최초의 MiG-21F 모델은 간단하게 거리를 측정하는 레이더를 탑재했고, 1959년에 취역했다. 계속된 개발을 통해 선택할 수 있는 무장이 증가했고, 연료, 항공 전자 장비, 전자 장비들이 추가된 다양한 파생기종이 나왔다.

MiG-21 '피시베드'

체코의 항공기 제작사인 에어로 보도초디는 1960년에 초기 MiG-21F-13을 S-106으로 면허 생산하기 시작했다. 그들은 194대를 완성하였으나 예시의 항공기는 나중에 러시아에서 제작한 MiG-21MF이다. 체코 공화국은 2006년에 마지막 MiG-21을 사브 그리핀으로 교체했다.

제원	
제조 국가: 소련	
유형: 단좌 전천후 다용도 전투기	
동력 장치: 추력 60.8kN(13,668lb) 투만스키 R-13-300 후기 연소 터보제트 엔진 1개	
성능: 최대 속도 11,000m이상 고도에서 2,229km/h; 실용 상승 한도 17,500m (57,400ft); 항속 거리 내부 연료로 1,160km	
무게: 자체 중량 5,200kg; 최대 이륙 중량 10,400kg	
크기: 날개폭 7.15m; 길이 15.76m(재급유 프로브 포함); 높이 4.1m; 날개넓이 23㎡	
무장: 23mm 기관포 1문, 공대공 미사일, 로켓 포드, 네이팜탄, 또는 낙하 연료탱크 약 1500kg(3,307lb) 탑재	

MiG-21PF '피시베드 D'

이 인도 공군의 MiG-21PFL은 1971년 인도-파키스탄 전쟁 즈음에 즉석에서 그린 '호랑이' 위장 무늬를 한 모습으로 그려졌다. 피시베드 D는 AA-2 '아톨' 공대공 미사일과 동체 중심선에 GSh-9 30mm 기관포 포드를 탑재하고 있다.

제원	
제조 국가: 소련	
유형: 단좌 전천후 다용도 전투기	
동력 장치: 추력 60.8kN(13,668lb) 투만스키 후기 연소 터보제트 엔진 1개	
성능: 최대 속도 2,050km/h; 실용 상승 한도 17,000m(57,750ft); 항속 거리 1,800km	
무게: 최대 적재 중량 94.00kg	
크기: 날개폭 7.15m; 길이15.76m(재급유 프로브 포함); 높이 4.1m; 날개넓이 23㎡	
무장: 23mm 기관포 1문, 공대공 미사일, 로켓 포드, 네이팜탄, 또는 낙하 연료탱크 약 1500kg(3,307kg) 탑재	

MiG-21PFMA '피시베드'

MiG-21은 중국의 파생기종을 제외하고도 과거와 현재의 전 세계 약 55개의 운용 주체들에게 공급되었다. 폴란드는 MiG-21PF를 포함해서 수백 대의 '피시베드'를 운용하고 있다.

제원

제조 국가: 소련	
유형: 단좌 전천후 다용도 전투기	
동력 장치: 추력 60.8kN (13,668lb) 투만스키 R-11F2S-300 후기 연소 터보제트 엔진 1개	
성능: 최대 속도 11,000m 이상 고도에서 2,229km/h; 실용 상승 한도 17,500m (57,400ft); 항속 거리 내부 연료로 1,160km	
무게: 자체 중량 5,200kg; 최대 이륙 중량 10,400kg	
크기: 날개폭 7.15m; 길이 15.76m(재급유 프로브 포함); 높이 4.1m; 날개넓이 23㎡	
무장: 23mm 기관포 1문, 공대공 미사일, 로켓 포드, 네이팜탄, 또는 낙하 연료탱크약 1,500kg(3,307kg) 탑재	

MiG-21U '몽골'

교관이 타기 위해 필요한 기체의 개조 외에는 21U는 초기의 주요 양산 버전인 21F와 구성이 비슷하다. 최초의 시제기는 1960년에 첫 비행을 했다고 보도되었다. 단좌기로부터 나온 파생기종들은 일체형 전방 에어 브레이크를 장착하고, 조종사 붐 위치를 바꾸고, MiG-21PF에서 처음 도입된 대형 주 바퀴를 채택하였다.

제원

제조 국가: 소련	
유형: 복좌 훈련기	
동력 장치: 5,950kg(13,118lb) 투만스키 R-11F2S-300 터보제트 엔진 1개	
성능: 최대 속도 2,145km/h; 실용 상승 한도 17,500m(57,400ft); 항속 거리 1,160km	
무게: 발표 안 됨	
크기: 날개폭 7.15m; 길이 15.76m(재급유 프로브 포함); 높이 4.1m; 날개넓이 23㎡	
무장: 7.92mm(0.3인치) 기관총 6정; 폭탄 탑재량 1,000kg(2,205lb)	

청두 F-7

MiG-21 개발에 대한 중국과 러시아의 초기 협력은 1962년에 관계가 나빠지면서 끝이 났다. 중국의 제조업체 선양과 청두는 1990년대까지 면허를 받지 않은 모델을 장-7(J-7)이란 이름으로 생산했다. 중국은 J-7(수출 명칭 F-7)을 12개국에 공급했는데 주로 아프리카 국가였다.

제원

제조 국가: 소련	
유형: 단좌 전천후 다용도 전투기	
동력 장치: 추력 66.7kN(14,815lb) 리양 워펀 13F 후기 연소 터보제트 엔진 1개	
성능: 최대 속도 2,229km/h; 실용 상승 한도 17,500m(57,400ft); 항속 거리 1,160km	
무게: 자체 중량 5,200kg; 최대 이륙 중량 10,400kg	
크기: 날개폭 7.15m; 길이 15.76m(재급유 프로브 포함); 높이 4.1m; 날개넓이 23㎡	
무장: 23mm 기관포 1문, 공대공 미사일, 로켓 포드, 네이팜탄, 또는 낙하 연료탱크 포함 약 1,500kg(3,307kg) 탑재	

플라잉 박스카

1940대 후반부터 서방의 공군은 처음으로 군용 수송기 목적으로 설계된 항공기를 도입하기 시작했다. 페어차일드 C-82 패킷은 뒤쪽의 일체형 경사로를 통해 화물을 실을 수 있는 큼직한 동체를 가진 쌍동 수송기의 유행을 시작했다. 박스카(Boxcar, 유개 화차)는 가벼운 전차, 장갑차 또는 대포를 이송하여 앞쪽의 활주로에서 바로 굴러가게 할 수 있고, 또는 다수의 낙하산 부대를 투하할 수 있었다.

페어차일드 R4Q-1 박스카

C-82 패킷은 일부 군사적 요구에는 적합하지 않았으므로 곧 C-119 플라잉 박스카로 설계가 변경되었다. 미국 자체 사용 및 수출용으로 거의 1,200대가 제작되었다. 미국 해병대는 여기 제253 해병수송비행대대 표식을 하고 있는 예시와 같은 R4Q-1 41대를 포함해서 140대의 박스카를 운용했다.

제원	
제조 국가: 미국	
유형: 쌍발 군용 대형 화물 수송기	
동력 장치: 2,535kW(3,400마력) 라이트 R-3350-36W 피스톤 엔진 2개	
성능: 최대 속도 402km/h; 항속 거리 3,219 km; 실용 상승 한도 7,300m(23,950ft)	
무게: 자체 중량 18,136kg; 최대 이륙 중량 33,747kg	
크기: 날개폭 33,3m; 길이 26,37m; 높이 8m; 날개넓이 134,43㎡	
무장: 없음	

페어차일드 C-119G 패킷

C-119G는 1960년대부터 1980년대 중반까지 인도에서 사용되었다. 인도의 C-119는 높은 기온과 높은 공항의 고도 때문에 공기 밀도가 낮은 환경에서 운용할 때 출력을 증가시키기 위해 동체 위에 보조 제트 엔진을 탑재하였다. 이것은 미국 버전에서 사용된 웨스팅하우스 J34 제트 엔진이 아니라 브리스톨 오피어스 엔진이었다.

제원	
제조 국가: 미국	
유형: 쌍발 군용 대형 화물 수송기(C-119G 인도 버전)	
동력 장치: 2,610kW(3,500마력) 라이트 R-3350-85 피스톤 엔진 2개와 추력 22kN(4,850lb) 브리스톨 오피어스 터보제트 엔진 1개	
성능: 최대 속도 470km/h; 항속 거리 3,669km; 실용 상승 한도 7,300m(23,950ft)	
무게: 자체 중량 18,136kg; 최대 이륙 중량 33,747kg	
크기: 날개폭 33,3m; 길이 26,37m; 높이 8m; 날개넓이 134,43㎡	
무장: 없음	

TIMELINE   1944   1947   1949

블랙번 비벌리 C.1

속도가 느렸던 비벌리는 주로 중동과 극동지역에 주둔한 영국군에서 운용되었다. 병력 94명(이들 중 일부는 꼬리부분에 앉는다)이나 다양한 차량을 수송할 수 있었다. 70명의 낙하산 부대 또는 최대 11,340kg의 보급품을 투하할 수 있고, 거친 활주로에서도 운용할 수 있었다.

제원	
제조 국가: 영국	
유형: 쌍발 군용 대형 화물 수송기	
동력 장치: 2,125kW(2,850마력) 브리스톨 센토러스 173 레이디얼 피스톤 엔진 4개	
성능: 최대 속도 383km/h; 항속 거리 5,938km; 실용 상승 한도 4,875m(16,000ft)	
무게: 35,940kg; 최대 이륙 중량 64,864kg	
크기: 날개폭 49.38m; 길이 30.3m; 높이 11.81m; 날개넓이 271㎡	
무장: 없음	

노드 2501D 노라틀라스

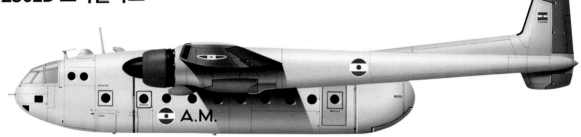

1949년에 첫 비행을 한 노드 노라틀라스는 늦게 취역하였지만 프랑스와 독일 두 나라 모두 생산한 유럽의 중요한 전술 수송기가 되었다. 이 노라틀라스는 독일 공군이 아프리카 나라들에 공급한 많은 항공기 중 하나로 니제르 국립 항공에서 운용했다.

제원	
제조 국가: 독일	
유형: 쌍발 군용수송기	
동력 장치: 1,520kW(2,040lb) 브리스톨 허큘리스 738/739 레이디얼 엔진 2개	
성능: 최대 속도 582km/h; 항속 거리 2,500km; 실용 상승 한도 7,100m(23,300ft)	
무게: 13,075kg; 최대 이륙 중량 22,000kg	
크기: 날개폭 32.5m; 길이 21.96m; 높이 6m; 날개넓이 101.2㎡	
무장: 없음	

암스트롱 휘트워스 아거시 C.1

영국 공군은 1962년부터 아거시 대형 화물 수송기 59대를 구입했다. 고음의 다트 터보프롭 엔진 소리 때문에 '휘파람부는 외바퀴 손수레(Whistling Wheelbarrow)'로 알려진 아거시는 69명의 병력 또는 가벼운 차량들을 수송할 수 있었다. 민간용 버전은 기수에 뚜껑처럼 여닫는 문이 달려있지만, 아거시 C.1은 이것을 밀봉하고 기수에 기상 레이더를 설치했다.

제원	
제조 국가: 영국	
유형: 4발 군용수송기	
동력 장치: 1,820kW(2,440마력) 롤스로이스 다트 RDa.8 Mk 10 터보프롭 엔진 4개	
성능: 최대 속도 433km/h; 항속 거리 5,230km; 실용 상승 한도 5,500m(18,000ft)	
무게: 자체 중량 4,360kg; 최대 이륙 중량 46,700kg	
크기: 날개폭 35.05m; 길이 27.18m; 높이 8.96m; 날개넓이 135.5㎡	
무장: 없음	

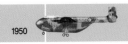

1950

1959

그루먼 캐리어 트윈스

그루먼의 항공기는 1930년대부터 거의 모든 미국의 항공모함에 탑재되었다. 이 회사의 전투기 및 공격기만큼이나 중요한 항공기가 공통의 부품을 사용하여 서로 다른 역할을 위한 다양한 특수 모델로 제작할 수 있는 쌍발지원 항공기이다. S2F 트래커(Tracker, 추적자) 공중 조기 경보기에서 트레이서(Tracer, 추적자) 공중 조기 경보기와 트레이더(Trader, 거래자) 수송기가 만들어 졌다. E-2 호크아이(Hawkeye, 매의 눈) 공중 조기 경보기와 C-2 그레이하운드(Greyhound, 그레이하운드 개) 수송기는 둘 다 45년 동안 운용되었다.

S-2F 트래커

S2F 트래커(Tracker, 추적자) 즉 '스투프(Stoof, 난로)'는 1950년대부터 1970년대까지 미국 해군의 기본 대잠전 항공기였다. 이 항공기는 또한 오스트레일리아, 캐나다, 아르헨티나, 브라질 등 여러 나라에 함상기 혹은 육상기로 판매되었다. 민수 버전은 소화용 비행기로 사용되고 있다.

제원	
제조 국가: 미국	
유형: 쌍발 함상 대잠수함 항공기	
동력 장치: 1,135kW(1,525마력) 라이트 R-1820-82 레이디얼 피스톤 엔진 2개	
성능: 최대 속도 438km/h; 항속 거리 1,558km; 실용 상승 한도 6,949m(22,800ft)	
무게: 자체 중량 7,871kg; 최대 이륙 중량 11,069kg	
크기: 날개폭 21m; 길이 12.8m; 높이 4.9m; 날개넓이 45㎡	
무장: 어뢰, 로켓, 폭뢰 또는 Mk 47 또는 Mk 101 핵 폭뢰	

US-2A 트래커

US-2A는 대잠수함 장비 및 무기를 제거하고 범용 임무를 위해 좌석 또는 화물칸으로 교체했다. 이 항공기는 표적을 끌 수도 있었다. 일본은 육상용으로 47대를 구입하였고 상당수를 표적 견인기로 전환했다.

제원	
제조 국가: 미국	
유형: 쌍발 함상 대잠수함 항공기	
동력 장치: 1,135kW(1,525마력) 라이트 R-1820-82 레이디얼 피스톤 엔진 2개	
성능: 최대 속도 438km/h; 항속 거리 1,558km; 실용 상승 한도 6,949m(22,800ft)	
무게: 자체 중량 7,871kg; 최대 이륙 중량 11,069kg	
크기: 날개폭 21m; 길이 12.8m; 높이 4.9m; 날개넓이 45㎡	
무장: 없음	

TIMELINE

 1952  1960

S-2T 트래커

트래커는 특히 소형 항공모함에서 사용하기 위해 실질적으로 고정 날개를 대체하지 않았다. (트래커는 접이식 고정날개를 장착했다; 역자 주) 1980년대에 아르헨티나, 브라질과 타이완은 자국의 항공기를 현대화하기로 결정했다. 미국의 트래코 회사는 새로운 터보프롭 엔진과 대잠전 장비를 장착하여 S-2T 터보 트래커를 만들었다.

제원	
제조 국가: 영국	
유형: 쌍발 함상 대잠수함 항공기	
동력 장치: 1,141kW(1,530마력) 개럿 TPE331-15AW 터보프롭 엔진 2개	
성능: 최대 속도 500km/h; 항속 거리 1,558km; 실용 상승 한도 6,949m(22,800ft)	
무게: 알 수 없음	
크기: 날개폭 21m; 길이 12.8m; 높이 4.9m; 날개넓이 45㎡	
무장: 어뢰, 로켓, 폭탄 또는 폭뢰	

C-2A 그레이하운드

1966년부터 운용된 C-2 그레이하운드는 항공모함용 배달기로 해안 기지에서 항공모함으로 보내는 승객과 우편물, 엔진 등과 같은 긴급 물자 수송에 사용된다. 이 항공기는 E-2 호크아이와 날개, 엔진, 착륙 장치, 수직 꼬리날개 등을 공유한다.

제원	
제조 국가: 미국	
유형: 쌍발 함상 화물/승객 항공기	
동력 장치: 3,400kW(4,800마력) 알리슨 T56-A-425 터보프롭 엔진 1개	
성능: 최대 속도 553km/h; 항속 거리 2,400km; 실용 상승 한도 10,210m(33,500ft)	
무게: 자체 중량 15,310kg	
크기: 날개폭 24.6m; 길이 17.3m; 높이 4.85m; 날개넓이 65㎡	
무장: 없음	

E-2 호크아이

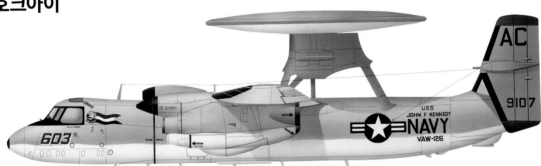

E-2 호크아이는 S-2의 파생기종으로 동체 위쪽에 고정식 레이더 덮개를 설치하였던 E-1 트레이서를 대체하였다. 호크아이는 동체 위쪽 파일런에 장착된 회전 레이더 접시 즉 로토돔이 특징이었다. 호크아이는 항공모함 전단의 레이더 범위를 넓히고, 전투기를 지휘하여 공중 위협을 차단하는데 사용되었다.

제원	
제조 국가: 미국	
유형: 쌍발 함상 조기경보기 (E-2C)	
동력 장치: 3,800kW(5,100마력) 알리슨 T56-A-427 터보프롭 엔진 1개	
성능: 최대 속도 604km/h; 항속 거리 2,583km; 실용 상승 한도 10,210m(33,500ft)	
무게: 자체 중량 15,310kg; 최대 이륙 중량 24,655kg	
크기: 날개폭 24.6m; 길이 17.56m; 높이 5.58m; 날개넓이 65㎡	
무장: 없음	

1964

1989

미국 전략 공군 사령부

미국 공군의 전략 공군 사령부는 전성기에 전략 정찰기와 탄도 미사일 외에도 수천대의 폭격기와 공중 급유기를 보유하고 있었다. 심지어 자체 전투기와 수송기도 보유하고 있었다. 커티스 르메이(Curtiss LeMay) 장군의 말에 따르면 전략 공군 사령부는 백악관에서 암호화된 신호를 받으면 즉시 소련을 파괴할 준비를 하고 있는 폭격기를 24시간 공중 대기시키고 있었다. 결국 그런 일은 결코 발생하지 않았다.

콘베어 B-36J 피스메이커

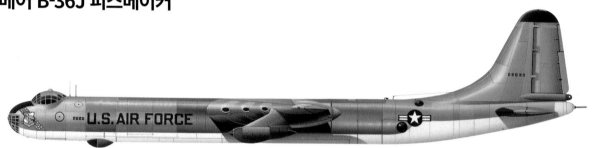

특별한 전략 폭격기인 콘베어 B-36은 10개나 되는 엔진을 탑재하였다. 피스톤 엔진 4개와 제트 엔진 6개였다. 피스메이커(Peacemaker, 중재자)는 당시 매우 큰 원자폭탄과 수소폭탄을 탑재하게 설계되었지만, 재래식 폭탄도 최대 80발을 투하할 수 있었다.

제원	
제조 국가: 미국	
유형: 10발 전략 폭격기	
동력 장치: 2,500kW(3,800마력) 프랫 앤 휘트니 R-4360-53 레이디얼 엔진 6개, 추력 23kN(5,200lb) 제너럴 일렉트릭 J47-GE-19 터보제트 엔진 4개	
성능: 최대 속도 685km/h; 항속 거리 10,945km; 실용 상승 한도 15,000m(48,000ft)	
무게: 자체 중량 77,580kg; 최대 이륙 중량 186,000kg	
크기: 날개폭 70.1m; 길이 49.40m; 높이 14.25m; 날개넓이 443.3㎡	
무장: 20mm 기관포 16문; 최대 39,010kg(86,000lb)의 폭탄	

B-47E 스트래토제트

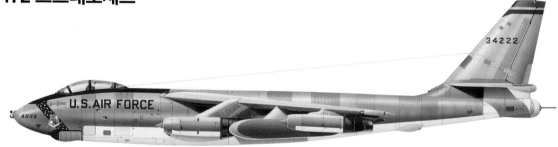

B-47은 미국 전략 공군 사령부 최초로 제트 엔진만 탑재한 폭격기였다. 날개 아래에 포드 형태로 엔진을 장착한 대형 고성능 후퇴익 제트기를 만드는 것은 상당한 도전이었지만 그 덕분에 당시 소련이나 영국의 폭격기보다 날개를 더 얇게 만들 수 있었다. B-47은 1,800대 이상 제작되었다.

제원	
제조 국가: 미국	
유형: 6발 전략 폭격기	
동력 장치: 추력 32.1kN(7,200lb) 제너럴 일렉트릭 J47-GE-25 터보제트 엔진 6개	
성능: 최대 속도 901km/h; 항속 거리 5,636km; 실용 상승 한도 11,978m(39,300ft)	
무게: 자체 중량 35,867kg; 최대 이륙 중량 102,512kg	
크기: 날개폭 35.36m; 길이 32.6m; 높이 8.5m; 날개넓이 132.7㎡	
무장: 20mm M2 기관포 2문; 최대 11,000kg(25,000lb) 재래식 또는 핵폭탄	

TIMELINE

1947 　　1952 　　1956

B-52D 스트래토포트리스

B-52는 1955년부터 전략 공군 사령부에서 여러 형태로 계속 운용되었다. 이 놀라운 군용기의 개발은 1945년에 터보프롭 엔진 항공기 사업으로 시작되었다. B-52는 원래 원격 핵무기를 탑재하도록 설계되었지만, 1964년에 재건 계획을 통해 재래식 폭탄 105발을 탑재할 수 있게 되었다.

제원	
제조 국가: 미국	
유형: 장거리 전략 폭격기	
동력 장치: 44.5kN(10,000lb) 프랫 앤 휘트니 J57 터보제트 엔진 8개	
성능: 최대속도 7,315m 고도에서 1,014km/h; 실용 상승 한도 13,720-16,765m(45,000-55,000ft); 항속 거리 9,978km	
무게: 자체 중량 77,200-87,100kg; 적재 중량 204,120kg	
크기: 날개폭 56.4m; 길이 48m; 높이 14.75m; 날개넓이 371.60㎡(4000 sq ft)	
무장: 꼬리 날개에 원격 제어되는 0.5인치 기관총 4정; 내부 폭탄 탑재량 12,247kg(27,000lb)에서 31,750kg(70,000lb)	

KC-135A 스트래토탱커

연료가 많이 필요한 미국 전략 공군 사령부의 제트 폭격기들이 순찰 비행을 하려면 그 폭격기들을 지원하기 위해 똑같이 큰 대형 공중 급유기 편대가 필요했다. KC-135는 707 여객기와 같은 시제기로부터 파생되었고, 800대 이상 제작되었다. 그중 대부분은 예시와 같은 KC-135A였다.

제원	
제조 국가: 미국	
유형: 4발 공중 급유기	
동력 장치: 244.7kN(55,000lb) 프랫 앤 휘트니 J57-59W 추진 터보제트 엔진 4개	
성능: 순항 속도 853km/h; 항속 거리 4,627km; 실용 상승 한도 10,980m(36,000ft)	
무게: 자체 중량 44,665kg; 최대 이륙 중량 134,720kg	
크기: 날개폭 39.88m; 길이 41.53m; 높이 12.7m; 날개넓이 226.03㎡	
무장: 없음	

콘베어 B-58 허슬러

B-58은 최초의 초음속 폭격기였으며, 최초로 마하 2에 도달한 폭격기였다. 또한 주로 스테인리스강 허니콤 샌드위치 구조로 제작된 최초의 항공기였으며, 날씬한 동체에 큰 페이로드 포드를 장착하고 있어서 페이로드를 투하하면 다시 날씬하고 가볍게 되는 최초의 항공기였다. 첫 비행은 1956년 11월 11일에 이루어졌고, 개발은 거의 3년 동안 계속되었다.

제원	
제조 국가: 미국	
유형: 3좌 초음속 폭격기	
동력 장치: 69.3kN(15,600lb) 제너럴 일렉트릭 J79-5B 터보제트 엔진 4개	
성능: 최대 속도 2,125km/h; 실용 상승 한도 19,500m(64,000ft); 항속 거리 내부 연료로 8,248km	
무게: 자체 중량 25,200kg; 최대 이륙 중량 73,930kg	
크기: 날개폭 17.31m; 길이 29.5m; 높이 9.6m; 날개넓이 145.32㎡	
무장: 레이더로 조준되는 꼬리 날개 총좌에 20mm T171 벌컨 로터리 기관포 1문, 동체 아래 떨어뜨릴 수 있는 포드에 핵무기 또는 재래식 무기	

드래곤 레이디: 록히드 U-2

U-2 정찰기는 미국 중앙정보국(CIA)의 자금을 지원받아 1950년대 초에 시작되었다. U-2는 '켈리' 존슨('Kelly' Johnson)이 이끄는 록히드사의 '스컹크 웍스(Skunk Works)' 비밀 연구소에서 설계했다. U-2는 처음에는 고고도 연구 항공기 계획으로 위장해서 운용되었는데, 1960년 5월 1일 CIA의 조종사 개리 파워즈(Gary Powers)가 스베르들로프스크 상공에서 격추되면서 실체가 드러났다. '드래곤 레이디(Dragon Lady, U-2의 별명; 역자 주)' 의 최신 버전은 오늘날까지 운용되고 있다.

U-2A

미국 중앙정보국(CIA)의 U-2 정찰기는 민간 항공기로 등록하고 아쿠아톤 사업에 따라 터키, 파키스탄, 노르웨이의 전방 기지에서 소련의 영공을 통과하며 정찰 활동을 했다. U-2는 또한 1962년 미사일 위기 때 쿠바에 대한 정찰 비행을 했고, 1974년까지 여러 분쟁 지역에 대한 정찰 비행을 했다. N803X는 U-2A였다.

제원	
제조 국가: 미국	
유형: 고고도 첩보기	
동력 장치: 추력 48.93kN(11,000lb) 프랫 앤 휘트니 J75-P-37A 터보제트 엔진 1개	
성능: 최대 속도 795km/h; 항속 거리 3,542km; 실용 상승 한도 16,763m(55,000ft)	
무게: 자체 중량 5,306kg; 최대 이륙 중량 9,523kg	
크기: 날개폭 24.3m; 길이 15.1m; 높이 3.9m; 날개넓이 52.49㎡	
무장: 없음	

U-2C

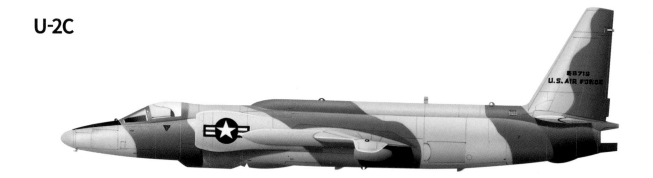

더욱 강력한 버전의 J75엔진을 탑재한 U-2C는 고도가 훨씬 높아 대부분의 전투기와 미사일은 도달할 수 없었다. 추가적인 보험으로 적외선 감지기로부터 열 신호를 가리기 위해 배기관 아래에 배기 전향기가 있었다.

제원	
제조 국가: 미국	
유형: 고고도 첩보기	
동력 장치: 추력 75.62kN(17,000lb) 프랫 앤 휘트니 J75-P-13 터보제트 엔진 1개	
성능: 최대 속도 850km/h; 항속 거리 4,830km; 실용 상승 한도 25,930m(85,000ft)	
무게: 자체 중량 5,306kg; 최대 이륙 중량 9,523kg	
크기: 날개폭 24.3m; 길이 15.1m; 높이 3.9m; 날개넓이 52.49㎡	
무장: 없음	

U-2CT

글라이더의 원리에 따라 설계된 U-2 정찰기는 고고도에서와 착륙할 때 다루기 까다로웠다. 상당수를 새로운 조종사와 함께 추락 사고로 잃었다. 그래서 U-2C 2대를 높은 두 번째 조종석이 있는 U-2CT 훈련기로 개조했다. 이 버전은 2대만 제작되었다.

제원	
제조 국가: 미국	
유형: 고고도 첩보기	
동력 장치: 추력 75,62kN(17,000lb) 프랫 앤 휘트니 J75-P-13 터보제트 엔진 1개	
성능: 최대 속도 850km/h; 항속 거리 4,830km; 실용 상승 한도 25,930m(85,000ft)	
무게: 알 수 없음	
크기: 날개폭 24,3m; 길이 15,1m; 높이 3,9m; 날개넓이 52,49㎡	
무장: 없음	

U-2D

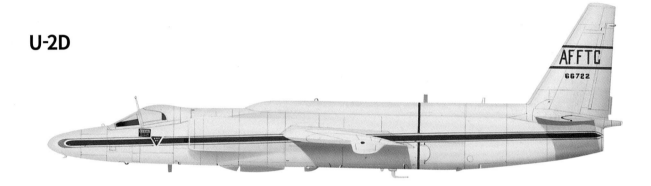

U-2D는 또 다른 복좌버전이었지만 훈련용이 아니라 작전용이었다. 로 카드 (Low Card) 사업으로 조종석 뒤의 덮개 안에 광학 분광계를 설치했다. 이 장비는 대륙간 탄도 미사일(ICBM) 발사 때의 연기 기둥을 찾는데 사용했다. 장비 운용자는 앞쪽 카메라 칸에 앉았다.

제원	
제조 국가: 미국	
유형: 고고도 첩보기	
동력 장치: 추력 48,93kN(11,000lb) 프랫 앤 휘트니 J75-P-37A 터보제트 엔진 1개	
성능: 최대 속도 795km/h; 항속 거리 3,542km; 실용 상승 한도 알 수 없음	
무게: 알 수 없음	
크기: 날개폭 24,3m; 길이 15,1m; 높이 3,9m; 날개넓이 52,49㎡	
무장: 없음	

U-2R

U-2R은 1967년에 첫 비행을 했는데 원래의 항공기보다 매우 크고 더욱 유능했다. 이 항공기의 눈에 띄는 특징은 각 날개 아래에 커다란 계기 장치 '슈퍼포드'가 추가된 것이었다. U-2R은 유럽에서 원거리 전술 정찰용으로 설계되었다.

제원	
제조 국가: 미국	
유형: 단좌 고고도 정찰기	
동력 장치: 75,6kN(17,000lb) 프랫 앤 휘트니 J75-P-13B 터보제트 엔진 1개	
성능: 최대 순항 속도 21,335m(70,000ft)이상 고도에서 692km/h; 실용 상승 한도 27,430m(90,000ft); 최대 항속 거리 10,050km	
무게: 자체 중량 7,031kg; 최대 이륙 중량 18,733kg	
크기: 날개폭 31,39m; 길이 19,13m; 높이 4,88m; 날개넓이 92,9㎡	
무장: 없음	

다쏘 미라지 III/5

다쏘의 삼각익기 미라지 III(Mirage, 신기루) 시리즈는 1955년에 실험적인 델타 미스테르로 시작하여 지금까지 가장 전투에서 검증된 초음속 전투기 중 하나로 발전했다. 최초의 모델인 미라지 IIIC 요격기는 지상 공격 능력도 있고 판매에서도 성공한 미라지 IIIE로 개선되었다. 미라지 5와 50은 수출 전용 버전으로 아프리카, 중동, 남미에서 널리 팔렸다. 더 많은 파생기종이 외국의 사용자를 위해 생산되었다.

다쏘 미라지 IIIC

미라지 IIIC는 1961년에 취역하여 25년 이상 동안 운용되었다. 이 항공기를 마지막으로 사용한 프랑스 공군 부대는 1988년까지 지부티-암불리에 주둔하였던 3/10 전투비행대대 '벡상(Vexin)' 부대였다. 대다수 본국 기지의 IIIC 항공기는 도색하지 않은 금속 외관 그대로였지만 아프리카 기지의 IIIC 항공기는 사막 위장을 했다.

제원	
제조 국가:	프랑스
유형:	단발 요격 전투기
동력 장치:	추력 58.72kN(13,200lb) 스네크마 아타 09B-3 후기 연소 터보제트 엔진 1개, 추력 16.46kN(3,700lb) SEFR 841 보조 로켓 엔진 1개
성능:	최대 속도 2,350km/h; 실용 상승 한도 17,000m(55,755 ft); 항속 거리 2,012km
무게:	자체 중량 6142kg; 최대 이륙 중량 11,676kg
크기:	날개폭 8.26m; 길이 14.91m; 높이 4.6m; 날개넓이 34.84㎡
무장:	30mm DEFA 기관포 2문; 마트라 R.511 또는 R.530 공대공 미사일 1발, 최대 2,295kg(5,060lb) 폭탄

다쏘 미라지 IIIO

오스트레일리아는 롤스로이스 에이본 엔진을 탑재한 미라지 버전을 구매하는 것을 고려했지만 결국 자국의 IIIO 항공기에 탑재할 엔진을 표준형 아타 엔진으로 선정했다. IIIO는 전체적으로 IIIE 모델과 비슷했다. 이 오스트레일리아 공군의 미라지는 말레이시아 버터워스 기지의 영국 공군 제77 비행대대에서 운용했다.

제원	
제조 국가:	프랑스
유형:	단발 요격 전투기
동력 장치:	추력 62.63kN(14,080lb) 스네크마 아타 9B3 후기 연소 터보제트 엔진 1개
성능:	최대 속도 2,350km/h; 항속 거리 1,006km; 실용 상승 한도 18,105m(59,400ft)
무게:	자체 중량 7,035kg; 최대 이륙 중량 13,671kg
크기:	날개폭 8.26m; 길이 14.91m; 높이 4.6m; 날개넓이 34.84㎡
무장:	30mm DEFA 552A 기관포 2문; 다양한 공대공 미사일, 최대 2,295kg(10,725lb)의 폭탄

다쏘 미라지 IIIR

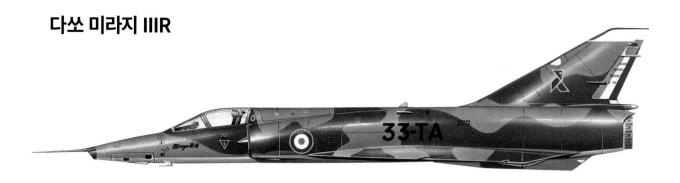

미라지 IIIE의 정찰기 버전은 1963년에 프랑스 공군에서 리퍼블릭 RF-84F 선더플래시를 대체하여 미라지 IIIRA라는 이름으로 취역하였다. 예시의 항공기는 스트라스부르-엔츠하임의 3/33 전투비행대대 '모젤' 부대에서 운용했다. 수출 모델들은 남아프리카 연방, 스위스, 아부다비, 파키스탄에 수출되었다.

제원	
제조 국가: 프랑스	
유형: 단발 정찰기	
동력 장치: 추력 58.72kN(13,200lb) 스네크마 아타 09C 후기 연소 터보제트 엔진 1개	
성능: 최대 속도 1,390km/h; 항속 거리 1,304km; 실용 상승 한도 17,045m(55,921ft)	
무게: 자체 중량 6,608kg; 최대 이륙 중량 13,718kg	
크기: 날개폭 8.26m; 길이 15.54m; 높이 4.6m; 날개넓이 34.84㎡	
무장: 없음	

다쏘 미라지 5M

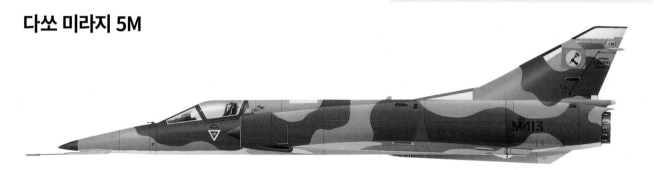

자이르(현재의 콩고 민주공화국; 역자 주)는 1977년에 미라지 5M 14대를 주문했지만 8대만 인도되었다. 그 항공기들은 카미나의 자이르 공군 제211 비행대대에서 운용했다. 미라지 5는 지상 공격에 특화되었으며, 더 많은 무기 파일런과 더 간단한 레이더 시스템을 갖췄다.

제원	
제조 국가: 프랑스	
유형: 단발 전투 폭격기	
동력 장치: 추력 58.72kN(13,200lb) 스네크마 아타 09C 후기 연소 터보제트 엔진 1개	
성능: 최대 속도 2,350km/h; 항속 거리 1,307km; 실용 상승 한도 16,093m(52,800ft)	
무게: 자체 중량 6,586kg; 최대 이륙 중량 13,671kg	
크기: 날개폭 8.26m; 길이 15.65m; 높이 2.87m; 날개넓이 34.84㎡	
무장: 30mm DEFA 552A 기관포 2문; 다양한 공대공 미사일, 최대 3,991kg (8,800lb)의 폭탄	

다쏘 미라지 5SDE

사우디아라비아는 1972년에 외교적 이유로 이집트를 대신하여 미라지 5 30대를 구입했다. 이 항공기들은 미라지 5SDE로 명명되었지만, 기본적으로 미라지 IIIE와 똑 같았다. 이스라엘과의 욤 키푸르(Yom Kippur, 유대교의 속죄일) 전쟁에는 너무 늦어서 참가하지 못했지만 1977년 리비아와의 짧은 충돌에서 전투에 경험했다.

제원	
제조 국가: 프랑스	
유형: 단발 요격 전투기	
동력 장치: 추력 62.63kN(14,080lb) 스네크마 아타 9B3 후기 연소 터보제트 엔진 1개	
성능: 최대 속도 2,350km/h; 항속 거리 1,006km; 실용 상승 한도 18,105m(59,400ft)	
무게: 자체 중량 7,035kg; 최대 이륙 중량 13,671kg	
크기: 날개폭 8.26m; 길이 14.91m; 높이 4.6m; 날개넓이 34.84㎡	
무장: 30mm DEFA 552A 기관포 2문; 다양한 공대공 미사일, 최대 2,295kg (10,725lb)의 폭탄	

개조된 미라지 항공기

이스라엘은 미라지 5J 50대를 주문하고 대금을 지불했지만, 인도가 거절되자 미라지 계획을 입수하여 직접 생산하려고 했다. 비밀리에 다쏘의 도움을 받아 네셔(Nesher, 독수리)라는 버전을 생산하기 위해 이스라엘 항공기산업회사(IAI)를 설립했다. 네셔는 하여 1969년에 첫 비행을 했다. 미국의 J79 엔진을 탑재하고 카나드(항공기의 동체 전방에 부착되어 있는 보조 수평 날개; 국방과학기술용어사전)를 부착한 크피르(Kfir, 새끼 사자)가 그 뒤를 이었다. 더 최근에는 이스라엘이 남아프리카 공화국의 치타 항공기와 칠레의 판테라(Pantera, 표범) 항공기 개발을 지원했다.

IAI 크피르

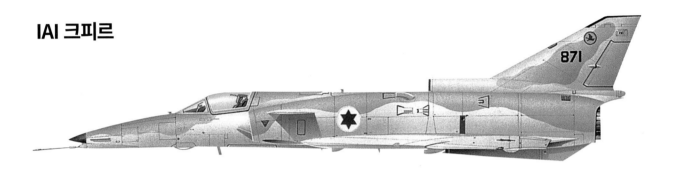

원래의 미라지 IIIC는 실제로 초기 단계의 대부분을 다쏘와 이스라엘의 긴밀한 관계를 통해 만들었다. 미라지 IIIC는 1967년 6월 5일에서 10일까지의 6일 전쟁에서 뛰어난 성능을 보였다. 후에 이스라엘 항공기산업(IAI)은 미라지 III를 개선한 버전을 만들기 시작했다. 이 회사는 검은 장막이라는 이름의 계획 하에 이 기체를 수정하여 제너럴 일렉트릭 J79 터보제트 엔진을 탑재했고, 이 항공기 중 일부는 1973년 욤 키푸르 전쟁에 참가했다.

제원	
제조 국가: 이스라엘	
유형: 단좌 요격기	
동력 장치: 79.6kN(17,900lb) 제너럴 일렉트릭 J79-J1E 터보제트 엔진 1개	
성능: 최대 속도 11,000m 이상 고도에서 2,445km/h; 실용 상승 한도 17,680m (58,000ft); 전투 행동반경 346km	
무게: 자체 중량 7,285kg; 최대 이륙 중량 16,200kg	
크기: 날개폭 8.22m; 길이 15.65m (51ft 4.25인치); 높이 4.55m (14ft 11.25인치); 날개넓이 34.8㎡	
무장: IAI (DEFA) 30mm 기관포 1문; 외부 하드포인트 9개소에 최대 5,775kg (12,732lb)의 폭탄; 요격 임무를 위한 AIM-9 사이드와인더 공대공 미사일, 또는 사프리르 또는 파이손과 같은 자국에서 생산한 공대공 미사일	

IAI 크피르 C1(F-21A)

크피르는 미라지 III에 비해 크게 향상되었다. J79 엔진을 설치하기 위해 동체를 재설계하고 수직 꼬리날개 앞에 램 냉각 주입구를 추가할 필요가 있었다. 더 짧은 엔진으로 인해 후방 동체가 더 짧아졌지만, 복잡한 항공 전자 장비들을 수용하기 위해 기수는 더 길어졌다.

제원	
제조 국가: 이스라엘	
유형: 단좌 요격기/지상 공격기	
동력 장치: 79.6kN(17,900lb) 제너럴 일렉트릭 J79-J1E 터보제트 엔진 1개	
성능: 최대 속도 2445km/h; 실용 상승 한도 17,680m(58,000ft); 전투 행동반경 346km	
무게: 자체 중량 7,285kg; 최대 이륙 중량 16,200kg	
크기: 날개폭 8.22m; 길이 15.65m; 높이 4.55m; 날개넓이 34.8㎡	
무장: IAI (DEFA) 30mm 기관포 1문; 폭탄, 로켓, 네이팜탄, 미사일 등 5,775kg (12,732lb) 탑재	

IAI 크피르 TC2

크피르 TC2 복좌 훈련기는 1982년에 처음으로 비행했다. TC2는 C1에서 운용하는 항공 전자 장비를 모두 갖추고 있었으나 연료 용량이 부족했다. 긴 기수는 착륙 중에 조종사의 시야를 가리지 않도록 아래로 꺾여 있었다. 일부 TC2는 수출되었고, 나머지는 TC7 규격으로 개조되었다.

제원	
제조 국가: 이스라엘	
유형: 단좌 요격기	
동력 장치: 79.6kN(17,900lb) 제너럴 일렉트릭 J79-J1E 터보제트 엔진 1개	
성능: 최대 속도 11,000m 고도 이상에서 2,445km/h; 실용 상승 한도 17,680m (58,000ft); 전투 행동반경 346km	
무게: 알 수 없음	
크기: 날개폭 8.22m; 길이 16.15m; 높이 4.55m; 날개넓이 34.8㎡	
무장: 30mm 기관포 1문; 최대 5,775kg(12,732lb)의 폭탄; 요격 임무를 위한 AIM-9 사이드와인더 공대공 미사일, 또는 샤프리르 또는 파이손 공대공 미사일	

아틀라스 치타 D

아틀라스 치타는 사실 1977년에 부과된 국제 무기 금수조치에 대한 남아프리카 공화국의 답이었다. 무기 금수 조치는 남아프리카 공화국 공군의 오래된 미라지 III 편대를 대체할 항공기 수입을 막았다. 이 계획으로 기체의 거의 50%를 교체했고, 단좌기와 복좌기 모두 개조해서 생산한다.

제원	
제조 국가: 남아프리카 공화국	
유형: 단좌/복좌 전투 및 훈련용 항공기	
동력 장치: 70.6kN(15,873lb) 스네크마 아타 9K-50 터보제트 엔진 1개	
성능: 최대 속도 12,000m 고도 이상에서 2,337 km/h; 실용 상승 한도 17,000m (55,775ft)	
무게: 비공개	
크기: 날개폭 8.22m; 길이 15.4m; 높이 4.25m; 날개넓이 35㎡	
무장: 30mm DEFA 기관포 2문, 암스코 V3B 및 V3C 쿠크리 공대공 미사일, 외부에 집속탄, 레이저 지시기 포드, 로켓 등 탑재	

다쏘 미라지 50C (판테라)

칠레는 1982년에서 1983년 사이에 복좌 50DC 모델 3대를 포함해서 미라지 50 17대를 구입했다. 국내 업체인 에나에르는 곧 이스라엘의 도움을 받아 그 항공기들을 판테라로 개량하기 시작했다. 현대화 패키지를 통해 카나드 보조 날개를 부착하였고, 다양한 이스라엘의 정밀 무기를 사용할 수 있게 되었다.

제원	
제조 국가: 프랑스	
유형: 단발 전투 폭격기	
동력 장치: 추력 70.5kN(15,850lb) 스네크마 아타 09K-50 후기 연소 터보제트 엔진 1개	
성능: 최대 속도 고고도에서 2,350km/h; 실용 상승 한도 18,105m(59,400ft); 항속 거리 1,408km	
무게: 자체 중량 7,136kg; 최대 이륙 중량 13,671kg	
크기: 날개폭 8.26m; 길이 15.65m; 높이 2.87m; 날개넓이 34.84㎡ (375 sq ft)	
무장: 30mm DEFA 552A 기관포 2문; 다양한 공대공 미사일, 최대 3,991kg (8,800lb)의 폭탄	

인도-파키스탄 전쟁

1947년 독립 당시 분리된 인도와 파키스탄은 1965년과 1971년에 큰 전쟁을 했고, 그때부터 카시미르 영토를 둘러싼 저강도 분쟁에 개입해 왔다. 2차례 큰 전쟁에서 공군력이 매우 중요한 역할을 했으며, 인도 공군 전투기와 파키스탄 공군 전투기 사이에 수많은 공중전이 벌어졌다. 그 전투들은 초음속 항공기가 참가한 최초의 전투였다.

노스 어메리칸 F-86F 사브르

파키스탄의 사브르 조종사들은 1965년에 인도 공군 항공기 19대를 격추했다고 주장했는데 그 대부분은 헌터 전투기였다. 주장 중 15건은 인도의 손실과 일치한다. 1971년에 파키스탄은 여러 가지 이유로 사브르 28대를 잃었다. 파키스탄은 캐나다 공군의 사브르 Mk.6(예시 참조)을 포함하여 120대의 사브르를 수령했다.

제원	
제조 국가: 미국/캐나다	
유형: (CL-13B 사브르 Mk. 6) 단발 제트 전투기	
동력 장치: 추력 32,36kN(7,275lb) 아브로 오렌다 마크 14 터보제트 엔진 1개	
성능: 최대 속도 965km/h; 전투 행동반경 530km; 실용 상승 한도 14,600m(48,000ft)	
무게: 자체 중량 4,816 kg; 최대 이륙 중량 6,628 kg	
크기: 날개폭 11,58m; 길이 11,4m; 높이 4,4m; 날개넓이 28,06㎡	
무장: 0.5인치(12,7mm) 기관총 6정	

선양 F-6 (MiG-19 '파머')

파키스탄은 1971년에 선양 F-6A(MiG-19) 3개 비행대대를 보유하고 있었다. 이 항공기들은 비서방의 기종으로는 특이하게도 AIM-9 사이드와인더 미사일을 장착하였다. 1971년에 F-6 4대를 잃었고, 그 중 한 대를 공중전에서 잃었지만 대신에 인도의 제트기 5대를 격추했다고 주장했다.

제원	
제조 국가: 소련	
유형: 단좌 전천후 요격기	
동력 장치: 31,9kN(7,165lb) 클리모프 RD-9B 터보제트 엔진 2개	
성능: 최대 속도 14,80km/h; 실용 상승 한도 17,900m(58,725ft); 항속 거리 2,200km	
무게: 자체 중량 5,760kg; 최대 이륙 중량 9,500kg	
크기: 날개폭 9m; 길이 13,58m; 높이 4,02m; 날개넓이 25㎡	
무장: 날개 아래 파일런에 AA-1 알칼리 또는 AA-2 아톨 공대공 미사일 4발	

호커 헌터 F.56

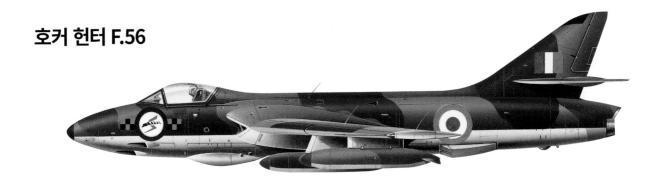

헌터는 1965년 인도 공군이 보유한 전투기 중 가장 많았고, 각 전쟁에서 6개 비행대대가 운용했다. 헌터는 중기관포 뿐 아니라 폭탄이나 로켓을 탑재할 수 있는 강력한 지상 공격 항공기였다. 1971년의 전쟁에서 헌터는 파키스탄의 탱크 부대를 파괴한 것으로 인정받았다.

제원	
제조 국가: 영국	
유형: 단좌 전투기	
동력 장치: 추력 45.13kN(10,145lb) 롤스로이스 에이본 207 터보제트 엔진 1개	
성능: 최대 속도 해수면에서 1,144km/h; 실용 상승 한도 15,240m(50,000ft); 항속 거리 내부 연료로 689km	
무게: 자체 중량 6,405kg; 최대 이륙 중량 17,750kg	
크기: 날개폭 10.26m; 길이 13.98m; 높이 4.02m; 날개넓이 32.42㎡	
무장: 30mm 아덴 기관포 4문; 최대 2,722kg(6,000lb)의 폭탄 또는 로켓	

호커 시 호크 FB.Mk 3

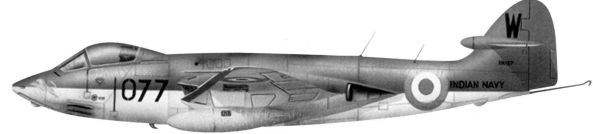

인도는 1960년에 영국과 독일로부터 시 호크를 구입하여 두 차례 전쟁에서 사용했다. 시 호크는 1965년에는 해안 기지에서 운용했고, 1971년에는 인도 해군의 비크란트 항공모함에서 운용했다. 1971년의 전쟁에서 가장 주목할 만한 임무는 방글라데시의 치타공 항구와 거기에 있던 파키스탄 선박을 공격한 것이었다.

제원	
제조 국가: 영국	
유형: 단좌 함상 전투 폭격기	
동력 장치: 24kN(5,400lb) 롤스로이스 넨 103 터보제트 엔진 1개	
성능: 최대 속도 해수면에서 969km/h; 실용 상승 한도 13,565m(44,500ft); 전투 행동반경 370km	
무게: 자체 중량 4,409kg; 최대 이륙 중량 7,348kg	
크기: 날개폭 11.89m; 길이 12.09m; 높이 2.64m; 날개넓이 25.83㎡	
무장: 20mm 이스파노 기관포 4문; 날개 아래 하드포인트에 227kg(500lb) 폭탄 4발, 또는 227kg(500lb) 폭탄 2발과 3인치 로켓 20발 또는 5인치 로켓 16발 탑재	

잉글리시 일렉트릭 캔버라 B.66

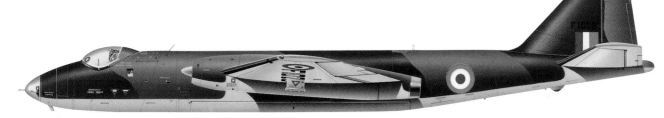

인도는 1957년에 캔버라 80대를 주문하였고, 이후 몇 년 동안 재조립한 B(I).66 모델(예시 참조) 10대를 포함해서 더 많이 인수했다. 1965년에 인도의 캔버라는 파키스탄의 항공 기지를 야간 폭격했다. 그러나 파키스탄 공군의 공격으로 지상에 주기 중인 일부 항공기를 잃기도 했다.

제원	
제조 국가: 영국	
유형: 쌍발 제트 폭격기	
동력 장치: 추력 33.23kN(7,490lb) 터보제트 엔진, 에이본 R.A.7 Mk.109 터보제트 엔진 각 1개	
성능: 최대 속도 933km/h; 항속 거리 5,440km; 실용 상승 한도 15,000m(48,000ft)	
무게: 9,820kg; 최대 이륙 중량 24,948kg	
크기: 날개폭 19.51m; 길이 19.96m; 높이 4.77m; 날개넓이 88.19㎡	
무장: 20mm 기관포 4문; 로켓 포드 2개 또는 최대 2,772kg(6,000lb)의 폭탄	

록히드 F-104 스타파이터

'사람이 타고 있는 미사일'은 록히드 스타파이터의 많은 이름 중 하나였다. 바늘모양의 동체와 작은 날개를 가진 F-104는 뛰어난 속도와 상승 성능을 가지고 있었으나 공중전에서 기동성으로 유명하지는 않았다. 미국 공군은 F-104를 상당히 짧은 기간 동안 요격기로 사용하였으나, 소위 '세기의 판매'에서 유럽의 7개국에 팔았다. 이들 나라는 이 항공기를 전투기와 공격기로 사용했다.

록히드 F-104C 스타파이터

F-104는 1965년에 베트남으로 파견되었지만 호위 전투기 및 전투 폭격기 역할에서 크게 성공적이지 않았다. 제8 전술전투비행단의 이 F-104C는 1966년에 태국의 우돈 기지에서 운용되었다. 이 항공기는 저공 운용을 위해 항속 거리를 늘리기 위해 고정식 재급유 프로브를 장착했다.

제원	
제조 국가: 미국	
유형: 단좌 다용도 공격 전투기	
동력 장치: 추력 70,29kN(15,800lb) 제너럴 일렉트릭 J79-GE-7A 후기 연소 터보제트 엔진 1개	
성능: 최대 속도15,240m(50,000ft) 고도에서 1,845km/h; 실용 상승 한도 15,240m(50,000ft); 항속 거리 1,740km	
무게: 최대 이륙 중량 12,634kg	
크기: 날개폭 6,36m(미사일 제외); 길이 16,66m; 높이 4,09m; 날개넓이 18,22㎡	
무장: 20mm 기관포 1문, 동체 또는 날개 아래 또는 날개끝에 AIM-9 사이드와인더 공대공 미사일 탑재, 최대 908kg(2,000lb)의 폭탄 탑재	

록히드 TF-104G 스타파이터

서독은 아리조나에서 복좌 TF-104G를 이용해서 자국의 F-104 조종사들에게 가장 기초적인 훈련을 시켰다. 전투가 가능한 버전은 총 220대가 생산되었다. 유럽 날씨에 저공에서 스타파이터를 운용하는 것은 위험하다는 것이 증명되었다. 독일 공군은 200대가 넘는 TF-104를 잃었다.

제원	
제조 국가: 미국	
유형: 단좌 다용도 공격 전투기	
동력 장치: 69,4kN(15,600lb) 제너럴 일렉트릭 J79-GE-11A 터보제트 엔진 1개	
성능: 최대 속도 1,845km/h; 실용 상승 한도 15,240m(50,000ft); 항속 거리 1,740km	
무게: 자체 중량 6,348kg; 최대 이륙 중량 13,170kg	
크기: 날개폭 6,36m(미사일 제외); 길이 공개 안 됨; 높이 4,09m; 날개넓이 18,22㎡	
무장: 동체 또는 날개 아래 또는 날개 끝에 AIM-9 사이드와인더 공대공 미사일 탑재, 최대 1,814kg(4,000lb)의 폭탄 탑재	

록히드 TF-104G 스타파이터

F-104G는 독일을 위해 개발되었지만 또한 여러 나라에 수출되었다. 수입국에는 대만도 포함되어 있었는데 1960년부터 1998년까지 F-104G를 사용하였다. 대만의 F-104는 1967년 1월에 대만해협을 둘러싼 소규모 접전에서 중국 공군의 J-6 2대를 격추했다.

제원	
제조 국가: 미국	
유형: 단좌 다용도 공격 전투기	
동력 장치: 69.4kN(15,600lb) 제너럴 일렉트릭 J79-GE-11A 터보제트 엔진 1개	
성능: 최대 속도 15,240m(50,000ft) 고도에서 1,845km/h; 실용 상승 한도 15,240m(50,000ft); 항속 거리 1,740km	
무게: 자체 중량 6,348kg; 최대 이륙 중량 13,170kg	
크기: 날개폭 6.36m(미사일 제외); 길이 16.66m; 높이 4.09m; 날개넓이 18.22㎡	
무장: 동체 또는 날개 아래 또는 날개 끝에 AIM-9 사이드와인더 공대공 미사일 탑재, 최대 1,814kg(4,000lb)의 폭탄 탑재	

록히드 CF-104G 스타파이터

덴마크는 1962년에 록히드사로부터 신제품 F-104G 항공기를 구입했고, 1972년에는 캐나다가 사용했던 중고 CF-104를 추가 구입했다. 이 항공기들은 발트해 상공에서 소련의 항공기를 자주 요격했다. 덴마크 공군은 1985년에 스타파이터를 퇴역시키고 F-16으로 교체했다.

제원	
제조 국가: 미국	
유형: 단좌 다용도 공격 전투기	
동력 장치: 69.4kN(15,600lb) 제너럴 일렉트릭 J79-GE-11A 터보제트 엔진 1개	
성능: 최대 속도 15,240m(50,000ft) 고도에서 1,845km/h; 실용 상승 한도 15,240m(50,000ft); 항속 거리 1,740km	
무게: 자체 중량 6,348kg; 최대 이륙 중량 13,170kg	
크기: 날개폭 6.36m(미사일 제외); 길이 16.66m; 높이 4.09m; 날개넓이 18.22㎡	
무장: 20mm M61A1 벌컨 기관포 1문; AIM-9B/N 사이드와인더 공대공 미사일; 2.75인치(70mm) 로켓 포드	

아에리탈리아/록히드 F-104 ASA 스타파이터

이탈리아는 내수용과 터키 수출용으로 거의 250대의 F-104S 스타파이터를 제작했다. 명칭의 S자는 AIM-7 스패로(Sparrow, 참새) 미사일을 발사할 수 있는 것을 나타낸 것이다. 1990년대에 레이더와 미사일을 추가하여 개량된 F-104 ASA(Aggiornamento Sistemi d'Arma, 무기 체계 현대화)를 생산했다. 이탈리아는 2001년에 마지막 군용 스타파이터를 퇴역시켰다.

제원	
제조 국가: 이탈리아	
유형: 단좌 다용도 공격 전투기	
동력 장치: 추력 79.6kN(17,900lb) 제너럴 일렉트릭 J79-GE-19 후기 연소 터보제트 엔진 1개	
성능: 최대 속도 2,330km/h; 실용 상승 한도 17,680m(58,000ft); 항속 거리 2,920km	
무게: 자체 중량 6,760kg; 최대 이륙 중량 14,060kg	
크기: 날개폭 6.36m(미사일 제외); 길이 16.66m; 높이 4.09m; 날개넓이 18.22㎡	
무장: 20mm M61A1 벌컨 기관포 1문; AIM-9L 사이드와인더 또는 AIM-7 스패로 또는 셀레니아 아스피드 공대공 미사일	

6일 전쟁

이스라엘과 그 이웃나라 사이의 오랜 기간 긴장 끝에 이스라엘은 1967년 6월 5일 이집트에 대한 공습을 감행해서 이집트의 공군력 대부분을 지상에서 파괴했다. 이라크와 시리아의 항공기들이 반격했지만 그들의 항공기 대부분을 공중전이나 이스라엘 공군의 보복 공습에서 잃었다. 이스라엘 공군의 손실은 경미했고, 이틀 만에 아랍의 공군은 중요한 요소가 아니게 되었다.

수드 아비아시옹 SO.4050 보뚜르

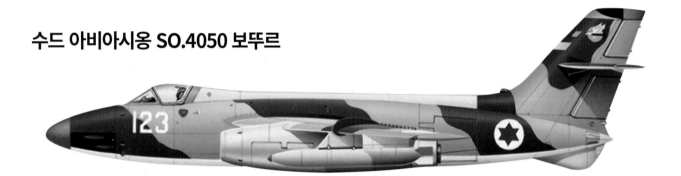

보뚜르(Vautour, 독수리) IIA는 로켓과 폭탄 뿐 아니라 중기관포를 탑재한 지상 공격 전용 버전이었다. 이스라엘 공군의 제110 비행대대는 IIA 공격기와 IIB 폭격기를 함께 운용했다. 그리고 제119 비행대대는 IIN 야간 전투기를 운용했다. 6일 전쟁에서 보뚜르 4대를 잃었다.

제원	
제조 국가:	프랑스
유형:	복좌 중형 폭격기
동력 장치:	34.3kN(7,716lb) 스네크마 아타 101E-3 터보제트 엔진 2개
성능:	최대 속도 1,105km/h; 실용 상승 한도 15,000m(49,210ft) 이상; 항속 거리 5,400km
무게:	최대 이륙 중량 21,000kg
크기:	날개폭 15.09m; 길이 15.57m; 높이 4.5m
무장:	30mm DEFA 기관포 4문; 68mm(2.7인치) 로켓 116발 팩; 최대 4,400kg (9,700lb)의 폭탄

다쏘 미스테르 IVA

미스테르 IVA 3개 비행대대가 이집트에 대한 이스라엘의 공격을 이끌었다. 일단 이집트의 비행장이 무력화되자 그들은 시나이 지역의 지상군을 지원하는 것으로 방향을 돌렸다. 이 비행대대들은 논란이 많은 미국 해군의 첩보선 리버티호에 대한 공격에도 연루되었다.

제원	
제조 국가:	프랑스
유형:	단좌 전투 폭격기
동력 장치:	27.9kN(6,280lb) 이스파노 수이자 테이 250A 터보제트 엔진 1개; 또는 3,500kg(7,716lb) 이스파노 수이자 베르돈 350 터보제트 엔진
성능:	최대 속도 1,120km/h; 실용 상승 한도 13,750m(45,000ft); 항속 거리 1,320km
무게:	자체 중량 5,875kg; 적재 중량 9,500kg
크기:	날개폭 11.1m; 길이 12.9m; 높이 4.4m
무장:	30mm 기관포 2문(탄약 150발 포함), 연료탱크, 로켓 또는 폭탄 최대 907kg(2,000lb) 탑재

다쏘 미라지 IIICJ

6일 전쟁에서 가장 중요한 이스라엘 공군의 전투기는 여러 아랍 공군을 상대로 공중전에서 56대를 격추한 미라지 IIICJ 샤하크(Shahak, 천국)였다. 이 항공기는 제117 '제1 제트' 비행대대에서 운용했는데, 1967년에 11대를 격추했다고 주장했다.

제원
제조 국가: 프랑스
유형: 단발 요격 전투기
동력 장치: 추력 58.72kN(13,200lb) 스네크마 아타 09B-3 후기 연소 터보제트 엔진 1개와 추력 16.46kN(3,700lb) SEFR 841 보조 로켓 엔진 1개
성능: 최대 속도 2,350km/h; 실용 상승 한도 17,000m(55,755 ft); 항속 거리 2,012km
무게: 자체 중량 6,142kg; 최대 이륙 중량 11,676kg
크기: 날개폭 8.26m; 길이 14.91m; 높이 4.6m; 날개넓이 34.84㎡
무장: 30mm DEFA 기관포 2문; 마트라 R.511 또는 R.530 공대공 미사일 1발, 최대 2295kg(5,060lb)의 폭탄

미코얀-구레비치 MiG-17 '프레스코'

이집트는 1967년에 MiG-17 작전 비행대대 4개와 훈련부대 1개를 보유하고 있었다. 시리아와 이라크 역시 전투에 참가했고 공중전에서 많은 수를 잃었다. 아랍 공군은 총 89대의 MiG-15와 MiG-17을 잃었는데, 그중 90%가 지상에서 파괴되었다.

제원
제조 국가: 소련
유형: 단좌 전투기
동력 장치: 33kN(7,452lb) 클리모프 VK-1F 터보제트 엔진 1개
성능: 최대 속도 1,145km/h (711mph); 실용 상승 한도 16,600m(54,560ft); 항속 거리 1,470km(높은 고도에서 슬리퍼 연료탱크 탑재시)
무게: 자체 중량 4,100kg; 최대 적재 중량 600kg
크기: 날개폭 9.45m; 길이 11.05m; 높이 3.35m; 날개넓이 20.6㎡
무장: 37mm N-37 기관포 1문, 23mm NS-23 기관포 2문, 날개 아래 파일런에 최대 500kg(1,102lb) 탑재

미코얀-구레비치 MiG-21 MF '피시베드'

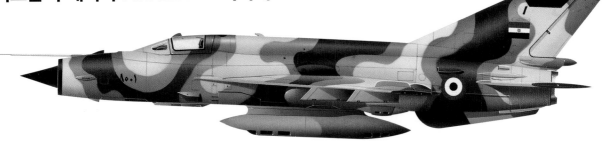

이집트는 1967년 7월 첫 공습에서 MiG-21 90대를 잃은 것으로 추정되었다. 그들은 다음 며칠 동안 이스라엘 항공기 5대를 파괴하고, 몇 대 더 손상을 입혔다고 주장했다. 아랍 연합의 공군은 MiG-21을 235대 구입했지만 1967년에 작전을 수행할 수 있는 숫자는 훨씬 적었다.

제원
제조 국가: 소련
유형: 단좌 전천후 다용도 전투기
동력 장치: 추력 60.8kN(14,550lb) 투만스키 R-13-300 후기 연소 터보제트 엔진 1개
성능: 최대 속도 2,229km/h; 실용 상승 한도 17,500m(57,400ft); 항속 거리 내부 연료로 1,160km
무게: 자체 중량 5,200kg; 최대 이륙 중량 10,400kg
크기: 날개폭 7.15m; 길이 15.76m(재급유 프로브 포함; 높이 4.1m; 날개넓이 23㎡
무장: 23mm 기관포 1문, 공대공 미사일, 로켓 포드, 네이팜탄, 또는 낙하 연료탱크 등 약 1,500kg(3,307lb) 탑재

욤 키푸르 전쟁

1973년 10월, 유대교 명절인 욤 키푸르(Yom Kippur, 속죄의 날)에 시리아와 이집트의 군대는 이스라엘 국경을 넘었다. 전투 초기 며칠은 이스라엘과 이스라엘 공군에 가장 절박한 시기였다. 이 전쟁에서 지대공 미사일은 매우 큰 역할을 하였으며, 이스라엘의 손실은 대부분 지대공 미사일에 의해 발생했다. 항공기와 예비 부품을 포함한 미국의 무기 공수 작전이 이스라엘의 패배를 막은 요인으로 여겨진다.

다쏘 슈퍼 미스테르 B.2

'삼바드'로 알려진 슈퍼 미스테르 B.2는 이스라엘의 최초의 초음속 전투기였다. 1973년 초에 이스라엘 공군은 슈퍼 미스테르 B.2를 스카이호크의 J52 엔진을 탑재하여 개량해서 사르(Sa'ar, 폭풍)를 만들었다. 이 항공기는 주로 지상 공격 임무에 사용되었다.

제원	
제조 국가: 프랑스	
유형: 단좌 전투 폭격기	
동력 장치: 43.7kN(9,833lb) 스네크마 아타 101 G-2/-3 터보제트 엔진 1개	
성능: 최대 속도 1,195km/h; 실용 상승 한도 17,000m(55,775ft); 항속 거리 870km	
무게: 자체 중량 6,932kg; 최대 이륙 중량 10,000kg	
크기: 날개폭 10.52m; 길이 14.13m; 높이 4.55m; 날개넓이 35㎡	
무장: 30mm 기관포 2문, 내부 발사대에 68mm 로켓 35발, 연료탱크, 로켓 또는 폭탄 등 최대 907kg(2,000lb) 탑재	

더글라스 A-4N 스카이호크

이스라엘 이름이 아이트(Ayit, 독수리)인 A-4 스카이호크는 이스라엘에 360대 이상 인도되었다. 이스라엘의 요구사항에 따라 설계된 A-4N 30대는 1973년 10월에 인도되었다. 1973년 전쟁에서 주로 지대공 미사일에 의해 50대가 넘는 다양한 A-4 파생기종이 파괴되었다.

제원	
제조 국가: 미국	
유형: 단발 전투 폭격기	
동력 장치: 추력 49.82kN(11,200lb) 프랫 앤 휘트니 J52-P408 터보제트 엔진 1개	
성능: 최대 속도 1,038km/h; 항속 거리 1,090km; 실용 상승 한도 11,795m(38,698ft)	
무게: 자체 중량 4,747kg; 최대 이륙 중량 11,115kg	
크기: 날개폭 8.38m; 길이 12.22m (40ft 2인치); 높이 4.57m; 날개넓이 24.15㎡	
무장: 30mm DEFA 534 기관포 2문	

맥도넬 더글라스 F-4E 팬텀 II

1973년 욤 키푸르 전쟁에서 이스라엘 공군의 성공은 그 세대 최고의 전투기라는 팬텀(Phantom, 유령)의 명성을 확고히 하는데 도움이 되었다. 이스라엘은 1970년대 초에 F-4E 204대를 구입했고, 이 항공기들은 여러 해 동안 최전선에서 작전을 수행했다. 자국에서 생산한 엘타 EL/M-2021 다중 모드 레이더를 채택하는 것을 포함해서 개선을 위한 수정이 이루어졌다.

제원	
제조 국가: 미국	
유형: 복좌 전천후 전투기/공격기	
동력 장치: 79,6kN(17,900lb) 제너럴 일렉트릭 J79-GE-17 터보제트 엔진 2개	
성능: 최대 속도 2,390km/h; 실용 상승 한도 19,685m(60,000ft); 항속 거리 817km	
무게: 자체 중량 12,700kg; 최대 이륙 중량 26,308kg	
크기: 날개폭 11,7m; 길이 17,76m; 높이 4,96m; 날개넓이 49,24㎡	
무장: 20mm M61A1 벌컨 기관포 1문, 동체 아래에 AIM-7 스패로 공대공 미사일 4발 또는 중앙 파일런에 다른 무기 최대 1,370kg(3,020lb); 날개 파일런 4개에 AIM-7 2발, 또는 AIM-9 4발	

미코얀-구레비치 MiG-17 '프레스코'

시리아의 '프레스코'는 1973년 10월에 이스라엘 전투기, 특히 미라지 전투기와의 전투에서 어려움을 겪었다. 한 시리아 조종사가 F-4E 한 대를 격추했다고 주장했으나 그 외의 경우에 MiG-17의 기여는 제한적이었다. 이 당시 MiG-21은 시리아 공군의 보유 항공기 중에서 지배적인 기종이었다.

제원	
제조 국가: 소련	
유형: 단좌 전투기	
동력 장치: 33,1kN(7,452lb) 클리모프 VK-1F 터보제트 엔진 1개	
성능: 최대 속도 1,145km/h; 실용 상승 한도 16,600m(54,560ft); 항속 거리 높은 고도에서 1,470km	
무게: 자체 중량 4,100kg; 최대 적재 중량 600kg	
크기: 날개폭 9,45m; 길이 11,05m; 높이 3,35m; 날개넓이 20,6㎡	
무장: 37mm N-37 기관포 1문, 23mm NS-23 기관포 2문, 날개 아래 파일런에 최대 500kg(1,102lb) 탑재	

수호이 Su-7BM '피터-A'

1973년 이전 시리아, 이라크, 이집트(예시 참조)에 Su-7 '피터'가 공급되었다. Su-7은 속도가 빠르고 탑재한 전쟁 장비가 우수했지만, 항속거리가 짧았고, 후기 연소 장치의 신뢰성이 낮았다. 이스라엘의 지상군에 상당한 피해를 입혔지만 많은 수가 이스라엘 공군 전투기에 격추되었다.

제원	
제조 국가: 소련	
유형: 단좌 지상 공격 전투기	
동력 장치: 110,3kN(24,802lb) 리율카 AL-21F-3 터보제트 엔진 1개	
성능: 최대 속도 약 2,220km/h; 실용 상승 한도 15,200m(49,865ft); 전투 행동반경 675km	
무게: 자체 중량 9,500kg; 최대 이륙 중량 19,500kg	
크기: 날개폭 13,8m(펼쳤을 때) 10m(접었을 때); 길이 18,75m; 높이 5m; 날개넓이 40㎡	
무장: 30mm 기관포 2문; 핵무기, 미사일, 폭탄, 네이팜탄 등 최대 4,250kg(9,370lb) 탑재	

맥도넬 더글라스 F-4 팬텀

F-4 팬텀 II는 미국 해군의 요구사항에 따라 제작되었지만 미국 공군도 곧 채택했다. 이것은 1950년대 무기 체계에서 드문 공동 조달 사례였다. F-4는 공대공 미사일 8발과 함께 지상 공격용 중무기를 탑재할 수 있었고, 수출 시장에서도 역시 인기 제품이었다. 팬텀은 10개국에 공급되었다. 미국과 일본의 총 생산량은 5,195대에 달했다.

F4H-1 팬텀 II

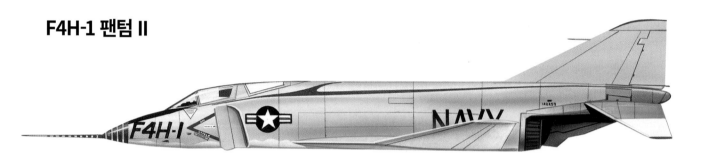

팬텀 II는 처음에는 1962년 이전의 미국 해군 명칭 체계에 따라 F4H-1F로 등장했다. 팬텀은 1957년 5월에 첫 비행을 했고, F4H-1 시생산 항공기가 폐쇄 코스 비행 및 두 지점간의 비행에서 속도 및 고도 상승 속도 기록을 세웠다.

제원	
제조 국가: 미국	
유형: (F4H-1F) 쌍발 복좌 함상 전투기	
동력 장치: 추력 71.84kN(16,150lb) 제너럴 일렉트릭 J79-GE-2 터보제트 엔진 2개	
성능: 최대 속도 알 수 없음; 항속 거리 알 수 없음; 실용 상승 한도 알 수 없음	
무게: 알 수 없음	
크기: 날개폭 11.6m; 길이 17.7m; 높이 4.9m; 날개넓이 49.2㎡	
무장: 동체 아래에 AIM-7 스패로 공대공 미사일 4발, AIM-7 2발 또는 AIM-9 사이드와인더 공대공 미사일 4발; 20mm M-61 기관포, 연료탱크 및 폭탄 최대 6,219kg(13,500lb) 탑재	

F-4C 팬텀 II

1960년에 미국 공군이 팬텀을 채택할 때, 처음 명칭은 F-110A이었지만 나중에 다시 F-4C로 명칭을 정했다. F-4의 첫 번째 양산 모델은 F4H-1에 비해 커다란 레이돔(radome, 레이더의 안테나 덮개; 역자 주)을 가지고 있었고, 후방 캐노피가 위로 올라가 있었다. 이 F-4C는 1980년대에 미시간 주방위군 공군에서 운용했다.

제원	
제조 국가: 미국	
유형: 복좌 전천후 전투기/공격기	
동력 장치: 75.6kN(17,000lb) 제너럴 일렉트릭 J79-GE-15 터보제트 엔진 2개	
성능: 최대 속도 2,414km/h; 실용 상승 한도 18,300m(60,000ft); 항속 거리 내부 연료탱크로 2,817km	
무게: 자체 중량 12,700kg; 최대 이륙 중량 26,308kg	
크기: 날개폭 11.7m; 길이 17.76m; 높이 4.96m (16ft 3인치); 날개넓이 49.24㎡	
무장: AIM-7 스패로 공대공 미사일 4발; 날개 파일런 2개에 AIM-7 사이드와인더 공대공 미사일 2발, 또는 AIM-9 4발, 20mm M-61 기관포; 폭탄 등 최대 6,219kg(13,500lb) 탑재	

F-4S 팬텀 II

F-4 파생 모델 중에 잘 알려지지 않은 F-4S는 미국 해군용으로 소량 제작된 F-4J 모델을 개발한 것이다. F-4J는 AWG-10 펄스 도플러 레이더를 장착했고, 아래 방향으로 작동하는 에일러론(aileron)과 슬랫(slat)이 달린 꼬리 날개를 가지고 있었으며, J79-GE-10엔진을 탑재했다. 또한 자동 항공모함 착함 장치를 가지고 있었다. 함상 팬텀기는 놀랍게도 17년 동안 계속 생산되었다.

제원
제조 국가: 미국
유형: 복좌 전천후 전투기/공격기, 함상기
동력 장치: 79.6kN(17,900lb) 제너럴 일렉트릭 J79-GE-10 터보제트 엔진 2개
성능: 최대 속도 고고도에서 2,414km/h; 실용 상승 한도 18,300m(60,000ft) 이상; 항속 거리 2,817km
무게: 자체 중량 12,700kg; 최대 이륙 중량 26,308kg
크기: 날개폭 11.7m; 길이 17.76m; 높이 4.96m; 날개넓이 49.24㎡
무장: AIM-7 스패로 공대공 미사일 4발; 날개 파일런 2개에 AIM-7 2발 또는 AIM-9 사이드와인더 공대공 미사일 4발, 외부 중심선 포드에 20mm 기관포; 날개 파일런 4개에 연료탱크, 폭탄 등 최대 6,219kg(13,500lb) 탑재

팬텀 FGR.2

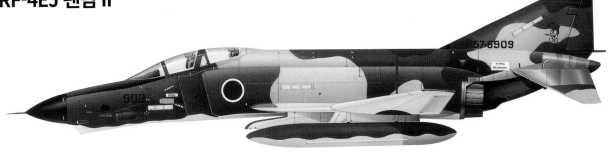

영국은 공군과 해군항공대에서 사용할 목적으로 자기 고유의 팬텀 모델을 구입했다. 해군용 FG.1과 공군용 FGR.2(예시 참조)는 롤스로이스사의 스페이 엔진을 탑재하여 더 큰 공기 흡입구가 필요했고, 기체 다른 부분도 변경해야 했다. 아크 로얄 항공모함이 퇴역했을 때 이 항공모함의 팬텀기들은 영국 공군으로 갔다.

제원
제조 국가: 미국
유형: 복좌 전천후 전투기/함상 공격기
동력 장치: 91.2kN(20,515lb) 롤스로이스 스페이 202 터보팬 엔진 2개
성능: 최대 속도 2,230km/h; 실용 상승 한도 18,300m(60,000ft) 이상; 항속 거리 내부 연료로 2,817km
무게: 자체 중량 12,700kg; 최대 이륙 중량 26,308kg
크기: 날개폭 11.7m; 길이 17.55m; 높이 4.96m; 날개넓이 49.24㎡
무장: 동체 아래에 AIM-7 스패로 공대공 미사일 4발; 날개 파일런 2개에 AIM-7 사이드와인더 공대공 미사일 2발, 또는 AIM-9 4발, 20mm 기관포; 파일런에 최대 7,257kg(16,000lb) 탑재

RF-4EJ 팬텀 II

팬텀은 고속 전술 정찰기로 쉽게 변경할 수 있는 것으로 판명되었다. RF-4E 수출 버전에 앞서서 RF-4B(해병대)와 RF-4C(미국 공군)가 먼저 정찰기로 사용되었다. RF-4E는 독일, 이란, 그리스, 터키, 일본에서 사용했는데, 그 버전은 RF-4EJ(예시 참조)이었다.

제원
제조 국가: 미국
유형: 복좌 전술 정찰기
동력 장치: 추력 79.6kN(17,900lb) 제너럴 일렉트릭 J79-GE-17 후기 연소 터보제트 엔진 2개
성능: 최대 속도 14,630m(48,000ft) 고도에서 2,390km/h; 실용 상승 한도 18,900m(62,000ft); 항속 거리 800km
무게: 자체 중량 13,768kg; 최대 적재 중량 24,766kg
크기: 날개폭 11.7m; 길이 18m; 높이 4.96m; 날개넓이 49.24㎡
무장: 없음

베트남 전쟁: 전방 항공 통제와 대게릴라전

베트남 전쟁은 상대적으로 낮은 수준의 대게릴라전으로 시작되었지만 핵무기를 제외한 미국의 거의 모든 무기 체계가 개입할 정도로 커졌다. 남(南)에서는 마을과 전초 부대를 방어하고 북(北)으로부터의 보급로를 차단하는 전쟁이었다. 병력을 근접 공중 지원하는 데 필수적인 빠른 제트기들을 위해 느리지만 민첩한 프로펠러 항공기들이 전방 항공 통제 기능을 제공했다.

세스나 O-2 스카이마스타

세스나의 337 모델은 견인식 프로펠러와 추진식 프로펠러가 함께 있는 흔치않은 엔진 구성이라 쌍발 엔진의 출력을 내지만 단발 엔진의 항력과 조작 특성을 가지고 있었다. 세스나는 O-2A로 효과적인 전방 항공 통제 항공기를 만들었다. 이 항공기는 1970년에 태국 나콤파놈의 기지에서 운용했다.

제원	
제조 국가: 미국	
유형: (O-2A) 쌍발 전방 항공 통제기	
동력 장치: 157kW(210마력) 컨티넨털 IO-360C 플랫-6 피스톤 엔진 2개	
성능: 최대 속도 322km/h; 항속 거리 2,132KM; 실용 상승 한도 5,940m(18,000ft)	
무게: 자체 중량 1,292kg; 적재 중량 2,448kg	
크기: 날개폭 11,63m; 길이 9,07m; 높이 2,79m; 날개넓이 18,8㎡	
무장: 표적 표시를 위한 로켓 포드	

노스 어메리칸 OV-10A 브론코

목적에 따라 특별히 제작된 노스 어메리칸(나중의 록웰) OV-10 브론코는 미국 공군의 O-2를 대체했다. 동시에 해군과 해병대에도 전방 항공 통제기 및 경공격기로 취역했다. 이 OV-10A는 베트남 꽝트리에 주둔했던 미국 해병대의 제4 해병관측비행대대에 배정되었다.

제원	
제조 국가: 미국	
유형: 쌍발 전방 항공 통제기	
동력 장치: 533kW(715마력) 개릿 T76-G-410/412 터보프롭 엔진 2개	
성능: 최대 속도 452km/h; 실용 상승 한도 7,315m(24,000ft); 항속 거리 358km	
무게: 자체 중량 3,127kg; 최대 이륙 중량 6,552kg	
크기: 날개폭 12,19m; 길이 12,67m; 높이 4,62m; 날개넓이 64,57㎡	
무장: 7,62mm M60C 기관총 4정; 70mm(2,75인치) 또는 125mm(5인치) 로켓; 최대 125kg(500lb)의 폭탄	

온 마크 B-26K 카운터 인베이더

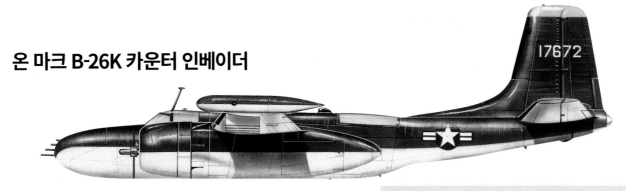

온 마크 주식회사는 베트남에 있는 미국 공군의 공군 특공부대들을 위해 더글러스 B-26B와 B-26C 인베이더를 B-26K 카운터 인베이더로 개조했다. 구조가 강화되었고 날개 끝에 연료탱크가 추가되었다. 이 항공기들은 베트남과 라오스에서 주로 야간에 후방 차단 임무를 수행했다.

제원	
제조 국가: 미국	
유형: 쌍발 공격기	
동력 장치: 1,864kW(2,500마력) 프랫 앤 휘트니 R-2800-52W 레이디얼 피스톤 엔진 2개	
성능: 최대 속도 520km/h; 실용 상승 한도 8,717m(28,600ft); 항속 거리 2,382km	
무게: 자체 중량 11,399kg; 최대 이륙 중량 17,804kg	
크기: 날개폭 21.79m; 길이 15.71m; 높이 5.79m; 날개넓이 50.17㎡	
무장: 0.5인치(12.7mm) 기관총 14정; 최대 5,443kg(12,000lb)의 폭탄	

노스롭 F-5A 프리덤 파이터

미국 공군은 상대적으로 F-5를 거의 사용하지 않았지만, '스코시 타이거(Skoshi Tiger, 베트남전에서 실시한 F-5A의 실전 평가; 역자 주)라고 불렸던 평가 계획에 따라 1965년 말에 한 부대를 베트남의 빈호아에 보냈다. 결과는 장단점이 다 있었지만 F-5를 남베트남과 많은 다른 아시아 국가들에게 경전투기 및 지상 공격기로 판매하는데 도움이 되었다.

제원	
제조 국가: 미국	
유형: 경량 전술 전투기	
동력 장치: 18.1kN(4,080lb) 제너럴 일렉트릭 J85-GE-13 터보제트 엔진 2개	
성능: 최대 속도 10,975m(36,000ft) 고도에서 1,487km/h; 실용 상승 한도 15,390m(50,500ft); 전투 행동반경 314km(최대 전쟁 장비 탑재시)	
무게: 자체 중량 3,667kg; 최대 이륙 중량 9,374kg	
크기: 날개폭 7.7m; 길이 14.38m; 높이 4.01m; 날개넓이 15.79㎡	
무장: 20mm M39 기관포 2문(탄약 280발 포함); 미사일, 폭탄, 집속탄, 로켓 발사기 포드 등 1,996kg(4,400lb) 탑재	

노스 어메리칸 F-100F 슈퍼 사브르

복좌기 F-100F 슈퍼 사브르는 베트남에서 근접 공중 지원, 대레이더 '와일드 위즐'(Wild Weasel, 레이더 추적 미사일을 탑재하고 적의 레이더와 방공 체계를 파괴하는 임무를 가진 각종 미국 항공기에 부여한 코드명; 역자 주) 임무 등 다양한 역할로 사용되었다. 또한 고속 전방 항공 통제기로서 전장까지 재빨리 도달하여 공격기를 위해 방어된 목표물을 정확히 표시할 수 있었다.

제원	
제조 국가: 미국	
유형: 단좌 전투 폭격기	
동력 장치: 75.6kN(17,000lb) 프랫 앤 휘트니 J57-P-21A 터보제트 엔진 1개	
성능: 최대 속도 10,670m(35,000ft) 고도에서 1,390km/h; 실용 상승 한도 14,020m(46,000ft); 항속 거리 내부 연료 966km	
무게: 최대 이륙 중량 17,745kg	
크기: 날개폭 11.82m; 길이 15.2m; 높이 4.95m; 날개넓이 35.77㎡	
무장: 20mm 폰티악 M39 기관포 2문; 로켓, 폭탄 또는 기관포 포드 등 최대 3,402kg(7,500lb) 탑재	

베트남 전쟁 : 해군의 공군력

1964년 8월부터 북베트남 해안 근처 '양키 스테이션'의 항공모함들은 군사, 산업, 수송 목표물에 대해 매일매일 일괄 공격을 퍼부었다. MiG 항공기, 지대공 미사일, 레이더로 제어되는 다양한 구경의 대공포 등 점점 더 정교해진 방공망에 의해 함상기들이 큰 피해를 입었다. 항공기 530대가 손실되었고, 항공병 620명이 전사 또는 실종되거나 포로가 되었다.

더글라스 A-4F 스카이호크

스카이호크는 오랜 운용기간 동안 지금까지 제작된 전투기 중 가장 다재다능한 전투기 중 하나라는 것을 증명했다. 이는 작고 가벼운 항공기는 더 크고 무거운 항공기에 의해 밀려날 것이라고 주장한 사람들이 틀렸다는 것을 증명한 것이다. 예시의 항공기는 미국 해군용으로 제작된 마지막 공격기 버전인 A-4F이며, 추가 항전장비를 탑재한 동체 위쪽의 불룩하게 나온 부분과 J52-P-8A 엔진으로 구별되었다.

제원	
제조 국가: 미국	
유형: 단좌 공격 폭격기	
동력 장치: 41.3kN(9,300lb) J52-8A 터보제트 엔진 1개	
성능: 최대 속도 1,078km/h; 실용 상승 한도 14,935m(49,000ft); 항속 거리 1,480km(탑재 중량 4,000lb일 때)	
무게: 자체 중량 4,809kg; 최대 이륙 중량 12,437kg	
크기: 날개폭 8.38m; 길이 12.22m(프로브 제외); 높이 4.66m; 날개넓이 24.15㎡	
무장: 20mm Mk 12 기관포 2문(탄약 200발 포함); 외부 하드포인트 5개소에 AGM-12 불펍 공대지 미사일, AGM-45 시라이크 대레이더 미사일, 폭탄, 집속탄, 발사 무기, 로켓 발사기 포드, 기관포 포드, 낙하 연료탱크, ECM 포드 등 3,720kg (8,200lb) 탑재	

맥도넬 더글러스 F-4G 팬텀 II

팬텀은 전쟁에서 해군의 주요한 전투기였다. 여기 실험적인 위장 무늬를 한 예시의 F-4G는 자동 항공모함 착함 장치를 갖춘 F-4B 버전이었다. 이 버전은 미국 해군 키티호크 항공모함 위에서 제213 전투비행대대와 함께 한차례 순항을 마쳤다.

제원	
제조 국가: 미국	
유형: 복좌 전자전/레이더 제압 항공기	
동력 장치: 추력 54.2kN(17,000lb) 제너럴 일렉트릭 J79-GE-8A 후기 연소 터보제트 엔진 2개	
성능: 최대 속도 고고도에서 2,390km/h; 실용 상승 한도 18,975m(62,250ft) 이상; 항속 거리 958km	
무게: 자체 중량 13,300kg; 최대 이륙 중량 28,300kg	
크기: 날개폭 11.7m; 길이 19.2m; 높이 5.02m; 날개넓이 49.24㎡	
무장: AIM-7 스패로 공대공 미사일 2발; 날개 파일런에 레이더 제압 무기	

더글러스 EKA-3 스카이워리어

A3 스카이워리어는 1948년에 취역한 포레스털급 항공모함의 갑판에서 운용하게 개발된 최초의 함상 전략 핵폭격기로 유명하다. 바깥 날개와 꼬리 날개를 모두 유압식으로 접을 수 있도록 설계하여 갑판 위에서 차지하는 공간을 최소화할 수 있다. 1953년 3월에 미국 해군의 VH-1 공격비행대대에 인도되기 시작했다. 나중에 나온 파생기종은 베트남전에서 전자 정찰기 및 전자 방해책 항공기로 많이 운용했다.

제원	
제조 국가: 미국	
유형: 함상 전략 폭격기	
동력 장치: 55.1kN(12,400lb) 프랫 앤 휘트니 터보제트 엔진 2개	
성능: 최대 속도 982km/h; 실용 상승 한도 13,110m(43,000ft); 항속 거리 최대 연료로 3,220km	
무게: 자체 중량 17,875kg; 최대 이륙 중량 37,195kg	
크기: 날개폭 22.1m; 길이 23.3m; 높이 7.16m; 날개넓이 75.43㎡	
무장: 꼬리 날개의 터렛에 원격 제어되는 20mm 기관포 2문; 내부 폭탄창에 재래식 또는 핵무기 5,443kg(12,000lb) 탑재	

보우트 A-7B 코르세어 II

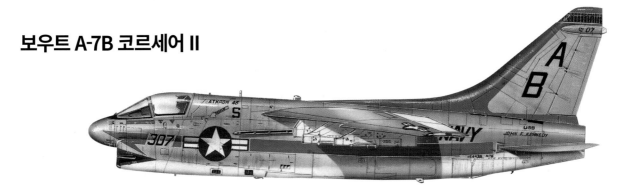

A-7은 1967년 12월 동남아시아에서 해군 항공기로 참전했고, 1975년까지 대부분의 경공격비행대대에서 A-4를 대체했다. A-7은 더 높은 성능과 더 정교한 레이더로 임무를 수행했다. 미국 해군 제46 공격비행대대 '클렌스멘(Clansmen, 씨족 구성원)' 부대의 표식이 있는 이 A-7B는 존 F. 케네디 공항을 근거지로 작전을 수행한다.

제원	
제조 국가: 미국	
유형: 단좌 공격기	
동력 장치: 추력 54.2kN(12,190lb) 프랫 앤 휘트니 TF30-P-8 터보팬 엔진 1개	
성능: 최대 속도 저공에서 1,123km/h; 전투 항속 거리 1,150km(보통 무기 탑재량일 때)	
무게: 자체 중량 8,972kg; 최대 이륙 중량 19,050kg	
크기: 날개폭 11.8m; 길이 14.06m; 높이 4.9m; 날개넓이 34.84㎡	
무장: 20mm 콜트 Mk 12 기관포 2문; 폭탄, 공대지 미사일 등 최대 6,804kg(15,000lb) 탑재	

그루먼 A-6E 인트루더

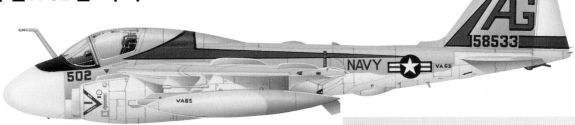

1963년 2월 미국 해군에 취역한 인트루더는 야간 또는 전천후로 지상 및 해상의 목표 지점에 대한 첫 단계 맹공격용으로 특별히 계획되었다. 초음속으로 설계되었고 쌍발 엔진으로 구동되었다. 인스트로더는 총중량이 상당했지만 저속 비행 품질이 뛰어났다.

제원	
제조 국가: 미국	
유형: 복좌 함상 및 육상 전천후 타격 항공기	
동력 장치: 41.3kN(9,300lb) 프랫 앤 휘트니 J52-P-8A 터보제트 엔진 2개	
성능: 최대 속도 해수면에서 1,043km/h; 실용 상승 한도 14,480m(47,500ft); 항속 거리 1,627km	
무게: 자체 중량 12,132kg; 최대 이륙 중량 26,581kg(항공모함에서 사출시) 또는 27,397kg(육상에서 이륙시)	
크기: 날개폭 16.15m; 길이 16.69m; 높이 4.93m; 날개넓이 49.13㎡	
무장: 외부 하드포인트 5개소에 핵무기, 폭탄, 미사일, 낙하 연료탱크 등 최대 8,165kg(18,000lb) 탑재	

베트남 전쟁 : 공군의 공군력

미국 공군은 베트남에 경관측기부터 전략 폭격기에 이르기까지 수천 대의 항공기를 투입했다. 남베트남의 비행장과 공역은 매우 붐볐으므로 많은 활동은 태국이나 괌에서 발진해야 했다. 1972년 B-52의 하노이 공습은 북을 협상장으로 나오게 하는데 도움이 되었지만, 정글에 투하된 수백만 파운드의 폭탄은 최종 결과를 거의 바꾸지 못했다.

페어차일드 AC-119K 스팅어

측방 무기들을 탑재한 무장 항공기는 베트남에서 미국 공군이 창안한 개념이었다. AC-47 '스푸키(Spooky, 으스스한)'의 뒤를 이어 AC-119G 섀도(Shadow, 그림자)와 AC-119K 스팅어(Stinger, 쏘는 것)(예시 참조)가 나왔다. 섀도는 미니건 4정으로 무장했고, 스팅어는 벌컨포 2문을 장착했다.

제원	
제조 국가: 미국	
유형: 쌍발 무장 항공기	
동력 장치: 2,610kW(3,500마력) 라이트 R-3350-85 레이디얼 피스톤 엔진 2개	
성능: 최대 속도 335km/h; 항속 거리 3,219km; 실용 상승 한도 7,300m(23,950ft)	
무게: 자체 중량 18,200kg; 최대 이륙 중량 28,100kg	
크기: 날개폭 33.3m; 길이 26.37m; 높이 8m; 날개넓이 134.43㎡	
무장: 20mm M61 벌컨포 2문	

록히드 AC-130 스펙터

최고의 무장 항공기는 AC-130으로 1967년 9월 베트남에 도입되었고, 오늘날까지 현대화된 형태로 여전히 사용되고 있다. AC-130A 스펙터(Spectre, 유령)는 남쪽으로 통하는 보급로인 호치민 루트에서 야간 이동을 찾아 공격하는데 사용되었다. 이 항공기는 또한 게릴라 공격을 받는 미군 기지에 대한 화력 지원을 제공하였다.

제원	
제조 국가: 미국	
유형: (AC-130A) 4발 무장 헬리콥터	
동력 장치: 3,661kW(4,910마력) 알리슨 T56-A-15 터보프롭 엔진4개	
성능: 최대 속도 480km/h; 항속 거리 4,070km; 실용 상승 한도 알 수 없음	
무게: 자체 중량 알 수 없음; 최대 이륙 중량 69,750kg	
크기: 날개폭 40.4m; 길이 29.8m; 높이 11.7m; 날개넓이 162.2㎡	
무장: 7.62mm GAU-2/A 미니건 4정과 20mm 벌컨포 4문	

보잉 B-52D

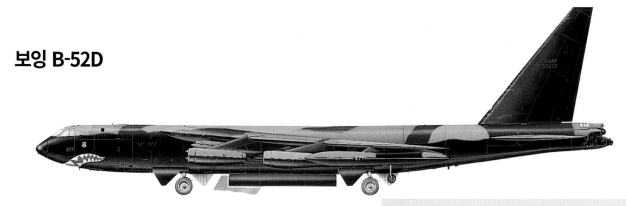

미국 공군은 베트남에서 핵전쟁을 위해 설계된 전략 폭격기들을 사용하여 울창한 밀림 속에 있는 게릴라 용의자들에게 재래식 폭탄을 투하하였다. 이러한 '아크 라이트(Arc Light)' 임무는 심리적으로 큰 영향을 미쳤지만 적에게 물리적 피해는 거의 없었다고 한다. 제43 폭격비행단의 B-52D는 1972년 괌 기지에서 운용했다.

제원	
제조 국가: 미국	
유형: 장거리 전략 폭격기	
동력 장치: 44.5kN(10,000lb) 프랫 앤 휘트니 J57 터보제트 엔진 8개	
성능: 최대 속도 7,315m(24,000ft) 고도에서 1,014km/h; 실용 상승 한도 13,720~16,765m(45,000~55,000ft); 표준 항속 거리 9,978km(최대로 탑재하였을 때)	
무게: 자체 중량 77,200~87,100kg; 적재 중량 204,120kg	
크기: 날개폭 56.4m; 길이 48m; 높이 14.75m; 날개넓이 371.6㎡	
무장: 꼬리에 장착된 0.5인치 원격 제어 기관총 4정; 내부에 전략 공군 사령부(SAC)의 모든 특별 무기들 12,247kg(27,000lb) 탑재 ; 내부 및 날개 아래 파일런에 Mk 82 (500lb) 폭탄 108발	

더글러스 A-1H 스카이레이더

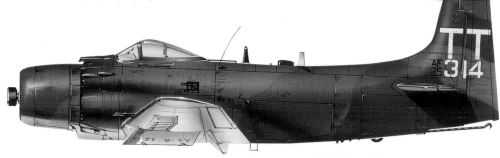

외견상으로는 시대착오적인 스카이레이더(Skyraider, 하늘의 습격자)는 중무기들을 탑재하고 목표 지역 상공에서 긴 시간 선회할 수 있는 능력으로 베트남에서 가치를 인정받았다. 이런 특성은 추락한 승무원들이 헬리콥터에 탑승하여 안전해질 때까지 구조 작전 현장을 엄호할 때 가장 필요한 것이었다.

제원	
제조 국가: 미국	
유형: 단발 공격기	
동력 장치: 2,013kW(2,700마력) 프랫 앤 휘트니 R-3350-26WA 레이디얼 피스톤 엔진 1개	
성능: 최대 속도 520km/h; 항속 거리 2,115km; 실용 상승 한도 8,660m(28,500ft)	
무게: 자체 중량 5,430kg; 최대 이륙 중량 11,340kg	
크기: 날개폭 15.25m; 길이 11.84m; 높이 4.78m; 날개넓이 37.19㎡	
무장: 20mm 기관포 4문; 폭탄, 로켓 등 최대 3,600kg(8,000lb) 탑재	

제너럴 다이내믹스 F-111

가변익 항공기였던 F-111은 나오기까지 어려운 과정을 겪었고, 땅돼지라는 반갑지 않은 별명을 얻었다. 이 항공기는 미군이 미래에 필요하게 될 모든 전술적 요구를 충족하는 공통의 전투기 형식에 관해 발표한 과감한 국방부의 훈령에 맞추어 개발되었다. 마침내 1967년에 F-111 첫 117대가 취역했다. 오스트레일리아 공군이 F-111C를 구입했는데, 유일하게 수출에 성공한 것이었다.

제원	
제조 국가: 미국	
유형: 복좌 다목적 공격기	
동력 장치: 11.1.6kN(25,100lb) 프랫 앤 휘트니 TF-30-P100 2개	
성능: 최대 속도 최적고도에서 2,655km/h; 실용 상승 한도 17,985m(59,000ft) 이상; 항속 거리 4,707km	
무게: 자체 중량 21,398kg; 최대 이륙 중량 45,359kg	
크기: 날개폭 19.2m(폈을 때), 9.74m(접었을 때); 길이 22.4m; 높이 5.22m; 날개넓이 48.77㎡(폈을 때)	
무장: 내부 폭탄창에 20mm 기관포 1문과 340kg(750lb) B43 폭탄 1발 또는 B43 폭탄 2발, 14,290kg(31,000lb) 폭탄 탑재	

베트남 전쟁 : MiG와 서드

공중전에서 가장 치열하게 싸운 전투는 F-105 선더치프('Thud', '서드') 폭격기와 핵심 산업 목표물을 방어하는 북베트남의 전투기 간의 전투였다. 하노이 쪽으로 향하는 산악 지형은 그 지역을 이용했고 많은 수가 거기에서 격추되었던 F-105의 이름을 따서 '서드 릿지(Thud Ridge)'로 알려지게 되었다. 북의 MiG 항공기들은 F-105가 철수한 1970년까지 F-105 22대를 격추했다.

리퍼블릭 F-105B 선더치프

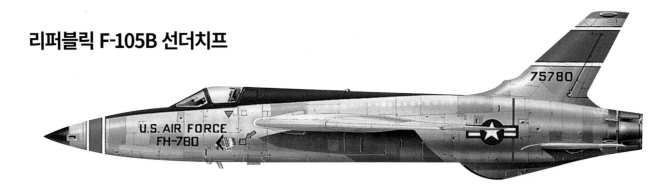

F-84F 선더스트리크를 대체한 리퍼블릭의 기본적인 임무는 핵무기 및 재래식 무기로 전천후, 고속, 장거리 공격을 하는 것이었다. F-105B는 1958년에 미국 공군의 제335 전술전투비행대대에 취역했는데 계획보다 3년 늦어졌다. F-105D로 대체될 때까지 75대가 생산되었다.

제원	
제조 국가: 미국	
유형: 단좌 전투 폭격기	
동력 장치: 104.5kN(23,500lb) 프랫 앤 휘트니 J75 터보제트 엔진 1개	
성능: 최대 속도 2,018km/h; 실용 상승 한도 15,850m(52,000ft); 전투 행동반경 370km	
무게: 자체 중량 12,474kg; 최대 이륙 중량 18,144kg	
크기: 날개폭 10.65m; 길이 19.58m; 높이 5.99m; 날개넓이 35.8㎡	
무장: 20mm M61 기관포 1문(탄약 1,029발 포함); 내부 폭탄창에 최대 3,629kg(8,000lb)의 폭탄 탑재; 외부 파일런 5개소에 추가로 2,722kg(6,000lb) 탑재	

리퍼블릭 F-105F 선더치프

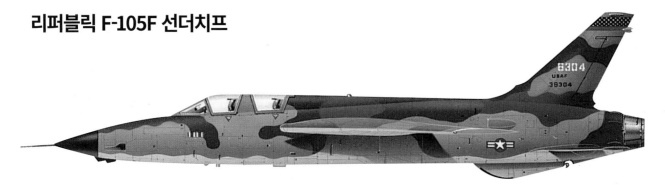

1962년에 미국 공군은 복좌 F-105F 훈련기 143대를 주문했다. 이 항공기는 이중 조종 장치와 전 운항장비를 갖추고 있었다. 앞뒤로 나란히 붙은 조종석을 넣기 위해 동체의 길이는 약간 길어졌다. 이 항공기는 원래 훈련과 전환 훈련을 위한 항공기로 계획되었다. 하지만 베트남의 분쟁에서 미국의 개입함에 따라 고성능 전투 폭격기에 대한 긴급한 요구가 생겨 많은 수가 이 전쟁 무대에서 작전에 사용되었다.

제원	
제조 국가: 미국	
유형: 복좌 작전 훈련기	
동력 장치: 108.9kN(24,500lb) 프랫 앤 휘트니 J75-19W 터보제트 엔진 1개	
성능: 최대 속도 2,382km/h; 실용 상승 한도 15,850m(52,000ft); 전투 행동반경 370km(750lb 폭탄 16발을 탑재할 때)	
무게: 자체 중량 12,890kg; 최대 이륙 중량 24,516kg	
크기: 날개폭 10.65m; 길이 21.21m; 높이 6.15m; 날개넓이 35.8㎡	
무장: 20mm M61 기관포 1문(탄약 1,029발); 최대 3,629kg(8,000lb)의 폭탄 탑재; 파일런에 추가로 2,722kg(6,000lb) 탑재	

미코얀 구레비치 MiG-17 '프레스코'

북베트남 공군은 1964년에 첫 전투기 부대인 제921 '사오 도(Sao Do, 붉은 별)' 연대를 창설했다. 이 부대는 1965년 4월 F-105D를 상대로 최초의 확인된 승리를 거뒀다. MiG-17은 대부분 23mm와 37mm 기관포로 상대를 격추했다.

제원	
제조 국가: 소련	
유형: 단좌 전투기	
동력 장치: 33.1kN(7,452lb) 클리모프 VK-1F 터보제트 엔진 1개	
성능: 최대 속도 3000m 높은 고도에서 1,145km/h; 실용 상승 한도 16,600m (54,560ft); 항속 거리 1,470km	
무게: 자체 중량 4,100kg; 최대 적재 중량 600kg	
크기: 날개폭 9.45m; 길이 11.05m; 높이 3.35m; 날개넓이 20.6m²	
무장: 37mm N-37 기관포 1문, 23mm NS-23 기관포 2문, 날개 아래 파일런에 최대 500kg(1,102lb) 탑재	

미코얀 구레비치 MiG-19S '파머'

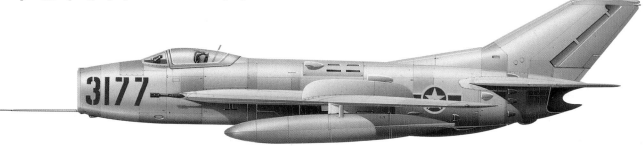

MiG-19 즉 선양 J-6는 1965년 북베트남 공군 제925 연대에 취역했다. 작고 민첩한 MiG 항공기들은 상대하기가 어려웠다. 특히 미국의 교전 규칙은 조종사들에게 신원을 확인할 수 있을 만큼 충분히 접근하라고 지시하고 있어서, 결국 중거리 미사일을 쓸 수 없게 되기 때문에 더욱 어려웠다.

제원	
제조 국가: 소련	
유형: 단좌 전천후 요격기	
동력 장치: 31.9kN(7165lb) 클리모프 RD-9B 터보제트 엔진 2개	
성능: 최대 속도 1,480km/h (9,080m 고도에서) ; 실용 상승 한도 17,900m (58,725ft); 최대 항속 거리 2,200km(고고도에서 낙하 연료탱크를 탑재할 때)	
무게: 자체 중량 5,760kg; 최대 이륙 중량 9,500kg	
크기: 날개폭 9m; 길이 13.58m; 높이 4.02m; 날개넓이 25m²	
무장: 날개 아래 파일런에 AA-1 알칼리 공대공 미사일 4발, 또는 AA-2 아톨 공대공 미사일	

미코얀 구레비치 MiG-21 MF '피시베드'

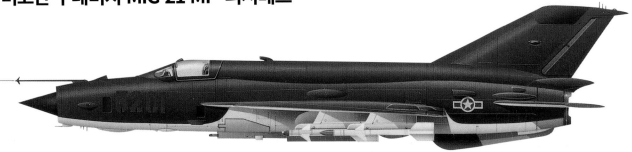

베트남 전쟁에서 상위 5위 안에 드는 에이스는 모두 1965년에 전쟁에 투입된 MiG-21을 조종했다. 응웬 반 꼭(Nguyen Van Coc)은 앞서가는 MiG-21 조종사였는데, 1967년 4월에서 1968년 12월 사이에 미국 공군 및 해군 항공기 7대와 무인 항공기 2대를 파괴하였다.

제원	
제조 국가: 소련	
유형: 단좌 전천후 다용도 전투기	
동력 장치: 추력 60.8kN(14,550lb) 투만스키 R-13-300 후기 연소 터보제트 엔진 1개	
성능: 최대 속도 2,229km/h(고도 11,000m 이상에서); 실용 상승 한도 17,500m (57,400ft); 항속 거리 1,160km(내부 연료로)	
무게: 자체 중량 5,200kg; 최대 이륙 중량 10,400kg	
크기: 날개폭 7.15m; 길이 15.76m(재급유 프로브 포함); 높이 4.1m); 날개넓이 23m²	
무장: 동체 아래쪽에 23mm 2총열 기관포 1문, 날개 아래 파일런 4개에 1,500kg (3,307lb) 탑재	

록히드 P-3 오리온

L-188 엘렉트라 여객기에서 파생된 P-3 오리온은 세계에서 가장 널리 사용된 해상 초계기가 되었다. 주로 대잠 활동을 위해 개발된 오리온 기본형은 또한 대함, 수색 및 구조, 육상 정찰 임무도 수행할 수 있다. 전문화된 파생 기종은 공중 레이더 감시, 전자정보 수집 및 과학조사 작업에 사용된다.

P-3A 오리온

P-3A는 1962년 미국 해군에 취역했다. 이 모델은 총 157대가 제작되었는데 모두 내수용이었다. 1975년에 미국 해군 제19 초계비행대대(예시 참조)는 처음으로 내부 배치가 변경되었고, 훨씬 개선된 컴퓨터와 항법 장치를 갖춘 P-3C를 수령하였다.

제원	
제조 국가: 미국	
유형: 4발 해상 초계기	
동력 장치: 3,356kW(4,500마력) 알리슨 T56-A10W 터보프롭 엔진 4개	
성능: 최대 속도 766km/h; 항속 거리 4,075km; 실용 상승 한도 8,625m(28,300ft)	
무게: 자체 중량 27,216kg; 최대 이륙 중량 60,780kg	
크기: 날개폭 30,37m; 길이 35,61m; 높이 10,27m; 날개넓이 120,8㎡	
무장: 폭탄, 기뢰, 어뢰 등 최대 9,070kg(20,000lb) 탑재	

P-3B 오리온

뉴질랜드 공군은 1966년부터 오리온을 운용해왔다. 1980년대에 뉴질랜드 공군의 P-3B 다섯 대는 모두 P-3C와 동등한 항전장비를 갖춘 P-3K 규격으로 개량되었다. 몇 가지 구조 개량으로 이 항공기들의 운용 수명은 더욱 연장되었다.

제원	
제조 국가: 미국	
유형: 4발 해상 초계기	
동력 장치: 3,700kW(4,600마력) 알리슨 T56-A-14 터보프롭 엔진 4개	
성능: 최대 속도 766km/h; 항속 거리 4,075km); 실용 상승 한도 8,625m(28,300ft)	
무게: 자체 중량 27,216kg; 최대 이륙 중량 60,780kg	
크기: 날개폭 30,37m; 길이 35,61m; 높이 10,27m; 날개넓이 120,8㎡	
무장: 폭탄, 기뢰, 어뢰 등 최대 9,070kg(20,000lb) 탑재	

EP-3E 에리스 II

P-3A를 기반으로 만든 EP-3E는 모든 대잠전 임무 장비를 전자 정보 수집을 위한 안테나 시스템으로 교체했다. 이 EP-3E 에리스 II는 미국 해군항공대의 제1정찰비행대 '월드 와처즈(World Watchers, 세계의 관찰자들)' 부대에서 운용되었는데, 2001년 4월 이들 중 한 대가 중국에 불시착하면서 세계의 주목을 받았다.

제원	
제조 국가: 미국	
유형: 4발 해상 초계기	
동력 장치: 3,356kW(4,500마력) 알리슨 T56-A10W 터보프롭 엔진 4개	
성능: 최대 속도 766km/h; 항속 거리 4,075km; 실용 상승 한도 8,625m(28,300ft)	
무게: 자체 중량 27,216kg; 최대 이륙 중량 60,780kg	
크기: 날개폭 30,37m; 길이 35,61m; 높이 10,27m; 날개넓이 120,8㎡	
무장: 없음	

RP-3A 오리온

'엘 코요테(El Coyote)'는 개조된 P-3A로 미국 해군 해양연구소에서 전 세계의 해수 온도와 조류, 염도를 측정하는 해양 조사 사업에 사용했다. 이 자료는 일반적인 환경 연구뿐 아니라 잠수함 추적에도 응용되었다.

제원	
제조 국가: 미국	
유형: 4발 해상 초계기	
동력 장치: 3,356kW(4,500마력) 알리슨 T56-A10W 터보프롭 엔진 4개	
성능: 최대 속도 766km/h; 항속 거리 4,075km; 실용 상승 한도 8,625m(28,300ft)	
무게: 자체 중량 27,216kg; 최대 이륙 중량 60,780kg	
크기: 날개폭 30,37m; 길이 32,3m; 높이 10,44m; 날개넓이 120,8㎡	
무장: 없음	

P-3 오리온 AEW&C

록히드가 민간사업으로 개발한 P-3 AEW&C(공중 조기 경보 및 통제) 항공기는 E-3 센트리를 구입할 능력이 없는 국가들에 제안되었다. 유일한 고객은 레이더 돔을 이용해서 카리브해에서 마약을 운반하는 선박과 항공기를 찾는 미국 관세청이었다.

제원	
제조 국가: 미국	
유형: 공중 경보 및 통제기	
동력 장치: 3,700kW(4,600마력) 알리슨 T56-A-14 터보프롭 엔진 4개	
성능: 최대 속도 알 수 없음; 항속 거리 알 수 없음; 실용 상승 한도 8,625m(28,300ft)	
무게: 알 수 없음	
크기: 날개폭 30,37m; 길이 35,61m; 높이 10,27m; 날개넓이 120,8㎡	
무장: 없음	

수직 이착륙 항공기

주요 전쟁에서는 초기 몇 시간 동안은 고정된 비행장이 제대로 돌아가지 않을 것이 확실하였으므로 1960년대 내내 전장과 가까운 숲속의 개간지 같은 곳에서 수직 이착륙할 수 있는 항공기를 만들려는 노력이 계속되었다. 이용할 수 있는 추력으로는 대부분의 개념들이 좋지 않은 성과를 냈지만 P.1127은 1969년부터 영국 공군에서 운용한 해리어의 기반을 만들었다.

라이언 XV-5A

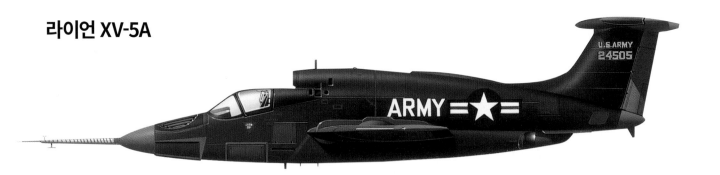

XV-5는 미국 공군을 위해 잠재적인 전장 감시 항공기로 개발되었다. 동력 체계는 쌍발 엔진으로 3개의 팬을 구동하여 양력을 제공하고 피치(pitch, 키놀이)를 제어했다. 1964년 5월에 첫 비행을 했고, 7월에 최초의 수직 비행을 했다. 그러나 이 시제기는 1965년에 사고로 파괴되었다. 육군의 시험 과정에서 1967년까지 338회 비행을 했다.

제원	
제조 국가: 미국	
유형: 단좌 전투기	
동력 장치: 추력 11.79kN(2,650lb) 제너럴 일렉트릭 J85-GE-5 터보제트 엔진 2개	
성능: 최대 속도 804km/h; 항속 거리 알 수 없음; 실용 상승 한도 12,200m(40,028ft)	
무게: 적재 중량 5,580kg	
크기: 날개폭 9.09m; 길이 13.56m; 높이 4.5m	
무장: 7.7mm(0.303인치) 브라우닝 기관총 8발	

VFW-포커 VAK-191B

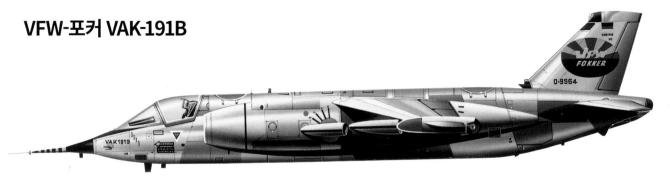

서독과 네덜란드의 합작품인 VAK 191B 수직 이착륙 항공기는 상당히 전통적인 후퇴익 단엽기 구성으로 설계된 정찰 공격기였다. 시제기 3대 중 첫 번째가 1971년에 비행을 했지만 작은 날개 때문에 단거리 이륙과 착륙에 방해를 받았고, 이 사업은 1970년대 중반에 종료되었다.

제원	
제조 국가: 독일/네덜란드	
유형: 실험 수직 이착륙 항공기	
동력 장치: 롤스로이스 R.B 162-81 양력 제트 엔진 2개, 전방 추진을 위한 롤스로이스/MTU R.B 193-12 추력 편항 터보팬 엔진 1개	
성능: 최대 속도 1,046km/h(추정) ; 실용 상승 한도 15,250m(50,000ft)(추정) ; 항속 거리 500km	
무게: 최대 수직 이륙 중량 8,000kg	
크기: 날개폭 6.16m; 길이 13m; 높이 4m	
무장: 없음	

TIMELINE   1960    1964

야코블레프 Yak-38 '포저-A'

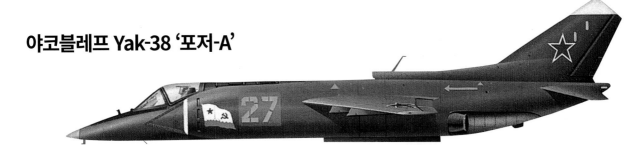

해리어 항공기를 제외하면 Yak-38은 비록 성능이 훨씬 떨어지긴 했지만 세계에서 유일하게 운용 가능한 수직 이착륙 제트기였다. 1976년에 운용되기 시작했다. 해리어와는 달리 Yak-38은 양력을 위해 조종석 뒤에 앞뒤로 나란히 장착된 2개의 고정식 터보제트 엔진을 사용하였고, 동체 맨 위에 보조 흡입구가 있었다. 여기에 후방 동체에 있는 제3의 추력 편향 엔진으로 보강했다.

제원
제조 국가: 소련
유형: 수직 이착륙 함상 전투 폭격기
동력 장치: 29.9kN(6,724lb) 리빈스크 RD-36-35VFR 양력 터보제트 엔진 2개; 6,950kg(15,322lb) 투만스키 R-27V-300 추력 편향 터보제트 엔진 1개
성능: 최대 속도 고고도에서 1,009km/h; 실용 상승 한도: 12,000m(39,370ft); 전투 항속 거리, 최대로 무기를 탑재하고 하이-로-하이 임무(hi-lo-hi, 목표지점까지 고공비행하고 저공으로 강하하여 폭격 후 다시 고공비행으로 복귀하는 임무; 역자 주)에서 370km
무게: 자체 중량 7,485kg; 최대 이륙 중량 11,700kg
크기: 날개폭 7.32m; 길이 15.5m; 높이 4.37m; 날개넓이 18.5㎡
무장: 외부 하드포인트 4개소에 미사일, 폭탄, 포드, 낙하 연료탱크 등 2,000kg (4,409lb) 탑재

호커 시들리 P.1127

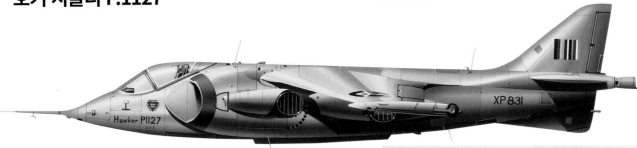

해리어 제품군이 되는 첫 번째 항공기인 P.1127은 1960년 11월에 첫 비행을 했다. 종래 방식으로 수많은 시험 비행과 지상 시험을 거쳤고, 1961년 9월에 최초로 완전한 수직 이착륙 비행을 했다. P.1127은 5대가 제작되었고, 그중 한 대가 1963년에 최초로 항공모함에 수직 착함했다.

제원
제조 국가: 영국
유형: 수직 이착륙 실험 항공기
동력 장치: 추력 67kW(15,000lb) 브리스톨 시들리 페가수스 3 추력 편향 터보팬 엔진 1대
성능: 최대 속도 878km/h; 항속 거리, 알 수 없음; 실용 상승 한도, 알 수 없음
무게: 자체 중량 4,500kg; 최대 이륙 중량 17,000kg
크기: 날개폭 6.99m; 길이 12.95m; 높이 3.28m; 날개넓이 18.68㎡
무장: 없음

호커 시들리 케세트렐 FGA.1

P.1127 실험기의 성공으로 케세트렐이 운용 평가를 받게 되었다. 3자 평가비행 대대라고 했던 영국, 서독, 미국(육군 및 해군) 3개국의 시험단이 1964년에서 1965년 사이 모의 임무에서 케세트렐 9대를 비행했다.

제원
제조 국가: 영국
유형: 수직 이착륙 실험 항공기
동력 장치: 추력 51.2kN(11,500lb) 브리스톨 시들리 페가수스 6 추력 편향 터보팬 엔진
성능: 최대 속도 878km/h(545mph); 항속 거리, 알 수 없음; 실용 상승 한도 알 수 없음
무게: 자체 중량 4,500kg; 최대 이륙 중량 17,000kg
크기: 날개폭 6.99m; 길이 12.95m; 높이 3.28m; 날개넓이 18.68㎡
무장: 없음

1971

1세대 해리어

영국 공군의 제1 비행대대는 1969년에 첫 수직 이착륙 전투기를 도입하여 운용했다. 이 항공기는 곧 미국 해병대의 관심을 끌었고, 1971년에 AV-8A 110대를 주문했다. 이후 스페인과 태국이 AV-8A를 소형 항공모함에서 운용하기 위해 구입했다. 복좌 버전은 조종사들에게 수직 이착륙 비행의 특별한 점을 소개하기 위해 생산되었고, 제자리 비행 중 발생하던 사고를 줄이는데 도움이 되었다.

AV-8A 해리어

미국의 AV-8A는 AIM-9 사이드와인더 미사일의 성능과 같은 약간의 변경 외에는 영국 공군의 해리어 GR.1과 동일한 항공기였다. 미국 해병대는 AV-8을 근접 공중 지원 역할로 그들의 수륙 양용 항공모함과 해안기지에서 운용했다. 재조립한 AV-8A 47대는 AV-8C라고 명칭을 붙였다.

제원	
제조 국가: 영국	
유형: 수직 이착륙 근접지원기 및 정찰기	
동력 장치: 추력 91.2kN(20,500lb) 롤스로이스 페가수스 10 추력 편향 터보팬 엔진 1개	
성능: 최대 속도 저고도에서 1,186km/h 이상; 실용 상승 한도 15,240m(50,000ft) 이상; 항속 거리 5,560km (공중 재급유 1회 포함)	
무게: 기본 운항 중량 5,579kg; 최대 이륙 중량 11,340kg	
크기: 날개폭 7.7m; 길이 13.87m; 높이 3.45m; 날개넓이 18.68㎡	
무장: 동체 아래 및 날개 아래 하드포인트에 최대 2,268kg(5,000lb) 탑재; 30mm 아덴 기관포 1문(탄약 150발 포함), 로켓, 폭탄	

해리어 GR.3

GR.3 해리어는 GR.1과 기본적으로 동일했지만 9,753kg(21,500파운드) 롤스로이스 페가수스 103 터보팬 엔진을 새로 장착했다. GR.3의 표준 장비에는 공중 재급유 장비, 전방표시장치, 레이저 거리계 등이 포함되었다. 1970년부터 영국 공군 1개 비행대대와 독일의 3개 비행대대가 GR.3을 운용했다.

제원	
제조 국가: 영국	
유형: 수직 이착륙 근접지원기 및 정찰기	
동력 장치: 95.6kN(21,500lb) 롤스로이스 페가수스 추력 편향 터보팬 엔진 1개	
성능: 최대 속도 1,186km/h 이상; 실용 상승 한도 15,240m(50,000ft) 이상; 항속 거리 5,560km(공중 재급유 1회)	
무게: 자체 중량 5,579kg; 최대 이륙 중량 11,340kg	
크기: 날개폭 7.7m; 길이 13.87m; 높이 3.45m; 날개넓이 18.68㎡	
무장: 최대 2,268kg(5,000lb) 탑재; 30mm 아덴 기관포 1문(탄약 150발 포함), 로켓 및 폭탄	

해리어 T.4

영국 공군의 해리어 GR.1 다음으로 T.2 전환 훈련기가 그 뒤를 이었다. GR.3이 도입되었을 때 살아남은 T.2는 기수에 레이저 거리계를 장착하고 GR.3의 다른 항전장비를 추가하여 T.4로 개조되었다. 25대의 T.4가 새로 제작되거나 T.2에서 개조되었다.

제원

제조 국가: 영국	
유형: 수직 이착륙 근접지원기 및 정찰기	
동력 장치: 95,6kN(21,500lb) 롤스로이스 페가수스 추력 편향 터보팬 엔진 1개	
성능: 최대 속도 1,186km/h 이상; 실용 상승 한도 15,240m(50,000ft) 이상; 항속거리 5,560km (공중 재급유 1회)	
무게: 자체 중량 5,579kg; 최대 이륙 중량 11,340kg	
크기: 날개폭 7,7m; 길이 13,87m; 높이 3,45m; 날개넓이 18,68㎡	
무장: 최대 2,268kg(5,000lb) 탑재; 30mm 아덴 기관포 1문(탄약 150발 포함), 로켓 및 폭탄	

AV-8S 마타도르

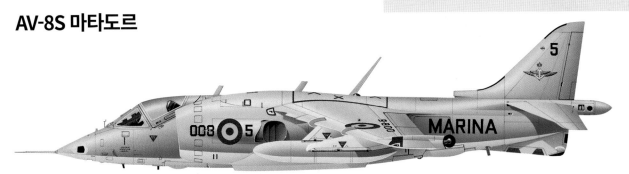

스페인의 해군은 1976년에 제2차 세계대전 당시 호위 항공모함이었던 디달로 호에서 운용하기 위해 미국에서 초기의 해리어 12대를 구입했다. 이 항공기들의 현지 명칭은 AV-8S 마타도르(Matador, 투우사)였다. 2대는 TAV-8S 훈련기였다. 스페인은 후에 AV-8B 해리어 II를 구입하고 남아 있던 AV-8S들은 태국에 팔았다.

제원

제조 국가: 영국	
유형: 수직 이착륙 근접지원기 및 정찰기	
동력 장치: 추력 91,2kN(20,500lb) 롤스로이스 페가수스 11 추력 편향 터보팬 엔진 1개	
성능: 최대 속도 1,186km/h 이상; 실용 상승 한도 15,240m(50,000ft) 이상; 항속거리 5,560km(공중 재급유 1회)	
무게: 자체 중량 5,579kg; 최대 이륙 중량 11,340kg	
크기: 날개폭 7,7m; 길이 13,87m; 높이 3,45m; 날개넓이 18,68㎡	
무장: 최대 2,268kg(5,000lb) 탑재; 30mm 아덴 기관포 1문(탄약 150발 포함), 로켓, 폭탄	

시 해리어 FRS.Mk 1

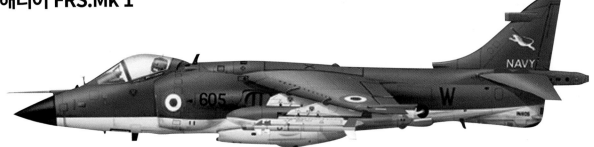

영국 해군은 경항공모함 3척에서 전투기, 대잠기 및 지상 공격기 역할로 운용하기 위해 시 해리어 FRS.1을 주문했다. 블루 폭스 레이더를 설치하기 위해 기수가 더 길어졌고, 조종석은 더 큰 항전장비를 설치하고 조종사의 전반적인 시야를 향상하기 위해 위로 올려졌다. 이 항공기는 포클랜드 전쟁에서 중요한 자산이라는 것을 증명했다.

제원

제조 국가: 영국	
유형: 함재 다용도 전투기	
동력 장치: 95,6kN(21,500lb) 롤스로이스 페가수스 추력 편향 터보팬 엔진 1개	
성능: 최대 속도 1,110km/h; 실용 상승 한도 15,545m(51,000ft); 요격 행동반경 740km	
무게: 자체 중량 5,942kg; 최대 이륙 중량 11,884kg	
크기: 날개폭 7,7m; 길이 14,5m; 높이 3,71m; 날개넓이 18,68㎡	
무장: 30mm 기관포 2문, AIM-9 사이드와인더 또는 마트라 매직 공대공 미사일, 하푼 또는 시 이글 대함 미사일 2발, 최대 3,629kg(8,000lb)의 폭탄 탑재	

마지막 비행정

방어해야하는 중요한 해역을 가진 나라들에게는 대형 비행정과 수륙 양용정은 제2차 세계대전 이후로도 오랫동안 군사적 역할을 계속했다. 해로 순찰, 대잠전, 기뢰 부설, 전투 탐색 및 구조는 수면 위를 낮게 비행하는 항공기들에게 적합한 임무들이었다. 오늘날까지도 일본은 소규모 신메이와(新明和) 수륙 양용정 함대를 보유하고 있고, 베리예프는 주로 소방용 항공기로 사용되는 제트 비행정을 생산하고 있다.

마틴 P5M 말린

말린(Marlin, 청새치)은 전후에 매리너를 대체한 비행정이었다. 미국 해군은 베트남전 내내 북에서 오는 베트콩 수송 선박들을 잡는데 이 비행정을 사용했다. 프랑스는 1959년에 서아프리카에서 해군항공대가 사용하기 위해 P5M 10대를 빌렸다.

제원	
제조 국가:	미국
유형:	(PFM-2) 쌍발 비행정
동력 장치:	2,570kW(3,450마력) 라이트 R-3350-32WA 레이디얼 피스톤 엔진 2개
성능:	최대 속도 404km/h; 항속 거리 3,300km; 실용 상승 한도 7,300m(24,000ft)
무게:	자체 중량 22,900kg; 최대 이륙 중량 38,600kg
크기:	날개폭 35.7m; 길이 30.7m; 높이 100m; 날개넓이 130.1㎡
무장:	폭탄, 기뢰 또는 어뢰 등 최대 3,629kg(8,000lb) 또는 핵 폭뢰 1발

베리예프 Be-10 '맬로우'

나토 보고명이 '맬로우(Mallow, 아욱)'였던 Be-10은 1940년대와 1950년대에 소량 제작되었던 몇몇 제트 엔진 비행정 기종 중 하나였다. Be-10은 1961년에 공개되었고 동급에서 몇몇 기록을 경신했지만 대규모로 취역하지 않았다.

제원	
제조 국가:	소련
유형:	쌍발 제트 비행정
동력 장치:	추력 71.2kN(16,000lb) 리율카 AL-7PB 터보제트 엔진 2개
성능:	최대 속도 910km/h; 실용 상승 한도 12,500m(41,010ft); 항속 거리 3,150km
무게:	자체 중량 27,600kg; 최대 이륙 중량 48,500kg
크기:	날개폭 28.6m; 길이 31.45m; 높이 10.7m; 날개넓이 130㎡
무장:	23mm AM-23 기관포 4문; 최대 1,360kg(3,000lb)의 폭탄, 어뢰, 또는 기뢰

TIMELINE

 1937

 1948

 1956

베리예프 Be-12 '메일'

Be-12 '메일(Mail, 우편)' 수륙 양용정은 '맬로우'보다 더 가치 있는 신개발품으로 여겨졌다. 피스톤 엔진을 탑재한 Be-6에서 파생된 Be-12는 1960년에 첫 비행을 했고, 세계의 바다 위를 순찰하면서 서방의 조종사들과 자주 마주쳤다. 여전히 러시아에서 소수가 운용되고 있다.

제원	
제조 국가: 소련	
유형: 쌍발 수륙 양용정	
동력 장치: 3,864kW(5,180마력) 이브첸코 프로그레스 AI-20D 터보프롭 엔진 2개	
성능: 최대 속도 530km/h; 항속 거리 3,300km; 실용 상승 한도 8,000m	
무게: 자체 중량 24,000kg; 최대 이륙 중량 36,000kg	
크기: 날개폭 29.84m; 길이 30.11m; 높이 7.94m; 날개넓이 99㎡	
무장: 폭탄, 폭뢰 또는 기뢰 등 1,500kg(3,300lb) 탑재	

쇼트 선더랜드

뉴질랜드 공군은 전시에 선더랜드 III 4대를 구입했고, 1950년대 초에 뉴질랜드와 태평양의 섬들에 대한 초계를 위해 16대를 더 구입했다. 마지막 비행정들은 제5 비행대대에서 운용되었으며, 1967년에 P-3B 오리온으로 완전히 교체되었다.

제원	
제조 국가: 영국	
유형: (선더랜드 Mk I) 10좌 해상 정찰 비행정	
동력 장치: 753kW (1010마력) 브리스톨 페가수스 XXII 9기통 단열 레이디얼 엔진 4개	
성능: 최대 속도 336km/h; 실용 상승 한도 45.70m (15,000ft); 항속 거리 4,023km	
무게: 자체 중량 13,875kg; 최대 이륙 중량 22,226kg	
크기: 날개폭 34.38m; 길이 26.0m ; 높이 10.52m	
무장: 기수 터렛, 꼬리 날개 터렛, 각 측면 총좌에 0.303인치 기관총 8정; 내부에 폭탄, 폭뢰, 기뢰 등 907kg(2,000lb) 탑재	

신메이와 PS-1

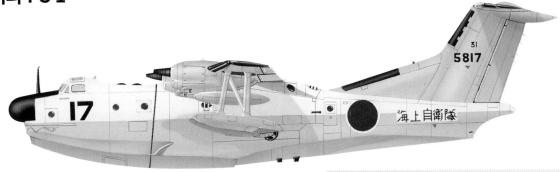

전쟁 시기의 가와니시를 계승한 신메이와는 1960년대 말에 일본 해상자위대용으로 PS-1 비행정을 개발했다. US-1A는 접어넣을 수 있는 착륙장치가 장착된 공중 해상 구조용 파생기종이며, 여전히 소수가 운용되고 있다.

제원	
제조 국가: 일본	
유형: 4발 비행정	
동력 장치: 2,250kW(3,017마력) 제너럴 일렉트릭 T-64-IHI-10J 터보프롭 엔진 4개	
성능: 최대 속도 545km/h; 항속 거리 4,700km; 실용 상승 한도 9,000m(29,550ft)	
무게: 자체 중량 26,300kg; 최대 이륙 중량 43,000kg	
크기: 날개폭 33.1m; 길이 33.5m; 높이 9.7m; 날개넓이 135.8㎡	
무장: 폭탄, 어뢰 또는 폭뢰	

1960

1967

콘베어 삼각익기

1948년, 콘베어사는 초음속 전투기 개발 계획의 일환으로 세계 최초의 삼각날개(delta-wing) 항공기인 XF-92A를 개발했다. 이 계획은 종료되었지만 이후 미국 공군은 휴즈 MX-1179 전자 제어 장치를 탑재하는 매우 발전된 차세대 전천후 요격기에 대한 요구사항을 발표했다. 이로써 항공기가 사실상 자신의 항공 전자 장비에 종속되었는데, 이것은 1950년대 초에는 급진적인 개념이었다. 콘베어는 1961년 9월에 계약을 따냈다.

F-102 델타 대거

F-102 시제기의 초기 비행 시험은 만족스럽지 않았지만 설계를 제대로 수정하여 875대를 인도하였다. 수색 모드에서 조종사는 두 개의 조종간으로 조종하였다. 왼쪽 조종간은 후퇴각과 레이더 범위를 조정하는데 사용했다.

제원
제조 국가: 미국
유형: 단좌 초음속 전천후 전투기 및 요격기
동력 장치: 76.5kN(17,200lb) 프랫 앤 휘트니 J57-P-23 터보제트 엔진 1개
성능: 최대 속도 10,970m(36,000ft) 고도에서 1,328km/h; 실용 상승 한도 16,460m(54,000ft); 항속 거리 2,172km
무게: 자체 중량 8,630kg; 최대 이륙 중량 14,288kg
크기: 날개폭 11.62m; 길이 20.84m; 높이 6.46m; 날개넓이 61.45㎡
무장: AIM-26/26A 팰컨 미사일 2발, 또는 AIM-26/26A 1발과 AIM-4A 팰컨 미사일 2발, 또는 AIM-26/26A 1발과 AIM-4C/D 2발, 또는 AIM-4A 6발, 또는 AIM-4C/D 6발, 일부 항공기는 2.75인치 꼬리 날개를 접을 수 있는 로켓 12발 장착

F-102 델타 대거

델타 대거(Dagger, 단검)의 유일한 수출 고객은 그리스와 터키였다. 1974년에 키프로스를 둘러싸고 두 나라가 전쟁을 벌였을 때 양측의 F-102가 서로 간에 결정적인 교전을 벌였다. 1980년에는 양측 모두 퇴역하여 재대결은 없었다.

제원
제조 국가: 미국
유형: 단좌 초음속 전천후 전투기 및 요격기
동력 장치: 76.5kN(17,200lb) 프랫 앤 휘트니 J57-P-23 터보제트 엔진 1개
성능: 최대 속도 10,970m(36,000ft) 고도에서 1,328km/h; 실용 상승 한도 16,460m(54,000ft); 항속 거리 2,172km
무게: 자체 중량 8,630kg; 최대 이륙 중량 14,288kg
크기: 날개폭 11.62m; 길이 20.84m; 높이 6.46m; 날개넓이 61.45㎡
무장: 다양한 조합의 공대지 미사일, 일부 항공기는 2.75인치 꼬리 날개를 접을 수 있는 로켓 12발 장착

TF-102 델타 대거

복좌 TF-102A는 훈련기 버전에서는 흔치 않게 조종석이 옆으로 나란히 앉게
배치되었다. 이 항공기는 F-102A의 무기 능력은 유지하였지만 항공기 성능은
저하되었다. TF-102는 베트남에서 B-52 폭격기 호위를 포함해 몇몇 임무에 사
용되었다.

제원	
제조 국가: 미국	
유형: 단좌 초음속 전천후 전투기 및 요격기	
동력 장치: 76.5kN(17,200lb) 프랫 앤 휘트니 J57-P-23 터보제트 엔진 1개	
성능: 최대 속도 10,970m(36,000ft) 고도에서 1,328km/h; 실용 상승 한도 16,460m(54,000ft); 항속 거리 2,172km	
무게: 자체 중량 8,630kg; 최대 이륙 중량 14,288kg	
크기: 날개폭 11.62m; 길이 20.84m; 높이 6.46m; 날개넓이 61.45㎡	
무장: AIM-26/26A 팰컨 미사일 2발, 또는 AIM-26/26A 1발과 AIM-4A 팰컨 미사일 2발, 또는 AIM-26/26A 1발과 AIM-4C/D 2발, 또는 AIM-4A 6발, 또는 AIM-4C/D 4발, 일부 항공기는 2.75인치 꼬리 날개를 접을 수 있는 로켓 12발 장착	

F-106A 델타 다트

F-102는 휴즈 전자 제어 장치를 탑재하게 설계되었지만 항전장비가 제때 인도
되지 못했고, 그래서 F-106에 탑재하는 것으로 일정이 재조정되었다. 그런데
F-106 계획은 엔진 문제로 지연되었으며, 비행 시험 결과도 실망스러웠다. 이
항공기는 결국 1959년 10월에 취역했고, 최신 버전은 1988년까지 현역으로 남
아있었다.

제원	
제조 국가: 미국	
유형: 단좌 초음속 전천후 전투기 및 요격기	
동력 장치: 76.5kN(17,200lb) 프랫 앤 휘트니 J57-P-23 터보제트 엔진 1개	
성능: 최대 속도 10,970m(36,000ft) 고도에서 1,328km/h; 실용 상승 한도 16,460m(54,000ft); 항속 거리 2,172km	
무게: 자체 중량 8,630kg; 최대 이륙 중량 14,288kg	
크기: 날개폭 11.62m; 길이 20.84m; 높이 6.46m; 날개넓이 61.45㎡	
무장: 다양한 조합의 공대지 미사일, 일부 항공기는 2.75인치 꼬리 날개를 접을 수 있는 로켓 12발 장착	

F-106B 델타 다트

델타 다트의 훈련기 버전인 F-106B는 전투 역시 가능했고, TF-102와는 달리
두개의 조종석이 앞뒤로 나란히 배치되었다. 캘리포니아 주방위군 공군의 2개
부대를 포함한 각 F-106 부대에는 복좌기가 한 대씩 배정되었다.

제원	
제조 국가: 미국	
유형: 초음속 전천후 단좌 전투기 및 요격기	
동력 장치: 76.5kN(17,200lb) 프랫 앤 휘트니 J57-P-23 터보제트 엔진 1개	
성능: 최대 속도 10,970m(36,000ft) 고도에서 1,328km/h; 실용 상승 한도 16,460m(54,000ft); 항속 거리 2,172km	
무게: 자체 중량 8,630kg; 최대 이륙 중량 14,288kg	
크기: 날개폭 11.62m; 길이 20.84m; 높이 6.46m; 날개넓이 61.45㎡	
무장: 다양한 조합의 공대지 미사일, 일부 항공기는 2.75인치 꼬리 날개를 접을 수 있는 로켓 12발 장착	

소련의 폭격기

소련의 장거리 공군은 소련에서 복제한 B-29 슈퍼포트리스를 사용하던 것에서부터 점차 발전하여 1960년대 초에는 강력한 제트기와 터보프롭 핵무장 폭격기 부대가 되었다. 투폴레프 설계국의 '베어(Bear, 곰)', '배저(Badger, 오소리)', '블라인더(Blinder, 눈가리개)' 폭격기가 부대의 중추를 이루었다. 미국의 전략 공군 사령부와는 달리 소련의 장거리 공군은 공중 초계를 하지 않았고, 공중 급유기가 매우 적었으며, 대신 북극의 출동대기 기지들에 의존했다.

일류신 II-28 '비글'

매우 이른 1948년에 시제기 형태로 처음 등장한 II-28은 영국에서 캔버라가 오랜 기간 매우 유연하게 다양한 역할로 운용되었던 것과 같은 정도로 동구권의 군대에서 유연하게 오랫동안 운용되었다. 시제기는 영국 정부가 정말 후회스럽게도 공급해준 롤스로이스 넨 엔진을 복제한 소련제 터보제트 엔진 2개로 구동되었다.

제원	
제조 국가: 소련	
유형: 3좌 폭격기 및 지상 공격기/ 이중 제어 훈련기/ 뇌격기	
동력 장치: 26,3kN(5,952lb) 클리모프 VK-1 터보제트 엔진 2개	
성능: 최대 속도 902km/h; 실용 상승 한도 12,300m(40,355ft); 항속 거리 2,180km, 폭탄 탑재시 1,100km	
무게: 자체 중량 12,890kg; 최대 이륙 중량 21,200kg	
크기: 날개폭 21,45m; 길이 17,65m; 높이 6,7m; 날개넓이 60,8㎡	
무장: 23mm NR-23 기관포 4문; 내부 폭탄 탑재량 최대 1,000kg(2,205lb), 최대 폭탄 탑재량 3,000kg(6,614lb); 뇌격기 버전은 400mm 경어뢰 2발 탑재	

미야시셰프 M-4 '바이슨 C'

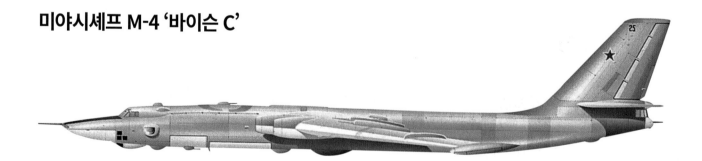

M-4는 '바이슨-A(Bison, 들소)' 전략 폭격기로는 적은 수량이 생산되었고, 나중에 장거리 전략 정찰 및 전자 방해책 임무에 맞게 개조되었다. '바이슨-C' 파생기종은 더 길고 수정된 기수 안에 대형 수색 레이더를 장착했다. '바이슨-C' 모델은 북극과 적도, 대서양과 태평양 상공의 고공 및 저공 임무를 수행하는 중에 가장 빈번하게 맞닥뜨렸다.

제원	
제조 국가: 소련	
유형: 다용도 정찰 폭격기	
동력 장치: 127,4kN(28,660lb) 솔로비예프 D-15 터보제트 엔진 4개	
성능: 최대 속도 900km/h; 실용 상승 한도 15,000m(49,200ft); 항속 거리 1,000km	
무게: 자체 중량 80,000kg; 적재 중량 170,000kg	
크기: 날개폭 50,48m; 길이 47,2m; 높이 14,1m; 날개넓이 309㎡	
무장: 전방 터렛 2개와 꼬리 터렛에 23mm 기관포 6문; 내부 폭탄창에 4,500kg (10,000lb) 이상 탑재	

투폴레프 Tu-22R '블라인더-C'

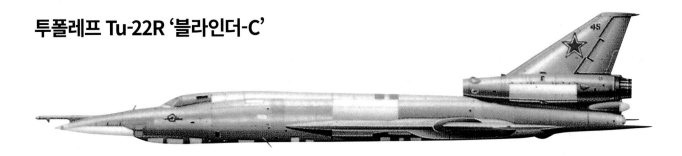

Tu-22는 1950년대 말에 서방의 새로운 세대 요격기와 미사일 체계로 인해 사실상 폐기된 Tu-16을 대체할 항공기로 개발되었다. Tu-22 '블라인더'는 적국의 영공을 고고도에서 고속으로 뚫고 들어갈 수 있게 설계되었다. '블라인더-C'는 무기창에 카메라와 감지 장치를 탑재한 해상 정찰기 전용 버전이었다.

제원
제조 국가: 소련
유형: 장거리 해상 정찰기 및 초계기
동력 장치: (추정) 117.6kN(26,455lb) 콜리에소프 VD-7 터보제트 엔진 2개
성능: 최대 속도 14.87km/h; 실용 상승 한도 18,300m(60,040ft); 전투 행동반경 내부 연료로 3,100km
무게: 자체 중량 40,000kg; 최대 이륙 중량 84,000kg
크기: 날개폭 23.75m; 길이 40.53m; 높이 10.67m; 날개넓이 162㎡
무장: 레이더 제어 꼬리 총좌에 23mm NR-23 2총열 기관포 1문; 내부 폭탄창에 핵무기와 자유낙하 폭탄 등 12,000kg(26,455lb), 또는 동체 아래에 AS-4 1 발 탑재

투폴레프 Tu-16R '배저-K'

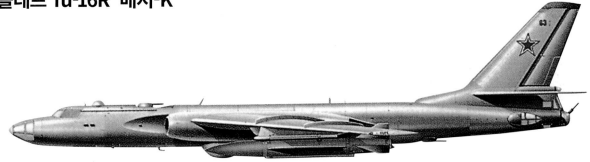

Tu-16R은 투폴레프 중형 폭격기의 해상 전자 정찰 버전이었다. '배저-E'는 무기창에 사진 정찰 장비와 수동형 전자정보 능력을 갖췄다. '배저-F'도 비슷했지만 대개 날개 아래에 전자신호 감시(Electronic Signal Monitoring, ESM) 포드를 탑재하였다. 배저-K는 배저-F를 기반으로 했지만 전자정보 능력이 강화되었다.

제원
제조 국가: 소련
유형: 중형 폭격기
동력 장치: 13.1kN(20,944lb) 미쿨린 RD-3M 터보제트 엔진 2개
성능: 최대 속도 6,000m 고도에서 960km/h; 실용 상승 한도 15,000m(49,200ft); 전투 항속 거리 4,800km(최대 무기 탑재시)
무게: 자체 중량 40,300kg; 최대 이륙 중량 75,800kg
크기: 날개폭 32.99m; 길이 36.5m; 높이 10.36m; 날개넓이 164.65㎡
무장: 전방동체 아래 1개 및 후방동체 아래 1개 총좌에 각각 23mm NR-23 기관 포 2문; 꼬리 날개의 레이더 제어 총좌에 23mm NR-23 기관포 2문

투폴레프 Tu-95 '베어'

Tu-95 '베어'는 독특하게 후퇴익 터보프롭 폭격기였다. 비록 상대 항공기들보다 느렸지만 항속거리가 엄청나게 길었다. 1956년에 취역하였고, 여전히 러시아에서 사용되고 있다. 후기 버전들은 다양한 크루즈 미사일을 탑재할 수 있었다.

제원
제조 국가: 소련
유형: 4발 터보프롭 폭격기
동력 장치: 11,000kW(14,800마력) 쿠즈네초프 NK-12MV 터보프롭 엔진 4개
성능: 최대 속도 920km/h; 항속 거리 15,000km; 실용 상승 한도 12,000m(39,000ft)
무게: 자체 중량 90,000kg; 최대 이륙 중량 188,000kg
크기: 날개폭 51.1m; 길이 49.5m; 높이 12.12m; 날개넓이 310㎡
무장: 23mm AM-23 기관포 2문; 최대 15,000kg (33,000lb)의 폭탄 또는 대지 미사일 또는 대함 미사일

영국 해군항공대

영국의 해군항공대는 허미즈함과 아크 로얄함 같은 새로운 항공모함과 초음속 전투기와 공격기를 도입하면서 세계의 많은 지역에 공군력을 보내고 핵무기를 전개할 수 있었다. 하지만 이들의 항공기는 기술적으로 미국의 항공기보다 뒤처지고 있었고, 총 배치 숫자도 예산 압박으로 인해 줄어들고 있었다. 1978년 아크 로얄함이 퇴역하면서 재래식 고정 날개 해군 항공기는 버림받았다.

슈퍼마린 시미터 F.1

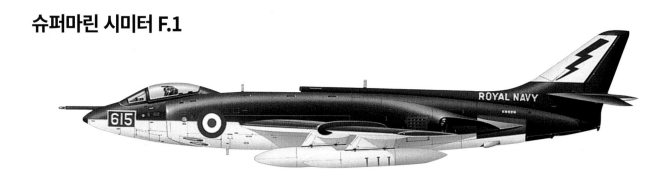

시미터(Scimitar, 언월도)는 개발 기간이 매우 길었다. 첫 시제기인 슈퍼마린 508은 얇고 곧은 주날개와 나비형(V형) 꼬리 날개를 가진 항공기였다. 양산 항공기는 1957년 8월부터 인도되었다. 시미터는 총 76대가 제작되어 영국 해군 항공대에 유능한 저공 초음속 공격기로 인도되었고, 1969년에 버커니어(Buccaneer, 해적)로 대체되었다.

제원	
제조 국가: 영국	
유형: 단좌 함상 다용도 항공기	
동력 장치: 50kN(11,250lb) 롤스로이스 에이본 202 터보제트 엔진 2개	
성능: 최대 속도 1,143km/h; 실용 상승 한도 15,240m(50,000ft); 항속 거리 966km	
무게: 자체 중량 9,525kg; 최대 이륙 중량 15,513kg	
크기: 날개폭 11.33m; 길이 16.87m; 높이 4.65m; 날개넓이 45.06㎡	
무장: 30mm 아덴 기관포 4문, 454kg(1,000lb) 폭탄 4발 또는 불펍 공대지 미사일 4발, 또는 사이드와인더 공대공 미사일 4발 또는 낙하 연료탱크	

드 하빌랜드 시 빅슨 FAW.2

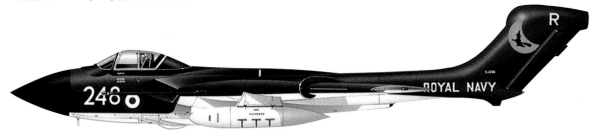

시 빅슨(Vixen, 암여우)은 영국 해군이 운용한 많은 항공기와 마찬가지로 원래 1946년의 육상 전천후 요격기에 대한 영국 공군의 요구사항에 맞춰 설계되었다. Mk 1은 경첩이 달린 뾰족한 레이돔(레이더 안테나의 덮개; 역자 주)과 동력으로 접을 수 있는 날개, 유압으로 조종할 수 있는 앞바퀴가 특징이었다. FAW.2는 연료 용량이 늘었고, 레드 탑 미사일 4발을 탑재할 수 있었다.

제원	
제조 국가: 영국	
유형: 복좌 전천후 타격 전투기	
동력 장치: 49.9kN(11,230lb) 롤스로이스 에이본 208 터보제트 엔진 2개	
성능: 최대 속도 1,110km/h; 실용 상승 한도 21,790m(48,000ft); 항속 거리 FAW 1은 약 965.6km, FAW 2는 약1287.5km	
무게: 자체 중량 약 9,979kg; 최대 이륙 중량 18,858kg	
크기: 날개폭 15.54m; 길이 17.02m; 높이 3.28m; 날개넓이 60.2㎡	
무장: 레드 탑 공대공 미사일 4발(FAW 2); 외부 파일런에 454kg(1,000lb)의 폭탄, 불펍 공대지 미사일 또는 동등한 무장	

페어리 개닛 AS. 1

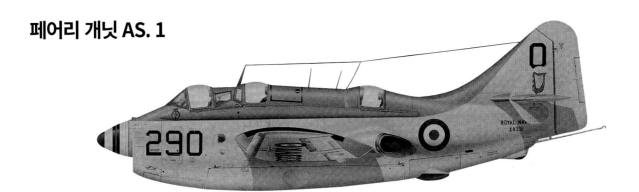

개닛(Gannet, 부비새) AS.1 3좌 대잠기는 조기 경보기, 수송기, 훈련기 및 전자전 항공기 등의 파생기종들이 있는 제품군 중 첫 번째 기종이었다. 더블 맘바 터보프롭은 기본적으로 2개가 결합된 엔진이었으며, 이중 반전 프로펠러를 구동했다.

제원
제조 국가: 영국
유형: 함상 대잠기
동력 장치: 2,200kW(2,950마력) 더블 맘바 100 터보프롭 엔진 2개
성능: 최대 속도 499km/h; 항속 거리 1,111km; 실용 상승 한도 7,620m(25,000ft)
무게: 자체 중량 6,835kg; 최대 이륙 중량 8,890kg
크기: 날개폭 16.54m; 길이 13.11m; 높이 4.18m; 날개넓이 44.9㎡
무장: 어뢰, 기뢰, 폭탄 또는 폭뢰 등 최대 908kg(2,000lb) 탑재

블랙번 버커니어 S.2

버커니어(Buccaneer, 해적)는 레이더 탐색 높이 아래에서 타격 작전을 수행하는 함상기로 특별히 설계된 최초의 항공기였다. S.1은 출력에 한계가 있었지만 매우 개선된 S.2는 신뢰할 수 있고 엄청난 항공기였다. 처음 84대는 영국 해군의 주문을 받았고, 훌륭하게 임무를 수행한 후 1969년부터 영국 공군으로 이관되었다.

제원
제조 국가: 영국
유형: 복좌 공격기
동력 장치: 50.4kN(11,255lb) 롤스로이스 RB.168 스페이 Mk 101 터보팬 엔진 2개
성능: 최대 속도 61m(200ft) 고도에서 1,040km/h; 실용 상승 한도 12,190m(40,000ft) 이상; 전투 항속 거리 3,701km(보통 무기 탑재량일 때)
무게: 자체 중량 13,608kg; 최대 이륙 중량 28,123kg
크기: 날개폭 13.41m; 길이 19.33m; 높이 4.97m; 날개넓이 47.82㎡
무장: 454kg(1,000lb) 폭탄 4발, 연료탱크 또는 정찰 장비, 5,443kg(12,000lb)의 폭탄 또는 미사일 탑재

맥도넬 더글러스 팬텀 FG.1

영국 해군이 팬텀을 구매하기로 한 결정은 영국제 엔진을 탑재하여야 한다는 요구사항을 따라야 했다. 이를 위해 쌍발 롤스로이스 스페이 터보팬 엔진으로 구동되는 영국식 버전인 F-4J가 만들어졌다. F-4J는 이 엔진을 설치하기 위해서 동체를 확장했다. 1964년부터 28대의 항공기가 해군에 인도되었고, 추가로 공군에 20대가 인도되었다.

제원
제조 국가: 미국
유형: 복좌 전천후 전투기 및 함상 공격기
동력 장치: 91.2kN(20,515lb) 롤스로이스 스페이 202 터보팬 엔진 2개
성능: 최대 속도 2,230km/h; 실용 상승 한도 18,300m(60,000ft) 이상; 항속 거리 2,817km(무기를 탑재하지 않을 때)
무게: 자체 중량 12,700kg; 최대 이륙 중량 26,308kg
크기: 날개폭 11.7m; 길이 17.55m; 높이 4.96m; 날개넓이 49.24㎡
무장: AIM-7 스패로 공대공 미사일 4발; 20mm M61A1 기관포; 날개 파일런에 최대 7,257kg(16,000lb) 탑재

F-5 프리덤 파이터와 타이거 II

노스롭은 1950년대 말에 N-156이라는 이름으로 경량 전투기를 개발했다. 미국 공군은 상대적으로 거의 사용하지 않았지만, 파생기종을 T-38 탤런 훈련기로 채택했다. 하지만 이 항공기는 F-5 프리덤 파이터와 개선된 F-5E 타이거 II로 수출에 매우 크게 성공하여 35개 국가에서 사용되었고, 그 나라들 대부분은 오늘날까지 이 항공기를 여전히 운용하고 있다. 초음속이지만 단순한 F-5는 훌륭한 전투기였지만, 훈련 임무에서 적이나 침략자 역할을 할 수도 있었다.

T-38 탤런

매우 성공적이었던 T-38 훈련기는 1950년대 중반 군사원조계획에 따라 우방국들에 공급할 경량 전투기에 대해 미국 정부가 발표한 요구사항에서 나온 항공기였다. 1961년 3월에 미국 공군에 취역했다. T-38은 1974년에서 1981년 사이에 미국 공군 선더버즈 곡예비행부대에서 사용되었다.

제원	
제조 국가: 미국	
유형: 복좌 초음속 기본 훈련기	
동력 장치: 17.1kN(3,850lb) 제너럴 일렉트릭 J85-GE-5 터보제트 엔진 2개	
성능: 최대 속도 10,975m(36,000ft) 고도에서 1,381km/h; 실용 상승 한도 16,340m(53,600ft); 항속 거리 1,759km(내부 연료로)	
무게: 자체 중량 3,254kg; 최대 이륙 중량 5,361kg	
크기: 날개폭 7.7m; 길이 14.14m; 높이 3.92m; 날개넓이 15.79㎡	
무장: 없음	

F-5A 프리덤 파이터

F-5A는 주로 민간에서 자금을 지원한 노스롭의 사업이었다. 1962년 10월 미국 국방부는 이 항공기를 유리한 조건으로 우방국에 공급하기 위해 대량으로 구입하기로 결정했다. 이란, 타이완, 그리스, 한국, 필리핀, 터키, 에티오피아, 모로코, 노르웨이, 태국, 리비아, 남베트남에 1,000대 이상 공급되었다.

제원	
제조 국가: 미국	
유형: 경량 전술 전투기	
동력 장치: 18.1kN(4,080lb) 제너럴 일렉트릭 J85-GE-13 터보제트 엔진 2개	
성능: 최대 속도 10,975m(36,000ft) 고도에서 1,487km/h; 실용 상승 한도 15,390m(50,500ft); 전투 행동반경 314km	
무게: 자체 중량 3,667kg; 최대 이륙 중량 9,374kg	
크기: 날개폭 7.7m; 길이 14.38m; 높이 4.01m; 날개넓이 15.79㎡	
무장: 20mm M39 기관포 2문; 외부 파일런에 미사일, 폭탄, 로켓 발사기 포드 등 1,996kg(4,400lb) 탑재	

F-5B 프리덤 파이터

복좌 F-5B는 외관이 T-38A와 비슷하지만 더 무겁고, 전투가 가능한 항공기로
F-5A의 날개와 제동 낙하산, 다른 특징들을 공유했다. 주로 수출용으로 200
대 이상 제작되었다. 예시의 항공기는 네덜란드 공군 제313 비행대대에서 운
용했다.

제원
제조 국가: 미국
유형: 경량 전술 전투기
동력 장치: 18.1kN(4,080lb) 제너럴 일렉트릭 J85-GE-13 터보제트 엔진 2개
성능: 최대 속도 10,975m(36,000ft) 고도에서 1,487km/h; 실용 상승 한도
15,390m(50,500ft); 전투 행동반경 314km
무게: 자체 중량 3,667kg; 최대 이륙 중량 8,936kg
크기: 날개폭 7.7m; 길이 14.14m; 높이 4.01m; 날개넓이 15.79㎡
무장: 외부 파일런에 공대공 미사일, 폭탄, 집속탄, 로켓 발사기 포드 등
1,996kg(4,400lb) 탑재

F-5E 타이거 II

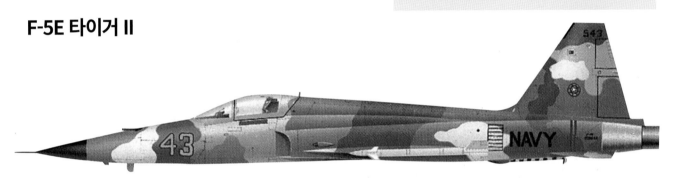

F-5E 타이거 II는 1970년 11월에 F-5A를 대체하기 위한 후속 국제 전투기를 선
정하는 미국 산업 대회에서 우승하였다. 개선된 항공기는 더욱 강력한 엔진을
장착하였고, 단거리 착륙 성능을 향상시키기 위해 앞바퀴 다리를 늘렸다. 또 더
길어진 동체에 더 많은 연료를 실었고, 새로운 흡기관과 더 넓어진 동체와 날
개, 확대된 날개 뿌리, 기동 플랩(항공기 주날개 뒷전에 장착되어 주날개의 형
상을 바꿈으로써 높은 양력을 발생시키는 장치; 국방과학기술용어사전)을 갖
췄다. 납품은 1972년부터 시작되었다. 미국 공군은 현재까지도 이 항공기를 공
격자 훈련용으로 운용하고 있다.

제원
제조 국가: 미국
유형: 경량 전술 전투기
동력 장치: 22.2kN(5,000lb) 제너럴 일렉트릭 J85-GE-21B 터보제트 엔진 2개
성능: 최대 속도 10,975m(36,000ft) 고도에서 1,741km/h; 실용 상승 한도
15,790m(51,800ft); 전투 행동반경 306km
무게: 자체 중량 4,410kg; 최대 이륙 중량 11,214kg
크기: 날개폭 8.13m; 길이 14.45m; 높이 4.07m; 날개넓이 17.28㎡
무장: 20mm 기관포 2문; 공대공 미사일 2발, 외부 파일런 5개에 미사일, 폭탄, 전자
방해책 포드, 집속탄, 로켓 발사기 포드, 낙하 연료탱크 포함 3,175kg(7,000lb)
탑재

RF-5E 타이거아이

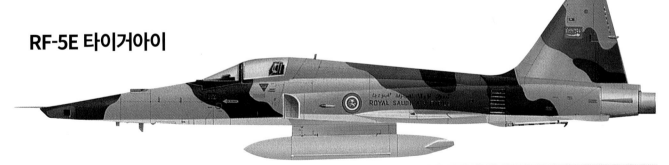

RF-5E는 F-5B 프리덤 파이터의 개선 버전인 F-5E 타이거의 정찰기 버전이
었다. 이 항공기의 수출 성공으로 특화된 전술 정찰기 버전 개발이 이어졌고,
1978년 파리 항공박람회에서 처음 등장했다. RF-5E는 카메라 장비를 장착한
커다란 '끌' 모양으로 확장된 기수를 제외하고는 외관이 전투기와 비슷하다.

제원
제조 국가: 미국
유형: 경량 전술 정찰 전투기
동력 장치: 22.2kN(5,000lb) 제너럴 일렉트릭 J85-GE-21B 터보제트 엔진 2개
성능: 최대 속도 10,975m(36,000ft) 고도에서 1,741km/h; 실용 상승 한도
15,390m(50,500ft); 전투 행동반경 463km
무게: 자체 중량 4,423kg; 최대 이륙 중량 11,192kg
크기: 날개폭 8.13m; 길이 14.65m; 높이 4.07m; 날개넓이 17.28㎡
무장: 20mm 기관포 1문; 공대공 미사일 2발, 외부 파일런 5개에 공대지 미사일
포함 3,175kg(7,000lb) 탑재

해상 초계기

육상기지의 해상 초계기는 P-3 오리온과 Il-38 '메이'처럼 여객기에서 개조되었거나, 섀클턴과 넵튠처럼 처음부터 해상초계기로 제작되었다. 전자의 장점은 여압 동체와 큰 내부 공간이다. 바다 위를 저공비행하는 것은 기체에 충격을 주고, 염분 부식을 일으키기 쉽다. 따라서 해상 초계기는 더 빈번한 검사가 필요하고, 운용하는 동안 구조 강도를 유지하고, 구식이 된 항전장비를 교체하기 위해 여러 차례 재조립해야 할 수도 있다.

아브로 섀클턴 MR.2

섀클턴 초계기는 종종 아브로 랭카스터에서 파생되었다고 말하지만 링컨에서 더 많이 가져왔다. 날개와 엔진, 꼬리 날개 표면, 착륙 장치는 링컨에 사용한 것을 같이 사용했다. 납품은 1951년 4월에 시작되었다. MR(maritime reconnaissance, 해상 정찰) Mk 2는 동체가 더 길었고, 레이더를 기수에서 동체 아래쪽의 '쓰레기통' 자리로 옮겼으며, 꼬리 날개의 기관총 대신 기수의 터렛에 20mm(0.79인치) 기관포 2문을 장착했다.

제원
제조 국가: 영국
유형: 장거리 해상 초계기
동력 장치: 1,831kW(2,455마력) 롤스로이스 그리폰 57A V-12 피스톤 엔진 4개
성능: 최대 속도 500km/h; 실용 상승 한도 6,400m(21,000ft); 항속 거리 5,440km
무게: 적재 중량 39,010kg
크기: 날개폭 36.58m; 길이 26.59m; 높이 5.1m
무장: 기수의 터렛에 이스파노 No. 1 Mk 5 20mm (0.79인치) 기관포 2문; 최대 4,536kg(10,000lb) 탑재

가와사키 P-2J 넵튠

록히드 넵튠(Neptune, 해왕성) 시리즈의 마지막 기종은 일본의 가와사키가 생산한 P-2J이며, 주엔진으로 터보프롭 엔진을 탑재하여 89대를 생산했다. 원래의 피스톤 엔진을 탑재한 넵튠은 미국, 네덜란드, 영국, 프랑스, 오스트레일리아, 캐나다, 일본 등 많은 나라에서 운용했다.

제원	
제조 국가: 일본	
유형: 4발 해상 초계기	
동력 장치: 2,125kW(2,850마력) 제너럴 일렉트릭 T64-IHI-10 터보프롭 엔진 2개와 추력 13.7kN(3,085kg) IHI-JE 터보제트 엔진 1개	
성능: 최대 속도 1,650km/h (403mph); 실용 상승 한도 알 수 없음; 항속 거리 5,633km	
무게: 자체 중량 19,278 kg; 최대 이륙 중량 34,020 kg	
크기: 날개폭 30.9m; 길이 27.9m; 높이 8.9m; 날개넓이 93㎡	
무장: 최대 5인치 로켓 16발과 최대 3,628kg(8,000lb)의 폭탄, 폭뢰 또는 어뢰	

일류신 Il-38 '메이'

Il-38은 P-3과 같이 원래 여객기였다. 1967년에 Il-18 '쿠트(Coot, 검둥오리)'의 동체 길이를 늘이고 꼬리부분에 자기 이상 탐지기를 포함한 대잠전(ASW) 장비를 장착하여 Il-38이 탄생했다. 총 생산된 176대 중에서 약 1/4이 러시아에서 여전히 운용되고 있고, 인도는 5대를 구입했다.

제원	
제조 국가: 소련	
유형: 4발 해상 초계기	
동력 장치: 3,170kW(4,250마력) 프로그레스 AI-20M 터보프롭 엔진	
성능: 최대 속도 650km/h; 실용 상승 한도 10,000m(32,800ft); 항속 거리 9,500km	
무게: 자체 중량 33,700kg; 최대 이륙 중량 63,500kg	
크기: 날개폭 37.42m; 길이 39.6m; 높이 10.16m; 날개넓이 140㎡	
무장: 최대 5,000kg(11,000lb)의 폭뢰, 어뢰 또는 미사일	

포클랜드 : 아르헨티나 해군

1982년 4월 아르헨티나가 포클랜드제도를 침공했을 때 아르헨티나는 영국이 그 섬들을 되찾기 위해 기동부대를 파견할 것이라고는 예상치 않았다. 아르헨티나 해군은 재래식 항공모함을 보유하고 있었고, 포클랜드제도는 육상 기지의 초계기의 항속 거리 안에 있었을 뿐 아니라 엑조세 미사일과 같은 대함 무기를 장착하고 공중 재급유한 항공기들이 상당한 피해를 입혔다.

록히드 L-188PF 엘렉트라

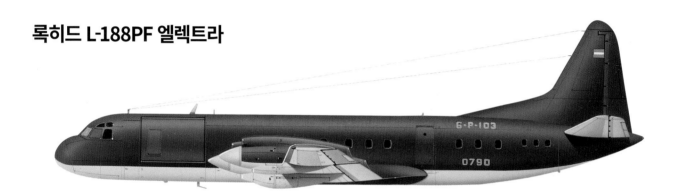

아르헨티나 해군의 록히드 엘렉트라는 본토와 포클랜드의 포트 스탠리 사이의 봉쇄망을 뚫는 수송기로 사용되었다. 이런 비행은 야간에 저공에서 이루어졌다. 엘렉트라는 또한 기상 레이더를 이용해서 영국의 함정을 수색하는 초계 임무를 수행했다.

제원	
제조 국가:	미국
유형:	4발 수송기
동력 장치:	2,796kW(3,750마력) 알리슨 501D-13 터보프롭 엔진 4개
성능:	최대 속도 652km/h; 항속 거리 3,541km; 실용 상승 한도 9,500m(28,400ft)
무게:	자체 중량 27,895kg; 최대 이륙 중량 52,664kg
크기:	날개폭 30.18m; 길이 31.81m; 높이 10m; 날개넓이 120.8㎡
무장:	없음

록히드 SP-2H 넵튠

1982년에 아르헨티나 해군의 탐사비행대대는 SP-2H 넵튠 2대를 운용했다. 예시의 항공기는 레이더로 기동부대를 수색하는데 사용되었고, 1982년 5월 4일에 엑조세 미사일로 영국 해군의 구축함 셰필드호를 공격한 쉬페르 에탕다르 함상 공격기들을 안내했다.

제원	
제조 국가:	미국
유형:	4발 해상 초계기
동력 장치:	2,759kW(3,700마력) 라이트 R-3350-32W 사이클론 레이디얼 엔진 2개, 추력 13.7kN(3,085kg) 웨스팅하우스 J-34-WE-36 터보제트 엔진 2개
성능:	최대 속도 586km/h; 항속 거리 3,540km; 실용 상승 한도 6,827m(22,400ft)
무게:	자체 중량 22,650kg; 최대 이륙 중량 36,240kg
크기:	날개폭 31.65m; 길이 27.9m; 높이 8.9m; 날개넓이 93㎡
무장:	최대 4,540kg(10,000lb)의 폭탄, 기뢰 또는 어뢰

그루먼 S-2E 트랙커

항공모함 25 데 마요(25 de Mayo, 5월 25일, 아르헨티나의 독립기념일; 역자 주)호에서 운용한 대잠비행대대의 S-2E 트렉커는 5월 2일에 영국 함대의 정확한 위치를 찾아냈지만, 항공모함의 스카이호크 폭격기가 공격을 시작할 수 있기 전에 다시 잃어버렸다. S-2E 트렉커는 또한 수상한 잠수함을 공격했다.

제원	
제조 국가: 미국	
유형: 쌍발 함상 대잠 항공기	
동력 장치: 1,135kW(1,525마력) 라이트 R-1820-82WA 레이디얼 피스톤 엔진 2개	
성능: 최대 속도 438km/h; 항속 거리 1,558km; 실용 상승 한도 6,949m(22,800ft)	
무게: 자체 중량 8,505kg; 최대 이륙 중량 13,222kg	
크기: 날개폭 21m; 길이 12.8m; 높이 4.9m; 날개넓이 45㎡	
무장: 어뢰, 로켓, 폭뢰	

맥도넬 더글러스 A-4Q 스카이호크

아르헨티나는 스카이호크를 대량으로 사용해온 국가 중 하나로 미국 해군이 사용한 중고 항공기를 많이 구입했다. 1960년대 말에 아르헨티나는 재조립하여 A-4P(공군)와 A-4Q(해군)로 명칭을 다시 지정한 A-4B 항공기 66대를 구입했다. 이 항공기들은 포클랜드 분쟁에서 영국 선박을 공격하는데 널리 사용되었다. 영국 해군 시 해리어 조종사들의 손에 심각한 손실을 입었지만 아르헨티나 조종사들도 산 카를로스에서 영국 함대에 약간의 피해를 입혔다.

제원	
제조 국가: 미국	
유형: 단좌 공격 폭격기	
동력 장치: 34.7kN(7,800lb) J65-W-16A 터보제트 엔진 1개	
성능: 최대 속도 1,078km/h; 실용 상승 한도 14,935m(49,000ft); 항속 거리 1,480km(탑재 중량 4,000lb일 때)	
무게: 자체 중량 4,809kg; 최대 이륙 중량 12,437kg	
크기: 날개폭 8.38m; 길이 12.22m(프로브 제외); 높이 4.66m; 날개넓이 24.15㎡	
무장: 20mm Mk 12 기관포 2문; 외부 하드포인트 5개소에 공대지 미사일, 폭탄, 로켓 발사기 포드, 기관포 포드, 낙하 연료탱크, ECM 포드 등 2,268kg(5,000lb) 탑재	

다쏘 쉬페르 에탕다르

다쏘의 쉬페르 에탕다르(Etendard, 깃발)는 구조를 새로 많이 설계했고, 더욱 효율적인 엔진, 관성항법장치 및 기타 개선된 항전장비를 갖추고 있었다. 첫 번째 시제기는 1975년 10월 3일에 비행했고, 1978년 1월부터 프랑스 해군항공대에 인도되기 시작했다. 포클랜드 전쟁에서 아르헨티나는 쉬페르 에탕다르 14대를 영국의 선박 공격에 사용해서 큰 효과를 보았다.

제원	
제조 국가: 프랑스	
유형: 단좌 함상 타격/공격기 및 요격기	
동력 장치: 49kN(11,023lb) 스네크마 아타 8K-50 터보제트 엔진 1개	
성능: 최대 속도 1,180km/h ; 실용 상승 한도 13,700m(44,950ft); 전투 행동반경 850km	
무게: 자체 중량 6,500kg; 최대 이륙 중량 12,000kg	
크기: 날개폭 9.6m; 길이 14.31m; 높이 3.86m; 날개넓이 28.4㎡	
무장: 30mm 기관포 2문, 핵무기와 엑조세 공대지 미사일 포함 최대 2,100kg (4,630lb) 탑재	

포클랜드: 아르헨티나의 공군력

포클랜드에는 비행장이 거의 없어서 아에르마키 MB.339 경공격기와 푸카라 경공격기 이상의 전투기를 운용할 수 없었다. 아르헨티나 공군은 대부분의 임무를 본토에서 이륙하여 전투 폭격기의 항속거리 한계에서 수행할 수밖에 없었다. 보통 목표물에 단 한번 지나가는 것만 가능했고, 섬 상공에서 공중전을 할 시간은 없었다.

다쏘 미라지 IIIEA

프랑스에서 만든 전투 폭격기 다쏘는 1952년의 프랑스 공군 경요격기 요구사항을 충족하기 위해서는 미라지(Mirage, 신기루)의 초기 엔진이 부족한 것을 알고 더 크고, 무겁고, 더 강력한 항공기인 미라지 III를 만들었다. 1958년 10월에 시생산품인 미라지 IIIA-01I가 최초로 수평 비행에서 마하 2를 달성한 서유럽 전투기가 되었다. 더 길고 무거운 IIIE는 지상 공격 임무용으로 개발되었으며, 아타 9C 터보제트 엔진과 더 많은 내부 연료를 탑재하였다.

제원	
제조 국가: 프랑스	
유형: 단좌 주간 시계(視界) 전투 폭격기	
동력 장치: 60.8kN(13,668lb) 스네크마 아타 9C 터보제트 엔진 1개	
성능: 최대 속도 해수면에서 1,390km/h; 실용 상승 한도 17,000m(55,755ft); 전투 행동반경 1,200km (저공에서 탑재 중량 907kg)	
무게: 자체 중량 7,050kg; 적재 중량 13,500kg	
크기: 날개폭 8.22m; 길이 16.5m; 높이 4.5m; 날개넓이 35㎡	
무장: 30mm DEFA 552A 기관포 2문 (탄약 125발 포함); 외부 파일런 3개에 폭탄, 로켓, 기관포 포드를 포함해서 최대 3,000kg(6,612lb) 탑재	

맥도넬 더글라스 A-4P 스카이호크

맥도넬 더글라스 A-4P(나중에는 A-4B)는 후방 동체가 강화되었고, 공중 재급유 장비와 마틴 불펍 공대지 미사일, 항법 및 폭격용 컴퓨터, J65-W-16A 터보제트 엔진을 탑재하였다. 미국 해군용과 미국 해병대용으로 총 542대가 생산되었고, 그중 66대는 1960년대 말에 아르헨티나 공군과 해군을 위해 A-4P로 재조립되었다. A-4P는 포클랜드 전쟁에서 널리 사용되었다.

제원	
제조 국가: 미국	
유형: 단좌 공격 폭격기	
동력 장치: 34.7kN(7,800lb) J65-W-16A 터보제트 엔진 1개	
성능: 최대 속도 1,078km/h; 실용 상승 한도 14,935m(49,000ft); 항속 거리 1,480km(탑재 중량 4,000lb일 때)	
무게: 자체 중량 4,809kg; 최대 이륙 중량 12,437kg	
크기: 날개폭 8.38m; 길이 12.22m(프로브 제외); 높이 4.66m; 날개넓이 24.15㎡	
무장: 20mm Mk 12 기관포 2문(탄약 200발 포함); 외부 하드포인트 5개소에 2,268kg (5,000lb) 탑재	

캔버라 B.2

아르헨티나 공군의 제2 폭격비행전대에서 운용되었던 캔버라 10대 중 대부분은 포클랜드제도의 영국군을 공격하기 위해 트렐레우 공군기지로 배치되었다. 이 항공기들은 실수로 민간 유조선에도 폭격을 했다. 2대가 격추되었는데, 한 대는 시 해리어 전투기에, 다른 한 대는 엑시터 순양함에서 발사한 시 다트 미사일에 격추되었다.

제원	
제조 국가: 영국	
유형: 복좌 후방 차단기	
동력 장치: 28.9kN(6,500lb) 롤스로이스 에이본 Mk 101 터보제트 엔진 2개	
성능: 최대 속도 12,192m(40,000ft) 고도에서 917km/h; 실용 상승 한도 14,630m (48,000ft); 항속 거리 4,274km	
무게: 자체 중량 공표 안됨, 약 11,790kg; 최대 이륙 중량 24,925kg	
크기: 날개폭 29.49m; 길이 19.96m; 높이 4.78m; 날개넓이 97.08㎡	
무장: 내부 폭탄창에 최대 2,727kg(6000lb)의 폭탄 탑재, 날개 아래 파일런에 추가로 909kg(2,000lb) 탑재	

FMA IA-58 푸카라

아르헨티나 군용기제작소(FMA)의 푸카라는 지역의 게릴라 활동을 진압하는 항공기였다. 포클랜드제도에 배치된 대부분의 푸카라 항공기는 영국 공군 특수 부대의 급습으로 파괴되었다. 예시의 A-515는 온전한 상태로 영국군에 포획되었고, 영국으로 가져가서 조사했다.

제원	
제조 국가: 아르헨티나	
유형: 쌍발 경공격기	
동력 장치: 729kW(978마력) 투르보메카 아스타소우 XVIG 터보프롭 엔진 2개	
성능: 최대 속도 500km/h; 항속 거리 3,710km; 실용 상승 한도 10,000m(31,800ft)	
무게: 자체 중량 4,020kg; 최대 이륙 중량 6,800kg	
크기: 날개폭 14.5m; 길이 14.25m; 높이 5.36m; 날개넓이 30.3㎡	
무장: 20mm 이스파노-수이자 HS.804 기관포 2문, 7.62mm FM M2-20 기관총 4정; 최대 1,500kg(3,300lb)의 폭탄 또는 로켓	

C-130E 허큘리즈

아르헨티나 공군 제1 수송비행전대 제1 비행대대의 C-130은 포클랜드제도까지 수송 임무를 수행했고, 스카이호크 폭격기와 쉬페르 에탕다르 타격기에 공중 재급유도 했다. 심지어는 날개 아래에 폭탄 장착대를 달고 폭격기로 사용되기도 했다. 정찰임무 중에 한 대가 시 해리어에게 격추당했다.

제원	
제조 국가: 미국	
유형: 4발 수송기 겸 공중 급유기	
동력 장치: 3,021kW(4,050마력) 알리슨 T56-A-7A 터보프롭 엔진 4개	
성능: 최대 속도 547km/h; 항속 거리 3,896km; 실용 상승 한도 7,010m(23,000ft)	
무게: 자체 중량 33,057kg; 최대 이륙 중량 79,375kg	
크기: 날개폭 40.4m; 길이 29.8m; 높이 11.7m; 날개넓이 162.2㎡	
무장: (폭격기) 다중 폭탄 장착대에 500lb 폭탄 12발	

포클랜드: 영국군

남대서양에서 영국의 고정익 공군력은 대부분 소형 항공모함 2척과 항공모함에 탑재된 시 해리어, 해리어 GR.3 항공기들로 한정되었다. 선박들은 엑조세 미사일의 위협 때문에 포클랜드의 동쪽에만 머물러 섬들에 대한 끊임 없는 초계 활동이 제한되었다. 아브로 벌컨 폭격기는 어센션섬에서 날아가서 스탠리 비행장을 폭격하고 포클랜드의 레이더를 공격하는 등 이곳에서 유일하게 자신의 전투 임무를 수행했다.

시 해리어 FRS.1

영국 해군항공대의 시 해리어는 인빈시블(Invincible, 천하무적) 항공모함의 제809 비행대대와 허미즈(Hermes, 헤르메스) 항공모함의 제899 비행대대에 배속되었다. 이 항공기는 제809 비행대대의 데이브 모건(Dave Morgan) 공군 대위가 1982년 6월 8일 슈아칠 사운드섬 상공에서 아르헨티나 공군의 A-4B 스카이호크 2대를 격추하였을 때 조종하였던 항공기다.

제원	
제조 국가: 영국	
유형: 함재 다용도 전투기	
동력 장치: 95.6kN(21,500lb) 롤스로이스 페가수스 추력 편향 터보팬 엔진 1개	
성능: 최대 속도 해수면에서 1,110km/h(최대 공대공 미사일 탑재시); 실용 상승 한도 15,545m(51,000ft); 요격 행동반경 740km(최대 전투 예비량으로 고공 임무시)	
무게: 자체 중량 5,942kg; 최대 이륙 중량 11,884kg	
크기: 날개폭 7.7m; 길이 14.5m; 높이 3.71m; 날개넓이 18.68㎡	
무장: 30mm 아덴 기관포 2문, AIM-9 사이드와인더 공대공 미사일, 대함 미사일 2발 등 최대 3,629kg(8,000lb) 탑재	

시 해리어 FRS.1

제899 비행대대의 시 해리어 XZ453은 1982년 5월 1일 서 포클랜드섬 상공에서 사이드와인더 미사일로 미라지 III을 손상시켰다. 이 아르헨티나 전투기는 포트 스탠리에 비상 착륙을 시도하던 중에 아르헨티나의 대공포에 격추되었다. 시 해리어는 1982년에 적기 21대를 파괴했다.

제원	
제조 국가: 영국	
유형: 함재 다용도 전투기	
동력 장치: 95.6kN(21,500lb) 롤스로이스 페가수스 추력 편향 터보팬 엔진 1개	
성능: 최대 속도 해수면에서 1,110km/h (최대 공대공 미사일 탑재시); 실용 상승 한도 15,545m(51,000ft); 요격 행동반경 740km (최대 전투 예비량으로 고공 임무시)	
무게: 자체 중량 5,942kg; 최대 이륙 중량 11,884kg	
크기: 날개폭 7.7m; 길이 14.5m; 높이 3.71m; 날개넓이 18.68㎡	
무장: 30mm 아덴 기관포 2문, AIM-9 사이드와인더 공대공 미사일, 대함 미사일 2발 등 최대 3,629kg(8,000lb) 탑재	

BAe 님로드 MR.2P

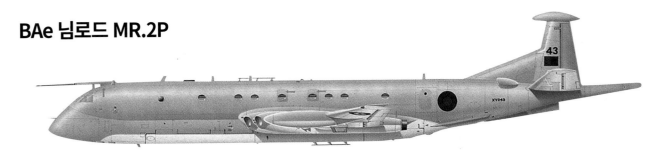

호커 시들리는 1964년에 해상 초계와 대잠전 임무에서 아브로 섀클턴 항공기를 대체할 새로운 항공기를 위한 기반이 될 님로드 항공기를 카미트(Comet, 혜성) 4C 여객기를 이용해서 설계하기 시작했다. 님로드는 포클랜드 전쟁에서 매우 많은 활동을 했다. 많은 수의 항공기에 공중 재급유 장치를 급히 추가하여 어센션섬에서 이륙해서 작전을 수행할 수 있게 된 덕분이었다.

제원	
제조 국가: 미국	
유형: 해상 초계 및 대잠전 항공기	
동력 장치: 54kN(12,140lb) 롤스로이스 스페이 Mk 250 터보팬 엔진 4개	
성능: 최대 속도 925km/h; 실용 상승 한도 12,800m(42,000ft); 항속 거리 9,262km(내부 연료로)	
무게: 자체 중량 39,010kg; 최대 이륙 중량 87,090kg	
크기: 날개폭 35m; 길이 39,34m; 높이 9,08m; 날개넓이 197,04㎡	
무장: 내부 폭탄창에 어뢰 9발, 폭뢰 등 6,123kg(13,500lb) 탑재; 날개 아래 파일런에 하푼 대함 미사일들 또는 사이드와인더 공대공 미사일들	

록히드 C-130K 허큘리즈 C.1

전쟁 중에 영국 공군은 C-130 6대를 재빨리 공중 재급유 장치를 부착하여 항속 거리를 연장했다. 허큘리즈는 어센션섬에서 날아가서 대양 한가운데 있는 기동부대에게 보급품을 떨어뜨려 주었다. 나중에 몇 대는 다른 항공기에 재급유해줄 수 있게 개조되었고, C.1K라고 다시 명명되었다.

제원	
제조 국가: 미국	
유형: 4발 수송기/공중급유기	
동력 장치: 3,021kW(4,050마력) 알리슨 T56-A-7A 터보프롭 엔진 4개	
성능: 최대 속도 547km/h; 항속 거리 3,896km; 실용 상승 한도 7,010m(23,000ft)	
무게: 자체 중량 72,892lb; 최대 이륙 중량 79,375kg	
크기: 날개폭 40,4m; 길이 29,8m; 높이 11.7m; 날개넓이 162,2㎡	
무장: 없음	

아브로 벌컨 B.2

제101 비행대의 이 벌컨 B.2a는 후기의 눈에 잘 안 띄는 위장색을 칠한 모습으로 그려져 있다. 무광 페인트는 이전의 색채보다 옅고, B타입(두 가지 색) 원형 표식과 꼬리 날개의 국가 표식도 보인다. B.2A는 저공 침투 임무에 최적화되어 있었다. 와딩턴 비행단의 벌컨 B.2 XM607은 대서양 한가운데 있는 어센션섬에서부터 여러 번 공중 재급유를 받으며 날아가서 스탠리 비행장을 폭격한 첫 번째 장대한 '블랙 벅(Black Buck, 인도영양)' 공습을 수행했다. 이 공습은 아르헨티나가 미라지 전투기를 뒤로 물려서 부에노스아이레스를 방어하게 만들었다.

제원	
제조 국가: 영국	
유형: 저공 전략 폭격기	
동력 장치: 88,9kN(20,000lb) 올림푸스 Mk,301 터보제트 엔진 4개	
성능: 최대 속도 1,038km/h(고고도에서); 실용 상승 한도 19,810m(65,000ft); 항속 거리 약 7403km/h(정상 폭탄 탑재량)	
무게: 최대 이륙 중량 113,398kg	
크기: 날개폭 33,83m; 길이 30,45m; 높이 8,28m; 날개넓이 368,26㎡	
무장: 내부 폭탄창에 최대 21,454kg(47,198lb)의 폭탄	

첩보기

적의 배치와 의도에 관한 정보를 수집하는 것은 이제는 전통적인 관측과 촬영보다 무선 주파수대 전체에 걸쳐 전파 방출을 감시하는 일이 되었다. 현대 첩보기의 역할은 정보, 감시, 표적 획득, 정찰(Intelligence, Surveillance, Target Acquisition and Reconnaissance, ISTAR)로 분류할 수 있다. 여기에는 사진 정찰, 전자 정보(Elint, 엘린트), 신호 정보(Sigint, 시긴트), 통신 정보(Comint, 코민트) 수집이 포함된다.

보잉 RC-135V

RC-135V는 민간 항공기인 보잉 707에서 파생되었지만 그것과는 물리적인 연관은 거의 없다. RC-135V는 1960년대 중반부터 전자 감시 임무를 담당해온 12종의 파생기종 중 열 번째였다. 개조된 항공기는 기체 앞쪽 옆의 유선형 안테나 덮개와 측방 관측 공중 레이더를 장착하였고, 골무모양 기수와 동체 아래에 날개형 안테나를 장착했다.

제원	
제조 국가: 미국	
유형: 전자 정찰기	
동력 장치: 80kN(18,000lb) 프랫 앤 휘트니 TF33-P-9 터보제트 엔진 4개	
성능: 최대 속도 7,620m 고도에서 991km/h; 실용 상승 한도 12,375m(40,600ft); 항속 거리 4,305km	
무게: 자체 중량 46,403kg; 최대 이륙 중량 124,965g	
크기: 날개폭 39.88m; 길이 41.53m; 높이 12.7m ; 날개넓이 226.03㎡	
무장: 7.92mm(0.3인치) 기관총 6정; 1,000kg(2,205lb)의 폭탄 탑재	

록히드 SR-71A 블랙버드

SR-71은 1966년에 인도되기 시작했지만 21세기 항공기의 외관과 성능을 지니고 있었다. 이 항공기는 U-2의 뒤를 잇는 전략 정찰기로 설계되었다. 1959년에 세부 설계 작업이 시작되었지만 미국 정부는 1964년까지 SR-71의 존재를 공식적으로 인정하지 않았다.

제원	
제조 국가: 미국	
유형: 전략 정찰기	
동력 장치: 144.5kN(32,500lb) 프랫 앤 휘트니 JT11D-20B 블리드 터보제트 엔진 2개	
성능: 최대 속도 24,385m(80,000ft) 고도에서 3,219km/h 이상; 상승 한도 24,385m(80,000ft) 이상; 표준 항속 거리 4,800km	
무게: 자체 중량 27,216kg; 최대 이륙 중량 77,111kg	
크기: 날개폭 16.94m; 길이 32.74m; 높이 5.64m; 날개넓이 167.22㎡	
무장: 없음	

록히드 TR-1A

최초의 U-2는 1956년 영국과 독일에 배치되었다. 이 항공기들이 사실은 공산권 영토 상공을 비행하며 정찰 임무를 수행하고 있을 때, 공식 보고는 글라이더 같은 항공기가 대기 연구를 위해 사용되었다고 발표했다. 1978년에 생산이 재개되었고, TR-1A 25대 중 첫 번째 항공기가 뒤를 이었다. TR-1A의 기본 역할은 전술 감시 임무였다.

제원	
제조 국가: 미국	
유형: 단좌 고고도 정찰기	
동력 장치: 75.6kN(17,000lb) 프랫 앤 휘트니 J75-P-13B 터보제트 엔진 1개	
성능: 최대 순항 속도 21,335m(70,000ft) 이상 고도에서 692km/h; 운용 고도 27,430m(90,000ft); 최대 항속 거리 10,050km	
무게: 자체 중량 7,031kg; 최대 이륙 중량 18,733kg	
크기: 날개폭 31.39m; 길이 19.13m; 높이 4.88m; 날개넓이 92.9㎡	
무장: 없음	

비치 RC-12D

미국 육군은 전장의 통신정보 수집(Comint)과 적의 무선 송신기의 위치를 찾고 전파를 방해하기 위해 RC-12D 가드레일 항공기를 사용한다. 수신한 자료는 지상국에서 분석하기 위해 데이터 통신선을 통해 전송된다. RC-12D는 민간 항공기인 비치 슈퍼 킹 에어의 기체를 기반으로 만들었다.

제원	
제조 국가: 미국	
유형: 전술 통신 정보 항공기	
동력 장치: 634kW(850마력) 프랫 앤 휘트니 캐나다 PT6A-41 터보프롭 엔진 2개	
성능: 최대 속도 491km/h; 항속 시간 5시간; 실용 상승 한도 9,449m	
무게: 자체 중량 알 수 없음; 최대 이륙 중량 6,412kg	
크기: 날개폭 16.92m; 길이 13.34m; 높이 4.57m; 날개넓이 28.2㎡	
무장: 없음	

BAe 님로드 R.1

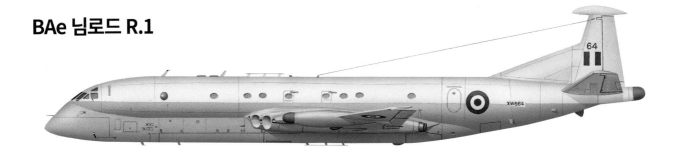

영국 공군의 님로드 편대에는 제51 비행대대에서 운용하는 비밀스럽고 전문적인 R.1 모델 3대가 포함되어 있다. R.1 정찰기는 감지 장치 및 기록 장치들로 채워져 있고, 언어 전문가들이 타고 있으며, RC-135V 정찰기와 비슷한 역할을 수행한다. 이동 전화 통화와 같은 통신은 실시간으로 감청하고 감시하고, 분석할 수 있다.

제원	
제조 국가: 영국	
유형: 전자 정찰기	
동력 장치: 추력 54.09kN(12,160lb) 롤스로이스 스페이 터보팬 엔진 4대	
성능: 최대 속도 923km/h; 운용 고도 13,411m(44,000ft); 최대 항속 거리 9,265km	
무게: 자체 중량 39,009kg; 최대 이륙 중량 87,090kg	
크기: 날개폭 35.0m; 길이 38.65m; 높이 9.14m; 날개넓이 197.05m	
무장: 없음	

대형 수송기

세계의 많은 대형 공군에서 전략적 공수 작전과 일부 전술적 임무용으로 제트 항공기가 1950년대식의 프로펠러 구동 수송기를 대체했다. 강력한 고바이패스 터보팬 엔진 덕분에 C-5 갤럭시 같은 초대형 항공기를 만들 수 있었다.(747 모델도 같은 경쟁에서 개발되었다) 경사로를 이용해서 화물을 적재하므로 주력 전차와 같은 대형 차량을 항공편으로 수송하는 것이 가능해졌고, 재급유 장비 덕분에 전 세계 어느 곳이든지 몇 시간 내로 전 보병 여단을 전개할 수 있게 항속 거리가 늘어났다.

록히드 C-141B 스타리프터

1960대 초에 개발된 스타리프터는 미국 공군의 군사항공수송사령부의 전략 수송기 중에서 가장 많다. 이 항공기는 1965년 4월에서 1968년 2월 사이에 인도되었다. 1970년대 말에 남아있던 C-141A 항공기는 270대 모두 동체 길이를 7.11m로 늘려서 C-141B 표준형으로 개조되었다. 이 항공기는 베트남, 그레나다와 1991년의 걸프전에서 운용되었고, 2006년에 퇴역했다.

제원

제조 국가: 미국

유형: 전략 중수송기

동력 장치: 93.4kN(21,000lb) 프랫 앤 휘트니 TF33-7 터보팬 엔진 4개

성능: 최대 속도 912km/h; 항속 거리 4,723km(최대 유상 하중일 때)

무게: 자체 중량 67,186kg; 최대 이륙 중량 155,582kg

크기: 날개폭 48.74m; 길이 51.29m; 높이 11.96m; 날개넓이 299.88㎡

무장: 없음

록히드 C-5 갤럭시

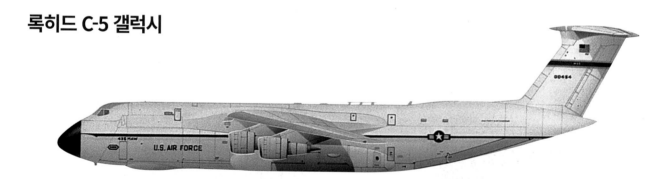

지금은 안토노프 An-225에게 추월당했지만 거대한 C-5 갤럭시는 1970년대 초반 한동안 세계에서 가장 큰 항공기로 군림했다. 갤럭시는 거대한 크기에도 불구하고 거친 활주로에서도 운용할 수 있다. 이를 위해 바퀴가 28개이며, 거친 활주로에서도 운용할 수 있는 착륙 장치를 장착한다. 이 항공기는 완전한 미사일 시스템과 M1 에이브럼스 전차를 수송할 수 있다.

제원

제조 국가: 미국

유형: 대형 전략 수송기

동력 장치: (C5A) 82.3kN(41,000lb) 제너럴 일렉트릭 TF39-1터보팬 엔진 4개

성능: 최대 속도 919km/h; 실용 상승 한도 10,360m(34,000ft)(적재 중량 272,910kg일 때) ; 항속 거리 6,033km(최대 유상 하중 100,228kg일 때)

무게: 자체 중량 147,528kg; 최대 이륙 중량 348,810kg

크기: 날개폭 67.88m; 길이 75.54m; 높이 19.85m; 날개넓이 575.98㎡

무장: 없음

TIMELINE

1963

1968

1970

가와사키 C-1A

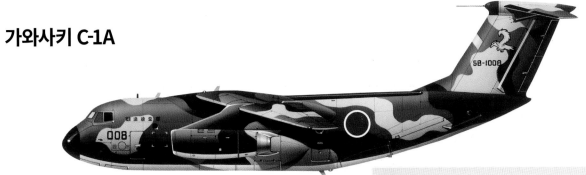

C-1은 일본에서 운용 중이던 커티스 C-46 커맨도(Commando, 특공대) 수송기를 대체하기 위해 특별히 고안되었다. 첫 비행은 1970년 11월에 이루어졌고, 비행 시험과 평가를 거쳐 1972년에 11대에 대한 생산 주문을 받았다. C-1은 일본의 엄격한 자위 정책에 따라 오직 일본 내 전투에만 적합하게 항속거리가 짧게 설계되었다.

제원	
제조 국가: 일본	
유형: 단거리 수송기	
동력 장치: 64.5kN(14,500lb) 미쓰비시(프랫 앤 휘트니) JT8-M-9 터보팬 엔진 2개	
성능: 최대 속도 7,620m(25,000ft) 고도에서 806km/h; 실용 상승 한도 11,580m (38,000ft); 항속 거리 1,300km(유상 하중 7,900kg일 때)	
무게: 자체 중량 23,320kg; 최대 이륙 중량 45,000kg	
크기: 날개폭 30.6m; 길이 30.5m; 높이 10m; 날개넓이 102.5㎡	
무장: 없음	

록히드 트리스타 K Mk 1

영국 공군은 1986년 3월부터 록히드의 트리스타 제트 여객기를 개조한 버전을 주된 공중급유기로 운용해 왔다. 공중재급유기로 운용하기 위해 500 시리즈 항공기 6대를 개조했다. 이중 4대는 승객을 태울 수 있도록 상업적 객실 구성을 유지하고 있다. 다른 2대는 왼쪽에 대형 화물 문을 설치했다.

제원	
제조 국가: 영국/미국	
유형: 장거리 전략 수송기 및 공중재급유기	
동력 장치: 222.3kN(50,000lb) 롤스로이스 RB.211-524B 터보팬 엔진 3개	
성능: 최대 순항 속도 10,670m(35,000ft) 고도에서 964km/h; 실용 상승 한도 13,105m(43,000ft); 항속 거리 7,783km(최대 페이로드일 때 내부 연료로)	
무게: 자체 중량 110,163kg; 최대 이륙 중량 244,944kg	
크기: 날개폭 50.09m; 길이 50.05m; 높이 16.87m; 날개넓이 329.96㎡	
무장: 없음	

일류신 Il-76 '캔디드'

나토의 보고명이 '캔디드(Candid, 솔직한)'인 Il-76은 1971년 파리 항공우주박람회에서 처음 서방에 선을 보였다. 순항 속도가 빠르고 대륙간 항속 거리를 가진 Il-76은 분리할 수 없는 큰 화물을 수송할 수 있고, 상대적으로 열악하고, 부분적으로 준비된 활주로에서 운용할 수 있는 유능한 화물기로 개발되었다. 러시아 항공이 첫 운용자였고, 인도는 24대로 구성된 편대 하나를 운용했다.

제원	
제조 국가: 소련	
유형: 대형 화물 수송기	
동력 장치: 117.6kN(26,455lb) 솔로비예프 D-30KP-1 터보팬 엔진 4개	
성능: 최대 속도 11,000m(36,090ft) 고도에서 850km/h; 최대 순항 고도 12,000m(39,370ft); 항속 거리 5,000km(유상 하중 40,000kg일 때)	
무게: 자체 중량 약 75,000kg; 최대 이륙 중량 170,000kg	
크기: 날개폭 50.5m; 길이 46.59m; 높이 14.76m; 날개넓이 300㎡	
무장: 꼬리에 23mm 기관포 2문	

1971

더글러스 A-4 스카이호크

A4D(나중에 A-4) 스카이호크는 1954년에 핵무기 한 발을 탑재할 수 있는 경폭격기로 첫 비행을 했고, 2003년에 마지막으로 퇴역하여 미국 해군에서 가장 오랫동안 운용된 항공기 중 하나가 되었다. 별명이 '밴텀 폭격기(Bantam Bomber)'였던 이 항공기는 미국 내수용 및 수출용 생산 또한 기록적인 27년 동안이나 지속되었으며, 신제품 또는 중고품이 8개국에 팔렸다. 스카이호크는 아르헨티나, 브라질, 이스라엘, 싱가포르 및 몇몇 민간 군사업체에서 여전히 운용되고 있다.

A-4C 스카이호크

A-4C는 고정식 재급유 장치를 장착한 최초의 모델로 이전 모델들보다 향상된 무기 발사 장치를 갖추고 있었다. 별명이 '찰리'인 A-4C 항공기는 베트남에서 광범위하게 사용되었으며, 여기 예시는 미국 해군의 키티호크 항공모함의 제144 공격비행대대 '로드러너스' 부대에서 운용했다.

제원	
제조 국가: 미국	
유형: 단좌 공격 폭격기	
동력 장치: 34.7kN(7,800lb) J65-W-16A 터보제트 엔진 1개	
성능: 최대 속도 1,078km/h; 실용 상승 한도 14,935m(49,000ft); 항속 거리 1,480km(4,000lb 탑재시)	
무게: 자체 중량 4,809kg; 최대 이륙 중량 12,437kg	
크기: 날개폭 8.38m; 길이 12.22m(프로브 제외); 높이 4.66m; 날개넓이 24.15㎡	
무장: 20mm Mk 12 기관포 2문, 공대지 미사일, 폭탄, 집속탄, 발사 무기들, 로켓-발사기 포드, 기관포 포드, 낙하 연료탱크, ECM 포드 등 2,268kg(5,000lb) 탑재	

A-4G 스카이호크

오스트레일리아는 원래 영국 항공모함이었던 오스트레일리아 해군의 멜버른 항공모함에서 운용하려고 A-4F의 오스트레일리아 버전인 A-4G를 구입했다. 이후 이전의 미국 해군 A-4F를 개조한 A-4G를 보충했다. 맬버른호가 퇴역할 때 남은 항공기들은 뉴질랜드에 팔려 뉴질랜드의 A-4K 편대를 보충했다.

제원	
제조 국가: 미국	
유형: 단좌 공격 폭격기	
동력 장치: 41.3kN(9,300lb) J52-8A 터보제트 엔진 1개	
성능: 최대 속도 1,078km/h; 실용 상승 한도 14,935m(49,000ft); 항속 거리 1,480km(4,000lb 탑재시)	
무게: 자체 중량 4,809kg; 최대 이륙 중량 12,437kg	
크기: 날개폭 8.38m; 길이 12.22m(프로브 제외); 높이 4.66m; 날개넓이 24.15㎡	
무장: 20mm Mk 12 기관포 2문, AIM-9G 사이드와인더 공대공 미사일, 로켓-발사기 포드, ECM 포드 등 3,720kg(8,200lb) 탑재	

더글러스 A-4M 스카이호크

A-4M은 캐노피를 늘이고, 더 큰 엔진과 전자 방해책(ECM) 및 레이저 표적지시 장비를 포함하는 개선된 항전장비를 탑재하여 훨씬 향상된 미국 해병대용 버전이었다. 일부 잉여 A-4M은 1990년대에 아르헨티나에 공급되었다.

제원	
제조 국가: 미국	
유형: 단좌 공격 폭격기	
동력 장치: 추력 49.82kN(11,500lb) 프랫 앤 휘트니 J52-P408 터보제트 엔진 1개	
성능: 최대 속도 1,083km/h; 실용 상승 한도 14,935m(49,000ft); 항속 거리 3,310km	
무게: 자체 중량 4,809kg; 최대 이륙 중량 12,437kg	
크기: 날개폭 8.38m; 길이 12.22m(프로브 제외); 높이 4.66m; 날개넓이 24.15㎡	
무장: 20mm Mk 12 기관포 2문; AIM-9G 사이드와인더 공대공 미사일, 로켓 발사기 포드, ECM 포드 등 3,720kg(8,200lb) 탑재	

A-4PTM 스카이호크

말레이시아는 1980년대 중반에 미군이 사용하던 스카이호크 40대를 구입하였고, 그루먼사에 맡겨 이 항공기들을 A-4C 표준에서 현대적인 항전장비로 개량했다. 새로운 명칭은 말레이어로 말라야연방(Persekutan Tanah Melayu, 말레이시아의 이전 이름)을 의미하는 A-4PTM이었지만 사람들은 가끔 '말레이시아에 특유한(Peculiar to Malaysia)'이라는 뜻이라고 말한다.

제원	
제조 국가: 미국	
유형: 단좌 공격 폭격기	
동력 장치: 34.7kN(7,800lb) J65-W-16A 터보제트 엔진 1개	
성능: 최대 속도 1,078km/h; 실용 상승 한도 14,935m; 항속 거리 1,480km (4,000lb 탑재)	
무게: 자체 중량 4,809kg; 최대 이륙 중량 12,437kg	
크기: 날개폭 8.38m; 길이 12.22m(프로브 제외); 높이 4.66m; 날개넓이 24.15㎡	
무장: 20mm Mk 12 기관포 2문; 공대지 미사일, 폭탄, 집속탄, 낙하 연료탱크 등 2,268kg(5,000lb) 탑재	

TA-4J 스카이호크

설계자인 에드 하이네만(Ed Heinemann)이 명시된 중량 13,600kg의 절반으로 해군용 제트 폭격기를 제작할 수 있다고 말했을 때 그를 믿은 사람은 거의 없었다. 그러나 결국 그가 만든 항공기는 다양한 버전으로 20년 이상 계속해서 생산되었다. TA-4J는 미국 해군용으로 제작된 파생기종으로 앞뒤로 나란한 교관용 조종석을 설치하기 위해 동체가 0.8m 더 길어졌다.

제원	
제조 국가: 미국	
유형: 복좌 함상 훈련기	
동력 장치: 37.8kN(8,500lb) J52-P-6 터보제트 엔진 1개	
성능: 최대 속도 1,084km/h; 실용 상승 한도 14,935m(49,000ft); 항속 거리 1,287km	
무게: 자체 중량 4,809kg; 최대 이륙 중량 11,113kg	
크기: 날개폭 8.38m; 길이 12.98m(프로브 제외); 높이 4.66m; 날개넓이 24.15㎡	
무장: 20mm 기관포 1문	

위대한 허큘리즈

록히드의 C-130 허큘리즈는 50년 이상 생산되어 왔으며, 약 3,000대가 제작되었다. 주요 국가 중에서 허큘리즈를 한 대도 보유하지 않는 국가는 거의 없을 정도로 이 항공기는 서방의 군용 수송기의 표준이 되었다. C-130은 공중급유기, 무장 항공기, 스키 비행기, 구조 항공기 등 여러 가지 버전으로 생산되어 왔다. 새로운 엔진과 프로펠러와 전자 장치를 장착한 C-130J는 이전 기종의 수출 성공을 서서히 따라가고 있다.

C-130B 허큘리즈

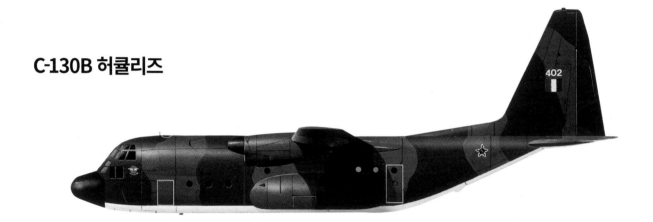

C-130B는 1959년에 취역했으며, 많은 수가 여전히 남아프리카공화국, 터키, 루마니아의 공군에서 사용되고 있다. 이 항공기는 C-130J 이전의 모든 후속 허큘리즈의 특징인 날개 아래의 보조 연료탱크를 부착한 첫 번째 모델이었다.

제원	
제조 국가: 미국	
유형: 4발 수송기	
동력 장치: 3,021kW(4,050마력) 알리슨 T56-A-7 터보프롭 엔진 4개	
성능: 최대 속도 547km/h; 항속 거리 3,896km; 실용 상승 한도 7,010m(23,000ft)	
무게: 자체 중량 (34,686kg); 최대 이륙 중량 79,375kg	
크기: 날개폭 40.4m; 길이 29.8m; 높이 11.7m; 날개넓이 162.2㎡	
무장: 없음	

EC-130E 허큘리즈

'하늘을 나는 방송국'으로 알려진 EC-130E 커맨도 솔로는 전쟁 중에 적 지역의 TV 시청자들과 라디오 청취자들에게 방송 프로그램을 보낼 수 있는 강력한 송신기를 탑재하고 있다. 이런 방송은 여론에 영향을 미치거나 적의 선전에 대응하기 위해 사용할 수 있다.

제원	
제조 국가: 미국	
유형: 심리작전 항공기	
동력 장치: 3,660kW(4,910마력) 알리슨 T56-A-15 터보프롭 엔진 4개	
성능: 최대 속도 547km/h; 항속 거리 3,896km; 실용 상승 한도 7,010m(23,000ft)	
무게: 자체 중량 알 수 없음; 최대 이륙 중량 70,306kg	
크기: 날개폭 40.4m; 길이 29.8m; 높이 11.7m; 날개넓이 162.2㎡	
무장: 없음	

EC-130Q 허큘리즈

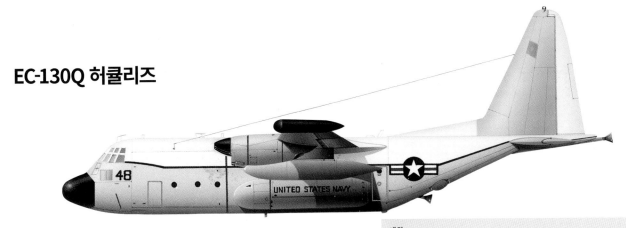

EC-130Q는 잠수중인 탄도미사일을 탑재한 잠수함과의 통신을 포함한 해군의 대잠 연락 임무를 수행하는 항공기다. 이 항공기는 초저주파 무선 송신기와 아래로 길게 내린 선상(線狀) 안테나를 장착했다.

제원	
제조 국가: 미국	
유형: 통신 중계 항공기	
동력 장치: 3,660kW(4,910마력) 알리슨 T56-A-15 터보프롭 엔진 4개	
성능: 최대 속도 547km/h; 항속 거리 3,896km; 실용 상승 한도 7,010m (23,000ft)	
무게: 자체 중량 33,057kg; 최대 이륙 중량 79,375kg	
크기: 날개폭 알 수 없음; 길이 29.8m; 높이 11.7m; 날개넓이 162.2㎡	
무장: 없음	

KC-130F 허큘리즈

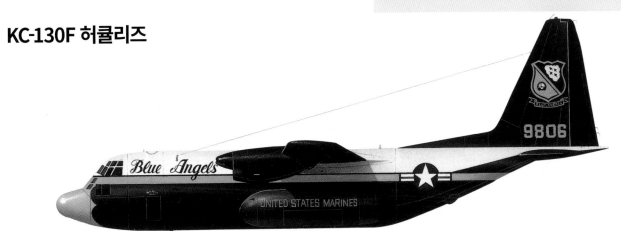

원래 1962년 이전의 명칭 체계에서 GV-1로 도입되었던 KC-130F는 미국 해군과 해병대의 주요한 수송기 및 전술 급유기가 되었다. 날개 아래의 연료탱크는 얼레에 감겨 있는 호스와 드로그(drogue)를 실은 포드로 대체되었다. '블루 에인절스(Blue Angels)' 곡예비행단은 KC-130F를 지원기로 사용한다.

제원	
제조 국가: 미국	
유형: 공중급유기/수송기	
동력 장치: 3,660kW(4,910마력) 알리슨 T56-A-15 터보프롭 엔진 4개	
성능: 최대 속도 604km/h; 항속 거리 3,896km; 실용 상승 한도 10,058m	
무게: 자체 중량 33,057kg; 최대 이륙 중량 70,306kg	
크기: 날개폭 40.4m; 길이 29.8m; 높이 11.7m; 날개넓이 162.2㎡	
무장: 없음	

WC-130H 허큘리즈

미국 공군 제53 기상정찰비행대대의 '허리케인 사냥꾼'은 허리케인을 탐지하고 그 방향과 강도를 예측할 수 있는 자료를 수집하기 위해 대서양과 멕시코만 상공을 WC-130H 허큘리즈로 비행한다. 이 부대는 C-130J 모델을 최초로 수령한 부대 중 하나였다.

제원	
제조 국가: 독일	
유형: 기상 정찰기	
동력 장치: 36,60kW(4,910마력) 알리슨 T56-A-15 터보프롭 엔진 4개	
성능: 최대 속도 547km/h; 항속 거리 3,896km; 실용 상승 한도 10,058m(33,000ft)	
무게: 자체 중량 33,057kg; 최대 이륙 중량 79,375kg	
크기: 날개폭 40.4m; 길이 29.8m; 높이 11.7m; 날개넓이 162.2㎡	
무장: (폭격기일 때) 다중 폭탄 장착대에 5,670kg(12,500lb)의 폭탄	

반짝하고 사라진 항공기들

전후 여러 해 동안 항공기는 매우 빠른 속도로 발전되었지만 또한 도중에 실패한 항공기도 많았다. 일부는 로켓 추진 요격기처럼 기술적으로 끝장났지만, 일부는 비용이 너무 많이 들고 지나치게 야심찼기 때문이었다. 유망한 계획이었던 캐나다의 애로우 항공기와 영국의 TSR.2는 미사일이 유인 전투기를 쓸모없게 만들 것이라는 당시 유행했던 이론의 희생양이 되었다. 이런 경우 그 나라의 항공 산업은 고통을 겪었고, 오직 미국의 항공기 회사들만 혜택을 받았다.

리퍼블릭 XF-91 선더셉터

XF-91은 1946년에 미국 육군항공대를 위해 고고도 요격기를 만들려는 대담한 시도였다. 리퍼블릭사는 날개의 붙임각을 변화시킬 수 있고 날개의 평면이 동체 쪽에서 날개끝 쪽으로 갈수록 폭이 점점 넓어지는 가변 붙임각 역테이퍼 날개와 날개끝에 앞뒤로 나란히 바퀴 두개가 달린 주착륙 장치, 쌍발 엔진과 같은 독특한 특징을 도입했다. 꼬리 날개 아래에 보이게 장착된 리액션 모터스의 XLR-11-RM-9 로켓 엔진은 짧은 시간 동안 최고 속도를 높이는데 사용할 수 있었다.

제원	
제조 국가: 미국	
유형: 실험적인 고고도 요격기	
동력 장치: 제너럴 일렉트릭 J47-GE-3 터보제트 엔진 1개; 리액션모터스 XLR-11-RM-9 로켓 엔진	
성능: 최대 속도 1,812km/h 달성; 상승 한도 (약) 15,250m(50,000ft)	
무게: 알 수 없음	
크기: 알 수 없음	
무장: 없음	

손더스 로 SR.53

SR.53은 순수 로켓 추진 요격기로 만들려고 했으나 요격을 마친 후에 동력이 부족한 상태에서 착륙할 수 있게 하려고 소형 터보제트 엔진을 추가했다. 제작된 2대의 SR.53 중 한 대는 1958년에 파괴됐지만 영국 정부는 그 당시 이미 거의 모든 유인 전투기 계획을 취소하기로 결정했다.

제원	
제조 국가: 영국	
유형: 실험적인 혼합동력 요격기	
동력 장치: 추력 7.3kN(1,640lb) 암스트롱 시들리 바이퍼 터보제트 엔진 1개와 추력 35.6kN(8,008lb) 스펙터 로켓 엔진 1개	
성능: 최대 속도 마하 2.2; 항속 시간: (전출력으로) 7분; 실용 상승 한도 20,000m(65,600ft)	
무게: 적재 중량 8,363kg	
크기: 날개폭 7.65m; 길이 13.71m; 높이 3.3m; 날개넓이 25.45㎡	
무장: 파이어스트리크 또는 블루제이 공대공 미사일 2발	

TIMELINE　　　　1949　　　1957　　　　

미야시셰프 M-50 '바운더'

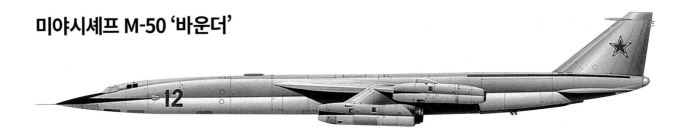

블라디미르 M. 미야시셰프(Vladimir M. Myasishchev)가 설계한 M-50은 매우 첨단적이었고, M-50의 세부 능력이 처음 알려졌을 때 중대한 잠재적 위협으로 여겨졌다. 여태껏 시제기 형태로만 제작되었지만 견익 배치된 끝부분을 자른 삼각 날개와 기존의 꼬리 날개 및 모두 후퇴익인 수평 날개들을 결합한 것이 특징이었다. 동체는 여압을 유지했고, 큰 무기창을 가지고 있었다.

제원	
제조 국가:	소련
유형:	초음속 전략 폭격기 시제기
동력 장치:	날개에 128,3kN(28,860lb) 솔로비예프 D-15 터보제트 엔진 4개
성능:	(추정) 최대 속도 1,950km/h
무게:	공개 안 됨
크기:	공개 안 됨
무장:	기관포 적어도 1문으로 추정; 내부 폭탄창에 원거리 핵무기 탑재

아브로 애로우

애로우 이야기는 BAC TSR.2. 이야기와 깜짝 놀랄 정도로 닮았다. 두 사업 모두 1950년대 중반 개발 초기 단계에서는 매우 큰 가능성을 보였고, 둘 다 유인 요격기 시대는 얼마 남지 않았다고 확신했던 정치가들의 결정으로 끝났다. 이 항공기는 아주 크고 높이 배치된 삼각 날개를 가지고 있었다.

제원	
제조 국가:	캐나다
유형:	복좌 전천후 장거리 초음속 요격기
동력 장치:	104,5kN (23,500lb) 프랫 앤 휘트니 J75-P-3 터보제트 엔진 2개
성능:	마하 2.3 (시험 기록)
무게:	자체 중량 22,244kg; 시험 중 평균 최대 이륙 중량 25,855kg
크기:	날개폭 15,24m; 길이 23,72m; 높이 6,48m; 날개넓이 113,8㎡
무장:	내부 무기창에 스패로 공대공 미사일 8발

BAC TSR.2

잉글리시 일렉트릭의 캔버라를 대체하는 항공기로 여겨졌던 TSR.2 계획의 취소는 항공 산업 내에서는 전후 영국의 항공 산업에 닥친 가장 큰 재앙으로 간주되었다. 돌이켜보면 과제 팀이 수행한 대부분의 선구적인 연구는 콩코드 초음속 여객기 개발에 큰 도움이 되었던 것은 분명하다.

제원	
제조 국가:	영국
유형:	복좌 타격/정찰기
동력 장치:	추력 136,1kN(30,610lb) 브리스톨 시들리 올림푸스 320 터보제트 엔진 2개
성능:	최대 속도 2,390km/h; 운용고도 16,460m(54,000ft); 항속 거리 1,287km(저공에서)
무게:	평균 36,287kg; 최대 이륙 중량 43,545kg
크기:	날개폭 11,28m; 길이 27,13m; 높이 7,32m; 날개넓이 65,03㎡
무장:	(계획) 내부에 재래식 또는 핵무기 최대 2,722kg; 날개 아래 파일런 4개에 최대 1,814kg(4,000lb)의 무기

1958   1964

사브: 1부

중립국 스웨덴은 1939년에서 1945년 사이에 교전국들에 둘러싸여 있었다. 스웨덴은 현대적인 항공기가 없었으므로 자국의 국경이나 영공을 침입하는 것을 막을 방법이 없었다. 이전에는 항공기를 면허 생산했던 국영 항공기제조회사 사브(Saab)는 1940년에 최초로 원천 설계한 B 17을 만들었다. 이후 최초의 사출 조종석, 최초로 피스톤 엔진의 제트 엔진 전환, 유럽 최초의 후퇴익 항공기 등 항공기 최초 적용들을 포함하여 더욱 혁신적인 설계가 이어졌다.

B 17

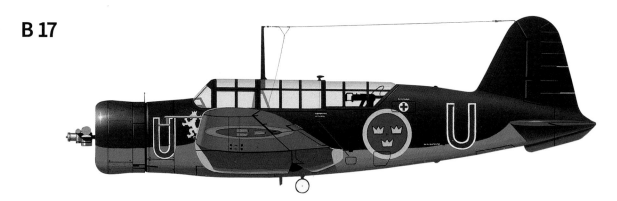

사브는 미국인 기술자들을 고용하여 최초로 완전히 새롭게 설계한 B 17 생산을 지원하도록 했으며, 그 결과 만들어진 항공기는 커티스 헬다이버 항공기를 매우 닮았다. B 17은 강하 폭격기 겸 수평 폭격기와 사진 정찰 전용 버전으로 제작되었다.

제원	
제조 국가: 스웨덴	
유형: 단발 급강하 폭격기	
동력 장치: 882kW(1,183마력) 프랫 앤 휘트니 R-1830-S1C3G 트윈 와스프 레이디얼 피스톤 엔진 1개	
성능: 최대 속도 435km/h; 항속 거리 1,800km; 실용 상승 한도 8,700m(28,543ft)	
무게: 자체 중량 2,600kg; 최대 이륙 중량 3,605kg	
크기: 날개폭 13.7m; 길이 9.8m; 높이 4m; 날개넓이 28.5㎡	
무장: 8mm 기관총 3정, 최대 500kg(1,102lb)의 폭탄	

91 사피르

사피르는 사브가 수출에서 가장 크게 성공한 항공기 중 하나로 20개국 이상의 사업자들에게 판매되었다. 스웨덴은 이 항공기를 여러 해 동안 초등 군용 훈련기로 사용했다. 오스트리아는 1960년대 중반에 24대를 구입해서 초등 훈련기 및 항법 훈련기로 사용했다.

제원	
제조 국가: 스웨덴	
유형: 복좌 훈련기	
동력 장치: 134kW(180마력) 아브코 라이커밍 O-360-A1A 피스톤 엔진 1개	
성능: 최대 속도 266km/h; 항속 거리 1,000km; 실용 상승 한도 5,000m(16,400ft)	
무게: 자체 중량 710kg; 최대 이륙 중량 1,205kg	
크기: 날개폭 10.6m; 길이 7.95m; 높이 2.2m; 날개넓이 13.6㎡	
무장: 없음	

TIMELINE

 1940 1943 1945

J 21

P-38 라이트닝에 영향을 받았지만 단발 추진 엔진이 장착된 J 21은 제2차 대전에서 사용된 가장 특이한 전투기 중 하나였다. 이 항공기는 사출 조종석이 있어서 조종사가 탈출해야만 할 때 프로펠러에 부딪히는 것을 피할 수 있었다.

제원
제조 국가: 스웨덴
유형: 단발 전투 폭격기
동력 장치: 1,100kW(1,475마력) 다임러-벤츠 DB 605B 피스톤 엔진 1개
성능: 최대 속도 640 km/h; 항속 거리 1,500km; 실용 상승 한도 10,200m(33,450ft)
무게: 자체 중량 3,350kg; 최대 이륙 중량 9,730kg
크기: 날개폭 11.61m; 길이 22.2m; 높이 4m; 날개넓이 22.2㎡
무장: 20mm 기관포 1문, 13.2mm 기관총 4정

J 29 투난

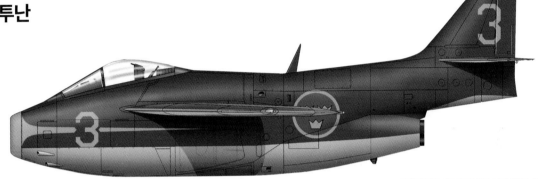

투난(Tunnan, 통)은 F-86과 MiG-15에 이어 세 번째 후퇴익 제트 전투기였다. 이 항공기는 1961년 콩고에서 유엔의 작전을 지원하기 위해 지상 공격 임무를 수행했는데, 그것은 지금까지 스웨덴 공군의 유일한 전투 배치였다.

제원
제조 국가: 스웨덴
유형: 단발 전투기
동력 장치: 추력 27kN(6072.7lb) 볼보 RM 2B(드 하빌랜드 고스트) 후기 연소 터보제트 엔진
성능: 최대 속도 1,060km/h; 항속 거리 1,100km; 실용 상승 한도 15,700m(51,000ft)
무게: 자체 중량 4,845kg; 최대 이륙 중량 8,375kg
크기: 날개폭 11m; 길이 10.1m; 높이 3.8m; 날개넓이 24㎡
무장: 20mm 기관포 4문, AIM-9B 사이드와인더 공대공 미사일 2발

J 32B 란센

사브 18 경폭격기를 대체하기 위해 개발된 32 기종은 크고 품질이 뛰어난 후퇴익 항공기였으며, 서유럽 다른 곳의 유사한 항공기보다 먼저 설계되고 개발되었다. 32 기종은 1953년에 취역하였고, 1990년대까지 공격자 항공기와 표적견인기, 시험용 항공기로 잘 운용되었다. 예시의 J 32B는 유도 및 추적 요격을 위해 S6 사격 통제 레이더를 갖추고 있었다.

제원
제조 국가: 스웨덴
유형: 전천후 및 야간 전투기
동력 장치: 67.5kN(15,190lb) 스벤스카 플리그모토르(롤스로이스 에이본) RM6A 엔진 1개
성능: 최대 속도 1,114km/h; 실용 상승 한도 16,013m(52,500ft); 항속 거리 3,220km(외부 연료 포함)
무게: 자체 중량 7,990kg; 최대 적재 중량 13,529kg
크기: 날개폭 13m; 길이 14.5m; 높이 4.65m; 날개넓이 37.4㎡
무장: 30mm 아덴 M/55 기관포 4문; Rb324 (사이드와인더) 공대공 미사일 4발 또는 접이식 날개 공중 발사 로켓(FFAR) 포드

1948    1952

사브: 2부

제2차 세계대전 이후 사브는 스웨덴 전투기와 훈련기의 대부분을 제작해왔으며, 이중 삼각익기 드라켄(Draken, 용), 카나드(Canard, 항공기의 동체 전방에 부착되어 있는 보조 수평 날개; 국방과학기술용어사전) 항공기 비겐(Viggen, 벼락), 전기신호를 통해 비행 및 조종을 제어하는(fly-by-wire) 그리펜(Gripen) 등으로 혁신을 계속하고 있다. 정치적 이유로 사브의 항공기로 전쟁을 일으킬 가능성이 있는 대부분의 국가들에게 전투기 수출이 금지되었지만, 최근에 사브는 그리펜을 비전통적인 고객들에게 판매했다.

MFI-15

범용 경항공기 및 훈련기인 민수용 사브 MFI-15 사파리와 군용 MFI-17 서포터는 노르웨이 등 여러 공군에서 사용되었다. 파키스탄은 현지에서 무샤크로 알려진 버전을 내수용 초등 훈련기로 생산해왔다.

제원	
제조 국가: 스웨덴	
유형: 범용 항공기/훈련기	
동력 장치: 149kW(200마력) 아브코 라이커밍 IO-360-A1B6 피스톤 엔진 1개	
성능: 최대 속도 235km/h; 항속 거리 알 수 없음; 실용 상승 한도 4,100m(13,450 ft)	
무게: 자체 중량 690kg; 최대 이륙 중량 1,200kg	
크기: 날개폭 8.85m; 길이 7m; 높이 2.6m; 날개넓이 11.9㎡	
무장: 없음	

J 35F 드라켄

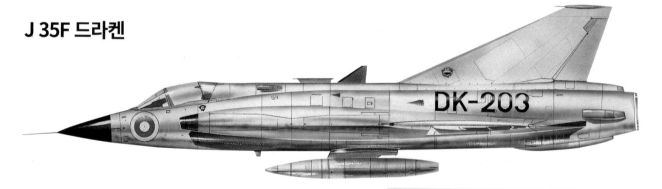

드라켄은 짧은 활주로에서 운용할 수 있고, 빠른 상승 성능과 초음속 성능을 가진 단좌 요격기에 대한 까다로운 요구에 맞춰서 설계했다. '이중 삼각' 날개는 날개를 앞뒤로 배열하여, 긴 항공기의 앞부분 공간을 작게 하고 이에 따라 높은 공기역학적 효율을 가질 수 있게 한 기발한 방법이다.

제원	
제조 국가: 스웨덴	
유형: 단좌 전천후 요격기	
동력 장치: 76.1kN (17,110lb) 스벤스카 플리그모토르 RM6C 터보제트 엔진 1개	
성능: 최대 속도 2,125km/h; 실용 상승 한도 20,000m(65,000ft); 항속 거리 3,250km (최대 연료 탑재)	
무게: 자체 중량 7,425kg; 최대 이륙 중량 16,000kg	
크기: 날개폭 9.4m; 길이 15.4m; 높이 3.9m; 날개넓이 49.2㎡	
무장: 30mm 아덴 M/55 기관포 1문, 공격 임무에서 공대공 미사일, 또는 최대 4,082kg(9,000lb)의 폭탄	

105/Sk 60

드라켄으로 명성을 쌓은 사브는 민간 자금으로 105를 개발함으로써 범위를 넓혔다. 이 항공기는 견익 배치, 후퇴익 단엽기로 2명 또는 4명의 승무원이 옆으로 나란히 앉는 선실을 갖추고 있었다. 첫 번째 시제기는 1963년 6월에 비행했고, 스웨덴 공군으로부터 성공적인 평가를 받은 후에 항공기 150대에 대한 양산 주문을 받았다.

제원	
제조 국가: 스웨덴	
유형: 이차적으로 공격 능력을 갖춘 훈련 및 연락 항공기	
동력 장치: 73kN(1,640lb) 투르보메카 오비스크 터보팬 엔진 2개	
성능: 최대 속도 6,095m(20,000ft) 고도에서 770km/h; 실용 상승 한도 13,500m (44,290ft); 항속 거리 1,400km	
무게: 자체 중량 2,510kg; 최대 이륙 중량 4,050kg	
크기: 날개폭 9.5m; 길이 10.5m; 높이 2.7m ; 날개넓이 16.3㎡	
무장: 외부 하드포인트 6개소에 사브 Rb05 공대지 미사일 2발 또는 30mm 기관포 포드 2개, 또는 135mm 로켓 12발, 또는 폭탄, 집속탄, 로켓 발사기 포드 등 최대 700kg(1,543lb) 탑재	

SF 37 비겐

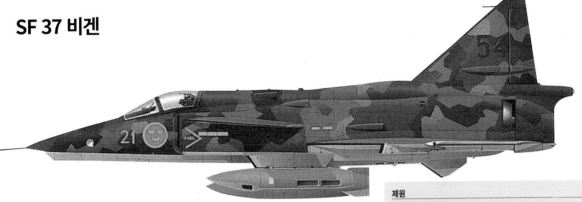

SF 37은 스웨덴 공군에서 운용 중이던 S 35E를 대체하려고 만든 전용 단좌 정찰기 버전이었다. 첫 번째 시제기는 1973년 5월에 비행했다. 생산 항공기는 카메라 7대를 담은 끌 모양의 기수로 구별되었으며, 항공기 어깨 부분의 하드포인트에 장착된 감시 포드로 기수의 카메라를 보완하는 경우가 많다.

제원	
제조 국가: 스웨덴	
유형: 단좌 전천후 공격기	
동력 장치: 115.7kN(26,015lb) 볼보 플리그모토르 RM8 터보팬 엔진 1개	
성능: 최대 속도 고고도에서 2,124km/h; 실용 상승 한도 18,290m(60,000ft); 전투 행동반경 1,000km	
무게: 자체 중량 11,800kg; 최대 이륙 중량 20,500kg	
크기: 날개폭 10.6m; 길이 16.3m; 높이 5.6m; 날개넓이 46㎡	
무장: 외부 하드포인트 7개소에 기관포 포드, 로켓 포드, 미사일, 폭탄 등 6,000kg (13,228lb) 탑재	

JAS 39 그리펜

사브는 그리펜이라는 또 다른 뛰어난 경량 전투기를 생산했다. 그리펜은 1970년대 말에 사브 37 비겐의 AJ 및 SH, SF, JA 버전을 대체하기 위해 구상되었으며, 구성은 사브의 관례에 따라 기체 후미에 삼각날개가 장착되고, 그 앞에 후퇴익 보조 앞날개가 달린다. 조종면들은 전기식 비행 제어 장치(fly-by-wire system)로 제어된다.

제원	
제조 국가: 스웨덴	
유형: 단좌 전천후 전투기, 공격기 및 정찰기	
동력 장치: 80.5kN(18,100lb) 볼보 플리그모토르 RM12 터보팬 엔진 1개	
성능: 최대 속도 마하 2 이상; 항속 거리 3,250km(외부에 무장을 탑재하고 하이-로- 하이 임무시)	
무게: 자체 중량 6,622kg; 최대 이륙 중량 12,473kg	
크기: 날개폭 8m; 길이 14.1m; 높이 4.7m	
무장: 27mm 모제르 BK27 기관포 1문, 공대공 미사일, 공대지 미사일, 대함 미사일, 폭탄, 집속탄, 로켓 발사기 포드, 정찰 포드, 낙하 연료탱크, ECM 포드	

1967

1988

현대

1990년대 초부터 이전 세대의 전투기는 전기 신호식 비행조종 제어 장치와 데이터 망으로 연결된 감지기들을 갖추고, 초음속 비행 능력을 가진 항공기에 의해 완전히 뒤로 밀려났다. 탄소 섬유 같은 복합 재료가 항공기 구조의 큰 부분을 구성한다. 이렇게 정교한 전투기의 원가가 증가하면서 제조업체들은 부족한 주문을 놓고 치열한 경쟁을 벌이게 되었다.

군용기는 단순히 무기를 적에게 가져가는 수단을 넘어 '장치 운용 플랫폼'으로 발전했다.

왼쪽: 유로파이터 타이푼은 4개 공군의 다양한 요구에 맞는 전투기를 만들기 위한 다국 협력 사례다.

보우트 A-7과 F-8

보우트사(챈스-보우트를 가리킨다)는 제2차 세계대전 중에 고전적인 F4U 코르세어를 만들었지만 전후 초기 몇 년 동안 휘청거렸다. 이 회사는 신기록 제조기 F8U(F-8) 크루세이더로 만회했는데, 크루세이더는 미국 해군의 주력 전투기가 되었고, 베트남에서 매우 탁월하게 활약했다. 이 회사는 1960년대 중반에 링-템코 보우트(LTV)로 재구성되었다. 마지막 항공기인 A-7 코르세어 II는 소형 공격기에 F-8 구성을 성공적으로 사용했다.

보우트 F-8D 크루세이더

1955년에 보우트는 완전히 새로운 크루세이더를 개발하기 시작했다. 그런데 팬텀 II와 경쟁에서 XF8U-3 크루세이더 III라고 명명된 이 항공기는 거절당했다. 보우트는 꾸준히 이 항공기를 개선했으며, 가장 강력한 버전은 J57-P-20 터보제트 엔진과 추가 연료를 탑재하고, 특별히 생산된 레이더 유도 AIM-9C 사이드와인더 공대공 미사일을 위해 새로운 레이더를 장착한 F-8D였다. F-8D는 총 152대가 생산되었다.

제원	
제조 국가:	미국
유형:	단좌 함상 전투기
동력 장치:	80kN(18,000lb) 프랫 앤 휘트니 J57-P-20 터보제트 엔진 1개
성능:	최대 속도 12,192m(40,000ft) 고도에서 1,975km/h; 실용 상승 한도 약 17,983m(59,000ft); 전투 행동반경 966km
무게:	자체 중량 9,038kg; 최대 이륙 중량 15,422g
크기:	날개폭 10.72m; 길이 16.61m; 높이 4.8m
무장:	20mm 콜트 Mk 12 기관포 4문(탄약 144발 포함), 모토롤라 AIM-9C 사이드와인더 공대공 미사일 최대 4발; 또는 AGM-12A 또는 AGM-12B 불펍(Bullpup) 공대지 미사일 2발

보우트 RF-8G 크루세이더

크루세이더의 유용한 고속 정찰기 파생기종인 RF-8A는 쿠바 미사일 위기와 베트남 전쟁에서 중요한 정보를 제공했다. RF-8G는 오래된 8A 모델을 재조립하여 만들었고, 미국 해군에 취역한 마지막 버전이 되었다. 마침내 1987년에 예비부대에서 퇴역했다. 이 항공기는 동체의 격실에 카메라 4대를 탑재할 수 있었고, 무장은 없었다.

제원	
제조 국가:	미국
유형:	함상 정찰기
동력 장치:	추력 80.1kN(18,000lb) 프랫 앤 휘트니 J57-P-22 후기 연소 터보제트 엔진 1개
성능:	최대 속도 12,192m(40,000ft) 고도에서 1,975km/h; 실용 상승 한도 약 17,983m(59,000ft); 전투 행동반경 966km
무게:	자체 중량 9,038kg; 최대 이륙 중량 15,422g
크기:	날개폭 10.72m; 길이 16,61m; 높이 4,8m
무장:	없음

보우트 F-8E(N) 크루세이더

F-8E 항공기를 발진시키기에는 항공모함 포슈호와 클레망소호가 너무 작다고 생각했음에도 불구하고 그럼에도 보우트사는 F-8E 버전을 프랑스 해군항공대에 판매했다. 보우트는 F-8E(FN)를 만들기 위해 날개와 꼬리 날개를 다시 설계하여 양력을 높이고, 저속 처리를 개선했다. 첫 번째 FN은 1964년 6월에 비행했고, 취역한지 거의 25년 만인 1991년에 클레망소 항공모함의 항공기들이 제1차 걸프전에 참가했다.

제원

제조 국가:	미국
유형:	단좌 함상 요격기 및 공격기
동력 장치:	80kN(18,000lb) 프랫 앤 휘트니 J57-P-20A 터보제트 엔진 1개
성능:	최대 속도 10,975m(36,000ft) 고도에서 1,827km/h; 실용 상승 한도 17,680m(58,000ft); 전투 행동반경 966km
크기:	날개폭 10,87m; 길이 16,61m; 높이 4,8m; 날개넓이 32,51㎡
무게:	자체 중량 9,038kg; 최대 이륙 중량 15,420kg
무장:	20mm M39 기관포 4문; 마트라 R530 공대공 미사일 또는 5인치 로켓 8발 등 최대 2,268kg(5,000lb) 탑재

보우트 A-7D 크루세이더

코르세어는 비록 F-8 크루세이더에서 파생되었지만 완전히 다른 항공기다. 성능을 높은 아음속 속도로 제한함으로써 구조의 무게를 줄일 수 있었다. 그에 따라 항속 거리가 늘어났고, 무기 탑재 중량은 거의 4배 증가했다. 첫 비행은 1965년 9월에 이루어졌다. 베트남전에서 90,000대 이상의 코르세어가 임무를 수행 했다.

제원

제조 국가:	미국
유형:	단좌 공격기
동력 장치:	63,4kN(14,250lb) 알리슨 TF41-1 롤스로이스 스페이 터보팬 엔진 1개
성능:	최대 속도 저공에서 1,123km/h; 전투 항속 거리 1,150km(무기 탑재량 보통일 때)
무게:	자체 중량 8,972kg; 최대 이륙 중량 19,050kg
크기:	날개폭 11,8m; 길이 14,06m; 높이 4,9m; 날개넓이 34,84㎡
무장:	20mm M61 벌컨 기관포 1문, 폭탄, 네이팜탄, 공대지 미사일, 낙하 연료탱크 등 최대 6,804kg(15,000lb) 탑재

보우트 A-7H 코르세어 II

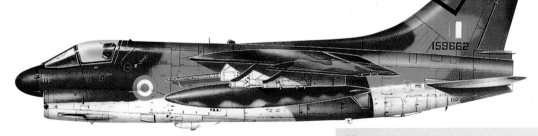

많은 국가들이 보우트 A-7에 대해 계획 초기 단계부터 관심을 표시했지만 처음 인도받은 외국 국가는 그리스였다. A-7H 항공기는 지상 공격과 공중 방어 역할에 모두 사용되고, AIM-9L 사이드와인더 미사일을 장착할 수 있다.

제원

제조 국가:	미국
유형:	단좌 전술 전투기
동력 장치:	66,7kN(15,000lb) 알리슨 TF-41-A-400 터보팬 엔진 1개
성능:	최대 속도 해수면에서 1,112km/h; 실용 상승 한도 15,545m(51,000ft); 항속 거리 1,127km
무게:	자체 중량 8,841kg; 최대 이륙 중량 19,051kg
크기:	날개폭 11,81m; 길이 14,06m; 높이 4,9m; 날개넓이 34,84㎡
무장:	20mm M61A1 다총열 기관포 1문; 외부 파일런 8개에 폭탄, 집속탄, 로켓 포드, 공대공 미사일 등 최대 6,804kg(15,000lb) 탑재

푸가 마지스테르

가장 성공적이고 널리 사용된 훈련기의 하나인 마지스테르(Magister, 교사)는 1950년 카스텔로(Castello)와 모부생(Mauboussin)이 푸가를 위해 고안하고 설계하였다. 마지스테르는 훈련기 목적으로 특별히 만든 최초의 항공기였다. 또한 특이하게 나비 모양 꼬리 날개로 제작되었지만 만족스럽게 비행할 수 있다는 것을 증명했다. 총 생산량은 이 버전과 착함용 갈고리를 장착한 버전(CM.75 제피르)을 합해 437대였다. 마지스테르는 1967년의 6일 전쟁 당시 이스라엘 공군에서 전투를 겪었다.

CM.170 마지스테르

마지스테르는 오랜 기간 시험 후에 프랑스 공군용 생산에 들어갔다. 1958년에 푸가가 포테즈사에 흡수되었을 때 포테즈는 계속 해외 고객을 위해 많은 파생기종을 생산했다. 예시는 프랑스의 국립 곡예비행단 '파트르이유 드 프랑스(Patrouille de France)'에서 운용한 항공기였다. 이 곡예비행단은 이제 다쏘/도르니에르의 알파 제트 훈련기를 사용한다.

제원	
제조 국가: 미국	
유형: 복좌 훈련기 및 경공격기	
동력 장치: 4kN(882lb) 투르보메카 마보레 IIA 터보제트 엔진 2개	
성능: 최대 속도 9,150m(30,000ft) 고도에서 715km/h; 실용 상승 한도 11,000m (36,090ft); 항속 거리 925km	
무게: 자체 중량 2,150kg(장비 포함); 최대 이륙 중량 3,200kg	
크기: 날개폭: 12.12m(날개끝 연료탱크 포함); 길이 10.06m; 높이 2.8m; 날개넓이 17.3㎡	
무장: 7.5mm(0.295인치) 또는 7.62mm 기관총 2정; 날개 아래 파일런에 로켓, 폭탄 또는 노드 AS.11 미사일 탑재	

CM.170 마지스테르

레바논은 1960년대에 마지스테르를 구입하여 주로 훈련기로 사용했다. 유일하게 전투에 운용한 것은 1973년 레바논 안에 있는 난민 수용소에서 팔레스타인 해방기구(PLO)와 싸운 것이었다. 마지스테르는 12.7mm 기관총으로 무장하고 수용소 내의 방어시설들을 공격했다.

제원	
제조 국가: 프랑스	
유형: 복좌 훈련기 및 경공격기	
동력 장치: 4kN(882lb) 투르보메카 마보레 IIA 터보제트 엔진 2개	
성능: 최대 속도 9,150m(30,000ft) 고도에서 715km/h; 실용 상승 한도 11,000m (36,090ft); 항속 거리 925km	
무게: 자체 중량 2,150kg(장비 포함); 최대 이륙 중량 3,200kg	
크기: 날개폭: 12.12m(날개끝 연료탱크 포함); 길이 10.06m; 높이 2.8m; 날개넓이 17.3㎡	
무장: 7.5mm(0.295인치) 또는 7.62mm 기관총 2정; 날개 아래 파일런에 로켓, 폭탄 또는 노드 AS.11 미사일 탑재	

CM.170 마지스테르

독일 공군은 마지스테르 40대를 구입하였고, 하인켈-메서슈미트는 공군과 해군항공대에서 사용하기 위해 추가로 244대를 면허 생산했다. 이것은 란츠베르크의 A 비행 지도자 양성학교가 보유하였던 항공기다. 이 학교에는 다스 마기스터팀(Das Magister Team)이라는 곡예비행단이 있었다.

제원	
제조 국가: 프랑스	
유형: 복좌 훈련기 및 경공격기	
동력 장치: 4kN(882lb) 투르보메카 마보레 IIA 터보제트 엔진 2개	
성능: 최대 속도 9,150m(30,000ft) 고도에서 715km/h; 실용 상승 한도 11,000m (36,090ft); 항속 거리 925km	
무게: 자체 중량 2,150kg; 최대 이륙 중량 3,200kg	
크기: 날개폭; 12.12m(날개끝 연료탱크 포함); 길이 10.06m; 높이 2.8m; 날개넓이 17.3㎡	
무장: 7.5mm(0.295인치) 또는 7.62mm 기관총 2정; 날개 아래 파일런에 로켓, 폭탄 또는 노드 AS.11 미사일 탑재	

CM.170 마지스테르

벨기에 공군의 곡예비행단인 붉은 악마(Les Diables Rouges)는 1965년에서 1977년까지 마지스테르를 사용했다. 1990년대와 2000년대에 벨기에 공군은 붉은 악마의 색상으로 장식된 마지스테르의 단독 시범 비행을 통해 곡예비행단에 대한 기억을 되살렸다.

제원	
제조 국가: 프랑스	
유형: 복좌 훈련기 및 경공격기	
동력 장치: 4kN(882lb) 투르보메카 마보레 IIA 터보제트 엔진 2개	
성능: 최대 속도 9,150m(30,000ft) 고도에서 715km/h; 실용 상승 한도 11,000m (36,090ft); 항속 거리 925km	
무게: 자체 중량 2,150kg(장비 포함); 최대 이륙 중량 3,200kg	
크기: 날개폭; 12.12m(날개끝 연료탱크 포함); 길이 10.06m; 높이 2.8m; 날개넓이 17.3㎡	
무장: 7.5mm(0.295인치) 또는 7.62mm 기관총 2정; 날개 아래 파일런에 로켓, 폭탄 또는 노드 AS.11 미사일 탑재	

CM.170 마지스테르

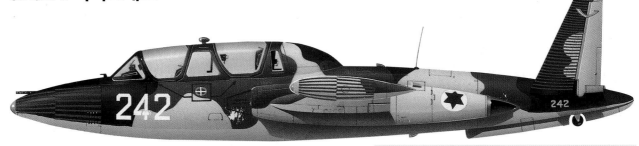

이스라엘은 1960년대부터 마지스테르를 훈련기와 경공격기로 사용했다. 1967년에는 아랍의 기갑부대에 대한 공격에서 많은 항공기를 잃었다. 1980년부터 현지 기업에서 87대를 개선하여 츄킷(Tzukit, 개똥지빠귀 또는 쇠황조롱이)을 만들었고, 비치 택산 II 터보프롭 항공기로 교체될 예정이지만 여전히 운용되고 있다.

제원	
제조 국가: 프랑스	
유형: 복좌 훈련기 및 경공격기	
동력 장치: 추력 4.7kN(1,055lb) 투르보메카 마보레 IV 터보제트 엔진 2개	
성능: 최대 속도 9,150m(30,000ft) 고도에서 715km/h; 실용 상승 한도 11,000m (36,090ft); 항속 거리 925km	
무게: 자체 중량 2,150kg(장비 포함); 최대 이륙 중량 3,200kg	
크기: 날개폭; 12.12m(날개끝 연료탱크 포함); 길이 10.06m; 높이 2.8m; 날개넓이 17.3㎡	
무장: 7.5mm(0.295인치) 또는 7.62mm 기관총 2정; 날개 아래 파일런에 로켓, 폭탄 또는 노드 AS.11 미사일 탑재	

파나비아 토네이도

토네이도는 1960년대의 타격 및 정찰 항공기에 대한 요구사항의 결과로서, 중무기와 다양한 무기를 탑재할 수 있고, 바르샤바 조약 기구의 방어체계를 주야간 전천후로 저공 침투할 수 있었다. 이 항공기를 개발하고 제작하기 위해 유럽의 회사들(주로 영국, 서독, 이탈리아)이 파나비아(Panavia)라는 이름으로 연합체를 구성했다.

토네이도 F.Mk 3

1960년대 말 영국 공군은 보유하던 맥도넬 더글러스 팬텀 II 및 BAe 라이트닝 요격기를 교체할 필요를 느꼈다. 그래서 토네이도 ADV(공중 방어 파생기종), 즉 GR.1 지상 공격기와 같은 기체를 기반으로 해서 전천후 능력을 갖춘 전용 공중 방어 항공기 개발을 주문했다. 폭스헌터 레이더를 위해 기수의 길이를 늘이는 구조적 변화가 포함되었다. 이 공중 방어 파생기종은 영국 공군에서 F.Mk 2와 F.Mk라는 제식 명칭을 부여받았다.

제원	
제조 국가: 영국/서독/이탈리아	
유형: 전천후 공중 방어 항공기	
동력 장치: 73.5kN(16,520lb) 터보-유니온 RB.199-34R Mk 104 터보팬 엔진 2개	
성능: 최대 속도 11,000m(36,090ft) 이상 고도에서 2,337km/h; 운용 상승 한도 약 21,335m(70,000ft); 요격 행동반경 1,853km 이상	
무게: 자체 중량 14,501kg(31,970lb); 최대 이륙 중량 27,987kg	
크기: 날개폭 13.91m(펼쳤을 때), 8.6m(접었을 때); 길이 18.68m; 높이 5.95m; 날개넓이 26.6㎡	
무장: 27mm IWKA-모제르 기관포 2문(탄약 180발 포함), 외부 하드포인트 6개소 에스카이 플래시(Sky Flash) 중거리 공대공 미사일, AIM-9L 사이드와인더 단거리 공대공 미사일, 낙하 연료탱크 등 최대 5,806kg(12,800lb) 탑재	

토네이도 GR.1

첫 번째 토네이도 GR.1은 1980년 7월에 인도되었다. 영국 공군은 GR.1 타격기 229대를 인도받았고, 독일 공군은 212대, 독일 해군항공대는 112대, 이탈리아 공군은 100대 인도받았다. 영국 공군과 이탈리아 공군의 토네이도는 1991년 걸프전에서 실전을 경험했다.

제원	
제조 국가: 영국/서독/이탈리아	
유형: 전술 정찰기	
동력 장치: 71.5kN(16,075lb) 터보-유니온 RB.199-34R Mk 103 터보팬 엔진 2개	
성능: 최대 속도 2,337km/h; 실용 상승 한도 15,240m(50,000ft); 전투 행동반경 1,390km	
무게: 적재 중량 27,216kg	
크기: 날개폭 13.91m(펼쳤을 때), 8.6m(접었을 때); 길이 16.72m; 높이 5.95m	
무장: 최대 9,000kg(19,840lb) 탑재; 빈텐 라인스캔 적외선 감지기, 열화상 및 레이저 지시기	

토네이도 IDS

토네이도 계획에서 이탈리아의 몫은 영국 공군의 GR.1과 동등한 토네이도 IDS(후방 차단 및 타격) 파생기종 100대였다. 나중에 이 항공기 15대는 HARM 대레이더 미사일을 발사할 수 있는 토네이도 ECR(전자전 및 정찰) 표준형으로 개조되었다. 이탈리아의 토네이도 80대에 대한 수명 중반기 개량 계획이 진행 중이다.

제원	
제조 국가: 영국/서독/이탈리아	
유형: 다용도 전투기	
동력 장치: 71.5kN(16,075lb) 터보-유니온 RB.199-34R Mk 103 터보팬 엔진 2개	
성능: 최대 속도 11,000m(36,090ft) 이상 고도에서 2,337km/h; 실용 상승 한도 15,240m(50,000ft); 전투 행동반경 1,390km(무기 탑재하고 하이-로-하이 임무에서)	
무게: 자체 중량 14,091kg; 최대 이륙 중량 27,216kg	
크기: 날개폭 13.91m(펼쳤을 때); 길이 16.72m; 높이 5.95m; 날개넓이 26.6㎡	
무장: 27mm IWKA-모제르 기관포 2문(탄약 180발 포함), 외부 하드포인트 7개소에 ALARM 대(對)방사 미사일, 공대공, 공대지 및 대함 미사일, 재래식 유도 폭탄, 집속탄, 전자 방해책 포드, 낙하 연료탱크, 열화상 및 레이저 지시기 등 최대 9,000kg(19,840lb) 탑재	

세페캣 재규어

프랑스 공군과 영국 공군의 요구사항을 모두 충족하기 위해 영국의 BAC와 프랑스의 다쏘-브레게가 세페캣(SEPECAT, 전투 훈련기 및 전술 지원기 생산을 위한 유럽 회사)이라는 회사를 만들어 공동으로 개발한 재규어 항공기는 처음 구상했던 것보다 훨씬 강력하고 효과적인 항공기로 모습을 드러냈다. 경훈련기 및 근접지원기로 계획되었지만 이 항공기는 단좌 전술 지원기로서 프랑스의 전술핵 타격 부대의 중추가 되었다.

재규어 A

재규어 A는 1969년 3월에 첫 비행을 했다. 1973년에 운용을 위해 인도하기 시작했고, 160대를 생산했다. 동력은 롤스로이스와 투르보메카가 공동으로 개발한 롤스로이스 RB.172터보팬 엔진으로 공급되었다.

제원	
제조 국가: 프랑스/영국	
유형: 단좌 전술 지원기 겸 타격 항공기	
동력 장치: 32,5kN (7305lb) 롤스로이스/투르보메카 아도어 Mk 102 터보팬 엔진 2개	
성능: 최대 속도 11,000m(36,090ft) 고도에서 1,593km/h; 전투 행동반경 557km (내부연료로 로-로-로 임무(lo-lo-lo mission, 저공비행하여 목표물에 접근하여 저공에서 폭격하고 저공비행으로 복귀하는 임무; 역자 주) 수행시)	
무게: 자체 중량 7,000kg; 최대 이륙 중량 15,500kg	
크기: 날개폭 8,69m; 길이 16,83m; 높이 4,89m; 날개넓이 24㎡	
무장: 30mm DEFA 기관포 2문; 전술 핵무기 또는 재래식 폭탄, 공대지 미사일, 낙하 연료탱크, 로켓-발사기 포드, 정찰 포드 등 4,536kg(10,000lb) 탑재	

재규어 GR.1

영국 공군은 1973년부터 재규어 GR.1 단좌기 165대를 구입하여 독일의 영국 공군 브뤼겐 기지에서 타격기 역할로 운용한 제14 비행대대(예시 참조)를 포함한 9개 최전선 비행대대에서 몇 년간 운용했다. 재규어는 몇 차례 개량을 거쳤고, 마지막 GR.3 모델들이 2007년에 퇴역했다.

제원	
제조 국가: 프랑스/영국	
유형: 단좌 전술 지원기 겸 타격 항공기	
동력 장치: 32,5kN(7,305lb) 롤스로이스/투르보메카 아도어 Mk 102 터보팬 엔진 2개	
성능: 최대 속도 11,000m(36,090ft) 고도에서 1,593km/h; 전투 행동반경 557km (내부연료로 로-로-로 임무 수행시)	
무게: 자체 중량 7,000kg; 최대 이륙 중량 15,500kg	
크기: 날개폭 8,69m; 길이 16,83m; 높이 4,89m; 날개넓이 24㎡	
무장: 30mm DEFA 기관포 2문; 핵무기, 재래식 폭탄 등 4,536kg(10,000lb) 탑재	

재규어 인터내셔날

영국과 프랑스가 합작한 SEPECAT 회사는 재규어의 뛰어난 다양한 능력에 고무되어 수출 시장을 위한 버전을 개발하였다. 하지만 1990년대 중반까지 4개 국가에서 169대만 주문받았을 뿐이었다. 최초의 재규어 국제 모델은 1976년 8월에 첫 비행을 했다. 이 항공기는 대함, 방공, 지상 공격 및 정찰 역할에 최적화되었다. 이 예시는 에콰도르에서 사용되었다.

제원	
제조 국가: 프랑스/영국	
유형: 단좌 전술 지원기 겸 타격 항공기	
동력 장치: 37.3kN(8,400lb) 롤스로이스/투르보메카 아도어 Mk 811 터보팬 엔진 2개	
성능: 최대 속도 11,000m(36,090ft) 고도에서 1,699km/h; 전투 행동반경 537km(내부연료로 로-로-로 임무 수행시)	
무게: 자체 중량 7,700kg; 최대 이륙 중량	
크기: 날개폭 8.69m; 길이 16.83m; 높이 4.89m; 날개넓이 24.18㎡	
무장: 30mm 아덴 Mk.4 기관포 2문; 공대공 미사일, 대함 미사일, 레이저 유도 또는 재래식 폭탄, 네이팜탄, 낙하 연료탱크, ECM 포드 등 4,763kg(10,500lb) 탑재	

재규어 T.2

영국 공군 버전의 재규어 E는 제식 명칭이 재규어 T.2다. 이 항공기는 통상 작전 능력을 보유하고 있고, GR.1과 동일한 규격에 따라 장비가 장착되었다. 영국 공군은 T.2 38대를 수령했는데 원래 계획보다 3대 많았다. T.2A는 개량된 항공기이다.

제원	
제조 국가: 프랑스/영국	
유형: 단좌 전술 지원기 겸 타격 항공기	
동력 장치: 37.3kN(8,040lb) 롤스로이스/투르보메카 아도어 Mk 104 터보팬 엔진 2개	
성능: 최대 속도 11,000m(36,090ft) 고도에서 1,593km/h; 전투 행동반경 557km (내부연료로 로-로-로 임무 수행시)	
무게: 자체 중량 7000kg; 최대 이륙 중량 15,500kg	
크기: 날개폭 8.69m; 길이 16.83m; 높이 4.89m; 날개넓이 24㎡	
무장: 30mm DEFA 기관포 2문; 전술 핵무기 1발 또는 재래식 폭탄 포함 4,536kg(10,000lb) 탑재	

재규어 IM (샴셔)

다른 사용자들은 모두 재규어를 퇴역시켰지만 힌두스탄 항공 주식회사(HAL)는 인도 공군용으로 재규어 즉 샴셔(정의의 검)를 계속 생산했다. 독특한 인도 파생기종인 재규어 IM 해상 공격기는 어가비 레이더와 시 이글 미사일 능력을 갖추고 있다.

제원	
제조 국가: 프랑스와 영국	
유형: 단좌 해상 공격기	
동력 장치: 추력 37.3kN(8,400lb) 롤스로이스/투르보메카 RT172-58 Adour Mk.811 후기 연소 터보팬 엔진 2개	
성능: 최대 속도 11,000m(36,090ft) 고도에서 1,593km/h; 전투 행동반경 557km (내부연료로 로-로-로 임무 수행시)	
무게: 자체 중량 7,700kg; 최대 이륙 중량 15,700kg	
크기: 날개폭 8.69m; 길이 알 수 없음; 높이 4.89m; 날개넓이 24.18㎡	
무장: 30mm 아덴 Mk.4 기관포 2문; 4,763kg(10,500lb) 탑재	

그루먼 인트루더와 프라울러

1957년 12월, 11개의 경쟁 설계 중에서 선정된 인트루더는 야간 또는 전천후로 지상의 특정한 목표 지점에 대한 1단계 맹공격용으로 특별히 계획되었다. 인트루더는 1963년 2월 미국 해군에 처음으로 취역했다. A-6A는 베트남전에서 24시간 내내 계속되는 정밀 폭격 임무를 수행했는데, F-111이 도입되기 전까지 다른 어떤 항공기도 이 임무를 수행할 수 없었다.

A-6 인트루더

A-6은 베트남 전쟁에서 도입되었고, 1991년 이라크와 쿠웨이트에서 마지막 전투를 겪었다. 여기 미국 해병대 제533 전천후공격비행대대의 A-6E는 1991년의 사막의 폭풍 작전에서 바레인에 배치되었다. 날개 아래와 동체 중앙의 다중 폭탄 장착대에 227kg(500파운드)의 Mk 82 폭탄을 탑재하고 있는 모습이 보인다.

제원	
제조 국가: 미국	
유형: 복좌 함상 및 육상 전천후 타격 항공기	
동력 장치: 41.4kN(9,300lb) 프랫 앤 휘트니 J52-P-8A 터보제트 엔진 2개	
성능: 최대 속도 해수면에서 1,043km/h; 실용 상승 한도 14,480m(47,500ft); 항속 거리 1,627km	
무게: 자체 중량 12,132kg; 최대 이륙 중량 26,581kg	
크기: 날개폭 16.15m; 길이 16.69; 높이 4.93m; 날개넓이 49.13㎡	
무장: 외부 하드포인트 5개소에 핵무기, 재래식 및 유도 폭탄, 공대지 미사일, 낙하 연료탱크 등 최대 8,165kg(18,000lb) 탑재	

EA-6A 인트루더

EA-6는 오래된 전자전 항공기인 EF-10 스카이 나이트를 대체하였다. EA-6A는 북베트남의 방공망 고도화에 대응하기 위해 동남아시아로 파견되었다. 전파방해와 레이더 방해 능력과 드물게 사용되는 슈라이크 대(對)레이더 미사일 발사 능력을 갖추고 있었다.

제원	
제조 국가: 미국	
유형: 전자전 항공기	
동력 장치: 41.4kN(9,300lb) 프랫 앤 휘트니 J52-P-8A 터보제트 엔진 2개	
성능: 최대 속도 해수면에서 1,043km/h; 실용 상승 한도 14,480m(47,500ft); 항속 거리 1,627km	
무게: 자체 중량 12,132kg; 최대 이륙 중량 26,581kg	
크기: 날개폭 16.15m; 길이 16.69m; 높이 알 수 없음; 날개넓이 49.13㎡	
무장: AGM-45 슈라이크 대레이더 미사일	

A-6E 인트루더

원래의 A-6A 모델은 1971년부터 새로운 디지털 컴퓨터와 다른 개선된 전자 장비를 갖춘 A-6E로 대체되었다. 나중에 나온 A-6E는 표적 인식 공격 다중 감지기(TRAM)라는 이름의 터렛을 기수 아래에 장착했는데, 적외선 감지기와 레이저 지시기가 포함되어 있어서 더욱 정밀한 무기를 사용할 수 있게 되었다.

제원

제조 국가: 미국

유형: 복좌 함상 및 육상 전천후 타격 항공기

동력 장치: 41.4kN(9,300lb) 프랫 앤 휘트니 J52-P-8A 터보제트 엔진 2개

성능: 최대 속도 해수면에서 1,043km/h; 실용 상승 한도 14,480m(47,500ft); 항속 거리 1,627km

무게: 자체 중량 12,132kg; 최대 이륙 중량 26,581kg

크기: 날개폭 16.15m; 길이 16.69; 높이 4.93m; 날개넓이 49.13㎡

무장: 외부 하드포인트 5개소에 핵무기, 재래식 및 유도 폭탄, 공대지 미사일, 낙하 연료탱크 등 최대 8,165kg(18,000lb) 탑재

KA-6D 프라울러

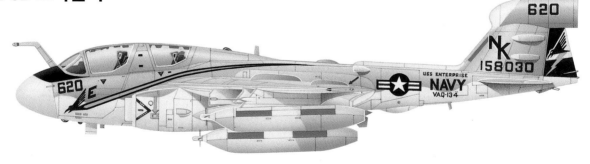

KA-6D는 A-6A를 개조하여 함상기를 위한 공중 급유기로 전환한 모델이었다. 폭격 장비는 제거되고 동체에 호스-드럼 장비가 설치되었다. 무기 파일런은 추가 연료탱크를 탑재하는 용도로 사용되었다. 이 KA-6D도 역시 동체 중앙에 '버디' 재급유 포드를 탑재했다.

제원

제조 국가: 미국

유형: 공중 급유기

동력 장치: 49.8kN(11,200lb) 프랫 앤 휘트니 J52-P-408 터보제트 엔진 2대

성능: 최대 속도 해수면에서 982km/h; 실용 상승 한도 11,580m(38,000ft); 전투 항속 거리 1,769km

무게: 자체 중량 14,588kg; 최대 이륙 중량 29,484kg

크기: 날개폭 16.15m; 길이 18.24m; 높이 4.95m; 날개넓이 49.13㎡

무장: 초기 모델에는 없음, 새로 장착한 외부 하드포인트에 AGM-88 HARM 공대지 대레이더 미사일 4발 또는 6발 탑재

EA-6B 프라울러

미국 해군은 EA-6 ECM이 제공하는 보호 없이 타격 임무를 수행하는 경우는 거의 없었다. 이 항공기는 성공적인 A-6 제품군에서 개발되었다. 조종석에는 조종사와 3명의 전자전 장교가 탑승했는데, 전자전 장교들은 ALQ-99 전술 전파 방해 장치를 포함해서 여태껏 전술 항공기에 장착된 장비 중 가장 정교한 최첨단 전자 방해책(ECM) 장비를 제어했다.

제원

제조 국가: 미국

유형: 쌍발터보팬 전자전 지원기

동력 장치: PW J52-P408A 터보팬(10,400파운드) 2개

성능: 최대 속도 920km/h; 실용 상승 한도 12,900m; 전투 항속 거리 3,861km

무게: 자체 중량 15,450kg; 최대 이륙 중량 27,500kg

크기: 날개폭 17.7m; 길이 15.9m; 높이 4.9m; 날개넓이 49.1㎡

무장: AGM-88 HARM 4발, ALQ-99 TJS 포드 5조

미국 대 리비아

리비아와 미국은 1980년대에 지중해 일부 지역에 대한 리비아의 주장과 테러리즘에 대한 지원을 놓고 몇 차례 교전했다. 그 중에는 1981년 미국 해군의 F-14가 리비아의 Su-22를 격추한 시드라만 사건과 1986년 베를린 나이트클럽에서 벌어진 미군을 겨냥한 테러 공격이후 미국이 보복한 엘도라도 협곡 작전도 있었다. 미국은 리비아를 비난하였고, 1986년 4월 15일 트리폴리와 벵가지의 목표물에 대한 공격을 시작했다.

그루먼 F-14A 톰캣

미국은 공해에서 항해할 수 있는 권리를 주장하면서 미국 해군의 니미츠 항공모함에서 초계 활동을 벌였고, 1981년 8월 리비아 공군 전투기와 몇 차례 맞부딪쳤다. 제41 전투비행대대 '블랙 에이스'의 F-14A가 리비아의 미사일 발사에 대응해서 AIM-9 사이드와인더 미사일로 리비아 공군의 Su-22 '피터' 2대를 격추했다.

제원

제조 국가: 미국

유형: 복좌 함상 함대 방어 전투기

동력 장치: 92.9kN(20,900lb) 프랫 앤 휘트니 TF30-P-412A 터보팬 엔진 2개

성능: 최대 속도 고고도에서 2,517km/h; 실용 상승 한도 17,070m(56,000ft); 항속 거리 약 3,220km

무게: 자체 중량 18,191kg; 최대 이륙 중량 33,724kg

크기: 날개폭 19.55m(펼쳤을 때); 11.65m(접었을 때); 길이 19.1m; 높이 4.88m; 날개넓이 52.49㎡

무장: 20mm M61A1 벌컨포 1문(탄약 675발 포함); 외부 파일런에 AIM-7 스패로 중거리 공대공 미사일, AIM-9 중거리 공대공 미사일, AIM-54 피닉스 장거리 공대공 미사일을 조합하여 탑재

제너럴 다이나믹스 F-111F

엘도라도 협곡 작전의 주요 공격은 영국에서 발진한 F-111이 수행했고, 레이큰히스 기지의 미국 공군 제48 전술전투비행단의 F-111F(예시 참조)도 그중 하나였다. 공습에서 F-111F 한 대와 승무원들을 잃었는데 아마도 저공비행 중에 바다로 추락한 것으로 보인다.

제원

제조 국가: 미국

유형: 복좌 공격기

동력 장치: 추력 111.7kN(25,100lb) 프랫 앤 휘트니 TF30-P-100 후기 연소 터보제트 엔진

성능: 최대 속도 2,334km/h; 항속 거리 5,851km; 실용 상승 한도 8,287m(60,000ft)

무게: 자체 중량 20,943kg; 최대 이륙 중량 44,875kg

크기: 날개폭 19.2m; 길이 22.4m; 높이 5.2m; 날개넓이 61㎡

무장: 폭탄, 로켓, 미사일 또는 연료탱크 등 최대 11,250kg(25,000lb) 탑재

미코얀-구레비치 MiG-23 '플로거-E'

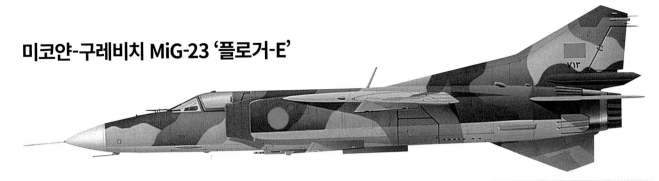

리비아와 여러 아랍 국가들은 MiG-23M '플로거-B'를 많이 단순화한 수출 버전인 MiG-23 '플로거-E'를 구입했다. 이 항공기는 이전 모델과 같은 기본 기체를 그대로 유지했지만 엔진은 98kN 투만스키 R-27F2M-300 터보제트로 변경되었다.

제원	
제조 국가: 소련	
유형: 단좌 공중전 전투기	
동력 장치: 98kN(22,046lb) 투만스키 R-27F2M-300 터보제트 엔진 1개	
성능: 최대 속도 높은 고도에서 약 2,445km/h; 실용 상승 한도 18,290m (60,000ft) 이상; 전투 행동반경 966km	
무게: 자체 중량 10,400kg; 최대 적재 중량 18,145kg	
크기: 날개폭 13.97m(펼쳤을 때), 7.78m(접었을 때); 길이 16.71m(재급유 프로브 포함); 높이 4.82m; 날개넓이 37.25㎡(펼쳤을 때)	
무장: 23mm GSh-23L 기관포 1문, 외부 하드포인트 6개소에 AA-2 아톨(Atoll) 공대공 미사일, 기관포 포드, 로켓 발사기 포드, 대구경 로켓, 폭탄 등 최대 3,000kg(6,614lb) 탑재	

미코얀-구레비치 MiG-25P '폭스배트-A'

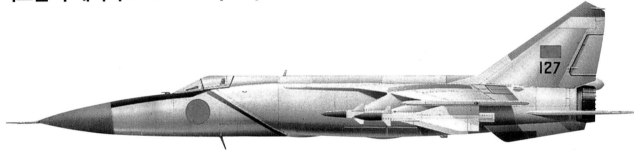

MiG-25는 1950년대 말에 미국이 계획 중인 B-70 장거리, 고속 전략 폭격기의 도전에 대응하기 위한 요격기로 설계되었고, 마침내 1970년대 초에 취역했을 때 속도와 높이 면에서 어떤 서방의 항공기 보다 훨씬 앞섰다. (한참 뒤에 B-70 계획은 취소되었다.) 이 항공기 역시 리비아와 알제리, 인도, 이라크, 시리아에서 운용된다.

제원	
제조 국가: 소련	
유형: 단좌 요격기	
동력 장치: 100kN(22,487lb) 투만스키 R-15B-300 터보제트 엔진 2개	
성능: 최대 속도 높은 고도에서 약 2,974km/h; 실용 상승 한도 24,385m(80,000ft) 이상; 전투 행동반경 1,130km	
무게: 자체 중량 20,000kg; 최대 이륙 중량 37,425kg	
크기: 날개폭 14.02m; 길이 23.82m; 높이 6.1m; 날개넓이 61.4㎡	
무장: 외부 파일런에 공대공 미사일 4발 (적외선 유도 및 레이더 유도 '애크리드' 각 2발 또는 AA-7 '에이펙스' 2발과 AA-8 '아피드' 2발)	

일류신 Il-76MD '캔디드'

F-111F와 A-6E 인트루더는 1986년 8월에 리비아 비행장 여러 곳을 공격하여 주기중인 MiG-23 약 14대를 파괴하고, 리비아 공군과 국유 항공사 소유의 Il-76 '캔디드' 수송기 5대까지 파괴했다. 그중 하나가 여기 리비아 아랍 항공의 Il-76MD 5A-DZZ 항공기였다.

제원	
제조 국가: 소련	
유형: 중화물 수송기	
동력 장치: 117.6kN(26,455lb) 솔로비에프 D-30KP-1 터보팬 엔진 4개	
성능: 최대 속도 11,000m 고도에서 850km/h; 최대 순항 고도 12,000m(39,370ft); 항속 거리 5,000km	
무게: 자체 중량 약 75,000kg; 최대 이륙 중량 170,000kg	
크기: 날개폭 50.5m; 길이 46.59m; 높이 14.76m; 날개넓이 300㎡	
무장: 꼬리 부분에 23mm 기관포 2문	

공중 조기 경보기

제2차 세계 대전 때 태평양에서의 경험으로 해상 함정의 레이더 범위 너머에 있는 공격자를 탐지할 수 있는 공중 레이더의 필요성을 확인했다. 곧 함상 공중 조기 경보기(AEW)와 육상기지의 레이더 '초계병'들이 연결되었다. 임무는 일정 수준의 해상 및 육상 감시뿐만 아니라 공격 작전에서 타격 항공기와 전투기 통제를 아우르는 것으로 진화했다.

애브로 섀클턴 AEW.2

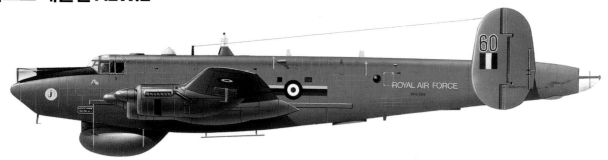

섀클턴 AEW.2는 영국 공군뿐 아니라 영국 해군에 공급할 공중 조기 경보기로 섀클턴 MR.2 초계기에서 만들어졌다. 당시 영국 해군은 페어리 개닛 함상기를 단계적으로 철수하고 있었다. '섁(Shack, 섀클턴)'은 개닛에 사용한 1940년대산 APS-20 레이더를 탑재했고, 느리고 낮게 날았으며, 소음이 심했다. 이 항공기는 1990년까지 운용되었다.

제원	
제조 국가: 영국	
유형: 8-10인승, 장거리 해상 초계기	
동력 장치: 1,831kW(2,455마력) 롤스로이스 그리폰 57A V-12 피스톤 엔진 4개	
성능: 최대 속도 500km/h; 실용 상승 한도 6,400m(21,000ft); 항속 거리 5,440km	
무게: 적재 중량 39,010kg	
크기: 날개폭 36.58m; 길이 26.59m; 높이 5.1m	
무장: 없음	

그루먼 E-2C 호크아이

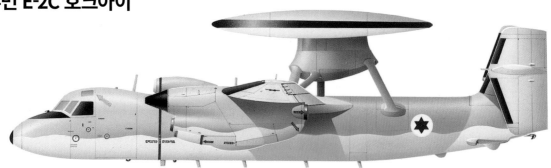

이스라엘은 항공모함이 없는데 영공을 순찰하기 위해 E-2C 호크아이를 구입하여 운용한 몇몇 나라 중 하나였다. 그 외에 다른 나라는 싱가포르, 이집트, 타이완 등이었다. 방위군 공군의 호크아이는 1990년대에 퇴역했고, 구입한 항공기 4개 중 3대는 나중에 멕시코 해군에 팔았다.

제원	
제조 국가: 미국	
유형: 쌍발 함상 조기경보기	
동력 장치: 3,800kW(5,100마력) 알리슨 T56-A-427 터보프롭 엔진 2개	
성능: 최대 속도 604km/h; 항속 거리 2,583km; 실용 상승 한도 10,210m(33,500ft)	
무게: 자체 중량 15,310kg; 최대 이륙 중량 24,655kg	
크기: 날개폭 24.6m; 길이 17.56m; 높이 5.58m; 날개넓이 65㎡	
무장: 없음	

호커 시들리 님로드 AEW.3

님로드 AEW.3은 섀클턴을 현대적인 다중모드 레이더를 장착한 제트기로 대체하려는 시도로 진행되었다. 그런데 기수부터 꼬리 레이더까지 모든 상황을 조정하는 것이 매우 어려웠고, 사업은 예산을 훨씬 초과했다. 이 사업은 취소되었고, 영국 공군은 E-3 센트리를 구입했다.

제원	
제조 국가: 영국	
유형: 해상 초계 및 대잠전 항공기	
동력 장치: 54kN(12,140lb) 롤스로이스 스페이 Mk 250 터보팬 엔진 4개	
성능: 최대 속도 925km/h; 실용 상승 한도 12,800m(42,000ft); 항속 거리 내부 연료로 9,262km	
무게: 최대 이륙 중량 85,185kg	
크기: 날개폭 35m(날개끝 전자신호 감시 포드 제외); 길이 41.97m; 높이 9.08m ; 날개넓이 197.04㎡	
무장: 없음	

보잉 E-3A 센트리

보잉 E-3 센트리는 공중 조기 경보 및 통제 체제(AWACS)라는 용어를 도입하여 일반화시켰고, 미국과 사우디아라비아, 영국, 프랑스, 나토가 선택한 항공기가 되었다. 기체는 보잉 707의 기체를 기반으로 한다. 이 항공기의 거대한 로토돔(rotodome, 레이더 안테나가 내장된 돔 형태의 회전 구조물; 브리태니카 비주얼 사전)에 들어있는 웨스팅하우스의 APY-1 레이더는 최대 650km 떨어진 목표물을 탐지할 수 있다.

제원	
제조 국가: 독일	
유형: 공중 조기 경보 및 통제 체제 플랫폼	
동력 장치: 추력 93kN(21,000lb) 플랫 앤 휘트니 TF33-PW-100A 터보팬 엔진 4개	
성능: 최대 속도 855km/h; 실용 상승 한도 12,500m(41,000ft); 항속 거리 7,400km	
무게: 자체 중량 73,480kg; 최대 이륙 중량 147,400kg	
크기: 날개폭 44.42m; 길이 46.61m; 높이 12.6m; 날개넓이 3,050㎡	
무장: 없음	

베리예프 A-50 '메인스테이'

소련의 베리예프 설계국은 E-3의 상대역으로 길이를 늘인 일류신 Il-76을 기반으로 해서 A-50을 개발했다. 나토의 보고명이 '메인스테이(Mainstay)'이었던 이 항공기는 1989년에 취역하였으며, 약 40대가 생산되었다. 중국과 협력하여 개선된 파생기종을 개발하려고 한 계획은 중단되었지만, 인도는 이 기종을 주문했다.

제원	
제조 국가: 독일	
유형: 공중 조기 경보 및 통제 체제 항공기	
동력 장치: 추력 57kN(35,200lb) 아비아드비가텔 PS-90A 터보팬 엔진 4개	
성능: 최대 속도 750km/h; 실용 상승 한도 10,000m(32,800ft); 항속 거리 7,500km	
무게: 적재 중량 190,000kg	
크기: 날개폭 50.5m; 길이 46.59m; 높이 14.76m; 날개넓이 300㎡	
무장: 없음	

MiG 항공기: 파고트, 프레스코, 파머

MiG-15 '파고트', MiG-17 '프레스코', MiG-19 '파머' 등 미코얀–구레비치 MiG 제트 전투기의 1세대들은 수십 년 간 소련과 동맹 국가들의 보유 항공기 목록을 채웠다. 오늘날까지도 아프리카와 아시아의 공군에서 일부 러시아 제 항공기들을 발견할 수 있다. 중국의 파생기종은 더욱 흔하다. 파키스탄과 북한이 1955년의 MiG-19에서 유래 한 마지막 선양 J-6와 난창 Q-5의 특별한 보루이기 때문이다.

MiG-15bis '파고트' (S-103)

체코슬로바키아는 아비아 S.102(MiG-15)와 S.103(MiG-15bis)이란 이름으로 '파고트'를 면허 생산했다. 폴란드에서도 Lim-1과 Lim-2라는 이름으로 단좌 MiG-15를 대량 생산했다. 체코의 MiG-15는 1951년부터 1983년까지 공군에 서 운용되었다.

제원	
제조 국가: 소련	
유형: 단좌 전투기	
동력 장치: 26.5kN(5,952lb) 클리모프 VK-1 터보제트 엔진 1개	
성능: 최대 속도 1,100km/h; 실용 상승 한도 15,545m(51,000ft); 항속 거리 1,424km(높은 고도에서 슬리퍼 연료탱크 탑재시)	
무게: 자체 중량 4,000kg; 최대 적재 중량 5,700kg	
크기: 날개폭 10.08m; 길이 11.05m; 높이 3.4m; 날개넓이 20.6㎡	
무장: 37mm N-37 기관포 1문, 23mm NS-23 기관포 2문, 날개 아래 파일런에 각 종 폭장 500kg(1,102lb)	

MiG-15UTI '미지트'

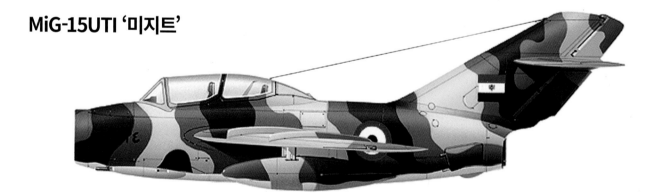

MiG-17이나 MiG-19는 소련에서 만든 복좌 버전이 없었지만, MiG-15UTI '미지 트(Midget, 난장이)'는 모든 MiG 제트기종을 조종하게 될 수천 명의 조종사를 위해 고등 훈련기로 사용되었다. 이집트는 MiG-15 UTI를 운용한 20여개 나라 중 하나였다.

제원	
제조 국가: 소련	
유형: 단발 제트 훈련기	
동력 장치: 추력 26.5kN(5,952lb) 클리모프 RD-45FA 터보제트 엔진 1개	
성능: 최대 속도 1,015km/h; 실용 상승 한도 15,545m(51,000ft); 항속 거리 1,054km	
무게: 자체 중량 3,724kg; 최대 적재 중량 5,700kg	
크기: 날개폭 10.08m; 길이 11.05m; 높이 3.7m; 날개넓이 20.6㎡	
무장: 23mm NS-23 기관포 2문	

MiG-17 '프레스코'

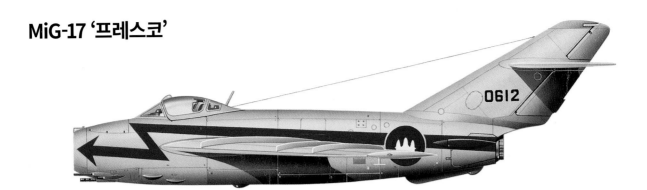

외관상으로는 MiG-15와 비슷하지만 MiG-17은 사실상 완전히 다른 항공기였다. 설계는 1949년에 시작되었는데 가장 중요한 측면은 새로운 날개였다. 두께가 얇아지고 단면 모양이 바뀌고 후퇴각이 약간 커졌으며, 날개 윗면의 윙펜스가 3개로 바뀌었는데, 이 덕분에 고속에서 처리가 크게 향상되었다. 1952년에 인도되기 시작하여 총 5,000대 이상 생산되었다.

제원	
제조 국가: 소련	
유형: 단좌 전투기	
동력 장치: 33.1kN(7452lb) 클리모프 VK-1F 터보제트 엔진 1개	
성능: 최대 속도 3,000m(9,840ft) 고도에서 1,145km/h; 실용 상승 한도 16,600m(54,560ft); 항속 거리 1,470km	
무게: 자체 중량 4,100kg; 최대 적재 중량 600kg	
크기: 날개폭 9.45m; 길이 11.05m; 높이 3.35m; 날개넓이 20.6㎡	
무장: 37mm N-37 기관포 1문, 23mm NS-23 기관포 2문, 날개 아래 파일런에 각종 폭장 최대 500kg(1,102lb)	

MiG-17PF '프레스코-D'

MiG-17PF '프레스코-D'는 흡기구의 위쪽 덮개에 RP-1 이주므루트, 나토 보고명은 '스캔 아드' 레이더가 장착된 야간 전투기였다. 나중에 나온 MiG-17PFU는 레이더 유도 미사일을 탑재할 수 있었지만, MiG-17PF는 기관포와 폭탄 또는 유도 없는 로켓으로만 무장했다.

제원	
제조 국가: 소련	
유형: 단좌 전천후 요격기	
동력 장치: 추력 33.1kN(7,452lb) 클리모프 VK-1F 후기 연소 터보제트 엔진 1개	
성능: 최대 속도 9,080m(20,000ft) 고도에서 1,480km/h; 실용 상승 한도 17,900m(58,725ft); 최대 항속 거리 2,200km	
무게: 자체 중량 4,182kg; 최대 이륙 중량 6,350kg	
크기: 날개폭 9m; 길이 11.68m; 높이 4.02m; 날개넓이 25㎡	
무장: 23mm NS-23 기관포 3문; 최대 500kg(1,102lb)의 폭탄 또는 로켓	

MiG-19 '파머'

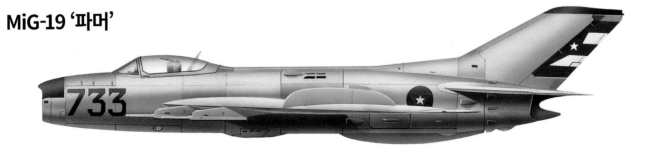

미코얀-구레비치 설계국은 MiG-19로 세계의 전투기 설계팀들 중에서 최고가 되었다. MiG-19는 1953년 9월에 첫 비행을 했고, 꾸준히 개선된 버전이 나왔으며, MiG-19PM에서 정점에 달했다. 이 기종은 기관포를 제거하고 초기의 빔 라이더(Beam Rider, 이동하는 목표물에 전파를 발사하여, 미사일이 그 전파를 따라가도록 하는 미사일 유도방식; 국방과학기술용어사전) 공대공 미사일 4발을 탑재했다. 1990년대 말에도 일부 항공기는 여전히 훈련부대에서 사용되었다.

제원	
제조 국가: 소련	
유형: 단좌 전천후 요격기	
동력 장치: 31.9kN(7,165lb) 클리모프 RD-9B 터보제트 엔진 2개	
성능: 최대 속도 9,080m(20,000ft) 고도에서 1,480km/h; 실용 상승 한도 17,900m(58,725ft); 최대 항속 거리 2,200km(고고도에서 낙하 연료탱크 2개를 탑재할 때)	
무게: 자체 중량 5,760kg; 최대 이륙 중량 9,500kg	
크기: 날개폭 9m; 길이 13.58m; 높이 4.02m; 날개넓이 25㎡	
무장: 날개 아래 파일런에 AA-1 알칼리 공대공 미사일 4발, 또는 AA-2 아톨 미사일	

수호이 피터

서방에서 MiG보다 덜 알려진 수호이 설계국은 소련 밖에서는 거의 볼 수 없었던 Su-9와 Su-15, 그리고 널리 수출된 '피터' 시리즈와 같은 요격기들을 만들었다. 고정 후퇴익을 가진 단순한 Su-7이 나오고 가변('스윙') 날개를 가진 Su-17(수출용 명칭은 Su-20)과 향상된 항전 장비와 더 많은 연료를 탑재한 Su-22M이 그 뒤를 이었다. 폴란드와 베트남은 지금까지 Su-22를 사용하고 있다.

Su-7BM '피터-A'

원래 계획은 미국 공군의 노스 어메리칸 F-100과 F-101을 요격하기 위한 전투기였지만, 대형 후퇴익 수호이 전투기는 사실상 소련 공군의 표준 전술 전투 폭격기가 되었다. Su-7B는 1958년에 생산에 들어갔다. Su-7B와 다양한 파생기종들은 소련 진영의 표준 공격기가 되었다. 전체 바르샤바 조약 기구 국가들만 해도 수천 대가 공급되었다.

제원	
제조 국가: 소련	
유형: 지상 공격 전투기	
동력 장치: 88.2kN(19,842lb) 리율카 AL-7F 터보제트 엔진 1개	
성능: 최대 속도 11,000m(36,090ft) 고도에서 약 1,700km/h; 실용 상승 한도 15,150m(49,700ft); 전투 행동반경 320km	
무게: 자체 중량 8,620kg; 최대 이륙 중량 13,500kg	
크기: 날개폭 8.93m; 길이 17.37m; 높이 4.7m	
무장: 30mm NR-30 기관포 2문; 외부 파일런 4개에 750kg 폭탄 2발과 500kg 폭탄 2발, 단 동체 파일런에 연료탱크 2개를 부착할 경우 총 외부 무기 탑재량은 1,000kg으로 감소	

Su-7BMK '피터-A'

Su-7BMK는 1968년에서 1971년 사이에 주로 수출을 위해 제작된 버전이었다. 일부는 소련 공군의 전선 항공군에서 운용되었으며, 1978년에 트랜스바이칼 관구의 한 부대 예하에 있던 예시의 항공기도 그 중 하나다.

제원	
제조 국가: 소련	
유형: 지상 공격 전투기	
동력 장치: 88.2kN(19,842lb) 리율카 AL-7F 터보제트 엔진 1개	
성능: 최대 속도 11,000m(36,090ft) 고도에서 약 1,700km/h; 실용 상승 한도 15,150m(49,700ft); 전투 행동반경 320km	
무게: 자체 중량 8,620kg; 최대 이륙 중량 13,500kg	
크기: 날개폭 8.93m; 길이 17.37m; 높이 4.7m	
무장: 30mm NR-30 기관포 2문; 외부 파일런 4개에 750kg 폭탄 2발과 500kg 폭탄 2발, 단 동체 파일런에 연료탱크 2개를 부착할 경우 총 외부 무기 탑재량은 1,000kg으로 감소	

Su-7UM '무지크-A'

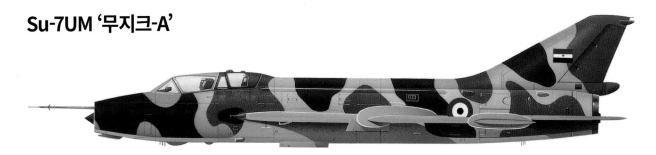

나토에 '무지크(Moujik)'로 알려진 Su-7UM는 피터-A의 2인승 전환 훈련기 버전이었으며, 이집트를 포함한 대부분의 운용자들이 사용했다. 두 번째 좌석을 설치하면서 연료 용량이 줄어들었고, 교관이 앞을 보기 위해서 관측경이 필요했다.

제원	
제조 국가: 소련	
유형: Su-7BM의 2인승 훈련기 버전	
동력 장치: 추력 94.1kN(21,164lb) 리울카 AL-7F-1-250 후기 연소 터보제트 엔진 1개	
성능: 최대 속도 11,000m(36,090ft)에서 약 1,700km/h; 실용 상승 한도 16,992m(55,760ft); 항속 거리 1,000km	
무게: 자체 중량 8,620kg; 최대 이륙 중량 13,500kg	
크기: 날개폭 8.93m; 길이 17.37m; 높이 4.7m	
무장: 30mm NR-30 기관포 2문; 외부 파일런 4개에 750kg 폭탄 2발과 500kg 폭탄 2발, 단 동체 파일런에 연료탱크 2개를 부착할 경우 총 외부 무기 탑재량은 1,000kg으로 감소	

Su-17M-4 '피터-K'

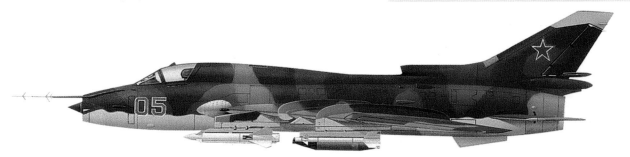

가변 날개를 가진 Su-71G의 시제기는 1966년에 첫 비행을 했다. 이 항공기는 특히 단거리 비행에서 가장 발전된 Su-7보다 훨씬 뛰어난 성능을 가지고 있는 것으로 드러났다. 이 항공기는 1971년에 취역했으며, 최종 개발 버전은 Su-17M-4였는데, 꼬리 날개 뿌리 쪽 앞전 위의 냉각 장치용 공기 흡입구로 식별할 수 있었다.

제원	
제조 국가: 소련	
유형: 단좌 지상 공격 전투기	
동력 장치: 110.3kN(24,802lb) 리울카 AL-21F-3 터보제트 엔진 1개	
성능: 최대 속도 약 2,220km/h; 실용 상승 한도 15,200m(49,865ft); 전투 행동반경 675km	
무게: 자체 중량 9,500kg; 최대 이륙 중량 19,500kg	
크기: 날개폭 13.8m(펼쳤을 때), 10m(접었을 때); 길이 18.75m; 높이 5m; 날개넓이 40㎡	
무장: 30mm NR-30 기관포 2문; 외부 파일런 9개에 전술 핵무기 포함 최대 4,250kg(9,370lb) 탑재	

Su-20 '피터-C'

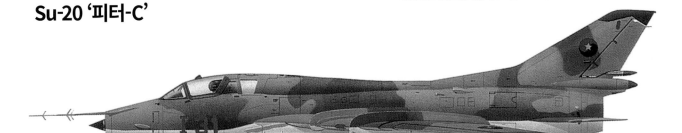

수출용으로 제작된 가변 날개 수호이 Su-17 지상 공격기의 최초 버전은 Su-20으로 명명되었다. 완전한 규격의 피터-C를 수령한 나라는 폴란드뿐이었지만 장비를 줄인 버전은 아프가니스탄, 알제리, 앙골라, 이집트, 이라크, 북한, 베트남 등에서 운용되었다.

제원	
제조 국가: 소련	
유형: 단좌 지상 공격 전투기	
동력 장치: 110.3kN(24,802lb) 리울카 AL-21F-3 터보제트 엔진 1개	
성능: 최대 속도 약 2,220km/h; 실용 상승 한도 15,200m(49,865ft); 전투 행동반경 675km	
무게: 자체 중량 9,500kg; 최대 이륙 중량 19,500kg	
크기: 날개폭 13.8m(펼쳤을 때), 10m(접었을 때); 길이 18.75m; 높이 5m; 날개넓이 40㎡	
무장: 330mm NR-30 기관포 2문; 외부 파일런 9개에 전술 핵무기 포함 최대 4,250kg(9,370lb) 탑재	

맥도넬 F-15 이글

맥도넬 더글러스사는 미군에서 F-4 팬텀을 계승하기 위해 F-15 이글을 생산했다. 지금은 미군에서 최신 F-15C와 F-B 파생기종으로 대체되었지만, 이 항공기는 시작부터 세계에서 가장 뛰어난 공중 제압 전투기로 간주되었다. 이 F-15A 단좌 쌍발 터보팬 엔진, 후퇴익 항공기의 첫 시제기는 1972년 7월에 비행했다. 인상적인 비행 특성은 비행 시험에서 바로 분명해졌다.

F-15A 이글

F-15는 강력한 프랫 앤 휘트니 엔진을 탑재하고 구조물에 티타늄을 광범위하게 사용하였으므로(생산 항공기 기체 무게의 20퍼센트 이상) 고고도에서 고속(마하 2.5 이상)을 지속할 수 있었다. 1974년 11월 인도되기 시작했고, 생산은 1979년까지 계속되어 385대가 제작되었다.

제원	
제조 국가: 미국	
유형: 단좌 제공 전투기, 이차적으로 타격 및 공격기 역할	
동력 장치: 106kN(23,810lb) 프랫 앤 휘트니 F100-PW-100 터보팬 엔진 2개	
성능: 최대 속도 고고도에서 2,655km/h; 초기 상승률 15,240m(50,000ft)/분 이상; 상승 한도 30,500m(100,000ft); 항속 거리 내부 연료로 1,930km	
무게: 자체 중량 12,700kg; 최대 적재 중량 25,424kg	
크기: 날개폭 13.05m; 길이 19.43m; 높이 5.63m; 날개넓이 56.48㎡	
무장: 20mm M61A1 기관포 1문, 파일런에 최대 7,620kg(16,800lb) 탑재	

F-15B 이글

F-15 단거리 이륙 및 기동 기술 시연기(SMTD)는 카나드 날개와 추력 편향 엔진, 첨단 조종사 접속 장치를 시험하기 위해 F-15B를 개조한 것이었다. 대부분의 측면은 지속되지 않았지만 추력 편향 연구는 F-22 계획에 유용했다.

제원	
제조 국가: 미국	
유형: 기술 시연기	
동력 장치: 추력 106kN(23,810lb) 프랫 앤 휘트니 F100-PW-229 IPE 후기 연소 터보팬 엔진 2개	
성능: 최대 속도 알 수 없음; 실용 상승 한도 알 수 없음; 항속 거리 알 수 없음	
무게: 알 수 없음	
크기: 날개폭 13.05m; 길이 19.43in; 높이 5.63m; 날개넓이 56.48㎡	
무장: 없음	

F-15A 이글

F-15A는 1980년대에 F-106 요격기를 대체하기 위해 미국 방공 사령부에 공급되었다. 노스다코타주 마이넛 기지에 제5 전투요격비행대대 '스피틴 키튼즈(Spittin' Kittens, 침뱉는 고양이)'라는 부대가 있었다. 이 부대는 F-15A 이글을 불과 몇 년 동안 운용하다가 1988년에 해체되었다.

제원	
제조 국가: 미국	
유형: 단좌 전투 및 타격 항공기	
동력 장치: 71.1kN(16,000lb) 제너럴 일렉트릭 F404-GE-400 터보팬 2개	
성능: 최대 속도 12,190m(40,000ft) 고도에서 1,912km/h; 전투 상승 한도 15,240m(50,000ft); 전투 행동반경 1,065km	
무게: 자체 중량 10,455kg; 최대 이륙 중량 25,401kg	
크기: 날개폭 11.43m; 길이 17.07m; 높이 4.66m; 날개넓이 37.16㎡	
무장: 20mm M61A1 벌컨 로타리 기관포 1문; 하드포인트 9개소에 최대 7,711kg(17,000kg) 탑재	

F-15J 이글

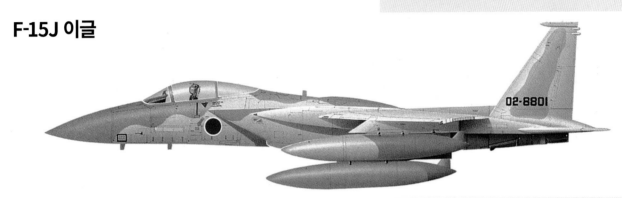

1970대 말에 미국 공군은 장거리 타격 임무에서 제공권을 장악할(특히 적기의 상층부에 위치하여) 요격기에 대한 전술적 필요성이 커지고 있다는 점을 받아들였다. 이에 따라 F-15A는 F-15C로 개량되었다. 가장 분명한 변화는 항력이 작은 컨포멀 연료탱크(conformal fuel tanks, CFT, 기체의 상부나 측면에 밀착하여 장착하는 외부 연료탱크; 역자 주)를 장착한 것이었다. 일본에서 면허 생산되었을 때 F-15C는 F-15J로 명명되었다.

제원	
제조 국가: 미국/일본	
유형: 단좌 타격/공격기 및 제공 전투기	
동력 장치: 105.7kN(23,770lb) 프랫 앤 휘트니 F100-PW-220 터보팬 엔진 2개	
성능: 최대 속도 고고도에서 2,655km/h; 실용 상승 한도 30,500m(100,000ft); 항속 거리 5,745km	
무게: 자체 중량 12,793kg; 최대 이륙 중량 30,844kg	
크기: 날개폭 13.05m; 길이 19.43m; 높이 5.63m; 날개넓이 56.48㎡	
무장: 20mm M61A1 기관포 1문, 미사일, 폭탄, 연료탱크, 포드, 로켓 등 최대 10,705kg(23,600lb) 탑재	

F-15B 스트라이크 이글

맥도넬 더글라스는 1980년에 '스트라이크 이글(Strike Eagle)'이라는 이름의 민간사업 계획으로 F-15B를 첨단 복좌 타격 항공기 시연기로 개조했다. 이 항공기는 이중 역할 전투기 대회에 참가하여 F-16XL로 선정되었다. 생산 버전은 F-15E로 되었다.

제원	
제조 국가: 미국	
유형: 복좌 타격 항공기 시연기	
동력 장치: 105.9kN(23,810lb) 프랫 앤 휘트니 F100-PW-229 터보팬 2개	
성능: 최대 속도 고고도에서 2,655km/h; 실용 상승 한도 30,500m(100,000ft); 항속 거리 5,745km(연료탱크 포함)	
무게: 자체 중량 14,379kg; 최대 이륙 중량 36,741kg	
크기: 날개폭 13.05m; 길이 19.43m; 높이 5.63m; 날개넓이 56.48㎡	
무장: 20mm M61A1 기관포 1문; 공대공 미사일, 재래식 및 유도 폭탄 포함 최대 11,100kg(24,500lb) 탑재	

2세대 해리어

AV-8B 버전의 해리어는 1970년대 중반부터 운용 중인 AV-8A 해리어를 대체할 단좌, 근접지원기를 요구했던 미
국 해병대를 위해 개발되었다. 설계는 해리어의 설계를 개선하고자 개별적으로 추진했던 두 회사가 협력해서 진
행했다. 1981년 11월 5일에 제 크기로 개발된 4대 중 첫 번째 항공기가 비행했고, 1985년 1월에 미국 해병대에
취역했다.

맥도넬 더글라스 AV-8B 해리어 II

AV-8B는 미국 해병대의 경공격기 비행대대에서 운용하던 AV-8A와 A-4M 스
카이호크를 대체하여 취역한 최초의 제2세대 해리어였다. 여기 제331 함상공
격비행대대 '범블비(Bumblebees, 호박벌)' 항공기와 같은 초기의 AV-8B는 레
이더나 레이저 장치가 없고 주간 공격 능력만 갖추고 있었다.

제원	
제조 국가: 미국, 영국	
유형: 수직 이착륙 근접지원기	
동력 장치: 105.8kN(23,800lb) 롤스로이스 페가수스 추력 편항 터보팬 엔진 1개	
성능: 최대 속도 해수면에서 1,065km/h; 실용 상승 한도 15,240m(50,000ft) 이상; 전투 행동반경 277km(2,722kg(6,000lb)의 폭탄 탑재시)	
무게: 자체 중량 5,936kg; 최대 이륙 중량 14,061kg	
크기: 날개폭 9.25m; 길이 14.12m; 높이 3.55m; 날개넓이 21.37㎡	
무장: 25mm GAU-12U 기관포 1문, 외부 하드포인트 6개소에 최대 7,711kg (17,000lb)(단거리 이륙시) 또는 최대 3,175kg(7,000lb)(수직이륙시) 탑재	

맥도넬 더글라스 TAV-8B 해리어 II

미국 해병대와 이탈리아, 스페인을 위해 소량 제작된 TAV-8B는 AV-8B의 공격
능력을 그대로 가지고 있었지만, 작전에는 거의 사용되지 않았거나 매우 드물
게 사용되었다. TAV-8B는 또한 영국 공군용 해리어 T.10을 위한 기반으로 활용
되었다.

제원	
제조 국가: 미국, 영국	
유형: 수직 이착륙 근접지원기	
동력 장치: 추력 95.4kN(21,450lb) 롤스로이스 F402-RR-406 페가수스 추력 편항 터보팬 엔진 1개	
성능: 최대 속도 해수면에서 1,065km/h; 실용 상승 한도 15,240m(50,000ft) 이상; 전투 행동반경 277km(2,722kg(6,000lb)의 폭탄 탑재시)	
무게: 자체 중량 6,450kg; 최대 이륙 중량 14,058kg	
크기: 날개폭 9.2m ; 길이 15.3m; 높이 3.5m; 날개넓이 22.1㎡	
무장: 없음	

브리티시 에어로스페이스 해리어 GR.5

영국 공군을 위한 최초의 '큰 날개' 해리어기인 GR.5는 기술 및 예산상의 이유로 지연된 일종의 과도 모델이었다. 대부분은 전방 감시용 적외선 레이더(FLIR) 장치와 야간 투시경 장비를 갖춘 GR.7로 개조되었다.

제원	
제조 국가:	영국, 미국
유형:	수직 이착륙 근접지원기
동력 장치:	추력 95.4kN(21,450lb) 롤스로이스 페가수스 11-21/Mk. 105 추력 편향 터보팬 엔진 1개
성능:	최대 속도 1,065km/h; 실용 상승 한도 15,240m(50,000ft) 이상; 전투 행동 반경 277km
무게:	자체 중량 7,050kg; 최대 이륙 중량 14,061kg
크기:	날개폭 9.25m; 길이 14.36m; 높이 3.55m; 날개넓이 21.37㎡
무장:	25mm 아덴 기관포 2문; 최대 4,082kg(9,000lb)(단거리 이륙시) 또는 최대 3,175kg(7,000lb)(수직 이륙시) 탑재

브리티시 에어로스페이스 시 해리어 FRS Mk 2

브리티시 에어로스페이스사는 1985년에 FRS Mk 1 편대를 현대화하기 시작했다. 주요 목적은 시 해리어에 AIM-120 암람(AMRAAM) 신형 중거리 공대공 미사일을 탑재하여 가시거리 밖에 있는 적과 교전할 수 있는 능력을 갖추게 하는 것이었다. 가장 눈에 띄는 차이는 전방 동체의 모양이며, 그 안에 페란티가 만든 탐색과 동시에 추적 기능이 있는 블루 빅센 펄스 도플러 레이더를 장착했다. 1992년에 인도되기 시작했다.

제원	
제조 국가:	영국
유형:	함재 다용도 전투기
동력 장치:	95.6kN(21,500lb) 롤스로이스 페가수스 추력 편향 터보팬 엔진 1개
성능:	최대 속도 1,185km/h; 실용 상승 한도 15,545m(51,000ft); 요격 행동반경 185km(90분 선회를 포함한 하이-하이-하이(hi-hi-hi, 고공비행으로 목표물에 접근하여 고공에서 폭탄 투하 후 고공비행으로 복귀하는 임무; 역자 주) 임무시)
무게:	자체 중량 5,942kg; 최대 이륙 중량 11,884kg
크기:	날개폭 7.7m; 길이 14.17m; 높이 3.71m; 날개넓이 18.68㎡
무장:	25mm 아덴 기관포 2문, 미사일, 로켓, 포드, 낙하 연료탱크 등 최대 3,629kg(8,000lb) 탑재

브리티시 에어로스페이스 해리어 GR.7

GR.7은 영국 공군 최고의 해리어 II가 되었다. 이 항공기들은 발칸 지역과 이라크, 아프가니스탄에서 사용되었으며, 연합 해리어 비행단의 일원으로 영국 해군의 항공모함에서 운용되었다. 새로운 항전 장비를 갖추고 구조적 개선을 하여 더욱 광범위한 정밀 무기들을 탑재할 수 있는 GR.9를 만들었다.

제원	
제조 국가:	영국과 미국
유형:	수직 이착륙 근접지원기
동력 장치:	96.7kN(21,750lb) 롤스로이스 페가수스 추력 편향 터보팬 엔진 1개
성능:	최대 속도 1,065km/h; 실용 상승 한도 15,240m(50,000ft) 이상; 전투 행동 반경 277km
무게:	자체 중량 7,050kg; 최대 이륙 중량 14,061kg
크기:	날개폭 9.25m; 길이 14.36m; 높이 3.55m; 날개넓이 21.37㎡
무장:	최대 4,082kg(9,000lb)(단거리 이륙시) 또는 최대 3,175kg(7,000lb)(수직 이륙시) 탑재

MiG-23/27 '플로거'

MiG-23과 MiG-27 지상 공격기는 소련 전술 공군과 방공군(Voyska PVO)의 본토 방어 요격부대를 위한 주력 장비로 MiG-21을 대체했다. 이 항공기는 지금은 유럽과 미국의 항공기에 비해서 좀 오래되었지만 이전의 바르샤바 조약 기구의 모든 나라 공군에서 여전히 운용되고 있다. 대부분의 MiG-23MF는 전투기로 운용되고 있으며, 보통 수준의 무기를 탑재했을 때 높은 성능을 내도록 설정되어 있다.

MiG-23MF '플로거-B'

이 항공기는 체코 공군에서 운용되었으며, 명칭은 MiG-23MF이다. 이 항공기는 개선된 레이더와 적외선 감지기 포드를 탑재한 1978년부터의 주요 생산 버전이었다. 동체 아래쪽의 수직 안정판은 착륙 전에 접는다.

제원	
제조 국가: 소련	
유형: 단좌 공중전 전투기	
동력 장치: 98kN(22,046lb) 루만스키 R-27F2M-300 엔진 1개	
성능: 최대 속도 약 2,445km/h; 실용 상승 한도 18,290m(60,000ft) 이상; 전투 행동반경 하이-로-하이 임무에서 966km	
무게: 자체 중량 10,400kg; 최대 적재 중량 18,145kg	
크기: 날개폭 13,97m(펼쳤을 때), 7,78m(접었을 때); 길이 16,71m; 높이 4,82m; 날개넓이 37,25㎡(펼쳤을 때)	
무장: 23mm GSh-23L 기관포 1개, 날개 아래 파일런에 AA-3 에이납, AA-7 아펙스, AA-8 아피드 공대공 미사일	

MiG-23M '플로거-B'

1975년까지 공격기와 훈련기 버전을 포함해서 MiG-23 수백 대가 바르샤바 조약기구 공군에 인도되었다. 생산은 1980년대 중반까지 계속되었으며 지금까지 가장 큰 운용자는 소련이었다. 전투기에 장착할 수 있는 가장 강력한 엔진 중 하나인 엔진 덕분에 단거리 성능이 우수하고 최고 속도가 매우 빠르다.

제원	
제조 국가: 소련	
유형: 단좌 공중전 전투기	
동력 장치: 100kN(22,485lb) 하차투로프 R-29-300 터보제트 엔진 1개	
성능: 최대 속도 약 2,445km/h; 실용 상승 한도 18,290m(60,000ft) 이상; 전투 행동반경 하이-로-하이 임무에서 966km	
무게: 자체 중량 10,400kg; 최대 적재 중량 18,145kg	
크기: 날개폭 13,97m(펼쳤을 때), 7,78m(접었을 때); 길이 16,71m; 높이 4,82m; 날개넓이 37,25㎡(펼쳤을 때)	
무장: 23mm GSh-23L 기관포 1문, 날개 아래 파일런에 공대공 미사일 탑재	

MiG-23UB '플로거-C'

MiG-23의 복좌 버전은 전환 훈련용으로 생산되었다. 교관을 위한 두 번째 조종석은 기본 조종석 뒤에 있다. 이 좌석은 더 포괄적인 전방 시야를 가질 수 있게 조금 올라가 있고, 접을 수 있는 관측경이 있다.

제원	
제조 국가: 소련	
유형: 복좌 전환 훈련기	
동력 장치: 98kN(22,046lb) 투만스키 R-27F2M-300 터보제트 엔진 1개	
성능: 최대 속도 높은 고도에서 약 2,445km/h; 실용 상승 한도 18,290m (60,000ft) 이상; 작전 행동반경 약 966km	
무게: 자체 중량 11,000kg; 최대 적재 중량 18,145kg	
크기: 날개폭 13.97m(펼쳤을 때), 7.78m(접었을 때); 길이 16.71m; 높이 4.82m ; 날개넓이 37.25㎡(펼쳤을 때)	
무장: 23mm GSh-23L 기관포 1문; 공대공 미사일, 포드, 폭탄 포함 최대 3,000kg(6,614lb) 탑재	

MiG-23BN '플로거 F'

MiG-23BN/BM '플로거-F'는 기본적으로 수출 시장을 겨냥한 MiG-23의 전투 폭격기 버전이다. 이 항공기는 소련 공군의 MiG-27 '플로거-D'와 기수 모양이 비슷하고 동일한 레이저 거리계, 올라간 좌석, 조종석 외부의 장갑판, 저압 타이어를 사용하고 있지만 동력 장치와 가변형 공기 흡입구, 기관포 무장은 MiG-23MF '플로거-B'와 동일하게 유지하고 있다.

제원	
제조 국가: 소련	
유형: 단좌 전투 폭격기	
동력 장치: 98kN(22,046lb) 투만스키 R-27F2M-300 터보제트 엔진 1개	
성능: 최대 속도 약 2,445km/h; 실용 상승 한도 18,290m(60,000ft) 이상; 전투 행동반경 하이-로-하이 임무에서 966km	
무게: 자체 중량 10,400kg; 최대 적재 중량 18,145kg	
크기: 날개폭 13.97m(펼쳤을 때), 7.78m(접었을 때); 길이 16.71m; 높이 4.82m ; 날개넓이 37.25㎡(펼쳤을 때)	
무장: 23mm GSh-23L 기관포 1문, 3,000kg(6,614lb) 탑재	

MiG-27 '플로거-J'

MiG-27은 MiG-23을 고도로 개발한 버전이다. 이 항공기는 처음부터 전용 지상 공격기로 설계되었으며, 전장에서의 작전을 위해 최적화되어 있다. 가장 분명한 차이는 기수인데, 접근 중에 조종사가 지상을 더욱 잘 볼 수 있게 설계되었다. 이 항공기는 1970년대 말에 취역하기 시작했다.

제원	
제조 국가: 소련	
유형: 단좌 지상 공격기	
동력 장치: 103.4kN(23,353lb) 투만스키 R-29B-300 터보제트 엔진 1개	
성능: 최대 속도 1,885km/h; 실용 상승 한도 14,000m(45,900ft) 이상; 전투 행동반경 하이-로-하이 임무에서 540km	
무게: 자체 중량 11,908kg; 최대 적재 중량 20,300kg	
크기: 날개폭 13.97m(펼쳤을 때), 7.78m(접었을 때); 길이 17.07m; 높이 5m; 날개넓이 37.35㎡	
무장: 23mm 기관포 1문, 최대 4,000kg(8,818lb) 탑재	

레바논 전쟁

1982년 6월, 이스라엘은 레바논 남부를 침공하여 그곳의 팔레스타인 테러리스트 기지를 파괴했다. 시리아가 개입하게 되었고 레바논 중부의 베카계곡 상공에서 대규모 공중전이 벌어졌다. 이때까지 이스라엘은 보유하던 프랑스 원산의 장비 대부분을 미국의 최신 항공기로 교체했고, 시리아의 항공기는 잘해야 반 세대 뒤져 있었다. 공중전에서 시리아 항공기는 86대가 격추된 것으로 추정되었고, 이스라엘은 전혀 손실이 없었다.

제너럴 다이내믹스 F-16A 전투기

이스라엘의 첫 F-16 75대는 1980년부터 인도되었다. 이 전투기는 레바논 전쟁 이전에도 작은 충돌에서 시리아의 항공기를 4대 격추했다. 1982년에는 '와일드 위즐(Wild Weasel, 레이더 추적 미사일을 탑재하고 적의 레이더와 방공 체계를 파괴하는 임무를 가진 각종 미국 항공기에 부여한 코드명; 역자 주)' 임무를 수행하면서 시리아의 제트기 44대를 격추하였고, 또한 수많은 레이더와 지대공 미사일 기지를 파괴했다.

제원	
제조 국가:	미국
유형:	단좌 공중전 및 지상 공격 전투기
동력 장치:	105.7kN(23,770lb) 프랫 앤 휘트니 F100-PW-200 엔진 1개 또는 128.9kN(28,984lb) 제너럴 일렉트릭 F110-GE-100 터보팬 엔진 1개
성능:	최대 속도 2,142km/h; 실용 상승 한도 15,240m(50,000ft) 이상; 작전 행동 반경 925km
무게:	자체 중량 7,070kg; 최대 이륙 중량 16,057kg
크기:	날개폭 9.45m; 길이 15.09m; 높이 5.09m; 날개넓이 27.87㎡
무장:	제너럴 일렉트릭 M61A1 20mm 다총열 기관포 1문, 날개끝에 미사일 탑재; 최대 9,276kg(20,450lb) 탑재

맥도넬 더글라스 F-15 이글

이스라엘은 F-15를 시리아(와 소련)의 MiG-25의 이스라엘 영공 침투에 대한 대응책으로 구입하였으며, 첫 번째 항공기들이 1976년에 도착했다. 1982년의 갈릴리 평화작전(Operation Peace for Galilee)에서 이 전투기들은 주로 사이드와인더 단거리 미사일과 파이선 3 단거리 미사일로 약 40대를 격추했다.

제원	
제조 국가:	미국
유형:	단좌 제공 전투기, 이차적으로 타격/공격기 역할
동력 장치:	105.9kN(23,810lb) 프랫 앤 휘트니 F100-PW-100 터보팬 엔진 2개
성능:	최대 속도 고고도에서 2,655km/h; 실용 상승 한도 30,500m(100,000ft); 항속 거리 내부 연료로 1,930km
무게:	자체 중량 12,700kg; 최대 적재 중량 25,424kg
크기:	날개폭 13.05m; 길이 19.43in; 높이 5.63m; 날개넓이 56.48㎡
무장:	20mm M61A1 기관포 1문; 공대공 미사일, 재래식 및 유도 폭탄 포함 최대 7,620kg(16,800lb) 탑재

미코얀 구레비치 MiG-23MS '플로거-E'

1982년 시리아의 가장 중요한 전투기는 MiG-23이었다. 미라지 또는 팬텀에 필적하는 상대였지만, 이 전투기의 미사일은 1960년대의 AA-2 '아톨'이었다. 현대적인 전방향 미사일로 무장한 F-15과 F-16과의 전투에서 시리아의 MiG 조종사들은 거의 기회가 없었다.

제원	
제조 국가: 소련	
유형: 단좌 공중전 전투기	
동력 장치: 98kN(22,046lb) 투만스키 R-27F2M-300 터보제트 엔진 1개	
성능: 최대 속도 약 2,445km/h; 실용 상승 한도 18,290m(60,000ft) 이상; 전투 행동반경 하이-로-하이 임무에서 966km	
무게: 자체 중량 10,400kg; 최대 적재 중량 18,145kg	
크기: 날개폭 13,97m(펼쳤을 때), 7,78m(접었을 때); 길이 16,71m; 높이 4,82m; 날개넓이 37,25㎡(펼쳤을 때)	
무장: 23mm GSh-23L 기관포 1문(탄약 200발 포함), 최대 3,000kg(6,614lb) 탑재	

미코얀 구레비치 MiG-23BN '플로거-F'

시리아는 또한 MiG-27의 수출 모델인 MiG-23BN '플로거-F'도 운용했다. 이것은 소련이 운용하던 버전에 비해 전자 방해책(ECM) 장비가 상당히 빈약했다. 1982년에 이스라엘이 공중전에서 격추한 다양한 '플로거들' 중에는 MiG-23BN도 12대가 있다.

제원	
제조 국가: 소련	
유형: 단좌 전투 폭격기	
동력 장치: 98kN(22,046lb) 투만스키 R-27F2M-300 터보제트 엔진 1개	
성능: 최대 속도 약 2,445km/h; 실용 상승 한도 18,290m(60,000ft) 이상; 전투 행동반경 하이-로-하이 임무에서 966km	
무게: 자체 중량 10,400kg; 최대 적재 중량 18,145kg	
크기: 날개폭 13,97m(펼쳤을 때), 7,78m(접었을 때); 길이 16,71m; 높이 4,82m; 날개넓이 37,25㎡(펼쳤을 때)	
무장: 23mm GSh-23L 기관포 1문, 3,000kg(6,614lb) 탑재	

호커 헌터 F.70

레바논은 거의 20년에 걸쳐 헌터 전투기 19대를 수령했다. 이 전투기들은 1967년에 이스라엘의 전투기와 교전했고, 1982년에서 1983년 사이에도 활동했지만 이 기간 중에 교전은 없었다. 레바논은 헌터 전투기들을 오랜 기간 동안 휴면 상태로 두었다가 2008년에 몇 대를 비행할 수 있는 상태로 회복시켰다.

제원	
제조 국가: 영국	
유형: 단좌 전투기	
동력 장치: 추력 45,13kN(10,145lb) 롤스로이스 에이본 207 터보제트 엔진 1대	
성능: 최대 속도 1,144km/h; 실용 상승 한도 15,240m(50,000ft); 항속 거리 내부 연료로 689km	
무게: 자체 중량 6,405kg, 최대 이륙 중량 17,750kg	
크기: 날개폭 10,26m; 길이 13,98m; 높이 4,02m; 날개넓이 32,42㎡	
무장: 30mm 아덴 기관포 4문, 최대 2,722kg(6,000lb)의 폭탄 또는 로켓; AIM-9 사이드와인더 공대공 미사일 또는 AGM-65 공대지 미사일	

사막의 폭풍: 이라크와 쿠웨이트

이란과의 길고 결론이 나지 않은 전쟁을 치렀던 사담 후세인 치하의 이라크군은 1990년 8월에 이웃나라 쿠웨이트를 침공했다. 서류상 최전선 항공기 550대를 가진 이라크는 소련이 개발한 일부 최신 항공기도 포함한 세계에서 6번째로 큰 공군력을 보유하고 있었다. 이라크의 많은 공군기지는 서방에서 제작한 강화된 격납고로 보호되고 있었고, 방공 체계가 잘 통합되었다. 그러나 이라크의 조종사들은 제대로 훈련되지 못했고, 사담의 후세인의 숙청으로 장교단이 약화되었다.

미코얀 구레비치 MiG-21PF '피시베드'

이라크는 1990년에 MiG-21 204대를 보유하고 있었다고 추정되었으며, MiG-21은 미국이 주도한 연합군이 마주친 전투기 기종 중에서 가장 많았다. MiG-21과 그 조종사들은 엄격한 지상관제 하에서 지점 방어에 최적화되었는데, 전파 방해와 관제소가 파괴되는 상황에 직면했을 때는 효과적이지 않았다.

제원	
제조 국가: 소련	
유형: 단좌 전천후 다용도 전투기	
동력 장치: 73.5kN(16,535lb) 투만스키 R-25 터보제트 엔진 1개	
성능: 최대 속도 2,229km/h; 실용 상승 한도 17,500m; 항속 거리 내부 연료로 1,160km	
무게: 자체 중량 5,200kg; 최대 이륙 중량 10,400kg	
크기: 날개폭 7.15m; 길이 15.76m(재급유 프로브 포함); 높이 4.1m; 날개넓이 23㎡	
무장: 23mm GSh-23 2총열 기관포 1문, 공대공 미사일, 로켓 포드, 낙하 연료탱크 포함 약 1,500kg(3,307lb) 탑재	

다쏘 미라지 F1 CK

이라크와 쿠웨이크 모두 1990년에 미라지 F1을 운용했다. 쿠웨이트의 미라지 F1 CK 모델은 이라크의 F1 EQ 모델보다 덜 정교하고 숫자도 적었다. 이라크의 침공 당시 쿠웨이트 공군의 미라지는 적어도 2대가 지상에서 파괴되었고 일부는 노획되었다. 남은 미라지는 사우디아라비아로 탈출해서 '자유 쿠웨이트 공군'의 깃발아래 나라를 되찾으려는 노력에 약간 역할을 했다.

제원	
제조 국가: 프랑스	
유형: 단좌 다중 임무 전투기 및 공격기	
동력 장치: 100kN(15,873lb) 스네크마 아타 9K-50 터보제트 엔진 1개	
성능: 최대 속도 고고도에서 2,350km/h; 실용 상승 한도 20,000m(65,615ft); 항속 거리 900km(최대 적재 중량으로)	
무게: 자체 중량 7,400kg; 최대 이륙 중량 15,200kg	
크기: 날개폭 8.4m; 길이 15m; 높이 4.5m; 날개넓이 25㎡(펼쳤을 때)	
무장: 30mm 553 DEFA 기관포 2문(탄약 135발 포함), 외부 파일런 5개에 최대 6,300kg(13,889lb) 탑재; AIM-9 사이드와인더 공대공 미사일과 마트라 530 공대공 미사일	

미코얀 구레비치 MiG-23BN

1980년대 중반에 약 70대의 MiG-23BN이 이라크에 인도되었고, 일부에는 나중에 미라지 F.1 스타일의 재급유 프로브(probe)가 장착되었다. 전쟁이 끝나갈 무렵에 연합군 공군의 파괴를 피해 이란으로 달아난 이라크의 항공기 150대 중에서 4대가 MiG-23BN이었다.

제원

제조 국가:	소련
유형:	단좌 전투 폭격기
동력 장치:	98kN(22,046lb) 투만스키 R-27F2M-300 터보제트 엔진 1개
성능:	최대 속도 약 2,445km/h; 실용 상승 한도 18,290m(60,000ft) 이상; 전투 행동반경 하이-로-하이 임무에서 966km
무게:	자체 중량 10,400kg; 최대 적재 중량 18,145kg
크기:	날개폭 13,97m(펼쳤을 때), 7,78m(접었을 때); 길이 16,71m; 높이 4,82m ; 날개넓이 37,25㎡(펼쳤을 때)
무장:	23mm GSh-23L 기관포 1문, 공대공 미사일, AS-7 케리 공대지 미사일, 기관포 포드, 로켓 발사기 포드, 대구경 로켓, 폭탄 포함 최대 3,000kg(6,614lb) 탑재

미코얀 구레비치 MiG-29

이라크는 1990년까지 MiG-29 130대를 주문했지만 쿠웨이트 침공 전에 불과 약 2개 비행대대 정도만 운용하고 있었다. MiG-29는 쿠웨이트 공군을 상대로 격추하지 못했고, 비록 연합군에 대한 주요 위협으로 간주되었지만 1991년에는 더 이상 효과가 없었다.

제원

제조 국가:	소련
유형:	단좌 제공 전투기, 이차적으로 지상 공격 능력 보유
동력 장치:	81.4kN(18,298lb) 사르키소프 RD-33 터보팬 엔진 2개
성능:	최대 속도 2,443km/h; 실용 상승 한도 17,000m; 항속 거리 내부 연료로 1,500km
무게:	자체 중량 10,900kg; 최대 이륙 중량 18,500kg
크기:	날개폭 11,36m; 길이 17,32m(재급유 프로브 포함); 높이 7,78m; 날개넓이 35,2㎡
무장:	30mm GSh-30 기관포 1문, 최대 4,500kg(9,921lb) 탑재

맥도넬 더글라스 A-4KU 스카이호크

쿠웨이트의 A-4KU 스카이호크는 초기 침공 당시 이라크의 헬리콥터 몇 대를 격추했다고 한다. 기지가 포격을 당했을 때 A-4KU는 고속도로 활주로로 옮겨 공격을 계속했다. 이후 사우디아라비아로 후퇴하여 '자유 쿠웨이트 공군'으로 활동하였다.

제원

제조 국가:	미국
유형:	단좌 공격 폭격기
동력 장치:	추력 49,82kN(11,500lb) 프랫 앤 휘트니 J52-P408 터보제트 엔진 1대
성능:	최대 속도 1,083km/h; 실용 상승 한도 14,935m(49,000ft); 항속 거리 3,310 km(4,000lb 탑재시)
무게:	자체 중량 4,809kg; 최대 이륙 중량 12,437kg
크기:	날개폭 8,38m; 길이 12,22m(프로브 제외); 높이 4,66m; 날개넓이 24,15㎡
무장:	20mm Mk 12 기관포 2문(탄약 200발 포함); 외부 하드포인트 5개소에 3,720kg(8,200lb) 탑재

사막의 폭풍: 연합군 공군

침공 며칠 안에 국제 연합군의 첫 번째 파견대가 그 지역의 공군기지로 파견되었다. 미국 외에 가장 큰 참전국은 영국이었지만, 1991년 1월 항공 작전이 시작되었을 때 사막의 폭풍 작전으로 바뀐 사막의 방패 작전에는 프랑스, 이탈리아, 캐나다, 사우디아라비아, 바레인, 카타르, 망명 쿠웨이트 부대에서 온 전투기들도 참가했다. 영국 공군의 그랜비 작전은 폭격기와 전투기, 다른 항공기들을 포함한 가장 큰 공군 구성군이었다.

파나비아 토네이도 GR.1

사우디아라비아의 타부크에 기지를 둔 토네이도 GR.1 'MiG 이터(MiG Eater)'는 40회의 임무 비행을 했으며, 지상의 MiG-29 한 대를 파괴했다. 영국 공군은 초기의 저공 공격 임무에서 토네이도 6대를 잃었다. 이후 이 항공기들은 주로 교량 공격과 이동식 '스커드' 미사일 발사기 사냥으로 임무를 전환했다.

제원	
제조 국가: 독일/이탈리아/영국	
유형: 다용도 전투기	
동력 장치: 71.5kN(16,075lb) 터보-유니온 RB.199-34R Mk 103 터보팬 엔진 2개	
성능: 최대 속도 11,000m(36,090ft) 이상 고도에서 2,337km/h; 실용 상승 한도 15,240m(50,000ft); 전투 행동반경 무기를 탑재하고 하이-로-하이 임무에서 1,390km	
무게: 자체 중량 14,091kg; 최대 이륙 중량 27,216kg	
크기: 날개폭 13,91m(펼쳤을 때), 8,6m(접었을 때); 길이 16,72m; 높이 5,95m; 날개넓이 26,6㎡	
무장: 27mm IWKA-Mauser 기관포 2문(탄약 180발 포함), 외부 하드포인트 7개소에 핵무기, JP233 활주로 파괴 무기, ALARM 대레이더 미사일, 공대공, 공대지, 대함 미사일, 재래식 및 유도 폭탄, 집속탄, 전자 방해책 포드, 낙하 연료탱크 포함 최대 9,000kg(19,840lb) 탑재	

세페캣 재규어 GR.1A

걸프전에 투입된 영국 공군의 재규어는 자체 방어를 위해 날개 위에 사이드와인더 미사일 파일런를 장착했지만 공중에서 적의 전투기와 마주친 적은 없었다. GR.1A '새드맨'은 바레인의 무하라크섬의 기지에서 이라크 상공으로 47회의 임무 비행을 했다.

제원	
제조 국가: 프랑스, 영국	
유형: 단좌 전술 지원 및 타격 항공기	
동력 장치: 32.5kN(7,305lb) 롤스로이스/투르보메카 아도어 Mk 102 터보팬 엔진 2개	
성능: 최대 속도 1,000m(36,090ft) 고도에서 1593km/h; 전투 행동반경 로-로-로 임무에서 내부 연료로 557km	
무게: 자체 중량 7,000kg; 최대 이륙 중량 15,500kg	
크기: 날개폭 8,69m; 길이 16,83m; 높이 4,89m; 날개넓이 24㎡	
무장: 30mm DEFA 기관포 2문(탄약 150발 포함); 외부 하드포인트 5개소에 전술 핵무기 1발, 454kg(1,000lb) 폭탄 8발 포함 4,536kg(10,000lb) 탑재	

호커 시들리 버커니어 S.2B

영국 공군 로시머스 기지의 버커니어는 영국 공군의 토네이도가 중간 고도 작전으로 전환되자 토네이도를 위해 레이저 표적 지시를 해주기 위해 파견되었다. 나중에 전투에서 이 항공기들은 그들 자신의 폭격 임무를 수행했다. 이 버커니어는 '린(Lynn)', '글렌피딕(Glenfiddich)', '죠스(Jaws)'라는 이름을 가지고 있었다.

제원	
제조 국가: 영국	
유형: 복좌 공격기	
동력 장치: 50kN(11,255lb) 롤스로이스 RB.168 스페이 Mk 101 터보팬 엔진 2개	
성능: 최대 속도 1,040km/h; 실용 상승 한도 12,190m(40,000ft) 이상; 전투 항속 거리 3,701km	
무게: 자체 중량 13,608kg; 최대 이륙 중량 28,123kg	
크기: 날개폭 13.41; 길이 19.33m; 높이 4.97m; 날개넓이 47.82㎡	
무장: 회전 폭탄창 문 안에 454kg(1,000lb) 폭탄 4발 또는 연료탱크 또는 정찰 팩, 날개 아래 파일런 4개에 하푼 미사일, 시 이글 대함 미사일, 마르텔 대레이더 미사일 포함 최대 5,443kg(12,000lb)의 폭탄 또는 미사일 탑재	

다쏘 미라지 2000C

프랑스는 암호명 다게 작전(Operation Daguet, 숫사슴 작전)에서 사우디아라비아 방어를 지원하기 위해 미라지 2000C 12대를 제공했다. 프랑스는 또한 미라지 F.1과 재규어도 보냈으며, 수송기, 헬리콥터와 상당히 많은 지상 구성군도 파견했다.

제원	
제조 국가: 프랑스	
유형: 단좌 제공 및 공격 전투기	
동력 장치: 97kN (21,834lb) 스네크마(SNECMA) M53-P2 터보팬 엔진 1개	
성능: 최대 속도 2,338km/h; 실용 상승 한도 18,000m(59,055ft); 항속 거리 1,480km(탑재 중량 1,000kg일 때)	
무게: 자체 중량 7,500kg; 최대 이륙 중량 17,000kg	
크기: 날개폭 9.13m; 길이 14.36m; 높이 5.2m; 날개넓이 41㎡	
무장: DEFA 554 기관포 2문; 외부 파일런 9개에 공대공 미사일, 로켓 발사기 포드, 1000lb 폭탄, 다양한 공격 무기 포함 최대 6,300kg 탑재	

맥도넬 더글라스 F-15C 이글

이 전쟁에서 미국 전투기 이외의 격추 실적은 유일하게 사우디 공군 제13 비행대대의 F-15C 조종사 알 샴라니(al-Shamrani) 대위가 기록했다. 그는 엑조세 미사일로 연합군의 전함을 공격하기 위해 향하던 이라크의 미라지 F.1 EQ 2대를 AIM-9L 사이드와인더 미사일로 격추했다.

제원	
제조 국가: 미국	
유형: 단좌 제공 전투기, 이차적으로 타격 및 공격기 역할	
동력 장치: 101kN(23,830lb) 추력 프랫 앤 휘트니 F100-PW-220 후기 연소 터보팬 엔진 2개	
성능: 최대 속도 고고도에서 2,655km/h; 실용 상승 한도 19,812m; 항속 거리 5,552km	
무게: 자체 중량 12,247kg; 최대 이륙 중량 29,937kg	
무장: 20mm M61A1 기관포 1문(탄약 960발 포함), 외부 파일런에 최대 10,705kg(23,600lb) 탑재	

사막의 폭풍: 미국의 공군력

1991년 이라크와의 전쟁에서 막대한 임무의 대부분은 미국 공군과 해병대, 해군의 항공기가 수행하였다. 고정된 전략적 목표물에 대해서만 12,000건 이상 타격을 위해 출격했고, 전장의 목표물에 대한 타격과 이러한 임무를 지원하기 위해 더 많은 출격이 이루어졌다. 매우 빠르게 공군력의 절대적 우위를 차지하였고, 전술 공군이 이라크 군대의 상당 부분을 약화시켰거나 무력화시켰지만, 이동식 SS-1 '스커드' 미사일 발사기가 발사된 경우는 거의 없었고, 전쟁 내내 계속 폭격 당했다.

맥도넬 더글러스 F-15C MSIP

F-15C는 이 전쟁의 지배적인 전투기였으며, 이라크 공군과 육군항공대의 비행 중인 항공기 33대를 격추했다. 제33 전술전투비행단의 이 항공기는 AIM-9 스패로 공대공 미사일로 MiG-23 한 대를 포함해서 3대를 격추했다.

제원	
제조 국가: USA	
유형: 단좌 제공 전투기, 이차적으로 타격기 및 공격기 역할	
동력 장치: 프랫 앤 휘트니 F100-PW-220 터보팬 엔진 2개	
성능: 최대 속도 고고도에서 2,655km/h; 초기 상승률 15,240m(50,000ft)/분 이상; 상승 한도 30,500m(100,000ft); 항속 거리 5,745km	
무게: 자체 중량 12,700kg; 최대 이륙 중량 30,844kg	
크기: 날개폭 13,05m; 길이 19,43m; 높이 5,63m; 날개넓이 56,48㎡	
무장: 20mm M61A1 기관포 1문(탄약 960발), 외부 파일런에 AIM-7 스패로 공대공 미사일 4발과 AIM-9 사이드와인더 공대공 미사일 4발 등 최대 7,620kg(16,800lb) 탑재; 공격기로 설정되었을 때는 재래식 및 유도 폭탄, 로켓, 공대공지 미사일 탑재; 연료탱크 및 전자 방해책 포드	

페어차일드 리퍼블릭 A-10A

페어차일드 리퍼블릭 A-10A는 전투에서 A-1 스카이레이더를 대체할 고도로 검증된 중무장 근접 공중 지원기를 생산하고자 1967년에 시작된 미국 공군의 A-X 계획을 통해 만들어졌다. A-10A는 거대한 GAU-8/A 기관포가 주된 무장이었지만 1991년 걸프전에서 보여준 것처럼 매우 파괴력이 큰 무기들도 다양하게 탑재할 수 있었다.

제원	
제조 국가: 미국	
유형: 단좌 근접지원기	
동력 장치: 40,3kN(9,065lb) 제너럴 일렉트릭 TF34-GE-100 터보팬 엔진 2개	
성능: 최대 속도 706km/h; 전투 행동반경 402km(Mk82 폭탄 18발과 기관포 탄약 750발을 탑재하고 2시간 동안 선회 가능)	
무게: 자체 중량 11,321kg; 최대 이륙 중량 22,680kg	
크기: 날개폭 17,53m; 길이 16,26m; 높이 4,47m; 날개넓이 47,01㎡	
무장: 30mm GAU-8/A 로터리 기관포 1문(탄약 1,350발 포함), 하드포인트 11개 소에 최대 7,528kg(16,000lb) 탑재	

노스롭 그루먼 E-8A J-STARS

걸프 지역에 전개된 완전히 새로운 기술은 실시간으로 지상의 움직임을 지속적으로 감시할 수 있는 합동감시 표적공격 레이더체제(Joint Surveillance Target Attack Radar System, J-STARS, 항공기에 탑재한 레이더를 통해 목표물에 대한 레이더 영상자료를 획득하고, 이 자료를 지상수신소에 실시간으로 전파하는 체계; 역자 주)였다. 아직 시험 중이던 E-8A 개발 항공기 2대가 걸프 지역으로 급파되었고, 매우 귀중한 정보를 제공하였다.

제원	
제조 국가: 미국	
유형: 4발 감시 항공기	
동력 장치: 추력 85.5kN(19,200lb) TF33-102C 터보팬 엔진 4개	
성능: 최대 속도 945km/h; 항속 시간 9시간; 실용 상승 한도: 12,802m(42,000 ft)	
무게: 자체 중량 77,564kg; 최대 이륙 중량 152,409kg	
크기: 날개폭 44.4m; 길이 46.6m; 높이 13m	
무장: 없음	

맥도넬 더글라스 F/A-18D

F/A-18 호넷(Hornet, 말벌)은 사막의 폭풍 작전에서 처음으로 전투에 참가했다. 이 기종은 동일한 임무에서 전투기 역할과 폭격기의 역할을 전환할 수 있는 능력을 증명했다. 전쟁 첫날에 해군의 호넷은 이라크의 MiG-21 2대를 파괴했고, 한 대를 MiG-25에 잃었다. 이것은 미국 해병대 제121 전투비행대대의 F/A-18D이다.

제원	
제조 국가: 미국	
유형: 전투기 능력이 있는 복좌 전환 훈련기	
동력 장치: 71.1kN(16,000lb) 제너럴 일렉트릭 F404-GE-400 터보팬 엔진 2개	
성능: 최대 속도 12,190m(40,000ft) 고도에서 1,912km/h; 전투 상승 한도 약 15,240m(50,000ft); 전투 행동반경 1,020km	
무게: 자체 중량 10,455kg; 최대 이륙 중량 25,401k	
크기: 날개폭 11.43m; 길이 17.07m; 높이 4.66m; 날개넓이 37.16㎡	
무장: 20mm M61A1 벌컨 6총열 회전 기관포 1문 기관포(탄약 570발 포함), 외부 하드포인트 9개소에 최대 7,711kg(17,000lb) 탑재	

맥도넬 더글러스-BAe AV-8B 해리어

미국 해병대 제311 공격비행대대의 AV-8B 해리어 II는 사우디아라비아의 킹 압둘 아지즈 공군기지 및 사막의 간소한 전진 작전 구역에서 운용되었다. 해리어는 효과적인 근접 공중 지원을 제공하였지만, 밑면의 열 신호가 커서 적외선 유도 미사일에 취약한 것으로 드러났다.

제원	
제조 국가: 미국, 영국	
유형: 수직 이착륙 근접지원기	
동력 장치: 105.8kN(23,800lb) 롤스로이스 F402-RR-408 페가수스 추력 편향 터보팬 엔진 1개	
성능: 최대 속도 1,065km/h; 실용 상승 한도 15,240m(50,000ft) 이상; 전투 행동 반경 277km	
무게: 자체 중량 5,936kg; 최대 이륙 중량 14,061kg	
크기: 날개폭 9.25m; 길이 14.12m; 높이 3.55m; 날개넓이 21.37㎡	
무장: 25mm GAU-12U 기관포 1문; 최대 7,711kg(단거리 이륙시), 3,175kg(수직 이륙시) 탑재	

그루먼 F-14 톰캣

F-14는 주로 F-111B 함대 방공 전투기 계획의 실패 때문에 개발되었지만, 자신도 여전히 문제없이 운용되지는 못했다. 이어지는 문제 때문에 유지관리 비용이 증가했고, 비교적 높은 사고율을 기록했다. F-14 톰캣은 이런 문제들에도 불구하고 세계 어느 곳에서도 운용되고 있는 가장 훌륭한 요격기로 널리 여겨진다. F-14는 F-4의 뒤를 이어 최고의 함대 방공 전투기였다. F-14A는 총 478대가 미국 해군에 공급되었다.

F-14A 톰캣

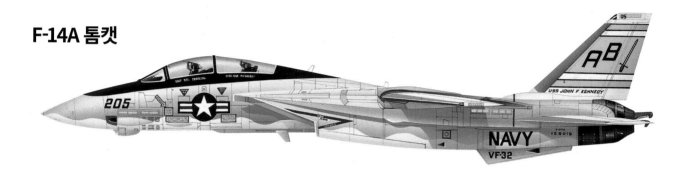

미국 해군 제32 전투비행대대 '소드맨(Swordsmen, 검객들)' 부대는 대서양 함대 최초의 톰캣 비행대대로 1975년 존 F. 케네디(John F. Kennedy) 항공모함에서 처음으로 작전 순항을 했다. F-14는 1970년대부터 1980년대 말까지 유광의 회색과 흰색 도장에 화려한 부대 표식을 했다.

제원
제조 국가: 미국
유형: 복좌 함상 함대 방공 전투기
동력 장치: 92.9kN(20,900lb) 프랫 앤 휘트니 TF30-P-412A 터보팬 엔진 2개
성능: 최대 속도 고고도에서 2,517km/h; 실용 상승 한도 17,070m(56,000ft); 항속 거리 약 3,220km
무게: 자체 중량 18,191kg; 최대 이륙 중량 33,724kg
크기: 날개폭 19.55m(펼쳤을 때); 11.65m(접었을 때); 길이 19.1m; 높이 4.88m; 날개넓이 52.49㎡
무장: 20mm M61A1 벌컨포 1문(탄약 675발); 외부 파일런에 AIM-7 스패로 중거리 공대공 미사일, AIM-9 중거리 공대공 미사일, AIM-54 피닉스 장거리 공대공 미사일을 조합하여 탑재

F-14A 톰캣

밝게 칠한 항공기는 육안으로 뿐만 아니라 적외선 및 다른 감지기로도 더 잘 볼 수 있다는 것을 1980대에 알게 되었다. F-14의 조종사 C. J. 히틀리(C. J. Heatly)와 예술가 케이스 페리스(Keith Ferris)는 미국 해군 제1 전투비행대대의 이 F-14A의 위장 무늬를 포함해서 몇 가지 실험적인 위장 무늬를 만들어냈다.

제원
제조 국가: 미국
유형: 복좌 함상 함대 방공 전투기
동력 장치: 92.9kN(20,900lb) 프랫 앤 휘트니 TF30-P-412A 터보팬 엔진 2개
성능: 최대 속도 고고도에서 2,517km/h; 실용 상승 한도 17,070m(56,000ft); 항속 거리 약 3,220km
무게: 자체 중량 18,191kg; 최대 이륙 중량 33,724kg
크기: 날개폭 19.55m(펼쳤을 때); 11.65m(접었을 때); 길이 19.1m; 높이 4.88m; 날개넓이 52.49㎡
무장: 20mm M61A1 벌컨포 1문(탄약 675발); 외부 파일런에 중거리 및 장거리 공대공 미사일을 조합하여 탑재

F-14A 톰캣

톰캣의 유일한 수출 고객은 이란 공군이었는데 1979년의 이슬람 혁명 이전에 주문한 F-14A 80대 중 79대를 수령했다. 미국의 제재에도 불구하고 이란 이슬람 공화국의 공군은 2000년대까지 약 24대의 F-14를 가까스로 운용했다.

제원	
제조 국가: 미국	
유형: 복좌 함상 함대 방공 전투기	
동력 장치: 92.9kN(20,900lb) 프랫 앤 휘트니 TF30-P-412A 터보팬 엔진 2개	
성능: 최대 속도 고고도에서 2,517km/h; 실용 상승 한도 17,070m(56,000ft); 항속 거리 약 3,220km	
무게: 자체 중량 18,191kg; 최대 이륙 중량 33,724kg	
크기: 날개폭 19.55m(펼쳤을 때); 11.65m(접었을 때); 길이 19.1m; 높이 4.88m; 날개넓이 52.49㎡	
무장: 20mm M61A1 벌컨포 1문(탄약 675발); 외부 파일런에 AIM-7 스패로 중거리 공대공 미사일, AIM-9 중거리 공대공 미사일, AIM-54 피닉스 장거리 공대공 미사일을 조합하여 탑재	

F-14B 톰캣

F-14B는 더욱 강력하고 고장이 덜 나는 F110 엔진과 마틴-베이커 사출 조종석 및 다른 개선 사항들을 도입했다. 여기 미국 해군 제74 전투비행대대 '비데블러즈(Bedevilers, 몹시 괴롭히는 사람들)의 F-14B는 1990년대에 보편화되었던 색도를 낮춘 전면적인 회색 배색을 보여준다.

제원	
제조 국가: 미국	
유형: 복좌 함상 함대 방공 전투기	
동력 장치: 120kN(27,000lb) 제너럴 일렉트릭 F110-GE-400 터보팬 엔진 2개	
성능: 최대 속도 고고도에서 1,988km/h; 실용 상승 한도 16,150m(53,000ft); 항속 거리 약 1,994km(전체 무기 탑재시)	
무게: 자체 중량 18,951kg; 최대 이륙 중량 33,724kg	
크기: 날개폭 19.55m(펼쳤을 때); 11.65m(접었을 때); 길이 19.1m; 높이 4.88m; 날개넓이 52.49㎡	
무장: 20mm M61A1 벌컨포 1문(탄약 675발); 외부 파일런에 중거리 공대공 미사일, 과 장거리 공대공 미사일을 조합하여 탑재	

F-14D 톰캣

1984년에 제너럴 일렉트릭의 F110-GE-400 엔진을 탑재하여 과도적인 F-14의 개선 버전을 개발하기로 결정하고, F-14A(플러스)로 명명하였다. 32대의 항공기가 개조되었고 나중에 F-14B로 명명되었다. F-14D 사업은 끝이 없어 보이는 취소와 복원을 반복하다가 결국 37대를 새로 제작하고, 18대를 F-14A에서 재조립하는 자금을 확보했다.

제원	
제조 국가: 미국	
유형: 복좌 함상 함대 방공 전투기	
동력 장치: 120kN(27,000lb) 제너럴 일렉트릭 F110-GE-400 터보팬 엔진 2개	
성능: 최대 속도 고고도에서 1,988km/h; 실용 상승 한도 16,150m(53,000ft); 항속 거리 약 1,994km(전체 무기 탑재시)	
무게: 자체 중량 18,951kg; 최대 이륙 중량 33,724kg	
크기: 날개폭 19.55m(펼쳤을 때); 11.65m(접었을 때); 길이 19.1m; 높이 4.88m; 날개넓이 52.49㎡	
무장: 20mm M61A1 벌컨포 1문(탄약 675발); 외부 파일런에 AIM-7 스패로 중거리 공대공 미사일, AIM-9 중거리 공대공 미사일, AIM-54A/B/C 피닉스 장거리 공대공 미사일을 조합하여 탑재	

아프간 전쟁

아프가니스탄은 그 역사 내내 외부의 적과 맞섰거나 내전의 결과로 거의 끊임없이 전쟁 상태로 있었다. 1979년 부터 1989년까지 소련은 카불의 공산주의 정부를 지원하기 위해 침공하여 자신의 영향력을 행사하려고 했다. 다음 십년 동안, 다양한 집단들이 그들 중 많은 사람들은 비밀리에 미국이 지원을 받아 소련군을 몰아내기 위해 싸웠다. 소련은 많은 종류의 전술 항공기를 사용했고, 심지어 전략 폭격기도 사용했다.

MiG-17 '프레스코-C'

아프가니스탄 공군은 대부분 소련에서 생산한 다양한 기종으로 무장했다. 그 중에는 1957년부터 인도된 MiG-17 약 100대도 있었다. 1985년에 그 중 50대 가 남아있었던 걸로 추정되었다. 2001년 중반까지 남아있던 공군 보유 항공기 는 탈레반과 아프가니스탄의 여러 파벌들에게 흘러 들어갔다.

제원	
제조 국가: 소련	
유형: 단좌 전투기	
동력 장치: 33kN(7,452lb) 클리모프 VK-1F 터보제트 엔진 1개	
성능: 최대 속도 3,000m 고도에서 1,145km/h; 실용 상승 한도 16,600m(54,560ft); 항속 거리 1,470km(높은 고도에서 슬리퍼 연료탱크 탑재시)	
무게: 자체 중량 4,100kg; 최대 적재 중량 6,700kg	
크기: 날개폭 9.45m; 길이 11.05m; 높이 3.35m; 날개넓이 20.6㎡	
무장: 37mm N-37 기관포 1문, 23mm NS-23 기관포 2문, 날개 아래 파일런에 500kg(1,102lb) 탑재	

수호이 Su-25 '프로그풋'

나토 보고명이 '프로그풋(Frogfoot, 개구리 발)'이었던 Su-25K 단좌 근접지원 기(종종 페어차일드 A-10 선더볼트와 비교된다)의 시제기는 1975년에 첫 비행 을 했고, 생산은 1978년에 시작되었다. 기수에 장착된 레이저 거리계와 눈금 표시된 표적 탐색기는 20km 떨어진 거리에서 5m 이내의 폭격 정확도를 가지 고 있다고 한다. 1980년 초에 시범 부대가 아프가니스탄에 배치되었다.

제원	
제조 국가: 소련	
유형: 단좌 근접지원기	
동력 장치: 44.1kN(9,921lb) 투만스키 R-195 터보제트 엔진 2개	
성능: 최대 속도 해수면에서 975km/h; 실용 상승 한도 7,000m(22,965ft); 전투 행동반경 로-로-로(lo-lo-lo) 임무시 750km	
무게: 자체 중량 9,500kg; 최대 이륙 중량 17,600kg	
크기: 날개폭 14.36m; 길이 15.53m; 높이 4.8m; 날개넓이 33.7㎡	
무장: 30mm GSh-30-2 기관포 1문(탄약 250발); 외부 파일런 8개에 공 대공, 공대지, 대레이더, 대전차 미사일, 유도 폭탄, 집속탄 포함 최대 4,400kg(9,700lb) 탑재	

미코얀 구레비치 MiG-23MLD '플로거-K'

이 MiG-23MLD는 1986년 아프가니스탄의 바그람 공군기지에 배치된 제120 전투기 연대의 연대장 항공기였다. '플로거'는 주로 파키스탄 접경지역의 임무에서 Su-22 폭격기를 호위하는데 사용되었다. 기수의 흰색별은 전투 임무 비행을 했다는 것을 표시한다.

제원
제조 국가: 소련
유형: 단좌 공중전 전투기
동력 장치: 100kN (22,485lb) 하차투로프 R-29-300 터보제트 엔진 1개
성능: 최대 속도 높은 고도에서 약 2,445km/h; 실용 상승 한도18,290m(60,000ft) 이상; 전투 행동반경 하이-로-하이(hi-lo-hi) 임무시 966km
무게: 자체 중량 10,400kg; 최대 적재 중량 18,145kg
크기: 날개폭 13,97m(펼쳤을 때), 7,78m(접었을 때); 길이 16,71m(재급유 프로브 포함); 높이 4,82m; 날개넓이 37,25㎡(펼쳤을 때)
무장: 23mm GSh-23L 기관포 1문, 날개 아래 파일런에 AA-3 에이납, AA-7 아펙스, AA-8 아피드 공대공 미사일 탑재

투폴레프 Tu-22PD '블라인더-E'

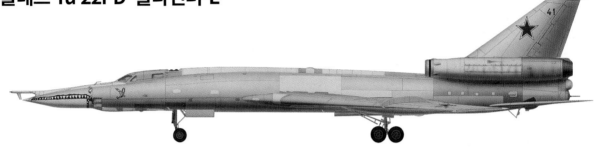

Tu-22PD는 전파방해 항공기 및 전자 정보 수집 항공기로 사용되는데, 아프가니스탄에서는 1987년의 호스트 포위 작전 당시처럼 가끔 사용된 TU-22M-3 '백파이어' 폭격기를 위한 호위 항공기로 사용되었다. 파키스탄 국경 가까이에서 작전을 수행할 때 '블라인더'는 '백파이어'를 요격으로부터 보호하는데 도움이 되었다.

제원
제조 국가: 소련
유형: 전자전 항공기
동력 장치: 추력 161,9kN(36,376lb) RD-7M2 후기 연소 터보제트 엔진 2개
성능: 최대 속도 1487km/h; 실용 상승 한도 18,300m(60,040ft); 전투 행동반경 내부 연료로 3,100km
무게: 자체 중량 40,000kg; 최대 이륙 중량 84,000kg
크기: 날개폭 23,75m; 길이 40,53m; 높이 10,67m; 날개넓이 162㎡
무장: 23mm NR-23 2총열 기관포 1문

제너럴 다이내믹스 F-16A

1986년 5월 국경 지역 상공에서 벌어진 교전에서 파키스탄 공군의 비행대대 지휘관 하미드 카드리(Hameed Qadri)는 이 F-16A로 소련의 Su-22M-3 2대를 격추했다. 1987년 4월에 파키스탄의 한 조종사가 오인 사격 사고로 아프가니스탄 상공에서 그의 호위기를 격추했다.

제원
제조 국가: 미국
유형: 단좌 공중전 및 지상 공격 전투기
동력 장치: 105,7kN(23,770lb) 프랫 앤 휘트니 F100-PW-200 엔진 1개 또는 128,9kN(28,984lb) 제너럴 일렉트릭 F110-GE-100 터보팬 엔진 1개
성능: 최대 속도 2,142km/h; 실용 상승 한도 15,240m(50,000ft) 이상; 작전 행동 반경 925km
무게: 자체 중량 7,070kg; 최대 이륙 중량 16,057kg
크기: 날개폭 9,45m; 길이 15,09m; 높이 5,09m; 날개넓이 27,87㎡
무장: 20mm 다총열 기관포 1문, 날개끝에 미사일 탑재; 외부 하드포인트 7개소에 최대 9,276kg(20,450lb) 탑재

스텔스 공격기

F-117은 아마도 과거 20년간 취역한 항공기 중에 가장 중요한 항공기일 것이다. 스텔스 기술에 관한 비밀 계획은 아마도 1973년의 욤 키푸르 전쟁에서 미국이 제작한 F-4에 대한 다수의 레이더 유도 미사일 공격 이후 시작된 것 같다. 1982년에 록히드가 납품한 나이트호크가 1991년 걸프전 당시 조종사들이 탐지되지 않고 이라크 영공을 침투하여 한 치의 오차도 없는 정확도로 타격했을 때 그야말로 대서특필되었다.

록히드 F-117A 나이트호크

록히드와 노스롭 두 회사 모두 국방부가 발표한 실험적인 스텔스 기술 요구사항에 대해 제안서를 제출했고, 1977년에 록히드의 제안이 채택되었다. F-117은 전쟁에서 몇 번 사용되었다. 첫 임무는 1989년 미국의 파나마 침공 때였다. 그 침공에서 F-117A 나이트호크 2대가 파나마의 리오 하토 비행장에 폭탄 두발을 투하했다. F-117A는 다양한 무기를 쓸 수 있고, 최신 디지털 항전 장비에 통합된 정교한 항법장치와 공격 장치를 장착하여 임무의 효과를 높이고 조종사의 작업 부하를 줄일 수 있다.

제원	
제조 국가: 미국	
유형: 단좌 스텔스 공격기	
동력 장치: 48kN(10,800lb) 제너럴 일렉트릭 F404-GE-F1D2 터보팬	
성능: 최대 속도 약 마하 1(고고도에서); 전투 행동반경 약 1,112km(최대 유상 하중일 때)	
무게: 자체 중량 약 13,608kg; 최대 이륙 중량 23,814kg	
크기: 날개폭 13,2m; 길이 20,08m; 높이 3,78m; 날개넓이 약 105,9㎡	
무장: 폭탄창의 회전식 발사 장치에 최대 2,268kg(5,000lb) 탑재; AGM-88 HARM 대레이더 미사일, AGM-65 매버릭 공대지 미사일, GBU-19 및 GBU-27 광전자 유도 폭탄, BLU-109 레이저 유도 폭탄, B61 자유낙하 핵폭탄 등 포함	

록히드 XST '해브 블루'

록히드 XST는 1977년 12월 '해브 블루(Have Blue)'이라는 암호명으로 비밀리에 진행된 첫 비행에서 안으로 비스듬한 꼬리 날개를 포함해서 많은 차이가 있었지만 F-117을 위해 만든 항공 역학적인 형태를 증명했다. 시제기는 두 대 모두 시험 중에 추락했다.

제원	
제조 국가:	미국
유형:	스텔스 항공기 시제기
동력 장치:	추력 12.4kN(2,800lb) 제너럴 일렉트릭 CJ610 터보팬 엔진 2개
성능:	최대 속도 알 수 없음; 항속 거리 알 수 없음; 실용 상승 한도 알 수 없음
무게:	적재 중량 5,440kg
크기:	날개폭 6.86m; 길이 11.58m; 높이 2.29m; 날개넓이 알 수 없음
무장:	없음

록히드 F-117A 나이트호크

사막의 폭풍 작전에서 '스펠 바운드(Spell Bound)'로 알려진 이 F-117A는 8회 내지 9회의 전투임무를 수행했는데 전개된 나이트호크 중에서 가장 적은 횟수였다. F-117은 또한 파나마, 코소보, 2003년 이라크에서 전투에 참가하였다. 이 항공기들은 2008년 미국 공군에서 퇴역했다.

제원	
제조 국가:	미국
유형:	단좌 스텔스 공격기
동력 장치:	48kN(10,800lb) 제너럴 일렉트릭 F404-GE-F1D2 터보팬 2개
성능:	최대 속도 약 Mach 1(고고도에서): 전투 행동반경 약 1,112km(최대 페이로드일 때)
무게:	자체 중량 약 13,608kg; 최대 이륙 중량 23,814kg
크기:	날개폭 13.2m; 길이 20.08m; 높이 3.78m; 날개넓이 약 105.9㎡
무장:	폭탄창의 회전식 발사 장치에 최대 2,268kg(5,000lb) 탑재; B61 자유낙하 핵폭탄 포함

바르샤바 조약 기구

독일에 있던 소련군의 일원인 제16 공군을 포함한 바르샤바 조약 기구의 공군은 1980년대 말까지 대부분 최신 전술 항공기로 재무장했다. 나토와 유럽 주둔 미국 공군의 주요 기종에 대응하여 철의 장막 반대편에 동등한 기종이 있었다. 다만 Su-27은 본국 방어를 위해 멀리 있었다. 1989년에 소련이 무너지고 난 뒤, 소련군은 공군기지와 항공기의 유산을 남긴 채 철수하기 시작했다.

미코얀 구레비치 MiG-21MF '피시베드-J'

독일 민주공화국(동독)의 공군은 다른 바르샤바 조약 국가들의 공군이 구입할 수 있던 성능을 떨어뜨린 모델이 아니라 최고 버전의 소련 항공기를 공급받았다. 이 MiG-21MF은 1985년 막스발데의 제8 전투비행대대에서 운용된 항공기였다. 이 부대는 1990년 9월에 해체되었다.

제원	
제조 국가: 소련	
유형: 단좌 전천후 다용도 전투기	
동력 장치: 추력 60.8kN(14,550lb) 투만스키 R-13-300 후기 연소 터보제트 엔진 1개	
성능: 최대 속도 2,229km/h; 실용 상승 한도 17,500m(57,400ft); 항속 거리 내부 연료로 1,160km	
무게: 자체 중량 5,200kg; 최대 이륙 중량 10,400kg	
크기: 날개폭 7.15m; 길이 15.76m(재급유 프로브 포함); 높이 4.1m; 날개넓이 23㎡	
무장: 동체 아래쪽에 23mm GSh-23 2총열 기관포 1문, 날개 아래 파일런 4개에 1,500kg(3,307lb) 탑재	

수호이 SU-17M-4 '피터 K'

독일에 있던 마지막 소련 공군 항공기 중에는 1994년 4월 마침내 짐을 싸서 떠났던 그로스 될른(템플린) 공군기지에 있던 제20 전투 폭격기연대의 Su-17M-4가 있었다. 다. 이 항공기는 동체 아래에 AS-14 '캐지(Kedge, 작을 닻)' 대 레이더 미사일을 탑재한다.

제원	
제조 국가: 소련	
유형: 단좌 지상 공격 전투기	
동력 장치: 110.3kN(24,802lb) 리율카 AL-21F-3 터보제트 엔진	
성능: 최대 속도 약 2,220km/h; 실용 상승 한도 15,200m(49,865ft); 전투 행동반경 675km	
무게: 자체 중량 9,500kg; 최대 이륙 중량 19,500kg	
크기: 날개폭 13.8m(펼쳤을 때), 10m(접었을 때); 길이 18.75m; 높이 5m; 날개넓이 40㎡	
무장: 30mm NR-30 기관포 2문; 외부 파일런 9개에 전술 핵무기 포함 최대 4,250kg(9,370lb) 탑재	

미코얀 구레비치 MiG-23 BN '플로거-H'

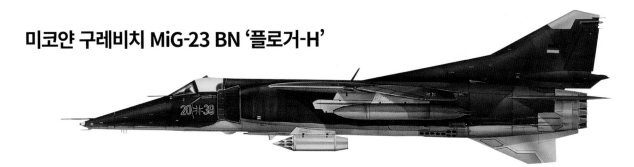

통일 독일의 공군은 이전 동독의 장비 대부분을 짧은 기간 동안만 그대로 보유했다. 오래된 MiG 항공기들은 대부분 빨리 퇴역시켰지만 이 MiG-23BN과 같은 일부 항공기는 독일 연방방위군의 시험 부대인 WTD-61에서 서방의 기종에 대한 비교 평가를 위해 사용되었다.

제원

제조 국가: 소련

유형: 단좌 전투 폭격기

동력 장치: 98kN(22,046lb) 투만스키 R-27F2M-300 터보제트 엔진 1개

성능: 최대 속도 약 2,445km/h; 실용 상승 한도 18,290m(60,000ft) 이상; 전투 행동반경 하이-로-하이(hi-lo-hi) 임무시 966km

무게: 자체 중량 10,400kg; 최대 적재 중량 18,145kg

크기: 날개폭 13.97m(펼쳤을 때), 7.78m(접었을 때); 길이 16.71m(재급유 프로브 포함); 높이 4.82m; 날개넓이 37.25㎡(펼쳤을 때)

무장: 23mm GSh-23L 기관포 1문(탄약 200발 포함), 외부 하드포인트 6개소에 AA-2 아톨(Atoll) 공대공 미사일, AS-7 케리 공대지 미사일, 기관포 포드, 로켓 발사기 포드, 대구경 로켓, 폭탄 포함 최대 3,000kg(6,614lb) 탑재

미코얀 구레비치 MiG-29 '펄크럼 A'

소련의 붕괴 이후 체코슬로바키아 공군은 규모가 크게 줄었다. 체코 공화국과 슬로바키아 공화국으로 분리되면서 MiG-29 1개 부대는 새로운 슬로바키아 공군으로 이전되었다. 9대의 항공기는 그 이후 현대화되었고, 다른 항공기로 보충되었다.

제원

제조 국가: 소련

유형: 이차적으로 지상 공격 능력을 가진 단좌 제공 전투기

동력 장치: 81.4kN(18,298lb) 사르키소프 RD-33 터보팬 엔진 2개

성능: 최대 속도 11,000m 이상 고도에서 2,443km/h; 실용 상승 한도 17,000m(55,775ft); 항속 거리 내부 연료로 1,500km

무게: 자체 중량 10,900kg; 최대 이륙 중량 18,500kg

크기: 날개폭 11.36m; 길이 17.32m(재급유 프로브 포함); 높이 7.78m; 날개넓이 35.2㎡

무장: 30mm GSh-30 기관포 1문(탄약 150발 포함), 외부 하드포인트 8개소에 적외선 유도 또는 레이더 유도 공대공 미사일 포함 최대 4,500kg(9,921lb) 탑재

수호이 Su-24MR '펜서-E'

'펜서(Fencer, 검객) E'는 전술 정찰을 위해 개발된 Su-24 타격 및 공격기의 파생기종이다. Su-24MR은 내부 및 외부 포드에 다양한 유형의 감지기를 탑재하여 약 65대가 제작되었다. 이 감지기 중 일부는 실시간 감시를 위해 자료를 지상 기지의 수신기로 송신할 수 있다. 1985년에 취역했다.

제원

제조 국가: 소련

유형: 복좌 해상 정찰기

동력 장치: 110.3kN(24,802lb) 리율카 AL-21F-3A 터보제트 엔진 2개

성능: 최대 속도 11,000m 이상 고도에서 약 2,316km/h; 실용 상승 한도 17,500m(57,415ft); 전투 행동반경 하이-로-하이(hi-lo-hi) 임무에서 3,000kg을 탑재하고 1,050km

무게: 자체 중량 19,00kg; 최대 이륙 중량 39,700kg

크기: 날개폭 17.63m(펼쳤을 때), 10.36m(접었을 때); 길이 24.53m; 높이 4.97m; 날개넓이 42㎡

무장: (이차적인 타격기 역할) 외부 파일런 9개에 공대공 미사일 포함 최대 8,000kg(17,635lb) 탑재

F-16 파이팅 팰컨

F-16은 의심할 여지없이 20세기의 가장 중요한 전투기 중 하나였다. F-16은 F-15 이글보다 매우 작고 저렴하면서 유용한 전투기를 제작하는 것이 어느 정도까지 가능할지를 보기 위한 기술 시연기로 꽤 불길하게 출발했다. 미국의 많은 나토 동맹국의 관심을 끌게 되면서 이 계획을 수정하게 되었고, 미국 공군이 650대를 구매할 것이라고 발표했다. 제너럴 다이내믹스의 첫 양산 항공기는 1978년 8월에 비행했다.

F-16A

한국의 군산에 주둔한 제8 전술전투비행단은 1981년 5월에 운용하던 마지막 F-4를 파이팅 팰컨(Fighting Falcon, 싸우는 매)으로 교체하면서 미국 밖에서 F-16 장비를 갖춘 최초의 부대가 되었다. 이 F-16A는 별명이 '울프 팩(Wolf Pack, 늑대 떼)'인 제8 전술전투비행단의 약호(略號)와 휘장이 표시되어 있다.

제원	
제조 국가:	미국
유형:	단좌 공중전 및 지상 공격 전투기
동력 장치:	105.7kN(23,770lb) 프랫 앤 휘트니 F100-PW-200 터보팬 엔진 1개 또는 128.9kN(28,984lb) 제너럴 일렉트릭 F110-GE-100 터보팬 엔진 1개
성능:	최대 속도 2,142km/h; 실용 상승 한도 15,240m(50,000ft) 이상; 작전 행동 반경 925km
무게:	자체 중량 7,070kg; 최대 이륙 중량 16,057kg
크기:	날개폭 9.45m; 길이 15.09m; 높이 5.09m; 날개넓이 27.87㎡
무장:	제너럴 일렉트릭 M61A1 20mm 다총열 기관포 1문, 날개 끝에 미사일 탑재; 하드포인트 7개소에 최대 9,276kg(20,450lb) 탑재

F-16/79

F-16/79는 수출 시장용으로 덜 정교한 파생기종을 만들려고 한 것이었다. F-104와 F-4에서 사용되는 J 79 엔진을 탑재하여 수정된 버전을 시연용으로 F-16 2대에 장착했다. J 79 엔진은 무거운 열 차폐를 필요로 했고, 추력이 감소되었다. 결국 아무도 F-16/79를 구입하지 않았다.

제원	
제조 국가:	미국
유형:	단좌 공중전 및 지상 공격 전투기
동력 장치:	추력 80.1kN(18,000lb) 제너럴 일렉트릭 J79-GE-17X 후기 연소 터보 제트 엔진 1개
성능:	최대 속도 마하 2; 실용 상승 한도 15,240m(50,000ft) 이상; 행동반경 925km
무게:	자체 중량 7,730kg; 최대 이륙 중량 17,010kg
크기:	날개폭 9.45m; 길이 15.09m; 높이 5.09m; 날개넓이 27.87㎡
무장:	제너럴 일렉트릭 M61A1 20mm 다총열 기관포 1문, 날개 끝에 미사일 탑재; 최대 9,276kg(20,450lb) 탑재

F-16N

미국 해군은 가상 적기 역할에서 오래된 F-5와 A-4를 대체하기 위해 1980년대 말에 F-16N과 복좌 TF-16N 26대를 구입했다. 무장은 제거되었고 날개는 정규 공중전 훈련에 사용하기 위해 강화되었다. 이 F-16N은 버지니아주 오세아나 해군 항공기지의 해군 제43 전투비행대대에서 운용했다.

제원	
제조 국가:	미국
유형:	단발 가상 적 전투기
동력 장치:	추력 76.3kN(17,155lb) 제너럴 일렉트릭 F110-GE-100 후기 연소 터보 팬 엔진 1개
성능:	최대 속도 2,142km/h; 실용 상승 한도 15,240m(50,000ft) 이상; 작전 행동 반경 925km
무게:	알 수 없음
크기:	날개폭 9.45m; 길이 15.09m; 높이 5.09m; 날개넓이 27.87㎡
무장:	없음

F-16A 블록 15 ADF

F-16 ADF는 방공 요격에 최적화된 버전으로 더 알맞게 수정된 레이더와 개선된 피아식별 장비, 야간에 침입자를 확인할 수 있는 탐조등을 갖추고 있다. 대부분은 푸에르토리코의 제198 전투비행대대처럼 주방위군 공군 부대에 공급되었다.

제원	
제조 국가:	미국
유형:	방공 전투기
동력 장치:	추력 105.7kN(23,770lb) 프랫 앤 휘트니 F100-PW-220 후기 연소 터팬 엔진 1개
성능:	최대 속도 2,142km/h; 실용 상승 한도 16,764m(55,000ft); 항속 거리 3,862km
무게:	자체 중량 7,387kg; 최대 이륙 중량 17,010kg
크기:	날개폭 9.45m; 길이 15.09m; 높이 5.09m; 날개넓이 27.87㎡
무장:	20mm M61A1 벌컨포 1문; AIM-9 사이드와인더 공대공 미사일과 AIM-7 스패로 공대공 미사일 또는 AIM-120 신형 중거리 공대공 미사일(AMRAAM)

F-16C 블록 50D

F-16C는 1984년 이후 주요 생산 버전이 되었다. 1990년 말에 등장한 블록 50과 52는 프랫 앤 휘트니 F100(블록 50) 또는 제너럴 일렉트릭 F110(블록 52) 엔진을 탑재하였다. 그리스는 F-16C의 많은 하위 파생기종의 고객이었으며, 예시는 그리스의 블록 50 중 하나다.

제원	
제조 국가:	미국
유형:	단좌 공중전 및 지상 공격 전투기
동력 장치:	추력 126.7kN(28,500lb) 프랫 앤 휘트니 F100-PW-229 후기 연소 터팬 엔진 1개
성능:	최대 속도 2,177km/h; 실용 상승 한도 15,240m(49,000ft); 항속 거리 3,862km
무게:	자체 중량 8,273kg; 최대 이륙 중량 19,187kg
크기:	날개폭 9.45m; 길이 15.09m; 높이 5.09m; 날개넓이 27.87㎡
무장:	제너럴 일렉트릭 M61A1 20mm 다총열 기관포 1문, 날개 끝에 미사일 탑재; 외부 하드포인트 7개소에 최대 9,276kg(20,450lb) 탑재

발칸 항공전

유고슬라비아는 1991년부터 1999년까지 일련의 전쟁으로 여러 나라로 분리되었다. 유고슬라비아 연방의 항공기와 공군기지는 여러 파벌들이 무단으로 사용했다. 공군력은 거의 산발적인 지상 공격 작전에만 한정되었다. 대부분의 전쟁 당사자들이 잔학행위를 자행했으나 서방은 조치를 취하는 것이 더뎠다. 1993년에 나토는 보스니아 상공에 비행 금지 구역을 설정하였고, 나중에 미국 공군의 F-16은 그 구역에서 스릅스카 공화국 공군의 J-21 4대를 격추했다.

소코 G-2A 갈렙

1948년 소코는 외국에서 설계한 항공기를 면허 생산하기 시작했고, 1957년에 G-2A 갈렙 훈련기의 설계와 제작에 착수했다. 이 항공기는 전체 구조를 모두 금속으로 제작한 재래식 저익 단엽기였으며, 접어넣을 수 있는 세 바퀴 착륙 장치와 터보 제트 엔진이 장착되었다. 승무원은 냉난방이 되고 앞뒤로 나란한 2인승 조종석에 탑승했다.

제원	
제조 국가: 유고슬라비아	
유형: 기본 훈련기	
동력 장치: 11.1kN(2,500lb) 롤스로이스 바이퍼 11 Mk 226 터보제트 엔진 1개	
성능: 최대 속도 6,000m(19,685ft) 고도에서 730km/h; 실용 상승 한도 12,000m(39,370ft); 항속 거리 최대 표준 연료로 1,240km	
무게: 자체 중량 2,620kg; 최대 이륙 중량 4,300kg	
크기: 날개폭 9.73m; 길이 10.34m; 높이 3.28m; 날개넓이 19.43㎡	
무장: 12.7mm 기관총 2정(탄약 80발); 날개 아래 장착대에 150kg(331lb) 소형폭탄 컨테이너, 100kg(220lb) 폭탄, 127mm 로켓, 55mm 로켓 발사기 포드 탑재	

소코 J-21 자스레브

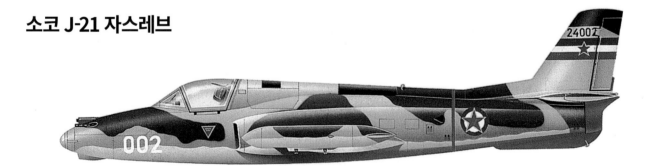

소코의 설계자들이 G-2A 갈렙을 단좌 경공격기로 전환하는 것은 비교적 간단한 과정이었다. 무기 탑재 능력을 향상시키기 위해 바이퍼 엔진 중 출력을 증가시킨 버전을 도입했다. 하지만 기체 일부를 강화하였고, 날개의 하드포인트를 개량하였으며, 제동 낙하산을 설치한 것 외에는 거의 바뀌지 않았다.

제원	
제조 국가: 유고슬라비아	
유형: 단좌 경공격기	
동력 장치: 13.3kN(3,000lb) 롤스로이스 바이퍼 Mk 531 터보제트 엔진 1개	
성능: 최대 속도 820km/h; 실용 상승 한도 12,000m(39,370ft); 전투 행동반경 표준 연료로 1,520km	
무게: 자체 중량 2,820kg; 최대 이륙 중량 5,100kg	
크기: 날개폭 11.68m; 길이 10.88m; 높이 3.64m; 날개넓이 19.43㎡	
무장: 12.7mm 기관총 3정(탄약 135발); 동체 안쪽의 하드포인트에 500kg(1,102lb) 탑재	

UTVA 75

국가 해체 후 여러 곳에서 운용되었던 UTVA-75는 또 다른 유고슬라비아 토착 기종이었으며, 이차적으로 가벼운 지상 공격 능력을 갖추고 있는 훈련기였다. 다수가 크로아티아 위장 무늬로 도색되어 있고, 또 그곳에서 사용되었다. 살아남은 항공기들은 현대 크로아티아 공군에서 훈련기로 사용된다.

제원	
제조 국가:	유고슬라비아
유형:	훈련기 겸 경공격기
동력 장치:	134kW(180마력) 라이커밍 IO-360-B1F 4기통 수평 피스톤 엔진 1개
성능:	최대 속도 215km/h; 항속 거리 800km; 실용 상승 한도 4,000m(13,100ft)
무게:	자체 중량 685kg; 최대 이륙 중량 970kg
크기:	날개폭 9.73m; 길이 7.11m; 높이 3.15m; 날개넓이 14.63㎡
무장:	기관총 포드, 2발 로켓 발사기 또는 200kg(441lb)의 폭탄

미코얀 구레비치 MiG-21-bis '피시베드'

유고슬라비아는 1991년 이전에 MiG-21bis, MiG-21MF, MiG-21PFM 모델을 포함해서 MiG-21을 많이 운용했다. 그러나 내전 당시 신뢰도는 매우 낮은 수준으로 떨어졌다. 1999년에 많은 MiG-29를 잃었고 살아남은 항공기들도 상태가 좋지 않기 때문에 다시 MiG-21이 세르비아의 주력 전투기가 되었다.

제원	
제조 국가:	소련
유형:	단좌 전천후 다용도 전투기
동력 장치:	73.5kN(16,535lb) 투만스키 R-25 터보제트 엔진 1개
성능:	최대 속도 2,229km/h; 실용 상승 한도 17,500m(57,400ft); 항속 거리 내부 연료로 1,160km
무게:	자체 중량 5,200kg; 최대 이륙 중량 10,400kg
크기:	날개폭 7.15m; 길이 15.76m(재급유 프로브 포함); 높이 4.1m; 날개넓이 23㎡
무장:	동체 아래에 23mm GSh-23 2총열 기관포 1문, 약 1,500kg(3,307kg) 탑재

미코얀 구레비치 MiG-29B '펄크럼'

세르비아의 MiG-29는 1999년의 코소보 전쟁에서 불과 12회밖에 출격하지 못했다. 펄크럼(Fulcrum, 버팀대) 6대가 격추되었는데, 그중 2대는 미국 공군 제493 전투비행대대의 F-15 조종사 제프리 황(Jeffery Hwang)에게 격추되었다. 예시의 MiG-29A도 그 중 하나다. 네덜란드의 F-16이 MiG-29 한 대를 격추했는데 이것이 미국이 아닌 나토군의 첫 격추 실적이었다.

제원	
제조 국가:	소련
유형:	이차적으로 지상 공격 능력을 갖춘 단좌 제공 전투기
동력 장치:	81.4kN(18,298lb) 사르키소프 RD-33 터보팬 2개
성능:	최대 속도 1,1000m(36,090ft) 이상 고도에서 2,443km/h; 실용 상승 한도 17,000m(55,775ft); 항속 거리 내부 연료로 1,500km
무게:	자체 중량 10,900kg; 최대 이륙 중량 18,500kg
크기:	날개폭 11.36m; 길이 17.32m(재급유 프로브 포함); 높이 7.78m; 날개넓이 35.2㎡
무장:	30mm GSh-30 기관포 1문(탄약 150발), 외부의 하드포인트 8개소에 최대 4,500kg(9,921lb) 탑재

발칸 항공전: 나토

1994년의 비행 금지 작전에서 나토의 첫 군사 행동은 보스니아계 세르비아 항공기를 격추시킨 것이다. 1995년 4월의 정밀 부대 작전은 스릅스카 공화국의 군대가 더 이상의 대학살을 하지 못하게 막는 것을 목표로 했다. 그러나 주요한 조치는 코소보를 둘러싼 분쟁을 종식시킨 1999년의 연합군 작전이었다.

BAe 시 해리어 FA.2

아드리아해의 영국 해군 항공모함들에서 운용된 해군항공대의 시 해리어는 비행 금지 구역을 시행하고 유엔군을 위해 근접 공중 지원을 제공했다. 1994년에 시 해리어 FRS.1 한 대가 세르비아의 지대공 미사일에 의해 격추되었다. 하지만 이것은 1999년 '연합군' 작전 중에 영국의 일러스트리어스 항공모함에서 운용한 후기 FA.2 기종이다.

제원	
제조 국가: 영국	
유형: 함재 다용도 공격기	
동력 장치: 95.6kN(21,500lb) 롤스로이스 페가수스 Mk 106 추력 편향 터보팬 엔진	
성능: 최대 속도 해수면에서 최대로 AAM을 탑재하고 1,185km/h; 실용 상승 한도 15,545m(51,000ft); 요격 행동반경 185km(기지 위 90분 선회를 포함하는 하이-하이-하이(hi-hi-hi) 임무시)	
무게: 자체 중량 5,942kg; 최대 이륙 중량 11,884kg	
크기: 날개폭 7.7m; 길이 14.17m; 높이 3.71m; 날개넓이 18.68㎡	
무장: 25mm 아덴 기관포 2문(탄약 150발 포함), 외부 파일런 5개에 AIM-9 사이드와인더 공대공 미사일, AIM-120 암람(AMRAAM), 하푼 또는 시 이글 대함 미사일 2발 등 최대 3,629kg(8,000lb) 탑재	

BAe/맥도넬 더글러스 해리어 GR.7

영국 공군의 해리어 GR.7은 연합군 작전에서 처음으로 실전을 치렀지만 레이저 유도폭탄 투하 임무가 처음에는 구름과 악천후로 방해받았다. 이 때문에 BL-755 집속탄과 같은 재래식 '멍텅구리' 무기로 전환했고, 결국 영국의 GPS 유도 폭탄 개발로 이어졌다.

제원	
제조 국가: 영국 및 미국	
유형: 수직 이착륙 근접지원기	
동력 장치: 96.7kN(21,750lb) 롤스로이스 Mk 105 페가수스 추력 편향 터보팬 엔진 1개	
성능: 최대 속도 1,065km/h; 실용 상승 한도 15,240m(50,000ft) 이상; 전투 행동 반경 277km	
무게: 자체 중량 7,050kg; 최대 이륙 중량 14,061kg	
크기: 날개폭 9.25m; 길이 14.36m; 높이 3.55m; 날개넓이 21.37㎡	
무장: 25mm 아덴 기관포 2문(탄약 100발); 외부 하드포인트 6개소에 최대 4,082kg(9,000lb)(단거리 이륙시) 또는 3,175kg(7,000lb)(수직 이륙시) 탑재	

맥도넬 더글러스 CF-18A 호넷

캐나다는 아비아노 기동부대라는 이름의 부대와 함께 CF-18A 호넷(Hornet, 말벌)으로 연합군에 참가했다. 캐나다 공군의 호넷은 야간이나 악천후에 비행할 수 있었고, 나이트호크 표적 선정 포드로 지원되는 레이저 유도 폭탄으로 공격할 수 있었다. 스페인 공군과 미국 해군 및 해병대의 호넷 역시 참여했다.

제원	
제조 국가: 미국	
유형: 단좌 다중 임무 전투기	
동력 장치: 71.1kN(16,000lb) 제너럴 일렉트릭 F404-GE-400 터보팬 2개	
성능: 최대 속도 12,190m(40,000ft) 고도에서 1,912km/h; 전투 상승 한도 약 15,240m(50,000ft); 전투 행동반경 740km(호위 임무시) 또는 1,065km(공격 임무시)	
무게: 자체 중량 10,455kg; 최대 이륙 중량 25,401kg	
크기: 날개폭 11.43m; 길이 17.07m; 높이 4.66m; 날개넓이 37.16㎡	
무장: 20mm M61A1 벌컨 6열 회전식 기관포 1문(탄약 570발 포함), 외부 하드포인트 6개소에 최대 7,711kg(17,000lb) 탑재	

보잉 E-3D 센트리 AEW.1

발칸 지역에 대한 연합군의 개입에서 미국, 나토 및 영국 공군에서 온 E-3 센트리는 전투기를 요격으로 이끌고, 구조 임무를 통제하며, 적의 공중 행동을 경고하는 데 필수적이었다. 영국 공군 제8 및 제23 비행대대의 E-3D들은 몇몇 성공적인 전투기의 교전을 지원했다.

제원	
제조 국가: 미국	
유형: 공중 조기 경보 및 통제 체제 플랫폼	
동력 장치: 추력 106.8kN(24,000lb) CFM56-2A-3 터보팬 엔진 4개	
성능: 최대 속도 852km/h; 항속 거리 3,200km; 실용 상승 한도 10,668m(35,000ft)	
무게: 적재 중량 147,000kg	
크기: 날개폭 44.98m; 길이 46.68m; 높이 12.6m; 날개넓이 3,050㎡	
무장: 없음	

노스롭 그루먼 B-2A

B-2A 스피릿(Spirit, 정신) '스텔스 폭격기'는 1999년 3월 코소보, 세르비아, 몬테네그로에서 처음으로 전투에 참가했다. 미주리주의 화이트맨 공군기지에서 최대 44시간 동안 쉬지 않고 날아온 B-2는 역사상 가장 긴 폭격 공습을 수행했으며, 처음으로 GPS 유도 폭탄을 사용했다.

제원	
제조 국가: 미국	
유형: 전략 폭격기 및 미사일 발사 플랫폼	
동력 장치: 84.5kN(19,000lb) 제너럴 일렉트릭 F118-GE-110 터보팬 4개	
성능: 최대 속도 고고도에서 764km/h; 실용 상승 한도 15,240m(50,000ft); 항속 거리 11,675km(표준 연료 및 16,919kg(37,300lb) 전쟁 하중으로 고공 임무시)	
무게: 자체 중량 45,360kg; 최대 이륙 중량 181,437kg	
크기: 날개폭 52.43m; 길이 21.03m; 높이 5.18m; 날개넓이 464.5㎡ 이상	
무장: 내부 폭탄창 2개, 최대 22,680kg(50,000lb) 탑재; 각 폭탄창에는 1.1 메가톤 자유낙하 수소폭탄 16발, 680kg(1,500lb) 폭탄 22발, 또는 227kg(500lb) 자유낙하 폭탄 80발 탑재	

수호이 펜서와 프로그풋

1980년대에 소련군은 서방 국가의 항공기에 필적하는 더욱 현대적인 전투기와 지상 공격기, 타격 항공기를 배치하기 시작했다. 수호이 Su-24 '펜서(Fencer, 검객)' 가변 후퇴익 폭격기는 F-111의 상대였고, Su-25 '프로그풋(Frogfoot, 개구리발)'은 A-10과 같은 계열을 따랐으며 무겁게 장갑을 두른 근접 공중 지원기였다. 두 기종 모두 널리 수출되었거나 구소련에 속했던 공화국들의 손에 맡겨졌으므로 이란, 체첸, 조지아 및 다른 냉전 이후의 분쟁 지역에서 전투를 경험했다.

Su-25 '프로그풋-A'

단좌 Su-25는 1984년에 완전히 가동할 준비가 되어 아프가니스탄에서 널리 운용되었다. 이 기종은 매우 장수했다. 그 증거로 마케도니아 공화국 공군은 2001년 알바니아 반군과의 전투에서 Su-25를 사용했으며, 2008년 조지아와 러시아는 모두 남오세티야에서 Su-25를 사용했다고 보도되었다.

제원	
제조 국가: 소련	
유형: 단좌 근접지원기	
동력 장치: 44.1kN(9,921lb) 투만스키 R-195 터보제트 엔진 2개	
성능: 최대 속도 975km/h; 실용 상승 한도 7,000m(22,965ft); 전투 행동반경 로-로-로(lo-lo-lo) 임무시 750km	
무게: 자체 중량 9,500kg; 최대 이륙 중량 17,600kg	
크기: 날개폭 14.36m; 길이 15.53m; 높이 4.8m; 날개넓이 33.7㎡	
무장: 30mm GSh-30-2 기관포 1문(탄약 250빌 포함); 외부 파일런 8개에 최대 4,400kg(9,700lb) 탑재	

Su-25K '프로그풋-A'

Su-25K는 1980년대 중반부터 제작된 '프로그풋' 기본형의 수출 기종이다. 체코슬로바키아 공군은 1992년에서 1993년 사이에 체코 공화국과 슬로바키아 공화국이 '벨벳 이혼'을 할 당시 Su-25K를 36대 보유하고 있었다. 체코 공군은 그중에서 24대를 가졌지만 2000년에 이 기종을 퇴역시켰다.

제원	
제조 국가: 소련	
유형: 단좌 근접지원기	
동력 장치: 44.1kN(9,921lb) 투만스키 R-195 터보제트 엔진 2개	
성능: 최대 속도 975km/h; 실용 상승 한도 7,000m(22,965ft); 전투 행동반경 로-로-로(lo-lo-lo) 임무시 750km	
무게: 자체 중량 9,500kg; 최대 이륙 중량 17,600kg	
크기: 날개폭 14.36m; 길이 15.53m; 높이 4.8m; 날개넓이 33.7㎡	
무장: 30mm GSh-30-2 기관포 1문(탄약 250빌); 외부 파일런 8개소에 최대 4,400kg(9,700lb) 탑재	

Su-25UTG '프로그풋 B'

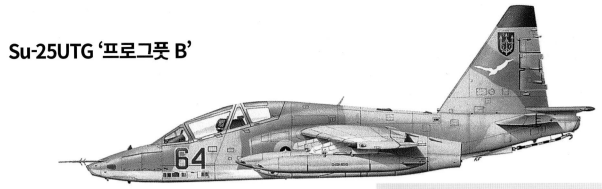

Su-25UB '프로그풋-B' 복좌 훈련기는 두 번째 조종석을 수용하기 위해 전방 동체가 더 길어졌다. Su-25UTG는 강화된 착륙 장치와 착함 장치(arrestor)를 갖춘 해군 버전으로 1980년대 후반에 생산되기 시작했다. 예시의 항공기는 소련 해체 이후에 우크라이나 공군에 넘겨졌다.

제원	
제조 국가: 소련	
유형: 복좌 함상 훈련기	
동력 장치: 44.1kN(9,921lb) 투만스키 R-195 터보제트 엔진 2개	
성능: 최대 속도 해수면에서 950km/h; 실용 상승 한도 10,000m(32,810ft); 전투 행동반경 4,400kg(9,700lb) 탑재 중량으로 로-로-로(lo-lo-lo) 임무시 4,000km	
무게: 자체 중량 9,500kg; 최대 이륙 중량 17,600kg	
크기: 날개폭 14.36m; 길이 15.53m; 높이 4.8m; 날개넓이 33.7㎡	
무장: 30mm GSh-30-2 기관포 1문(탄약 250발); 외부 파일런 8개소에 최대 4,400kg(9,700lb) 탑재	

Su-24 '펜서-B'

'펜서-B'는 초기 생산 모델인 Su-24의 파생기종으로 제동 낙하산 덮개와 후방 동체 주변의 수정된 모양으로 식별되었다. 이 예시는 아마도 1990년대 초 폴란드의 오슬라에 주둔했던 경비 연대에서 운용했을 것이다.

제원	
제조 국가: 소련	
유형: 복좌 타격 및 공격기	
동력 장치: 110.3kN(24,802lb) 리율카 AL-21F-3A 터보제트 엔진 2개	
성능: 최대 속도 약 2,316km/h; 실용 상승 한도 17,500m(57,415ft); 전투 행동반경 1,050km	
무게: 자체 중량 19,000kg; 최대 이륙 중량 39,700kg	
크기: 날개폭 17.63m(펼쳤을 때), 10.36m(접었을 때); 길이 24.53m; 높이 4.97m; 날개넓이 42㎡	
무장: 23mm GSh-23-6 6열 기관포 1문; 외부 파일런 9개소에 최대 8,000kg(17,635lb) 탑재	

Su-24M '펜서-D'

1965년 소련 정부는 수호이 설계국을 재촉하여 성능에서 F-111과 필적할 만한 새로운 소련의 가변 날개 공격기를 설계하기 시작했다. 요구사항 중 하나는 매우 낮은 저공에서 초음속으로 레이더 방어를 침투할 수 있는 능력이었다. '펜서-A'는 1974년부터 인도되기 시작되었고, 1986년에는 개선된 '펜서-D'(Su-24M)가 취역했다.

제원	
제조 국가: 소련	
유형: 복좌 타격 및 공격기	
동력 장치: 110.3kN(24,802lb) 리율카 AL-21F-3A 터보제트 엔진 2개	
성능: 최대 속도 약 2,316km/h; 실용 상승 한도 17,500m(57,415ft); 전투 행동반경 1,050km	
무게: 자체 중량 19,000kg; 최대 이륙 중량 39,700kg	
크기: 날개폭 17.63m(펼쳤을 때), 10.36m(접었을 때); 길이 24.53m; 높이 4.97m; 날개넓이 42㎡	
무장: 23mm GSh-23-6 6열 기관포 1문; 외부 파일런 9개소에 최대 8,000kg(17,635lb) 탑재	

대공 제압(SEAD)과 전파 방해

대공 제압(Suppression of Enemy Air Defences, SEAD)은 제2차 세계대전 시대의 전자적 전파방해와 베트남에서의 '와일드 위즐(Wild Weasel, 레이더 추적 미사일을 탑재하고 적의 레이더와 방공 체계를 파괴하는 임무를 가진 각종 미국 항공기에 부여한 코드명; 역자 주)' 임무에서부터 발전해온 역할이다. 나토는 대공 제압을 '파괴적 혹은 지장을 주는 수단 또는 두 가지 수단 모두를 통해 적의 방공망을 무력화하거나, 일시적으로 약화시키거나 파괴하는 활동'으로 정의한다. 이것은 전파 방해나 레이더를 속이는 것과 같은 '소프트 킬(soft-kill)' 방법일 수도 있고 대(對)방사 미사일이나 다른 무기들을 사용하는 '하드 킬(hard-kill)' 방법일 수도 있다.

그루먼 EA-6B 프라울러

프라울러는 1980년대에 역량 향상 II로 개선하기 전에는 무장을 하지 않았으나, 이후 AGM-88 고속 대방사 미사일을 탑재할 수 있게 되었다. 이 미사일은 레이더장치를 종료하기 전에 레이더에 도달할 수 있거나, 내장 메모리를 이용하여 방사를 멈춘 목표물을 타격할 수 있다.

제원	
제조 국가: 미국	
유형: 전자 방해책 플랫폼	
동력 장치: 49.8kN(11,200lb) 프랫 앤 휘트니 J52-P-408 터보제트 엔진 2개	
성능: 최대 속도 해수면에서 982km/h; 실용 상승 한도 11,580m(38,000ft); 전투 항속 거리 전체 외부 연료 포함 1,769km	
무게: 자체 중량 14,588kg,; 최대 이륙 중량 29,484kg,	
크기: 날개폭 16.15m,; 길이 18.24m,; 높이 4.95m; 날개넓이 49.13㎡	
무장: 초기 모델은 없음, 새로 장착한 외부 하드포인트에 AGM-88 HARM 공대지 대레이더 미사일 4발 또는 6발 탑재	

미코얀 구레비치 MiG-25BM '폭스배트 F'

러시아의 대공 제압 항공기에는 수정되지 않은 Su-25와 MiG-25 '폭스배트'의 파생기종들이 포함되어 있었다. MiG-25BM '폭스배트-F'는 MiG-25RB 정찰기 모델의 기체를 기반으로 했다. 이 항공기의 대공 제압 임무를 위한 일반적인 무장은 라두가 Kh-58(AS-11 '킬터') 대레이더 미사일이었다.

제원	
제조 국가: 소련	
유형: 대공 제압 항공기	
동력 장치: 109.8kN (24,691lb) 투만스키 R-15BD-300 터보제트 엔진 2개	
성능: 최대 속도 높은 고도에서 약 3,339km/h; 실용 상승 한도 27,000m(88,585ft); 작전 행동반경 900km	
무게: 자체 중량 19,600kg; 최대 이륙 중량 33,400kg	
크기: 날개폭 13.42m; 길이 23.82m; 높이 6.1m; 날개넓이 밝혀지지 않음	
무장: 라두가 Kh-58(AS-11 '킬터') 대레이더 미사일 4발	

그루먼(제너럴 다이내믹스) EF-111A

베트남 전쟁에서 미국 항공기에 대한 가장 큰 위협은 소련이 북베트남군에 공급한 지상 기지의 레이더 유도 미사일로 드러났다. 미국 공군의 개발 계획이 시작되었고, 그루먼이 개조한 F-111A가 1981년에 취역했다. 이 항공기의 가장 눈에 띄는 특징은 전파 방해 장치 수신기와 안테나가 들어 있는 수직 꼬리 날개 끝의 포드였다.

제원	
제조 국가: 미국	
유형: 복좌 전자 방해책 전술 전파 방해 항공기	
동력 장치: 82.3kN(18,500lb) 프랫 앤 휘트니 TF-30-P3 터보팬 2대	
성능: 최대 속도 최적 고도에서 2,272km/h; 실용 상승 한도 13,715m(45,000ft) 이상; 항속 거리 내부 연료로 1,495km	
무게: 자체 중량 25,072kg; 최대 이륙 중량 40,346kg	
크기: 날개폭 19.2m(펼쳤을 때); 9.74m(접었을 때); 길이 23.16m; 높이 6.1m; 날개 넓이 48.77㎡(펼쳤을 때)	

맥도넬 더글라스 F-4G '팬텀 II'

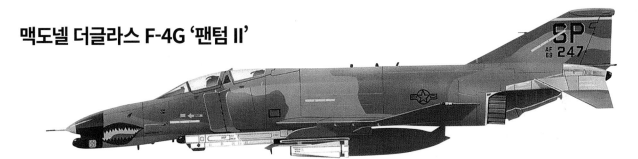

F-4G는 미국 공군이 베트남에서 소련이 공급한 '가이드라인' 지대공 미사일에 상당한 손실을 입은 뒤에 특히 레이더 제압 역할을 위해 설계되고 제작되었다. 1972년까지 F-4C '와일드 위즐(Wild Weasel)' 약 12대가 도입되었다. F-4G는 훨씬 더 광범위한 수정 계획의 결과물이었으며, F-4E를 수정하여 생산되었다.

제원	
제조 국가: 미국	
유형: 복좌 조기경보 및 레이더 제압 항공기	
동력 장치: 79.6kN(17,900lb) 제너럴 일렉트릭 J79-GE-17 터보제트 엔진 2개	
성능: 최대 속도 고고도에서 2,390km/h; 실용 상승 한도 18,975m(62,250ft) 이상; 항속 거리 무기를 탑재하고 내부 연료로 958km	
무게: 자체 중량 13,300kg; 최대 이륙 중량 28,300kg	
크기: 날개폭 11.7m; 길이 19.2m; 높이 5.02m; 날개넓이 49.24㎡	
무장: 후방 동체에 AIM-7 스패로 공대공 미사일 2발; 날개의 파일런에 레이더 제압 무기, 예를 들어 AGM-45 쉬라이크, AGM-78 스탠다드 또는 AGM-88 HARM 대레이더 미사일	

토네이도 ECR

독일과 이탈리아는 표준 토네이도 IDS 지상 공격기의 전자전 및 정찰 버전인 토네이도 ECR 개발에 협력했다. 독일 공군은 방사체 위치 탐사 장치를 장착하고 AGM-88 HARM 대레이더 미사일로 무장한 ECR 35대를 인수했다.

제원	
제조 국가: 독일, 이탈리아, 영국	
유형: 다용도 전투기	
동력 장치: 7,292kg(16,075lb) 터보-유니온 RB.199-34r Mk 103 터보팬 엔진 2개	
성능: 최대 속도11,000m(36,090ft) 이상 고도에서 2,337km/h; 실용 상승 한도 15,240m(50,000ft); 전투 행동반경 무기를 탑재하고 하이-로(hi-lo) 임무시 1,390km	
무게: 자체 중량 1,4091kg; 최대 적재 중량 27,216kg	
크기: 날개폭 13.91m(펼쳤을 때), 8.6m(접었을 때); 길이 16.72m; 높이 5.95m; 날개넓이 26.6㎡	
무장: 27mm IWKA-모제르 기관포 2문(탄약 180발 포함), 외부 하드포인트 7개소에 AGM-88 HARM 대레이더 미사일 포함 최대 9,000kg(19,840lb) 탑재	

다쏘 미라지 2000

초기의 연구와 시험에 따르면 삼각 날개 구성은 저속에서 기동성이 부족할 뿐 아니라 몇 가지 뚜렷한 단점을 가지고 있었다. 1960년대 말에서 1970년대 초 사이에 전기식 비행 제어(fly-by-wire) 기술이 개발되었고, 항공 역학의 발전이 이루어지면서 기체 설계자들은 이 문제들 중 일부를 극복할 수 있게 되었다. 2000C는 다쏘가 F.1.를 대체하기 위한 단좌 요격기로 설계했다.

미라지 2000-01

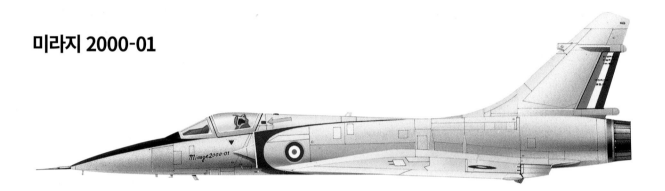

1978년 3월에 첫 비행을 한 미라지 2000은 전기식 비행 제어(fly-by-wire) 기능을 추가한 삼각 날개 미라지 III과 미라지 IV의 성공을 기반으로 했다. 4대의 시제기가 제작되었고, 모두 단좌기였다. 시험 계획은 이후의 규격에 따라 신속하게 진행되었으며, 최초의 양산 항공기는 1982년에 비행했다.

제원	
제조 국가: 프랑스	
유형: 단좌 제공 및 공격 전투기	
동력 장치: 추력 83,36kN(18,839lb) 스네크마 M53-2 후기 연소 터보팬 엔진 1개	
성능: 최대 속도 고고도에서 2,338km/h; 실용 상승 한도 18,000m(59,055ft); 항속 거리 1,480km	
무게: 자체 중량 7,500kg); 최대 이륙 중량 17,000kg	
크기: 날개폭 9,13m; 길이 14,36m; 높이 5,2m; 날개넓이 41㎡	
무장: DEFA 554 기관포 2문(탄약 125발 포함); 외부 파일런 9개에 R,530 공대공 미사일, AS,30 또는 A,30L 미사일, 로켓 발사기 포드 포함 최대 6,300kg 탑재	

미라지 2000C

프랑스 정부는 1975년 12월에 미라지 2000C를 프랑스 공군의 주력 전투기로 채택했다. 2000C는 처음에는 요격기 및 제공 전투기로 개발되었다. 프랑스 공군에 인도는 1984년 7월에 시작되었다. 초기의 생산 항공기는 SNEMCA M53-5 엔진을 탑재했으나, 그 이후에 제작된 항공기는 더욱 강력한 M53-P2를 탑재했다.

제원	
제조 국가: 프랑스	
유형: 단좌 제공 및 공격 전투기	
동력 장치: 97,1kN(21,834lb) 스네크마 M53-P2 터보팬 엔진 1개	
성능: 최대 속도 고고도에서 2,338km/h; 실용 상승 한도 18,000m(59,055ft); 항속 거리 1,480km	
무게: 자체 중량 7,500kg; 최대 이륙 중량 17,000kg	
크기: 날개폭 9,13m; 길이 14,36m; 높이 5,2m; 날개넓이 41㎡	
무장: DEFA 554 기관포 2문(탄약 125발 포함); 외부 파일런 9개에 R,530 공대공 미사일, AS,30 또는 A,30L 미사일, 로켓 발사기 포드 포함 최대 6,300kg 탑재	

미라지 2000P

페루는 미라지 2000의 첫 남미 수출 고객이었으며, 원래는 총 26대를 주문했지만 미라지 2000P 10대와 미라지 2000 DP 복좌기 2대를 구입했다. 수출 규격 레이더는 프랑스 공군의 항공기보다 무기 선택 범위가 작았다.

제원	
제조 국가: 프랑스	
유형: 단좌 제공 및 공격 전투기	
동력 장치: 97.1kN(21,834lb) 스네크마 M53-P2 터보팬 엔진 1개	
성능: 최대 속도 고고도에서 2,338km/h; 실용 상승 한도 18,000m(59,055ft); 항속 거리 1,000kg을 탑재하고 1,480km	
무게: 자체 중량 7,500kg; 최대 이륙 중량 17,000kg	
크기: 날개폭 9.13m; 길이 14.36m; 높이 5.2m; 날개넓이 41㎡	
무장: DEFA 554 기관포 1문(탄약 125발); 외부 파일런 9개에 R.530 공대공 미사일, AS.30 또는 A.30L 미사일, 로켓 발사기 포드, 다양한 공격 무기, 454kg(1,000lb) 폭탄 포함 최대 6,300kg 탑재. 방공 무기 훈련을 위해 큐빅 코프의 공중 계기 계통(AIS) 탑재.	

미라지 2000B

제3 세대 미라지 2000은 매우 복잡하기 때문에 프랑스 공군은 단좌 2000C와 동시에 운용할 수 있는 복좌 훈련기 개발 계획을 추진하기로 결정했다. 다섯 번째 미라지 2000 시제기는 1980년 10월에 이런 형태의 2000B로 비행했다. 양산 항공기는 약간 더 긴 동체로 구별된다.

제원	
제조 국가: 프랑스	
유형: 작전 능력을 갖춘 복좌 제트 훈련기	
동력 장치: 97.1kN(21,834lb) 스네크마 M53-P2 터보팬 엔진 1개	
성능: 최대 속도 2,338km/h; 실용 상승 한도 18,000m(59,055ft); 항속 거리 1,700리터 낙하 연료탱크 2개를 탑재하고 1,850km	
무게: 자체 중량 7,600kg; 최대 이륙 중량 17,000kg	
크기: 날개폭 9.13m; 길이 14.55m; 높이 5.15m; 날개넓이 41㎡	
무장: 외부 파일런 7개소에 R.530 공대공 미사일, AS.30 또는 A.30L 미사일, 454kg(1,000lb) 폭탄 탑재	

미라지 2000N

미라지 2000N은 프랑스의 주된 핵공격 항공기다. 재래식 공격도 가능하지만 주요 무장은 고고도에서 항속 거리가 약 250km이고 핵 위력이 150 또는 300 킬로톤인 마하-2 중거리 공대지 핵미사일이다.

제원	
제조 국가: 프랑스	
유형: 단좌 타격 항공기	
동력 장치: 97.1kN(21,834lb) 스네크마 M53-P2 터보팬 엔진 1개	
성능: 최대 속도 고고도에서 2,338km/h; 실용 상승 한도 18,000m(59,055ft); 항속 거리 1,700리터 낙하 연료탱크 2개를 탑재하고 1,850km	
무게: 자체 중량 7,600kg; 최대 이륙 중량 17,000kg	
크기: 날개폭 9.13m; 길이 14.55m; 높이 5.15m; 날개넓이 41㎡	
무장: ASMP 핵미사일 1발, 외부 파일런 7개소에 공대공 미사일 및 454kg(1,000lb) 폭탄 포함 다양한 공격 무기 탑재	

A-10 선더볼트 II

페어차일드 리퍼블릭 A-10A는 고도로 전투에서 검증되었고, A-1 스카이레이더를 대체할 수 있는 중무장 근접 공중 지원기를 생산하기 위해 1967년에 시작된 미국 공군의 A-X 계획을 통해 만들었다. 1970년 12월에 3개 회사가 평가를 위한 시제기를 제작하도록 선택되었고, 1973년 1월에 페어차일드의 YA-10A가 승자로 등장했다. A-10A는 거대한 GAU-8/A 기관포가 지배하고 있지만, 1991년의 걸프전에서 보여준 것처럼 이 항공기가 탑재할 수 있는 무기의 사정거리는 매우 파괴적이다.

페어차일드 리퍼블릭 YA-10A 선더볼트 II

YA-10A는 1973년 성능 비교 평가를 위한 경쟁 비행에서 노스롭의 YA-9A를 이기고 미국 공군의 평가기간으로 넘어갔다. GAU-8 기관포가 준비되지 않았기 때문에 시제기 두 대(예시는 두 번째)는 대다수 미국 공군의 전술 항공기에서 사용되는 M61 벌컨으로 무장했다.

제원	
제조 국가:	미국
유형: 근접 항공 지원기 시제기	
동력 장치: 40.3kN (9,065lb) 제너럴 일렉트릭 TF34-GE-100 터보팬 엔진 2개	
성능: 최대 속도 해수면에서 706km/h; 전투 행동반경 402km	
무게: 알 수 없음	
크기: 날개폭 17.53m; 길이 16.26m; 높이 4.47m; 날개넓이 47.01㎡	
무장: 20mm M61A1 벌컨포 1문	

페어차일드 리퍼블릭 A-10A 선더볼트 II

A-10은 계획된 역할이 서유럽과 한국과 같은 지역에서 저공 탱크 공격이었으므로 적합한 위장 계획의 문제가 중요해졌다. 이것은 1977년의 미국 공군과 육군의 합동 공격 무기 체계 시험에서 시안으로 제시된 위장 무늬 중 한 가지다.

제원	
제조 국가: 미국	
유형: 단좌 근접지원기	
동력 장치: 40.3kN (9065lb) 제너럴 일렉트릭 TF34-GE-100 터보팬 엔진 2개	
성능: 최대 속도 해수면에서 706km/h; 전투 행동반경 402km	
무게: 자체 중량 11,321kg; 최대 이륙 중량 22,680kg	
크기: 날개폭 17.53m; 길이 16.26m; 높이 4.47m; 날개넓이 47.01㎡	
무장: 30mm 회전식 기관포 1문(탄약 1,350발), 하드포인트 11개소에 최대 7,528kg (16,000lb) 탑재	

페어차일드 리퍼블릭 A-10A N/AW 선더볼트 II

단순한 A-10A는 야간 또는 악천후 비행을 위한 항전 장치가 없었다. 처음 생산된 A-10A는 개조하여 두 번째 조종석과 기후 레이더 포드와 다른 항전 장치를 갖춘 A-10A N/AW(야간/악천후)를 만들었다. 이 설계를 기반으로 제안한 A-10B는 주문을 받았으나 나중에 취소되었다.

제원
제조 국가: 미국
유형: 복좌 야간 및 악천후 공격기
동력 장치: 40.3kN(9,065lb) 제너럴 일렉트릭 TF34-GE-100 터보팬 엔진 2개
성능: 최대 속도 해수면에서 706km/h; 전투 행동반경 402km(Mk82 폭탄 18발과 기관포 탄약 750발을 탑재하고 2시간 선회 가능)
무게: 자체 중량 11,321kg; 최대 이륙 중량 22,680kg
크기: 날개폭 17.53m; 길이 16.26m; 높이 알 수 없음; 날개넓이 47.01㎡
무장: 30mm GAU-8/A 회전식 기관포 1문 (탄약 1,350발 포함), 11개 하드포인트에 재래식 폭탄, 소이탄, 로켓아이 집속탄 포함 최대 7,528kg(16,000lb) 탑재

페어차일드 리퍼블릭 A-10A 선더볼트 II

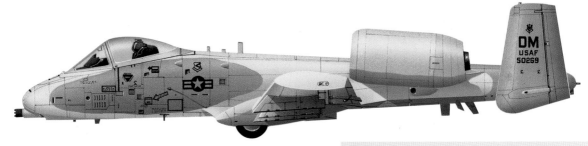

A-10은 몇 년간 '도마뱀' 위장 색상으로 배치되었지만, 시간이 흐르면서 다른 미국 공군 전술 항공기와 비슷한 밝은 회색으로 바뀌었다. 이 A-10은 아리조나주 데이비스 몬탄 공군기지의 제355 전술전투비행단에서 제한적으로 사용되었던 초기의 회색 위장을 하고 있다.

제원
제조 국가: 미국
유형: 단좌 근접지원기
동력 장치: 40.3kN(9,065lb) 제너럴 일렉트릭 TF34-GE-100 터보팬 엔진 2개
성능: 최대 속도 해수면에서 706km/h; 전투 행동반경 402km(Mk82 폭탄 18발과 기관포 탄약 750발을 탑재하고 2시간 선회 가능)
무게: 자체 중량 11,321kg; 최대 이륙 중량 22,680kg
크기: 날개폭 17.53m; 길이 16.26m; 높이 4.47m; 날개넓이 47.01㎡
무장: 30mm GAU-8/A 회전식 기관포 1문(탄약 1,350발 포함), 11개 하드포인트에 최대 7,528kg(16,000lb) 탑재

페어차일드 리퍼블릭 OA-10A

근접지원기 공급에서 공군과 육군의 역할을 두고 벌어진 갈등으로 A-10은 몇 차례 거의 퇴역할 뻔했다. 이 논쟁의 일부로 펜실베니아주 공군 예하 부대를 포함한 몇몇 A-10 부대는 전방 방공 통제관(FAC) 역할을 받았고, 그 부대의 항공기들은 변경된 것은 없지만 OA-1A로 이름이 바뀌었다.

제원
제조 국가: 미국
유형: 단좌 근접지원기
동력 장치: 40.3kN(9,065lb) 제너럴 일렉트릭 TF34-GE-100 터보팬 엔진 2개
성능: 최대 속도 해수면에서 706km/h; 전투 행동반경 402km
무게: 자체 중량 11,321kg; 최대 이륙 중량 22,680kg
크기: 날개폭 17.53m; 길이 16.26m; 높이 4.47m; 날개넓이 47.01㎡
무장: 30mm GAU-8/A 회전식 기관포 1문(탄약 1,350발 포함), 11개 하드포인트에 최대 7,528kg(16,000lb) 탑재가능, 70mm(2.75인치) 표적 표시 로켓 포드

제너럴 다이내믹스 F-111

가변 후퇴익 제너럴 다이내믹스 F-111은 어렵게 탄생하였고, 반갑지 않은 '땅돼지'라는 별명을 얻었다. 미군의 모든 미래 전술적 요구를 충족하는 공통 전투기 기종을 개발해야한다는 과감한 국방부의 명령을 충족시키기 위해 개발된 F-111은 처음에는 성공과 큰 실패를 동시에 한 것처럼 보였다. 어려운 개발과정을 거친 후에 F-111A로 명명된 첫 117대가 생산되어 마침내 1967년에 인도되었다.

F-111A/택트

F-111A는 몇몇 사고와 베트남에서 의문의 실종을 겪었지만 결국 수많은 초창기의 작은 문제들 대부분을 극복했다. 나사(NASA)는 천음속(기류와 물체와의 상대 속도가 음속에 가까우며, 그 물체 주위의 흐름 속에 음속 이상의 부분과 음속 이하의 부분이 공존하는 속도의 범위; 국방과학기술용어사전) 항공기 기술(TACT) 계획과 또 다른 계획 하에 이 F-111을 새로운 '초임계' 날개(천음속 영역에서 발생하는 급격한 항력 증가를 억제할 수 있게 한 항공기 날개; 역자주)를 부착해서 시험했다.

제원	
제조 국가: 미국	
유형: 복좌 공격기	
동력 장치: 추력 82.29kN(18,500lb) 프랫 앤 휘트니 TF30-P-3 후기 연소 터보팬 엔진 2개	
성능: 최대 속도 2,338km/h; 항속 거리 5,094km; 실용 상승 한도 17,678m (58,000ft)	
무게: 자체 중량 20,943kg; 최대 이륙 중량 44,838kg	
크기: 날개폭 19.2m; 길이 22.4m; 높이 5.33m; 날개넓이 48.77㎡	
무장: 20mm M61A1 벌컨포 1문; 최대 13,608kg(30,000lb)의 폭탄, 미사일 또는 연료탱크	

FB-111A

미국 공군의 전략 공군 사령부는 F-111 모델을 B-58 허슬러와 일부 B-52를 대체할 항공기로 채택했다. 더 긴 날개와 더욱 강력한 엔진을 갖춘 FB-111은 날개 아래와 내부 폭탄창에 AGM-69 단거리 공격 미사일 6발을 탑재할 수 있었다.

제원	
제조 국가: 미국	
유형: 복좌 공격기	
동력 장치: 추력 90.52kN(20,350lb) 프랫 앤 휘트니 TF30-P-7 후기 연소 터보팬 엔진 2개	
성능: 최대 속도 2,338km/h; 항속 거리 7,702km; 실용 상승 한도 15,320m(50,263ft)	
무게: 자체 중량 21,763kg; 최대 이륙 중량 54,091kg	
크기: 날개폭 21.34m; 길이 22.4m; 높이 5.33m; 날개넓이 51.1㎡	
무장: 보잉 AGM-69 SRAM 핵 미사일 6발; 최대 17,010kg(37,500lb)의 폭탄, 미사일 또는 연료탱크	

F-111E

F-111E는 더 효율적인 흡입구와 더 효율적인 항법 장치와 전자전 장비를 탑재
하여 개선한 F-111A였다. F-111E는 모두 영국 어퍼 헤이포드의 제20 전술전투
비행단에 배속되었다. 이 항공기들은 F-111F 보다 정밀 폭격 능력이 낮았지만
1986년 리비아와의 전투에서 사용되었다.

제원
제조 국가: 미국
유형: 복좌 공격기
동력 장치: 추력 90.52kN(20,350lb) 프랫 앤 휘트니 TF30-P-7 후기 연소 터보팬
　엔진 2개
성능: 최대 속도 23.38km/h; 항속 거리 7,702km; 실용 상승 한도 15,320m(50,263ft)
무게: 자체 중량 21,763kg; 최대 이륙 중량 54,091kg
크기: 날개폭 21.34m; 길이 22.4m; 높이 5.33m; 날개넓이 51.1㎡
무장: 보잉 AGM-69 SRAM 핵미사일 6발; 최대 17,010kg(37,500lb)의 폭탄, 미
　사일 또는 연료탱크

F-111C

오스트레일리아는 F-111의 유일한 수출 고객으로 1970년대에 F-111F 24대를
구입했으며, 나중에 추가로 F-111G를 구입했다. F-111C는 FB-111의 긴 날개와
하푼 대함 미사일을 사용할 수 있는 능력을 가지고 있었다. 이 항공기들은 아직
도 현역으로 남아있는 마지막 F-111들이다.

제원
제조 국가: 미국
유형: 복좌 공격기
동력 장치: 추력 92.70kN(20,840lb) 프랫 앤 휘트니 TF30-P-109RA 후기 연소
　터보팬 엔진 2개
성능: 최대 속도 2,338km/h; 항속 거리 7,702km; 실용 상승 한도 15,320m
　(50,263ft)
무게: 자체 중량 20,943kg; 최대 이륙 중량 41,414kg
크기: 날개폭 21.34m; 길이 22.4m; 높이 5.33m; 날개넓이 51.1㎡
무장: AGM-84 하푼 대함 및 AGM-88 HARM 대레이더 미사일 포함 최대
　13,608kg(30,000lb)의 폭탄 또는 미사일

F-111G

FB-111은 B-1B 랜서(Lancer, 창기병)가 취역하면서 전략 공군 사령부에서 퇴
역했다. 일부는 재래식 무기 능력을 늘리고 새로운 흡입구를 설치하여 수정되
었다. F-111G로 이름이 바뀌었고, 뉴멕시코주 캐넌 공군기지의 제27 전술공격
비행단에서 운용했다.

제원
제조 국가: 미국
유형: 복좌 공격기
동력 장치: 추력 90.52kN(20,350lb) 프랫 앤 휘트니 TF30-P-7 후기 연소 터보팬
　엔진 2개
성능: 최대 속도 2,338km/h; 항속 거리 7,702km; 실용 상승 한도 15,320m
무게: 자체 중량 21,763kg; 최대 이륙 중량 54,091kg
크기: 날개폭 21.34m; 길이 22.40m; 높이 5.33m; 날개넓이 51.1㎡
무장: 보잉 AGM-69 SRAM 핵 미사일 6발; 최대 17,010kg(37,500lb)의 폭탄, 미
　사일 또는 연료탱크

전술 수송기

한 지역이나 하나의 전투 무대 내에서 병력과 장비를 이동시키고, 그곳의 짧은 활주로에서 운용할 수 있는 전술 수송기 시장에 대해 미국의 제조업체들은 대개 무시하고 있지만, 다른 곳에서는 열정적으로 차지하려고 애쓴다. 전술 수송기는 터보프롭이나 터보팬 엔진, 바퀴가 여러 개 달린 착륙 장치, 고양력 날개 및 다른 장치들을 이용해서 C-130과 대형 항공기들이 사용할 수 없는 '고온 고고도'(따라서 공기밀도가 낮은; 역자 주) 환경의 시설이 좋지 않은 비행장에서 운용할 수 있다.

아에리탈리아 G.222

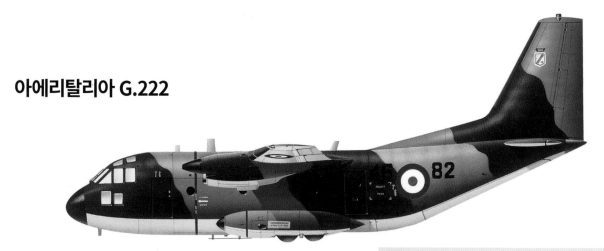

아에리탈리아(현재의 알레니아) G.222는 동체가 넓고, 특히 단거리 이륙 성능이 좋았다. 이탈리아 공군이 거의 50대를 구입했으나, 새로운 모델은 소량만 수출되었다. G.222를 기반으로 C-130J 기술을 적용한 C-27J 스파르탄 모델은 판매에서 어느 정도 주목할 만한 성공을 거두었다.

제원	
제조 국가:	이탈리아
유형:	쌍발 전술 수송기
동력 장치:	2,535kW(3,400마력) 제너럴 일렉트릭 T64-GE-P4D 터보프롭 엔진 2개
성능:	최대 속도 540km/h; 항속 거리 4,685km; 실용 상승 한도 7,620m(25,000ft)
무게:	자체 중량 11,940kg; 최대 이륙 중량 31,800kg
크기:	날개폭 28.7m; 길이 22.7m; 높이 9.8m; 날개넓이 82㎡
무장:	없음

카사 212 아비오카

400m 정도의 짧은 거리에서 이륙할 수 있는 카사 212 아비오카는 특히 아프리카와 남미의 공군에게 인기가 있었다. 중동 지역에서는 사우디아라비아와 요르단이 고객이었다. 요르단 공군은 1970년대 중반에 212-100 4대를 구입했고, 예시는 그 중 하나다.

제원	
제조 국가:	스페인
유형:	쌍발 전술 수송기
동력 장치:	671kW(900마력) 가레트 TPE331-10R-513C 터보프롭 엔진 2개
성능:	최대 속도 370km/h; 항속 거리 2,680km; 실용 상승 한도 7,925m
무게:	자체 중량 4,400kg; 최대 이륙 중량 8,000kg
크기:	날개폭 20.28m; 길이 15.18m; 높이 6.6m; 날개넓이 41㎡
무장:	없음

안토노프 An-72 '코알러'

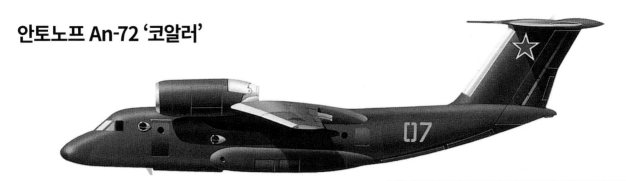

An-72 '코울러'의 설계는 수직 이착륙 기능에 최적화되어 있고, 다양한 고양력 기능을 갖추고 있어서 단거리 운용이 가능했다. 그중에서 가장 눈에 띄는 것은 날개 위에 높게 앞쪽으로 나와서 자리 잡은 쌍발 엔진의 위치였다. 동체 쪽의 플랩을 내리면 엔진의 배기가스가 플랩을 타고 아래로 휘어져 양력을 크게 증가시킨다.

제원	
제조 국가: 소련(우크라이나)	
유형: 수직 이착륙 수송기	
동력 장치: 63.7kN(14,330lb) 자포로제/로타레프 D-36 터보팬 엔진 2개	
성능: 최대 속도 10,000m 고도에서 705km/h ; 실용 상승 한도 11,800m (38,715ft); 항속 거리 최대 유상 하중으로 800km	
무게: 자체 중량 19,050kg; 최대 이륙 중량 34,500kg	
크기: 날개폭 31.89m; 길이 28.07m; 높이 8.65m; 날개넓이 98.62㎡	
무장: 없음	

트랜살 C.160

프랑스와 독일이 공동으로 설립한 트랜스포트 알리안츠 연합체가 20년 이상 제작한 트랜살 C-160은 프랑스 공군과 독일 공군의 주력 대형 수송기가 되었다, 다른 군용 사용자로는 터키와 남아프리카 공화국이 있었고, 총 생산량은 200대가 넘는다.

제원	
제조 국가: 프랑스, 독일	
유형: 쌍발 수송기	
동력 장치: 4,225kW(5,565마력) 롤스로이스 타인 22 터보프롭 엔진 2개	
성능: 최대 속도 513km/h; 항속 거리 1,850km; 실용 상승 한도 8,230m(30,000ft)	
무게: 자체 중량 30,000kg; 최대 이륙 중량 46,000kg	
크기: 날개폭 40m; 길이 32.4m; 높이 12.36m ; 날개넓이 160㎡	
무장: 없음	

에어텍 CN-235

스페인의 카사(CASA)와 인도네시아의 IPTN은 1980년대 초에 CN-235 군용 대형 수송기 및 민간 여객기를 생산하기 위해 에어텍이란 이름으로 연합했다. 사우디아라비아 공군은 CN-235M-10 4대를 운용했다. CN-235에서 파생되어 더 큰 CN-295가 나왔으며, 이 항공기 역시 여전히 생산되고 있다.

제원	
제조 국가: 스페인, 인도네시아	
유형: 쌍발 수송기	
동력 장치: 1,395킬로와트(1,750마력) 제너럴 일렉트릭 CT7C 터보프롭 엔진 2개	
성능: 최대 속도 509km/h; 항속 거리 5,003km; 실용 상승 한도 9,145m(30,000ft)	
무게: 자체 중량 9,800kg; 최대 이륙 중량 15,100kg	
크기: 날개폭 25.81m; 길이 21.4m; 높이 8.18m; 날개넓이 59.1㎡	
무장: 없음	

브리티시 에어로스페이스 호크

호크는 지난 30년간 영국 항공우주 산업에서 정말로 걸출한 성공 사례 중 하나였다. 이러한 성공은 많은 부분은 기체의 특출한 장비 수명, 낮은 정비소요, 원래 수출용으로 제시되었을 때 비교적 저렴한 구입 가격, 선택 범위가 큰 유상 하중, 더욱 강력한 기종에 비해 아주 적은 비용으로 중거리 공격 및 제공 역할로 운용할 수 있는 점 등의 덕분이었다. 처음 운용된 항공기는 1976년에 인도되었다.

BAe 호크 T.Mk 1

영국 공군의 곡예비행단인 '레드 애로우즈(Red Arrows)'는 1980년 첫 활동 계절을 폴랜드 냇을 대체한 호크 T.Mk 1과 함께 했다. 이 팀은 곡예비행을 돋보이게 하기 위해 빨간색, 하얀색, 파란색 연기로 항적을 만들 수 있는 탱크와 관을 설치하여 개조한 호크 9대를 사용했다.

제원	
제조 국가: 영국	
유형: 복좌 기본 및 고등 제트 훈련기	
동력 장치: 23.1kN(5,200lb) 롤스로이스/투르보메카 아도어 Mk 151 터보팬 엔진 1개	
성능: 최대 속도 1,038km/h; 실용 상승 한도 15,240m(50,000ft); 항속 시간 4시간	
무게: 자체 중량 3,647kg; 최대 이륙 중량 7,750kg	
크기: 날개폭 9.39m; 길이 11.17m; 높이 3.99m; 날개넓이 16.69㎡	
무장: 없음	

BAe 호크 T.Mk 1A

영국 공군은 또한 무기 훈련용으로 T.Mk 1을 운용한다. T.Mk 1A에는 3개의 파일런이 설치되어 있다. 중앙의 파일런에는 일반적으로 30mm(1.2인치) 아덴 기관포가 장착되고, 날개 아래 파일런 2개에는 마트라 로켓을 포함해서 다양한 조합의 무기들을 장착할 수 있다. 이 항공기는 동체 중앙에 낙하 연료탱크와 무기 훈련용 로켓 포드를 탑재하고 있다.

제원	
제조 국가: 영국	
유형: 복좌 무기 훈련기	
동력 장치: 23.1kN(5200lb) 롤스로이스/투르보메카 아도어 Mk 151 터보팬 엔진 1개	
성능: 최대 속도 1,038km/h; 실용 상승 한도 15,240m(50,000ft); 항속 시간 4시간	
무게: 자체 중량 3,647kg; 최대 이륙 중량 7,750kg	
크기: 날개폭 9.39m; 길이 11.17m; 높이 3.99m; 날개넓이 16.69㎡	
무장: 동체 아래 및 날개의 하드포인트에 최대 2,567kg(5,660lb)의 폭탄, 날개끝에 공대공 미사일 장착	

BAe 호크 T.52

호크는 최근 수년간 영국의 전투기 수출에서 가장 성공한 기종으로 인도네시아 등 15개국에 판매되었다. 인도네시아는 4번에 걸쳐 총 20대의 T.53을 구입했고, 나중에 호크 100과 호크 200 지상 공격기를 추가로 구입했다.

제원	
제조 국가: 영국	
유형: 영국	
유형: 복좌 무기 훈련기	
동력 장치: 23.1kN(5,200lb) 롤스로이스/투르보메카 아도어 Mk 151 터보팬 엔진 1개	
성능: 최대 속도 1,038km/h; 실용 상승 한도 15,240m(50,000ft); 항속 시간 4시간	
무게: 자체 중량 3,647kg; 최대 이륙 중량 7,750kg	
크기: 날개폭 9.39m; 길이 11.17m; 높이 3.99m; 날개넓이 16.69㎡	
무장: 동체 아래 및 날개 하드포인트에 최대 2,567kg(5,660lb)의 폭탄, 날개끝에 공대공 미사일 장착	

BAe 호크 T.51

핀란드는 호크의 첫 수출 고객으로 T.51 51대를 구입했으며, 그중 대부분은 발멧이 면허 생산하였다. 고등 훈련기로 사용했을 뿐 아니라, 이차적으로 기관총 포드와 R-60 공대공 미사일 2발로 무장하고 방공 역할을 수행했다.

제원	
제조 국가: 영국	
유형: 복좌 무기 훈련기	
동력 장치: 23.1kN(5,200lb) 롤스로이스/투르보메카 아도어 Mk 151 터보팬 엔진 1개	
성능: 최대 속도 1,038km/h; 실용 상승 한도 15,240m(50,000ft); 항속 시간 4시간	
무게: 자체 중량 3,647kg; 최대 이륙 중량 7,750kg	
크기: 날개폭 9.39m; 길이 11.17m; 높이 3.99m; 날개넓이 16.69㎡	
무장: 12.7mm(0.5인치) VKT 기관총 포드 1개, R-60 AA-8 '아피드' 적외선 유도 공대공 미사일 2발	

맥도넬 더글러스 T-45A 고스호크

고스호크(Goshawk, 참매)는 매우 성공적인 BAe(HS) 호크 훈련기를 미국 해군용으로 개발한 것이다. 맥도넬 더글러스와 브리티시 에어로스페이스의 합작 투자 사업으로 제작된 이 항공기는 1990년에 취역했다. 그리고 강력한 2륜 전방 착륙 장치를 장착했고, 주착륙 장치의 긴 다리는 강화되었으며, 착함용 갈고리(arrestor hook)와 2개의 측면 에어 브레이크를 갖추고 있는 등 호크와는 상당히 달랐다.

제원	
제조 국가: 미국	
유형: 복좌 함상 해군 조종사 훈련기	
동력 장치: 26kN (5845lb) 롤스로이스/투르보메카 F-405-RR-401 터보팬 엔진 1개	
성능: 최대 속도 2,440m(8,000ft) 고도에서 997km/h; 실용 상승 한도 12,875m (42,250ft); 항속 거리 내부 연료로 1,850km	
무게: 자체 중량 4,263kg; 최대 이륙 중량 5,787kg	
크기: 날개폭 9.39m; 길이 11.97m; 높이 4.27m; 날개넓이 16.69㎡	
무장: 없음	

미국의 전략 폭격기

냉전의 종식은 미국의 전략 공군력에 엄청난 변화를 가져왔다. 1991년에 전략 공군 사령부의 폭격기들은 24시간 경계태세를 중단했다. 전략 자산을 축소하면서 B-52G와 FB-111은 퇴역했고, B-2 구입 숫자는 계획보다 줄었다. B-1B는 나중에 핵 역할을 상실했다. 하지만 중폭격기는 '테러와의 전쟁'에서 새로운 역할을 찾았다. GPS 유도 무기로 무장한 이전의 핵폭격기가 이라크와 아프가니스탄에서 근접 공중 지원 임무를 수행했다.

보잉 B-52G

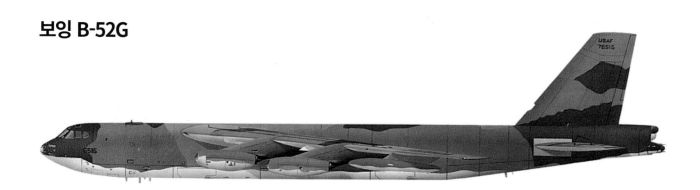

B-52G는 훨씬 더 많은 연료를 탑재할 수 있는 젖은 날개(wet wing, 날개의 내부 공간을 연료탱크로 사용하는 항공 기술; 역자 주), 더욱 강력한 터보제트 엔진, 폭은 늘리고 높이는 낮춘 수직 꼬리 날개, 원격 제어되는 후방 터렛을 비롯한 많은 중요한 개선 사항들을 도입했다. 이 항공기는 1958년 10월에 첫 비행을 했으며, 총 193대가 제작되었고, 마지막 생산은 1960년이었다. 이 중 173대는 나중에 보잉 AGM-86B 공중 발사 크루즈 미사일 12발을 탑재하게 개조되었다.

제원	
제조 국가: 미국	
유형: 장거리 전략 폭격기	
동력 장치: 61.1kN(13,750lb) 프랫 앤 휘트니 J57-P-43W 터보제트 엔진 8개	
성능: 최대 속도 1,014km/h; 실용 상승 한도 16,765m(55,000ft); 표준 항속 거리 13,680km(최대 탑재시)	
무게: 자체 중량 77,200~87,100kg; 적재 중량 221,500kg	
크기: 날개폭 56.4m; 길이 48m; 높이 12.4m; 날개넓이 371.6㎡	
무장: 꼬리 장착된 원격 제어 0.5인치 기관총 4정; 내부에 전략 항공 사령부의 모든 특수 무기 포함 12,247kg(27,000lb) 탑재; 외부 파일런에 하운드 독 미사일 2발	

보잉 B-52H

터보팬 엔진을 탑재한 B-52H는 B-52G가 1992년에 퇴역한 이후 운용 중인 유일한 버전이 되었다. 주된 시각적 차이는 꼬리에 기관총 4정 대신 장착한 20mm(0.8인치) 기관포였는데, 이것은 나중에 제거되었다. B-52H는 최근의 모든 중요한 분쟁에 투입되었다.

제원	
제조 국가: 미국	
유형: 장거리 전략 폭격기	
동력 장치: 76kN(17,000lb) 프랫 앤 휘트니 추력 터보팬 엔진 4개	
성능: 최대 속도 7,315m(24,000ft) 고도에서 1,014km/h; 실용 상승 한도 16,765m(55,000ft); 항속 거리 13,680km	
무게: 자체 중량 83,250kg; 적재 중량 221,500kg	
크기: 날개폭 56.4m; 길이 48.5m; 높이 12.4m; 날개넓이 371.60㎡	
무장: 꼬리에 장착된 원격 제어 20mm M61A1 벌컨 기관포 1문(나중에 제거됨); 최대 31,500kg(70,000lb)의 폭탄, 기뢰 또는 공대지 미사일 탑재	

록웰 B-1A

B-1A는 전략 공군 사령부의 B-52를 대체하기 위한 것이었다. 이 항공기는 폭탄 또는 단거리 미사일로 무장한 마하 2 고고도 폭격기로 설계되었다. B-1A 시험 항공기 두 대가 시험 비행을 했지만 이러한 접근 방식이 살아남을 수 있을 지에 대한 회의를 불식하지 못했고, 또한 증가하는 비용 때문에 1977년에 계획이 취소되었다.

제원	
제조 국가: 미국	
유형: 4발 전략 폭격기 시제기	
동력 장치: 추력 136.9kN(30,618lb) 제너럴 일렉트릭 F101-GE-101 후기 연소 터보팬 엔진 4발	
성능: 최대 속도 2,351km/h; 항속 거리 9,915km; 실용 상승 한도 12,000m(39,360ft)	
무게: 최대 이륙 중량 176,810kg	
크기: 날개폭 41.67m(펼쳤을 때); 길이 45.78m; 높이 10.24m; 날개넓이 191㎡	
무장: 최대 52,160kg(114,752lb)의 재래식 또는 핵폭탄, AGM-69A SRAM 또는 AGM-86 공중 발사 크루즈 미사일	

록웰 B-1B

B-1B는 1985년에 취역한 후 운용 초기에 몇 대가 엔진 고장으로 손실되었다. 초저고도 침투 임무는 위성 통신 연결과 도플러 레이더 고도계, 전방 감시 및 지형 추적 레이더, 무게가 1톤이 넘는 방어 체계 등의 최첨단 항전장비에 달려 있다.

제원	
제조 국가: 미국	
유형: 장거리 다기능 전략 폭격기	
동력 장치: 136.9kN(30,780lb) 제너럴 일렉트릭 F101-GE-102 터보팬 엔진 4개	
성능: 최대 속도 고고도에서 1,328km/h; 실용 상승 한도15,240m(50,000ft); 항속 거리 내부 연료로 12,000km	
무게: 자체 중량 87,090kg; 최대 이륙 중량 216,634kg	
크기: 날개폭 41.67m(펼쳤을 때), 23.84m(접었을 때); 길이 44.81m; 높이 10.36m; 날개넓이 181.16㎡	
무장: 내부 폭탄창 3개에 최대 34,019kg(75,000lb)의 무기 탑재, 추가로 동체 아래에 26,762kg(59,000lb) 탑재	

노스롭 B-2

B-2는 록웰 B-1 랜서와 보잉 B-52 스트래토포트리스를 보완하거나 대체할 전략 침투 폭격기에 대한 미국 공군의 요구사항을 충족시키기 위해 1978년부터 개발되었다. 부드럽게 조화를 이룬 표면과 방사 흡수 재질을 사용한 덕분에 B-2의 레이더 반사율은 매우 낮았다. 이 그림은 최초의 B-2A인 스피릿 오브 아메리카(미국의 정신)를 보여준다.

제원	
제조 국가: 미국	
유형: 전략 폭격기 및 미사일 발사 플랫폼	
동력 장치: 84.5kN(19,000lb) 제너럴 일렉트릭 F118-GE-110 터보팬 엔진 4개	
성능: 최대 속도 764km/h; 실용 상승 한도 15,240m(50,000ft); 항속 거리 고공 임무시 11,675km	
무게: 자체 중량 45,360kg; 최대 이륙 중량 181,437kg	
크기: 날개폭 52.43m; 길이 21.03m; 높이 5.18m; 날개넓이 464.50㎡ 이상	
무장: 내부 폭탄창 2개에 1.1메가톤 B83 자유 낙하 수소 폭탄 16발용으로 보잉 8발 회전식 발사기 각 1대	

중국

중국 공군은 1949년 창설 이래 거의 전적으로 소련에서 만든 항공기만 운용했다. 1960년 두 나라 간의 관계가 깨졌을 때, 중국의 국영 항공기 공장들은 같은 항공기를 계속 생산했고, 많은 경우는 러시아에서는 생산이 끝난 지 한참 후에도 그랬다. 중국은 파키스탄, 북한 및 다른 나라들에 많은 전투기를 공급했다. 오늘날 중국은 러시아 항공기 뿐 아니라 고유 설계 항공기도 생산한다.

선양 FT-6

선양 FT-6는 MiG-19UTI 고등 훈련기의 중국 생산 버전이었다. 중국에서는 이름이 JJ-6인 이 항공기는 이집트와 파키스탄에서 운용 중인 FT-5(JJ-5)를 대체하였다. 이집트의 FT-6는 이집트 공군 제221 전투지상공격여단의 제20 및 제21 비행대대에서 운용했다.

제원	
제조 국가: 중국	
유형: 복좌 전환 훈련기	
동력 장치: 36.78kN(8,267lb) 리밍 워펀-6A(투만스키 RD-9B) 후기 연소 터보제트 엔진 2개	
성능: 최대 속도 1,540km/h; 실용 상승 한도 17,900m(58,725ft); 항속 거리 내부 연료로 1,390km	
무게: 자체 중량 5,760kg; 최대 이륙 중량 10,000kg	
크기: 날개폭 9.2m; 길이 13.3m(재급유 프로브 포함); 높이 3.88m; 날개넓이 25㎡	
무장: 30mm NR-30 기관포 1문, 외부 하드포인트 4개소에 최대 500kg(1,102lb) 탑재	

하얼빈 H-5

하얼빈 항공기 제조회사는 항공기 수리 공장으로 시작했지만 이어서 1965년부터 1984년까지 수천대의 H-5(H는 홍짜(轟炸), 즉 폭격기를 나타낸다)를 생산했다. H-5는 역설계한 Il-28 '비글'이었고, 2000년에 중국에서 운용했다. 마지막 사용자는 아마도 북한일 것이다.

제원	
제조 국가: 소련	
유형: 3좌 폭격기 및 지상 공격기/이중 제어 훈련기/뇌격기	
동력 장치: 26.3kN(5,952lb) 클리모프 VK-1 터보제트 엔진 2개	
성능: 최대 속도 902km/h; 실용 상승 한도 12,300m; 항속 거리 2,180km, 폭탄을 탑재할 시 1,100km	
무게: 자체 중량 12,890kg; 최대 이륙 중량 21,200kg	
크기: 날개폭 21.45㎡; 길이 17.65m; 높이 6.7m; 날개넓이 60.8㎡	
무장: 23mm NR-23 기관포 4문(기수 및 꼬리 터렛); 내부 폭탄창에 최대 1,000kg(2,205lb) 탑재, 최대 폭탄 탑재 3,000kg(6,614lb); 뇌격기 버전은 400mm 경어뢰 2발	

선양 J-6

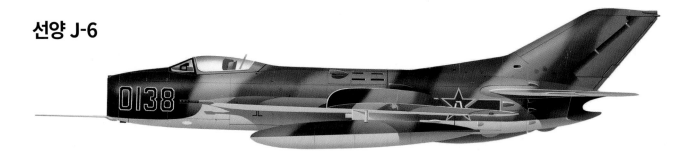

1960년 중국과 소련의 관계가 냉각되었을 때, 미코얀 구레비치 MiG-19S를 조립하는데 현지에서 제조된 부품들이 사용되었다. 중국제 MiG-19S는 J-6으로 명명되어 1962년 중반에 취역했으며, 중국 공군의 표준 주간 전투기가 되었다. 수천 대가 생산되었다.

제원	
제조 국가: 중국	
유형: 단좌 주간 전투기	
동력 장치: 31.9kN(7,165lb) 선양 WP-6 터보제트 엔진 2개	
성능: 최대 속도 1,540km/h; 실용 상승 한도 17,900m; 항속 거리 내부 연료로 1,390km	
무게: 자체 중량 5,760kg ; 최대 이륙 중량 10,000kg	
크기: 날개폭 9.2m; 길이 14.9m; 높이 3.88m; 날개넓이 25㎡	
무장: 30mm NR-30 기관포 3문; 외부 하드포인트 4개소에 공대공 미사일, 250kg 폭탄, 55mm 로켓 발사기 포드, 212mm 로켓 또는 낙하 연료탱크 포함 최대 500kg 탑재	

선양 F-6

파키스탄은 F-6(중국의 J-6)의 주요 사용자였다. 이 항공기들은 1971년 인도와의 전쟁에서 광범위하게 사용되었으며, 인도 공군의 Su-7 및 헌터 전투기와의 전투에서 능력을 발휘했다. 이 예시는 1970년경 파키스탄 공군의 제11 비행대대에서 운용되었다.

제원	
제조 국가: 중국	
유형: 단좌 주간 전투기	
동력 장치: 31.9kN(7,165lb) 선양 WP-6 터보제트 엔진 2개	
성능: 최대 속도 1,540km/h; 실용 상승 한도 17,900m; 항속 거리 내부 연료로 1,390km	
무게: 자체 중량 5,760kg; 최대 이륙 중량 10,000kg	
크기: 날개폭 9.2m; 길이 14.9m; 높이 3.88m; 날개넓이 25㎡	
무장: 30mm NR-30 기관포 3문; 외부 하드포인트 4개소에 공대공 미사일, 250kg 폭탄, 55mm 로켓 발사기 포드, 212mm 로켓 또는 낙하 연료탱크 포함 최대 500kg 탑재	

청두 F-7P 에어가드

파키스탄 공군은 중국에서 생산한 MiG-21인 청두 F-7을 많이 운용하고 있으며, 현대화된 버전인 F-7M에 기술적으로 기여했다. 파키스탄은 또한 새로운 레이더와 무기를 장착한 F-7P 에어가드도 주문했다. F-7은 이탈리아 레이더를 탑재하여 더욱 개량되고 있다.

제원	
제조 국가: 중국	
유형: 단발 전투기	
동력 장치: 추력 59.8kN(13,448lb) 리양 후기 연소 터보제트 엔진 1개	
성능: 최대 속도 2,175km/h; 항속 거리 1,740km; 실용 상승 한도 18,200m(59,720ft)	
무게: 자체 중량 5,275kg; 적재 중량 7,531kg	
크기: 날개폭 7.15m; 길이 13.95m; 높이 4.11m; 날개넓이 23㎡	
무장: 30mm 타입 30-1 기관포 2문; 57mm 또는 90mm 로켓 포드; 최대 1,300kg의 폭탄	

유로파이터 타이푼

1988년 5월에 영국, 서독, 이탈리아 간에 유로파이터 개발을 위한 계약이 체결되었다. 스페인은 그해 11월에 합류했다. 이 항공기는 표면상으로는 이차적으로 공대지 능력을 갖춘 공대공 역할로 설계되었다. 이 항공기는 카나드 보조 날개와 전기식 비행 제어(fly-by-wire) 장치로 최고의 기동성을 갖추고 있으며, 4개 참여국 외에도 오스트리아, 사우디아라비아에서 운용되고 있는 등 수출에서 상당한 성공을 거두었다.

타이푼 T.1

복좌 타이푼은 단좌기와 동일한 전투 능력을 가지고 있다. 영국 공군 제29 비행대대의 이 타이푼 T.1은 페이브웨이 IV 레이저/GPS 유도 폭탄을 투하하고 있는 모습으로 그려져 있다. 이 항공기에는 조종석 앞에 수동형 적외선 공중 추적 장비의 감지기가 설치되어 있다.

제원	
제조 국가: 독일, 이탈리아, 스페인, 영국	
유형: 복좌 전투기/훈련기	
동력 장치: 90kN(20,250lb) 유로제트 EJ200 터보팬 엔진 2개	
성능: 최대 속도 11,000m(36,090ft) 고도에서 2,125km/h; 전투 행동반경 약 463km 및 556km	
무게: 자체 중량 10,000kg; 최대 이륙 중량 23,000kg	
크기: 날개폭 10.5m; 길이 16.0m; 높이 4m; 날개넓이 52.4㎡	
무장: 27mm 모제르 기관포 1문; 동체에 하드포인트 13개	

유로파이터 타이푼 DA-2

영국의 첫 타이푼은 두 번째로 개발한 항공기인 DA-2였다. 처음에는 터보-유니온의 RB.119 엔진을 탑재하고 비행했지만, 나중에 양산 항공기용 유로제트 EJ 200 엔진을 탑재했다. 영국 공군은 크게 세 번에 나누어 타이푼 232대를 인수할 계획이다.

제원	
제조 국가: 독일/이탈리아/스페인/영국	
유형: 다용도 전투기	
동력 장치: 9,185kg(20,250lb) 유로제트 EJ200 터보팬 엔진 2개	
성능: 최대 속도 11,000m(36,090ft) 고도에서 2,125km/h; 전투 행동반경 약 463km 및 556km	
무게: 자체 중량 97,50kg; 최대 이륙 중량 21,000kg	
크기: 날개폭 10.5m; 길이 14.5m; 높이 4m; 날개넓이 52.4㎡	
무장: 27mm 모제르 기관포 1문; 동체에 하드포인트 13개	

BAe EAP

BAe EAP(실험 항공기 시제기)는 제안된 유럽 전투기의 개념을 시험하기 위해 제작되었으며, 나중에 타이푼이 되었다. 이 항공기는 엔진과 수직 꼬리 날개 등 토네이도의 부품들을 많이 사용했다. 1986년부터 거의 200회의 시험 비행이 진행되었다.

제원	
제조 국가:	영국
유형:	실험 항공기 시제기
동력 장치:	추력 71.3kN(16,000lb) 터보 유니온 RB199-104 터보팬 엔진 2개
성능:	최대 속도 2414km/h; 항속 거리 알 수 없음; 실용 상승 한도 알 수 없음
무게:	자체 중량 9,935kg; 최대 이륙 중량 18,145kg
크기:	날개폭 10.5m; 길이 16.8m; 높이 5.8m; 날개넓이 50㎡
무장:	없음

MiG-29 '펄크럼'

1972년, 소련 공군은 당시 운용 중이던 MiG-21, MiG-23, 수호이 Su-15, Su-17 편대를 대체할 항공기를 모색하기 시작했다. 미그국(MiG bureau)이 제안한 항공기가 최종 채택되었고, 서방의 정보 당국이 '램 L(Ram L)'(나중에는 '펄크럼(Fulcrum, 버팀대)'이라고 이름을 붙인 새로운 전투기의 비행 시험이 1977년 10월에 시작되었다. 이 전투기는 1983년 소련의 전선 항공군 부대에 처음 인도되었고, 1985년에 운용되기 시작했다. 첫 번째 생산 모델인 '펄크럼-A'는 600대 이상 인도되었다.

미코얀 구레비치 MiG-29 '펄크럼-A'

MiG-29는 1986년 7월에 예시의 항공기를 포함한 쿠빈스카 공군기지의 한 비행대대가 핀란드의 쿠오시오-리쌀라 공군기지를 방문했을 때, 서방에서 처음으로 분명하게 목격되었다. 소련 항공기에 대해 제조 품질이 열악하다는 등의 많은 가정은 폐기되었다. 최초의 MiG-29는 1988년에 판보로를 방문했다.

제원	
제조 국가: 소련	
유형: 이차적으로 지상 공격 능력을 가진 단좌 제공 전투기	
동력 장치: 81,4kN(18,298lb) 사르키소프 RD-33 터보팬 엔진 2개	
성능: 최대 속도 2,443km/h; 실용 상승 한도 17,000m(55,775ft); 항속 거리 내부 연료로 1,500km	
무게: 자체 중량 10,900kg; 최대 이륙 중량 18,500kg	
크기: 날개폭 11,36m; 길이 17,32m(재급유 프로브 포함); 높이 7,78m; 날개넓이 35,2㎡	
무장: 30mm GSh-30 기관포 1문 (탄약 150발), 외부 하드포인트 8개소에 최대 4,500kg(9,921lb) 탑재	

미코얀 구레비치 MiG-29UB '펄크럼-B'

MiG-29UB는 단좌 MiG-29와 동일한 무기를 탑재할 수 있지만 공격 능력은 레이더가 없어서 제한되었다. 적외선 감시 및 추적 감지기는 그대로 유지했으므로 단거리 미사일을 위한 신호를 제공할 수 있었다. 루마니아는 이제 '펄크럼'을 퇴역시켰다.

제원	
제조 국가: 소련	
유형: 이차적으로 지상 공격 능력을 가진 단좌 제공 전투기	
동력 장치: 81,4kN(18,298lb) 사르키소프 RD-33 터보팬 엔진 2개	
성능: 최대 속도 2,232km/h; 실용 상승 한도 17,762m(58,275ft); 항속 거리 1,835km	
무게: 자체 중량 15,300kg; 최대 이륙 중량 19,700kg	
크기: 날개폭 11,36m; 길이 17,42m; 높이 7,78m; 날개넓이 35,2㎡	
무장: 30mm GSh-30 기관포 1문(탄약 150발 포함), 외부 하드포인트 8개소에 최대 4,500kg(9,921lb) 탑재	

미코얀 구레비치 MiG-29 '펄크럼-A'

이란은 소련에서 24대에서 40대 사이의 MiG-29를 받았으며, 또한 1991년에 탈출한 많은 이라크 항공기들을 통합했을 수도 있다. 테헤란 메흐라바드 기지의 제11 전투비행대대와 타브리즈의 제23 비행대대 등 단지 2개 비행대대만 MiG-29를 갖추고 있는 것이 알려져 있다.

제원	
제조 국가: 소련	
유형: 이차적으로 지상 공격 능력을 가진 단좌 제공 전투기	
동력 장치: 81.4kN(18,298lb) 사르키소프 RD-33 터보팬 엔진 2개	
성능: 최대 속도 2,443km/h; 실용 상승 한도 17,000m(55,775ft); 항속 거리 내부 연료로 1,500km	
무게: 자체 중량 10,900kg; 최대 이륙 중량 18,500kg	
크기: 날개폭 11.36m; 길이 17.32m(재급유 프로브 포함); 높이 7.78m; 날개넓이 35.2㎡	
무장: 30mm GSh-30 기관포 1문(탄약 150발 포함), 외부 하드포인트 8개소에 최대 4,500kg(9,921lb) 탑재	

미코얀 구레비치 MiG-29M '펄크럼 D'

1970년대 말에 항속 거리와 융통성 향상에 주안점을 두고 MiG-29의 고급형을 만드는 작업이 시작되었다. 가장 중요한 변화 중 한 가지는 고급 아날로그 전기식 비행 제어 장치를 내장한 것이었다. 물리적 외관은 비슷하였지만 MiG-29M은 수직 꼬리 날개의 시위(날개의 앞 가장자리와 뒤 가장자리를 이은 직선; 항공우주공학사전)가 더 늘어났고, 동체 상부 유선형 구조의 윤곽이 달라졌다.

제원	
제조 국가: 소련	
유형: 이차적으로 지상 공격 능력을 가진 단좌 제공 전투기	
동력 장치: 92.1kN(20,725lb) 사르키소프 RD-33K 터보팬 엔진 2개	
성능: 최대 속도 2,300km/h; 실용 상승 한도 17,000m(55,775ft); 항속 거리 내부 연료로 1,500km	
무게: 자체 중량 10,900kg; 최대 이륙 중량 18,500kg	
크기: 날개폭 11.36m; 길이 17.32m(재급유 프로브 포함); 높이 7.78m; 날개넓이 35.2㎡	
무장: 30mm GSh-30 기관포 1문 (탄약 150발 포함), 외부 하드포인트 6개소에 최대 3,000kg 탑재	

미코얀 구레비치 MiG-29K

항공모함에서 운용할 수 있는 MiG-29K는 1990년대 초에 시험 비행을 했지만, 개발은 자금 문제 때문에 교착상태에 빠졌다. MiG-29K는 1990년 9월 소련 항공모함 위에 처음으로 재래식 고정익 착함을 했다. MiG-29K의 현대화된 버전은 인도에 판매되었다.

제원	
제조 국가: 소련	
유형: 이차적으로 지상 공격 능력을 가진 단좌 제공 전투기	
동력 장치: 92.1kN(20,725lb) 사르키소프 RD-33K 터보팬 엔진 2개	
성능: 최대 속도 1,1000m(36,090ft) 고도 이상에서 2,300km/h; 실용 상승 한도 17,000m(55,775ft); 항속 거리 2,900km	
무게: 최대 이륙 중량 22,400kg (49,340lb)	
크기: 날개폭 12m; 길이 17.27m; 높이 4.73m; 날개넓이 41.6㎡	
무장: 30mm GSh-30 기관포 1문(탄약 150발 포함), 외부 하드포인트 6개소에 최대 3,000kg 탑재	

인도

현대의 인도 공군은 항상 인도의 비동맹 지위에 맞게 다양한 국제적 공급자들의 전투기를 선택해왔다. 최근까지도 미국은 인도에서 거의 진출하지 못했고, 러시아, 영국, 프랑스 및 다양한 유럽 연합체 등이 대부분의 장비를 공급했다. 힌두스탄 항공회사(HAL)는 오랫동안 외국에서 개발한 항공기를 조립 생산했고 일부 자체 훈련기를 제작했지만, 지금은 자체적으로 전투기를 설계하고 있다.

호커 시들리/HAL 748M

호커 시들리(BAe) 748은 인도의 힌두스탄 항공회사가 면허 생산한 여러 기종 중 하나로 1964년 초에 69대가 제작되었다. 약 절반은 여전히 통신 및 수송 훈련기로 운용되고 있다. 한 대는 동체 위쪽에 커다란 로토돔을 장착하고 공중 조기 경보 플랫폼으로 시험했다.

제원	
제조 국가: 영국, 인도	
유형: 쌍발 군용 수송기	
동력 장치: 1,700kW(2,280마력) 롤스로이스 다트 RDa 7 Mk 536-2 터보프롭 엔진 2개	
성능: 최대 속도 452km/h; 항속 거리 2,630km; 실용 상승 한도 7,620m(25,000ft)	
무게: 자체 중량 11,671kg; 최대 이륙 중량 29,092kg	
크기: 날개폭 31,23m; 길이 20,42m; 높이 7,57m; 날개넓이 77㎡	
무장: 없음	

일류신 Il-76TD 가즈라즈 '캔디드'

인도 공군의 명칭은 가즈라즈(Gajraj, 왕 코끼리)인 Il-76은 인도의 주요 대형 화물 수송기로 거의 30대가 운용되고 있다. 1980년대 중반에 소련에서 구입한 항공기 뿐 아니라 추가로 Il-78 공중 급유기 버전 6대를 2001년 이후 우즈베키스탄으로부터 중고로 구입했다.

제원	
제조 국가: 소련	
유형: 중화물 수송기	
동력 장치: 117,6kN(26,455lb) 솔로비예프 D-30KP-1 터보팬 엔진 4개	
성능: 최대 속도 850km/h; 최대 순항 고도 12,000m(39,370ft); 항속 거리 5,000km	
무게: 자체 중량 약 75,000kg; 최대 이륙 중량 170,000kg	
크기: 날개폭 50,5m; 길이 46,59m; 높이 14,76m; 날개넓이 300㎡	
무장: 꼬리에 23mm 기관포 2문 탑재	

미코얀 구레비치 MiG-21FL '피시베드 E'

MiG-21FL은 인도에 취역한 '피시베드'의 첫 번째 주요 파생기종이었으며, 10개 비행대대에서 운용되었다. MiG-21 전투기는 현대화된 조종석과 개선된 레이더 경보 장치, 가시거리 밖 미사일을 장착하여 개량한 파생기종인 MiG-21bis '바이슨'이 여전히 인도 공군에서 운용되고 있다.

제원	
제조 국가: 소련	
유형: 단좌 전천후 다용도 전투기	
동력 장치: 73.5kN(16,535lb) 투만스키 R-25 터보제트 엔진	
성능: 최대 속도 11,000m 이상 고도에서 2,229km/h; 실용 상승 한도 17,500m (57,400ft); 항속 거리 1,160km	
무게: 자체 중량 5,200kg; 최대 이륙 중량 10,400kg	
크기: 날개폭 7.15m; 길이 15.76m(재급유 프로브 포함); 높이 4.1m; 날개넓이 23㎡	
무장: 동체 아래에 23mm GSh-23 2총열 기관포 1문, 날개 아래 파일런 4개에 약 1,500kg 탑재	

세페캣 재규어

여기 제5 비행대대 '더 터스커즈(The Tuskers, 어금니가 있는 동물. 코끼리, 멧돼지 등)'의 재규어 IS(인도의 단좌기)는 힌두스탄 항공회사의 현지 생산이 시작되기 전에 영국에서 견본 항공기로 공급된 35대 중 하나다. 재규어는 적어도 95대가 타격 항공기, 해상 공격기, 훈련기 파생기종으로 인도에서 제작되었다.

제원	
제조 국가: 프랑스, 영국	
유형: 단좌 전술 지원 및 타격 항공기	
동력 장치: 추력 56.4kN(12,676lb) 투만스키 R-11 후기 연소 터보제트 엔진 1대	
성능: 최대 속도 11,000m 높은 고도에서 1,699km/h; 전투 행동반경 로-로-로(lo-lo-lo) 임무시 내부 연료로 537km	
무게: 자체 중량 7,700kg; 최대 이륙 중량 15,700kg	
크기: 날개폭 8.69m; 길이 16.83m; 높이 4.89m; 날개넓이 24.18㎡	
무장: 30mm 아덴 Mk.4 기관포 1문(탄약 150발 포함); 외부 하드포인트 7개소에 4,763kg(10,500lb) 탑재	

다쏘 미라지 2000H 바즈라

다쏘의 민첩하고 유능한 2000C에 대한 수출 계약은 많았으며, 1990년까지 아부다비, 이집트, 그리스, 인도, 페루에서 주문을 받았다. 예시의 인도 항공기는 1982년에 주문한 2000H라는 이름의 40대 중 하나다. 1984년 9월에 마지막으로 인도되었다. 바즈라(Vajra)는 우레라는 뜻이다. 1986년 3월에 추가로 9대에 대한 후속 주문이 이루어졌다.

제원	
제조 국가: 프랑스	
유형: 단좌 제공 및 공격 전투기	
동력 장치: 97.1kN (21,834lb) 스네크마(SNECMA) M53-P2 터보팬 엔진 1개	
성능: 최대 속도 2,338km/h; 실용 상승 한도 18,000m(59,055ft); 항속 거리 1,000kg 탑재하고 1,480km	
무게: 자체 중량 7,500kg; 최대 이륙 중량 17,000kg	
크기: 날개폭 9.13m; 길이 14.36m; 높이 5.2m; 날개넓이 41㎡	
무장: DEFA 554 기관포 2문(탄약 125발); 외부 파일런 9개에 최대 6,300kg 탑재	

다쏘 라팔

라팔은 프랑스 공군의 세페캣 재규어 편대를 대체하고, 새로운 프랑스 핵 항공모함 부대의 비행단의 일부를 구성하기 위해 개발되었다. 첫 비행은 1986년 7월에 이루어졌다. 기체는 대부분 복합 재료로 건조되었고 전기식 비행 제어 장치를 내장했다. 초기의 비행 시험은 불과 두 번째 비행에서 마하 1.8을 달성하여 특히 고무적이었다. 냉전이 끝난 후 원래의 생산 주문이 줄어들었다.

라팔 M

라팔은 프랑스 공군용 라팔 C 단좌 다용도 전투기와 라팔 B 복좌기,
여기 예시된 해군용 라팔 M의 3가지 버전으로 생산된다.

제원	
제조 국가: 프랑스	
유형: 복좌 다용도 전투기	
동력 장치: 73kN(16,424lb) 스네크마 M88-2 터보팬 엔진 2개	
성능: 최대 속도 2,130km/h; 실용 상승 한도는 기밀 사항; 전투 행동반경 1,854km	
무게: 적재 중량 19,500kg	
크기: 날개폭 10.9m; 길이 15.3m; 높이 5.34m	
무장: 30mm DEFA 791B 기관포 1문, 외부에 최대 6,000kg 탑재	

다쏘 라팔 A

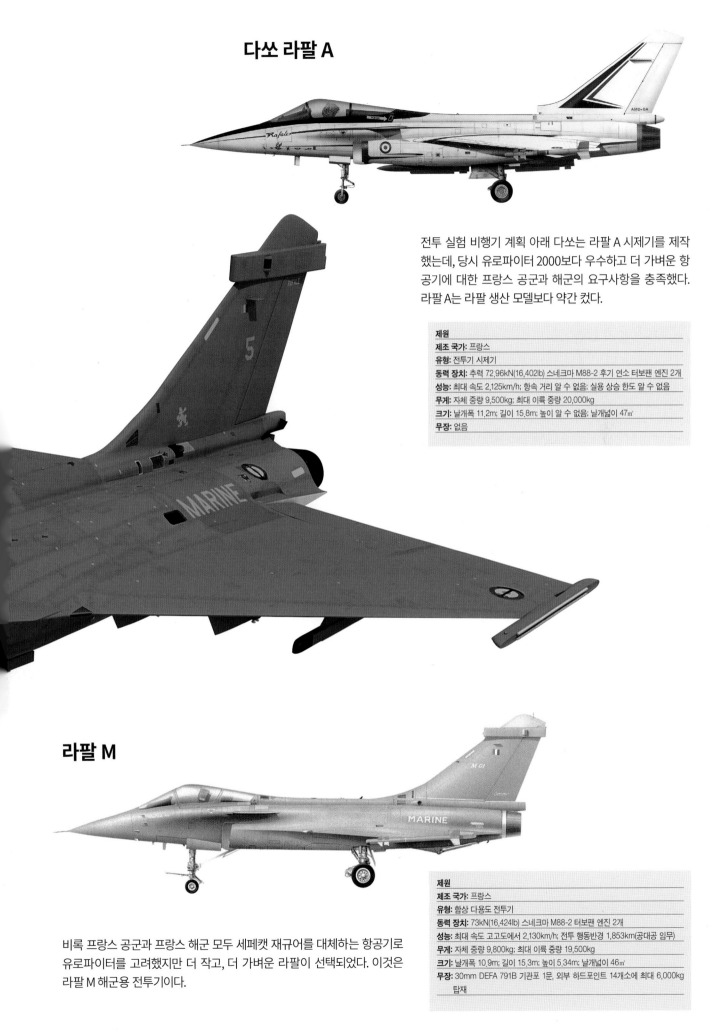

전투 실험 비행기 계획 아래 다쏘는 라팔 A 시제기를 제작했는데, 당시 유로파이터 2000보다 우수하고 더 가벼운 항공기에 대한 프랑스 공군과 해군의 요구사항을 충족했다. 라팔 A는 라팔 생산 모델보다 약간 컸다.

제원	
제조 국가: 프랑스	
유형: 전투기 시제기	
동력 장치: 추력 72,96kN(16,402lb) 스네크마 M88-2 후기 연소 터보팬 엔진 2개	
성능: 최대 속도 2,125km/h; 항속 거리 알 수 없음; 실용 상승 한도 알 수 없음	
무게: 자체 중량 9,500kg; 최대 이륙 중량 20,000kg	
크기: 날개폭 11,2m; 길이 15,8m; 높이 알 수 없음; 날개넓이 47㎡	
무장: 없음	

라팔 M

비록 프랑스 공군과 프랑스 해군 모두 세페캣 재규어를 대체하는 항공기로 유로파이터를 고려했지만 더 작고, 더 가벼운 라팔이 선택되었다. 이것은 라팔 M 해군용 전투기이다.

제원	
제조 국가: 프랑스	
유형: 함상 다용도 전투기	
동력 장치: 73kN(16,424lb) 스네크마 M88-2 터보팬 엔진 2개	
성능: 최대 속도 고고도에서 2,130km/h; 전투 행동반경 1,853km(공대공 임무)	
무게: 자체 중량 9,800kg; 최대 이륙 중량 19,500kg	
크기: 날개폭 10,9m; 길이 15,3m; 높이 5,34m; 날개넓이 46㎡	
무장: 30mm DEFA 791B 기관포 1문, 외부 하드포인트 14개소에 최대 6,000kg 탑재	

틸트로터 항공기

1950년대 초부터 항공기 제조업체들은 제자리 비행과 날개 비행 간 전환을 할 수 있는 하이브리드 항공기를 개발하여 헬리콥터의 속도와 항속거리의 한계를 극복하려고 시도했다. 여러 해에 걸쳐서 기울일 수 있는 날개(틸트윙), 기울일 수 있는 프로펠러(틸트프롭), 기울일 수 있는 팬(틸트팬) 등 다양한 개념들을 시험했다. 이중에서 최선은 로터를 기울일 수 있는 틸트로터였는데, 이 장치는 고정 날개와 함께 프로펠러를 로터로 전환하거나 그 반대로 할 수 있게 방향을 바꿀 수 있는 엔진실을 사용했다.

도르니에르 Do 29

1950년대와 1960년대 독일에서는 수직 및 단거리 이착륙 항공기에 관한 연구가 폭발적으로 행해졌다 가장 작고 가장 가벼운 항공기는 도르니에르 Do 27에서 파생된 도르니에르 Do 29였다. Do 29는 1958년 12월에 첫 비행을 했는데, 기수에 탑재한 Do 27의 단발 엔진을 아래쪽으로 90°까지 기울일 수 있는 쌍발 추진 엔진으로 교체했다.

제원	
제조 국가: 독일	
유형: 단좌 수직 단거리 이착륙 항공기	
동력 장치: 201kW(270마력) 라이커밍 GO-480-B1A6 6기통 피스톤 엔진 2개	
성능: 순항 속도 290km/h; 실용 상승 한도 알 수 없음	
무게: 최대 이륙 중량 2,500kg	
크기: 날개폭 13.2m; 길이 9.5m; 높이 알 수 없음	
무장: 없음	

캐나데어 CL-84-1

캐나다의 다이나버트는 틸트윙 전술 수송기 및 수출용 건십(gunship, 기관총을 장착한 항공기; 역자 주)을 만들려고 시도한 민간사업이었다. CL-84 1965년에 제자리 운항 시험을 시작했고, 2년 뒤 시험 계획이 상당히 진행되었을 때 추락했다. 개선과 추가 시험이 이루어졌지만 캐나다 군부는 이 사업에 거의 관심을 보이지 않았고, 개발은 중단되었다.

제원	
제조 국가: 캐나다	
유형: 틸트윙 전술 수송기 및 건십	
동력 장치: 1,118kW(1,500마력) 라이커밍 LTC1K-4A 터보프롭 엔진 2개	
성능: 최대 속도 517km/h; 실용 상승 한도 알 수 없음	
무게: 최대 이륙 중량 6,577kg	
크기: 날개폭 10.56m; 길이 16.34m; 높이 4.34m(날개가 수평일 때)	
무장: 없음	

TIMELINE

 1958   1965    1977

벨 XV-15

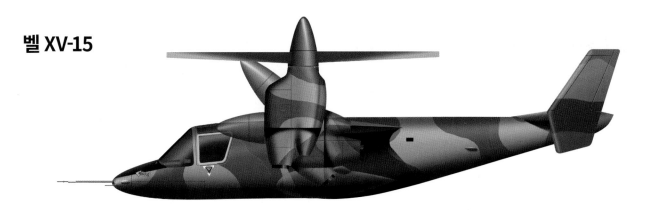

벨은 틸트 로터의 개념을 증명하기 위해 1977년에 XV-15를 만들었다. 비교적 간단한 항공기였지만 이 항공기의 성공적인 시험이 V-22를 위한 길을 열어 주었다. XV-15은 다시 비슷한 크기의 벨-아구스타 BA.609로 이어졌고, BA.609는 잠재적인 V-22 항공기 호위 역할을 포함하여 민수 및 군수용으로 제안되고 있다.

제원	
제조 국가: 미국	
유형: 틸트로터 시연기	
동력 장치: 1,156kW(1,550마력) 애브코 라이커밍 LTC1K-4K 터보샤프트 엔진 2개	
성능: 최대 속도 557km/h; 항속 거리 825km; 실용 상승 한도 8,840m(29,500ft)	
무게: 자체 중량 4,574kg; 최대 이륙 중량 6,009kg	
크기: 날개폭 17.42m; 길이 12.83m; 높이 3.86m; 로터 지름 7.62m	
무장: 없음	

벨/보잉 V-22 오스프리

틸트로터 개념을 유용한 군용 항공기로 바꾸는 데는 예상보다 많은 시간이 걸렸고, 많은 비용이 들었다. 틸트로터의 복잡한 장치 독특한 비행 특성은 몇몇 사고의 원인이 되었다. 이것은 두 번째 만든 실제 크기 개발 항공기이며, 1989년 8월에 처음으로 비행했다.

제원	
제조 국가: 미국	
유형: 틸트로터 수송기 시제기	
동력 장치: 4,586kW(6,150마력) 알리슨 T406-AO-400 터보샤프트 엔진 2개s	
성능: 최대 속도 584km/h; 항속 거리 3,892km; 실용 상승 한도 7,925m	
무게: 자체 중량 14,433kg; 최대 이륙 중량 21,546kg	
크기: 날개폭 25.55m; 길이 17.47m; 높이 6.63m; 로터 지름 11.58m	
무장: 없음	

벨/보잉 M-22 오스프리

오스프리(Osprey, 물수리)는 미국 해병대에서 MV-22B 침공용 수송기(예시 참조)로 운용하고 있고, 미국 공군에서는 특수 부대용 CV-22로 운용하고 있다. 많은 수정을 거친 생산 항공기는 2008년 해병대가 이라크에서 처음 운용했는데, 대부분의 임무에서 헬리콥터를 능가한다는 것을 증명해 보였다.

제원	
제조 국가: 미국	
유형: 틸트로터 수송기	
동력 장치: 4,586kW(6,150마력) 롤스로이스 AE1107C 터보샤프트 엔진 2개	
성능: 최대 속도 584km/h; 항속 거리 3,892km; 실용 상승 한도 7,925m(26,000ft)	
무게: 자체 중량 14,433kg; 최대 이륙 중량 23,495kg	
크기: 날개폭 25.55m; 길이 17.47m; 높이 6.73m; 로터 지름 11.58m	
무장: 뒤쪽 경사로에 7.62mm M240 기관총 1정	

1989

2002

코브라부터 슈퍼 호넷까지

F/A-18 호넷은 노스롭이 고안하고 맥도넬 더글라스가 개발, 제조했으며, 지금은 보잉의 제품이다. 이 과정을 거치면서 이 항공기는 경량 전투기에서 해군과 해병대의 F-14 톰캣, A-6 인트루더, F-4 팬텀 등을 대체하는 항공기로 발전했다. F/A-18A에서 F/A-18D까지의 '구형' 호넷은 수출에 상당한 성공을 거두었고, FA-18E와 18/F '슈퍼 버그'도 역시 성공할 것으로 보인다.

노스롭 YF-17

YF-17은 1970년대 중반 미국 공군의 경량 전투기 경쟁을 위한 성능 비교 비행 평가를 받았다. 경쟁은 YF-16이 이겼지만, 노스롭은 결국 실질적으로 다른 F/A-18 호넷이 된 생산 버전에서 맥도넬 더글라스와 협력했다.

제원	
제조 국가: 미국	
유형: 쌍발 전투기 시제기	
동력 장치: 추력 64.08kN(14,414lb) 제너럴 일렉트릭 YJ101-GE-100 터보제트 엔진 2개	
성능: 최대 속도 2,124km/h; 항속 거리 4,500km; 실용 상승 한도 18,288m(59,800ft)	
무게: 자체 중량 9,527kg; 최대 이륙 중량 13,894kg	
크기: 날개폭 10.67m; 길이 16.92m; 높이 4.42m; 날개넓이 32.51㎡	
무장: 20mm M61A1 벌컨포 1문; AIM-9 사이드와인더 공대공 미사일 2발	

맥도넬 더글라스 F/A-18A 호넷

비록 호넷은 원래 전투기 버전과 공격기 버전 두 가지로 생산되었지만 운용 항공기는 어느 쪽 역할이든 쉽게 적응한다. 1980년 5월 미국 해군에 인도하기 시작해서 1987년에 완료했다.

제원	
제조 국가: 미국	
유형: 단좌 전투기 및 타격 항공기	
동력 장치: 71.1kN(16,000lb) 제너럴 일렉트릭 F404-GE-400 터보팬 엔진 2개	
성능: 최대 속도 12,190m(40,000ft) 고도에서 1,912km/h; 전투 상승 한도 15,240m(50,000ft); 전투 행동반경 1,065km	
무게: 자체 중량 10,455kg; 최대 이륙 중량 25,401kg	
크기: 날개폭 11.43m; 길이 17.07m; 높이 4.66m; 날개넓이 37.16㎡	
무장: 20mm M61A1 벌컨(Vulcan) 회전식 기관포 1문; 외부 하드포인트 9개소에 최대 7,711kg 탑재	

TIMELINE
1974
1978
1979

맥도넬 더글라스 F/A-18B 호넷

전투가 가능한 복좌 훈련기 호넷은 F/A-18B로 명명된다. 이 항공기는 캐노피를 길게 하고 그 아래에 제2 조종석이 설치되었기 때문에 내부 연료 용량이 줄어들었다. 하지만 단좌 기종과 동일한 항법 장치와 공격 장치를 갖추고 있다. 성능은 항속거리를 제외하곤 단좌 기종과 비슷하다.

제원	
제조 국가: 미국	
유형: 전투 능력이 있는 복좌 전환 훈련기	
동력 장치: 71.1kN(16,000lb) 제너럴 일렉트릭 F404-GE-400 터보팬 엔진 2개	
성능: 최대 속도 12,190m(40,000ft) 고도에서 1,912km/h; 전투 상승 한도 약 15,240m(50,000ft); 전투 행동반경 공격 임무시 1,020km	
무게: 자체 중량 10,455kg; 최대 이륙 중량 25,401kg	
크기: 날개폭 11.43m; 길이 17.07m; 높이 4.66m; 날개넓이 37.16㎡	
무장: 20mm M61A1 벌컨 기관포 1문(탄약 570발 포함); 외부 하드포인트 9개소에 최대 7,711kg 탑재	

맥도넬 더글라스 F/A-18C 호넷

F/A-18A는 1980년대 말에 새로운 레이더와 항전 장비, 신형 중거리 공대공 미사일(AMRAAM)과 같은 신형 무기 탑재 능력을 갖추게 개량되었다. 걸프전 이후 쿠웨이트는 A-4KU 스카이호크를 대체하기 위해 F/A-18C를 인도받았다. 다른 F/A-18C 운용자에는 스위스와 핀란드가 있다.

제원	
제조 국가: 미국	
유형: 쌍발 전투기/공격기	
동력 장치: 추력 79.2kN(17,750lb) 제너럴 일렉트릭 F404-GE-402 터보팬 엔진 2개	
성능: 최대 속도 1,915km/h; 실용 상승 한도 15,000m(50,000ft); 전투 행동반경 1,065km	
무게: 자체 중량 11,200kg; 최대 이륙 중량 23,400kg	
크기: 날개폭 11.43m; 길이 17.07m; 높이 4.66m; 날개넓이 37.16㎡	
무장: 20mm M61A1 벌컨(Vulcan) 회전식 기관포 1문(탄약 570발 포함), 외부 하드포인트 9개소에 최대 7,711kg(17,000lb) 탑재	

보잉 F/A-18E 수퍼 호넷

단좌 F/A-18E 버전과 복좌 F/A-18F 버전으로 생산된 슈퍼 호넷은 전체 구성을 제외하고는 이전의 기종들과 공통점이 거의 없다. F/A-18E는 전투기와 공격기 임무 외에도 동체 중심부에 '버디' 재급유 포드를 가지고 있어 공중 급유기로 사용될 수 있다.

제원	
제조 국가: 미국	
유형: 함상 단좌 전투기/공격기	
동력 장치: 추력 97,90kN(22,000lb) 제너럴 일렉트릭 F414-GE-400 후기 연소 터보팬 엔진 2개	
성능: 최대 속도 1,190km/h; 전투 행동반경 722km; 실용 상승 한도 15,000m(50,000ft)	
무게: 자체 중량 13,900kg; 최대 이륙 중량 29,900kg	
크기: 날개폭 13.62m; 길이 13.62m; 높이 4.88m; 날개넓이 46.45㎡	
무장: 20mm M61A1 벌컨포 1문; 외부 하드포인트 11개소에 최대 8,050kg (17,750lb) 탑재	

1987

1995

일본

일본의 전후 헌법은 군대의 창설을 금지하고 있지만 그럼에도 불구하고 일본은 아시아에서 가장 강력한 항공, 육상, 해상 '자위대'를 유지하고 있다. 일본의 항공 산업은 무기 체계를 수출하는 것은 금지되지만, 자국의 필요에 따라 자체적으로 설계한 훈련기, 수송기, 초계기 및 일부 전투기를 생산한다. 일본은 F-86 사브르에서 F-15 이글까지 미국 설계 전투기도 생산한다.

맥도넬 더글라스 F-4EJ 카이 팬텀

EJ는 면허 생산한 팬텀 F-4E의 항공 자위대 버전이다. 원래의 F-4E(J) 모델은 맥도넬 더글러스가 제작하였고, 나머지는 미쓰비시가 면허를 받아 가와사키가 하청 생산하였다. 1981년 5월에 마지막으로 인도되었다. 그 후 원품 45대는 개선된 무기와 디지털 표시 장치와 같은 개선된 항전 장비를 갖춘 F-4EJ 카이 규격으로 개량되었다.

제원	
제조 국가: 미국	
유형: 복좌 전천후 전투기/공격기	
동력 장치: 79.6kN(17,900lb) 제너럴 일렉트릭 J79-GE-17 터보제트 엔진 2개	
성능: 최대 속도 2,390km/h; 실용 상승 한도 19,685m(60,000ft); 항속 거리 무기 탑재 없이 내부 연료로 2,817km	
무게: 자체 중량 12,700kg; 최대 이륙 중량 26,308kg	
크기: 날개폭 11.7m; 길이 17.76m; 높이 4.96m; 날개넓이 49.24㎡	
무장: 20mm M61A1 벌컨포 1문, 동체 아래에 AIM-7 스패로 공대공 미사일 4발 또는 동체 중앙 파일런에 다른 무기 최대 1,370kg; 날개 파일런 4개에 최대 5,888kg 탑재	

맥도넬 더글라스 F-15DJ 이글

F-15DJ는 일본 항공 자위대를 위한 F-15C(F-15A의 개량 버전이며, 주요 생산 버전)의 복좌 버전이다. 이 항공기는 동체와 모양을 맞춘 컨포멀 연료탱크(conformal fuel tanks, 기체의 상부나 측면에 밀착하여 장착하는 외부 연료탱크; 역자 주)를 장착하여 모든 하드포인트는 무기를 탑재할 수 있게 구성되었다. 12대가 인도되었다.

제원	
제조 국가: 미국	
유형: 이차적으로 타격/공격 역할을 하는 복좌 제공 전투기 훈련기	
동력 장치: 105.4kN(23,700lb) 프랫 앤 휘트니 F100-PW-220 터보팬 엔진 2개	
성능: 최대 속도 고고도에서 2,655km/h; 상승 한도 30,500m(100,000ft); 항속 거리 내부 연료로 4,631km	
무게: 자체 중량 13,336kg; 최대 이륙 중량 30,844kg	
크기: 날개폭 13.05m; 길이 19.43m; 높이 5.63m; 날개넓이 56.48㎡	
무장: 20mm M61A1 기관포 1문(탄약 960발 포함), 외부 파일런에 최대 10,705kg 탑재	

TIMELINE

1975

1984

1985

가와사키 EC-1

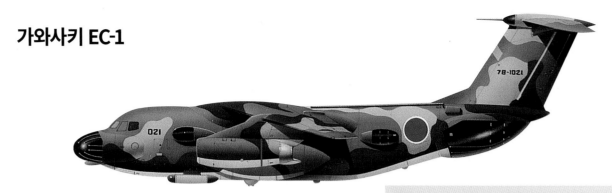

1970년에 첫 비행한 C-1은 일본 항공자위대에서 운용 중인 커티스 C-46 커맨도 수송기를 대체하기 위해 특별히 설계되었다. 이 항공기가 표준 모델과 다른 점은 기수와 꼬리 날개에 눈에 띄게 설치된 레이돔, 동체 아래의 ALQ-5 전자 방해책 장치와 안테나 등이다.

제원	
제조 국가: 일본	
유형: 전자 방해책 훈련기	
동력 장치: 64.5kN(14,500lb) 미쓰비시(프랫 앤 휘트니) JT8-M-9 터보팬 엔진 2개	
성능: 최대 속도 7,620m(25,000ft) 고도에서 806km/h; 실용 상승 한도 11,580m (38,000ft); 항속 거리 유상 하중 7,900kg일 때 1,300km	
무게: 자체 중량 23,320kg; 최대 이륙 중량 45,000kg	
크기: 날개폭 30.6m; 길이 30.5m; 높이 10m; 날개넓이 102.5㎡	
무장: 없음	

가와사키 T-4

가와사키 T-4는 일본 항공자위대의 훈련기 역할에서 오래된 록히드 T-33과 후지 T-1을 대체했다. 대부분의 기체는 후지가 제작하고, 기수 부분과 최종 조립은 가와사키가 맡고 있다. 일본 항공자위대의 곡예비행단 '블루 임펄스(Blue Impulse, 푸른 충동)'가 T-4를 사용한다.

제원	
제조 국가: 일본	
유형: 쌍발 훈련기	
동력 장치: 32.56kN(7,320lb) 이시카와지마-하리마 F3-IHI-30 터보팬 엔진 2개	
성능: 최대 속도 1,038km/h; 항속 거리 1,668km; 실용 상승 한도 14,815m(48,606 ft)	
무게: 자체 중량 37,90kg; 최대 이륙 중량 7,500kg	
크기: 날개폭 9.94m; 길이 13m; 높이 4.6m ; 날개넓이 21㎡	
무장: 하드포인트 2개소에 훈련 폭탄 또는 로켓 발사기	

미쓰비시 XF-2B

미쓰비시 F-1 대함 공격기의 대체 항공기에 대한 일본의 요구사항에 따라 제너럴 다이내믹스와 협력하여 F-16의 파생 기종을 개발하여 일본에서 생산하였다. 그 결과로 나온 F-2는 크고 무겁고 상당히 비싸서 계획된 숫자를 줄였다.

제원	
제조 국가: 일본, 미국	
유형: 단발 전투기 시제기	
동력 장치: 추력 131.7kN(29,607lb) 제너럴 일렉트릭 F110-GE-129 터보팬 엔진 1개	
성능: 최대 속도 2,125km/h; 전투 행동반경 834km; 실용 상승 한도 20,000m(65,555ft)	
무게: 자체 중량 9,527kg; 최대 이륙 중량 22,000kg	
크기: 날개폭 11.13m; 길이 15.52m; 높이 4.69m; 날개넓이 34.84㎡	
무장: 미쓰비시 AAM-3 공대공 미사일 및 ASM-2 대함 미사일 포함 최대 9,000kg 탑재	

1988  1995

폭스배트와 폭스하운드

미코얀 구레비치의 MiG-25는 어떤 다른 양산 전투기도 비교할 수 없는 마하 3 성능으로 서방에서 돌풍을 일으켰다. MiG-25는 요격기 및 정찰기로서 기동성이 뛰어나다고 할 수는 없었지만, 속도와 고도 덕분에 대부분의 당대 무기 체계에서는 무적이었다. MiG-31은 완전히 새로운 항공기로 같은 계통을 따라 설계되었지만 복좌기였으며 '하방 탐지 하방 발사(look-down shoot-down)' 능력을 가지고 있었다.

미코얀 구레비치 MiG-25 '폭스배트'

MiG-25 '폭스배트'는 계획 중인 B-70 폭격기에 대항하기 위해 개발되었으나, BO-70 계획이 취소되고 MiG-25는 역할을 찾아야 하는 상태가 되었다. MiG-25는 1970년에 요격기로 취역하였고, 지금은 전천후로 모든 공중 목표물에 대응할 수 있는 역할을 수행한다.

제원	
제조 국가: 소련	
유형: 요격기	
동력 장치: 추력 100kN(22,487lb) 투만스키 R-15B-300 터보제트 엔진 2개	
성능: 최대 속도 2,974km/h; 항속 거리 1,130km; 실용 상승 한도 24,383m(80,000ft)	
무게: 적재 중량 37,425kg	
크기: 날개폭 14.02m; 길이 23.82m; 높이 6.1m	
무장: 날개 아래 파일런 4개에 다양한 조합의 공대공 미사일	

미코얀 구레비치 MiG-25R '폭스배트'

MiG-25R은 '폭스배트'의 정찰기 버전으로 인도 공군에 강력한 카메라 2대와 측방감시 항공 레이더(SLAR)를 이용한 전략적 정찰 능력을 제공하였다. 인도 공군에서는 명칭이 가루다였고, 대부분 제102 비행대대 '트라이소닉스(Trisonics, 3음속)'에서 운용되었다.

제원	
제조 국가: 소련	
유형: 단좌 정찰기	
동력 장치: 109.8kN(24,691lb) 투만스키 R-15BD-300 터보제트 엔진 2개	
성능: 최대 속도 약 3,339km/h; 상승 한도 27,000m(88,585ft); 작전 행동반경 900km	
무게: 자체 중량 19,600kg; 최대 이륙 중량 33,400kg	
크기: 날개폭 13.42m; 길이 23.82m; 높이 6.10m; 날개넓이 알려지지 않음	
무장: 외부 파일런 6개소에 500kg(1,102lb) 폭탄 6발	

미코얀 구레비치 MiG-31 '폭스하운드 A'

MiG-31은 1970년대에 저공비행 크루즈 미사일과 폭격기의 위협에 대응하기 위해 인상적인 MiG-25 '폭스배트'에서 개발되었다. MiG-31은 앞뒤로 나란한 복좌 조종석과 적외선 탐지 및 추적 장비를 장착했고, 저고도에서 비행하는 복수의 목표물을 상대로 완전히 자체 유도 방식으로 교전할 수 있는 자슬론 '플래시 댄스' 펄스-도플러 레이더를 갖추어 '폭스배트'에 비해 획기적으로 개선되었다.

제원	
제조 국가: 소련	
유형: 복좌 전천후 요격기 및 전자 방해책 항공기	
동력 장치: 151.9kN(34,171lb) 솔로비예프 D-30F6 터보팬 엔진 2개	
성능: 최대 속도 17,500m 고도에서 3,000km/h; 상승 한도 20,600m(67,600ft); 전투 행동반경 1,400km	
무게: 자체 중량 21,825kg; 최대 이륙 중량 46,200kg	
크기: 날개폭 13.46m; 길이 22.68m; 높이 6.15m; 날개넓이 61.6㎡	
무장: 23mm GSh-23-6 기관포 1문(탄약 260발), 외부 하드포인트 8개소에 공대공 미사일, ECM 포드 또는 낙하 연료탱크 탑재	

스웨덴

중립국 스웨덴은 자국에서 설계한 전투기뿐만 아니라 레이더, 데이터 링크, 미사일 및 시스템 개발을 포함한 대부분의 국방 조달 분야에서 오랫동안 자체적으로 해결해왔다. 엔진과 같은 부품이 해외에서 조달된 경우에 스웨덴 기술자들은 그것들을 개선하기 위해 노력해왔다. 냉전 이후 감축되었지만 스웨덴 공군은 여전히 유럽에서 가장 장비를 잘 갖추고 있고, 기술적으로 진보한 공군 중 하나로 남아있다.

사브 A 32A 란센 N

란센(Lansen, 창)은 1952년에 첫 비행을 했으며, 매우 오랜 경력을 가지고 있다, 지금도 여전히 몇 대가 방사선 탐지를 위해 사용되고 있다. 란센은 주로 지상 공격기로 사용됐지만 정찰기, 레이더 전파 방해 항공기 및 공중 시험대로도 사용되었다. 이 특별한 예시는 이 항공기는 비겐(Viggen, 벼락) 항공기용 에릭슨 PS 37 레이더를 시험하기 위해 크게 수정되었다.

제원	
제조 국가: 스웨덴	
유형: 전천후 및 야간 전투기	
동력 장치: 67.5kN(15,190lb) 스벤스카 플뤼그모토르(롤스로이스 에이본) RM6A 엔진 1개	
성능: 최대 속도 1,114km/h; 실용 상승 한도 16,013m(52,500ft); 항속 거리 3,220km(외부 연료 포함)	
크기: 날개폭 13m; 길이 알 수 없음; 높이 4.65m; 날개넓이 37.4㎡	
무장: 30mm 아덴 M/55 기관포 4문, Rb324 사이드와인더 공대공 미사일 4발 또는 접이식 날개 공중 발사 로켓 포드	

사브 JA 37 비겐

단좌 JA 37은 비겐의 요격기 버전이며, 시스템 37 시리즈에 포함되어 있다. 이 항공기는 외관상으로는 공격기 AJ 37과 매우 닮았지만 수직 꼬리 날개가 조금 더 높고 날개 아래 엘레본 작동장치가 다른 버전은 3개지만 이 요격기는 4개다. JA 37은 총 149대가 생산되었고, 1990년 6월에 마지막 항공기가 인도되었다.

제원	
제조 국가: 스웨덴	
유형: 이차적으로 공격기 능력을 가지고 있는 단좌 전천후 요격기	
동력 장치: 125kN(28,109lb) 볼보 플뤼그모토르 RM8B 터보팬 엔진 1개	
성능: 최대 속도 고고도에서 2,124km/h (1320mph); 실용 상승 한도 18,290m (60,000ft); 전투 행동반경 외부 무장 탑재하고 로-로-로(lo-lo-lo) 임무시 500km	
무게: 자체 중량 15,000kg; 최대 이륙 중량 20,500kg	
크기: 날개폭 10.6m; 길이 16.3m; 높이 5.9m; 날개넓이 46㎡	
무장: 30mm 오엘리콘 KCA 기관포 1문(탄약 150발 포함); 외부 하드포인트 6개 소에 6,000kg 탑재	

TIMELINE

1953  1973   1978

사브 Sk 37 비겐

비겐의 복좌 전환 훈련기인 SK 37은 교관을 위한 제2 조종석과 캐노피를 갖춘 흔치 않은 좌석 배치를 했다. 후방 시야 확보를 위해 관측경은 틀 안에 내장했다. 마지막으로 운용된 비겐은 전자전 훈련에 사용된 SK 37E '에릭스'였다.

제원	
제조 국가: 스웨덴	
유형: 복좌 전환 훈련기	
동력 장치: 115,7kN(26,015lb) 볼보 플뤼그모토르 RM8 터보팬 엔진 1개	
성능: 최대 속도 고고도에서 2,124km/h; 상승 한도 18,290m(60,000ft); 항속 거리 알 수 없음	
무게: 자체 중량 11,800kg; 최대 이륙 중량 20,500kg	
크기: 날개폭 10,6m; 길이 16,3m; 높이 5,16m; 날개넓이 46㎡	
무장: 없음	

노스 어메리칸 세이버라이너 TP 86

스웨덴의 군사 시험 기관은 항전 장비를 평가하기 위해 TP 86으로 알려진 세이버라이너 2대를 사용한다. 이 개조된 세이버라이너 40 상용 제트기는 합성 개구 레이더, GPS 수신기 및 기상 연구 장비 시험에 사용되었다.

제원	
제조 국가: 미국	
유형: 쌍발 항전 장비 시험기	
동력 장치: 14,7kN(3,307lb) 프랫 앤 휘트니 JT12A-8 터보제트 엔진 2개	
성능: 최대 속도 885km/h; 항속 거리 4,020km; 실용 상승 한도 12,200m(40,000ft)	
무게: 자체 중량 4,199kg; 최대 이륙 중량 8,500kg	
크기: 날개폭 13,61m; 길이 13,76m; 높이 4,88m; 날개넓이 31,79㎡	
무장: 없음	

사브 JAS 39A 그리펜

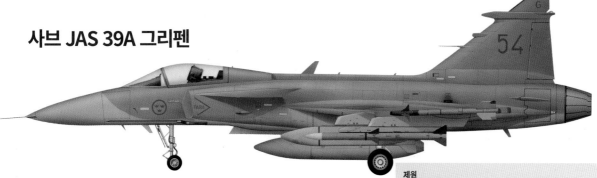

JAS 39 그리펜은 이제 스웨덴 공군에서 비겐을 대체했다. 이 예시의 JAS 39A는 그리펜기를 갖춘 첫 번째 부대인 소테네스 기지의 제7 비행단 표식을 하고 있다. 스웨덴은 200대 이상 주문했지만, 전투기 전력을 개선된 JAS 39C/D 버전 100대로 축소하고 있다.

제원	
제조 국가: 스웨덴	
유형: 단좌 전천후 전투기, 공격기 및 정찰기	
동력 장치: 80,5kN(18,100lb) 볼보 플뤼그모토르 RM12 터보팬 엔진 1개	
성능: 최대 속도 Mach 2 이상; 항속 거리 외부 무장을 탑재하고 하이-로-하이(hi-lo-hi) 임무시 3,250km	
무게: 자체 중량 6,622kg; 최대 이륙 중량 12,473kg	
크기: 날개폭 8m; 길이 14,1m; 높이 4,7m	
무장: 27mm 모제르 BK27 기관포 1문(탄약 90발 포함), 외부 하드포인트 6개소에 Rb71 스카이 플래시 공대공 미사일, Rb24 사이드와인더 공대공 미사일, 매버릭 공대지 미사일, Rb15F 대함 미사일, 폭탄, 집속탄, 로켓-발사기 포드, 정찰 포드, 낙하 연료탱크, 전자 방해책 포드 등 탑재	

1981    1988

F-22 랩터

록히드와 보잉이 협력하여 개발한 YF-22는 성능 비교 비행에서 노스롭과 맥도넬 더글라스의 YF-23을 이겼고, 이후 F-22로 생산되었다. F-22A 랩터는 현재와 향후 예상되는 모든 적을 능가하는 '공중 우세' 전투기로 널리 알려져 있다. 현대의 기술로 각진 형상이 없고 F-117보다 더 뛰어난 스텔스 항공기를 만들어냈다. 랩터는 강력한 엔진 덕분에 후기 연소기를 사용하지 않고도 '초음속 순항'하거나 초음속을 유지할 수 있다. 엔진의 노즐은 움직일 수 있어서 키놀이(pitch)나 옆놀이(roll)가 있을 때 항공기 기동을 돕기 위해 사용할 수 있다.

록히드 마틴 F-22A

최초의 F-22A 랩터 개발 항공기는 1997년에 비행을 했고, 에드워즈 공군기지에서 검사를 받았다. 최초의 비행대대는 2007년에 작전 명령을 받았다. 랩터 383대로 계획되었던 전력은 한 대당 1억 3천 7백만 달러나 되는 비용 때문에 187대로 줄어들었다.

제원	
제조 국가: 미국	
유형: 스텔스 전투기	
동력 장치: 추력 160kN(35,000lb) 프랫 앤 휘트니 F119-PW-100 추력 편향 후기 연소 터보팬 엔진 2개	
성능: 최대 속도 2,410km/h; 실용 상승 한도 15,524m(50,000ft); 전투 행동반경 2,977km	
무게: 자체 중량 19,700kg; 최대 이륙 중량 38,000kg	
크기: 날개폭 13,6m; 길이 18,9m; 높이 5,1m; 날개넓이 78,04m2	
무장: 20mm M61A2 벌컨포 1문; 내부 무기창에 사이드와인더 공대공 미사일 2발, AIM-120 ASRAAM 공대공 미사일 6발	

노스롭 YF-23A

노스롭은 B-2 스피릿 폭격기의 스텔스 기능을 설계에 많이 반영했다. 그리고 두 대의 시제기 중 '회색 유령'이라고 별명이 붙은 첫 번째는 1990년에 비행을 했다. YF-23A 시제기(PAV-1과 PAV-2로 명칭이 정해졌다) 2대는 모두 비행 시험을 성공적으로 마쳤지만, 록히드의 YF-22가 선정되었고 YF-23은 거절당했다. 2대의 노스롭 항공기는 이후 에드워즈 공군기지의 보안 구역에 보관되었다. 노스롭의 스텔스 접근 방법과 록히드 F-117 나이트호크를 비교해보면 흥미롭다.

제원	
제조 국가: 미국	
유형: 단좌 전술 전투기	
동력 장치: 한 대는 155.6kN(35,000lb) 프랫 앤 휘트니 YF119-PW-100 터보팬 엔진 2개; 한 대는 제너럴 일렉트릭 YF120-GE-100 터보팬 엔진 1개	
성능: 최대 속도 약 마하 2; 실용 상승 한도 19,812m(65,000ft); 항속 거리 내부 연료시 1,200km	
무게: 자체 중량 16,783kg; 전투 이륙 중량 29,030kg	
크기: 날개폭 13.2m; 길이 20.5m; 높이 4.2m; 날개넓이 87.8㎡	
무장: (계획) 20mm M61 기관포 1문, 내부 무기창에 AIM-9 사이드와인더 공대공 미사일 및 AIM-120 AMRAAM 공대공 미사일, '해브 대시 2' 공대공 미사일 및 '해브 슬릭' 공대지 미사일	

록히드 마틴 YF-22 랩터

최초의 F-22A 랩터 개발 항공기는 1997년에 비행을 했고, 에드워즈 공군기지에서 검사를 받았다. 최초의 비행대대는 2007년에 작전 명령을 받았다. 랩터 383대로 계획되었던 전력은 한 대당 1억 3천 7백만 달러나 되는 비용 때문에 187대로 줄어들었다.

제원	
제조 국가: 미국	
유형: 스텔스 전투기	
동력 장치: 추력 160kN(35,000lb) 프랫 앤 휘트니 F119-PW-100 추력 편향 후기 연소 터보팬 엔진 2개	
성능: 최대 속도 2,410km/h; 실용 상승 한도 15,524m(50,000ft); 전투 행동반경 2,977km	
무게: 자체 중량 19,700kg; 최대 이륙 중량 38,000kg	
크기: 날개폭 13.6m; 길이 18.9m; 높이 5.1m; 날개넓이 78.04m2	
무장: 20mm M61A2 벌컨포 1문; 내부 무기창에 사이드와인더 공대공 미사일 2발, AIM-120 ASRAAM 공대공 미사일 6발	

수호이 '플랭커'

Su-27의 개발은 1970년대 중반에 맥도넬 더글라스의 F-15 이글에 필적하는 소련군의 전투기를 생산하려는 목적으로 시작되었다. 수호이는 보기에도 주눅이 들게 하는 설계 개요를 받고 매우 서둘러 진행하였으며, 1977년 5월말에 Su-27 시제기가 비행을 했다. 개발은 시제기 단계에서부터 좀 지연되었고, 약한 구조 강도와 떨림, 과도한 무게로 인해 일부 근본적인 설계 변경이 수반되었다. (플랭커(flanker)는 Su-27의 나토식 명칭이다. 원래의 뜻은 럭비와 미식축구의 하프백 공격수를 가리킨다; 역자 주)

Su-27 T-10-1 '플랭커-A'

Su-27 시리즈의 시제기인 T-10-1은 1977년 5월에 첫 비행을 했다. 이 항공기는 과도한 항력과 약한 구조 및 다른 문제들로 어려움을 겪었다. 4대의 시제기 중 2차 시제기가 추락하기 전에도 F-15 보다 열등하다고 여겨져서 전면적인 재설계 지시가 내려졌다.

제원
제조 국가: 소련
유형: 쌍발 전투기 시제기
동력 장치: 추력 106kN(24,000lb) 리율카 AL-21FZAI 후기 연소 터보팬 엔진 2개
성능: 최대 속도 알 수 없음; 항속 거리 알 수 없음; 실용 상승 한도 알 수 없음
무게: 알 수 없음
크기: 알 수 없음
무장: 알 수 없음

Su-27UB '플랭커-C'

1980년이 되어서야 Su-27은 완전한 크기로 생산되기 시작하였고, 1984년에 취역이 시작되었다. 이 항공기는 이전 세대의 소련 항공기에 비해 현저히 진보된 모습을 보이고 있다. Su-27UB '플랭커-C'는 첫 번째로 생산된 파생 기종이었으며, 복좌 훈련기였다.

제원
제조 국가: 소련
유형: 복좌 운용 전환 훈련기
동력 장치: 122.5kN(27,557lb) 리율카 AL-31M 터보팬 엔진 2개
성능: 최대 속도 2,150km/h; 실용 상승 한도 17,500m(57,400ft); 전투 행동반경 1,500km
무게: 최대 이륙 중량 30,000kg
크기: 날개폭 14.7m; 길이 21.94m; 높이 6.36m; 날개넓이 46.5㎡
무장: 30mm GSh-3101 기관포 1문(탄약 149발 포함); 외부 하드포인트 10개소에 6,000kg(13,228kg) 탑재

TIMELINE

1977 　　　1985 　　　1988

Su-33/Su-27K '플랭커-D'

항공모함에서 운용하기 위해 개조한 Su-27에 대한 실험은 일찍이 1982년에 시작되었으며, 나토는 Su-27K '플랭커-D'라고 부르고 수호이는 Su-33으로 부르는 접이식 날개와 강화된 착함 장치를 갖춘 항공기로 이어졌다. 러시아 해군 제1 비행대대는 가끔씩 쿠즈네초프 제독 항공모함에서 비행한다.

제원	
제조 국가: 소련	
유형: 쌍발 함상 전투기	
동력 장치: 추력 130.4kN(29,321lb) 리율카 AL-31K 후기 연소 터보팬 엔진 2개	
성능: 최대 속도 2,300km/h; 항속 거리 1,864 miles; 실용 상승 한도 17,000m	
무게: 자체 중량 18,400kg; 최대 이륙 중량 33,000kg	
크기: 날개폭 14.7m; 길이 21.15m; 높이 5.85m; 날개넓이 67.8㎡	
무장: 30mm GSh-301 기관포 1문; 하드포인트 12개소에 폭탄, 공대지 미사일 또는 로켓 또는 공대공 미사일 등 최대 6,500kg 탑재	

Su-27IB/Su-34 '풀백'

Su-34 '풀백'은 개발과정에서 Su-27IB와 Su-32FN로 알려졌으며, 러시아의 미래 타격 항공기로 채택되어 서서히 비행대대로 취역하고 있다. 옆으로 나란한 조종석에는 장거리 임무에서 승무원의 편의를 개선하기 위해 조리실과 화장실이 있다.

제원	
제조 국가: 미국	
유형: 쌍발 공격기	
동력 장치: 추력 137.2kN(30,845lb) 리율카 AL-35F 후기 연소 터보팬 엔진 2개	
성능: 최대 속도 1,900km/h; 항속 거리 4,000km; 실용 상승 한도 15,000m(49,200ft)	
무게: 자체 중량 22,000kg; 최대 이륙 중량 45,100kg	
크기: 날개폭 14.7m; 길이 23.34m; 높이 6.09m; 날개넓이 62㎡	
무장: SPPU-22 23mm 6열 기관포 1문(탄약 140발 포함); 하드포인트 10개소에 최대 8,000kg 탑재	

Su-35 (Su-27M)

현재 개발이 진행되고 있는 한 가지 Su-27 파생모델은 Su-35 전천후 제공 전투기('플랭커-B'에서 파생)이다. 이 항공기는 Su-27과 비슷한 동력 장치와 구성을 하고 있는데, 이는 민첩성과 운용 능력을 향상시킨 제2 세대 Su-27을 공급하려는 것이다. 1988년에 첫 비행을 했다.

제원	
제조 국가: 소련	
유형: 단좌 전천후 제공 전투기	
동력 장치: 추력 122.5kN(27,557lb) 리율카 AL-31M 터보팬 엔진 2개	
성능: 최대 속도 고고도에서 2,500km/h; 상승 한도 18,000m; 전투 행동반경 1,500km	
무게: 최대 이륙 중량 30,000kg	
크기: 날개폭 14.7m; 길이 21.94m; 높이 6.36m; 날개넓이 46.5㎡	
무장: 30mm GSh-3101 기관포 1문(탄약 149발); 외부 하드포인트 10개소에 6,000kg 탑재	

1990

1994

용어 해설

가로세로비 Aspect Ratio 날개폭의 시위선(chord)에 대한 비율

가변 날개 Variable-Geometry Wing 특정한 비행 특성에 맞추어 뒤로 젖힌 각도를 변경할 수 있는 날개 유형. 일반적으로 '스윙 윙(Swing Wing)'이라고 부른다.

가스 터빈 Gas turbine 연료가 연소하며 뜨거운 가스를 공급하여 터빈을 회전시키는 엔진

고도계 Altimeter 고도, 즉 해수면에서의 높이를 재는 도구

기본 중량 Basic Weight 항공기의 무부하 중량 더하기 특정 실용 하중

기체 총중량 All-Up Weight 운항 상태 항공기의 총중량. 정상 최대 기체 총중량은 항공기가 정상적인 설계 한도 내에서 비행이 허용되는 최대 총중량이며, 과적 중량은 항공기가 최대치의 비행 한도에 따라 비행이 허용되는 최대 총중량이다.

램제트 Ramjet 고속으로 가속되면서 공기를 연소실로 밀어 넣고 압축된 공기 속에 연료를 분사하여 점화시키는 단순한 형태의 제트엔진. V-1 비행 폭탄에 사용된 펄스제트 엔진이 램제트의 한 형태다.

마하 Mach 오스트리아의 에른스트 마하(Ernst Mach) 교수의 이름을 딴 마하 수치는 항공기 또는 미사일의 속도 대 현지의 소리의 속도 비율이다. 해수면에서 마하 1(1.0M)은 약 1,226km/h 이고, 30,000피트(914.4m)에서는 약 1,062km/h로 감소한다. 마하 1 보다 빠르게 움직이는 항공기나 미사일은 초음속이라고 한다. 마하 수치는 대기의 온도와 압력에 따라 달라지고 항공기의 조종석에 있는 마하미터에 기록된다.

메가 톤 Megaton 열핵무기의 폭발력은 대략 TNT 1,000,000 톤에 해당하는 1 메가톤(mT)이다.

무게 중심 Centre of Gravity 물체의 모든 부분의 중량의 총합이 통과하는 점. 이 점에 매달린 물체는 평형 상태에 있다고 말한다.

반사박(反射箔) Window 적의 방어망을 교란시키기 위해 적군의 레이더 파장의 길이에 맞춰 잘라서 공격기에서 뿌리는 은박지 조각. '채프(chaff)'라고도 한다.

받음각 Angle of Attack 날개(에어포일)와 날개에 대한 공기 흐름 사이의 각도

방향타 Rudder 꼬리 날개의 일부분으로 움직일 수 있는 수직면 또는 수직면들이며, 이것으로 항공기의 빗놀이(yawing)를 제어한다.

비행기 Aeroplane(Airplane) 고정날개로 비행하는 동력 추진 항공기

삼각익기 Delta Wing 삼각형(그리스 문자 델타) 모양의 항공기

스텔스 기술 Stealth Technology 레이더 신호를 줄이기 위해 항공기 또는 전투용 운송 수단에 적용되는 기술. 스텔스 항공기의 예로는 록히드 F-117과 노스롭 B-2가 있다.

슈투카 Stuka Sturzkampfflugzeug의 약자, 급강하 폭격기라는 뜻.

스핀 Spin 회전낙하. 스핀은 실속 지점에서 항공기의 빗놀이 (yawing) 혹은 옆놀이(rolling)의 결과다.

승강타 Elevator 비행 중인 항공기의 상승 또는 하강 경사를 제어하기 위해 사용하는 수평 조종면. 승강타는 보통 꼬리 날개의 뒷전에 달려있다.

시위 Chord 날개 단면의 앞전에서 뒷전까지를 연결한 선

실속 Stall 항공기 날개 위의 매끄러운 공기 흐름이 난류로 변하고 통제력을 잃게 되는 지점까지 양력이 감소할 때 발생하는 상태

실용 하중 Operational Load 특정한 역할을 위해 항공기에 탑재하는 필수 장비의 중량

압력 중심 Centre of Pressure 날개의 양력이 집중되는 점

열화상기 Thermal Imager 일반적으로 전장(戰場)의 물체에서 방출되는 적외선 에너지를 수집하고 초점을 맞추기 위한 망원경, 열 감지 탐지기들을 통해 현장을 자세히 살피는 장치, 탐지기의 신호를 TV 화면에 표시되는 '열화상'으로 변환하는 프로세서로 구성되고, 항공기나 전투용 차량에 장착되어있다.

에일러론 Aileron 에일러론은 항공기의 세로축을 중심으로 옆놀이(roll)를 일으키기 위해 사용하고, 보통 날개끝 가까이에 설치된다. 에일러론은 조종사의 조종간을 이용해서 제어한다.

오토자이로 Autogiro 회전 날개(로터)와 재래식 엔진으로 공급되는 전방 추진력을 이용해서 공중에서 스스로를 지탱하는 동력 추진 항공기

와일드 위즐 Wild Weasel 방공 제압을 담당하는 특수 전투기에 주어진 암호명

요 Yaw 빗놀이, 방향타를 이용하여 정상(수직) 축을 중심으로 공중에서 항공기를 회전하는 것. 항공기의 앞뒤축이 좌현 또는 **우현으로 비행선(line of flight)** 밖으로 회전할 때 요(yaw)라고

한다.

원형 오차 확률 Circular Error Probable(CEP) 탄도 미사일, 폭탄, 포탄 자체 정확도의 척도. CEP는 원의 중심을 겨냥한 미사일의 50%가 떨어질 것으로 기대되는 원의 반지름이다.

유효 적재량 Disposable Load 승무원 및 소모성 하중(연료, 미사일 등)의 무게

위상배열 레이더 Phased-Array Radar 회전 스캐너가 아니라 크고 평탄한 지역에 펼쳐놓은 많은 작은 안테나들을 사용하는 경보 레이더 장치. 이 장치는 마이크로초(백만분의 일초) 단위로 전자빔을 목표물에서 목표물로 보내기 때문에 수백 개의 표적을 동시에 추적할 수 있다는 이점이 있다.

유상 하중 Payload 승객과 화물의 중량

음속 장벽 Sound Barrier 음속(마하 참조)을 통과하도록 특별히 설계된 항공기를 제외한 모든 항공기의 대기 비행 한계는 소리의 속도라는 개념을 가리키는 대중적인 이름. '음속 장벽'을 돌파한 항공기가 지상을 지나갈 때 그 항공기에 의해 만들어진 원뿔 모양의 충격파가 '음속 폭음'을 일으킨다.

이륙 중량 Take-Off Weight 이륙 순간 항공기의 총중량

자동 조종 장치 Automatic Pilot(Autopilot) 항공기가 정해진 경로를 정해진 속도와 고도로 비행하게 하는 자동장치

자체 중량 Empty Equipped (테어 중량(Tare Weight)이라고도 한다) 최소 규모의 장비만 포함한 항공기 중량, 예를 들어 모든 장비 더하기 엔진, 라디에이터 및 관련 장치의 냉각수와 연료탱크, 엔진 및 관련 장치에 남아 있는 연료의 무게다.

전환식 비행기 Convertiplane 고정 날개에 장착된 회전 날개(로터)가 이륙할 때는 헬리콥터의 회전 날개(로터) 역할을 하고, 전진 비행을 할 때는 앞쪽으로 기울어져 통상적인 프로펠러 역할을 하는 수직 이착륙 항공기

제트 추진 Jet propulsion 물체를 제트, 즉 가스의 흐름에 의해 한쪽에서 다른 쪽으로 움직이게 하는 추진 방식

지오데틱 구조 Geodetic construction 가벼운 중량에 비해 높은 강도를 생성하는 자체 안정 뼈대를 만드는 '바구니 엮기' 방식의 항공기 구조 체계로 그 안에서 모든 방향의 하중이 교차하는 뼈대의 힘에 의해 자동으로 평형화된다.

차단 Interdiction 전장과의 통신을 끊기 위해 적진 깊이 침투하는 공습

착륙 중량 Landing Weight 착륙할 때 항공기의 총중량

초경량 항공기 Microlight 작은 엔진을 탑재한 매우 가벼운 항공기; 동력 글라이더

최대 이륙 중량 Maximum Take-Off Weight 항공기가 이륙할 때 허용되는 설계상 혹은 운용상의 항공기 총중량

최대 착륙 중량 Maximum Landing Weight 항공기가 착륙할 때 허용되는 설계상 혹은 운용상의 항공기 총중량

층류(層流) Laminar Flow 공기의 흐름은 항공기의 날개 위를 층으로 통과하며, 그 중 첫 번째인 경계층은 움직이지 않는 상태를 유지하고, 이어지는 층들은 점점 빨라진다. 이것을 층류라고 한다. 날개의 표면이 매끄럽고 효율적으로 설계될수록 공기의 흐름도 부드러워진다.

클러터 Clutter 레이더 용어에서 지면, 바다 또는 나쁜 날씨 때문에 만들어지는 음극선관의 반향을 묘사하기 위해 사용하는 용어.

킬로톤 Kiloton 핵무기의 폭발력, 1킬로톤(kT)은 대략 TNT 1,000톤에 해당한다.

터보제트 엔진 Turbojet engine 뜨거운 배기가스의 흐름에서 추력을 얻는 제트 엔진

터보팬 엔진 Turbofan engine 앞에 매우 큰 팬이 달려 있는 제트 엔진 유형으로 연소를 위해 엔진에 공기를 보낼 뿐 아니라 추가로 추력을 만들어 내기 위해 엔진 주위로 공기를 보낸다. 이것을 통해 빠르고 더욱 연료 효율적인 추진이 가능하다.

터보프롭 엔진 Turboprop engine 부분적으로는 배기가스 분사에서 추력을 얻지만 주로 제트 배기관의 터빈에 의해 구동되는 프로펠러에서 추력을 얻는 제트 엔진

펄스 도플러 레이더 Pulse-Doppler Radar 목표물에서 반사되는 일련의 펄스의 주파수 변화를 측정하여 배경의 클러터와 구별하여 빠르게 움직이는 목표물을 잡아내는 일종의 공중 요격 레이더. 이것은 잘 알려진 도플러 효과, 즉 파장을 방출하는 원천이 관찰자 쪽으로 혹은 반대쪽으로 상대적인 속도를 가질 때 파장의 주파수의 명백한 변화에 기초하고 있다. MiG-29의 유명한 꼬리를 아래로 해서 활공하는 동작은 펄스 도플러 레이더에 잡힌 것을 풀기위해 고안된 전술적 움직임이다.

포구 속도(砲口速度) Muzzle Velocity 탄환이나 포탄이 총신(포신)을 떠나는 순간의 속도

하전 입자 빔 Charged Particle Beam 목표물에 초점을 맞춘 강력한 에너지를 가진 하전 원자 입자의 흐름

항공학 Aeronautics 지구의 대기를 통과하는 이동에 관한 과학

헬리콥터 Helicopter 회전 날개(로터)로 양력과 추진력 두 가지를 모두 얻는 동력 항공기

후기 연소(재가열) Afterburning(reheat) 엔진과 배기관 사이의 뜨거운 배기 덕트에 다시 연료를 분사하여 연소시켜 짧은 순간 동력을 증가시킴으로써 추력을 크게 만드는 방식

AAM Air-to-Air Missile 공대공 미사일

ADP Automatic Data Processing, 자동 데이터 처리

ADV Air Defence Variant (of the Tornado), (토네이도의) 방공 파생기종

AEW Airborne Early Warning, 공중 조기 경보

ALARM Air-Launched Anti-Radiation Missile, 공중발사 대레이더 미사일

AMRAAM Advanced Medium-Range Air-to-Air Missile, 신형 중거리 공대공 미사일

ASV Air to Surface Vessel, 공대함, 선박과 잠수함의 위치를 찾아내는 공중 탐색 레이더.

ASW Anti-Submarine Warfare, 대잠전

ATF Advanced Tactical Fighter, 고등 전술 전투기

AWACS Airborne Warning and Control System, 공중 조기 경보 통제체계

Bf Bayerische Flugzeugwerke의 약자, 바바리언트 항공기공장

CAP Combat Air Patrol, 공중 전투 초계, 전투기에 의한 공중 감시 및 초계

ECM Electronic Countermeasures, 전자 방해책. 적의 레이더 장비를 교란시키고 방해하기 위해 고안된 장치

ECCM Electronic Counter-Countermeasures, 대전자 방해책. 전파 방해에 대한 레이더 장비의 저항력을 향상시켜 전자 방해책(ECM)의 효과를 감소시키려고 취하는 수단

ECR Electronic Combat Reconnaissance 전자전 정찰. 전자전에 최적화된 파나비아 토네이도 항공기의 파생기종

ELF 극저주파. 통상 3kHz 이하 주파수, 잠수함의 무선 통신에 사용하는 주파수다.

ELINT Electronic Intelligence. 전자정보. 특수 장비를 갖춘 항공기, 선박 또는 위성을 이용해서 적의 전자적 전송 감시를 통해 수집한 정보

EW Electronic Warfare, 전자전

FAC Forward Air Controller. 전방 항공 통제관. 전방 전투부대에 파견되어 목표물에 대한 항공기 공격을 지시하는 전방 관측자

FAE Fuel-Air Explosive. 기화 폭약. 공기 중에 에어로졸 구름 형태로 연료를 분사하는 무기. 이 구름은 연소하여 막대한 열과 열 효과를 만들어 낸다.

FGA Fighter Ground Attack 전투기 지상공격

FLIR Forward-Looking Infra-Red. 전방관측 적외선 장비, 항공기에 장착된 열 감지 장비. 전방 경로를 검사하여 차량의 엔진과 같은 물체로부터 열을 감지한다.

FRS Fighter Reconnaissance Strike, 전투기 정찰 타격

GPS Global Positioning System, 위성항법장치

GR General Reconnaissance, 일반 정찰

HOTAS Hands on Throttle and Stick. 일체형 조종간, 조종사가 전투 중에 무기 선택 스위치를 작동하거나 다른 제어를 하려고 스로틀(throttle)과 조종간에서 손을 뗄 필요 없이 자신의 항공기를 완전히 제어할 수 있 수 있게 만든 장치

HUD Head-Up Display. 전방표시장치. 필수적인 정보를 조종석의 앞 유리에 표시하여 조종사가 계기판을 내려다보지 않아도 되게 만든 장치

IFF Identification Friend or Foe. 피아식별. 레이더 화면에서 아군기라는 것을 확인할 수 있도록 항공기에서 방출하는 전자파

INS Inertial Navigation System. 관성합법장치. 주행 거리와 경로상의 '경유지' 참조와 같은 요소를 측정하여 항공기나 미사일이 미리 정해진 경로로 나아가도록 조종하는 기내 유도 장치

IR Infra-Red 적외선

JSTARS Joint Surveillance and Target Attack Radar System. 합동감시 및 표적공격 레이더체계. 전투에서 공군과 지상군을 지휘하는 공중 명령 및 통제 체계

Jumo Junkers Motorenwerke(융커스 엔진 제작소)의 약어

LAMPS Light Airborne Multi-Purpose System. 다목적 경항공 체계. 탐색 레이더, 자동 전파발신 부표 및 다른 탐지 장비로 구성된 대잠 헬리콥터 장비

Lantirn Low-Altitude Navigation and Targeting Infra-Red for Night. 야간 적외선 저고도 항법 및 표적추적 장비. F-15E 스트라이크 이글에 장착된 적외선 장비로 열 감지와 지형 추적 레이더를 결합하여 조종사가 저공 야간 작전 중에 항공기 앞쪽의 지면을 볼 수 있게 해준다. 정보는 조종사의 전방표시장치에 표시된다.

LWR Laser Warning Radar. 레이저 경보 레이더. 항공기에 장착되어 항공기가 미사일을 유도하는 레이더 빔에 추적되고 있을 때 조종사에게 경고하는 장치

MAD Magnetic Anomaly Detection. 자장 이상 탐지. 잠수함과 같이 커다란 금속 물체가 지구 자장을 관통하여 지나간 길은 대잠전 항공기의 특수 장비로 탐지할 수 있는 장애를 유발한다.

MG Machine gun (독일어로는 Maschinengewehr), 기관총

Mk (항공기의) 표식

MK Maschinenkanone (기관포, 예 MK.108)

NATO North Atlantic Treaty Organization, 북대서양 조약기구

NBC Nuclear, Chemical and Biological (warfare), 화생방(전)

NVG Night Vision Goggles. 야간 투시경. 조종사의 야간 시력

을 강화해주기 위해 특별히 고안된 고글

OBOGS On-Board Oxygen Generating System, 탑재형 산소 발생 장치. 산소 발생 장치는 미리 충전된 산소통에 의존하지 않고도 예를 들어 대양을 건너는 긴 비행 중에 조종사가 공중에 머물 수 있는 시간을 늘릴 수 있다.

PLSS Precision Location Strike System. 록히드 TR-1에 설치된 전장 감시 장치로 적군의 움직임을 탐지하고 적군에 대한 공중 및 지상 공격을 지휘한다.

RWR Radar Warning Receiver, 레이더 경보 수신기. 항공기에 장착되어 항공기가 적 미사일 유도나 요격 레이더에 의해 추적되고 있을 때 조종사에게 경보하는 장치

SAM Surface-to-Air Missile, 지대공 미사일

SHF Super High Frequency(radio waves), 초고주파 (무선주파수)

SIGINT Signals Intelligence. 전자신호정보. 적의 명령, 통제 및 통신망으로부터 전자적 전송을 감시하여 수집한 적의 의도에 관한 정보

SLAM Stand-off Land Attack Missile. 원거리 지상공격 미사일. 목표물에서 멀리 떨어진 곳에서 공중 발사할 수 있는 미사일

SLAR Side-Looking Airborne Radar, 측방 감시 항공 레이더. 장비를 탑재한 항공기의 어느 한쪽의 지면에 대한 연속적인 레이더 지도를 제공하는 레이더 유형

SRAM Short-range Attack Missile, 단거리 공격 미사일

STOVL Short Take-off, Vertical Landing, 단거리 이륙, 수직 착륙

TADS Target Acquisition/Designation System, 표적획득 및 선정 장치. AH-64 아파치 공격 헬리콥터에 장착된 레이저 조준 장치

TIALD Thermal Imaging/Airborne Laser Designator, 열화상/공중 레이저 지시기. 파나비아 토네이도 IDS에 장착된 장비로 야간에 정밀 목표물의 정확한 위치를 찾아내고 공격하게 해준다.

VHF Very High Frequency, 초단파

VLF Very Low Frequency, 초저주파수

V/STOL Vertical/Short Take-off and Landing, 수직/단거리 이착륙

색인

*책의 구분에 따라 시대별로 배치하되 한글과 영문을 병기하였다(볼드체는 해당 군용기의 소개면).

제2차 세계대전

현대